TRAITÉ

DE

MÉCANIQUE CÉLESTE

PAR

F. TISSERAND,

MEMBRE DE L'INSTITUT ET DU BUREAU DES LONGITUDES,
PROFESSEUR A LA FACULTÉ DES SCIENCES,
DIRECTEUR DE L'OBSERVATOIRE.

TOME III.

EXPOSÉ DE L'ENSEMBLE DES THÉORIES RELATIVES AU MOUVEMENT DE LA LUNE.

PARIS,

GAUTHIER-VILLARS ET FILS, IMPRIMEURS-LIBRAIRES
DU BUREAU DES LONGITUDES, DE L'ÉCOLE POLYTECHNIQUE,
Quai des Grands-Augustins, 55.

1894

TRAITÉ

DE

MÉCANIQUE CÉLESTE.

TOME III.

18365 PARIS. — IMPRIMERIE GAUTHIER-VILLARS ET FILS,
Quai des Grands-Augustins, 55.

TRAITÉ

DE

MÉCANIQUE CÉLESTE

PAR

F. TISSERAND,

MEMBRE DE L'INSTITUT ET DU BUREAU DES LONGITUDES,
PROFESSEUR A LA FACULTÉ DES SCIENCES,
DIRECTEUR DE L'OBSERVATOIRE.

TOME III.

EXPOSÉ DE L'ENSEMBLE DES THÉORIES RELATIVES AU MOUVEMENT DE LA LUNE.

PARIS,

GAUTHIER-VILLARS ET FILS, IMPRIMEURS-LIBRAIRES
DU BUREAU DES LONGITUDES, DE L'ÉCOLE POLYTECHNIQUE,
Quai des Grands-Augustins, 55.

1894

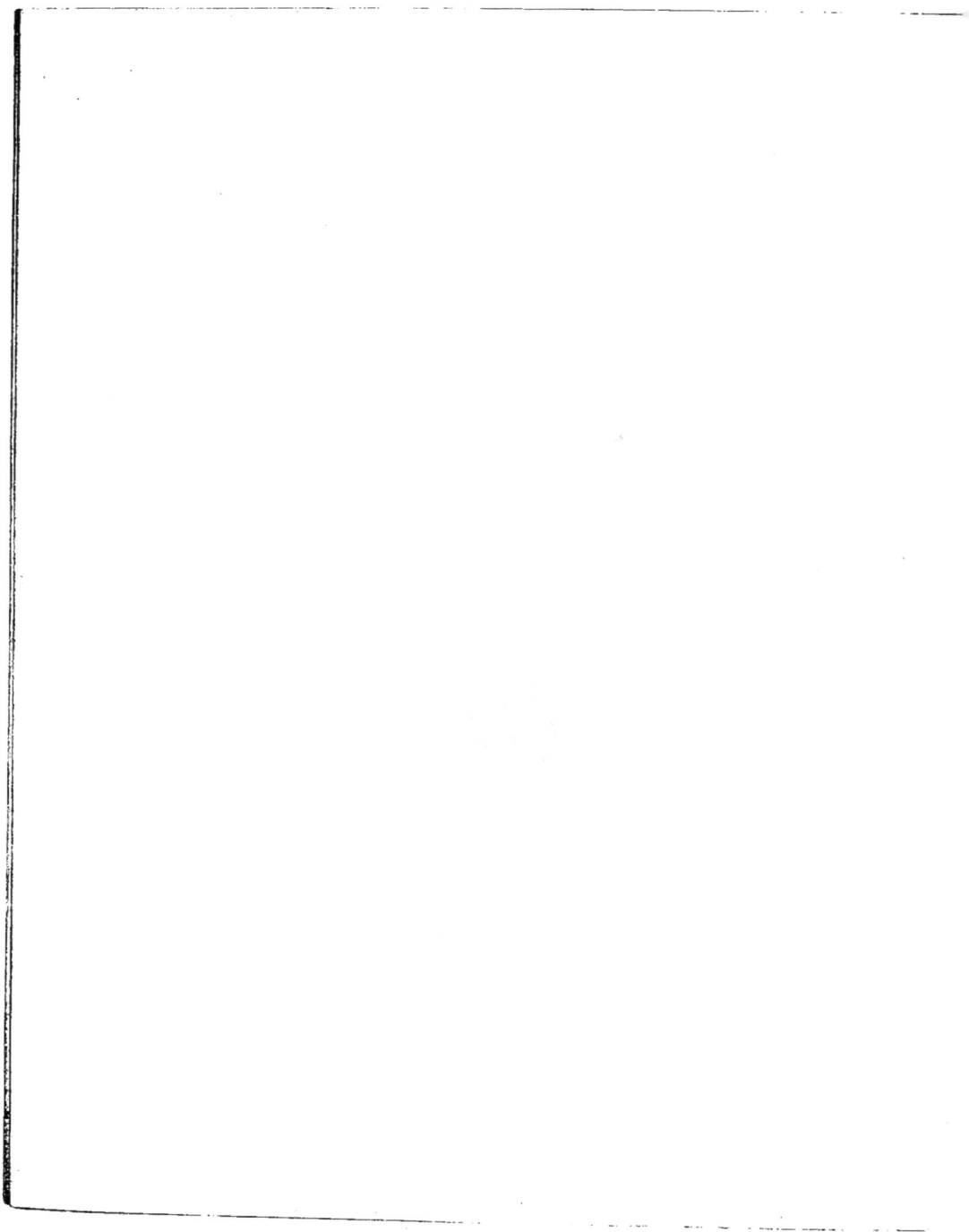

PRÉFACE.

Le troisième Volume de mon *Traité de Mécanique céleste*, que je publie aujourd'hui, se rapporte à un seul objet : la théorie du mouvement de la Lune.

J'avais espéré un moment que je pourrais y joindre les autres sujets non traités encore et terminer ainsi mon Ouvrage; mais j'ai compris bien vite que cela était impossible, et je me suis décidé à consacrer un volume entier à la théorie de notre satellite.

J'ai donné des aperçus de toutes les théories importantes proposées jusqu'ici, cherchant à rester clair malgré la concision qui m'était imposée. Le lecteur verra défiler ainsi devant lui les travaux de Newton, Clairaut, d'Alembert, Euler, Laplace, Damoiseau, Plana, Poisson, Lubbock, de Pontécoulant, Delaunay, Hansen, Gyldén, Hill, Adams, ... Il n'est pas inutile de rappeler les travaux anciens, quand ils émanent d'hommes de génie; plus d'une tentative récente vient se souder aux essais antérieurs et se trouve ainsi mieux mise en lumière.

Le Volume se termine par un exposé de l'état actuel de la théorie de la Lune.

Je dois remercier M. Callandreau et M. Radau du concours qu'ils ont bien voulu m'apporter. Le Chapitre XVIII est la reproduction presque textuelle d'un Mémoire récent de M. Radau (*Annales de l'Observatoire de Paris; Mémoires*, t. XXI).

Le Tome IV comprendra le calcul des perturbations des petites planètes par les méthodes de Cauchy, de Hansen et de M. Gyldén, le calcul numérique des perturbations des comètes, la théorie des mouvements des satellites, et une série de sujets détachés tels que : la capture des comètes, l'influence du milieu résistant, ... J'espère que la variété des questions donnera de l'intérêt à ce quatrième Volume qui sera le dernier.

21 septembre 1893.

TABLE DES MATIÈRES

DU TOME III.

CHAPITRE IX.

CHAPITRE X.

CHAPITRE XI.

CHAPITRE XII.

CHAPITRE XIII.

CHAPITRE XIV.

CHAPITRE XV.

CHAPITRE XVI.

CHAPITRE XVII.

FIN DE LA TABLE DES MATIÈRES DU TOME III.

TRAITÉ

DE

MÉCANIQUE CÉLESTE.

TOME III.

CHAPITRE I.

INTRODUCTION. — ÉTUDE DE L'ÉQUATION DIFFÉRENTIELLE

$$\frac{d^2x}{dt^2} + x(q^2 + 2q_1 \cos 2t) = 0.$$

1. Etude de l'équation

$$(a) \qquad \frac{d^2x}{dt^2} + x(q^2 + 2q_1 \cos 2t) = 0.$$

Cette équation est un cas très particulier des équations différentielles linéaires à coefficients périodiques, considérées d'une manière générale par M. É. Picard et M. Floquet. Pour établir ses propriétés d'une manière simple, nous adopterons d'abord l'exposition de M. Callandreau (*Astron. Nachr.*, n° 2547).

Soit $\psi(t)$ une solution de l'équation ; on aura aussi les suivantes

$$\psi(t+\pi), \quad \psi(t+2\pi), \quad \psi(t+3\pi), \quad \ldots;$$

cela tient à ce que le coefficient de x est une fonction périodique de t, à période π. On sait qu'avec deux solutions *différentes*, $\psi(t)$ et $\psi(t+\pi)$, de l'équation linéaire (a) dépourvue de second membre, on peut former toutes les autres, et en particulier $\psi(t+2\pi)$. On aura, en désignant par A_0 et A_1 deux constantes convenablement choisies,

$$\psi(t+2\pi) = A_0\,\psi(t) + A_1\,\psi(t+\pi). \tag{1}$$

Si $\psi(t)$ et $\psi(t+\pi)$ n'étaient pas deux solutions différentes, on devrait avoir, en désignant par B_0 une constante,

$$\psi(t+\pi) = B_0\,\psi(t). \tag{2}$$

Cela posé, je dis que l'équation différentielle (a) admet une intégrale $F(t)$ telle que l'on ait

$$F(t+\pi) = \nu\,F(t), \tag{3}$$

en représentant par ν une constante différente de l'unité.

En effet, supposons d'abord réalisée l'hypothèse qui conduit à la relation (2) : la condition (3) sera vérifiée, si l'on prend

$$F(t) = \psi(t), \qquad \nu = B_0.$$

Ce cas exceptionnel écarté, nous allons montrer que l'on peut prendre

$$F(t) = \psi(t+\pi) + \nu_1\,\psi(t), \tag{4}$$

où ν_1 désigne une constante. En substituant cette valeur de $F(t)$ dans l'équation (3), il vient, en effet,

$$\psi(t+2\pi) + (\nu_1 - \nu)\,\psi(t+\pi) = \nu\nu_1\,\psi(t),$$

ou bien, en ayant égard à la formule (1),

$$(A_1 + \nu_1 - \nu)\,\psi(t+\pi) + (A_0 - \nu\nu_1)\,\psi(t) = 0.$$

Cette équation deviendra une identité, si l'on détermine ν et ν_1 par les conditions

$$\nu - \nu_1 = A_1, \qquad \nu\nu_1 = A_0,$$

d'où

$$\nu = \frac{A_1 + \sqrt{A_1^2 + 4A_0}}{2}, \qquad \nu_1 = \frac{-A_1 + \sqrt{A_1^2 + 4A_0}}{2}.$$

La fonction $F(t)$, déterminée par la formule (4), vérifiera bien la condition (3). Cette condition donne, d'ailleurs,

$$F(\pi) = \nu\,F(0), \qquad F(-\pi) = \frac{1}{\nu}\,F(0),$$

d'où l'on tire

$$\nu + \frac{1}{\nu} = \frac{F(\pi) + F(-\pi)}{F(o)}. \tag{5}$$

2. Considérons, d'une manière plus générale, l'équation

$$\frac{d^2x}{dt^2} + x \sum q_i \cos 2it = o,$$

où le signe $\sum$ sera supposé contenir un nombre limité de termes. On en déduit, en différentiant p fois, et faisant ensuite $t = o$,

$$\left(\frac{d^{p+2}x}{dt^{p+2}}\right)_0 + b_0\left(\frac{d^p x}{dt^p}\right)_0 - \frac{p(p-1)}{1.2} b_2\left(\frac{d^{p-2}x}{dt^{p-2}}\right)_0$$
$$+ \frac{p(p-1)(p-2)(p-3)}{1.2.3.4} b_4\left(\frac{d^{p-4}x}{dt^{p-4}}\right)_0 - \ldots = o,$$

où l'on a fait

$$b_{2j} = \sum_i (2i)^{2j} q_i.$$

En donnant à p, dans la relation précédente, les valeurs o, 2, 4, ..., puis 1, 3, 5, ..., on obtiendra

$$\left(\frac{d^2x}{dt^2}\right)_0 = \lambda_2 x_0, \qquad \left(\frac{d^4x}{dt^4}\right)_0 = \lambda_4 x_0, \qquad \ldots,$$
$$\left(\frac{d^3x}{dt^3}\right)_0 = \mu_3 x'_0, \qquad \left(\frac{d^5x}{dt^5}\right)_0 = \mu_5 x'_0, \qquad \ldots,$$

où les quantités λ et μ sont des fonctions de b_0, b_2, ...; après quoi, la série de Maclaurin donnera

$$x = x_0 f(t) + x'_0 \varphi(t), \tag{6}$$

où l'on a posé

$$f(t) = 1 + \frac{\lambda_2 t^2}{1.2} + \frac{\lambda_4 t^4}{1.2.3.4} + \ldots,$$
$$\varphi(t) = t + \frac{\mu_3 t^3}{1.2.3} + \frac{\mu_5 t^5}{1.2.3.4.5} + \ldots.$$

Ces séries, qui sont convergentes dans toute l'étendue du plan, ne contiennent, comme on voit, la première, que des puissances paires; la seconde, que des puissances impaires de t. On a, d'ailleurs,

$$f(o) = 1, \qquad \varphi(o) = o; \qquad f'(o) = o, \qquad \varphi'(o) = 1;$$

x_0 et x'_0 étant arbitraires, la formule (6) donne l'intégrale générale de l'équation différentielle, de sorte qu'on aura aussi

$$F(t) = x_0 f(t) + x'_0 \varphi(t).$$

On en conclut

$$\begin{aligned} F(\pi) &= x_0 f(\pi) + x'_0 \varphi(\pi), \\ F(-\pi) &= x_0 f(\pi) - x'_0 \varphi(\pi), \\ F(0) &= x_0, \end{aligned}$$

d'où

$$F(\pi) + F(-\pi) = 2F(0) f(\pi).$$

La formule (5) donnera donc

$$\nu + \frac{1}{\nu} = \frac{F(\pi) + F(-\pi)}{F(0)} = 2f(\pi). \tag{7}$$

On peut ainsi calculer ν en partant d'une intégrale quelconque $F(t)$ satisfaisant ou non à la condition (3); $f(\pi)$ est la valeur que prend, pour $x = \pi$, celle des solutions de (a) qui est une fonction paire de t et se réduit à l'unité pour $t = 0$. On trouve aisément

$$f(t) = 1 - (q^2 + 2q_1)\frac{t^2}{1.2} + [(q^2 + 2q_1)^2 + 8q_1]\frac{t^4}{1.2.3.4} - \ldots.$$

En remarquant que le second membre doit se réduire à $\cos qt$ lorsque $q_1 = 0$, on en conclut, pour $f(\pi)$, une expression de la forme

$$f(\pi) = \cos q\pi + \alpha_1 q_1 + \alpha_2 q_1^2 + \ldots, \tag{8}$$

où les coefficients α_1, α_2, ... sont des fonctions connues de q. Dans les applications courantes de l'équation (a) à l'Astronomie, q n'est pas égal à un nombre entier, et q_1 est petit; la valeur absolue de $f(\pi)$ est donc inférieure à l'unité. L'équation (7) donne

$$\nu = f(\pi) \pm \sqrt{1 - f^2(\pi)}\,\sqrt{-1};$$

donc ν est une expression imaginaire de module 1, et l'on peut faire, en désignant par h une quantité réelle,

$$\nu = E^{h\pi\sqrt{-1}}.$$

Les équations (3) et (7) deviennent

$$F(t + \pi) = E^{h\pi\sqrt{-1}} F(t), \tag{9}$$

$$\cos h\pi = f(\pi) = \cos q\pi + \alpha_1 q_1 + \alpha_2 q_1^2 + \ldots. \tag{10}$$

Si l'on pose

$$\Theta(t) = E^{-ht\sqrt{-1}} F(t), \tag{11}$$

on en conclut, en ayant égard à l'équation (9),

$$\Theta(t+\pi)=\Theta(t).$$

Donc $\Theta(t)$ est une fonction périodique de t, à période π, et l'on a, en série convergente,

$$\Theta(t)=\sum_{-\infty}^{+\infty}\eta_i \mathrm{E}^{2it\sqrt{-1}},$$

après quoi, la formule (11) donne

$$\mathrm{F}(t)=\sum_{-\infty}^{+\infty}\eta_i \mathrm{E}^{(h+2i)t\sqrt{-1}}.$$

$\mathrm{F}(-t)$ est aussi une solution de l'équation différentielle; en ajoutant et retranchant, on a les deux solutions

$$\sum \eta_i \cos(h+2i)t \quad \text{et} \quad \sum \eta_i \sin(h+2i)t.$$

Multiplions-les par $\cos\psi$ et $-\sin\psi$, ψ désignant une constante arbitraire, et nous aurons enfin cette solution

$$(b) \qquad x=\sum_{-\infty}^{+\infty}\eta_i\cos(w+i\theta), \qquad w=ht+\psi, \qquad \theta=2t.$$

Remarque. — Les raisonnements précédents s'appliquent, sans modification, à l'équation

$$\frac{d^2x}{dt^2}+x(q^2+2q_1\cos 2t+2q_2\cos 4t+2q_3\cos 6t+\ldots)=0,$$

que nous rencontrerons bientôt dans les belles recherches de M. Hill sur la Lune : il n'en est plus de même pour ce qui suit.

3. Détermination de h. Méthode de M. Lindstedt. — Substituons, dans l'équation (a), l'expression (b), dont nous avons démontré à la fois l'existence et la convergence; nous trouverons

$$\sum[q^2-(h+2i)^2]\eta_i\cos(w+i\theta)+q_1\sum\eta_i\cos[w+(i+1)\theta]$$
$$+q_1\sum\eta_i\cos[w+(i-1)\theta]=0,$$

ou bien, en changeant i en $i-1$ et en $i+1$ dans les deux derniers termes,

$$\sum\{[q^2-(h+2i)^2]\eta_i+q_1(\eta_{i+1}+\eta_{i-1})\}\cos(w+i\theta)=0.$$

Cette équation sera vérifiée identiquement, si nous astreignons les η_i à vérifier les échelles générales de relation

(12) $$[(h+2i)^2-q^2]\eta_i = q_1(\eta_{i+1}+\eta_{i-1}),$$

(13) $$[(h-2i)^2-q^2]\eta_{-i} = q_1(\eta_{-i+1}+\eta_{-i-1}).$$

Faisons

(14) $$M_i = \frac{q_1}{(h+2i)^2-q^2}, \qquad M_{-i} = \frac{q_1}{(h-2i)^2-q^2};$$

M_i et M_{-i} seront petits à cause du facteur q_1, et tendront vers zéro quand i croîtra indéfiniment, à cause du diviseur $4i^2$. La relation (12) donnera

$$\eta_i = M_i(\eta_{i-1}+\eta_{i+1}),$$

d'où

(15) $$\frac{\eta_i}{\eta_{i-1}} = \frac{M_i}{1-M_i\dfrac{\eta_{i+1}}{\eta_i}},$$

d'où, en changeant i en $i+1$, $i+2$, ..., et remplaçant chaque fois $\frac{\eta_{i+1}}{\eta_i}$, $\frac{\eta_{i+2}}{\eta_{i+1}}$, ... par leurs valeurs déduites de la même formule,

(16) $$\frac{\eta_i}{\eta_{i-1}} = \cfrac{M_i}{1-\cfrac{M_iM_{i+1}}{1-\cfrac{M_{i+1}M_{i+2}}{1-\dots}}}$$

On aura de même, en partant de (13),

(17) $$\frac{\eta_{-i}}{\eta_{-i+1}} = \frac{M_{-i}}{1-M_{-i}\dfrac{\eta_{-i-1}}{\eta_{-i}}},$$

(18) $$\frac{\eta_{-i}}{\eta_{-i+1}} = \cfrac{M_{-i}}{1-\cfrac{M_{-i}M_{-i-1}}{1-\cfrac{M_{-i-1}M_{-i-2}}{1-\dots}}}$$

Les fractions continues (16) et (18) convergeront rapidement, parce que M_iM_{i+1}, $M_{i+1}M_{i+2}$, ..., $M_{-i}M_{-i-1}$, ... contiennent q_1^2 en facteur. On aura, en particulier,

(19) $$\frac{\eta_1}{\eta_0} = \cfrac{M_1}{1-\cfrac{M_1M_2}{1-\cfrac{M_2M_3}{1-\dots}}}$$

(20) $$\frac{\eta_{-1}}{\eta_0} = \cfrac{M_{-1}}{1-\cfrac{M_{-1}M_{-2}}{1-\cfrac{M_{-2}M_{-3}}{1-\dots}}}$$

La relation (12) donne, d'ailleurs,

$$\eta_0(h^2 - q^2) = q_1(\eta_1 + \eta_{-1}).$$

En portant dans cette relation les expressions (19) et (20) de η_1 et η_{-1}, et remplaçant en même temps les M_i par leurs valeurs (14), on trouve, pour déterminer h en fonction de q et q_1, cette équation transcendante

$$(c)\quad \left\{\begin{aligned} q^2 - h^2 = & \cfrac{\cfrac{q_1^2}{q^2-(h+2)^2}}{1-\cfrac{\cfrac{q_1^2}{[q^2-(h+2)^2][q^2-(h+4)^2]}}{1-\cfrac{\cfrac{q_1^2}{[q^2-(h+4)^2][q^2-(h+6)^2]}}{1-\ldots}}} \\ & + \cfrac{\cfrac{q_1^2}{q^2-(h-2)^2}}{1-\cfrac{\cfrac{q_1^2}{[q^2-(h-2)^2][q^2-(h-4)^2]}}{1-\cfrac{\cfrac{q_1^2}{[q^2-(h-4)^2][q^2-(h-6)^2]}}{1-\ldots}}} \end{aligned}\right.$$

Le second membre de cette équation ne change pas quand on remplace h par $-h$; de sorte que, quand on prendra les réduites correspondantes des deux fractions continues, on aura, pour déterminer h, des équations algébriques qui ne contiendront que des puissances paires de l'inconnue. La convergence des fractions continues précédentes a été examinée complètement par M. Bruns (*Astron. Nachr.*, t. CVI, n° 2533).

Nous allons développer les résultats généraux qui précèdent, en supposant q_1 petit; si nous consentons à négliger seulement q_1^6, l'équation (c) pourra s'écrire

$$\begin{aligned} q^2 - h^2 = & \frac{q_1^2}{q^2-(h+2)^2}\left\{1 + \frac{q_1^2}{[q^2-(h+2)^2][q^2-(h+4)^2]}\right\} \\ & + \frac{q_1^2}{q^2-(h-2)^2}\left\{1 + \frac{q_1^2}{[q^2-(h-2)^2][q^2-(h-4)^2]}\right\}, \end{aligned}$$

ou bien, en effectuant les calculs,

$$(21)\quad \left\{\begin{aligned} q^2 - h^2 = & \, 2q_1^2 \frac{q^2-h^2-4}{(q^2-h^2-4)^2-16h^2} \\ & + 2q_1^4 \frac{q^6 - q^4(3h^2+24) + q^2(3h^4+128h^2+144) - h^6 - 104h^4 - 656h^2 - 256}{[(q^2-h^2-4)^2-16h^2]^2[(q^2-h^2-16)^2-64h^2]}. \end{aligned}\right.$$

Cette équation se prête très facilement aux approximations successives. On peut d'abord négliger la deuxième partie du second membre et remplacer, dans la première, h^2 par q^2, ce qui donne

$$(22) \qquad q^2 - h^2 = -\frac{8q_1^2}{16(1-q^2)}, \qquad h^2 = q^2 + \frac{q_1^2}{2(1-q^2)}.$$

On peut maintenant remplacer h^2, dans le terme en q_1^4 de l'équation (21), par q^2, et par la valeur (22) dans le terme en q_1^2; il vient ainsi

$$q^2 - h^2 = -2q_1^2 \frac{4 + \frac{q_1^2}{2(1-q^2)}}{16(1-q^2) - \frac{4q_1^2}{1-q^2}} - q_1^4 \frac{1+2q^2}{32(1-q^2)^2(4-q^2)}$$

$$= -\frac{q_1^2}{2(1-q^2)} - q_1^4 \frac{3-q^2}{16(1-q^2)^3} - q_1^4 \frac{1+2q^2}{32(1-q^2)^2(4-q^2)},$$

d'où

$$h^2 = q^2\left[1 + \frac{q_1^2}{2q^2(1-q^2)} + q_1^4 \frac{25-13q^2}{32q^2(1-q^2)^3(4-q^2)}\right].$$

On en conclut, par la formule du binôme et avec la même approximation,

$$(d) \qquad h = q\left[1 + \frac{q_1^2}{4q^2(1-q^2)} - q_1^4 \frac{15q^4 - 35q^2 + 8}{64q^4(1-q^2)^3(4-q^2)}\right] \text{(1)}.$$

Telle est la formule qui nous permettra de calculer h dans les applications.

On peut écrire aussi

$$\cos h\pi = \cos\left[q\pi + \frac{q_1^2\pi}{4q(1-q^2)} - \frac{15q^4 - 35q^2 + 8}{64q^3(1-q^2)^3(4-q^2)} q_1^4\pi\right],$$

d'où, par la série de Taylor,

$$(23) \qquad \left\{\begin{aligned} \cos h\pi = {} & \left[1 - \frac{q_1^4\pi^2}{32q^2(1-q^2)^2} + \ldots\right]\cos q\pi \\ & + \left[-\frac{q_1^2\pi}{4q(1-q^2)} + \frac{15q^4 - 35q^2 + 8}{64q^3(1-q^2)^3(4-q^2)} q_1^4\pi + \ldots\right]\sin q\pi. \end{aligned}\right.$$

Cette équation a été employée par M. Adams, comme nous le verrons plus loin.

4. **Calcul des coefficients** η_i. — Nous allons effectuer ce calcul en négli-

(1) Le terme suivant dans le crochet est

$$-q_1^6 \frac{105q^{10} - 1155q^8 + 3815q^6 - 4705q^4 + 1652q^2 - 288}{256q^6(1-q^2)^5(4-q^2)^2(9-q^2)}.$$

geant q_1^4. Les formules (19) et (20) donnent d'abord

$$\frac{\eta_1}{\eta_0} = \mathrm{M}_1(1 + \mathrm{M}_1\mathrm{M}_2), \qquad \frac{\eta_{-1}}{\eta_0} = \mathrm{M}_{-1}(1 + \mathrm{M}_{-1}\mathrm{M}_{-2}).$$

On a, d'ailleurs,

$$\mathrm{M}_1 = \frac{q_1}{(h+2)^2 - q^2} = \frac{q_1}{4 + 4q + \dfrac{q_1^2}{2(1-q^2)} + \dfrac{q_1^2}{q(1-q^2)}} = \frac{q_1}{4(1+q)} - q_1^3 \frac{2+q}{32q(1+q)^2(1-q^2)},$$

$$\mathrm{M}_{-1} = \frac{q_1}{(h-2)^2 - q^2} = \frac{q_1}{4 - 4q + \dfrac{q_1^2}{2(1-q^2)} - \dfrac{q_1^2}{q(1-q^2)}} = \frac{q_1}{4(1-q)} + q_1^3 \frac{2-q}{32q(1-q)^2(1-q^2)},$$

$$\mathrm{M}_2 = \frac{q_1}{(h+4)^2 - q^2} = \frac{q_1}{8(2+q)},$$

$$\mathrm{M}_{-2} = \frac{q_1}{(h-4)^2 - q^2} = \frac{q_1}{8(2-q)}.$$

Il en résulte, après quelques réductions,

$$\frac{\eta_1}{\eta_0} = \frac{q_1}{4(1+q)} - q_1^3 \frac{q^3 + 4q^2 + 15q + 16}{128q(1+q)^3(2+q)(1-q)},$$

$$\frac{\eta_{-1}}{\eta_0} = \frac{q_1}{4(1-q)} - q_1^3 \frac{q^3 - 4q^2 + 15q - 16}{128q(1-q)^3(2-q)(1+q)}.$$

On a ensuite

$$\frac{\eta_2}{\eta_1} = \mathrm{M}_2, \qquad \frac{\eta_{-2}}{\eta_{-1}} = \mathrm{M}_{-2},$$

d'où, en remplaçant η_1, η_{-1}, M_2 et M_{-2} par leurs valeurs précédentes,

$$\frac{\eta_2}{\eta_0} = \frac{q_1^2}{32(1+q)(2+q)}, \qquad \frac{\eta_{-2}}{\eta_0} = \frac{q_1^2}{32(1-q)(2-q)}.$$

On a enfin

$$\frac{\eta_3}{\eta_2} = \mathrm{M}_3 = \frac{q_1}{(q+6)^2 - q^2} = \frac{q_1}{12(3+q)},$$

$$\frac{\eta_{-3}}{\eta_{-2}} = \mathrm{M}_{-3} = \frac{q_1}{(q-6)^2 - q^2} = \frac{q_1}{12(3-q)},$$

$$\frac{\eta_3}{\eta_0} = \frac{q_1^3}{384(1+q)(2+q)(3+q)}, \qquad \frac{\eta_{-3}}{\eta_0} = \frac{q_1^3}{384(1-q)(2-q)(3-q)}.$$

En tenant compte de tous ces résultats, l'intégrale générale (b) de l'équation (a) peut s'écrire ainsi

$$(e)\quad \left\{\begin{aligned}\frac{x}{\eta_0} = \cos w &+ \left[\frac{q_1}{4(1+q)} - q_1^3\frac{q^3+4q^2+15q+16}{128q(1+q)^3(2+q)(1-q)} + \ldots\right]\cos(w+\theta)\\ &+ \left[\frac{q_1}{4(1-q)} - q_1^3\frac{q^3-4q^2+15q-16}{128q(1-q^3)(2-q)(1+q)} + \ldots\right]\cos(w-\theta)\\ &+ \left[\frac{q_1^2}{32(1+q)(2+q)} + \ldots\right]\cos(w+2\theta)\\ &+ \left[\frac{q_1^2}{32(1-q)(2-q)} + \ldots\right]\cos(w-2\theta)\\ &+ \left[\frac{q_1^3}{384(1+q)(2+q)(3+q)} + \ldots\right]\cos(w+3\theta)\\ &+ \left[\frac{q_1^3}{384(1-q)(2-q)(3-q)} + \ldots\right]\cos(w-3\theta)\\ &+ \ldots\ldots\ldots\ldots\ldots\ldots\end{aligned}\right.$$

On pourra consulter avec fruit un Mémoire de M. Poincaré (*Bulletin astronomique*, t. III, p. 57), dans lequel les formules (d) et (e) sont établies par un procédé entièrement différent.

5. **Intégration de l'équation** (a) **avec second membre.** — Nous considérons l'équation

$$(a')\qquad \frac{d^2x}{dt^2} + x(q^2 + 2q_1\cos 2t) = W,$$

où l'on a

$$(24)\qquad W = \sum H_i\cos\theta_i, \qquad \theta_i = l_i t + b_i,$$

H_i, l_i et b_i désignant des constantes données. Posons

$$C_1 = \eta_0\cos\psi, \qquad C_2 = -\eta_0\sin\psi,$$

$$(25)\quad \left\{\begin{aligned} x_1 &= \cos ht + \left[\frac{q_1}{4(1+q)} - \ldots\right]\cos(ht+\theta) + \left[\frac{q_1}{4(1-q)} - \ldots\right]\cos(ht-\theta) + \ldots,\\ x_2 &= \sin ht + \left[\frac{q_1}{4(1+q)} - \ldots\right]\sin(ht+\theta) + \left[\frac{q_1}{4(1-q)} - \ldots\right]\sin(ht-\theta) + \ldots;\end{aligned}\right.$$

x_1 et x_2 seront deux solutions particulières de l'équation (a) vérifiant donc identiquement les relations

$$(26)\quad \left\{\begin{aligned}\frac{d^2x_1}{dt^2} + x_1(q^2+2q_1\cos 2t) = 0,\\ \frac{d^2x_2}{dt^2} + x_2(q^2+2q_1\cos 2t) = 0,\end{aligned}\right.$$

d'où l'on conclut

$$x_1 \frac{d^2 x_2}{dt^2} - x_2 \frac{d^2 x_1}{dt^2} = 0,$$

(27) $$x_1 \frac{dx_2}{dt} - x_2 \frac{dx_1}{dt} = c,$$

c désignant une constante. L'intégrale générale (e) de l'équation (a) pourra être mise sous la forme

(28) $$x = C_1 x_1 + C_2 x_2.$$

Nous conserverons la même forme pour représenter l'intégrale générale de l'équation (a'), mais C_1 et C_2 seront des fonctions de t qu'il s'agit d'obtenir. Nous n'aurons qu'à suivre la méthode générale de la variation des constantes arbitraires; nous astreindrons d'abord C_1 et C_2 à vérifier les relations

(29) $$x_1 \frac{dC_1}{dt} + x_2 \frac{dC_2}{dt} = 0;$$

nous aurons ensuite

(30) $$\frac{d^2 x}{dt^2} = C_1 \frac{d^2 x_1}{dt^2} + C_2 \frac{d^2 x_2}{dt^2} + \frac{dx_1}{dt}\frac{dC_1}{dt} + \frac{dx_2}{dt}\frac{dC_2}{dt}.$$

Substituons les expressions (28) et (30) dans l'équation (a') et tenons compte des relations (26); nous trouverons

(31) $$\frac{dx_1}{dt}\frac{dC_1}{dt} + \frac{dx_2}{dt}\frac{dC_2}{dt} = W.$$

Les formules (29) et (31) donneront, en ayant égard à la condition (27),

$$\frac{dC_1}{dt} = -\frac{1}{c} W x_2, \qquad \frac{dC_2}{dt} = \frac{1}{c} W x_1,$$

d'où, en désignant par δC_1 et δC_2 les variations de C_1 et C_2, tenant à la présence de W,

$$\delta C_1 = -\frac{1}{c}\int W x_2\, dt, \qquad \delta C_2 = \frac{1}{c}\int W x_1\, dt.$$

La formule (28) donnera, pour la correction δx de l'expression (e),

$$\delta x = x_1\,\delta C_1 + x_2\,\delta C_2,$$

ou bien

$$\delta x = \frac{1}{c}\left(x_2 \int W x_1\, dt - x_1 \int W x_2\, dt\right).$$

Il est possible de mettre cette expression sous une forme qui facilite les calculs; désignons, en effet, par x'_1 et x'_2 ce que deviennent x_1 et x_2 quand on y remplace t par t'; nous pourrons écrire

$$\delta x = \frac{1}{c}\left[\int W(x_1 x'_2 - x_2 x'_1)\,dt\right]_{t'=t}, \tag{32}$$

en convenant de regarder dans l'intégration t' comme une constante et faisant $t' = t$ une fois l'intégration effectuée.

Nous allons calculer δx en négligeant q_1^2; les divers termes dont se compose W seront toujours petits dans les applications, et l'approximation ainsi obtenue nous suffira; il sera d'ailleurs facile de la conduire plus loin si, dans une question spéciale, on le juge nécessaire. Nous pourrons donc prendre

$$x_1 = \cos ht + \frac{q_1}{4(1+q)}\cos[(h+2)t] + \frac{q_1}{4(1-q)}\cos[(h-2)t],$$

$$x_2 = \sin ht + \frac{q_1}{4(1+q)}\sin[(h+2)t] + \frac{q_1}{4(1-q)}\sin[(h-2)t],$$

$$x'_1 = \cos ht' + \frac{q_1}{4(1+q)}\cos[(h+2)t'] + \frac{q_1}{4(1-q)}\cos[(h-2)t'],$$

$$x'_2 = \sin ht' + \frac{q_1}{4(1+q)}\sin[(h+2)t'] + \frac{q_1}{4(1-q)}\sin[(h-2)t'].$$

Nous en déduirons aisément

$$c = x_1\frac{dx_2}{dt} - x_2\frac{dx_1}{dt} = h + \ldots = q + \text{des termes en } q_1^2, \tag{33}$$

$$x_2 x'_1 - x_1 x'_2 = \sin h(t-t') + \frac{q_1}{4(1+q)}\{\sin[(h+2)t - ht'] + \sin[ht - (h+2)t']\}$$
$$+ \frac{q_1}{4(1-q)}\{\sin[(h-2)t - ht'] + \sin[ht - (h-2)t']\}.$$

Il faudra multiplier cette dernière quantité par l'expression (24) de W. Un terme quelconque du produit $-W(x_1 x'_2 - x_2 x'_1)$ sera de la forme

$$-H_i \sin[(h+j)t - (h+j')t']\cos(l_i t + b_i)$$
$$= -\frac{1}{2}H_i \sin[(h+j+l_i)t - (h+j')t' + b_i]$$
$$-\frac{1}{2}H_i \sin[(h+j-l_i)t - (h+j')t' - b_i];$$

en intégrant, on trouvera

$$H_i\frac{\cos[(h+j+l_i)t - (h+j')t' + b_i]}{2(h+j+l_i)} + H_i\frac{\cos[(h+j-l_i)t - (h+j')t' - b_i]}{2(h+j-l_i)}.$$

Quand on fait $t' = t$, cette expression devient

$$\mathrm{H}_i \frac{\cos[(j-j')t+\theta_i]}{2(h+j+l_i)} + \mathrm{H}_i \frac{\cos[(j-j')t-\theta_i]}{2(h+j-l_i)}.$$

On devra ensuite donner à j et j' les valeurs

$$j=0, \quad j'=0; \quad j=2, \quad j'=0; \quad j=0, \quad j'=2;$$
$$j=-2, \quad j'=0; \quad j=0, \quad j'=-2.$$

On trouvera ainsi sans peine, en ayant égard aux formules (32) et (33),

$$(f) \left\{ \begin{aligned} \delta x = \frac{1}{2q} \sum_i \mathrm{H}_i \Bigg\{ & \left(\frac{1}{q+l_i} + \frac{1}{q-l_i}\right)\cos\theta_i \\ & + \frac{q_1}{4(1+q)} \left[\left(\frac{1}{q+2+l_i} + \frac{1}{q-l_i}\right)\cos(\theta_i+\theta) \right. \\ & \qquad \left. + \left(\frac{1}{q+2-l_i} + \frac{1}{q+l_i}\right)\cos(\theta_i-\theta) \right] \\ & + \frac{q_1}{4(1-q)} \left[\left(\frac{1}{q-2-l_i} + \frac{1}{q+l_i}\right)\cos(\theta_i+\theta) \right. \\ & \qquad \left. + \left(\frac{1}{q-2+l_i} + \frac{1}{q-l_i}\right)\cos(\theta_i-\theta) \right] \Bigg\}. \end{aligned} \right.$$

On voit que, si l'on néglige q_1^2, chacun des termes $\mathrm{H}_i \cos\theta_i$ de W en produit trois dans δx, avec les arguments θ_i, $\theta_i \pm \theta$; si l'on gardait les termes en q_1^2, on aurait les nouveaux arguments $\theta_i \pm 2\theta$.

L'intégrale générale de l'équation (a') sera la somme $x + \delta x$ des expressions (e) et (f).

Dans les applications à l'Astronomie, nous rencontrerons l'équation (a') sous une forme un peu différente, savoir

$$(\mathrm{A}) \qquad \frac{d^2x}{dv^2} + x[\mathrm{Q}^2 + 2\alpha\cos(\lambda v + \beta)] = \sum \mathrm{A}_i \cos(\lambda_i v + \beta_i) = \sum \mathrm{A}_i \cos\vartheta_i.$$

On passera de l'une à l'autre en posant

$$2t = \lambda v + \beta, \qquad q = \frac{2}{\lambda}\mathrm{Q}, \qquad q_1 = \frac{4\alpha}{\lambda^2}, \qquad l_i = \frac{2}{\lambda}\lambda_i, \qquad \mathrm{H}_i = \frac{4}{\lambda^2}\mathrm{A}_i.$$

Nous ferons en même temps $h = \frac{2}{\lambda}\mu$, et nous trouverons sans peine que l'intégrale générale de l'équation (A) s'obtient en posant

$$(\mathrm{B}) \qquad \left\{ \begin{aligned} & w = \mu v + \psi, \\ & \mu = \mathrm{Q}\left[1 + \frac{\alpha^2}{\mathrm{Q}^2(\lambda^2 - 4\mathrm{Q}^2)} - \alpha^4 \frac{2\lambda^4 - 35\lambda^2\mathrm{Q}^2 + 60\mathrm{Q}^4}{4\mathrm{Q}^4(\lambda^2-\mathrm{Q}^2)(\lambda^2-4\mathrm{Q}^2)^3} + \dots\right] \end{aligned} \right.$$

et

$$
(C)\left\{\begin{aligned}
x = {} & \eta_0 \cos w + \frac{\alpha}{\lambda}\eta_0\left[\frac{1}{\lambda+2Q}\cos(w+\lambda v+\beta) + \frac{1}{\lambda-2Q}\cos(w-\lambda v-\beta)\right] \\
& + \frac{\alpha^2}{4\lambda^2}\eta_0\left[\frac{1}{(\lambda+Q)(\lambda+2Q)}\cos(w+2\lambda v+2\beta)\right. \\
& \qquad \left. + \frac{1}{(\lambda-Q)(\lambda-2Q)}\cos(w-2\lambda v-2\beta)\right] \\
& + \ldots\ldots\ldots\ldots\ldots\ldots \\
& + \frac{1}{2Q}\sum_i \left(\frac{1}{Q+\lambda_i} + \frac{1}{Q-\lambda_i}\right) A_i \cos\vartheta_i \\
& + \frac{\alpha}{2\lambda Q}\sum_i \left[\frac{1}{\lambda+2Q}\left(\frac{1}{Q+\lambda+\lambda_i} + \frac{1}{Q-\lambda_i}\right)\right. \\
& \qquad \left. + \frac{1}{\lambda-2Q}\left(\frac{1}{Q-\lambda-\lambda_i} + \frac{1}{Q+\lambda_i}\right)\right] A_i \cos(\vartheta_i + \lambda v + \beta) \\
& + \frac{\alpha}{2\lambda Q}\sum_i \left[\frac{1}{\lambda+2Q}\left(\frac{1}{Q+\lambda-\lambda_i} + \frac{1}{Q+\lambda_i}\right)\right. \\
& \qquad \left. + \frac{1}{\lambda-2Q}\left(\frac{1}{Q-\lambda+\lambda_i} + \frac{1}{Q-\lambda_i}\right)\right] A_i \cos(\vartheta_i - \lambda v - \beta) \\
& + \ldots\ldots\ldots\ldots\ldots\ldots
\end{aligned}\right.
$$

Les termes non écrits dans la dernière partie contiennent en facteur α^2, α^3, ... et les arguments $\vartheta_i \pm 2(\lambda v + \beta)$, $\vartheta_i \pm 3(\lambda v + \beta)$, ... On pourra consulter, pour plus de détails, la page 7 de mon Mémoire *Sur une équation différentielle, etc.* (*Annales de la Faculté des Sciences de Toulouse*, t. II).

6. En terminant ce Chapitre, nous croyons utile de montrer comment on pourrait développer la fonction paire $f(t)$ du n° 2 suivant les puissances de q_1; on en déduira un autre procédé pour obtenir la quantité $f(\pi)$, qui joue un rôle important, comme on l'a vu ci-dessus.

Nous ferons

$$x = X_0 + q_1 X_1 + q_1^2 X_2 + \ldots; \tag{34}$$

en substituant dans (a) et égalant à zéro les coefficients des diverses puissances de q_1, on trouvera

$$
\begin{aligned}
&\frac{d^2X_0}{dt^2} + q^2 X_0 = 0, && \frac{d^2X_3}{dt^2} + q^2 X_3 + 2X_2\cos 2t = 0, \\
&\frac{d^2X_1}{dt^2} + q^2 X_1 + 2X_0\cos 2t = 0, && \frac{d^2X_4}{dt^2} + q^2 X_4 + 2X_3\cos 2t = 0, \\
&\frac{d^2X_2}{dt^2} + q^2 X_2 + 2X_1\cos 2t = 0, && \ldots\ldots\ldots\ldots
\end{aligned}
$$

Nous prenons comme intégrale de la première de ces équations

$$X_0 = \cos qt.$$

Il suffira de trouver des intégrales particulières des équations suivantes, et l'on pourra négliger les termes en $\cos qt$ parce que le coefficient de $\cos qt$ dans x est supposé égal à 1 ; on trouve d'abord

$$\frac{d^2 X_1}{dt^2} + q^2 X_1 + \cos(q+2)t + \cos(q-2)t = 0.$$

On en déduit sans peine

$$(35) \qquad X_1 = \frac{\cos(q+2)t}{4(1+q)} + \frac{\cos(q-2)t}{4(1-q)}.$$

L'équation différentielle relative à X_2 devient alors

$$\frac{d^2 X_2}{dt^2} + q^2 X_2 + \frac{\cos(q+4)t}{4(1+q)} + \frac{1}{2}\,\frac{1}{1-q^2}\cos qt + \frac{\cos(q-4)t}{4(1-q)} = 0.$$

On voit ainsi s'introduire un terme en $\cos qt$, qui fera sortir, dans X_2, le temps des signes sinus et cosinus. On obtient facilement

$$(36) \qquad X_2 = \frac{\cos(q+4)t}{32(1+q)(2+q)} + \frac{\cos(q-4)t}{32(1-q)(2-q)} - \frac{t \sin qt}{4q(1-q^2)}.$$

On trouve ensuite

$$\begin{aligned}\frac{d^2 X_3}{dt^2} + q^2 X_3 &+ \frac{\cos(q+6)t}{32(1+q)(2+q)} + \frac{\cos(q+2)t}{32(1+q)(2+q)} \\ &+ \frac{\cos(q-2)t}{32(1-q)(2-q)} + \frac{\cos(q-6)t}{32(1-q)(2-q)} \\ &- \frac{t\sin(q+2)t}{4q(1-q^2)} - \frac{t\sin(q-2)t}{4q(1-q^2)} = 0,\end{aligned}$$

d'où

$$(37) \qquad \left\{\begin{aligned} X_3 = {} & \frac{\cos(q+6)t}{384(1+q)(2+q)(3+q)} - \frac{q^3+4q^2+15q+16}{128q(1-q^2)(1+q)^2(2+q)}\cos(q+2)t \\ & - \frac{q^3-4q^2+15q-16}{128q(1-q^2)(1-q)^2(2-q)}\cos(q-2)t + \frac{\cos(q-6)t}{384(1-q)(2-q)(3-q)} \\ & - \frac{t\sin(q+2)t}{16q(1-q^2)(1+q)} - \frac{t\sin(q-2)t}{16q(1-q^2)(1-q)}.\end{aligned}\right.$$

On trouve ensuite, après réduction,

$$\begin{aligned}\frac{d^2X_4}{dt^2} + q^2X_4 &+ \frac{\cos(q+8)t}{384(1+q)(2+q)(3+q)} - \frac{2q^4+11q^3+40q^2+91q+72}{192q(1-q^2)(1+q)^2(2+q)(3+q)}\cos(q+4)t \\ &+ \frac{2q^4-11q^3+40q^2-91q+72}{192q(1-q^2)(1-q)^2(2-q)(3-q)}\cos(q-4)t + \frac{\cos(q-8)t}{384(1-q)(2-q)(3-q)} \\ &- \frac{t\sin(q+4)t}{16q(1-q^2)(1+q)} - \frac{t\sin qt}{8q(1-q^2)^2} - \frac{t\sin(q-4)t}{16q(1-q^2)(1-q)} - \frac{13q^2-25}{32(1-q^2)^3(4-q^2)}\cos qt = 0,\end{aligned}$$

et il en résulte

$$(38)\quad \left\{\begin{aligned} X_4 = &\frac{\cos(q+8)t}{6144(1+q)(2+q)(3+q)(4+q)} - \frac{q^4+7q^3+32q^2+74q+54}{768q(1-q^2)(1+q)^2(2+q)^2(3+q)}\cos(q+4)t \\ &+ \frac{q^4-7q^3+32q^2-74q+54}{768q(1-q^2)(1-q)^2(2-q)^2(3-q)}\cos(q-4)t + \frac{\cos(q-8)t}{6144(1-q)(2-q)(3-q)(4-q)} \\ &- \frac{t\sin(q+4)t}{128q(1-q^2)(1+q)(2+q)} - \frac{t\sin(q-4)t}{128q(1-q^2)(1-q)(2-q)} \\ &+ \frac{15q^4-35q^2+8}{64q^3(1-q^2)^3(4-q^2)}t\sin qt - \frac{t^2\cos qt}{32q^2(1-q^2)^2}.\end{aligned}\right.$$

L'expression cherchée pour x se déduit maintenant des formules (34), ..., (38). Si l'on donne à x dans cette expression les valeurs 0 et π, on trouve les résultats

$$\begin{aligned}\xi_0 = 1 &+ \frac{q_1}{2(1-q^2)} + \frac{q^2+2}{16(1-q^2)(4-q^2)}q_1^2 + \frac{q^6+12q^4-143q^2+226}{32(1-q^2)^3(4-q^2)(9-q^2)}q_1^3 \\ &- \frac{3q^{10}-33q^8+109q^6-5043q^4+41988q^2-54304}{1024(1-q^2)^3(4-q^2)^2(9-q^2)(16-q^2)}q_1^4 + \ldots,\end{aligned}$$

$$\begin{aligned}\xi_1 = \cos q\pi &\left[\xi_0 - \frac{\pi^2}{32q^2(1-q^2)^2}q_1^4 + \ldots\right] \\ &+ \pi\sin q\pi\left[-\frac{q_1^2}{4q(1-q^2)} - \frac{q_1^3}{8q(1-q^2)^2} + \frac{15q^4-35q^2+8}{64q^3(1-q^2)^3(4-q^2)}q_1^4\right. \\ &\qquad\qquad\left. - \frac{q^2+2}{64q(1-q^2)^2(4-q^2)}q_1^4 + \ldots\right].\end{aligned}$$

On en déduit, en divisant la seconde expression par la première et réduisant,

$$\begin{aligned}f(\pi) = \frac{\xi_1}{\xi_0} = \cos q\pi &\left[1 - \frac{\pi^2}{32q^2(1-q^2)^2}q_1^4 + \ldots\right] \\ &+ \pi\sin q\pi\left[-\frac{q_1^2}{4q(1-q^2)} + \frac{15q^4-35q^2+8}{62q^3(1-q^2)^3(4-q^2)}q_1^4 + \ldots\right];\end{aligned}$$

c'est la formule (23).

Avec le mode de calcul qui précède, le temps sort des signes sinus et cosinus; l'introduction d'une fonction convenable de q et q_1, dans h, sous les signes sinus et cosinus, a précisément pour objet de remédier à cet inconvénient. On peut remarquer que, pour rectifier le développement, il suffit d'effacer les termes contenant les puissances de t et de remplacer qt par l'argument ht.

J'ai examiné ailleurs (*Bulletin astronomique*, t. IX, p. 106) ce qui arrive lorsque q est égal à un nombre entier, auquel cas les formules précédentes tombent en défaut, à cause des diviseurs $q-2$, $q-3$, ..., dont l'un s'annule alors; j'ai démontré que, pour $q=\pm 1$ et $q=\pm 2$, si q_1 est assez petit, la valeur de h est imaginaire, de sorte qu'il s'introduit dans la solution, en dehors des signes sinus et cosinus, des exponentielles réelles; pour les autres valeurs entières de q, h est réel.

Je donnerai, en terminant, la liste de quelques travaux se rapportant à l'équation (A) :

LAGRANGE. — *Œuvres*, t. I, p. 586.
D'ALEMBERT. — *Opuscules*, t. V, p. 336.
E. MATHIEU. — *Journal de Liouville*, 1868.
HEINE. — *Handbuch der Kugelfunctionen*, t. I, p. 404.
LINDSTEDT. — *Mémoires de l'Académie de Saint-Pétersbourg*, t. XXI, n° 4.
GYLDÉN. — *Divers Mémoires*.
BRUNS. — *Astron. Nachr.*, n°s 2533 et 2553; 1883.
CALLANDREAU. — *Astron. Nachr.*, n° 2547.
LINDEMANN. — *Mathematische Annalen*, t. XXII, p. 117.
STIELTJES. — *Astron. Nachr.*, n°s 2601 et 2609.
POINCARÉ. — *Comptes rendus*, t. CVIII, p. 21.
HARZER. — *Astron. Nachr.*, n°s 2850 et 2851.

Nous appellerons désormais l'équation (a) équation de Gyldén-Lindstedt.

CHAPITRE II.

INTRODUCTION. — ÉQUATION DE M. HILL.

7. Étude de l'équation

$$\frac{d^2x}{dt^2} + x(q^2 + 2q_1 \cos 2t + 2q_2 \cos 4t + \ldots) = 0. \tag{a}$$

Si nous posons

$$\zeta = E^{t\sqrt{-1}}, \qquad q_{-\alpha} = q_\alpha, \qquad q_0 = q^2,$$

nous pouvons écrire

$$\frac{d^2x}{dt^2} + x \sum_{-\infty}^{+\infty} q_\alpha \zeta^{2\alpha} = 0. \tag{b}$$

Nous avons vu, dans le Chapitre précédent, que l'intégrale générale de cette équation peut être mise sous la forme

$$x = \sum_j b_j \zeta^{\mu+2j}. \tag{1}$$

On en tire

$$\frac{dx}{dt} = \sqrt{-1} \sum (\mu + 2j) b_j \zeta^{\mu+2j}, \qquad \frac{d^2x}{dt^2} = -\sum (\mu + 2j)^2 b_j \zeta^{\mu+2j}.$$

En portant ces valeurs de x et de $\frac{d^2x}{dt^2}$ dans l'équation (b), on trouve

$$\sum_j (\mu + 2j)^2 b_j \zeta^{\mu+2j} = \sum_i b_i \zeta^{\mu+2i} \sum_{-\infty}^{+\infty} q_\alpha \zeta^{2\alpha} = \sum \sum b_i q_{j-i} \zeta^{\mu+2j};$$

d'où la relation générale

$$(\mu + 2j)^2 b_j = \sum b_i q_{j-i},$$

qui donne, une fois développée,

$$(\mu + 2j)^2 b_j = b_j q_0 + b_{j+1} q_1 + b_{j+2} q_2 + \ldots$$
$$+ b_{j-1} q_1 + b_{j-2} q_2 + \ldots;$$

ou bien

$$\ldots - b_{j-2} q_2 - b_{j-1} q_1 + [j] b_j - b_{j+1} q_1 - b_{j+2} q_2 - \ldots = 0,$$

en faisant, pour abréger,

$$(2) \qquad (\mu + 2j)^2 - q^2 = [j].$$

Si l'on donne à j les valeurs $\ldots, -2, -1, 0, +1, +2, \ldots$, il vient

$$(3) \qquad \left\{ \begin{array}{llllll} \ldots & \ldots & \ldots & \ldots & \ldots & \ldots \\ \ldots + [-2] b_{-2} & - q_1 b_{-1} & - q_2 b_0 & - q_3 b_1 & - q_4 b_2 & - \ldots = 0, \\ \ldots - q_1 b_{-2} & + [-1] b_{-1} & - q_1 b_0 & - q_2 b_1 & - q_3 b_2 & - \ldots = 0, \\ \ldots - q_2 b_{-2} & - q_1 b_{-1} & + [0] b_0 & - q_1 b_1 & - q_2 b_2 & - \ldots = 0, \\ \ldots - q_3 b_{-1} & - q_2 b_{-1} & - q_1 b_0 & + [1] b_1 & - q_1 b_2 & - \ldots = 0, \\ \ldots - q_4 b_{-2} & - q_3 b_{-1} & - q_2 b_0 & - q_1 b_1 & + [2] b_2 & - \ldots = 0, \\ \ldots & \ldots & \ldots & \ldots & \ldots & \ldots \end{array} \right.$$

Les calculs du Chapitre précédent, qui se rapportent au cas de $q_1 = 0$, $q_2 = 0, \ldots$, donnent à penser que $b_{\pm i}$ décroît rapidement quand i augmente. S'il en est ainsi, et si l'on peut négliger b_3 et b_{-3}, les équations (5) se réduisent à cinq équations homogènes et du premier degré, contenant les cinq inconnues $b_{-2}, b_{-1}, b_0, b_1, b_2$. L'élimination de ces inconnues donnera

$$(4) \qquad \begin{vmatrix} [-2] & -q_1 & -q_2 & -q_3 & -q_4 \\ -q_1 & [-1] & -q_1 & -q_2 & -q_3 \\ -q_2 & -q_1 & [0] & -q_1 & -q_2 \\ -q_3 & -q_2 & -q_1 & [1] & -q_1 \\ -q_4 & -q_3 & -q_2 & -q_1 & [2] \end{vmatrix} = 0 = \Delta_5.$$

Les éléments de ce déterminant sont des fonctions de quantités connues, les q_i, et de μ qui figure dans les quantités $[-2], \ldots, [2]$, d'après la relation (2). L'équation (4) est du dixième degré en μ. Les équations (3) donneront les rapports $\frac{b_{-2}}{b_0}, \frac{b_{-1}}{b_0}, \frac{b_1}{b_0}$ et $\frac{b_2}{b_0}$. Si l'on conservait b_4 et b_{-4}, on aurait, pour déterminer μ, une équation du quatorzième degré, obtenue en égalant à zéro un déterminant de sept lignes et de sept colonnes. En continuant ainsi, on tendra vers un déterminant ayant un nombre infini d'éléments.

8. La convergence d'un tel déterminant a été examinée par M. Poincaré (*Bulletin de la Société mathématique*, t. XIV, p. 77-90). Il faudrait, pour la rigueur

absolue, faire intervenir le Mémoire précédent; nous nous bornerons à y renvoyer le lecteur.

Soit $\Theta(\mu) = 0$ l'équation transcendante obtenue en égalant à zéro le déterminant limite. On peut pressentir certaines propriétés des racines de cette équation en supposant $q_1 = q_2 = \ldots = 0$. Dans ce cas, le déterminant se réduit à sa diagonale

$$\ldots [-2][-1][0][1][2]\ldots,$$

et l'équation $\Theta(\mu) = 0$ devient

$$\ldots [(\mu-4)^2-q^2][(\mu-2)^2-q^2](\mu^2-q^2)[(\mu+2)^2-q^2][(\mu+4)^2-q^2]\ldots = 0;$$

ses racines sont

$$\ldots \quad \pm(4+q), \quad \pm(4-q), \quad \pm(2+q), \quad \pm(2-q), \quad \pm q, \quad \ldots;$$

elles sont égales deux à deux et de signes contraires. Les racines de $\Theta(\mu) = 0$ différeront peu des précédentes si les quantités $q_1, q_2, \ldots$ sont très petites. Prouvons qu'elles sont aussi, deux à deux, égales et de signes contraires; il en est même ainsi de toutes les équations $\Delta_3 = 0$, $\Delta_5 = 0$, ... En effet, si l'on change μ en $-\mu$, $[-2]$ et $[-1]$ se changent respectivement en $[2]$ et $[1]$, et inversement, et le déterminant (4) conserve la même valeur au signe près.

D'après les conclusions du Chapitre précédent, l'équation $\Theta(\mu) = 0$ doit être de la forme

$$\cos\mu\pi = f(\pi, q, q_1, q_2, \ldots). \tag{5}$$

On voit que ses racines sont bien égales et de signes contraires. Si μ est une racine de l'équation (5), $\mu+2$ en est une autre. Il en est bien de même pour l'équation limite $\Theta(\mu) = 0$. Considérons, par exemple, Δ_5, et soit Δ_5^1 ce qu'il devient quand on change μ en $\mu+2$, ce qui remplace $[-2], \ldots, [2]$ par $[-1], \ldots, [3]$. On aura

$$\Delta_5^1 = \left|\begin{array}{cccc|c} [-1] & -q_1 & -q_2 & -q_3 & -q_4 \\ -q_1 & [0] & -q_1 & -q_2 & -q_3 \\ -q_2 & -q_1 & [1] & -q_1 & -q_2 \\ -q_3 & -q_2 & -q_1 & [2] & -q_1 \\ \hline -q_4 & -q_3 & -q_2 & -q_1 & [3] \end{array}\right|.$$

On voit que, si dans Δ_5 et Δ_5^1 on supprime une ligne et une colonne, comme on l'a indiqué par des traits, on obtient le même déterminant. Or, en admettant la convergence, la soustraction indiquée produit un effet qui tend vers zéro, lorsqu'au lieu de Δ_5 on considère Δ_6, Δ_7, ... Ainsi donc, si μ est racine, il en est de même de $\mu \pm 2$, $\mu \pm 4$, ... Soit μ_0 l'une des racines; l'équation (5) pourra s'écrire

$$(6)\qquad \cos\mu\pi - \cos\mu_0\pi = 0.$$

On peut faire

$$\cos\mu\pi = \lim\left(1-\frac{4\mu^2}{1^2}\right)\left(1-\frac{4\mu^2}{3^2}\right]\cdots\left[1-\frac{4\mu^2}{(4n+1)^2}\right],\qquad \text{pour}\quad n=\infty,$$

$$\Theta_n(\mu) = \lim\begin{vmatrix} (\mu-2n)^2-q^2 & -q_1 & -q_2 & \cdots & -q_n \\ \cdots & \cdots & \cdots & \cdots & \cdots \\ -q_n & -q_{n-1} & -q_{n-2} & \cdots & (\mu+2n)^2-q^2 \end{vmatrix} = \lim\Delta_{n+1},\qquad \text{pour}\quad n=\infty.$$

Les équations étant du même degré, ayant des racines égales deux à deux, ou, du moins, dont la différence tend vers zéro, leurs premiers membres doivent avoir un rapport F_n indépendant de μ. On aura donc

$$\cos\mu\pi - \cos\mu_0\pi = \lim F_n\begin{vmatrix} (\mu-2n)^2-q^2 & -q_1 & -q_2 & \cdots & -q_n \\ \cdots & \cdots & \cdots & \cdots & \cdots \\ -q_n & -q_{n-1} & -q_{n-2} & \cdots & (\mu+2n)^2-q^2 \end{vmatrix}.$$

En faisant $\mu = 0$, il vient

$$(7)\qquad 1-\cos\mu_0\pi = \lim F_n\begin{vmatrix} (2n)^2-q_2 & -q_1 & \cdots & -q_n \\ -q_1 & (2n-2)^2-q^2 & \cdots & -q_{n-1} \\ \cdots & \cdots & \cdots & \cdots \\ -q_n & -q_{n-1} & \cdots & (2n)^2-q^2 \end{vmatrix}.$$

Si l'on suppose $q_1 = q_2 = \ldots = 0$, l'équation (a) se réduit à

$$\frac{d^2x}{dt^2} + q^2x = 0,$$

d'où

$$x = b_0 E^{qt\sqrt{-1}} = b_0\zeta^2;$$

on a donc

$$b_1 = b_2 = \ldots = b_{-1} = b_{-2} = \ldots = 0,\qquad \mu = \mu_0 = q.$$

On peut donc faire, dans l'équation (7),

$$\mu_0 = q,\qquad q_1 = q_2 = \ldots = 0;$$

d'où

$$1-\cos q\pi = \lim F_n\begin{vmatrix} (2n)^2-q^2 & 0 & 0 \\ 0 & (2n-2)^2-q^2 & 0 \\ . & \cdots & . \\ 0 & 0 & (2n)^2-q^2 \end{vmatrix}.$$

$$(8)\qquad 1-\cos q\pi = \lim F_n[(2n)^2-q^2][(2n-2)^2-q^2]\ldots[(2n)^2-q^2].$$

Si l'on divise (7) par (8), et que l'on divise par $n^2 - q^2$ la première ligne, par $(n-2)^2 - q^2$ la seconde ligne du déterminant qui figure dans la formule (7), il viendra

$$\frac{\sin^2 \frac{\pi}{2} \mu_0}{\sin^2 \frac{\pi}{2} q} = \lim \begin{vmatrix} 1 & -\frac{q_1}{(2n)^2 - q^2} & -\frac{q_2}{(2n)^2 - q^2} & \dots & -\frac{q_n}{(2n)^2 - q^2} \\ -\frac{q_1}{(2n-2)^2 - q^2} & 1 & -\frac{q_1}{(2n-2)^2 - q^2} & \dots & -\frac{q_{n-1}}{(2n-2)^2 - q^2} \\ \dots & \dots & \dots & \dots & \dots \\ -\frac{q_n}{(2n)^2 - q^2} & -\frac{q_{n-1}}{(2n)^2 - q^2} & -\frac{q_{n-2}}{(2n)^2 - q^2} & \dots & 1 \end{vmatrix}$$

ou bien, en mettant en évidence les parties centrales du déterminant,

$$(c) \qquad \frac{\sin^2 \frac{\pi}{2} \mu_0}{\sin^2 \frac{\pi}{2} q} = \begin{vmatrix} \dots & \dots & \dots & \dots & \dots & \dots & \dots \\ \dots & +1 & -\frac{q_1}{4^2 - q^2} & -\frac{q_2}{4^2 - q^2} & -\frac{q_3}{4^2 - q^2} & -\frac{q_4}{4^2 - q^2} & \dots \\ \dots & -\frac{q_1}{2^2 - q^2} & +1 & -\frac{q_1}{2^2 - q^2} & -\frac{q_2}{2^2 - q^2} & -\frac{q_3}{2^2 - q^2} & \dots \\ \dots & -\frac{q_2}{0^2 - q^2} & -\frac{q_1}{0^2 - q^2} & +1 & -\frac{q_1}{0^2 - q^2} & -\frac{q_2}{0^2 - q^2} & \dots \\ \dots & -\frac{q_3}{2^2 - q^2} & -\frac{q_2}{2^2 - q^2} & -\frac{q_1}{2^2 - q^2} & +1 & -\frac{q_1}{2^2 - q^2} & \dots \\ \dots & -\frac{q_4}{4^2 - q^2} & -\frac{q_3}{4^2 - q^2} & -\frac{q_2}{4^2 - q^2} & -\frac{q_1}{4^2 - q^2} & +1 & \dots \\ \dots & \dots & \dots & \dots & \dots & \dots & \dots \end{vmatrix} = \Delta.$$

Il ne reste plus qu'à ordonner suivant les puissances des petites quantités $q_1, q_2, \dots$ ce déterminant, dans lequel tous les éléments de la diagonale sont égaux à $+1$.

Désignons l'un quelconque des éléments par $a_{i,j}$, i étant un entier positif nul ou négatif qui représente le rang d'une ligne horizontale au-dessous ou au-dessus de la ligne médiane du Tableau (c); j représentera de même le rang d'une colonne verticale, à droite ou à gauche de la colonne médiane. On voit immédiatement que l'on aura

$$(9) \qquad \begin{cases} a_{i,j} = -\frac{q_{i-j}}{[i]}, \qquad [i] = (2i)^2 - q^2, \\ a_{i,i} = +1. \end{cases}$$

Les éléments de la diagonale seront donc

$$\dots, \quad a_{-2,-2}, \quad a_{-1,-1}, \quad a_{0,0}, \quad a_{1,1}, \quad a_{2,2}, \quad \dots .$$

Considérons, en particulier, dans cette diagonale les termes

$$(10) \qquad \ldots, \quad a_{i_0, i_0}, \quad a_{i_1, i_1}, \quad a_{i_2, i_2}, \quad a_{i_3, i_3}, \quad \ldots.$$

En permutant les premiers indices deux à deux de toutes les manières possibles, et prenant les divers résultats avec le signe + ou le signe — suivant que le nombre des permutations est pair ou impair, on aura les divers termes du déterminant.

Le terme principal de Δ est $+1$; les termes déduits des permutations des deux indices contiendront les produits de deux des quantités $q_1, q_2, \ldots$; il en entrera trois dans les permutations de trois indices, etc. Les quantités $q_1, q_2, \ldots$ étant supposées très petites, on comprend qu'on pourra s'arrêter assez promptement dans ces opérations.

9. **Permutations de deux indices.** — Distinguons dans la diagonale deux termes quelconques, en écrivant

$$\ldots 1 \times 1 \times \ldots \times a_{i_0, i_0} \times 1 \times \ldots \times a_{i_1, i_1} \times 1 \times \ldots,$$

permutons les premiers indices; le terme deviendra

$$- a_{i_1, i_0} \times a_{i_0, i_1},$$

ou bien, en vertu de la première des relations (9),

$$- \frac{q_{i_1 - i_0}}{[i_1]} \frac{q_{i_0 - i_1}}{[i_0]} = - \frac{q^2_{i_1 - i_0}}{[i_0][i_1]}.$$

On aura donc, en désignant par (II) la portion de Δ qui provient des permutations de deux indices,

$$(\text{II}) = - \sum \sum \frac{q^2_{i_1 - i_0}}{[i_0][i_1]}.$$

On peut poser

$$i_1 = i_0 + k, \qquad k > 0,$$

ce qui donne

$$(\text{II}) = - \sum_{i_0 = +\infty}^{i_0 = +\infty} \sum_{k = 1}^{k = +\infty} \frac{q^2_k}{[i_0][i_0 + k]},$$

ou bien

$$(11) \qquad (\text{II}) = - q_1^2 \sum_{-\infty}^{+\infty} \frac{1}{[i_0][i_0 + 1]} - q_2^2 \sum_{-\infty}^{+\infty} \frac{1}{[i_0][i_0 + 2]} - \ldots - q_k^2 \sum_{-\infty}^{+\infty} \frac{1}{[i_0][i_0 + k]} - \ldots.$$

On peut obtenir des valeurs simples des coefficients de $q_1^2, q_2^2, \ldots$. On a, en effet, en se reportant à la signification (9) de $[i_0]$ et de $[i_0+k]$ et posant

$$q = 2\theta,$$

(12)
$$\sum_{i_0} \frac{1}{[i_0][i_0+k]} = \frac{1}{16} \sum_{i_0} \frac{1}{(\theta+i_0)(\theta-i_0)(\theta+i_0+k)(\theta-i_0-k)}.$$

Or la décomposition des fractions rationnelles donne

$$\frac{1}{(\theta+i_0)(\theta-i_0)(\theta+i_0+k)(\theta-i_0-k)} = \frac{A}{\theta+i_0} + \frac{B}{\theta-i_0} + \frac{B}{\theta+i_0+k} + \frac{A}{\theta-i_0-k},$$

où l'on a fait

$$A = \frac{1}{2\theta k(2\theta-k)}, \qquad B = -\frac{1}{2\theta k(2\theta+k)}.$$

On a d'ailleurs, par une formule connue,

$$\pi \cot \pi\theta = \sum_{i_0} \frac{1}{\theta+i_0} = \sum_{i_0} \frac{1}{\theta-i_0} = \sum_{i_0} \frac{1}{\theta+i_0+k} = \sum_{i_0} \frac{1}{\theta-i_0-k},$$

où i_0 varie de $-\infty$ à $+\infty$. La formule (12) donnera donc

$$\sum_{i_0} \frac{1}{[i_0][i_0+k]} = \frac{1}{8}(A+B)\pi\cot\pi\theta = \frac{\pi\cot\pi\theta}{8\theta(4\theta^2-k^2)} = \frac{\pi\cot\frac{\pi}{2}q}{4q(q^2-k^2)}.$$

En portant dans l'expression (11), il vient ensuite

(13)
$$(\text{II}) = -\frac{\pi\cot\frac{\pi}{2}q}{4q}\left(\frac{q_1^2}{1-q^2} + \frac{q_2^2}{2^2-q^2} + \frac{q_3^2}{3^2-q^2} + \ldots\right).$$

Nous représenterons par (I) le terme principal de Δ, ce qui nous donnera

(14)
$$(\text{I}) = +1.$$

10. Permutations de trois indices. — Soient les trois termes de la diagonale

$$a_{i_0,i_0}, \quad a_{i_1,i_1}, \quad a_{i_2,i_2}, \quad i_0 < i_1 < i_2;$$

nous devons permuter les premiers indices i_0, i_1, i_2 de façon que tous changent de place; nous n'aurons que les deux permutations

$$i_1, \quad i_2, \quad i_0; \quad i_2, \quad i_0, \quad i_1,$$

qui résultent d'un nombre pair d'échanges de deux lettres. Les termes correspondants doivent donc être affectés du signe +, ce qui nous donnera

$$a_{i_1,i_0}a_{i_2,i_1}a_{i_0,i_2} + a_{i_2,i_0}a_{i_0,i_1}a_{i_1,i_2} = -\frac{q_{i_1-i_0}q_{i_2-i_1}q_{i_0-i_2}}{[i_1][i_2][i_0]} - \frac{q_{i_2-i_0}q_{i_0-i_1}q_{i_1-i_2}}{[i_2][i_0][i_1]}.$$

On aura donc, en désignant par (III) la portion de Δ qui provient des permutations de trois indices,

$$(\text{III}) = -2 \sum_{i_0} \sum_{i_1} \sum_{i_2} \frac{q_{i_1-i_0} q_{i_2-i_1} q_{i_2-i_0}}{[i_0][i_1][i_2]}.$$

On peut poser

$$i_1 = i_0 + k, \qquad i_2 = i_1 + k',$$

k et k' désignant des entiers positifs différents de o; il viendra

$$(\text{III}) = -2 \sum_{i_0=-\infty}^{i_0=+\infty} \sum_{k=1}^{k=+\infty} \sum_{k'=1}^{k'=+\infty} \frac{q_k q_{k'} q_{k+k'}}{[i_0][i_0+k][i_0+k+k']}.$$

Si nous attribuons à k et k' les solutions $k=1$, $k'=1$; $k=1$, $k'=2$; $k=2$, $k'=1$; $k=1$, $k'=3$; $k=2$, $k'=2$; ... des équations

$$k+k'=2, \qquad k+k'=3, \qquad k+k'=4, \qquad \ldots,$$

nous trouverons

$$\begin{aligned}(\text{III}) = &-2 \sum_{-\infty}^{+\infty} \left(\frac{q_1^2 q_2}{[i_0][i_0+1][i_0+2]} + \frac{q_1 q_2 q_3}{[i_0][i_0+1][i_0+3]} + \frac{q_1 q_2 q_3}{[i_0][i_0+2][i_0+3]} \right) \\ &-2 \sum_{-\infty}^{+\infty} \left(\frac{q_1 q_3 q_4}{[i_0][i_0+1][i_0+4]} + \frac{q_2^2 q_4}{[i_0][i_0+2][i_0+4]} + \frac{q_1 q_3 q_4}{[i_0][i_0+3][i_0+4]} \right) \\ &- \ldots\ldots\ldots\ldots\ldots\ldots\ldots\ldots\ldots\ldots\ldots\ldots\ldots\ldots\end{aligned}$$

Si l'on considère les quantités q_i comme petites et d'un ordre marqué par l'indice i, on peut se borner à la première ligne de l'expression précédente, en négligeant seulement le huitième ordre. On trouve ensuite aisément, en opérant comme plus haut,

$$\sum_{i_0} \frac{1}{[i_0][i_0+k][i_0+k']} = -\frac{1}{16} \frac{3q^2 - (k^2 - kk' + k'^2)}{q(q^2-k^2)(q^2-k'^2)[q^2-(k-k')^2]} \pi \cot \frac{\pi}{2} q,$$

et il en résulte

$$\sum \frac{1}{[i_0][i_0+1][i_0+2]} = -\frac{1}{16} \frac{3q^2-3}{q(q^2-1)^2(q^2-4)} \pi \cot \frac{\pi}{2} q,$$

$$\sum \frac{1}{[i_0][i_0+1][i_0+3]} = -\frac{1}{16} \frac{3q^2-7}{q(q^2-1)(q^2-4)(q^2-9)} \pi \cot \frac{\pi}{2} q,$$

$$\sum \frac{1}{[i_0][i_0+2][i_0+3]} = -\frac{1}{16} \frac{3q^2-7}{q(q^2-1)(q^2-4)(q^2-9)} \pi \cot \frac{\pi}{2} q;$$

$$(\text{III}) = \pi \cot \frac{\pi}{2} q \left[\frac{3q_1^2 q_2}{8q(1-q^2)(4-q^2)} + \frac{7-3q^2}{4q(1-q^2)(4-q^2)(9-q^2)} q_1 q_2 q_3 \right].$$

Nous nous bornerons à ces indications, renvoyant, pour le développement complet du déterminant, au beau Mémoire de M. Hill, *On the Part of the lunar Perigee* ... (*Acta mathematica*, t. VIII). C'est la reproduction, avec quelques additions, d'un Mémoire publié à Cambridge (États-Unis) en 1877.

11. Il nous reste à donner quelques indications sur la manière d'éliminer les quantités b_i des équations (3) : deux quelconques de ces équations peuvent s'écrire

$$[j]\,b_j - \sum_i b_i q_{j-i} = 0, \qquad i = j \text{ étant excepté dans le } \sum,$$

$$[\nu]\,b_\nu - \sum_i b_i q_{\nu-i} = 0, \qquad i = \nu \qquad \text{»} \qquad ,$$

d'où, en multipliant ces équations respectivement par $+1$ et $-\frac{q_{j-\nu}}{[\nu]}$, de façon à éliminer b_ν,

$$b_j\left([j] - \frac{q_{j-\nu}^2}{[\nu]}\right) - \sum_i b_i\left(q_{j-i} + \frac{q_{i-\nu}q_{j-\nu}}{[\nu]}\right) = 0;$$

i ne doit prendre, dans cette formule, aucune des valeurs j et ν. On peut écrire ce résultat sous la forme symbolique

$$[j]^{(\nu)}\,b_j - \sum_i b_i q_{j-i}^{(\nu)} = 0.$$

On pourra de même éliminer $b_{\nu'}$ entre deux telles relations, et le résultat pourra être mis sous la forme

$$[j]^{(\nu,\nu')}\,b_j - \sum_i b_i q_{j-i}^{(\nu,\nu')} = 0;$$

dans cette formule, on ne devra attribuer à i aucune des valeurs j, ν et ν'. On peut continuer ainsi jusqu'à ce que tous les b ayant des valeurs sensibles aient été éliminés; il ne restera plus que l'équation

$$[j]^{(\nu,\nu',\nu'',\ldots)} = 0,$$

d'où, en supposant que l'on ait pris $j = 0$,

$$[0]^{(\ldots,-2,-1,1,2,\ldots)}.$$

C'est l'équation qui détermine μ, dont on peut calculer ainsi la valeur numérique sans faire usage du déterminant Δ. Cela revient à éliminer successivement les quantités b_i, au lieu de les chasser d'un coup.

CHAPITRE III.

THÉORIE DE LA LUNE DE NEWTON.

12. Newton a fait le premier pas dans l'étude des mouvements de trois corps soumis à leurs attractions mutuelles. Ses tentatives, pour le cas général, ont abouti aux propositions LXVI à LXIX du premier Livre des *Principes* (Section XI), qui donnent plutôt des indications que des conclusions précises sur les mouvements des corps. Voici deux des énoncés :

Proposition LXVI. — Trois corps s'attirent en raison inverse du carré de la distance; les plus petits, P et S, tournent autour du plus grand, T. Je dis que le corps P, le plus voisin de T, décrira autour de ce dernier des aires qui approcheront plus d'être proportionnelles au temps, et que l'orbite de P approchera plus d'une ellipse ayant T pour foyer, si le grand corps T est attiré lui-même par les deux autres, que s'il était en repos, ou soumis à des attractions suivant une loi différente.

Proposition LXVII. — Le corps extérieur S décrit des aires plus proportionnelles au temps et une orbite plus voisine de la forme elliptique autour du centre de gravité O des corps intérieurs P et T qu'autour du plus intérieur T.

Sans suivre Newton dans ses démonstrations, nous croyons utile de reproduire sa construction géométrique pour la décomposition de la force perturbatrice.

Soit $SN = ST$ (*fig.* 1) la moyenne distance des corps P et S; l'attraction de S sur P, à cette distance moyenne, peut être représentée par la longueur SN.

Si l'on prend sur son prolongement un point L tel que

$$\frac{SL}{SN} = \left(\frac{SN}{SP}\right)^2, \qquad (1)$$

SL représentera l'attraction exercée par S sur l'unité de masse de P, à la distance SP. La force SL peut ensuite se décomposer en deux autres, LM et MS, LM étant mené parallèle à PT.

Si l'attraction de S sur l'unité de masse de T est représentée par la longueur ST, il faudra, dans la détermination du mouvement relatif de P autour

Fig. 1.

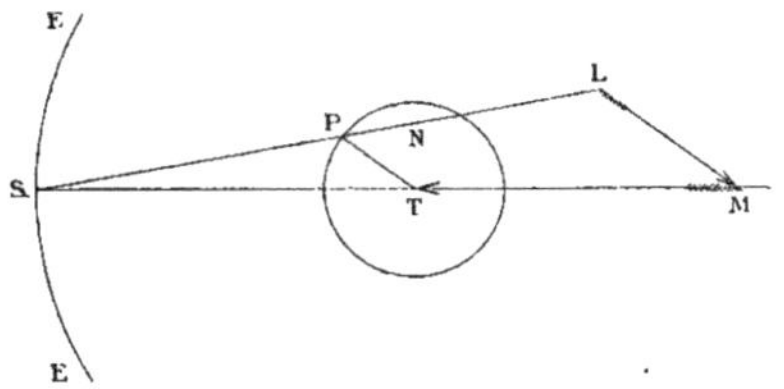

de T, retrancher ST de SM. Il restera donc, en somme, trois forces agissant sur P : la force dirigée suivant PT, provenant de l'attraction de T, et inversement proportionnelle à $\overline{PT}^2$; la force égale et parallèle à LM, qui sera centrale comme la précédente, mais dont l'intensité sera beaucoup plus compliquée; enfin, une force égale et parallèle à MT.

Les deux premières n'ont pas d'influence sur les aires décrites par le rayon PT; ces aires sont altérées seulement par la troisième. C'est aussi cette dernière seule qui modifie l'inclinaison et le nœud de l'orbite relative de P autour de T.

Dans les vingt-deux corollaires de la proposition LXVI, Newton analyse les effets des forces précédentes au point de vue des dérangements du corps P. Les considérations qui le guident sont d'une grande finesse, parfois difficiles à suivre, en raison de la concision du langage.

Ces recherches, qui avaient pour but, non le calcul précis et détaillé, mais l'explication simple des principales perturbations, ont été développées depuis, surtout dans la patrie de Newton. Nous renverrons le lecteur aux deux Ouvrages suivants : J. Herschel, *Outlines of Astronomy;* — Airy, *Gravitation, an elementary explanation of the principal perturbations in the solar system.*

Dans un beau Mémoire, *Théorie géométrique du mouvement des aphélies des planètes, pour servir d'addition aux Principes de Newton* (*Œuvres,* t. V), Lagrange a donné une démonstration géométrique élégante des formules différentielles qu'il avait obtenues antérieurement par l'Analyse pour le mouvement des aphélies et les variations du grand axe et de l'excentricité.

M. Lespiault [*Théorie géométrique de la variation des éléments des planètes* (*Mémoires de la Société des Sciences physiques et naturelles de Bordeaux;* 1867)], en s'appuyant sur les Leçons professées au Collège de France en 1856, par

M. J. Bertrand, et s'aidant de la considération des couples, a pu donner des démonstrations géométriques des formules relatives aux inclinaisons et aux longitudes des nœuds, et compléter ainsi le Mémoire de Lagrange.

Dans le même ordre d'idées, il faut citer encore un beau travail de Möbius : *Variationum quas elementa motus perturbati planetarum subeunt nova et facilis evolutio* (*Journal de Crelle*, t. XXXII), et l'Ouvrage du même géomètre, *Die Elemente der Mechanik des Himmels auf neuem Wege ohne Hülfe höherer Rechnungsarten*. Leipsig; 1843. (*Voir* aussi le tome IV des *Œuvres complètes de Möbius*, publiées par Scheibner et Klein.)

13. Les recherches de Newton et de ses successeurs dans la voie indiquée ci-dessus découlent aujourd'hui très simplement des formules qui expriment les dérivées des éléments elliptiques d'une planète en fonction des composantes de la force perturbatrice, suivant le rayon vecteur, la perpendiculaire au rayon vecteur dans le plan de l'orbite, et la normale à ce plan.

Si l'on se reporte aux pages 433 et 436 du Tome I de cet Ouvrage, et que l'on désigne par $a, n, e, p, \varphi, \theta, \varpi, \varepsilon, m, r, w, u, \Upsilon$ le demi grand axe, le moyen mouvement, l'excentricité, le paramètre, l'inclinaison, la longitude du nœud, celle du périhélie, celle de l'époque, la masse, le rayon vecteur, l'anomalie vraie, l'anomalie excentrique, et enfin l'argument de la latitude pour la planète troublée (P); par m' la masse de la planète troublante (S), la masse de T étant prise pour unité, les formules dont il s'agit sont

$$(a)\quad\left\{\begin{aligned}
\frac{da}{dt} &= \frac{2m'}{1+m}\frac{na^3}{\sqrt{1-e^2}}\left(\mathrm{S}e\sin w + \mathrm{T}\frac{p}{r}\right),\\
\frac{de}{dt} &= \frac{m'}{1+m}na^2\sqrt{1-e^2}\,[\mathrm{S}\sin w + \mathrm{T}(\cos u + \cos w)],\\
\frac{d\sqrt{p}}{dt} &= \frac{m'}{1+m}na^{\frac{3}{2}}\mathrm{T}r,\\
\frac{d\varphi}{dt} &= \frac{m'}{1+m}\frac{na}{\sqrt{1-e^2}}\mathrm{W}r\cos\Upsilon,\\
\sin\varphi\frac{d\theta}{dt} &= \frac{m'}{1+m}\frac{na}{\sqrt{1-e^2}}\mathrm{W}r\sin\Upsilon,\\
e\frac{d\varpi}{dt} &= \frac{m'}{1+m}na^2\sqrt{1-e^2}\left[-\mathrm{S}\cos w + \mathrm{T}\left(1+\frac{r}{p}\right)\sin w\right] + 2e\sin^2\frac{\varphi}{2}\frac{d\theta}{dt},\\
\frac{d\varepsilon}{dt} &= -\frac{2m'}{1+m}na\mathrm{S}r + \frac{e^2}{1+\sqrt{1-e^2}}\frac{d\varpi}{dt} + 2\sqrt{1-e^2}\sin^2\frac{\varphi}{2}\frac{d\theta}{dt},\\
& n^2a^3 = f,
\end{aligned}\right.$$

$fm'\mathrm{S}$, $fm'\mathrm{T}$ et $fm'\mathrm{W}$ désignant les projections de la force perturbatrice sur les trois axes rectangulaires considérés plus haut (rayon vecteur, etc.).

Représentons par x', y', z' les coordonnées de la planète perturbatrice relativement à des axes parallèles menés par le centre du Soleil, par r' son rayon vecteur et par Δ sa distance à la planète troublée, et nous aurons (t. I, p. 466)

$$(b)\quad \left\{\begin{aligned} S &= x'\left(\frac{1}{\Delta^3} - \frac{1}{r'^3}\right) - \frac{r}{\Delta^3},\\ T &= y'\left(\frac{1}{\Delta^3} - \frac{1}{r'^3}\right),\\ W &= z'\left(\frac{1}{\Delta^3} - \frac{1}{r'^3}\right),\\ \Delta^2 &= r^2 + r'^2 - 2rx'. \end{aligned}\right.$$

Ce que dit Newton de la proportionnalité plus ou moins approchée des aires aux temps découle immédiatement de la troisième des formules (a).

Ses remarques sur les variations de l'inclinaison et du nœud ne sont en quelque sorte qu'un commentaire, en langage ordinaire, de la quatrième et de la cinquième des mêmes formules.

14. Entrons, à ce sujet, dans quelques détails : du point S comme centre

Fig. 2.

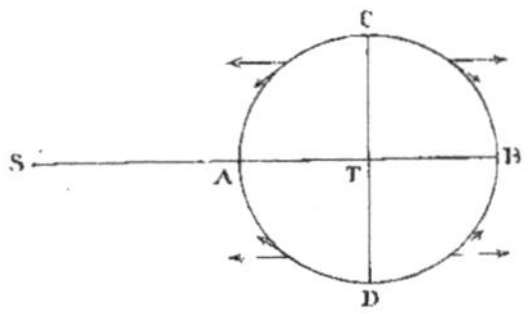

(*fig.* 2), avec ST comme rayon, décrivons un cercle qui coupe l'orbite en deux points C et D, pour lesquels on aura $\Delta = r'$.

Si le corps S est très éloigné, de façon que le rapport $\frac{TC}{TS}$ soit petit, les angles CTS et DTS seront très voisins de 90°, et les positions C et D du corps P différeront peu de celles des quadratures.

La troisième des formules (a) donne

$$\frac{d\sqrt{p}}{dt} = \frac{m'}{1+m} na^{\frac{3}{2}} ry'\left(\frac{1}{\Delta^3} - \frac{1}{r'^3}\right).$$

Quand P passe en C et D, le facteur $\frac{1}{\Delta^3} - \frac{1}{r'^3}$ change de signe; en A et B, il en est de même pour l'autre facteur y'. On en conclut aisément que l'aire décrite en un temps donné par le rayon vecteur PT reçoit sa plus grande augmentation dans les syzygies, et sa plus forte diminution dans les quadratures. C'est ce que Newton montre directement dans le corollaire II de la proposition LXVI, en remarquant que la composante de la force perturbatrice, qui est parallèle à ST, est la seule à modifier les aires, et que, de C en A et de A en D, cette composante est dirigée vers la gauche de la figure, tandis que, pour l'autre moitié de l'orbite, elle est dirigée vers la droite. Si on la décompose en deux forces, l'une dirigée vers le point T, l'autre normale au rayon vecteur, on voit que la dernière augmentera l'aire de C en A et de D en B, et la diminuera dans les deux autres quadrants.

Newton en conclut (corollaire III) que, toutes choses égales d'ailleurs, le corps P se meut plus vite dans les syzygies que dans les quadratures, et ensuite (corollaire IV) que l'orbite de P est plus courbe dans les syzygies que dans les quadratures. Ces deux propositions supposent que l'excentricité propre est nulle. On a, en désignant par V et V′ la vitesse en C et A, par ρ et ρ' les rayons de courbure correspondants, et par N et N′ les composantes normales de la force,

$$\frac{V^2}{\rho} = N, \qquad \frac{V'^2}{\rho'} = N',$$

d'où

$$\rho = \frac{V^2}{N}, \qquad \rho' = \frac{V'^2}{N'}.$$

Or on a $V' > V$; en C, la composante normale de la force perturbatrice est nulle, et elle est négative en A; d'ailleurs, la composante normale provenant de l'attraction de T est la même dans les deux cas. On a donc

$$N' < N \qquad \text{et, par suite,} \qquad \rho' > \rho.$$

Il en résulte (corollaire VI) que, toutes choses égales d'ailleurs, le corps P s'écartera plus de T dans les quadratures que dans les syzygies.

La plupart des autres corollaires de Newton fournissent des données sur les variations des éléments elliptiques quand deux des composantes S, T et W sont nulles. Supposons d'abord $T = 0$, $W = 0$, $S < 0$, de sorte que le corps P soit soumis à une force perturbatrice centrale.

Les formules (a) donneront

$$\frac{de}{dt} = \frac{m'}{1+m} na^2 \sqrt{1-e^2}\, S \sin w, \qquad \frac{dp}{dt} = 0,$$

$$e\frac{d\varpi}{dt} = -\frac{m'}{1+m} na^2 \sqrt{1-e^2}\, S \cos w.$$

Donc, l'excentricité croît quand P va du périhélie à l'aphélie; elle décroît dans l'autre moitié de l'orbite. Soient A et B les extrémités du grand axe, C et D les points de l'orbite situés sur une perpendiculaire à AB menée par le point T. On aura, sur l'arc DBC,

$$\cos w > 0, \qquad \frac{d\varpi}{dt} > 0;$$

le grand axe tournera dans le sens direct. Sur l'arc CAD

$$\cos w < 0, \qquad \frac{d\varpi}{dt} < 0,$$

la rotation se fera dans le sens rétrograde.

Un changement de sens de la force S échange l'une dans l'autre les deux conclusions précédentes.

Supposons, en second lieu, $S = 0$, $W = 0$, $T > 0$; la force perturbatrice est donc normale au rayon vecteur et agit dans le sens du mouvement. Les formules (a) donnent

$$\frac{da}{dt} = \frac{2m'}{1+m}\frac{na^3}{\sqrt{1-e^2}}\,T\frac{p}{r},$$

$$\frac{d\sqrt{p}}{dt} = \frac{m'}{1+m}\,na^{\frac{3}{2}}\,T\,r,$$

$$\frac{de}{dt} = \frac{m'}{1+m}\,na^2\sqrt{1-e^2}\,T(\cos u + \cos w),$$

$$\frac{e\,d\varpi}{dt} = \frac{m'}{1+m}\,na^2\sqrt{1-e^2}\,T\left(1+\frac{r}{p}\right)\sin w;$$

a et p augmentent sans cesse, et il en est de même de la durée de la révolution. Entre le périhélie et l'aphélie, le grand axe tourne dans le sens direct; son mouvement est rétrograde dans l'autre moitié de l'orbite. On a

$$\cos u + \cos w = \frac{e\cos^2 w + 2\cos w + e}{1+e\cos w} = \frac{e(\cos w + \alpha)(\cos w + \beta)}{1+e\cos w},$$

$$\alpha = \frac{1-\sqrt{1-e^2}}{e}, \qquad \beta = \frac{1+\sqrt{1-e^2}}{e}.$$

Les points pour lesquels on a

$$\cos w = -\alpha,$$

et, par suite,

$$\cos u + \cos w = 0, \qquad \frac{de}{dt} = 0,$$

sont voisins des points C et D, dont on a parlé plus haut, si e est petit. On peut donc dire que, sur l'arc DBC, e augmente, et diminue sur l'arc CAD.

Les corollaires 6-10 de Newton contiennent une bonne partie des résultats ci-dessus.

Enfin, supposons $S = 0$, $T = 0$, $W < 0$; les formules

$$\sin\varphi \frac{d\theta}{dt} = \frac{m'}{1+m} \frac{na}{\sqrt{1-e^2}} W r \sin \Upsilon,$$

$$\frac{d\varphi}{dt} = -\frac{m'}{1+m} \frac{na}{\sqrt{1-e^2}} W r \cos \Upsilon$$

permettent de déterminer les signes de $\frac{d\theta}{dt}$ et de $\frac{d\varphi}{dt}$ d'après ceux de $\sin\Upsilon$ et de $\cos\Upsilon$. Ainsi, tant que la planète reste au-dessus du plan de référence, on a $\sin\Upsilon > 0$, $\frac{d\theta}{dt} < 0$, le nœud rétrograde. Quand P passe en dessous du plan fixe, si W garde le signe $-$, le nœud a un mouvement direct.

Ce que nous dirons plus loin prouvera que Newton connaissait l'expression (a) de $\frac{d\varpi}{dt}$ à l'aide des composantes S et T de la force perturbatrice et, très probablement aussi, celles de $\frac{d\theta}{dt}$ et $\frac{d\varphi}{dt}$. J'incline à penser qu'il connaissait toutes les formules (a), mais qu'au lieu de les publier il a préféré en tirer un grand nombre de propositions géométriques qu'il a obtenues en ne considérant chaque fois que l'effet de l'une des composantes.

15. Avant d'indiquer les beaux résultats auxquels il est arrivé dans la théorie de la Lune, il convient de rappeler ce que l'observation avait appris sur les mouvements de notre satellite.

On savait que la Lune peut être supposée se mouvoir dans une orbite elliptique dont deux éléments éprouvent des variations considérables; la ligne des nœuds est animée d'un mouvement rétrograde presque uniforme, en vertu duquel elle décrit l'écliptique en 18 ans $\frac{2}{3}$ environ (6793 jours); il y a en outre une petite inégalité périodique qui peut écarter le nœud ascendant de sa position moyenne de $1°26'$ en plus ou en moins. L'inclinaison garde une valeur moyenne constante et oscille entre $5°0'$ et $5°18'$.

L'ellipse tourne dans son plan dans le sens direct, d'un mouvement presque uniforme, en vertu duquel le périgée effectue une révolution en un peu moins de 9 ans (3233 jours); il y a en outre une inégalité périodique qui peut écarter le périgée de sa position moyenne d'environ $8°41'$ au maximum, en plus ou en moins.

La longitude de la Lune est affectée de trois inégalités périodiques principales :

L'*évection*,

$$1°16'26'' \sin[2(\odot - \text{☾}) - \zeta],$$

en représentant par $\odot$ et $☾$ les longitudes moyennes du Soleil et de la Lune, par ζ l'anomalie moyenne de la Lune;

La *variation*,

$$39'30'' \sin 2(\odot - ☾);$$

L'*équation annuelle*,

$$- 11'10'' \sin\zeta',$$

où ζ' désigne l'anomalie moyenne du Soleil.

On voit que les dérangements de la Lune sont considérables et s'effectuent dans des périodes relativement courtes.

16. Parmi les inégalités du mouvement de la Lune en longitude, Newton n'a développé que la variation, et la méthode qu'il a suivie paraît à Laplace une des choses les plus remarquables des *Principes;* nous allons en donner une idée, en traduisant les résultats en formules avec les notations actuelles.

Newton fait abstraction de l'excentricité propre et de l'inclinaison de l'orbite.

Fig. 3.

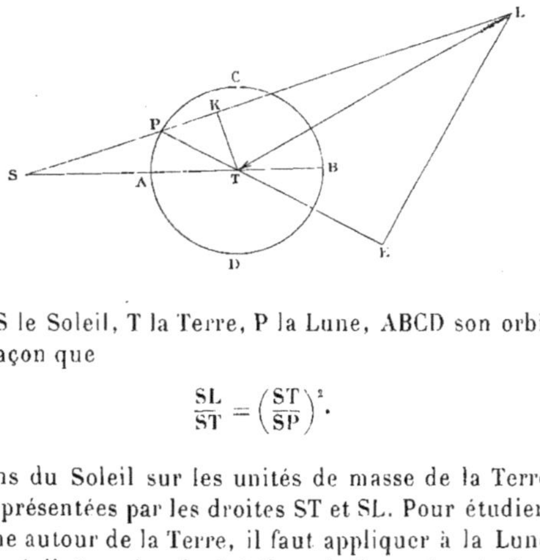

Soient (*fig.* 3) S le Soleil, T la Terre, P la Lune, ABCD son orbite, L un point pris sur SP de façon que

$$\frac{SL}{ST} = \left(\frac{ST}{SP}\right)^2. \tag{1}$$

Les attractions du Soleil sur les unités de masse de la Terre et de la Lune pourront être représentées par les droites ST et SL. Pour étudier le mouvement relatif de la Lune autour de la Terre, il faut appliquer à la Lune une force ST égale et contraire à l'attraction du Soleil sur la Terre. La résultante de LS et ST est la force LT que Newton décompose en deux autres LE et ET, l'une perpendiculaire, l'autre parallèle à PT. La composante LE est la seule qui modifie les aires décrites par le rayon vecteur de la Lune; nous allons calculer son intensité. Si l'on prend SK = ST, on aura

$$ST = SP + PK, \qquad SL = SP + PL;$$

en portant dans l'égalité (1) et simplifiant, il vient

$$3\overline{SP}^2.PK + 3SP.\overline{PK}^2 + \overline{PK}^3 = PL.\overline{SP}^2,$$

d'où sensiblement, à cause de la petitesse du rapport $\frac{PK}{PS}$,

$$PL = 3PK.$$

On a ensuite, dans le triangle rectangle PEL,

$$LE = PL \sin EPL = 3PK \sin TPK,$$
$$TE + TP = PL \cos EPL = 3PK \cos TPK,$$

d'où, en remarquant que l'angle PKT diffère très peu de 90°,

$$\begin{cases} LE = 3PK \dfrac{TK}{TP}, \\ TE = 3PK \dfrac{PK}{TP} - TP. \end{cases}$$

Soient v et v' les longitudes géocentriques de la Lune et du Soleil, r le rayon vecteur SP; l'angle TPK peut être pris égal à $v' - v$, et il vient

$$LE = 3TP \sin(v' - v) \cos(v' - v),$$
$$TE = TP\,[3\cos^2(v' - v) - 1].$$

Pour avoir les intensités absolues des composantes, il faut prendre les rapports des longueurs LE et TE à ST et multiplier ces rapports par

$$\frac{m'}{\overline{ST}^2} = n'^2\,ST,$$

en désignant par m' et n' la masse et le moyen mouvement du Soleil. On trouvera ainsi

$$3n'^2\,TP \sin(v' - v) \cos(v' - v),$$
$$n'^2\,TP\,[3\cos^2(v' - v) - 1].$$

La force centripète qui produit le mouvement circulaire de la Lune est égale à n^2 TP; représentons par m le rapport $\frac{n'}{n}$ du moyen mouvement du Soleil à celui de la Lune; nous pourrons prendre, puisque nous négligeons les excentricités,

$$v' = mv,$$

et si nous adoptons pour unité de force l'attraction moyenne de la Terre sur la Lune, nous aurons

$$(2)\qquad \begin{cases} \text{force LE} = 3m^2 \sin(m-1)v\cos(m-1)v = (\mathrm{T}), \\ \text{force ET} = \ \ m^2[3\cos^2(m-1)v - 1] \quad = (\mathrm{S}). \end{cases}$$

La force centripète totale s'obtiendra en retranchant la force ET de l'attraction $\frac{k}{r^2}$ de la Terre sur la Lune; on pourra écrire

$$(3)\qquad \text{force centripète} = \frac{k}{r^2}[1 + m^2 - 3m^2\cos^2(m-1)v] = \mathrm{F}.$$

Newton cherche ensuite l'accroissement de l'aire élémentaire produit par les deux composantes (S) et (T). La première ne donne lieu à aucun changement; la seconde occasionne une variation de la vitesse normale au rayon vecteur, $r\frac{dv}{dt}$, et l'on a

$$\frac{d\left(r\frac{dv}{dt}\right)}{dt} = (\mathrm{T}).$$

La force (T) laisse d'ailleurs r invariable. On a, dans ces conditions,

$$(4)\qquad \frac{d\left(r^2\frac{dv}{dt}\right)}{dt} = r(\mathrm{T}).$$

Le procédé de Newton revient en somme à ce qui précède. La relation (4) est identique à la seconde des formules (α) du Tome I de cet Ouvrage (p. 88); elle équivaut aussi à la troisième des formules (a) du présent Volume (p. 29).

On a ensuite, en remplaçant (T) par sa valeur (2),

$$(5)\qquad \frac{d\left(r^2\frac{dv}{dt}\right)}{dt} = \frac{3}{2}m^2 r\sin 2(m-1)v.$$

Si l'on prend comme unité de distance la valeur moyenne de r et que l'on remarque que l'on a déjà supposé la force centripète moyenne $\frac{V^2}{\rho} = 1$, on voit que la vitesse moyenne de la Lune devra être censée égale à l'unité. On pourra donc prendre, dans le second membre de la formule (5), $dt = dv$, et il en résultera

$$r^2\frac{dv}{dt} = \frac{3}{2}m^2\int \sin 2(m-1)v\,dv.$$

Newton calcule cette quadrature par un procédé indirect; nous nous bornerons à en écrire immédiatement la valeur, et nous aurons, en désignant par h une constante arbitraire,

$$r^2\frac{dv}{dt} = h + \frac{3}{4}\frac{m^2}{1-m}\cos 2(m-1)v.$$

La constante h est très voisine de 1, puisqu'il en est ainsi de r et de $\frac{dv}{dt}$; il vient donc

$$r^2\frac{dv}{dt} = h\left[1+\frac{3}{4}\frac{m^2}{1-m}\cos 2(m-1)v\right]. \tag{6}$$

On peut remarquer que h est la valeur moyenne de $r^2\frac{dv}{dt}$; c'est celle qui répond aux octants, car, en ces points,

$$\cos 2(m-1)v = \cos(2v'-2v) = 0.$$

17. Le carré de la vitesse V de la Lune est

$$V^2 = \frac{dr^2}{dt^2} + r^2\frac{dv^2}{dt^2};$$

mais, si l'on néglige l'excentricité, $\frac{dr^2}{dt^2}$ est de l'ordre du carré de la force perturbatrice et peut être omis; il vient ainsi, en tenant compte de la formule (6), et en négligeant m^4,

$$V^2 = \frac{h^2}{r^2}\left[1+\frac{3}{2}\frac{m^2}{1-m}\cos 2(m-1)v\right].$$

Soient $1-x$ et $1+x$ les valeurs de r dans les syzygies ($v'-v=0$ ou $=180°$) et dans les quadratures ($v'-v=\pm 90°$), V_1 et V_0 les valeurs correspondantes de V. On aura

$$V_1^2 = \frac{h^2}{(1-x)^2}\left(1+\frac{3}{2}\frac{m^2}{1-m}\right),$$

$$V_0^2 = \frac{h^2}{(1+x)^2}\left(1-\frac{3}{2}\frac{m^2}{1-m}\right),$$

$$\frac{V_1^2}{V_0^2} = \left(\frac{1+x}{1-x}\right)^2\frac{1+\frac{3}{2}\frac{m^2}{1-m}}{1-\frac{3}{2}\frac{m^2}{1-m}}.$$

Soient ρ_1 et ρ_0 les valeurs du rayon de courbure dans les syzygies et dans les quadratures; les forces centripètes correspondantes seront, d'après le théorème d'Huygens, dans le rapport

$$\frac{V_1^2}{V_0^2}\frac{\rho_0}{\rho_1} = \left(\frac{1+x}{1-x}\right)^2 \left(1+\frac{3m^2}{1-m}\right)\frac{\rho_0}{\rho_1} = \frac{F_1}{F_0}.$$

Mais, d'après la formule (3), on a

$$F_1 = k\frac{1-2m^2}{(1-x)^2}, \qquad F_0 = k\frac{1+m^2}{(1+x)^2};$$

si l'on porte ces valeurs de F_0 et F_1 dans la relation précédente, il vient

$$\left(1+\frac{3m^2}{1-m}\right)\frac{\rho_0}{\rho_1} = 1-3m^2,$$

d'où

(7) $$\frac{\rho_0}{\rho_1} = 1-3m^2\left(1+\frac{1}{1-m}\right);$$

c'est ainsi que Newton a déterminé le rapport des rayons de courbure de l'orbite dans les syzygies et dans les quadratures.

Pour déterminer x, Newton considère l'orbite lunaire dont il s'agit ici (on a négligé l'excentricité propre) comme une ellipse mobile dont la Terre occupe le *centre* et dont le périgée suit le Soleil, de manière que le petit axe de l'ellipse correspond toujours à la syzygie et le grand axe à la quadrature. Laplace dit à ce sujet : « Cette considération est exacte, mais elle exigeait une démonstration (¹); ... ces hypothèses de calcul, fondées sur des aperçus vraisemblables, sont permises aux inventeurs dans des recherches aussi difficiles. ... ». On aura donc, dans cette hypothèse,

$$\frac{1}{r^2} = \frac{\sin^2(v'-v)}{b^2} + \frac{\cos^2(v'-v)}{a^2}, \qquad a^2 < b^2,$$

d'où, avec la précision adoptée jusqu'ici,

$$r = \frac{ab\sqrt{2}}{\sqrt{a^2+b^2}}\left[1-\frac{1}{2}\frac{b^2-a^2}{b^2+a^2}\cos(2v'-2v)\right],$$

ou encore, en remarquant que la valeur moyenne de r a été prise pour unité

(¹) Newton avait démontré que le rayon de la Lune est plus grand dans les quadratures que dans les syzygies (*voir* la p. 31 de ce Volume).

et que l'on doit avoir $r = 1 - x$ dans les syzygies et $r = 1 + x$ dans les quadratures,

$$r = 1 - x \cos 2(m-1)v.$$

On trouve sans peine, en partant de cette dernière expression de r et négligeant x^2, que le rayon de courbure ρ en un point quelconque a pour expression

$$\rho = \frac{r^2}{r - \frac{d^2 r}{dv^2}} = \frac{1 - 2x\cos 2(m-1)v}{1 - [1+4(1-m)^2]\, x \cos 2(m-1)v};$$

il en résulte

$$\rho_1 = \frac{1-2x}{1 - x[1+4(1-m)^2]}, \qquad \rho_0 = \frac{1+2x}{1 + x[1+4(1-m)^2]},$$

$$\frac{\rho_0}{\rho_1} = 1 - 2x[4(1-m)^2 - 1].$$

En comparant à la formule (7), il vient

$$(8) \qquad x = \frac{3}{2} m^2 \frac{1 + \frac{1}{1-m}}{4(1-m)^2 - 1}.$$

Si l'on remplace m par sa valeur numérique $m = 0{,}0748$, on trouve $\frac{69}{70}$ pour le rapport $\frac{1-x}{1+x}$ des deux axes de l'ellipse.

18. Pour conclure de là l'inégalité désignée sous le nom de *variation*, Newton remarque qu'elle provient, en partie, de l'inégalité des aires élémentaires décrites par le rayon vecteur de la Lune, et, en partie, de la forme elliptique de l'orbite. Supposant que la Lune se meuve dans une ellipse ABCD (*fig.* 4) autour

Fig. 4.

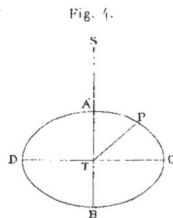

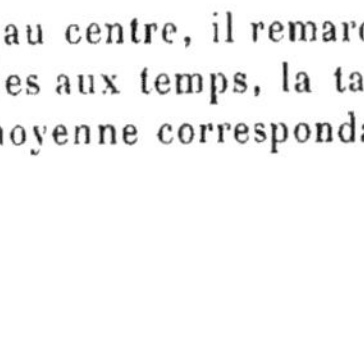

de la Terre en repos, placée au centre, il remarque que, si le rayon TP décrit des aires CTP proportionnelles aux temps, la tangente de l'angle CTP sera à la tangente de la longitude moyenne correspondante comptée à partir de TC, dans le rapport $\frac{TA}{TC} = \frac{1-x}{1+x} = \frac{69}{70}$; puis que la description de l'aire CTP, lorsque la Lune passe de la quadrature à la syzygie, doit être accélérée, de sorte que sa vitesse (vitesse aréolaire), dans la syzygie, soit à celle de la quadrature dans le rapport $\frac{1+\frac{3}{4}m^2}{1-\frac{3}{4}m^2}$, et que l'excès de cette vitesse, à un moment quelconque, sur celle de la quadrature, soit proportionnel au carré du sinus de l'angle CTP. C'est, dit-il, ce que l'on fera *assez exactement* si l'on diminue la tangente de l'angle CTP dans le rapport $\sqrt{\frac{1-\frac{3}{4}m^2}{1+\frac{3}{4}m^2}}$. Par ce moyen, Newton trouve que la tangente de l'angle CTP sera à la tangente de la longitude moyenne dans le rapport

$$\frac{1-x}{1+x}\sqrt{\frac{1-\frac{3}{4}m^2}{1+\frac{3}{4}m^2}} = \frac{68,6877}{70}.$$

La différence des deux angles sera maximum dans les octants, où, la longitude moyenne étant de 45°, la longitude vraie sera l'angle dont la tangente est $\frac{68,6877}{70}$, soit 44°27′28″; en retranchant de 45°, on a 32′32″ pour la plus grande valeur de la variation.

Il en serait ainsi si la Lune, en passant de la quadrature à la syzygie, décrivait un angle CTA rigoureusement égal à 90°. Mais, en raison du mouvement du Soleil, il faut augmenter le nombre précédent dans le rapport des durées des révolutions, synodique et sidérale, de la Lune, ce qui donne 35′10″; c'est peu différent de la valeur trouvée par l'observation.

Nous pouvons vérifier la première assertion de Newton :

L'ellipse immobile, décrite conformément à la loi des aires, donne lieu aux formules

$$c = r^2\frac{dv}{dt}, \qquad \frac{1}{r^2} = \frac{\sin^2 v}{a^2} + \frac{\cos^2 v}{b^2},$$

$$\operatorname{tang} v = \frac{a}{b}\operatorname{tang} ht, \qquad h = \frac{c}{ab}.$$

Si l'on fait

$$\operatorname{tang} v' = \lambda \operatorname{tang} ht, \qquad \frac{1}{r'^2} = \frac{\sin^2 v'}{a^2} + \frac{\cos^2 v'}{b^2},$$

$$r'^2\frac{dv'}{dt} = c',$$

on trouve aisément

$$(9) \qquad c' = \frac{\lambda h}{\frac{\cos^2 ht}{b^2} + \frac{\lambda^2 \sin^2 ht}{a^2}};$$

donc, dans les quadratures,

$$ht = 0, \qquad c' = b^2 \lambda h = c'_0;$$

dans les syzygies,

$$ht = 90^\circ, \qquad c' = \frac{a^2 h}{\lambda} = c'_1.$$

On a donc

$$\frac{b^2\lambda^2}{a^2} = \frac{c'_0}{c'_1}, \qquad \lambda = \frac{a}{b}\sqrt{\frac{c'_0}{c'_1}},$$

et il en résulte, à cause de la formule (6) qui donne $\frac{c'_0}{c'_1}$,

$$\operatorname{tang} v' = \frac{1-x}{1+x}\left(1 - \frac{3}{4}\frac{m^2}{1-m}\right)\operatorname{tang} ht,$$

ce qui est la formule proposée par Newton. Comme λ, a et b sont voisins de 1, l'expression (9) de c' varie du reste à fort peu près proportionnellement à $\sin^2 ht$, et c'était une condition qu'il fallait réaliser.

Pour obtenir l'inégalité elle-même, il est plus simple d'opérer comme le fait Laplace dans son analyse de la théorie de Newton (*Mécanique céleste*, t. V, Livre XVI). L'équation (6) donne, en remplaçant r par $1 - x\cos 2(m-1)v$,

$$\frac{dv}{dt} = h\left[1 + \left(2x + \frac{3}{4}\frac{m^2}{1-m}\right)\cos 2(m-1)v\right],$$

d'où

$$v = ht + \text{const.} + \frac{2x + \frac{3}{4}\frac{m^2}{1-m}}{2(1-m)}\sin 2(1-m)v;$$

le terme périodique représente l'inégalité cherchée. Son maximum est

$$\frac{2x + \frac{3}{4}\frac{m^2}{1-m}}{2(1-m)},$$

ou bien, en remplaçant x par sa valeur et réduisant,

$$\frac{3m^2(11 - 12m + 4m^2)}{8(1-m)^2(3-2m)(1-2m)}.$$

19. Newton s'occupe ensuite des variations du nœud et de l'inclinaison, et

trouve, par des considérations géométriques, ces expressions des mouvements horaires $\frac{d\theta}{dt}$ et $\frac{d\varphi}{dt}$,

$$(10)\quad \begin{cases} \dfrac{d\theta}{dt} = -3m^2 n \quad \sin(\upsilon-\theta)\sin(\upsilon'-\theta)\cos(\upsilon-\upsilon'), \\ \dfrac{d\varphi}{dt} = -3m^2 n\,\varphi\cos(\upsilon-\theta)\sin(\upsilon'-\theta)\cos(\upsilon-\upsilon'), \end{cases}$$

où n désigne le mouvement horaire de la Lune. Ces valeurs sont identiques à celles que fournissent les formules (a) et (b); en effet, dans ces dernières, z' désigne la distance du Soleil au plan de l'orbite de la Lune, et la considération d'un triangle rectangle facile à apercevoir donne

$$z' = -r'\sin\varphi\sin(\upsilon'-\theta).$$

On a, d'ailleurs, en négligeant l'inclinaison,

$$\Delta^2 = r^2 + r'^2 - 2rr'\cos(\upsilon-\upsilon'),$$

d'où

$$\frac{1}{\Delta^3} = \frac{1}{r'^3}\left[1 - \frac{2r}{r'}\cos(\upsilon-\upsilon') + \frac{r^2}{r'^2}\right]^{-\frac{3}{2}},$$

et, en développant suivant les puissances de $\frac{r}{r'}$,

$$\frac{1}{\Delta^3} = \frac{1}{r'^3}\left[1 + \frac{3r}{r'}\cos(\upsilon-\upsilon') + \ldots\right].$$

On trouve donc

$$W = -\frac{3r}{r'^3}\sin\varphi\sin(\upsilon'-\theta)\cos(\upsilon-\upsilon'),$$

et les formules (a) et (b) donneront, en remarquant que $\Upsilon = \upsilon - \theta$,

$$(11)\quad \begin{cases} \dfrac{d\theta}{dt} = -\dfrac{3m'}{1+m}\dfrac{n}{\sqrt{1-e^2}}\dfrac{ar^2}{r'^3} \quad \sin(\upsilon-\theta)\sin(\upsilon'-\theta)\cos(\upsilon-\upsilon'), \\ \dfrac{d\varphi}{dt} = -\dfrac{3m'}{1+m}\dfrac{n}{\sqrt{1-e^2}}\dfrac{ar^2}{r'^3}\sin\varphi\cos(\upsilon-\theta)\sin(\upsilon'-\theta)\cos(\upsilon-\upsilon'). \end{cases}$$

Mais on a

$$\frac{m'}{1+m} = \frac{n'^2 a'^3}{n^2 a^3} = m^2\frac{a'^3}{a^3},$$

et il en résulte que les formules (10) et (11) coïncident quand on néglige les excentricités.

Newton remarque ensuite que le mouvement horaire du nœud est tantôt accéléré et tantôt retardé dans le cours d'une lunaison; il prend la valeur moyenne qu'il appelle le *mouvement horaire médiocre*. On a, par une transformation facile,

$$\frac{d\theta}{dt} = -\frac{3}{2}m^2 n \sin(\upsilon' - \theta)[\sin(\upsilon' - \theta) + \sin(2\upsilon - \upsilon' - \theta)];$$

le terme dont l'argument est $2\upsilon - \upsilon' - \theta$ prend, dans le cours d'une lunaison, des valeurs positives et négatives qui se détruisent à fort peu près, et il en résulte, pour le mouvement horaire médiocre,

$$(12) \qquad \frac{d\theta}{dt} = -\frac{3}{2}m^2 n \sin^2(\upsilon' - \theta) = -\frac{3}{4}m^2 n + \frac{3}{4}m^2 n \cos 2(\upsilon' - \theta),$$

quantité qui ne devient jamais positive. Newton calcule la valeur moyenne de $\frac{d\theta}{dt}$ par un procédé qui revient à poser $\upsilon' - \theta = \psi$, d'où, en négligeant l'excentricité du Soleil,

$$mn\,dt - d\theta = d\psi, \qquad d\theta = -\frac{3}{2}m\frac{\sin^2\psi}{1 + \frac{3}{2}m\sin^2\psi}d\psi.$$

Entre deux passages consécutifs du Soleil par le nœud, θ varie de

$$-\frac{3}{2}m\int_0^{2\pi}\frac{\sin^2\psi}{1 + \frac{3}{2}m\sin^2\psi}d\psi = -\frac{3}{4}m\left(1 - \frac{9}{8}m + \ldots\right)2\pi.$$

Newton a déterminé cette intégrale par un procédé spécial. Pour avoir l'accroissement de θ pendant une révolution sidérale du Soleil, il faut diviser par $1 - \frac{3}{4}m$, ce qui donne

$$-\frac{3}{4}m\left(1 - \frac{3}{8}m + \ldots\right)2\pi.$$

En multipliant par $\frac{mn}{2\pi}$, on a le mouvement horaire médiocre

$$-\frac{3}{4}m^2 n + \frac{9}{8}m^3 n - \ldots$$

obtenu par Newton qui y ajoute encore un petit terme correctif inexact de l'ordre de m^4; mais il arrive finalement qu'il avait calculé la durée de la révolution des nœuds de la Lune à moins de $\frac{1}{400}$ de sa valeur. Il avait trouvé en outre dans θ un terme en $\sin 2(\upsilon' - \theta)$, correspondant à une inégalité découverte par Tycho Brahe et ayant à fort peu près le même coefficient.

Pour ce qui concerne l'inclinaison, la seconde des formules (10) donne

$$\frac{d\varphi}{dt} = -\frac{3}{2} m^2 n \varphi \sin(v' - \theta)[\cos(v' - \theta) + \cos(2v - v' - \theta)];$$

en négligeant le terme en $\cos(2v - v' - \theta)$ qui se détruit à très peu près, Newton obtient, pour le mouvement horaire médiocre de l'inclinaison relatif à la durée d'une lunaison,

$$-\frac{3}{4} m^2 n \varphi \sin 2(v' - \theta).$$

Pour l'ensemble des positions du Soleil, cette quantité s'annule, de sorte que l'inclinaison a une valeur moyenne constante; il n'y a qu'une inégalité périodique principale en $\cos 2(v' - \theta)$, qui cadre bien aussi avec ce que fournit l'observation.

Dans le scolie final qui termine la théorie de la Lune, Newton dit : « Qu'il a voulu, par les déterminations précédentes des mouvements lunaires, montrer comment on peut y parvenir au moyen de la cause qui les produit. » Il annonce ensuite avoir trouvé plusieurs autres inégalités, sans exposer les méthodes par lesquelles il y est arrivé. Il dit notamment avoir reconnu l'équation annuelle, et l'avoir trouvée de 11′50″ (la vraie valeur est de 11′10″).

20. Un Ouvrage publié tout récemment jette un nouveau jour sur les progrès que Newton avait fait faire à sa théorie de la Lune; il a pour titre : *A Catalogue of the Portsmouth Collection of Books and Papers written by or belonging to Sir Isaac Newton* (Cambridge, 1888).

Les manuscrits de Newton, après avoir passé en diverses mains, appartenaient, en dernier lieu, au comte de Portsmouth, qui les a livrés à l'Université de Cambridge, en la priant de faire un choix et de conserver pour elle tout ce qui se rapportait directement à la Science. Une Commission, composée de MM. H.-R. Luard, G.-G. Stokes, J.-C. Adams et G.-D. Liveing, fut nommée le 6 novembre 1872, à l'effet d'examiner et de classer les très nombreux papiers de Newton. Nous lisons, dans la Préface de l'Ouvrage en question, que l'on n'a trouvé de résultats importants et non publiés que sur trois théories : celle de la Lune, celle de la réfraction atmosphérique, et la détermination de la forme du solide de moindre résistance; les manuscrits correspondants étaient souvent en mauvais état, ayant souffert du feu et de l'humidité. Le plus intéressant se rapporte au mouvement de l'apogée lunaire : Newton établit d'abord deux lemmes qui font connaître le mouvement de l'apogée dans une orbite elliptique d'excentricité très petite, tel qu'il résulte d'une force perturbatrice agissant dans la direction du rayon vecteur ou dans une direction perpendiculaire. Ces deux lemmes étaient rédigés avec soin, comme s'ils avaient été préparés pour l'impression, devant figurer sans doute dans une nouvelle édition des *Principes*. Newton fait ensuite l'application de ses deux lemmes pour trouver le mouvement horaire du périgée, et il arrive à un résultat qui peut être représenté par la formule

$$\frac{d\varpi}{dt} = n\frac{1+\frac{11}{2}\cos(2v'-2\varpi)}{238,3}; \tag{13}$$

d'après la Préface, la déduction de cette formule n'est pas entièrement satisfaisante, et les corrections apportées au manuscrit montrent que Newton n'était pas bien sûr du coefficient $\frac{11}{2}$.

Nous verrons plus loin que la formule exacte, limitée à ses premiers termes, est

$$\frac{d\varpi}{dt} = \frac{3}{4}m^2 n[1+5\cos(2v'-2\varpi)];$$

on a, d'ailleurs,

$$m = 0,07480, \qquad \frac{3}{4}m^2 = \frac{1}{238,3};$$

il en résulte la même formule (13), sauf que le facteur $\frac{11}{2}$ est remplacé par 5. La Préface ajoute que Newton déduit, tout à fait correctement, de la formule (13), que le mouvement moyen annuel de l'apogée est de 38°51′51″, tandis que celui qui est donné dans les Tables astronomiques est de 40°41′,5.

Nous dirons, en terminant, que la portée des deux lemmes de Newton se comprend mieux si l'on remarque que la sixième des formules (a) donne, en supposant l'inclinaison nulle,

$$e\frac{d\varpi}{dt} = \mathrm{H}\left[-\mathrm{S}\cos w + \mathrm{T}\left(1+\frac{r}{p}\right)\sin w\right],$$

où H désigne une constante. Quand on néglige aussi l'excentricité dans le second membre, cela devient

$$e\frac{d\varpi}{dt} = \mathrm{H}(-\mathrm{S}\cos w + 2\mathrm{T}\sin w).$$

Les deux lemmes de Newton reviennent à la démonstration de cette formule, lorsque S ou T est nul.

CHAPITRE IV.

THÉORIES DE LA LUNE DE CLAIRAUT ET D'ALEMBERT.

21. « Dans le Livre des *Principes*, Newton, après avoir assigné la cause des perturbations du mouvement elliptique de la Lune, a fait voir, de plus, comment on pouvait calculer les grandeurs d'une partie d'entre elles avec assez d'exactitude pour fournir déjà une confirmation remarquable de la gravité universelle. Mais Clairaut est le premier qui ait donné une théorie du mouvement de la Lune, fondée sur l'intégration, par des séries, des équations différentielles du problème des trois corps, qu'il avait obtenues en même temps qu'Euler et d'Alembert (1). »

Clairaut suppose d'abord que le mouvement se fasse dans le plan de l'écliptique; soient r et v les coordonnées polaires de la Lune, l'origine étant au centre de la Terre; S la composante de la force motrice suivant le rayon r, comptée positivement dans le sens du prolongement de r; T la composante perpendiculaire, comptée positivement dans le sens des longitudes croissantes. Les équations auxquelles arrive Clairaut peuvent se déduire des formules (α'') de notre Tome I, page 91, en y supposant $u = \frac{1}{r}$. Elles sont, en prenant v pour variable indépendante et désignant par h une constante arbitraire,

$$dt = \frac{r^2\,dv}{h\sqrt{1 + \frac{2}{h^2}\int T r^3\,dv}},$$

$$\frac{d^2\frac{1}{r}}{dv^2} + \frac{1}{r} + \frac{S r^2 - T r \frac{dr}{dv}}{h^2\left(1 + \frac{2}{h^2}\int T r^3\,dv\right)} = 0,$$

(1) Cette citation est empruntée au Mémoire de Poisson : *Sur le mouvement de la Lune autour de la Terre*.

ou, ce qui revient au même,

(1) $$dt = \frac{r^2\,dv}{h\sqrt{1+2\rho}},$$

(2) $$\frac{d^2\frac{h^2}{r}}{dv^2} + \frac{h^2}{r} + \frac{Sr^2 - Tr\frac{dr}{dv}}{1+2\rho} = 0,$$

(3) $$\rho = \frac{1}{h^2}\int T r^3\,dv.$$

Clairaut pose ensuite, en désignant par M le produit de la somme des masses de la Terre et de la Lune par la constante f,

$$S = -\frac{M}{r^2} - \Phi,$$

(4) $$\Omega = \frac{\frac{\Phi}{M}r^2 + \frac{T}{M}r\frac{dr}{dv} - 2\rho}{1+2\rho},$$

(5) $$1 - \frac{h^2}{Mr} = U,$$

moyennant quoi la formule (2) devient

(6) $$\frac{d^2U}{dv^2} + U + \Omega = 0.$$

$\frac{M}{r^2}$ est la force centrale qui produirait le mouvement elliptique; la force perturbatrice de ce mouvement est donc représentée par ses composantes $-\Phi$ et T, relativement aux axes rectangulaires mobiles définis plus haut.

22. Clairaut multiplie l'équation (6) par $\cos v\,dv$; il intègre, et trouve, en désignant par c_0 une constante arbitraire,

$$\frac{dU}{dv}\cos v + U\sin v + \int \Omega \cos v\,dv = c_0.$$

Il multiplie cette nouvelle équation par $\frac{dv}{\cos^2 v}$, intègre, et désigne par c_1 une nouvelle constante arbitraire, ce qui lui donne

$$\frac{U}{\cos v} + \int\left(\int \Omega\cos v\,dv\right) d\,\text{tang}\,v = c_0\,\text{tang}\,v + c_1,$$

ou encore, en intégrant par parties,

$$\frac{U}{\cos v} + \text{tang}\,v\int \Omega\cos v\,dv - \int \Omega \sin v\,dv = c_0\,\text{tang}\,v + c_1.$$

En tirant de là U pour le reporter dans la formule (5), il vient

$$(7)\qquad \frac{h^2}{\mathrm{M}r} = 1 - c_0 \sin v - c_1 \cos v + \Delta,$$

en posant

$$(8)\qquad \Delta = \sin v \int_0^v \Omega \cos v \, dv - \cos v \int_0^v \Omega \sin v \, dv.$$

Si l'on suppose $\Delta = 0$, on retrouve l'ellipse de Képler.

23. La quantité Δ se calculerait aisément, si l'on avait mis Ω sous la forme

$$(9)\qquad \Omega = \sum \mathrm{A}_i \cos iv,$$

i désignant une série de quantités réelles quelconques.

Les formules (8) et (9) donnent en effet, par un calcul facile,

$$\Delta = \sum \frac{\mathrm{A}_i}{1-i^2} \cos iv - \cos v \sum \frac{\mathrm{A}_i}{1-i^2},$$

d'où, en ayant égard à la formule (7),

$$(10)\qquad \frac{h^2}{\mathrm{M}r} = 1 - c_0 \sin v - \cos v \left(c_1 - \sum \frac{\mathrm{A}_i}{i^2-1}\right) - \sum \frac{\mathrm{A}_i}{i^2-1} \cos iv.$$

On aurait donc ainsi l'équation de l'orbite, avec les coordonnées polaires r et v. On peut disposer de la direction de l'axe des x de manière à avoir $c_0 = 0$, et si l'on fait

$$(11)\qquad \frac{h^2}{\mathrm{M}} = p,$$

il vient

$$(12)\qquad \frac{1}{r} = \frac{1}{p} + \frac{1}{p}\left(\sum \frac{\mathrm{A}_i}{i^2-1} - c_1\right) \cos v - \frac{1}{p} \sum \frac{\mathrm{A}_i}{i^2-1} \cos iv.$$

Le rapprochement des formules (9) et (12) montre que chaque terme du développement de Ω engendre d'une manière très simple un terme du développement de $\frac{1}{r}$.

Les formules souffrent un cas d'exception pour $i = 1$; car alors le dénominateur $i^2 - 1$ s'annule. Il est facile de voir comment la formule (12) doit être modifiée, en rapprochant les deux termes

$$\frac{1}{p}\frac{A_i}{i^2-1}\cos v - \frac{1}{p}\frac{A_i}{i^2-1}\cos iv = \frac{A_i}{p}\frac{\cos v - \cos iv}{i^2-1};$$

cette expression, lorsque i tend vers 1, se présente sous la forme $\frac{0}{0}$, et elle a pour limite

$$\frac{A_i}{p}\left(\frac{v\sin iv}{2i}\right)_{i=1} = \frac{A_i}{2p}v\sin v.$$

Si l'on n'avait rien négligé pour mettre Ω sous la forme (9), en raison du facteur v qui croît au delà de toute limite, on pourrait affirmer que le terme précédent finirait par éloigner de plus en plus l'orbite de la forme elliptique. On n'aura pas le droit de formuler la même conclusion si l'on a négligé quelques quantités pour mettre Ω sous la forme indiquée; tout au plus pourra-t-on en déduire qu'on ne devra compter sur l'exactitude de la solution que pendant un petit nombre de révolutions.

Clairaut remarque ensuite que l'on devra accorder la plus grande attention aux termes du développement (9) de Ω, dans lesquels i, sans être rigoureusement égal à 1, en différerait seulement d'une quantité très petite; car ces termes, en passant de Ω à $\frac{1}{r}$, acquièrent le petit diviseur i^2-1, et peuvent devenir très sensibles dans $\frac{1}{r}$, alors même qu'ils l'étaient peu dans Ω.

Les termes pour lesquels i est voisin de 0 méritent autant d'attention; il est vrai qu'ils ne changent presque pas en passant de Ω dans $\frac{1}{r}$; mais, quand on veut avoir t en fonction de v par la formule (1), on est ramené à des intégrales telles que

$$\int \cos iv\, dv = \frac{\sin iv}{i} + \text{const.},$$

et le dénominateur i est très petit.

Ces termes, dans lesquels i diffère peu de 1 ou de 0, constituent la plus grosse difficulté du problème. Quant aux autres, on pourra les calculer d'une façon plus sommaire.

24. Clairaut considère un cas intéressant, déjà examiné dans les *Principes* de Newton, où l'on aurait constamment

$$T = 0 \quad \text{et} \quad \Phi = -\frac{kM}{r^3},$$

de sorte que la Lune serait attirée seulement par la Terre, l'attraction étant

$$S = -\left(\frac{M}{r^2} + \frac{kM}{r^3}\right).$$

Traitons directement ce cas, en remontant aux formules (2) et (3) qui donnent

$$\rho = 0 \qquad \text{et} \qquad \frac{d^2 \frac{h^2}{r}}{dv^2} + \frac{h^2}{r} - M - \frac{kM}{r} = 0,$$

ou bien

$$\frac{d^2}{dv^2}\left(\frac{h^2 - kM}{r} - M\right) + \frac{h^2 - kM}{h^2}\left(\frac{h^2 - kM}{r} - M\right) = 0.$$

On peut intégrer cette équation linéaire; en désignant par H une constante arbitraire et disposant de la direction de l'axe des x, il vient

$$\frac{h^2 - kM}{r} - M = H \cos\left(v\sqrt{1 - \frac{kM}{h^2}}\right).$$

L'expression qui en résulte pour r est de la forme

$$r = \frac{p'}{1 + e' \cos \mu v},$$

où l'on a

$$p' = \frac{h^2}{M} - k, \qquad e' = \frac{H}{M}, \qquad \mu = \sqrt{1 - \frac{kM}{h^2}} = \sqrt{\frac{Mp'}{h^2}}.$$

La trajectoire présente une série de maxima et de minima du rayon r; l'intervalle angulaire compris entre un maximum et le minimum suivant est

$$\frac{\pi}{\mu} = \frac{\pi}{\sqrt{1 - \frac{kM}{h^2}}},$$

de sorte que la ligne des apsides tourne dans le sens direct avec une vitesse égale à la vitesse moyenne du rayon vecteur, multipliée par

$$\frac{1}{\sqrt{1 - \frac{kM}{h^2}}} - 1.$$

On peut écrire

$$r = \frac{p'}{1 + e' \cos(v - \varpi')},$$

en faisant

$$\varpi' = (1 - \mu) v;$$

ce qui prouve que, dans ce cas, la Lune se mouvrait encore sur une ellipse ayant son foyer au centre de la Terre; mais le grand axe de l'ellipse tournerait, dans le sens direct, de la quantité indiquée.

Clairaut remarque ensuite expressément qu'une ellipse invariable ne peut pas servir de point de départ aux approximations successives, car les observations nous apprennent que le périgée accomplit une révolution en neuf ans environ. Donc, au bout de quatre ans et demi, le périgée s'échange avec l'apogée, de sorte qu'il vaudrait mieux alors supposer l'orbite circulaire. Il en conclut qu'il faut prendre une ellipse mobile représentée par l'équation

$$r = \frac{p}{1 + e\cos\mu v}.$$

25. **Expressions des composantes Φ et T.** — Il serait bien facile de les déduire des formules du Chapitre précédent, mais nous préférons les retrouver directement.

Soient X et Y les composantes de la force perturbatrice, parallèles aux axes, x et y les coordonnées de la Lune, x' et y', r' et v' celles du Soleil, D la distance de la Lune au Soleil, M′ le produit de la masse du Soleil par la constante f. On a

$$X = M'\left(\frac{x'-x}{D^3} - \frac{x'}{r'^3}\right), \qquad Y = M'\left(\frac{y'-y}{D^3} - \frac{y'}{r'^3}\right),$$

$$-\Phi r = Xx + Yy, \qquad Tr = xY - yX,$$

d'où

$$\Phi = \frac{M'}{r}\left[(xx'+yy')\left(\frac{1}{r'^3} - \frac{1}{D^3}\right) + \frac{r^2}{D^3}\right],$$

$$T = \frac{M'}{r}\quad(x'y - y'x)\left(\frac{1}{r'^3} - \frac{1}{D^3}\right).$$

On a, d'ailleurs,

$$x = r\cos v, \qquad y = r\sin v, \qquad x' = r'\cos v', \qquad y' = r'\sin v',$$

$$xx' + yy' = rr'\cos(v - v'), \qquad x'y - y'x = rr'\sin(v - v'),$$

$$D^2 = r^2 + r'^2 - 2rr'\cos(v - v'),$$

$$\frac{1}{D^3} = \frac{1}{r'^3}\left[1 - \frac{2r}{r'}\cos(v - v') + \frac{r^2}{r'^2}\right]^{-\frac{3}{2}},$$

d'où, en développant suivant les puissances de $\frac{r}{r'}$ $\left(\text{quantité voisine de } \frac{1}{400}\right)$, et négligeant $\frac{r^2}{r'^2}$,

$$\frac{1}{D^3} = \frac{1}{r'^3}\left[1 + \frac{3r}{r'}\cos(v - v')\right].$$

Il en résulte

$$\Phi = \frac{M'r}{r'^3}[1 - 3\cos^2(v - v')], \qquad T = -\frac{3M'r}{r'^3}\sin(v - v')\cos(v - v');$$

ou bien, en remplaçant M′ par $n'^2 a'^3$ et transformant,

$$\Phi = -\frac{1}{2} n'^2 r \left(\frac{a'}{r'}\right)^3 [1 + 3\cos(2v - 2v')],$$

$$\mathrm{T} = -\frac{3}{2} n'^2 r \left(\frac{a'}{r'}\right)^3 \sin(2v - 2v')$$

Quand on néglige l'excentricité de l'orbite du Soleil, on a

$$r' = a', \qquad v' = n't + \text{const.},$$

et il en résulte ces expressions assez simples

$$(13) \quad \begin{cases} \Phi = -\frac{1}{2} n'^2 r [1 + 3\cos(2v - 2v')], \\ \mathrm{T} = -\frac{3}{2} n'^2 r \sin(2v - 2v'). \end{cases}$$

Les formules (1), (3) et (4) donnent ensuite

$$2\rho = -\frac{3n'^2}{\mathrm{M}p} \int r^5 \sin(2v - 2v')\, dv,$$

$$(14) \qquad dt = \frac{r^2\, dv}{\sqrt{\mathrm{M}p(1 + 2\rho)}},$$

$$\Omega(1 + 2\rho) = -\frac{1}{2} \frac{n'^2 r^3}{\mathrm{M}} [1 + 3\cos(2v - 2v')] - \frac{3}{2} \frac{n'^2 r^2}{\mathrm{M}} \frac{dr}{dv} \sin(2v - 2v') - 2\rho.$$

Soit $\varkappa$ une quantité voisine de p, dont la signification sera fixée plus loin, et

$$(15) \qquad \frac{n'^2 \varkappa^3}{\mathrm{M}} = \alpha,$$

les formules précédentes donneront

$$(16) \quad \begin{cases} 2\rho = -3\alpha \frac{\varkappa}{p} \int \left(\frac{r}{\varkappa}\right)^5 \sin(2v - 2v')\, dv, \\ \Omega = -\dfrac{\frac{1}{2}\alpha \left(\frac{r}{\varkappa}\right)^3 [1 + 3\cos(2v - 2v')] + \frac{3}{2}\alpha \left(\frac{r}{\varkappa}\right)^2 \frac{dr}{\varkappa\, dv} \sin(2v - 2v') + 2\rho}{1 + 2\rho}. \end{cases}$$

Il ne s'agit plus que de chasser r et $v - v'$ de ces formules, et de réduire Ω en une série de cosinus des multiples de v.

26. Nous prenons donc, comme point de départ de la première approximation,

$$(17) \qquad r = \frac{\varkappa}{1 + e\cos\mu v};$$

nous en déduisons, en négligeant e^2,

$$(18) \qquad \left(\frac{r}{\varkappa}\right)^4 = 1 - 4e\cos\mu v, \qquad \left(\frac{r}{\varkappa}\right)^3 = 1 - 3e\cos\mu v, \qquad \frac{r^2}{\varkappa^3}\frac{dr}{dv} = \mu e \sin\mu v;$$

on peut, pour cette première approximation, négliger ρ dans l'expression (14) de dt, ce qui donne

$$dt = \frac{r^2\,dv}{\sqrt{\mathrm{M}p}} = \frac{\varkappa^2}{\sqrt{\mathrm{M}p}}(1 - 2e\cos\mu v)\,dv,$$

d'où, en intégrant,

$$t + \text{const.} = \frac{\varkappa^2}{\sqrt{\mathrm{M}p}}\left(v - \frac{2e}{\mu}\sin\mu v\right).$$

Nous négligerons complètement l'excentricité e' de l'orbite du Soleil ; nous aurons donc

$$v' = n't + \text{const.},$$

et, si l'on porte dans cette formule l'expression précédente de t, il vient

$$v' = mv + \sigma - \frac{2em}{\mu}\sin\mu v,$$

$$(19) \qquad m = \frac{\varkappa^2 n'}{\sqrt{\mathrm{M}p}}, \qquad m^2 = \alpha\frac{\varkappa}{p};$$

σ est une constante que l'on peut supposer nulle si, à l'origine, le Soleil et la Lune ont été en conjonction, la Lune étant en même temps au périgée, car on a alors $v = 0$, $v' = 0$, et la formule (17) donne, pour r, un minimum. On peut d'ailleurs éviter ces hypothèses qui ont été reprochées à Clairaut, en laissant subsister la constante σ, qui n'est pas gênante, et écrivant

$$r = \frac{\varkappa}{1 + e\cos(\mu v - \varpi_0)},$$

où ϖ_0 désigne une autre constante. On aura ensuite

$$2v - 2v' = \lambda v + \frac{4em}{\mu}\sin\mu v,$$

avec

$$(20) \qquad \lambda = 2 - 2m.$$

On trouve, en appliquant la formule de Taylor,

$$\cos(2v - 2v') = \cos\lambda v - \frac{4em}{\mu}\sin\mu v \sin\lambda v - \ldots,$$

$$\sin(2v - 2v') = \sin\lambda v + \frac{4em}{\mu}\sin\mu v \cos\lambda v - \ldots$$

d'où, en transformant,

$$(21)\quad \begin{cases} \cos(2v - 2v') = \cos\lambda v + \dfrac{2em}{\mu}\cos(\lambda+\mu)v - \dfrac{2em}{\mu}\cos(\lambda-\mu)v, \\ \sin(2v - 2v') = \sin\lambda v + \dfrac{2em}{\mu}\sin(\lambda+\mu)v - \dfrac{2em}{\mu}\sin(\lambda-\mu)v; \end{cases}$$

en combinant la dernière formule avec l'expression de $\left(\frac{r}{\varkappa}\right)^4$, il vient

$$\left(\frac{r}{\varkappa}\right)^4 \sin(2v - 2v') = \sin\lambda v - 2e\left(1 - \frac{m}{\mu}\right)\sin(\lambda+\mu)v - 2e\left(1 + \frac{m}{\mu}\right)\sin(\lambda-\mu)v.$$

Intégrons et portons dans l'expression (16) de ρ; il viendra

$$(22)\quad 2\rho = 3m^2\left[\frac{\cos\lambda v}{\lambda} - 2e\frac{1-\dfrac{m}{\mu}}{\lambda+\mu}\cos(\lambda+\mu)v - 2e\frac{1+\dfrac{m}{\mu}}{\lambda-\mu}\cos(\lambda-\mu)v + c\right].$$

Clairaut détermine la constante c de manière que ρ s'annule pour $v = 0$, ce qui donne

$$(23)\quad c = -\frac{1}{\lambda} + \frac{4e(\lambda+m)}{\lambda^2-\mu^2}.$$

On tire ensuite, des formules (18) et (21),

$$(24)\quad \frac{3}{2}\alpha\left(\frac{r}{\varkappa}\right)^3\cos(2v-2v') = \frac{3}{2}\alpha\left[\cos\lambda v - e\left(\frac{3}{2} - \frac{2m}{\mu}\right)\cos(\lambda+\mu)v - e\left(\frac{3}{2} + \frac{2m}{\mu}\right)\cos(\lambda-\mu)v\right],$$

$$(25)\quad \frac{3}{2}\alpha\frac{r^2}{\varkappa^3}\frac{dr}{dv}\sin(2v-2v') = \frac{3}{4}\alpha\mu e[-\cos(\lambda+\mu)v + \cos(\lambda-\mu)v].$$

Il n'y a plus qu'à reporter les expressions (22), (24) et (25) dans l'expression (16) de Ω; on pourra supposer, dans le dénominateur, $\rho = 0$. On trouvera

$$(26)\quad \Omega = -A\alpha\cos\lambda v - B\alpha\cos(\lambda-\mu)v - C\alpha\cos(\lambda+\mu)v - E\alpha\cos\mu v + P\alpha,$$

en faisant

$$(27)\quad \begin{cases} A = \dfrac{3}{2} + \dfrac{3}{\lambda}\dfrac{\varkappa}{p}, \\ B = e\left[-6\dfrac{\varkappa}{p}\dfrac{1+\dfrac{m}{\mu}}{\lambda-\mu} - \dfrac{3}{2}\left(\dfrac{3}{2} + \dfrac{2m}{\mu}\right) + \dfrac{3}{4}\mu\right], \\ C = e\left[-6\dfrac{\varkappa}{p}\dfrac{1-\dfrac{m}{\mu}}{\lambda+\mu} - \dfrac{3}{2}\left(\dfrac{3}{2} - \dfrac{2m}{\mu}\right) - \dfrac{3}{4}\mu\right], \\ E = -\dfrac{3}{2}e, \\ P = -\dfrac{1}{2} - 3c\dfrac{\varkappa}{p}. \end{cases}$$

On a ensuite, par la formule (12),

$$\frac{1}{r} = \frac{1 + P\alpha}{p} - \frac{\cos v}{p}\left[c_1 + P\alpha + \frac{A\alpha}{\lambda^2 - 1} + \frac{B\alpha}{(\lambda - \mu)^2 - 1} + \frac{C\alpha}{(\lambda + \mu)^2 - 1} + \frac{E\alpha}{\mu^2 - 1}\right]$$
$$+ \frac{1}{p}\left[\frac{A\alpha}{\lambda^2 - 1}\cos\lambda v + \frac{B\alpha}{(\lambda - \mu)^2 - 1}\cos(\lambda - \mu)v + \frac{C\alpha}{(\lambda + \mu)^2 - 1}\cos(\lambda + \mu)v + \frac{E\alpha}{\mu^2 - 1}\cos\mu v\right],$$

Il faut égaler à zéro le coefficient de $\cos v$, puisqu'on a introduit $\cos\mu v$ au lieu de $\cos v$; on en déduira une équation propre à déterminer c_1, mais qu'on pourra laisser de côté, car c_1 ne figure dans aucune autre relation. On simplifiera ensuite l'écriture en faisant

(28) $$\frac{\varkappa}{r} = 1 + e\cos\mu v + \beta\cos\lambda v + \gamma\cos(\lambda - \mu)v + \delta\cos(\lambda + \mu)v,$$

(29) $$1 + P\alpha = \frac{p}{\varkappa},$$

$$\beta = \frac{A\alpha}{\lambda^2 - 1}\,\frac{\varkappa}{p}, \qquad \gamma = \frac{B\alpha}{(\lambda - \mu)^2 - 1}\,\frac{\varkappa}{p}, \qquad \delta = \frac{C\alpha}{(\lambda + \mu)^2 - 1}\,\frac{\varkappa}{p},$$

(30) $$\frac{E\alpha}{\mu^2 - 1}\,\frac{\varkappa}{p} = e.$$

On a représenté par e le coefficient de $\cos\mu v$ afin de retrouver la première approximation $\frac{\varkappa}{r} = 1 + e\cos\mu v$. Remplaçons, dans les autres, les quantités A, B, ..., P par leurs valeurs (27), λ par $2 - 2m$ et $\frac{\alpha\varkappa}{p}$ par la quantité m^2 qui lui est égale, d'après la formule (19); nous trouverons

(31) $$\begin{cases} \beta = \dfrac{3m^2}{2(1 - 2m)(3 - 2m)}\left(1 + \dfrac{1}{1 - m}\dfrac{\varkappa}{p}\right), \\[2ex] \gamma = \dfrac{3em^2}{(3 - \mu - 2m)(2m + \mu - 1)}\left(2\dfrac{\varkappa}{p}\,\dfrac{1 + \dfrac{m}{\mu}}{2 - \mu - 2m} + \dfrac{3 - \mu}{4} + \dfrac{m}{\mu}\right), \\[2ex] \delta = -\dfrac{3em^2}{(3 + \mu - 2m)(1 + \mu - 2m)}\left(2\dfrac{\varkappa}{p}\,\dfrac{1 - \dfrac{m}{\mu}}{2 + \mu - 2m} + \dfrac{3 + \mu}{4} - \dfrac{m}{\mu}\right), \end{cases}$$

$$c = -\frac{1}{2(1 - m)} + 4e\frac{2 - m}{(2 + \mu - 2m)(2 - \mu - 2m)},$$

(32) $$\frac{p}{\varkappa} = 1 - \frac{\alpha}{2} + 3m^2\left[\frac{1}{2(1 - m)} - 4e\frac{2 - m}{(2 + \mu - 2m)(2 - \mu - 2m)}\right],$$

$$e = -\frac{3em^2}{2(\mu^2 - 1)}.$$

Cette dernière relation, qui provient de (30), peut s'écrire, après la suppression du facteur e,

$$\mu^2 = 1 - \frac{3}{2} m^2. \tag{33}$$

La constante α définie par la formule (15), dans laquelle on peut remplacer M par $n^2 a^3$, diffère très peu du carré du rapport du moyen mouvement du Soleil à celui de la Lune; α doit être considéré comme une petite quantité du second ordre. La formule (32), dans laquelle on remplace μ par sa valeur (33), donnera $\frac{\varkappa}{p}$ par des approximations successives. On aura

$$\frac{\varkappa}{p} = 1 + \text{une quantité du second ordre};$$

nous pourrons prendre ici $\frac{\varkappa}{p} = 1$, $\alpha = m^2$, et les formules (31) et (33) donneront

$$\mu^2 = 1 - \frac{3}{2} m^2, \qquad \mu = 1 - \frac{3}{4} m^2 + \ldots.$$

$$\beta = \frac{3 m^2 (2 - m)}{2(1 - m)(1 - 2m)(3 - 2m)} = m^2 + \ldots;$$

$$\gamma = \frac{3 e m^2}{(2 - 2m)\left(2m - \frac{3}{4} m^2\right)} \left(2 \frac{1 + m}{1 - 2m} + \frac{1}{2} + m\right) = \frac{15}{8} e m + \ldots,$$

$$\delta = -\frac{3 e m^2}{(4 - 2m)(2 - 2m)} \left(2 \frac{1 - m}{3 - 2m} + 1 - m\right) = -\frac{5}{8} e m^2 + \ldots.$$

On remarquera qu'un facteur m a disparu du numérateur de γ, parce qu'il se trouvait aussi en facteur au dénominateur dans $2m + \mu - 1 = 2m - \frac{3}{4} m^2$. On aura donc finalement

$$\left\{\begin{aligned} \frac{\varkappa}{r} = 1 &+ e \cos \mu v + m^2 \cos(2 - 2m) v + \frac{15}{8} m e \cos(2 - 2m - \mu) v \\ &- \frac{5}{8} e m^2 \cos(2 + \mu - 2m) v + \ldots, \end{aligned}\right. \tag{34}$$

$$\mu = 1 - \frac{3}{4} m^2 + \ldots. \tag{35}$$

La formule (34) représente l'équation de l'orbite en coordonnées polaires, au moins d'une manière approchée, car on a négligé beaucoup de choses, notamment l'inclinaison. Clairaut ne donne pas, comme nous l'avons fait, les parties principales algébriques des coefficients β, γ et δ, mais leurs valeurs numériques.

27. Le rapport des moyens mouvements du Soleil et de la Lune a pour valeur

$$m = 0,0748;$$

il en résulte

$$1 - \mu = \frac{3}{4} m^2 = 0,00420;$$

et l'observation donne

$$1 - \mu = 0,00845.$$

La théorie fournit donc, pour le périgée, une vitesse qui n'est guère que la moitié de la vitesse réelle. Il fallait en conclure, ou que l'attraction newtonienne ne donne point le vrai mouvement, ou que la solution précédente n'est pas propre à le déterminer. Clairaut s'est borné d'abord à la première alternative et il a pensé que la loi de Newton, qui rendait compte des attractions à grandes distances, devait être modifiée par un terme complémentaire, sensible seulement à des distances assez petites, ce qui est le cas de la Terre attirant la Lune. Il avait remarqué (p. 50) que, si la loi d'attraction était exprimée par la formule

$$\frac{M}{r^2} + \frac{kM}{r^3},$$

le terme additionnel $\frac{kM}{r^3}$ aurait pour effet de produire un mouvement direct du périgée; il était donc facile de déterminer le coefficient k de façon à rétablir l'accord entre les deux vitesses fournies par l'observation et par la théorie. Il est bon de se rappeler que le même désaccord était constaté presque aussitôt par d'Alembert et Euler. Ce fut Clairaut qui montra le premier ([1]) qu'il avait pour cause, non pas l'inexactitude de la loi de Newton, mais l'imperfection de la solution.

Il remarqua, en effet, que si la valeur de $\frac{\chi}{r}$, substituée dans les diverses parties de l'expression (16) de Ω $\left[\text{savoir, dans } \rho,\ \frac{3}{2}\frac{r^2}{\chi^3}\frac{dr}{dv}\sin(2v - 2v') \text{ et } \frac{3}{2}\left(\frac{r}{\chi}\right)^3\cos(2v - 2v')\right]$, avait contenu, comme elle le devait, outre la partie $1 + e\cos\mu v$, les termes

$$\beta\cos\lambda v + \gamma\cos(\lambda - \mu)v + \ldots,$$

dont on a appris qu'elle était composée, le produit des termes de cette espèce, surtout ceux en $\cos(\lambda - \mu)v$, renfermés dans $\left(\frac{r}{\chi}\right)^3$, $\left(\frac{r}{\chi}\right)^4$, avec les sinus et co-

([1]) On ne peut s'empêcher de rappeler que Newton avait obtenu lui-même, mais sans la publier, une valeur bien plus exacte de μ, qui ne lui avait suggéré aucun doute sur l'exactitude de la loi de la gravitation (p. 45 de ce Volume).

sinus de λv et autres termes de l'expression (21) de $\frac{\sin}{\cos}(2v - 2v')$, aurait introduit d'autres termes que $-\frac{3}{2}e$ dans l'expression (27) de E. L'équation (30) aurait été ainsi modifiée et, par suite, la valeur (33) de μ.

Pour en donner une idée, il ne prend que le terme $\gamma\cos(\lambda - \mu)v$ de $\frac{\varkappa}{r}$, qui est le plus sensible, parce que γ contient seulement le facteur m, tandis que β et δ renferment m^2; ce terme ajoutant à peu près

$$-4\gamma\cos(\lambda - \mu)v$$

à la valeur de $\left(\frac{r}{\varkappa}\right)^4$, on aura pour l'intégrale

$$\int\left(\frac{r}{\varkappa}\right)^4\sin(2v - 2v')\,dv$$

l'accroissement

$$-4\gamma\int\sin\lambda v\cos(\lambda - \mu)v\,dv = 2\gamma\left[\frac{\cos(2\lambda - \mu)v}{2\lambda - \mu} + \frac{\cos\mu v}{\mu}\right],$$

dont il ne faut retenir que la partie $\frac{2\gamma}{\mu}\cos\mu v$, ce qui donne, d'après (16), cet accroissement de 2ρ

$$-\frac{6\alpha\gamma}{\mu}\frac{\varkappa}{p}\cos\mu v = -\frac{45}{4}em^3\cos\mu v.$$

On trouvera de même, pour l'accroissement de $\frac{3}{2}\alpha\left(\frac{r}{\varkappa}\right)^3\cos(2v - 2v')$,

$$-\frac{9}{2}m^2\gamma\cos(\lambda - \mu)v\cos\lambda v = -\frac{9}{4}m^2\gamma[\cos(2\lambda - \mu)v + \cos\mu v],$$

dont il ne faut retenir que la portion

$$-\frac{9}{4}m^2\gamma\cos\mu v = -\frac{135}{32}em^3\cos\mu v.$$

De même, on trouvera dans $\frac{3}{2}\alpha\frac{r^2}{\varkappa^3}\frac{dr}{dv}\sin(2v - 2v')$,

$$\frac{3}{2}\alpha\gamma(\lambda - \mu)\sin(\lambda - \mu)v\sin\lambda v = \frac{3}{4}\alpha\gamma(\lambda - \mu)[\cos\mu v - \cos(2\lambda - \mu)v],$$

dont il ne faut retenir que

$$\frac{3}{4}\alpha\gamma(\lambda - \mu)\cos\mu v = \frac{45}{32}em^3\cos\mu v.$$

L'expression (16) de Ω recevra donc l'accroissement

$$\left(+\frac{45}{4} + \frac{135}{32} - \frac{45}{32}\right)em^3\cos\mu v = +\frac{225}{16}em^3\cos\mu v.$$

Par suite, il faut remplacer dans la formule (26) le coefficient E par

$$E = -\frac{3}{2}e - \frac{225}{16}em.$$

L'équation (30) donnera donc

$$\mu^2 = 1 - \frac{3}{2}m^2 - \frac{225}{16}m^3,$$

d'où

$$(36) \qquad 1 - \mu = \frac{3}{4}m^2 + \frac{225}{32}m^3 + \ldots.$$

On a donc obtenu l'accroissement $+\frac{225}{32}m^3$, ce qui donne

$$1 - \mu = 0{,}007\,14,$$

nombre déjà plus rapproché de la vérité. Les théories plus complètes montrent que les coefficients de m^2 et de m^3 dans la formule (36) sont exacts.

28. De même que la première approximation

$$r = \frac{\varkappa}{1 + e\cos\mu v}$$

avait fourni à Clairaut une expression approchée de t en fonction de v, de même la formule (34) lui permet de trouver plus exactement t au moyen de v. Dans ce cas, la formule (14) est remplacée par

$$dt = \frac{1 - \rho}{\sqrt{Mp}} r^2\,dv,$$

où l'on doit substituer pour r et ρ leurs dernières valeurs.

Clairaut montre ensuite comment on tient compte de l'excentricité de l'orbite du Soleil et aussi de l'inclinaison de l'orbite de la Lune; il perfectionne ainsi la formule qui donne r au moyen de v, et, quant à t, il le détermine par la formule plus exacte

$$dt = \frac{1 - \rho + \frac{3}{2}\rho^2}{\sqrt{Mp}} r^2\,dv.$$

Enfin il étudie les variations du nœud et de l'inclinaison de l'orbite; il ne semble pas que ses recherches sur ce dernier point aient ajouté beaucoup à ce que Newton avait donné sur le même objet dans les *Principes*.

Nous ne suivrons pas Clairaut dans tous ces détails; nous nous contenterons d'avoir donné une idée assez complète de sa méthode et nous renvoyons le lecteur à ses divers Mémoires, notamment à sa *Théorie de la Lune déduite du seul principe de l'attraction*, 1765.

Clairaut donne partout les valeurs numériques de ses séries plutôt que les expressions algébriques des coefficients, ce qui rend sa théorie plus difficile à suivre.

29. Théorie de d'Alembert. — D'Alembert a consacré à la théorie de la Lune tout le premier volume et une partie du troisième de ses *Recherches sur différents points importants du système du Monde* (1754 et 1756); il est revenu à plusieurs reprises sur le même sujet dans ses *Opuscules*, notamment dans le tome V (1768) et le tome VI (1773); mais c'est le tome I des *Recherches* qui est de beaucoup le plus important. La méthode qu'il emploie présente beaucoup d'analogie avec celle de Clairaut; c'est encore la longitude vraie qui sert de variable indépendante. Soit $\frac{1}{u}$ la projection du rayon vecteur de la Lune sur le plan de l'écliptique, d'Alembert part aussi de l'équation

$$(37)\qquad \frac{d^2u}{dv^2} + u + \frac{1}{u^2h^2}\,\frac{S + \frac{T}{u}\frac{du}{dv}}{1 + \frac{2}{h^2}\int\frac{T\,dv}{u^3}} = 0,$$

dans laquelle il fait

$$u = K + u',$$

u' désignant une nouvelle variable qui sera assez petite, parce que la projection de l'orbite de la Lune diffère peu d'un cercle. L'équation précédente prend la forme

$$(38)\qquad \frac{d^2u'}{dv^2} + N^2u' + P = 0,$$

où N désigne une quantité constante qui ne diffère de 1 que par une quantité de l'ordre de la force perturbatrice; P est une fonction de u', de $\frac{du'}{dv}$, et de sinus et cosinus des multiples de v. Dans une première approximation, on néglige u' et $\frac{du'}{dv}$ dans P, à cause de leur petitesse et du coefficient m^2 qui entre partout dans P. Alors l'équation (38) peut s'écrire

$$(39)\qquad \frac{d^2u'}{dv^2} + N^2u' + H + B\cos(A + qv) + C\cos(D + sv) + \ldots = 0.$$

L'intégrale générale de cette équation différentielle linéaire est

$$(40)\qquad u' = \delta \cos N v + \varepsilon \sin N v - \frac{H}{N^2} - \frac{B \cos(A + qv)}{N^2 - q^2} - \ldots;$$

d'Alembert modifie les constantes arbitraires δ et ε et met u' sous la forme

$$(41)\qquad \left\{ \begin{aligned} u' &= \delta \cos N v + \varepsilon \sin N v + H \frac{\cos N v - 1}{N^2} \\ &- B \frac{\cos(A + qv)}{N^2 - q^2} + \frac{B}{2N}\left[\frac{\cos(A + Nv)}{N - q} + \frac{\cos(A - Nv)}{N + q}\right] \\ &+ \ldots \end{aligned} \right.$$

On peut ensuite revenir à l'équation (38) et tenir compte des termes en u' et $\frac{du'}{dv}$ négligés d'abord; on les calculera par la formule (41), puis on recommencera l'intégration.

Donnons quelques détails au sujet de la première approximation. En négligeant $T\frac{du}{dv}$, remplaçant S par $-\frac{M}{r^2} - \Phi$, l'équation (37) devient

$$\frac{d^2 u}{dv^2} + u - \frac{M}{u^2 r^2 h^2}\left(1 - \frac{2}{h^2}\int \frac{T\,dv}{u^3}\right) - \frac{\Phi}{u^2 h^2} = 0$$

ou bien, en remplaçant T et Φ par leurs valeurs (13) et mettant $\frac{1}{u}$ au lieu de r (nous négligeons ici l'inclinaison),

$$\frac{d^2 u}{dv^2} + u - \frac{M}{h^2}\left[1 + \frac{3 n'^2}{h^2}\int \frac{\sin(2v - 2v')}{u^4}\,dv\right] + \frac{n'^2}{2 h^2 u^3}[1 + 3\cos(2v - 2v')] = 0.$$

On peut supposer u constant dans l'intégrale $\int \frac{\sin(2v - 2v')}{u^4}\,dv$ et remplacer v' par mv, ce qui donne

$$(42)\qquad \left\{ \begin{aligned} &\frac{d^2 u}{dv^2} + u - \frac{M}{h^2}\left[1 - \frac{3 n'^2}{2 h^2 u^4}\,\frac{\cos(2 - 2m) v}{1 - m}\right] \\ &\qquad + \frac{n'^2}{2 h^2 u^3} + \frac{3 n'^2}{2 h^2 u^3}\cos(2 - 2m) v = 0. \end{aligned} \right.$$

On remplace u par $K + u'$, mais on néglige u' dans les termes périodiques multipliés par n'^2; il vient ainsi

$$\begin{aligned} &\frac{d^2 u'}{dv^2} + u'\left(1 - \frac{3 n'^2}{2 h^2 K^4}\right) + K - \frac{M}{h^2} + \frac{n'^2}{2 h^2 K^3} \\ &\qquad + \frac{3 n'^2}{2 h^2 K^3}\left[\frac{M}{K h^2 (1 - m)} + 1\right]\cos(2 - 2m) v = 0. \end{aligned}$$

On peut prendre

$$h^2 = \mathrm{M}p = n^2a^3p = n^2a^4, \qquad \mathrm{K} = \frac{1}{a},$$

$$\frac{n'^2}{h^2\mathrm{K}^3} = \frac{n'^2}{n^2a} = \frac{m^2}{a}.$$

Il vient ainsi

$$\frac{d^2u'}{dv^2} + u'\left(1 - \frac{3}{2}m^2\right) + \mathrm{K} + \frac{m^2 - 2}{2a} + \frac{3m^2}{2a}\left(1 + \frac{1}{1-m}\right)\cos 2(1-m)v = 0.$$

On pourra donc appliquer la formule (41) en faisant

$$\mathrm{N}^2 = 1 - \frac{3}{2}m^2, \qquad \mathrm{H} = \mathrm{K} + \frac{m^2 - 2}{2a}, \qquad \mathrm{B} = \frac{3m^2}{2a}\left(1 + \frac{1}{1-m}\right),$$

$$\mathrm{A} = 0, \qquad q = 2(1-m).$$

On trouvera ainsi, en supposant $\varepsilon = 0$,

$$u' = \delta\cos\mathrm{N}v + \mathrm{H}\frac{\cos\mathrm{N}v - 1}{\mathrm{N}^2} + \frac{3m^2}{2a}\left(1 + \frac{1}{1-m}\right)\frac{\cos(2-2m)v}{4(1-m)^2 - 1} + \ldots$$

ou, plus simplement,

$$u' = \delta\cos\mathrm{N}v + \mathrm{H}\frac{\cos\mathrm{N}v - 1}{\mathrm{N}^2} + \frac{m^2}{a}\cos(2-2m)v + \ldots.$$

Cette valeur est d'accord avec la formule (34) en posant

$$\varkappa = a, \qquad \mu = \mathrm{N}.$$

On voit que l'argument

$$\mathrm{N}v = \left(1 - \frac{3}{4}m^2 + \ldots\right)v$$

s'introduit ici tout simplement et qu'il donne le mouvement du périgée; c'est le terme $\delta\cos\mathrm{N}v$ que Clairaut introduit au début des approximations comme résultant des observations de la Lune. D'Alembert le trouve naturellement par le calcul même.

Nous ne suivrons pas d'Alembert dans les calculs assez compliqués qu'il fait pour les approximations ultérieures; nous n'essayerons pas non plus de comparer en détail sa théorie à celle de Clairaut. Les deux grands géomètres ont eu à ce sujet des contestations assez vives. Il nous suffira de dire que Clairaut a eu le grand mérite de trouver le second terme du mouvement du périgée, au moins sa valeur numérique. D'Alembert a donné son expression analytique, $\frac{225}{32}m^3$, que nous avons donnée plus haut, et il a montré que les termes suivants devaient être pris aussi en considération; ses calculs algébriques sont, en somme, plus complets que ceux de Clairaut et plus développés. En outre, d'Alembert a introduit l'argument μv d'une manière plus logique. Nous remarquerons en terminant que, s'il avait remplacé aussi u par $K + u'$ dans le terme

$$\frac{3n'^2}{2h^2u^3}\cos(2-2m)v,$$

il serait tombé sur l'équation

$$\frac{d^2u'}{dv^2} + u'[\mathcal{A} + \mathcal{B}\cos(2-2m)v] = \mathcal{C},$$

que nous avons considérée au Chapitre I, et qui a fait l'objet des études importantes de MM. Gyldèn et Lindstedt. Cette équation a été rencontrée d'abord par Lagrange, puis par d'Alembert (*Opuscules*, t. V et VI); mais d'Alembert, tout en s'occupant de cette équation, ne paraît pas avoir indiqué comment on pouvait l'introduire très naturellement.

D'Alembert avait pénétré assez profondément la théorie. Ainsi, en considérant la formule

$$dt = \frac{dv}{u^2h\sqrt{1+\frac{2}{h^2}\int\frac{T}{u^3}dv}},$$

il remarque que les termes en $\cos kv$, pour lesquels k est du premier ordre, seront abaissés d'un ordre dans l'intégration $\int\frac{T}{u^3}dv$. Ces termes entreront ensuite dans l'expression

$$\frac{1}{u^2\sqrt{1+\frac{2}{h^2}\int\frac{T}{u^3}dv}};$$

ils seront combinés avec d'autres termes en $\cos k'v$, et, comme en général $k \pm k'$ ne sera pas du premier ordre, mais fini, il en résulte, qu'en calculant t, il n'y aura plus d'autre abaissement. Mais les termes en $\cos kv$ se retrouveront aussi intégralement dans dt, et, dans la nouvelle intégration, ils seront encore abaissés d'un ordre. Si donc, on veut avoir t en fonction de v, en gardant les petites quantités de l'ordre q, il faudra calculer, dans $\frac{T}{u^3}$, les coefficients des termes en $\cos kv$, où k est du premier ordre, en y conservant les quantités de l'ordre $q+2$. Pour les autres termes de $\frac{T}{u^3}$ en $\cos kv$, où k est fini, il faudra les calculer en gardant l'ordre $q+1$; cela n'est nécessaire finalement que pour un petit nombre de termes, mais, comme on ne le sait pas d'avance, on doit procéder ainsi.

On doit encore à d'Alembert cette remarque importante, que les coordonnées de la Lune sont, après les perturbations, développées en séries de sinus et de cosinus des multiples de quatre arguments élémentaires

$$v - v' = \text{différence des longitudes de la Lune et du Soleil,}$$
$$cv - \varpi = v - [\varpi + (1 - c)v] = \text{anomalie vraie de la Lune,}$$
$$gv - \theta = v - [\theta + (1 - g)v] = \text{distance de la Lune au nœud,}$$
$$v' - \varpi' = \text{anomalie vraie du Soleil.}$$

D'Alembert dit qu'on pourrait employer, pour calculer ces séries, la méthode des coefficients indéterminés. C'est ce qui a été fait plus tard par Laplace et Damoiseau. Le lecteur pourra consulter avec fruit, pour la méthode de d'Alembert et pour les anciennes théories de la Lune, la Thèse de A. Gautier : *Sur quelques points des théories de la Lune et des Planètes;* Paris, 1817.

Nous croyons utile, en terminant ce Chapitre, de citer quelques passages d'un Mémoire de Clairaut contenant des *réflexions sur le problème des trois corps avec les équations différentielles qui expriment les conditions de ce problème* (*Journal des Savants*, août 1759). Clairaut fait voir que l'établissement des équations différentielles n'offre pas de difficulté, et il en déduit les intégrales premières que l'on connaît; mais il lui paraît impossible d'aller plus loin : « Intègre maintenant qui pourra. »

« J'ai trouvé, » ajoute-t-il, « les équations que je viens de donner dès les premiers temps que j'ai envisagé le problème des trois corps, mais je n'ai jamais fait que peu d'efforts pour les résoudre, parce qu'elles m'ont toujours paru peu traitables. Peut-être promettront-elles plus à d'autres. Pour moi, je les ai promptement abandonnées pour employer la méthode d'approximation.... »

CHAPITRE V.

PREMIÈRE THÉORIE DE LA LUNE, D'EULER.

30. L'Ouvrage d'Euler a pour titre : *Theoria motus Lunæ exhibens omnes ejus inæqualitates;* il a paru en 1753 et se termine par un *Additamentum* étendu, qui est plus simple et plus élégant que le reste, et dont nous parlerons seulement.

Soient x, y, z, r, ρ, v, λ les coordonnées rectangulaires, la distance de la Lune à la Terre, sa projection sur l'écliptique, enfin la longitude et la latitude de la Lune; r' et v' le rayon vecteur et la longitude du Soleil, Δ la distance de la Lune au Soleil, M la somme des masses de la Terre et de la Lune, M' la masse du Soleil (ces masses étant supposées multipliées par le facteur f); les équations (α'') de la page 92 de notre tome I donnent

$$\frac{d^2\rho}{dt^2} - \rho\frac{dv^2}{dt^2} = \mathrm{P}, \qquad \rho\frac{d^2v}{dt^2} + 2\frac{d\rho}{dt}\frac{dv}{dt} = \mathrm{T},$$

où l'on a

$$\mathrm{P} = \mathrm{X}\cos v + \mathrm{Y}\sin v, \qquad \mathrm{T} = -\mathrm{X}\sin v + \mathrm{Y}\cos v,$$

$$\mathrm{X} = -\mathrm{M}\frac{x}{r^3} + \mathrm{M}'\left(\frac{x'-x}{\Delta^3} - \frac{x'}{r'^3}\right),$$

$$\mathrm{Y} = -\mathrm{M}\frac{y}{r^3} + \mathrm{M}'\left(\frac{y'-y}{\Delta^3} - \frac{y'}{r'^3}\right),$$

$$\rho = r\cos\lambda, \qquad r = \frac{\rho}{\cos\lambda};$$

on en conclut, en posant $v - v' = \eta$ = longitude ☾ — longitude ☉,

$$\frac{d^2\rho}{dt^2} - \rho\frac{dv^2}{dt^2} = \mathrm{P} = -\mathrm{M}\frac{\cos^3\lambda}{\rho^2} - \mathrm{M}'\left(\frac{\rho - r'\cos\eta}{\Delta^3} + \frac{\cos\eta}{r'^2}\right),$$

$$\rho\frac{d^2v}{dt^2} + 2\frac{d\rho}{dt}\frac{dv}{dt} = \mathrm{T} = -\mathrm{M}'\left(\frac{r'}{\Delta^3} - \frac{1}{r'^2}\right)\sin\eta.$$

On a

$$(1)\qquad M' = n'^2 a'^3, \qquad d\omega = n'\,dt,$$

en désignant par ω l'anomalie moyenne du Soleil. Si l'on prend ω pour variable indépendante, les équations différentielles précédentes deviennent

$$(\mathrm{I})\qquad \rho\frac{d^2 v}{d\omega^2} + 2\frac{d\rho}{d\omega}\frac{dv}{d\omega} = -a'^3\left(\frac{r'}{\Delta^3} - \frac{1}{r'^2}\right)\sin\eta,$$

$$(\mathrm{II})\qquad \frac{d^2\rho}{d\omega^2} - \rho\frac{d^2 v}{d\omega^2} = -a'^3\frac{M}{M'}\frac{\cos^3\lambda}{\rho^2} - a'^3\left(\frac{\rho - r'\cos\eta}{\Delta^3} + \frac{\cos\eta}{r'^2}\right).$$

On a d'ailleurs

$$\Delta = \sqrt{\frac{\rho^2}{\cos^2\lambda} + r'^2 - 2\rho r'\cos\eta}.$$

31. Euler n'introduit pas la troisième coordonnée z, mais la longitude θ du nœud ascendant et l'inclinaison i de l'orbite de la Lune, relativement à l'éclip-

Fig. 5.

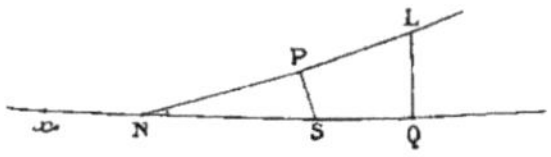

tique. Si l'on se reporte aux formules (A) de notre Tome I, page 433, on pourra écrire

$$(2)\qquad \left\{\begin{aligned} \sin i\frac{d\theta}{dt} &= \frac{M'}{M}\frac{na}{\sqrt{1-e^2}}\,W r\sin\upsilon,\\ \frac{di}{dt} &= \frac{M'}{M}\frac{na}{\sqrt{1-e^2}}\,W r\cos\upsilon;\end{aligned}\right.$$

υ est la distance de la Lune à son nœud ascendant; W a pour expression (t. I, p. 466)

$$W = z'_1\left(\frac{1}{\Delta^3} - \frac{1}{r'^3}\right),$$

où z'_1 représente la distance du Soleil au plan de l'orbite de la Lune; on a (*fig.* 5)

$$\frac{z'_1}{r'} = -\sin PS = -\sin i\sin(v' - \theta);$$

il en résulte donc

$$\frac{d\theta}{dt} = -\frac{M'}{M}\frac{na}{\sqrt{1-e^2}}\left(\frac{r'}{\Delta^3} - \frac{1}{r'^2}\right) r\sin(v' - \theta)\sin\upsilon.$$

On a d'ailleurs, par le théorème des aires,

$$\rho^2 \frac{dv}{dt} = na^2\sqrt{1-e^2}\cos i,$$

et il en résulte

$$\rho^2 \frac{dv}{dt}\frac{d\theta}{dt} = -M'\left(\frac{r'}{\Delta^3} - \frac{1}{r'^2}\right) r \cos i \sin(v'-\theta)\sin\upsilon,$$

ou bien, en remplaçant M′ et r par $n'^2 a'^3$ et $\frac{\rho}{\cos\lambda}$ et introduisant $d\omega$ au lieu de dt,

$$\frac{d\theta}{d\omega} = -\frac{a'^3}{\rho\frac{dv}{d\omega}}\left(\frac{r'}{\Delta^3} - \frac{1}{r'^2}\right)\frac{\cos i \sin(v'-\theta)\sin\upsilon}{\cos\lambda}.$$

Mais le triangle sphérique rectangle LQN donne

$$\cos\upsilon = \cos(v-\theta)\cos\lambda \quad \text{et} \quad \cos i = \cot\upsilon \operatorname{tang}(v-\theta),$$

d'où

$$\frac{\cos i \sin(v'-\theta)\sin\upsilon}{\cos\lambda} = \sin(v-\theta)\sin(v'-\theta).$$

Il vient ainsi

$$\text{(III)} \qquad \frac{d\theta}{d\omega} = -\frac{a'^3}{\rho\frac{dv}{d\omega}}\left(\frac{r'}{\Delta^3} - \frac{1}{r'^2}\right)\sin(v-\theta)\sin(v'-\theta).$$

Enfin les formules (2) donnent

$$\frac{di}{\sin i} = d\theta \cot\upsilon = d\theta \frac{\cos i}{\operatorname{tang}(v-\theta)},$$

d'où

$$\text{(IV)} \qquad d\log\operatorname{tang} i = \frac{d\theta}{\operatorname{tang}(v-\theta)}.$$

Euler trouve directement les formules (III) et (IV) qui supposent déjà, comme on voit, la variation des constantes arbitraires θ et i; il détermine ensuite $\cos\lambda$ par la relation

$$\operatorname{tang}\lambda = \operatorname{tang} i \sin(v-\theta),$$

qui lui donne, en négligeant i^4,

$$\cos^2\lambda = 1 - \frac{3}{4}\operatorname{tang}^2 i + \frac{3}{4}\operatorname{tang}^2 i \cos 2(v-\theta).$$

32. Nous voulons seulement donner une idée de la théorie d'Euler; pour atteindre ce but, nous pourrons supposer $i = 0$ et, par suite, $\rho = r$. Posons, pour abréger,

$$(3)\quad \left\{ \begin{aligned} & a'^3 \left(\frac{r'}{\Delta^3} - \frac{1}{r'^2} \right) \sin \eta = \mathfrak{M}, \\ & \frac{a'^3}{r^2} \frac{\mathrm{M}}{\mathrm{M}'} + a'^3 \left(\frac{\rho - r' \cos \eta}{\Delta^3} + \frac{\cos \eta}{r'^2} \right) = \frac{\mathrm{A}}{r^2} + \mathfrak{T}, \\ & \mathrm{A} = \frac{\mathrm{M}}{\mathrm{M}'} a'^3 ; \end{aligned} \right.$$

les équations (I) et (II) donneront

$$r \frac{d^2 v}{d\omega^2} + 2 \frac{dr}{d\omega} \frac{dv}{d\omega} = - \mathfrak{M},$$

$$\frac{d^2 r}{d\omega^2} - r \frac{dv^2}{d\omega^2} = - \frac{\mathrm{A}}{r^2} - \mathfrak{T}.$$

On en déduit aisément

$$\frac{d}{d\omega} \left(r^4 \frac{dv^2}{d\omega^2} \right) = - 2 \mathfrak{M} r^3 \frac{dv}{d\omega},$$

$$\frac{d}{d\omega} \left(r^2 \frac{dv^2}{d\omega^2} + \frac{dr^2}{d\omega^2} \right) = - \frac{2\mathrm{A}}{r^2} \frac{dr}{d\omega} - 2 \left(\mathfrak{M} r \frac{dv}{d\omega} + \mathfrak{T} \frac{dr}{d\omega} \right),$$

et ensuite

$$(4)\quad \left\{ \begin{aligned} & r^4 \frac{dv^2}{d\omega^2} = 2 \mathfrak{P}, \\ & r^2 \frac{dv^2}{d\omega^2} + \frac{dr^2}{d\omega^2} = \frac{2\mathrm{A}}{r} + 2 \mathfrak{Q}, \end{aligned} \right.$$

où l'on a posé

$$(5)\quad \left\{ \begin{aligned} & \mathfrak{P} = - \int \mathfrak{M} r^3 \frac{dv}{d\omega} d\omega, \\ & \mathfrak{Q} = - \int \left(\mathfrak{M} r \frac{dv}{d\omega} + \mathfrak{T} \frac{dr}{d\omega} \right) d\omega. \end{aligned} \right.$$

Les formules (4) donnent

$$(6)\quad \left\{ \begin{aligned} & \frac{dv}{d\omega} = \frac{\sqrt{2\mathfrak{P}}}{r^2} ; \\ & \frac{dr}{d\omega} = \sqrt{2\mathfrak{Q} + \frac{2\mathrm{A}}{r} - \frac{2\mathfrak{P}}{r^2}}, \end{aligned} \right.$$

et, en combinant les équations (5) et (6), il vient

$$(7)\quad \left\{ \begin{aligned} & \frac{d\mathfrak{P}}{d\omega} = - \mathfrak{M} r \sqrt{2\mathfrak{P}}, \\ & \frac{d\mathfrak{Q}}{d\omega} = - \frac{\mathfrak{M}}{r} \sqrt{2\mathfrak{P}} - \mathfrak{T} \sqrt{2\mathfrak{Q} + \frac{2\mathrm{A}}{r} - \frac{2\mathfrak{P}}{r^2}}. \end{aligned} \right.$$

La première des formules (4) donne

$$r^4 \frac{dv^2}{dt^2} = 2\mathfrak{P} n'^2 = \mathrm{M}p, \qquad \mathfrak{P} = \frac{\mathrm{M}p}{2n'^2},$$

d'où

$$\frac{d\mathfrak{P}}{d\omega} = \frac{\mathrm{M}}{2n'^2}\frac{dp}{d\omega},$$

et, en vertu de la première équation (7),

$$\text{(V)} \qquad \frac{dp}{d\omega} = -\frac{2n'\mathfrak{M}r\sqrt{p}}{\sqrt{\mathrm{M}}}, \qquad \frac{dp}{dt} = \frac{2\mathrm{T}r\sqrt{p}}{\sqrt{\mathrm{M}}};$$

cette expression de $\frac{dp}{dt}$ revient à celle qui résulte de la première des formules (B), t. I, p. 434.

33. On a ensuite, en partant de la deuxième équation (4) et de l'expression connue de la vitesse dans le mouvement elliptique,

$$\frac{2\mathrm{A}}{r} + 2\mathfrak{Q} = \frac{2\mathrm{M}}{n'^2 r} + 2\mathfrak{Q} = \frac{1}{n'^2}\left(\frac{dr^2}{dt^2} + r^2\frac{dv^2}{dt^2}\right) = \frac{\mathrm{M}}{n'^2}\left(\frac{2}{r} - \frac{1}{a}\right),$$

d'où

$$2\mathfrak{Q} = -\frac{\mathrm{M}}{an'^2}, \qquad \frac{d\mathfrak{Q}}{d\omega} = \frac{\mathrm{M}}{2n'^2a^2}\frac{da}{d\omega},$$

ou bien, en remplaçant $\frac{d\mathfrak{Q}}{d\omega}$ par sa valeur (7),

$$\frac{da}{d\omega} = -\frac{2n'^2a^2}{\mathrm{M}}\left(\frac{\mathfrak{M}\sqrt{2\mathfrak{P}}}{r} + \mathfrak{N}\sqrt{2\mathfrak{Q} + \frac{2\mathrm{A}}{r} - \frac{2\mathfrak{P}}{r^2}}\right),$$

ou encore, en ayant égard aux valeurs ci-dessus de $\mathfrak{P}$ et de $\mathfrak{Q}$,

$$\frac{da}{d\omega} = -\frac{2n'a^2}{\sqrt{\mathrm{M}}}\left[\frac{\mathfrak{M}\sqrt{p}}{r} + \mathfrak{N}\sqrt{\frac{2}{r} - \frac{1}{a} - \frac{a(1-e^2)}{r^2}}\right],$$

ou, à cause de la relation $\frac{1}{r} = \frac{1 + e\cos w}{p}$,

$$\text{(VI)} \qquad \frac{da}{d\omega} = -\frac{2n'a^2}{\sqrt{\mathrm{M}}}\left(\frac{\mathfrak{M}\sqrt{p}}{r} + \frac{\mathfrak{N}e\sin w}{\sqrt{p}}\right).$$

On a ensuite

$$p = a(1-e^2),$$

d'où

$$2ae\frac{de}{d\omega} = (1-e^2)\frac{da}{d\omega} - \frac{dp}{d\omega}.$$

En remplaçant $\frac{dp}{d\omega}$ par sa valeur (V) et réduisant, il vient

$$\text{(VII)} \qquad \frac{de}{d\omega} = \frac{n'\sqrt{p}}{\sqrt{M}}\,\frac{\mathfrak{M}}{e}\left(\frac{r}{a} - \frac{p}{r}\right) - \frac{n'\sqrt{p}}{\sqrt{M}}\,\mathfrak{T}\sin w.$$

On en tire sans peine, en désignant par u l'anomalie excentrique,

$$\frac{de}{dt} = \frac{\sqrt{p}}{\sqrt{M}}[S\sin w + T(\cos u + \cos w)],$$

ce qui est d'accord ([1]) avec l'expression (A) de $\frac{de}{dt}$ (t. I, p. 433).

On remarquera qu'Euler a obtenu les formules précédentes en supposant que les intégrales premières

$$r^2\frac{dv}{dt} = \sqrt{Mp}, \qquad \frac{dr^2}{dt^2} + r^2\frac{dv^2}{dt^2} = M\left(\frac{2}{r} - \frac{1}{a}\right)$$

conviennent également au mouvement elliptique et au mouvement troublé, pourvu que, dans ce dernier cas, on considère a et p comme des variables.

34. Soit ϖ la longitude du périgée; on a

$$w = v - \varpi, \qquad r = \frac{p}{1 + e\cos(v - \varpi)}.$$

En formant l'expression de $\frac{dr}{dt}$ dans le mouvement elliptique et dans le mouvement troublé et écrivant que les deux valeurs sont égales, on trouve

$$\frac{e}{p}\sin w\, r^2\frac{dv}{dt} = \frac{r}{p}\frac{dp}{dt} + \frac{r^2}{p}\left[e\sin w\left(\frac{dv}{dt} - \frac{d\varpi}{dt}\right) - \cos w\frac{de}{dt}\right],$$

d'où, en réduisant et introduisant $d\omega$,

$$er\sin w\frac{d\varpi}{d\omega} = \frac{dp}{d\omega} - r\cos w\frac{de}{d\omega}.$$

Remplaçons $\frac{dp}{d\omega}$ et $\frac{de}{d\omega}$ par leurs valeurs (V) et (VII), et il viendra, après ré-

[1] Ici S ne comprend plus l'attraction terrestre.

duction,

$$e \sin w \frac{d\varpi}{d\omega} = \frac{n'\sqrt{p}}{\sqrt{M}} \left\{ \mathfrak{T} \sin w \cos w - \mathfrak{M} \left[2 + \frac{\cos w}{e} \left(\frac{r}{a} - \frac{p}{r} \right) \right] \right\}$$

ou, à l'aide d'une transformation facile,

$$\text{(VIII)} \qquad e \frac{d\varpi}{d\omega} = \frac{n'\sqrt{p}}{\sqrt{M}} \left[\mathfrak{T} \cos w - \mathfrak{M} \left(1 + \frac{r}{p} \right) \sin w \right].$$

On en tire aussi

$$e \frac{d\varpi}{dt} = \frac{\sqrt{p}}{\sqrt{M}} \left[- S \cos w + T \left(1 + \frac{r}{p} \right) \sin w \right],$$

ce qui est d'accord avec l'expression (A) de $\frac{d\varpi}{dt}$ (t. I, p. 433).

On voit donc qu'Euler faisait varier les éléments elliptiques et qu'il avait trouvé les formules exprimant leurs dérivées à l'aide des composantes de la force perturbatrice. Il a développé ces mêmes formules d'une façon encore plus claire dans son Mémoire intitulé : *Nouvelle méthode de déterminer les dérangements dans le mouvement des corps célestes causés par leur action mutuelle* (*Mémoires de l'Académie des Sciences de Berlin* pour 1766).

35. **Développements de $\mathfrak{M}$ et $\mathfrak{T}$.** — On a

$$\Delta^2 = r^2 + r'^2 - 2rr' \cos \eta,$$

$$\frac{1}{\Delta^3} = \frac{1}{r'^3} \left(1 - \frac{2r}{r'} \cos \eta + \frac{r^2}{r'^2} \right)^{-\frac{3}{2}},$$

$$\frac{1}{\Delta^3} = \frac{1}{r'^3} + \frac{3r}{r'^4} \cos \eta + \frac{3r^2}{4r'^5} (3 + 5 \cos 2\eta) + \ldots.$$

En substituant dans les expressions (3) de $\mathfrak{M}$ et de $\mathfrak{T}$, on trouve aisément

$$\mathfrak{M} = a'^3 \left(\frac{3r}{2r'^3} \sin 2\eta + 3r^2 \frac{\sin \eta + 5 \sin 3\eta}{8r'^4} + \ldots \right),$$

$$\mathfrak{T} = -a'^3 \left(r \frac{1 + 3 \cos 2\eta}{2r'^3} + 3r^2 \frac{3 \cos \eta + 5 \cos 3\eta}{8r'^4} + \ldots \right).$$

On peut maintenant remplacer dans ces formules r et r' par

$$r = \frac{p}{1 + e \cos w}, \qquad r' = \frac{p'}{1 + e' \cos w'},$$

ce qui donnera

$$(8)\quad \begin{cases} \mathfrak{M} = a'^3\left[\dfrac{3p}{2p'^3}\,\dfrac{(1+e'\cos w')^3}{1+e\cos w}\sin 2\eta + \dfrac{3p^2}{8p'^4}\,\dfrac{(1+e'\cos w')^4}{(1+e\cos w)^2}(\sin\eta + 5\sin 3\eta)+\ldots\right], \\ \mathfrak{N} = -a'^3\left[\dfrac{p}{2p'^3}\,\dfrac{(1+e'\cos w')^3}{1+e\cos w}(1+3\cos 2\eta) + \dfrac{3p^2}{8p'^4}\,\dfrac{(1+e'\cos w')^4}{(1+e\cos w)^2}(3\cos\eta + 5\cos 3\eta)+\ldots\right]. \end{cases}$$

On aura ensuite

$$\frac{dv}{dt} = \frac{\sqrt{\mathrm{M}}}{p^{\frac{3}{2}}}(1+e\cos w)^2,$$

d'où, en désignant par p_0 la valeur moyenne de p et posant

$$(9)\qquad p = p_0(1+\xi), \qquad \frac{\sqrt{\mathrm{M}}}{n' p_0^{\frac{3}{2}}} = \frac{1}{m},$$

$$(10)\qquad m\frac{dv}{d\omega} = \left(1 - \frac{3}{2}\xi + \frac{15}{8}\xi^2\right)(1+e\cos w)^2;$$

ξ est une petite quantité dont on a négligé le cube dans le développement de $(1+\xi)^{-\frac{3}{2}}$, $m = \frac{n'}{n}\left(\frac{p_0}{a}\right)^{\frac{3}{2}}$ diffère très peu du rapport du moyen mouvement du Soleil à celui de la Lune.

On fera aussi

$$(11)\qquad \frac{p_0}{p'} = \nu,$$

et ν sera une petite quantité ($\frac{1}{400}$ environ).

Substituons les valeurs de $\mathfrak{M}$, $\mathfrak{N}$ et p, dans (V), et nous trouverons, en négligeant ξ dans les termes qui contiennent ν en facteur et en remplaçant $\frac{a'^3}{p'^3}$ par $1+3e'^2$ dans certains termes et par 1 dans d'autres,

$$\begin{aligned}\frac{d\xi}{d\omega} = -m\Big[&3(1+\xi)^{\frac{5}{2}}(1+3e'^2)(1+e'\cos w')^3(1+e\cos w)^{-2}\sin 2\eta \\ &+ \frac{3}{4}\nu(1+e'\cos w')^4(1+e\cos w)^{-3}(\sin\eta + 5\sin 3\eta)+\ldots\Big],\end{aligned}$$

d'où, en développant, négligeant ξ^2, e^3, e'^3 et remplaçant les produits de sinus et de cosinus par des sommes,

$$\begin{aligned}
\frac{1}{m}\frac{d\xi}{d\omega} = & -3\left(1+\frac{3}{2}e^2+\frac{9}{2}e'^2\right)\sin 2\eta + 3e\sin(2\eta - w) + 3e\sin(2\eta + w) \\
& -\frac{9e'}{2}\sin(2\eta - w') - \frac{9e'}{2}\sin(2\eta + w') \\
& -\frac{9e^2}{4}\sin(2\eta - 2w) - \frac{9e^2}{4}\sin(2\eta + 2w) \\
& -\frac{9e'^2}{4}\sin(2\eta - 2w') - \frac{9e'^2}{4}\sin(2\eta + 2w') \\
& +\frac{9ee'}{2}\sin(2\eta + w - w') + \frac{9ee'}{2}\sin(2\eta - w + w') \\
& +\frac{9ee'}{2}\sin(2\eta - w - w') + \frac{9ee'}{2}\sin(2\eta + w + w') \\
& -\frac{15}{2}\xi\sin 2\eta + \frac{15}{2}\xi e\sin(2\eta - w) + \frac{15}{2}\xi e\sin(2\eta + w) \\
& -\frac{45}{4}\xi\sin(2\eta - w') - \frac{45}{4}\xi e'\sin(2\eta + w') \\
& -\frac{3\nu}{4}\sin\eta - \frac{15\nu}{4}\sin 3\eta.
\end{aligned}$$

36. Euler se propose ensuite de déterminer d'abord les inégalités de la Lune qui sont indépendantes de l'inclinaison de son orbite, de l'excentricité e' du Soleil et du facteur ν (celles qui contiennent en facteur ν, ν^2, ... sont désignées sous le nom d'*inégalités parallactiques*). Il faut donc faire, dans ce qui précède,

$$e' = 0, \qquad \nu = 0, \qquad p = p_0(1+\xi), \qquad \frac{n' p_0^{\frac{3}{2}}}{\sqrt{M}} = m.$$

Les formules se simplifient et deviennent

$$\begin{aligned}
\mathfrak{M} &= \frac{3}{2}p_0(1+\xi)\frac{\sin 2\eta}{1+e\cos w}, \\
\mathfrak{N} &= -\frac{1}{2}p_0(1+\xi)\frac{1+3\cos 2\eta}{1+e\cos w}, \\
\frac{dv}{d\omega} &= \frac{1}{m}\left(1-\frac{3}{2}\xi+\frac{15}{8}\xi^2\right)(1+e\cos w)^2, \\
\frac{d\eta}{d\omega} &= \frac{dv}{d\omega} - 1, \\
\frac{d\xi}{d\omega} &= -3m(1+\xi)^{\frac{5}{2}}\frac{\sin 2\eta}{(1+e\cos w)^2}, \\
\frac{de}{d\omega} &= \frac{1}{2}m(1+\xi)^{\frac{3}{2}}\left[-\frac{3\sin 2\eta}{(1+e\cos w)^2}(e+2\cos w+e\cos^2 w) + \frac{1+3\cos 2\eta}{1+e\cos w}\sin w\right], \\
e\frac{d\varpi}{d\omega} &= -\frac{1}{2}m(1+\xi)^{\frac{3}{2}}\left[\frac{3\sin 2\eta\sin w}{(1+e\cos w)^2}(2+e\cos w) + \frac{1+3\cos 2\eta}{1+e\cos w}\cos w\right].
\end{aligned}$$

En développant suivant les puissances de e et de ξ, on pourra écrire

$$(A)\quad \begin{cases} \dfrac{d\xi}{d\omega} = m\sum A_j \sin(2\eta + jw), \\ \dfrac{de}{d\omega} = m\sum B_{i,j} \sin(2i\eta + jw), \\ e\dfrac{d\varpi}{d\omega} = m\sum C_{i,j} \cos(2i\eta + jw); \end{cases}$$

$$(B)\quad \begin{cases} \dfrac{dv}{d\omega} = \dfrac{1}{m}\sum D_i \cos iw, \\ \dfrac{d\eta}{d\omega} = \dfrac{dv}{d\omega} - 1, \\ \dfrac{dw}{d\omega} = \dfrac{dv}{d\omega} - \dfrac{d\varpi}{d\omega}. \end{cases}$$

Dans les formules (A), les quantités A_j, $B_{i,j}$ et $C_{i,j}$ sont des polynômes entiers en e et ξ; l'indice i est égal à 0 ou à 1. Les coefficients D_i sont de la même nature que A_j, $B_{i,j}$ et $C_{i,j}$.

Euler intègre les équations précédentes par des approximations successives, en employant la méthode des coefficients indéterminés. Il suppose d'abord

$$\xi = 0 \qquad \text{et} \qquad e = \text{const.} = g.$$

Les formules (A) et (B) donnent, dans cette hypothèse,

$$(C)\quad \begin{cases} \dfrac{dv}{d\omega} = 1 + \alpha_0 + \alpha_1 \cos w + \ldots, \\ \dfrac{d\eta}{d\omega} = \alpha_0 + \alpha_1 \cos w + \ldots, \\ \dfrac{dw}{d\omega} = \beta_0 + \beta_1 \cos w + \beta_2 \cos(2\eta - w) + \beta_3 \cos(2\eta + w) + \ldots, \end{cases}$$

$$(D)\quad \frac{d\xi}{d\omega} = m\sum A_j^{(0)} \sin(2\eta + jw),$$

$$(D')\quad \frac{de}{d\omega} = m\sum B_j^{(0)} \sin(2i\eta + jw),$$

où les coefficients α_i, β_i, $A_j^{(0)}$, $B_j^{(0)}$ sont des fonctions connues de g et de m.

Pour l'approximation suivante, Euler suppose

$$(E)\quad \xi = \mathfrak{A} \cos 2\eta + \mathfrak{B} \cos(2\eta - w) + \mathfrak{C} \cos(2\eta + w) + \ldots.$$

En différentiant par rapport à ω et remplaçant $\frac{d\eta}{d\omega}$ et $\frac{dw}{d\omega}$ par leurs valeurs (C), on trouve une expression que l'on peut développer suivant les cosinus des multiples des arguments η et w; elle devra être identique à (D). On trouvera, en les identifiant, des relations qui détermineront les coefficients $\mathcal{A}$, $\mathcal{B}$, $\mathcal{C}$ en fonction de g et de m.

Si l'on pose de même

$$(\mathrm{E}') \quad \begin{cases} e = g + \mathrm{A}\cos(2\eta - w) + \mathrm{B}\cos(2\eta + w) + \mathrm{C}\cos w \\ \quad + \mathrm{D}\cos 2\eta + \mathrm{E}\cos(2\eta - 2w) + \mathrm{F}\cos(2\eta + 2w) + \mathrm{G}\cos 2w \\ \quad + \mathrm{H}\cos 4\eta + \mathrm{J}\cos(4\eta - 2w) + \mathrm{K}\cos(4\eta + 2w) + \ldots, \end{cases}$$

et que l'on différentie, on trouvera, en remplaçant $\frac{d\eta}{d\omega}$ et $\frac{dw}{d\omega}$ par leurs valeurs (C), une expression de $\frac{de}{d\omega}$, qui devra être identique à (D'); on en déduira les expressions des coefficients A, B, ... en fonction de g et de m.

Euler se borne ensuite à

$$\xi = \mathcal{A}\cos 2\eta,$$

$$e = g + \mathrm{A}\cos(2\eta - w) + \mathrm{B}\cos(2\eta + w) + \mathrm{C}\cos w,$$

d'où

$$\frac{1}{e} = \frac{1}{g} - \frac{\mathrm{A}}{g^2}\cos(2\eta - w) - \frac{\mathrm{B}}{g^2}\cos(2\eta + w) - \frac{\mathrm{C}}{g^2}\cos w.$$

En portant ces valeurs de ξ, de e et de $\frac{1}{e}$ dans l'expression (A) de $\frac{d\varpi}{d\omega}$, on trouvera une expression de la forme

$$\frac{d\varpi}{d\omega} = \sum \mathrm{E}_{i,j}\cos(2i\eta + jw),$$

où les coefficients $\mathrm{E}_{i,j}$ seront connus. Les relations (B) donneront d'ailleurs les développements de $\frac{dv}{d\omega}$, $\frac{d\eta}{d\omega}$ et $\frac{dw}{d\omega}$.

On recommencera les calculs en prenant pour point de départ les expressions (E) et (E') de ξ et de e. L'agencement des calculs demanderait à être précisé et développé. Euler a fait de cette façon une série d'approximations *numériques*. Le coefficient final de ω dans ϖ est très important, puisqu'il donne le mouvement moyen du périgée; Euler a emprunté sa valeur à l'observation, parce que sa détermination directe suppose que tous les autres coefficients soient connus très exactement. Sa méthode présente un inconvénient assez grave, tenant aux petits diviseurs g, g^2, g^3, ... qui s'introduisent par le développement de $\frac{1}{e}$.

Il convient enfin de remarquer que les arguments finaux η et w ne sont pas proportionnels au temps, ce qui constitue un autre inconvénient.

CHAPITRE VI.

DEUXIÈME THÉORIE DE LA LUNE, D'EULER.

37. Cette seconde théorie est développée dans un gros volume publié en 1772 sous le titre : *Theoria Motuum Lunæ nova methodo pertractata... incredibili studio atque indefesso labore trium Academicorum J.-A. Euler, W.-L. Krafft, J.-A. Lexell; opus dirigente Leonhardo Eulero.*

Nous croyons intéresser le lecteur en reproduisant le commencement de la Préface d'Euler :

« Quoties jam quadraginta abhinc annis theoriam Lunæ evolvere ejusque motum ex principiis gravitationis receptis definire sum conatus, tot semper ac tantæ difficultates se obtulerunt, ut labores meos et ulteriores investigationes abrumpere sum coactus. A principiis enim mechanicis tota quæstio statim ad ternas æquationes differentiales secundi gradus reducitur, quas non solum nullo modo integrare licet, sed etiam adproximationes, quibus utique in hoc genere est acquiescendum, maximis obstaculis impediebantur, ita, ut nullo modo perspicerem, quemadmodum hæc investigatio ex sola theoria, non tam absolvi, quam tantum aliquatenus ad usum accommodari posset. Principio quidem plurimum desudavi, ut memoratas illas æquationes differentiales ad integrationem perducerem; continuo autem magis magisque intellexi, omnes labores hujus generis inutiliter insumtum iri; neque etiam hujusmodi integrationes admodum sunt desiderandæ; facile enim intelligitur, formulas integrales maxime futuras esse prolixas et intricatas, ita, ut inde nullus plane fructus in usum Astronomiæ expectari posset.... »

Il y a là, au sujet de l'intégration rigoureuse des équations différentielles du problème des trois corps, une opinion d'Euler qui demandait à être reproduite, et qui coïncide, du reste, avec celle que Clairaut avait émise antérieurement (p. 64 de ce Volume).

Établissons d'abord les équations différentielles qui servent de point de départ.

Prenons pour origine la Terre T, pour plan des xy le plan de l'écliptique supposé fixe. Soient $x_0, y_0, z_0, r = \sqrt{x_0^2+y_0^2+z_0^2}$ les coordonnées de la Lune L, $x', y', 0, r' = \sqrt{x'^2+y'^2}$ celles du Soleil S, Δ la distance SL, m' la masse du Soleil, m_0 la somme des masses de la Terre et de la Lune. On aura, pour déterminer le mouvement de la Lune, trois équations différentielles

$$\frac{d^2x_0}{dt^2} + fm_0\frac{x_0}{r^3} = fm'\left(\frac{x'-x_0}{\Delta^3} - \frac{x'}{r'^3}\right),$$

. . . .

Euler prend pour variable indépendante l'anomalie moyenne ζ' du Soleil et pour unité de distance le demi grand axe a' de l'orbite du Soleil, ce qui donne

$$d\zeta' = n'\,dt, \qquad n'^2a'^3 = n'^2 = f(m'+m_0),$$
$$fm_0 = \nu n'^2, \qquad fm' = \mu n'^2,$$

(1) $$\mu = \frac{m'}{m'+m_0}, \qquad \nu = \frac{m_0}{m'+m_0}, \qquad \mu+\nu = 1;$$

soit en outre φ la longitude géocentrique du Soleil, de façon que

$$x' = r'\cos\varphi, \qquad y' = r'\sin\varphi.$$

Les équations différentielles pourront s'écrire

(2) $$\left\{\begin{aligned} &\frac{d^2x_0}{d\zeta'^2} + \frac{\nu x_0}{r^3} = \mu\left(\frac{r'\cos\varphi - x_0}{\Delta^3} - \frac{\cos\varphi}{r'^2}\right),\\ &\frac{d^2y_0}{d\zeta'^2} + \frac{\nu y_0}{r^3} = \mu\left(\frac{r'\sin\varphi - y_0}{\Delta^3} - \frac{\sin\varphi}{r'^2}\right),\\ &\frac{d^2z_0}{d\zeta'^2} + \frac{\nu z_0}{r^3} = -\mu\frac{z_0}{\Delta^3},\\ &\Delta^2 = (x_0 - r'\cos\varphi)^2 + (y_0 - r'\sin\varphi)^2 + z_0^2. \end{aligned}\right.$$

38. Euler introduit deux axes mobiles tournant d'un mouvement uniforme autour du point T dans le plan de l'écliptique et les coordonnées X et Y de la Lune par rapport à ces axes. On aura donc

(3) $$x_0 = X\cos l - Y\sin l, \qquad y_0 = X\sin l + Y\cos l, \qquad z_0 = Z, \qquad \frac{d^2l}{dt^2} = 0.$$

On en tire sans peine

$$\frac{d^2X}{d\zeta'^2} - 2\frac{dl}{d\zeta'}\frac{dY}{d\zeta'} - X\frac{dl^2}{d\zeta'^2} = \cos l\frac{d^2x_0}{d\zeta'^2} + \sin l\frac{d^2y_0}{d\zeta'^2},$$
$$\frac{d^2Y}{d\zeta'^2} + 2\frac{dl}{d\zeta'}\frac{dX}{d\zeta'} - Y\frac{dl^2}{d\zeta'^2} = -\sin l\frac{d^2x_0}{d\zeta'^2} + \cos l\frac{d^2y_0}{d\zeta'^2},$$

d'où, en remplaçant $\frac{d^2x_0}{d\zeta'^2}$ et $\frac{d^2y_0}{d\zeta'^2}$ par leurs valeurs (2) et posant

$$\psi = 180^\circ + l - \varphi, \tag{4}$$

$$\left\{\begin{aligned} &\frac{d^2X}{d\zeta'^2} - 2\frac{dl}{d\zeta'}\frac{dY}{d\zeta'} - X\frac{dl^2}{d\zeta'^2} + \frac{\nu X}{r^3} + \mu\left(\frac{X + r'\cos\psi}{\Delta^3} - \frac{\cos\psi}{r'^2}\right) = 0,\\ &\frac{d^2Y}{d\zeta'^2} + 2\frac{dl}{d\zeta'}\frac{dX}{d\zeta'} - Y\frac{dl^2}{d\zeta'^2} + \frac{\nu Y}{r^3} + \mu\left(\frac{Y - r'\sin\psi}{\Delta^3} + \frac{\sin\psi}{r'^2}\right) = 0,\\ &\frac{d^2Z}{d\zeta'^2} + \frac{\nu Z}{r^3} + \frac{\mu Z}{\Delta^3} = 0, \end{aligned}\right. \tag{5}$$

$$\left\{\begin{aligned} &r^2 = X^2 + Y^2 + Z^2,\\ &\Delta^2 = r'^2 + X^2 + Y^2 + Z^2 + 2r'(X\cos\psi - Y\sin\psi). \end{aligned}\right. \tag{6}$$

Euler prend l'angle l égal à la longitude moyenne de la Lune, de sorte que l'axe mobile TX passe constamment par la position moyenne de notre satellite; $\frac{dl}{d\zeta'}$ sera donc égal au rapport des moyens mouvements sidéraux de la Lune et du Soleil, 13,3689.... On fait ainsi

$$\frac{dl}{d\zeta'} = m + 1, \qquad m = 12,3689 = \frac{n - n'}{n'}. \tag{7}$$

39. Les rapports $\frac{X}{r'}$, $\frac{Y}{r'}$, $\frac{Z}{r'}$ sont petits, au plus égaux à $\frac{1}{400}$. On peut développer $\frac{1}{\Delta^3}$ en une série très convergente suivant les puissances des rapports en question; on trouve, en négligeant seulement les quantités du troisième ordre,

$$\begin{aligned} \frac{1}{\Delta^3} = \frac{1}{r'^3} - 3\frac{X\cos\psi - Y\sin\psi}{r'^4}\\ + \frac{3}{2}\frac{5\cos^2\psi - 1}{r'^5}X^2 + \frac{3}{2}\frac{5\sin^2\psi - 1}{r'^5}Y^2 - \frac{3}{2}\frac{Z^2}{r'^5} - \frac{15\sin\psi\cos\psi}{r'^5}XY. \end{aligned}$$

Si l'on porte cette valeur de $\frac{1}{\Delta^3}$ et aussi l'expression (7) de $\frac{dl}{d\zeta'}$ dans les équations (5), on trouve qu'elles deviennent

$$(a)\left\{\begin{aligned} 0 = &\frac{d^2X}{d\zeta'^2} - 2(m+1)\frac{dY}{d\zeta'} - (m+1)^2X + \frac{\nu X}{r^3} - \mu X\frac{3\cos^2\psi - 1}{r'^3}\\ &+ 3\mu Y\frac{\sin\psi\cos\psi}{r'^3} + \frac{3}{2}\mu X^2\frac{5\cos^3\psi - 3\cos\psi}{r'^4} + \frac{3}{2}\mu Y^2\frac{5\sin^2\psi\cos\psi - \cos\psi}{r'^4}\\ &- \frac{3}{2}\mu Z^2\frac{\cos\psi}{r'^4} - 3\mu XY\frac{5\cos^2\psi\sin\psi - \sin\psi}{r'^4} \end{aligned}\right.$$

et

$$(b)\quad \left\{\begin{aligned} o = {}& \frac{d^2Y}{d\zeta'^2} + 2(m+1)\frac{dX}{d\zeta'} - (m+1)^2 Y + \frac{\nu Y}{r^3} + 3\mu X\frac{\sin\psi\cos\psi}{r'^3} \\ & - \mu Y\frac{3\sin^2\psi - 1}{r'^3} - \frac{3}{2}\mu X^2\frac{5\cos^2\psi\sin\psi - \sin\psi}{r'^4} - \frac{3}{2}\mu Y^2\frac{5\sin^3\psi - 3\sin\psi}{r'^4} \\ & + \frac{3}{2}\mu Z^2\frac{\sin\psi}{r'^4} + 3\mu XY\frac{5\sin^2\psi\cos\psi - \cos\psi}{r'^4}, \end{aligned}\right.$$

$$(c)\quad o = \frac{d^2Z}{d\zeta'^2} + \frac{\nu Z}{r^3} + \frac{\mu Z}{r'^3} - 3\mu Z\frac{X\cos\psi - Y\sin\psi}{r'^4}.$$

40. Soit l' la longitude moyenne du Soleil, son anomalie moyenne est ζ'; nous la supposerons, comme Euler, comptée à partir de l'apogée. φ étant la longitude vraie du Soleil, on aura

$$\varphi = l' - 2e'\sin\zeta' + \frac{5}{4}e'^2\sin 2\zeta' + \ldots.$$

On néglige e'^2, et l'on pose

$$\eta = l - l' = \text{longit. moy.} ☾ - \text{longit. moy.} \odot;$$

il en résulte

$$\varphi = l - \eta - 2e'\sin\zeta',$$

d'où, en ayant égard à la relation (4),

$$(8)\quad \left\{\begin{aligned} & \psi = 180° + \eta + 2e'\sin\zeta', \\ & \qquad \text{puis} \\ & \sin\psi = -\sin\eta - 2e'\sin\zeta'\cos\eta, \\ & \cos\psi = -\cos\eta + 2e'\sin\zeta'\sin\eta, \end{aligned}\right.$$

On a ensuite, avec la même précision,

$$r' = 1 + e'\cos\zeta', \qquad \frac{1}{r'^3} = 1 - 3e'\cos\zeta', \qquad \frac{1}{r'^4} = 1 - 4e'\cos\zeta';$$

il faut substituer, dans les équations (*a*), (*b*), (*c*), les développements précédents de $\sin\psi$, $\cos\psi$, r', et il convient de transformer en même temps les puissances et produits de cosinus en cosinus de multiples des deux arguments η et ζ'. C'est l'objet du Chapitre VIII de la Théorie d'Euler. Nous ne donnerons que le résultat qui concerne l'équation (*a*), et nous ferons en même temps avec Euler $\mu = 1$.

On trouve alors

$$(a')\left\{\begin{aligned}
0 = {} & \frac{d^2X}{d\zeta'^2} - 2(m+1)\frac{dY}{d\zeta'} - (m+1)^2X + \frac{\nu X}{r^3} \\
& - \frac{1}{2}X(1+3\cos 2\eta) + \frac{3}{2}Y\sin 2\eta \\
& - \frac{3}{8}X^2(3\cos\eta + 5\cos 3\eta) + \frac{3}{4}XY(\sin\eta + 5\sin 3\eta) \\
& - \frac{3}{8}Y^2(\cos\eta - 5\cos 3\eta) + \frac{3}{2}Z^2\cos\eta \\
& + \frac{3}{4}e'X[2\cos\zeta' + 7\cos(2\eta - \zeta') - \cos(2\eta + \zeta')] \\
& - \frac{3}{4}e'Y[7\sin(2\eta - \zeta') - \sin(2\eta + \zeta')] \\
& + \frac{3}{8}e'X^2[9\cos(\eta - \zeta') + 25\cos(3\eta - \zeta') + 3\cos(\eta + \zeta') - 5\cos(3\eta + \zeta')] \\
& - \frac{3}{4}e'XY[3\sin(\eta - \zeta') + 25\sin(3\eta - \zeta') + \sin(\eta + \zeta') - 5\sin(3\eta + \zeta')] \\
& + \frac{3}{8}e'Y^2[3\cos(\eta - \zeta') - 25\cos(3\eta - \zeta') + \cos(\eta + \zeta') + 5\cos(3\eta + \zeta')] \\
& - \frac{3}{2}e'Z^2[3\cos(\eta - \zeta') + \cos(\eta + \zeta')].
\end{aligned}\right.$$

41. La distance moyenne de la Terre au Soleil ayant été prise pour unité, la distance moyenne de la Terre à la Lune, que nous représenterons par a, sera une petite fraction voisine de $\frac{1}{400}$. Il convient de remarquer que, la Lune s'écartant assez peu de sa position moyenne, les coordonnées X, Y et Z différeront assez peu de a, 0 et 0. On pourra donc faire

$$(9) \qquad X = a(1+x), \qquad Y = ay, \qquad Z = az,$$

et les nouvelles variables x, y, z resteront constamment assez petites. On aura

$$\frac{1}{r^3} = \frac{1}{a^3}[(1+x)^2 + y^2 + z^2]^{-\frac{3}{2}}.$$

Il convient de poser

$$(10) \qquad \frac{\nu}{a^3} = \lambda$$

et de se faire immédiatement une idée de l'ordre de grandeur de λ. On a

$$n^2a^3 = fm_0, \qquad n'^2 = f(m' + m_0),$$

d'où

$$\nu = \frac{m_0}{m' + m_0} = \left(\frac{n}{n'}\right)^2 a^3$$

et, par suite,

$$\lambda = \left(\frac{n}{n'}\right)^2 = 179.$$

On aura ensuite

$$\frac{\nu X}{r^3} = \lambda a(1 + x)\,[(1 + x)^2 + y^2 + z^2]^{-\frac{3}{2}}.$$

On pourra développer cette expression suivant les puissances de x, y et z. En substituant dans (a') le développement précédent, ainsi que les expressions (9) et supprimant le facteur a, il viendra

$$(a'')\quad \begin{cases} 0 = \dfrac{d^2x}{d\zeta'^2} - 2(m+1)\dfrac{dy}{d\zeta'} + \lambda - m^2 - 2m - \dfrac{3}{2} - \dfrac{3}{2}\cos 2\eta \\ \qquad - x\left(m^2 + 2m + \dfrac{3}{2} + 2\lambda\right) - \dfrac{3}{2}x\cos 2\eta + \dfrac{3}{2}y\sin 2\eta \\ \qquad + \ldots\ldots\ldots\ldots\ldots\ldots \end{cases}$$

On a posé

$$X = a(1 + x);$$

on déterminera a de façon que x n'ait pas de partie constante. Or on verra plus tard que x sera donné par une série de cosinus et y par une série de sinus, de sorte que, en substituant dans (a''), le terme constant $\lambda - m^2 - 2m - \frac{3}{2}$, qui est seul de son espèce ([1]), devra nécessairement s'annuler, ce qui donne

$$\lambda = (m+1)^2 + \frac{1}{2}, \qquad \text{puis} \qquad a = \left(\frac{\nu}{\lambda}\right)^{\frac{1}{3}}.$$

Euler prend

$$m + 1 = 13,368\,903\ldots, \qquad \lambda = 179,228\,928\ldots.$$

au lieu de 179,227 567 qui résulterait de sa formule.

Nous allons écrire complètement les trois équations différentielles que l'on déduit de (a), (b), (c) pour déterminer x, y, z.

([1]) Il pourra y avoir d'autres termes semblables, mais très petits, provenant des termes suivants, qui contiennent x^2, x^3, ..., de sorte que la différence $\lambda - m^2 - 2m - \frac{3}{2}$ devra être très petite aussi; les termes correctifs modifieront, comme on le verra plus tard, les mouvements du périgée et du nœud.

$$
(\mathrm{A})\quad\left\{\begin{aligned}
0 = {} & \frac{d^2x}{d\zeta'^2} - 2(m+1)\frac{dy}{d\zeta'} - 3\lambda x - \frac{3}{2}\cos 2\eta - \frac{3}{2}x\cos 2\eta + \frac{3}{2}y\sin 2\eta \\
& + 3\lambda x^2 - \frac{3}{2}\lambda(y^2+z^2) - 4\lambda x^3 + 6\lambda x(y^2+z^2) \\
& - \frac{3}{8}a(3\cos\eta + 5\cos 3\eta) + \frac{3}{4}e'[2\cos\zeta' + 7\cos(2\eta-\zeta') - \cos(2\eta+\zeta')] \\
& + \frac{3}{4}e'x[2\cos\zeta' + 7\cos(2\eta-\zeta') - \cos(2\eta+\zeta')] \\
& - \frac{3}{4}e'y[7\sin(2\eta-\zeta') - \sin(2\eta+\zeta')] \\
& + \ldots\ldots\ldots\ldots\ldots\ldots\ldots\ldots,
\end{aligned}\right.
$$

$$
(\mathrm{B})\quad\left\{\begin{aligned}
0 = {} & \frac{d^2y}{d\zeta'^2} + 2(m+1)\frac{dx}{d\zeta'} + \frac{3}{2}\sin 2\eta + \frac{3}{2}x\sin 2\eta + \frac{3}{2}y\cos 2\eta \\
& - 3\lambda xy + 6\lambda x^2 y - \frac{3}{2}\lambda y(y^2+z^2) \\
& + \frac{3}{8}a(\sin\eta + 5\sin 3\eta) - \frac{3}{4}e'[7\sin(2\eta-\zeta') - \sin(2\eta+\zeta')] \\
& - \frac{3}{4}e'x[7\sin(2\eta-\zeta') - \sin(2\eta+\zeta')] \\
& + \frac{3}{4}e'y[2\cos\zeta' - 7\cos(2\eta-\zeta') + \cos(2\eta+\zeta')] \\
& + \ldots\ldots\ldots\ldots\ldots\ldots\ldots\ldots,
\end{aligned}\right.
$$

$$
(\mathrm{C})\quad 0 = \frac{d^2z}{d\zeta'^2} + (\lambda+1)z - 3\lambda xz + 6\lambda x^2 z - \frac{3}{2}\lambda z(y^2+z^2) - 3e'z\cos\zeta' + \ldots.
$$

Nous n'avons pas reproduit tous les termes donnés par Euler; ceux que nous avons conservés suffiront amplement pour les explications qu'il nous reste à donner.

42. Il est aisé de voir que x se composera d'une suite de cosinus et y d'une suite de sinus. On peut vérifier tout au moins que, en supposant qu'il en soit ainsi, il n'y aura que des cosinus dans le second membre de l'équation (A) et des sinus dans (B). Euler considère à part les trois premiers termes des équations (A) et (B) et il suppose que l'on ait trouvé des valeurs approchées des termes complémentaires, de sorte que les équations en question puissent s'écrire

$$
(11)\quad\left\{\begin{aligned}
& \frac{d^2x}{d\zeta'^2} - 2(m+1)\frac{dy}{d\zeta'} - 3\lambda x = -\sum \mathrm{M}\cos\Omega, \\
& \frac{d^2y}{d\zeta'^2} + 2(m+1)\frac{dx}{d\zeta'} = -\sum \mathrm{M}'\sin\Omega, \\
& \frac{d^2z}{d\zeta'^2} + (\lambda+1)z = -\sum \mathrm{M}''\sin\Omega, \\
& \text{où} \\
& \frac{d\Omega}{d\zeta'} = \text{const.} = c, \qquad \lambda = (m+1)^2 + \frac{1}{2}.
\end{aligned}\right.
$$

Il cherche les valeurs de x et y sous la forme

$$(12) \qquad x = \sum \mathrm{N} \cos \Omega, \qquad y = \sum \mathrm{N}' \sin \Omega.$$

En substituant ces expressions dans les équations (11) et égalant à zéro les coefficients de $\cos\Omega$ et de $\sin\Omega$, il trouve

$$\begin{aligned} (c^2 + 3\lambda)\mathrm{N} + 2(m+1)c\mathrm{N}' &= \mathrm{M}, \\ 2(m+1)c\mathrm{N} + c^2\mathrm{N}' &= \mathrm{M}', \end{aligned}$$

d'où, en tenant compte de la valeur de λ,

$$(13) \qquad \left\{ \begin{aligned} &\mathrm{N} = \frac{2\frac{m+1}{c}\mathrm{M}' - \mathrm{M}}{\lambda - 2 - c^2}, \qquad \mathrm{N}' = \frac{2\frac{m+1}{c}\mathrm{M} - \frac{c^2+3\lambda}{c^2}\mathrm{M}'}{\lambda - 2 - c^2}, \\ &\mathrm{N}' = \frac{\mathrm{M}'}{c^2} - 2\frac{m+1}{c}\mathrm{N}. \end{aligned} \right.$$

Ces formules tomberaient en défaut si l'on avait

$$c = 0 \qquad \text{ou} \qquad c = \sqrt{\lambda - 2};$$

elles donneront seulement de grandes valeurs pour N et N′, si la quantité c est seulement voisine de o ou de $\sqrt{\lambda - 2}$.

Euler ne tient pas compte des intégrales générales des équations (11) dans lesquelles on supprime les seconds membres. Ces intégrales sont, comme on le trouve aisément,

$$(14) \qquad \left\{ \begin{aligned} x &= -2\frac{m+1}{3\lambda}\mathrm{B} + \frac{\sigma}{2(m+1)}(\mathrm{C}\sin\sigma\zeta' - \mathrm{D}\cos\sigma\zeta'), \\ y &= \mathrm{A} + \mathrm{B}\zeta' + \mathrm{C}\cos\sigma\zeta' + \mathrm{D}\sin\sigma\zeta', \end{aligned} \right.$$

en faisant

$$\sigma = \sqrt{(m+1)^2 - \frac{3}{2}} = \sqrt{\lambda - 2},$$

et désignant par A, B, C et D quatre constantes arbitraires. x ne devant pas contenir de partie constante, on doit avoir $\mathrm{B} = 0$.

On voit que les expressions précédentes de x et de y introduiront l'argument

$$\sigma\zeta' = n't\sqrt{(m+1)^2 - \frac{3}{2}} = n't\sqrt{\frac{n^2}{n'^2} - \frac{3}{2}} = nt\sqrt{1 - \frac{3}{2}\frac{n'^2}{n^2}} + \text{const.};$$

c'est l'anomalie moyenne de la Lune.

De même, l'équation différentielle (C) pourra se mettre sous la forme

$$\frac{d^2z}{d\zeta'^2} + (\lambda + 1)z = -\sum M'' \sin\Omega,$$

qui a pour intégrale

$$z = E\cos\sqrt{\lambda+1}\,\zeta' + E'\sin\sqrt{\lambda+1}\,\zeta' + \sum \frac{M''\sin\Omega}{c^2-\lambda-1};$$

L'argument $\sqrt{\lambda+1}\,\zeta' + \text{const.}$, qui s'introduit ici, est l'argument u de la latitude de la Lune.

Nous remarquerons que l'on a

$$\sqrt{\lambda+1}\,\zeta' = n't\sqrt{(m+1)^2+\frac{3}{2}} = n't\sqrt{\frac{n^2}{n'^2}+\frac{3}{2}} = nt\sqrt{1+\frac{3}{2}\frac{n'^2}{n^2}} + \text{const.}$$

On peut déjà en conclure que le périgée est animé d'un mouvement direct égal à $nt\left(1-\sqrt{1-\frac{3}{2}\frac{n'^2}{n^2}}\right)$ et le nœud d'un mouvement rétrograde égal à $nt\left(1-\sqrt{1+\frac{3}{2}\frac{n'^2}{n^2}}\right)$. La connaissance exacte des mouvements moyens du périgée et du nœud dépend des termes complémentaires dans la partie constante de l'équation (a'').

On comprend ainsi qu'il y aura à considérer quatre arguments fondamentaux :

η et ζ', qui figurent déjà directement dans les équations différentielles, puis l'anomalie moyenne de la Lune et l'argument moyen u de la latitude.

43. Euler suppose maintenant que les quantités x, y, z peuvent se développer en séries convergentes de la forme

$$(15)\qquad \left\{\begin{aligned} x &= O + eP + e^2Q + e^3R + aS + ae'T + e'U + ee'F + e^2e'V \\ &\quad + ae'W + i^2X + i^2eY + i^2e^2Z, \\ y &= O' + eP' + e^2Q' + e^3R' + aS' + ae'T' + e'U' + ee'F' + e^2e'V' \\ &\quad + ae'W' + i^2X' + i^2eY' + i^2e^2Z', \\ z &= ip + ieq + ie^2r + ie's + i^3\tau + iav, \end{aligned}\right.$$

où l'on désigne par e et i des constantes absolues qui sont les valeurs moyennes de l'excentricité et de l'inclinaison de l'orbite lunaire; $O, P, \ldots, O', P', \ldots, p, q, \ldots$ sont des fonctions des quatre arguments dont on a parlé, lesquels sont de la forme $\alpha + \beta t$. Il substitue les équations (15) dans les équations différentielles (A), (B), (C), et égale à zéro les coefficients des diverses puissances et produits des quantités e, i, e', a.

Il trouve ainsi d'abord, en égalant à zéro les termes indépendants des quantités précédentes,

$$(16)\quad \begin{cases} \dfrac{d^2 O}{d\zeta'^2} - 2(m+1)\dfrac{dO'}{d\zeta'} - 3\lambda O - \dfrac{3}{2}(1+O)\cos 2\eta \\ \qquad + \dfrac{3}{2}O'\sin 2\eta + 3\lambda\left(O^2 - \dfrac{1}{2}O'^2\right) - 4\lambda O^3 + \ldots = 0, \\ \dfrac{d^2 O'}{d\zeta'^2} + 2(m+1)\dfrac{dO}{d\zeta'} + \dfrac{3}{2}(1+O)\sin 2\eta \\ \qquad + \dfrac{3}{2}O'\cos 2\eta - 3\lambda OO' + 6\lambda O^2 O' + \ldots = 0. \end{cases}$$

En égalant à zéro les coefficients de e, il obtient

$$(17)\quad \begin{cases} \dfrac{d^2 P}{d\zeta'^2} - 2(m+1)\dfrac{dP'}{d\zeta'} - 3\lambda P \\ \qquad + P\left(-\dfrac{3}{2}\cos 2\eta + 6\lambda O - 12\lambda O^2 + 6\lambda O'^2\right) \\ \qquad + P'\left(\dfrac{3}{2}\sin 2\eta - 3\lambda O' + 12\lambda OO'\right) + \ldots\ldots = 0, \\ \dfrac{d^2 P'}{d\zeta'^2} + 2(m+1)\dfrac{dP}{d\zeta'} \\ \qquad + P\left(\dfrac{3}{2}\sin 2\eta - 3\lambda O' + 12\lambda OO'\right) \\ \qquad + P'\left(\dfrac{3}{2}\cos 2\eta - 3\lambda O + 6\lambda O^2 - \dfrac{9}{2}\lambda O'^2\right) + \ldots = 0. \end{cases}$$

On voit que les équations (16) ne contiennent que les deux fonctions inconnues O et O'. Les équations (17) renferment O et O' et, en outre, les deux fonctions inconnues P et P'.

En somme, pour x et y, il forme vingt-six équations différentielles en considérant les coefficients des quantités

$$0,\ e,\ e^2,\ e^3;\quad e',\ e'e,\ e'e^2;\quad a,\ ae,\ ae';\quad i^2,\ i^2 e,\ i^2 e^2;$$

pour z, il en forme cinq en considérant les coefficients des quantités

$$i,\ ie,\ ie^2,\ ie',\ i^2;$$

soit en tout trente et une équations différentielles du second ordre.

44. Plus de 450 pages de l'Ouvrage sont consacrées à l'intégration des trente et une équations différentielles dont nous venons de parler. Les coefficients

des divers sinus et cosinus, dans les intégrales, sont des fonctions de m dont on ne détermine pas les expressions algébriques, mais que l'on calcule numériquement. Chacun de ces calculs numériques s'appuie sur les précédents, de sorte que l'exactitude doit diminuer assez rapidement, au fur et à mesure que l'on avance.

Donnons quelques détails sur l'intégration des équations (16). O et O' étant petits, on peut prendre d'abord

$$\frac{d^2 O}{d\zeta'^2} - 2(m+1)\frac{dO'}{d\zeta'} - 3\lambda O - \frac{3}{2}\cos 2\eta = 0,$$

$$\frac{d^2 O'}{d\zeta'^2} + 2(m+1)\frac{dO}{d\zeta'} \qquad + \frac{3}{2}\sin 2\eta = 0.$$

C'est la forme (11) avec

$$M = -\frac{3}{2}, \qquad M' = \frac{3}{2}, \qquad \Omega = 2\eta, \qquad \frac{d\Omega}{d\zeta'} = 2\frac{dl}{d\zeta'} - 2 = 2m.$$

Euler applique les formules (13) et trouve des valeurs approchées de O et O',

$$O = N\cos 2\eta, \qquad O' = N'\sin 2\eta,$$

qu'il substitue dans les termes négligés d'abord dans les équations (16), ce qui engendre des termes en $\frac{\sin}{\cos} 4\eta$, $\frac{\sin}{\cos} 6\eta$, ...

On applique de nouveau les formules (13), et l'on trouve

$$O = N_0 + N_1 \cos 2\eta + N_2 \cos 4\eta,$$

$$O' = \qquad N'_1 \sin 2\eta + N'_2 \sin 4\eta.$$

On calcule immédiatement les quatre quantités

$$-\frac{3}{2}\cos 2\eta + 6\lambda O - 12\lambda O^2 + 6\lambda O'^2,$$

$$\ldots\ldots\ldots\ldots\ldots\ldots\ldots\ldots\ldots$$

qui figurent comme coefficients de P et P' dans les équations (17) que l'on peut maintenant chercher à intégrer.

Sans introduire directement l'anomalie moyenne ζ par l'intégration même, comme nous l'avons indiqué page 83, Euler suppose que les expressions de P et P' sont de la forme

$$P = \beta \cos\zeta + \gamma_2 \cos(2\eta - \zeta) + \delta_2 \cos(2\eta + \zeta) + \gamma_4 \cos(4\eta - \zeta) + \delta_4 \cos(4\eta + \zeta) + \ldots,$$

$$P' = \beta' \sin\zeta + \gamma'_2 \sin(2\eta - \zeta) + \delta'_2 \sin(2\eta + \zeta) + \gamma'_4 \sin(4\eta - \zeta) + \delta'_4 \sin(4\eta + \zeta) + \ldots.$$

P et P' ne contiennent que $\sin\zeta$ et $\cos\zeta$, comme cela doit être, puisque P et P' ne sont accompagnés que du facteur e.

Euler *emprunte aux observations* la valeur numérique de la quantité $\frac{d\zeta}{d\zeta'}$, ce qui revient à dire qu'il ne cherche pas à trouver l'expression théorique du mouvement de l'apogée, mais qu'il accepte des astronomes sa valeur numérique. Dès lors, il est facile de comprendre comment on peut intégrer les équations (17) par des approximations successives, en négligeant d'abord les termes les moins importants.

Il en est de même pour l'argument u de la latitude; la dérivée $\frac{du}{d\zeta'}$ est tirée de l'observation; il en est de même, par suite, du mouvement du nœud. Euler arrive finalement, pour x, y, z, à des expressions de la forme

$$(18) \qquad \begin{matrix} x \\ y \\ z \end{matrix} = \sum A e^{\nu} e'^{\nu'} i^{\nu''} \begin{matrix} \sin \\ \cos \end{matrix} (a\zeta + a'\zeta' + a''\eta + a'''u),$$

où ν, ν', ν'' sont des entiers positifs et a, a', a'' des entiers positifs ou négatifs; seulement il n'a jamais supposé $\nu' > 1$; autrement dit, il a négligé le carré de l'excentricité de l'orbite du Soleil.

Nous croyons devoir présenter ici une remarque importante d'où il résulte que la méthode adoptée par Euler ne pourrait pas fournir les éléments d'une théorie rigoureuse. Les recherches ultérieures ont montré, en effet, que, dans les expressions (18), si l'on fait

$$\zeta = b\zeta' + \text{const.}, \qquad u = b'\zeta' + \text{const.},$$

les coefficients b et b' peuvent se développer en séries convergentes procédant suivant les puissances de m, e^2, e'^2 et i^2. Par conséquent, on ne peut pas, comme l'a fait Euler dans les formules (15), développer x, y, z en séries convergentes suivant les puissances de e, i et e', ou du moins les coefficients P, Q, R, ..., P', Q', R', ..., ou au moins quelques-uns d'entre eux, cesseront d'être des fonctions périodiques et contiendront ζ' en dehors des signes sinus et cosinus. Par exemple le terme eP devra contenir une partie telle que $e \times He^2\zeta'^2$; donc, au lieu d'avoir dans x le terme $e^3 R$, il faudrait prendre $e^3(R + H\zeta'^2)$. Au surplus, le calcul précédent semble bien lui-même se charger de fournir ces parties gênantes, car nous avons déjà trouvé dans les formules (14) un terme en ζ'; il en amènerait d'autres en ζ'^2 dans les équations suivantes. Euler n'a pas rencontré cet inconvénient parce qu'il ne s'est jamais préoccupé des intégrales générales de ses équations différentielles, mais seulement des solutions particulières.

Néanmoins l'idée d'Euler de partager les inégalités en divers ordres, de calculer d'abord complètement celles du premier, d'en déduire celles du deuxième, etc., est une idée heureuse, permettant de séparer le problème en plusieurs autres, et elle a été recommandée encore dans ces derniers temps par MM. Adams et Hill.

CHAPITRE VII.

LAPLACE, DAMOISEAU ET PLANA.

Théorie de Laplace. — Cette théorie peut être considérée comme le développement de celles de Clairaut et de d'Alembert; mais la méthode est singulièrement perfectionnée; les calculs s'enchaînent d'une façon systématique. Toutes les inégalités du second et du troisième ordre sont obtenues et même quelques-unes du quatrième; les Tables qui résument la théorie représentent les positions de la Lune à moins d'une demi-minute d'arc près. Dans le cours de ses recherches, Laplace a fait plusieurs découvertes fondamentales dont nous parlerons en temps utile.

45. **Équations différentielles et fonction des forces.** — On prend pour origine des coordonnées le centre de gravité de la Terre, pour plan des xy le plan de l'écliptique de 1750; soient x, y, z les coordonnées rectangulaires de la Lune et r son rayon vecteur. On introduit, au lieu de x, y, z, les variables u, v et s, définies par les formules

$$x = \frac{\cos v}{u}, \qquad y = \frac{\sin v}{u}, \qquad z = \frac{s}{u}, \qquad r = \frac{\sqrt{1+s^2}}{u},$$

de sorte que v est la longitude dans le plan des xy, u l'inverse de la projection du rayon vecteur sur ce plan et s la tangente de la latitude de la Lune au-dessus du même plan. Si l'on prend v pour variable indépendante et que l'on désigne par Ω la fonction des forces et par h une constante, on aura (t. I, p. 90)

$$(1)\quad \left\{\begin{aligned} &\left(\frac{d^2u}{dv^2}+u\right)\left(1+\frac{2}{h^2}\int\frac{\partial\Omega}{dv}\frac{dv}{u^2}\right)+\frac{1}{h^2u^2}\frac{\partial\Omega}{\partial v}\frac{du}{dv}-\frac{1}{h^2}\frac{\partial\Omega}{\partial u}-\frac{s}{h^2u}\frac{\partial\Omega}{ds}=0,\\ &\left(\frac{d^2s}{dv^2}+s\right)\left(1+\frac{2}{h^2}\int\frac{\partial\Omega}{\partial v}\frac{dv}{u^2}\right)+\frac{1}{h^2u^2}\frac{\partial\Omega}{\partial v}\frac{ds}{dv}-\frac{s}{h^2u}\frac{\partial\Omega}{\partial u}-\frac{1+s^2}{h^2u^2}\frac{\partial\Omega}{\partial s}=0,\\ &dt=\frac{dv}{hu^2\sqrt{1+\frac{2}{h^2}\int\frac{\partial\Omega}{\partial v}\frac{dv}{u^2}}}. \end{aligned}\right.$$

Si l'on suppose les unités choisies de façon que la constante f de l'attraction soit égale à 1 et qu'il en soit de même de la somme des masses de la Terre et de la Lune, on aura

$$\Omega = \frac{u}{\sqrt{1+s^2}} + m'\left(\frac{1}{\Delta} - \frac{xx'+yy'+zz'}{r'^3}\right);$$

x', y', z', r', m' sont les coordonnées, le rayon vecteur et la masse du Soleil, Δ sa distance à la Lune. On a (t. II, p. 250)

$$\frac{1}{\Delta} = \frac{1}{r'}\left(1 + P_1\frac{r}{r'} + P_2\frac{r^2}{r'^2} + P_3\frac{r^3}{r'^3} + \ldots\right),$$

$$P_1 = \cos\theta, \qquad P_2 = \frac{3}{2}\cos^2\theta - \frac{1}{2}, \qquad P_3 = \frac{5}{2}\cos^3\theta - \frac{3}{2}\cos\theta, \qquad \ldots,$$

$$\cos\theta = \frac{xx'+yy'+zz'}{rr'};$$

la série qui représente $\frac{1}{\Delta}$ est très convergente parce que le rapport $\frac{r}{r'}$ est petit et voisin de $\frac{1}{400}$. Soient, pour le Soleil, u', v' et s' les quantités analogues à u, v et s. On aura

$$x' = \frac{\cos v'}{u'}, \qquad y' = \frac{\sin v'}{u'}, \qquad z' = \frac{s'}{u'}, \qquad r' = \frac{\sqrt{1+s'^2}}{u'},$$

(2) $$\cos\theta = \frac{\cos(v-v') + ss'}{\sqrt{1+s^2}\sqrt{1+s'^2}}.$$

L'expression de $\frac{1}{\Delta}$ donne

$$\frac{1}{\Delta} - \frac{xx'+yy'+zz'}{r'^3} = \frac{1}{r'} + \frac{r^2}{r'^3}\left(\frac{3}{2}\cos^2\theta - \frac{1}{2}\right) + \frac{r^3}{r'^4}\left(\frac{5}{2}\cos^3\theta - \frac{3}{2}\cos\theta\right) + \ldots.$$

En remplaçant $\cos\theta$ par sa valeur (2), négligeant s'^2, convertissant les puissances de $\cos(v-v')$ en cosinus des multiples de $v-v'$ et substituant dans l'expression de Ω, on trouve sans peine

(3) $$\left\{\begin{aligned} \Omega = \frac{u}{\sqrt{1+s^2}} &+ \frac{m'u'^3}{4u^2}[1 + 3\cos(2v-2v') - 2s^2] \\ &+ \frac{m'u'^4}{8u^3}[3(1-4s^2)\cos(v-v') + 5\cos(3v-3v')] \\ &+ 3m'\frac{u'^3}{u^2}ss'\cos(v-v') \\ &+ \ldots\ldots\ldots\ldots \end{aligned}\right.$$

On a laissé de côté, dans l'expression précédente, le terme $\frac{m'}{r'}$ qui n'intervient pas dans les dérivées partielles de Ω.

Le déplacement de l'écliptique est très faible et très lent; s'il était nul, on aurait constamment $s' = 0$. Laplace avait cru démontrer que la supposition de $s' = 0$ n'entraîne aucune modification appréciable dans les coordonnées de la Lune; nous verrons dans le Chapitre suivant que cela n'est pas tout à fait exact. Le premier terme de Ω répond au mouvement elliptique; le second, qui contient en facteur $\frac{u'^3}{u^2}$, fournit les inégalités les plus sensibles de la Lune; le troisième, qui est multiplié par $\frac{u'^4}{u^3}$, fournit ce que l'on nomme les *inégalités parallactiques*, parce que, comme on verra, elles contiennent en facteur le rapport $\frac{a}{a'}$ des moyennes distances de la Lune et du Soleil à la Terre et peuvent servir à déterminer la parallaxe du Soleil.

Les termes en $\frac{u'^5}{u^4}$ jouent un rôle très peu important, et nous pouvons ici les laisser de côté sans inconvénient.

46. Bornons-nous, pour le moment, à

$$\Omega = \frac{u}{\sqrt{1+s^2}} + \frac{m' u'^3}{4 u^2} [1 + 3\cos(2v - 2v') - 2s^2].$$

Si nous formons $\frac{\partial \Omega}{\partial u}$, $\frac{\partial \Omega}{\partial v}$ et $\frac{\partial \Omega}{\partial s}$, et si nous les portons dans les équations (1), les deux premières deviendront

$$(4)\quad \left\{ \begin{aligned} &\frac{d^2 u}{dv^2} + u - \frac{1}{h^2(1+s^2)^{\frac{3}{2}}} + \frac{m'}{2h^2} \frac{u'^3}{u^3} [1 + 3\cos(2v - 2v')] \\ &\quad - \frac{3m'}{2h^2} \frac{u'^3}{u^4} \frac{du}{dv} \sin(2v - 2v') - \frac{3m'}{h^2} \left(\frac{d^2 u}{dv^2} + u \right) \int \frac{u'^3}{u^4} \sin(2v - 2v')\, dv = 0, \end{aligned} \right.$$

$$(5)\quad \left\{ \begin{aligned} &\frac{d^2 s}{dv^2} + s + \frac{3}{2} \frac{m'}{h^2} \frac{u'^3}{u^4} s [1 + \cos(2v - 2v')] \\ &\quad - \frac{3m'}{2h^2} \frac{u'^3}{u^4} \frac{ds}{dv} \sin(2v - 2v') - \frac{3m'}{h^2} \left(\frac{d^2 s}{dv^2} + s \right) \int \frac{u'^3}{u^4} \sin(2v - 2v')\, dv = 0. \end{aligned} \right.$$

Si l'on suppose $m' = 0$, on obtient le mouvement elliptique de la Lune, et les équations précédentes deviennent

$$\frac{d^2 s}{dv^2} + s = 0, \qquad \frac{d^2 u}{dv^2} + u = \frac{1}{h^2(1+s^2)^{\frac{3}{2}}}.$$

La première donne, en désignant par γ et θ deux constantes arbitraires,

$$(6)\qquad s = \gamma \sin(v - \theta),$$

et, en portant dans la seconde, il vient

$$\frac{d^2 u}{dv^2} + u = \frac{1}{h^2[1+\gamma^2 \sin^2(v-\theta)]^{\frac{3}{2}}}.$$

Cette équation est satisfaite, comme on s'en assure aisément, en donnant à u la valeur $\frac{\sqrt{1+\gamma^2\sin^2(v-\theta)}}{h^2(1+\gamma^2)}$; l'intégrale générale est donc

$$(7) \qquad u = \frac{\sqrt{1+s^2} + e\cos(v-\varpi)}{h^2(1+\gamma^2)},$$

en désignant par e et ϖ deux nouvelles constantes arbitraires.

On peut remarquer que les formules du mouvement elliptique sont ici un peu compliquées, parce que la projection de l'orbite sur le plan des xy n'a pas pour foyer le point T.

Cherchons la signification géométrique de γ, θ, e et ϖ; θ est la longitude du nœud, car, pour $v=\theta$, la formule (6) donne $s=0$ et, par suite, $z=0$. Faisons une figure sphérique ayant pour centre le centre de la Terre; soit L une position quelconque de la Lune, abaissons l'arc de grand cercle LP perpendiculaire sur xy (*fig.* 6). Le triangle sphérique rectangle NPL donne

Fig. 6.

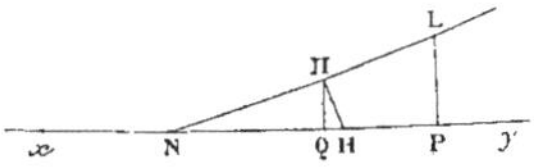

$$\operatorname{tang} PL = \sin NP \operatorname{tang} PNL$$

ou bien

$$s = \sin(v-\theta) \operatorname{tang} PNL.$$

En comparant ce résultat à l'équation (6), on voit que

$$\gamma = \operatorname{tang} PNL = \text{tangente de l'inclinaison}.$$

Le même triangle donne

$$\cos PL \sin NP = \sin NL \cos PNL,$$
$$\cos PL \cos NP = \cos NL$$

ou bien, en faisant $xN + NL = v_0$,

$$(8)\qquad \frac{\sin(v-\theta)}{\sqrt{1-s^2}} = \frac{\sin(v_0-\theta)}{\sqrt{1+\gamma^2}}, \qquad \frac{\cos(v-\theta)}{\sqrt{1-s^2}} = \cos(v_0-\theta).$$

On a ensuite, en ayant égard à (7),

$$r = \frac{\sqrt{1+s^2}}{u} = \frac{h^2(1+\gamma^2)}{1+e\,\dfrac{\cos(v-\theta)\cos(\varpi-\theta)+\sin(v-\theta)\sin(\varpi-\theta)}{\sqrt{1+s^2}}},$$

ou encore, en vertu des relations (8),

$$r = \frac{h^2(1+\gamma^2)}{1+e\left[\cos(v_0-\theta)\cos(\varpi-\theta)+\dfrac{\sin(v_0-\theta)\sin(\varpi-\theta)}{\sqrt{1+\gamma^2}}\right]}.$$

Soient $\varpi_0 = xN + NH$ la longitude du périgée dans l'orbite, a et e_0 le demi grand axe et l'excentricité; on a, comme on sait,

$$r = \frac{a(1-e_0^2)}{1+e_0\cos(v_0-\varpi_0)};$$

la comparaison de ces deux expressions de r nous donne

$$a(1-e_0^2) = h^2(1+\gamma^2),$$

$$e_0\cos\varpi_0 = e\left[\cos\theta\cos(\varpi-\theta) - \frac{\sin\theta\sin(\varpi-\theta)}{\sqrt{1+\gamma^2}}\right],$$

$$e_0\sin\varpi_0 = e\left[\sin\theta\cos(\varpi-\theta) + \frac{\cos\theta\sin(\varpi-\theta)}{\sqrt{1+\gamma^2}}\right],$$

d'où

$$e_0\cos(\varpi_0-\theta) = e\cos(\varpi-\theta), \qquad e_0\sin(\varpi_0-\theta) = \frac{e\sin(\varpi-\theta)}{\sqrt{1+\gamma^2}};$$

$$(9)\qquad \left\{\begin{aligned} e_0 &= e\sqrt{\frac{1+\gamma^2\cos^2(\varpi-\theta)}{1+\gamma^2}},\\ \tang(\varpi_0-\theta) &= \frac{\tang(\varpi-\theta)}{\sqrt{1+\gamma^2}},\\ a &= \frac{h^2(1+\gamma^2)}{1-e^2\,\dfrac{1+\gamma^2\cos^2(\varpi-\theta)}{1+\gamma^2}}. \end{aligned}\right.$$

La seconde de ces formules montre que si l'on mène l'arc de grand cercle IIH perpendiculaire sur l'orbite de la Lune, on aura $xH = \varpi$ et $\cos IIH = \frac{e_0}{e}$.

En négligeant les termes du quatrième ordre, on aurait

$$h^2(1+\gamma^2) = a(1-e^2), \qquad h^2 = a(1-\gamma^2-e^2).$$

47. Le mouvement rapide des nœuds et du périgée s'oppose à ce que les formules (6) et (7) puissent être considérées comme formant une première approximation servant de point de départ aux suivantes. Laplace prend, en désignant par c et g des constantes voisines de l'unité,

$$(10)\qquad \begin{cases} s = \gamma \sin(gv - \theta), \\ u = \dfrac{\sqrt{1+s^2} + e\cos(cv - \varpi)}{h^2(1+\gamma^2)}. \end{cases}$$

Il est facile de voir la signification de g et c. On peut écrire, en effet,

$$s = \gamma \sin\{v - [\theta + (1-g)v]\},$$

et si l'on se reporte au triangle sphérique NLP de la *fig.* 6, on voit que l'on a

$$\begin{aligned} &\text{longitude du nœud} = \theta + (1-g)v; \\ &\text{longitude du périgée} = \varpi + (1-c)v. \end{aligned}$$

On voit donc que les mouvements du périgée et du nœud sont représentés respectivement par $(1-c)v$ et $(1-g)v$.

Les formules (10) représentent un mouvement qui correspond à l'attraction de la Terre et à une certaine force perturbatrice ([1]), et c'est ce mouvement fictif qui sert de point de départ pour calculer le mouvement réel, en substituant les expressions (10) dans les équations (1). Les nombres indéterminés c, g et quelques autres coefficients, que nous verrons bientôt apparaître, se déterminent, dans le cours du calcul, par des équations de condition, de manière à satisfaire aux équations (1). Mais nous commencerons l'intégration en faisant d'abord abstraction de l'action du Soleil, comme dans le cas du mouvement elliptique.

Il faut d'abord exprimer t en fonction de v; la troisième des formules (1) donne, pour le mouvement elliptique,

$$dt = \frac{dv}{hu^2};$$

nous mettrons pour u la valeur (10) et nous trouverons, en négligeant γ^4,

$$(11)\qquad u = \frac{1}{h^2(1+\gamma^2)}\left[1 + \frac{1}{4}\gamma^2 + e\cos(cv-\varpi) - \frac{1}{4}\gamma^2\cos(2gv - 2\theta)\right],$$

$$\frac{dt}{dv} = h^3\left[1 + \frac{3}{2}(e^2+\gamma^2) - 2e\cos(cv-\varpi) + \frac{3}{2}e^2\cos(2cv - 2\varpi) + \frac{1}{2}\gamma^2\cos(2gv - 2\theta)\right],$$

([1]) *Voir*, pour l'interprétation géométrique de cette transformation, une étude de M. Radau *Sur la théorie des orbites* (*Bulletin astronomique*, août 1892).

d'où, en intégrant,

$$t = \text{const.} + h^3\left(1 + \frac{3}{2}e^2 + \frac{3}{2}\gamma^2\right)v - \frac{2h^3e}{c}\sin(cv - \varpi)$$
$$+ \frac{3h^3e^2}{4c}\sin(2cv - 2\varpi) + \frac{h^3\gamma^2}{4g}\sin(2gv - 2\theta).$$

Les coefficients de cette intégrale sont un peu modifiés par l'action du Soleil. Dans l'hypothèse elliptique, le coefficient de v dans cette expression est égal à $\frac{1}{n} = a^{\frac{3}{2}}$, ce qui donne

$$h^3\left(1 + \frac{3}{2}e^2 + \frac{3}{2}\gamma^2 + \ldots\right) = a^{\frac{3}{2}},$$

$$(12) \qquad h = a^{\frac{1}{2}}\left(1 - \frac{1}{2}e^2 - \frac{1}{2}\gamma^2 + \text{des termes du 4}^{\text{e}}\text{ ordre en } e \text{ et } \gamma\right).$$

En portant cette valeur de h dans la formule (11), elle devient

$$(13) \qquad u = \frac{1}{a}\left[1 + e^2 + \frac{1}{4}\gamma^2 + e(1 + e^2)\cos(cv - \varpi) - \frac{1}{4}\gamma^2\cos(2gv - 2\theta)\right];$$

on a négligé seulement le quatrième ordre. L'expression trouvée pour t donne, en appelant $\frac{-\varepsilon}{n}$ la constante arbitraire, divisant par le coefficient de v et négligeant les termes en e^3 et $e\gamma^2$,

$$(14) \qquad nt + \varepsilon = v - \frac{2e}{c}\sin(cv - \varpi) + \frac{3e^2}{4c}\sin(2cv - 2\varpi) + \frac{\gamma^2}{4g}\sin(2gv - 2\theta).$$

On aura de même pour le Soleil, en faisant $\gamma' = 0$,

$$(15) \qquad n't + \varepsilon' = v' - 2e'\sin(c'v' - \varpi') + \frac{3}{4}e'^2\sin(2c'v' - 2\varpi'),$$

$$(16) \qquad u' = \frac{1}{a'}[1 + e'^2 + e'\cos(c'v' - \varpi')];$$

le coefficient c' est d'ailleurs extrêmement voisin de 1. L'origine du temps est arbitraire; on peut supposer $\varepsilon = 0$, et, en faisant

$$(17) \qquad \frac{n'}{n} = m,$$

on trouvera, par l'élimination de t entre les équations (14) et (15)

$$(18) \quad v' - 2e'\sin(c'v' - \varpi') + \frac{3}{4}e'^2\sin(2c'v' - 2\varpi') = mv + \varepsilon' - 2me\sin(cv - \varpi).$$

On n'a pas écrit dans le second membre les termes en me^2 et $m\gamma^2$ parce que ces termes sont du troisième ordre et que cet ordre a été négligé dans le premier membre; on a remplacé, pour la même raison, $\frac{me}{c}$ par me. On tire de la formule (18), par des approximations successives ou par la formule de Lagrange,

$$\begin{aligned} v' = mv + \varepsilon' + 2e'\sin(c'mv + c'\varepsilon' - \varpi') - 2me\sin(cv - \varpi) \\ + \frac{5}{4}e'^2\sin(2c'mv + 2c'\varepsilon' - 2\varpi'). \end{aligned}$$

On peut supprimer ε' en convenant d'écrire plus tard $mv + \varepsilon'$ au lieu de mv. On aura ensuite à substituer dans l'équation (16)

$$\begin{aligned} e'\cos(c'v' - \varpi') &= e'\cos[c'mv - \varpi' + 2c'e'\sin(c'mv - \varpi')] \\ &= e'[\cos(c'mv - \varpi') - 2c'e'\sin^2(c'mv - \varpi')] \\ &= e'\cos(c'mv - \varpi') - e'^2 + e'^2\cos(2c'mv - 2\varpi'). \end{aligned}$$

Il vient ainsi

$$(19)\quad \begin{cases} v' = mv + 2e'\sin(c'mv - \varpi') - 2me\sin(cv - \varpi) + \frac{5}{4}e'^2\sin(2c'mv - 2\varpi'), \\ u' = \frac{1}{a'}[1 + e'\cos(c'mv - \varpi') + e'^2\cos(2c'mv - 2\varpi')]. \end{cases}$$

Les perturbations apporteront à ces expressions de v' et u' des corrections $\delta v'$ et $\delta u'$, mais le terme mv restera le même; dans la formule (17), n doit désigner l'inverse du coefficient de v dans l'expression de t, après tous les calculs.

48. Il faut maintenant substituer dans les équations (4) et (5), ou du moins dans les termes multipliés par m', les expressions (13) et (19) de u, v' et u'. On voit que, dans l'hypothèse elliptique, la partie constante de u serait

$$(20)\qquad \frac{1}{a}\left(1 + e^2 + \frac{1}{4}\gamma^2 + Ae^4 + Be^2\gamma^2 + C\gamma^4 + \ldots\right);$$

l'action du Soleil altère cette partie constante de u, mais, a étant arbitraire, nous pouvons continuer à la représenter par la même expression (20), ce qui fixera nettement la définition de a. Seulement, n ayant été déterminé de façon que le coefficient de v dans l'expression de t soit égal à $\frac{1}{n}$, on n'aura plus la relation $n^2a^3 = 1$. On avait, dans le mouvement elliptique, d'après la relation (12) ou la troisième des formules (9),

$$h^2 = a(1 - e^2 - \gamma^2 + A'e^4 + B'e^2\gamma^2 + C'\gamma^4 + \ldots);$$

cette relation n'aura plus lieu après les perturbations, a ayant été déterminé d'une autre manière ; mais nous pourrons calculer une quantité a_1 par l'équation

$$(21) \qquad h^2 = a_1(1 - e^2 - \gamma^2 + A'e^4 + \ldots), \qquad h = \sqrt{a_1}\left(1 - \frac{1}{2}e^2 - \frac{1}{2}\gamma^2 + \ldots\right),$$

a_1 étant une constante qui, sans l'action du Soleil, coïnciderait avec a. Nous ferons ensuite

$$(22) \qquad \frac{m'a^3}{a'^3} = n'^2 a^3 = m_1^2;$$

sans les perturbations, on aurait

$$a^3 = \frac{1}{n^2}, \qquad m_1^2 = \frac{n'^2}{n^2} = m^2.$$

Cela posé, si nous considérons les diverses parties de l'équation (4), nous trouverons d'abord

$$(23) \qquad \frac{m'}{2h^2}\frac{u'^3}{u^3} = \frac{m_1^2}{2a_1(1 - e^2 - \gamma^2)}\frac{(a'u')^3}{(au)^3};$$

$$(24) \qquad (a'u')^3 = 1 + \frac{3}{2}e'^2 + 3e'\cos(c'mv - \varpi') + \frac{9}{2}e'^2\cos(2c'mv - 2\varpi'),$$

$$\begin{aligned}(au)^{-3} = 1 - {} & 3\left[e^2 + \frac{1}{4}\gamma^2 + e(1 + e^2)\cos(cv - \varpi) - \frac{1}{4}\gamma^2\cos(2gv - 2\theta)\right] \\ & + 6\left[e^2 + \frac{1}{4}\gamma^2 + e(1 + e^2)\cos(cv - \varpi) - \frac{1}{4}\gamma^2\cos(2gv - 2\theta)\right]^2 \\ & - 10\left[e^2 + \frac{1}{4}\gamma^2 + e(1 + e^2)\cos(cv - \varpi) - \frac{1}{4}\gamma^2\cos(2gv - 2\theta)\right]^3,\end{aligned}$$

d'où, en apportant autant de précision que possible dans le calcul du terme constant, pour une raison qui sera indiquée plus loin, et dans celui du coefficient de $\cos(cv - \varpi)$, parce que le coefficient de v dans l'argument est voisin de 1 et que le terme en question grandira par l'intégration,

$$\begin{aligned}(au)^{-3} = {} & 1 - 3e^2 - \frac{3}{4}\gamma^2 - 3e(1 + e^2)\cos(cv - \varpi) \\ & + 6\left[\frac{e^2}{2} + 2e\left(e^2 + \frac{1}{4}\gamma^2\right)\cos(cv - \varpi)\right] - 10e^3\cos^3(cv - \varpi),\end{aligned}$$

ou bien, en exprimant $\cos^3(cv - \varpi)$ au moyen de $\cos(cv - \varpi)$ et de $\cos(3cv - 3\varpi)$

et ne retenant que la première partie,

$$(au)^{-3} = 1 - \frac{3}{4}\gamma^2 - 3\left(1 - \frac{1}{2}e^2 - \gamma^2\right) e\cos(cv - \varpi). \tag{25}$$

Les formules (23), (24) et (25) donnent ensuite

$$\frac{m'}{2h^2}\,\frac{u'^3}{u^3} = \frac{m_1^2}{2a_1}(1 + e^2 + \gamma^2)\left(1 + \frac{3}{2}e'^2\right)\left[1 - \frac{3}{4}\gamma^2 - 3\left(1 - \frac{1}{2}e^2 - \gamma^2\right)e\cos)cv - \varpi)\right],$$

$$\frac{m'}{2h^2}\,\frac{u'^3}{u^3} = \frac{m_1^2}{2a_1}\left[1 + e^2 + \frac{1}{4}\gamma^2 + \frac{3}{2}e'^2 - 3\left(1 + \frac{1}{2}e^2 + \frac{3}{2}e'^2\right)e\cos(cv - \varpi)\right]. \tag{26}$$

En multipliant cette expression par

$$3\cos(2v - 2v') = 3\cos(2v - 2mv) - 6me\cos(2v - 2mv - cv + \varpi) + \ldots,$$

et ne retenant que la partie principale de $\cos(2v - 2mv)$, et dans le produit

$$\cos(2v - 2mv)\cos(cv - \varpi)$$

que le terme en $\cos(2v - 2mv - cv + \varpi)$, parce que le coefficient de v dans son argument est voisin de 1, on trouvera

$$\frac{3m'}{2h^2}\,\frac{u'^3}{u^3}\cos(2v - 2v') = \frac{3m_1^2}{2a_1}\left[\cos(2v - 2mv) - \frac{3 + 4m}{2}e\cos(2v - 2mv - cv + \varpi)\right]. \tag{26 bis}$$

Dans le terme

$$-\frac{3m'}{2h^2}\,\frac{u'^3}{u^4}\,\frac{du}{dv}\sin(2v - 2v'),$$

on pourra remplacer u, u', $\frac{du}{dv}$, $\sin(2v - 2v')$ respectivement par

$$\frac{1}{a}, \quad \frac{1}{a'}, \quad -\frac{ec}{a}\sin(cv - \varpi), \quad \sin(2v - 2mv),$$

ce qui donnera

$$\left\{\begin{aligned} -\frac{3m'}{2h^2}\,\frac{u'^3}{u^4}\,\frac{du}{dv}\sin(2v - 2v') &= +\frac{3m_1^2}{2a_1}ce\sin(cv - \varpi)\sin(2v - 2mv) \\ &\quad - \frac{3m_1^2}{4a_1}e\cos(2v - 2mv - cv + \varpi); \end{aligned}\right. \tag{27}$$

on a laissé de côté le terme en $\cos(2v - 2mv + cv - \varpi)$.

Enfin, dans la dernière partie du premier membre de l'équation (4), on pourra prendre

$$\frac{d^2 u}{dv^2} + u = \frac{1}{a}, \qquad u' = \frac{1}{a'},$$

$$\sin(2v - 2v') = \sin(2v - 2mv) - 2me\sin(2v - 2mv - cv + \varpi),$$

$$\frac{1}{u^4} = a^4[1 - 4e\cos(cv - \varpi)],$$

ce qui donnera

$$\begin{aligned} &-\frac{3m'}{h^2}\left(\frac{d^2 u}{dv^2} + u\right)\int \frac{u'^3}{u^4}\sin(2v - 2v')\,dv \\ &= -\frac{3m_1^2}{a_1}\int \sin(2v - 2v')[1 - 4e\cos(cv - \varpi)]\,dv \\ &= -\frac{3m_1^2}{a_1}\int [\sin(2v - 2mv) - 2e(1 + m)\sin(2v - 2mv - cv + \varpi)]\,dv, \end{aligned}$$

d'où, en intégrant et remplaçant le diviseur $2 - 2m - c$ par $1 - 2m$,

$$(28)\quad \left\{ \begin{aligned} &-\frac{3m'}{h^2}\left(\frac{d^2 u}{dv^2} + u\right)\int \frac{u'^3}{u^4}\sin(2v - 2v')\,dv \\ &= \frac{3m_1^2}{a_1}\left[\frac{\cos(2v - 2mv)}{2 - 2m} - \frac{2(1 + m)}{1 - 2m}e\cos(2v - 2mv - cv + \varpi)\right]. \end{aligned} \right.$$

Il ne reste plus à considérer que le terme

$$-\frac{1}{h^2(1 + s^2)^{\frac{3}{2}}} = -\frac{1}{h^2}\left(1 - \frac{3}{2}s^2 + \ldots\right),$$

qui, en faisant

$$s = \gamma\sin(gv - \theta) + \delta s,$$

et tenant compte de la valeur (21) de h^2, donnera

$$(29)\quad -\frac{1}{h^2(1 + s^2)^{\frac{3}{2}}} = -\frac{1}{a_1}\left[1 + e^2 + \frac{1}{4}\gamma^2 + \frac{3}{4}\gamma^2\cos(2gv - 2\theta) - 3\gamma\sin(gv - \theta)\,\delta s\right].$$

Si l'on réunit maintenant les développements (26), (26 *bis*), (27), (28) et (29), on trouve que l'équation (4) devient

$$(\mathrm{A})\quad \left\{ \begin{aligned} &\frac{d^2 u}{dv^2} + u - \frac{1}{a_1}\left(1 + e^2 + \frac{1}{4}\gamma^2\right) + \frac{m_1^2}{2a_1}\left(1 + e^2 + \frac{1}{4}\gamma^2 + \frac{3}{2}e'^2\right) \\ &\quad - \frac{3m_1^2}{4a_1}(2 + e^2 + 3e'^2)e\cos(cv - \varpi) + \frac{3m_1^2}{2a_1}\frac{2 - m}{1 - m}\cos(2v - 2mv) \\ &\quad - \frac{3m_1^2}{2a_1}\frac{5 + 4m}{1 - 2m}e\cos(2v - 2mv - cv + \varpi) - \frac{3}{4a_1}\gamma^2\cos(2gv - 2\theta) \\ &\quad + \frac{3}{a_1}\gamma\sin(gv - \theta)\,\delta s = 0. \end{aligned} \right.$$

On voit qu'on a conservé deux termes du second ordre en $\cos(2v - 2mv)$ et $\cos(2gv - 2\theta)$; les coefficients de v, dans ces arguments, sont voisins de 2. On a gardé deux termes du troisième ordre en $\cos(cv - \varpi)$ et $\cos(2v - 2mv - cv + \varpi)$ parce que, les coefficients de v étant voisins de 1, l'intégration abaissera ces termes au second ordre, ce qui ne serait pas arrivé pour les autres termes du troisième ordre.

49. Faisons des opérations analogues sur l'équation (5). Considérons d'abord le terme $\frac{3}{2}\frac{m'}{h^2}\frac{u'^3}{u^4}s$; nous pourrons prendre

$$u'^3 = \frac{1}{a'^3}\left(1 + \frac{3}{2}e'^2\right), \qquad \frac{1}{h^2} = \frac{1}{a_1}(1 + e^2 + \gamma^2),$$

$$\frac{1}{u^4} = a^4[1 - 4e^2 - \gamma^2 + \gamma^2\cos(2gv - 2\theta) + 5e^2],$$

$$s = \gamma\sin(gv - \theta),$$

d'où

$$\frac{3}{2}\frac{m'}{h^2}\frac{u'^3}{u^4}s = \frac{3m_1^2 a}{2a_1}\left[1 + 2e^2 + \frac{3}{2}e'^2 + \gamma^2\cos(2gv - 2\theta)\right]\gamma\sin(gv - \theta);$$

d'où, en transformant le produit $\sin(gv - \theta)\cos(2gv - 2\theta)$ et ne gardant que le terme en $\sin(gv - \theta)$,

$$(30) \qquad \frac{3}{2}\frac{m'}{h^2}\frac{u'^3}{u^4}s = \frac{3m_1^2 a}{2a_1}\left(1 + 2e^2 - \frac{1}{2}\gamma^2 + \frac{3}{2}e'^2\right)\gamma\sin(gv - \theta).$$

On aura ensuite

$$\frac{3}{2}\frac{m'}{h^2}\frac{u'^3}{u^4}s\cos(2v - 2v') = \frac{3m_1^2 a}{2a_1}\gamma\sin(gv - \theta)\cos(2v - 2mv),$$

$$(31) \qquad \frac{3}{2}\frac{m'}{h^2}\frac{u'^3}{u^4}s\cos(2v - 2v') = -\frac{3m_1^2}{4}\gamma\sin(2v - 2mv - gv + \theta).$$

Quant au terme

$$-\frac{3m'}{2h^2}\frac{u'^3}{u^4}\frac{ds}{dv}\sin(2v - 2v'),$$

on pourra y prendre

$$h^2 = a_1, \qquad u'^3 = \frac{1}{a'^3}, \qquad u^4 = \frac{1}{a^4}, \qquad \frac{ds}{dv} = \gamma g\cos(gv - \theta) = \gamma\cos(gv - \theta),$$

$$\sin(2v - 2v') = \sin(2v - 2mv),$$

ce qui donnera

$$(32) \qquad -\frac{3m'}{2h^2}\frac{u'^3}{u^4}\frac{ds}{dv}\sin(2v-2v') = -\frac{3m_1^2}{4}\gamma\sin(2v-2mv-gv+\theta);$$

le dernier terme de l'équation (5)

$$-\frac{3m'}{h^2}\left(\frac{d^2s}{dv^2}+s\right)\int\frac{u'^3}{u^4}\sin(2v-2v')\,dv$$

est de l'ordre m_1^4, car

$$\frac{d^2s}{dv^2}+s = \gamma(1-g^2)\sin(gv-\theta)+\frac{d^2\delta s}{dv^2}+\delta s$$

est de l'ordre m_1^2; on doit donc le laisser de côté. Il n'y a plus qu'à réunir les développements (30), (31) et (32), moyennant quoi l'équation (5) deviendra

$$(\mathrm{B}) \qquad \begin{cases} \dfrac{d^2s}{dv^2}+s+\dfrac{3}{2}m_1^2\left(1+2e^2-\dfrac{1}{2}\gamma^2+\dfrac{3}{2}e'^2\right)\gamma\sin(gv-\theta) \\ \qquad\qquad -\dfrac{3}{2}m_1^2\gamma\sin(2v-2mv-gv+\theta)=0. \end{cases}$$

50. **Intégration de l'équation** (B). — Pour intégrer cette équation linéaire, nous ferons

$$s=\gamma\sin(gv-\theta)+\delta s=\gamma\sin(gv-\theta)+\mathrm{A}\sin(2v-2mv-gv+\theta),$$

A désignant une constante; en substituant cette valeur de s dans l'équation (B) et égalant à o les coefficients de $\sin(gv-\theta)$ et de $\sin(2v-2mv-gv+\theta)$, on trouve

$$(\mathrm{C}) \qquad g^2 = 1+\frac{3}{2}m_1^2\left(1+2e^2-\frac{1}{2}\gamma^2+\frac{3}{2}e'^2\right),$$

$$\mathrm{A}=\frac{3}{2}\,\frac{m_1^2}{1-(2-2m-g)^2}\gamma.$$

On peut remplacer dans la dernière formule g par l'unité, et il vient

$$\mathrm{A}=\frac{3}{2}\,\frac{m_1^2}{4m}\gamma;$$

m_1 diffère très peu de m, comme on le verra plus loin. On aura donc

$$(33) \qquad \delta s=\frac{3}{8}m\gamma\sin(2v-2mv-gv+\theta).$$

On voit qu'il y a eu un abaissement d'un ordre, parce que le coefficient de v dans l'argument est voisin de 1.

La formule (C) donne

$$g = 1 + \frac{3}{4} m_1^2 \left(1 + 2e^2 - \frac{1}{2}\gamma^2 + \frac{3}{2}e'^2\right) + \ldots. \tag{34}$$

On a, en désignant par ☊ la longitude du nœud ascendant moyen introduit dans la première approximation,

$$☊ = \theta + (1 - g) v,$$

$$\frac{d☊}{dv} = -\frac{3}{4} m_1^2 \left(1 + 2e^2 - \frac{1}{2}\gamma^2 + \frac{3}{2}e'^2\right)$$

Cette quantité serait constante s'il en était ainsi de e', mais on sait que, en vertu de l'attraction des planètes sur la Terre, et notamment de Vénus, l'excentricité e' de l'orbite terrestre est variable et que, pendant très longtemps, elle ira en diminuant avec une lenteur extrême. On peut écrire

$$e' = e'_0 - e'_1 v,$$

et il vient, en négligeant e'^2,

$$\frac{d☊}{dv} = -\frac{3}{4} m_1^2 \left(1 + 2e^2 - \frac{1}{2}\gamma^2 + \frac{3}{2}e_0'^2\right) + \frac{9}{4} m_1^2 e'_0 e'_1 v,$$

d'où, en intégrant,

$$☊ = \theta - \frac{3}{4} m_1^2 \left(1 + 2e^2 - \frac{1}{2}\gamma^2 + \frac{3}{2}e_0'^2\right) v + \frac{9m_1^2}{8} e'_0 e'_1 v^2. \tag{35}$$

La longitude du nœud a donc une équation séculaire, en v^2 ou en t^2, ce qui revient à dire que θ, au lieu d'être constant, contient une partie proportionnelle au carré du temps. C'est l'une des découvertes de Laplace. On peut écrire, si l'on veut,

$$☊ = \theta - \frac{3}{4} m_1^2 \left(1 + 2e^2 - \frac{1}{2}\gamma^2 + \frac{3}{2}e_0'^2\right) v - \frac{9}{8} m_1^2 \int (e'^2 - e_0'^2)\, dv. \tag{36}$$

51. **Intégration de l'équation** (A). — Il convient d'abord d'y remplacer δs par sa valeur (33); on trouve

$$\frac{3}{a_1}\gamma \sin(gv - \theta)\,\delta s = \frac{9}{16}\frac{m\gamma^2}{a_1}[\cos(2v - 2mv - 2gv + 2\theta) - \cos(2v - 2mv)].$$

Ces termes sont du troisième ordre, et le coefficient de v dans l'argument diffère de 1 d'une quantité finie; nous devons les omettre. Nous poserons ensuite avec Laplace

$$u = u_0 + \delta u,$$

u_0 désignant la partie elliptique (13)

$$u_0 = \frac{1}{a}\left[1 + e^2 + \frac{1}{4}\gamma^2 + e(1 + e^2)\cos(cv - \varpi) - \frac{1}{4}\gamma^2\cos(2gv - 2\theta)\right],$$

et δu étant de la forme

$$\delta u = B_0\cos(2v - 2mv) + B_1\cos(2v - 2mv - cv + \varpi) + B_2\cos(2gv - 2\theta),$$

où B_0, B_1 et B_2 désignent des coefficients indéterminés. En substituant cette valeur de u dans l'équation (A) et égalant à zéro le terme non périodique et les coefficients de $\cos(cv - \varpi)$, $\cos(2v - 2mv)$, $\cos(2v - 2mv - cv + \varpi)$ et de $\cos(2gv - 2\theta)$, on obtient les conditions

$$(37)\qquad \frac{1}{a}\left(1 + e^2 + \frac{1}{4}\gamma^2\right) = \frac{1}{a_1}\left(1 + e^2 + \frac{1}{4}\gamma^2\right) - \frac{m_1^2}{2a_1}\left(1 + e^2 + \frac{1}{4}\gamma^2 + \frac{3}{2}e'^2\right),$$

$$(38)\qquad \begin{cases} \dfrac{e}{a}(1 + e^2)(1 - c^2) - \dfrac{3m_1^2}{4a_1}e(2 + e^2 + 3e'^2) = 0, \\ B_0[1 - (2 - 2m)^2] + \dfrac{3m_1^2}{2a_1}\dfrac{2 - m}{1 - m} = 0, \\ B_1[1 - (2 - c - 2m)^2] - \dfrac{3m_1^2}{2a_1}\dfrac{5 + 4m}{1 - 2m}c = 0, \\ B_2(1 - 4g^2) + \dfrac{\gamma^2}{4a}(4g^2 - 1) - \dfrac{3\gamma^2}{4a_1} = 0. \end{cases}$$

La relation (37) donne

$$(37\ bis)\qquad \frac{1}{a} = \frac{1}{a_1} - \frac{m_1^2}{2a_1}\left(1 + \frac{3}{2}e'^2\right) + \ldots,$$

d'où l'on tire a_1 en fonction de a et de m_1.

Les formules (38) donnent ensuite, en ne considérant que les parties les plus importantes,

$$(\text{D})\qquad \begin{cases} 1 - c^2 = \dfrac{3}{4}m_1^2(2 + 3e'^2 - e^2), \\ c = \sqrt{1 - \dfrac{3}{2}m_1^2\left(1 + \dfrac{3}{2}e'^2 - \dfrac{1}{2}e^2\right)}, \\ c = 1 - \dfrac{3}{4}m_1^2\left(1 + \dfrac{3}{2}e'^2 - \dfrac{1}{2}e^2\right) + \ldots \end{cases}$$

et

$$B_0 = \frac{m_1^2}{a_1}, \qquad B_1 = \frac{15}{8}\frac{m_1^2 e}{m a_1} = \frac{15}{8}\frac{m_1 e}{a_1};$$

$$3B_2 = \frac{\gamma^2}{a}(g^2 - 1) + \frac{3}{4}\gamma^2\left(\frac{1}{a} - \frac{1}{a_1}\right);$$

cette quantité est du quatrième ordre, et l'on doit prendre $B_2 = 0$.

On a donc finalement, en négligeant seulement le troisième ordre,

$$\text{(E)} \qquad s = \gamma \sin(gv - \theta) + \frac{3}{8} m\gamma \sin(2v - 2mv - gv + \theta).$$

$$\text{(F)} \qquad \begin{cases} au = 1 + e^2 + \frac{1}{4}\gamma^2 + e\cos(cv - \varpi) - \frac{1}{4}\gamma^2 \cos(2gv - 2\theta) \\ \quad + m^2 \cos(2v - 2mv) + \frac{15}{8} me \cos(2v - 2mv - cv + \varpi). \end{cases}$$

Les formules (D) donnent pour $(1 - c)v$ un mouvement direct du périgée; la quantité $1 - c$ contenant e'^2 est lentement variable. Soit Π la longitude du périgée introduite dans la première approximation; on a

$$\Pi = \varpi + (1 - c)v,$$

$$\frac{d\Pi}{dv} = 1 - c - v\frac{dc}{dv} = \frac{3}{4} m_1^2 \left(1 - \frac{1}{2}e^2 + \frac{3}{2}e_0'^2\right) - \frac{9}{4} m_1^2 e_0' e_1' v,$$

d'où, en intégrant,

$$\text{(39)} \qquad \begin{cases} \Pi = \varpi + \frac{3}{4} m_1^2 \left(1 - \frac{1}{2}e^2 + \frac{3}{2}e_0'^2\right) v - \frac{9}{8} m_1^2 e_0' e_1' v^2, \\ \Pi = \varpi + \frac{3}{4} m_1^2 \left(1 - \frac{1}{2}e^2 + \frac{3}{2}e_0'^2\right) v + \frac{9}{8} m_1^2 \int (e'^2 - e_0'^2)\, dv. \end{cases}$$

On voit que le périgée, comme le nœud, est animé d'un mouvement séculaire.

52. Indications générales sur les calculs de Laplace. — Nous ne pouvons pas les exposer en détail; nous nous bornerons à dire que le grand géomètre s'est proposé d'obtenir toutes les inégalités du troisième ordre dans les expressions de u et s en fonction de v. Il a développé les termes parallactiques que nous avons laissés de côté; il pose

$$\text{(40)} \qquad s = s_0 + \delta s, \qquad u = u_0 + \delta u,$$

s_0 et u_0 ayant la même signification que ci-dessus, et il admet que δs et δu peuvent se développer en séries de sinus et de cosinus des multiples des quatre arguments

$$2v-2mv,\quad cv-\varpi,\quad c'mv-\varpi',\quad gv-\theta,$$

sous la forme

$$(41)\quad \left\{\begin{aligned}\delta s = \sum \mathfrak{B}_q^{(p)} e^\alpha e'^{\alpha'} \gamma^\beta \left(\frac{a}{a'}\right)^\iota \sin [\pm \alpha(cv-\varpi) \\ \pm \alpha'(c'mv-\varpi') \pm \beta(gv-\theta) \pm \sigma(v-mv)],\end{aligned}\right.$$

$$(42)\quad \left\{\begin{aligned}\delta u = \sum \mathfrak{A}_q^{(p)} e^\alpha e'^{\alpha'} \gamma^\beta \left(\frac{a}{a'}\right)^\iota \cos [\pm \alpha(cv-\varpi) \\ \pm \alpha'(c'mv-\varpi') \pm \beta(gv-\theta) \pm \sigma(v-mv)],\end{aligned}\right.$$

où α, α', β, ι et σ désignent les nombres entiers positifs 0, 1 ou 2. L'indice q, placé au bas des lettres $\mathfrak{A}$ et $\mathfrak{B}$, indique l'ordre des coefficients relativement à m : soit fait

$$\pm\alpha \pm \alpha' m \pm \beta \pm \sigma = \mathrm{S};$$

$\mathfrak{A}$ et $\mathfrak{B}$ sont de l'ordre 2, si $1-\mathrm{S}$ est fini,
» » 1, si $1-\mathrm{S}$ est de l'ordre de m,
» » 0, si $1-\mathrm{S}$ est de l'ordre de m^2, comme $1-c$ et $1-g$ par exemple.

Laplace substitue les valeurs (40) dans les équations différentielles et il égale à zéro les coefficients des divers sinus et cosinus, ce qui lui donne autant d'équations qu'il y a de coefficients $\mathfrak{A}$ et $\mathfrak{B}$, soit vingt coefficients $\mathfrak{A}$ et seize $\mathfrak{B}$. Dans les conditions déduites de l'équation différentielle en u, les $\mathfrak{B}$ jouent un rôle secondaire; dans le cas de s, ce sont les $\mathfrak{A}$ qui deviennent accessoires. Enfin, il convient d'observer que g et c se détermineront en égalant à 0 les coefficients de $\cos(cv-\varpi)$ et de $\sin(gv-\theta)$; ce cosinus et ce sinus étant supposés ne pas figurer dans δs et δu, aucune des quantités $\mathfrak{A}$ et $\mathfrak{B}$ ne les accompagnait. Au degré de précision dont Laplace s'est contenté, les coefficients $\mathfrak{A}$ et $\mathfrak{B}$ n'entrent chacun qu'à la première puissance. On doit comprendre que les équations dont il s'agit ne différeront de celles que nous avons trouvées que par des termes en m^4.

53. **Expression de t en fonction de v.** — On a

$$dt = -\frac{dv}{hu^2\sqrt{1-\frac{2}{h^2}\int\frac{\partial\Omega}{\partial v}\frac{dv}{u^2}}};$$

il faut substituer dans le second membre l'expression (40) de u. On aura d'abord

$$\frac{1}{hu^2} = \frac{a^2}{h}\left[1 - \frac{1}{2}e^2 - \frac{1}{2}\gamma^2 - 2e\cos(cv-\varpi) + \frac{1}{2}\gamma^2\cos(2gv-2\theta) - 2a\delta u \right.$$
$$\left. + \frac{3}{2}e^2\cos(2cv-2\varpi) + 6ae\delta u\cos(cv-\varpi) + \ldots\right],$$

puis, en mettant pour h sa valeur (21),

(43) $$\left\{\begin{aligned}\frac{1}{hu^2} = \frac{a^2}{\sqrt{a_1}}\Big[&1 - 2e\cos(cv-\varpi) + \frac{1}{2}\gamma^2\cos(2gv-2\theta) - 2a\delta u\\ &+ \frac{3}{2}e^2\cos(2cv-2\varpi) + 6ae\delta u\cos(cv-\varpi) + \ldots\Big].\end{aligned}\right.$$

La partie non périodique du second membre, en faisant abstraction de δu, se réduit exactement à $\frac{a^2}{\sqrt{a_1}}$, et il en devait être ainsi, car, dans le mouvement elliptique, la partie constante de $\frac{dt}{dv}$ est représentée par $a^{\frac{3}{2}}$ ou $a_1^{\frac{3}{2}}$.

On a ensuite

(44) $$\frac{1}{\sqrt{1 + \frac{2}{h^2}\int \frac{\partial\Omega}{\partial v}\frac{dv}{u^2}}} = 1 - \frac{1}{h^2}\int \frac{\partial\Omega}{\partial v}\frac{dv}{u^2} + \ldots.$$

Il faut maintenant multiplier les deux développements (43) et (44); en réduisant le dernier à l'unité, dt n'a pas d'autre terme non périodique que $\frac{a^2}{\sqrt{a_1}}dv$, car δu et $\delta u\cos(cv-\varpi)$ sont entièrement périodiques. Si l'on remarque que $\int \frac{\partial\Omega}{\partial v}\frac{dv}{u^2}$ a été remplacé, à un facteur constant près, par $\int \frac{u'^3}{u^4}\sin(2v-2mv)dv$ et que cette intégrale contient des cosinus des arguments

$$2v - 2mv \pm \alpha(cv-\varpi) \pm \alpha'(c'mv-\varpi') \pm \beta(gv-\theta),$$

on verra que, dans le produit

$$\left[1 - 2e\cos(cv-\varpi) + \frac{3}{2}e^2\cos(2cv-2\varpi) + \frac{1}{2}\gamma^2\cos(2gv-2\theta)\right]\int \frac{\partial\Omega}{\partial v}\frac{dv}{u^2},$$

l'argument $2v - 2mv$ ne peut pas disparaître; ce produit ne contient donc pas de partie non périodique; il n'en sera pas de même de

$$[-2a\delta u + 6ae\delta u\cos(cv-\varpi)]\int \frac{\partial\Omega}{\partial v}\frac{dv}{u^2},$$

mais la partie non périodique correspondante contiendra m^4 en facteur. Nous aurons donc, en ne conservant dans notre exposition élémentaire que les termes en m^2, $\frac{a^2}{\sqrt{a_1}}$ pour la partie non périodique de $\frac{dt}{dv}$ ou bien, en remplaçant a par sa valeur (37 *bis*),

$$a_1^{\frac{3}{2}}\left(1 + m_1^2 + \frac{3}{2} m_1^2 e'^2 + \ldots\right).$$

Si donc on fait

$$a_1^{\frac{3}{2}}\left(1 + m_1^2 + \frac{3}{2} m_1^2 e_0'^2\right) = \frac{1}{n} = \frac{a^2}{\sqrt{a_1}},$$

on aura

$$t = \frac{v}{n} + \frac{3}{2}\frac{m_1^2}{n}\int (e'^2 - e_0'^2)\, dv + \text{const.} + \text{des termes périodiques},$$

d'où

$$v = nt + \varepsilon - \frac{3}{2} m_1^2 \int (e'^2 - e_0'^2)\, n\, dt + \text{des termes périodiques}.$$

On voit donc que la longitude moyenne, par suite de la variation de e', contient un terme en t^2 : c'est l'*accélération séculaire*, qui constitue l'une des grandes découvertes de Laplace. On doit comprendre maintenant pourquoi nous avons conservé partout e'^2 : c'était en vue d'arriver à l'accélération séculaire. Nous donnerons dans un autre Chapitre des détails historiques et théoriques très complets sur cette accélération.

Si l'on élimine a_1 entre les équations

$$n = \frac{\sqrt{a_1}}{a^2}, \qquad \frac{1}{a} = \frac{1}{a_1} - \frac{m_1^2}{2a_1},$$

il vient

$$n^2 a^3 = 1 - \frac{m_1^2}{2};$$

mais on a fait

$$m_1^2 = \frac{m'^2 a^3}{a'^3} = n'^2 a^3 = m^2 n^2 a^3;$$

il en résulte donc

$$m_1^2 = m^2\left(1 - \frac{1}{2} m_1^2\right) = m^2\left(1 - \frac{1}{2} m^2\right). \tag{45}$$

Laplace pose ensuite, pour trouver t en fonction de v,

$$(46)\left\{\begin{aligned} nt + \varepsilon = v &+ \frac{3}{2} m^2 \int (e'^2 - e_0'^2)\, dv \\ &+ \sum \Theta_q^{(p)} e^\alpha e'^{\alpha'} \gamma^\beta \left(\frac{a}{a'}\right)^{i} \sin[\pm \alpha (cv - \varpi) \\ &\qquad \pm \alpha'(c'mv - \varpi') \pm \beta(gv - \theta) \pm \sigma(v - mv)];\end{aligned}\right.$$

les coefficients $\mathcal{C}_q^{(p)}$ se trouvent, d'après ce qui précède, exprimés à l'aide des $\mathcal{A}_q^{(p)}$. Il peut aussi calculer $\mathcal{C}_q^{(p)}$ quand il a résolu les trente-six équations qui lui donnent $\mathcal{A}_q^{(p)}$ et $\mathcal{B}_q^{(p)}$.

Si l'on veut aller plus loin dans les approximations, il convient d'introduire encore plus de précision, comme le fait Damoiseau. On posera *a priori* les formules (41), (42) et (46); on en déduira

$$(47)\quad \left\{\begin{aligned} &v' - 2e'\sin(c'v' - \varpi') + \frac{3}{4}e'^2\sin(2c'v' - 2\varpi') - \ldots \\ &\quad = m\left[v + \frac{3}{2}m^2\int(e'^2 - e_0'^2)\,dv + \sum \mathcal{C}_q^{(p)} e^\alpha e'^{\alpha'}\gamma^\beta\left(\frac{a}{a'}\right)^i \sin\vartheta\right], \end{aligned}\right.$$

en posant, pour abréger,

$$\vartheta = \pm\alpha(cv - \varpi) + \ldots.$$

On tirera de là l'expression de v' en fonction de v; on en conclura celles de u' et de $\frac{\sin}{\cos}(2v - 2v')$. En substituant dans les équations différentielles (1) et effectuant la quadrature $\int \frac{\partial\Omega}{\partial v}\frac{dv}{u^2}$, on pourra égaler à o les coefficients des divers cosinus de ϑ, ce qui donnera trois séries de relations pour déterminer les $\mathcal{A}_q^{(p)}$, $\mathcal{B}_q^{(p)}$ et $\mathcal{C}_q^{(p)}$; ces équations se prêteront très bien à la résolution par des approximations successives.

54. Calcul de l'inégalité parallactique. — Nous donnons, à titre d'exemple, le calcul d'une inégalité du troisième ordre. Nous l'obtiendrons en considérant dans la fonction Ω, formule (3), les termes

$$\Omega = \ldots + \frac{m'u'^4}{8u^3}[3(1 - 4s^2)\cos(v - v') + 5\cos(3v - 3v')] + \ldots,$$

qui donnent, en négligeant m^2s^2,

$$-\frac{s}{h^2u}\frac{\partial\Omega}{\partial s} - \frac{1}{h^2}\frac{\partial\Omega}{\partial u} = \frac{3m'}{8h^2}\frac{u'^4}{u^4}[3\cos(v - v') + 5\cos(3v - 3v')].$$

L'équation différentielle en u peut s'écrire

$$\begin{aligned} &\frac{d^2u}{dv^2} + u + \frac{1}{h^2u^2}\frac{\partial\Omega}{\partial v}\frac{du}{dv} + \frac{2}{h^2}\left(\frac{d^2u}{dv^2} + u\right)\int\frac{\partial\Omega}{\partial v}\frac{dv}{u^2} \\ &\quad + \frac{3}{8}\frac{m'}{h^2}\frac{u'^4}{u^4}[3\cos(v - v') + 5\cos(3v - 3v')] = 0. \end{aligned}$$

On peut remplacer $\frac{2}{h^2}\left(\frac{d^2u}{dv^2} + u\right)$ par $\frac{2}{h^2a}$ et ne considérer que l'argument

$$v - v' = v(1 - m),$$

parce que le coefficient de v y est voisin de 1. Dans ces conditions, on aura, en considérant u et u' comme constants,

$$\frac{\partial\Omega}{\partial v} = -\frac{3m'u'^4}{8u^3}\sin(v - v'),$$

$$\int \frac{\partial\Omega}{\partial v}\frac{dv}{u^2} = -\frac{3m'}{8}\int\frac{u'^4}{u^5}\sin(1-m)v\,dv = \frac{3m'}{8}\frac{a^5}{a'^4}\frac{\cos(1-m)v}{1-m},$$

$$\frac{d^2u}{dv^2} + u = \frac{3m'}{8h^2}\frac{a^5}{a'^4}\sin(v - v')\frac{du}{dv} - \left(\frac{3}{4}+\frac{9}{8}\right)\frac{m'}{h^2}\frac{a^4}{a'^4}\cos(1-m)v;$$

$\frac{du}{dv}$ est de l'ordre de e; donc le premier terme du second membre peut être négligé devant le dernier, et il vient simplement

$$\frac{d^2u}{dv^2} + u = -\frac{15m'}{8h^2}\frac{a^4}{a'^4}\cos(1-m)v = -\frac{15m^2}{8a}\frac{a}{a'}\cos(1-m)v.$$

On tiendra compte du second membre en posant

$$u = \frac{1}{a}\left[1 + \ldots + \mathrm{H}\frac{a}{a'}\cos(1-m)v + \ldots\right];$$

en substituant dans l'équation différentielle, il vient

$$\mathrm{H}[1-(1-m)^2] = -\frac{15}{8}m^2, \qquad \mathrm{H} = -\frac{15}{16}m,$$

(48) $$u = \frac{1}{a}\left[1 + \ldots - \frac{15m}{16}\frac{a}{a'}\cos(1-m)v + \ldots\right].$$

On aura ensuite

$$\frac{dt}{dv} = \frac{1}{hu^2}\left(1 - \frac{1}{h^2}\int\frac{\partial\Omega}{\partial v}\frac{dv}{u^2}\right)$$
$$= \frac{a^2}{h}\left[1 + \ldots + \frac{15m}{8}\frac{a}{a'}\cos(1-m)v + \ldots\right]\left[1 - \frac{3m^2}{8}\frac{a}{a'}\cos(1-m)v + \ldots\right],$$

d'où, en ne gardant que la partie principale,

$$\frac{dt}{dv} = \frac{1}{n}\left[1 + \ldots + \frac{15m}{8}\frac{a}{a'}\cos(1-m)v + \ldots\right],$$

$$nt + \chi = v + \ldots + \frac{15}{8}\frac{m}{1-m}\frac{a}{a'}\sin(1-m)v + \ldots,$$

(49) $$v = nt + \chi + \ldots - \frac{15}{8}m\frac{a}{a'}\sin(v - v') + \ldots.$$

Telle est l'inégalité cherchée; elle est du troisième ordre parce que m est du premier et $\frac{a}{a'}$ du deuxième. Sa période est un mois lunaire; son coefficient doit être un peu modifié par les approximations ultérieures, et, comme on le verra plus tard, il faut le multiplier par $1 - 2\nu$, ν désignant le rapport de la masse de la Lune à celle de la Terre. On le trouve finalement égal à $125'',5$. Inversement, si l'on arrive à le déterminer par les observations, on pourra en conclure la valeur du rapport $\frac{a}{a'}$, et, en faisant intervenir la parallaxe de la Lune, qui est bien connue, on en déduira la parallaxe du Soleil; ce procédé, proposé d'abord par Mayer, a été souvent appliqué. Laplace a trouvé ainsi $8'',6$, Hansen $8'',92$ et Stone $8'',86$ pour la parallaxe horizontale équatoriale moyenne du Soleil [*voir*, pour plus de détails, mon Mémoire *Sur la parallaxe du Soleil* (*Annales de l'Observatoire de Paris*, t. XVI)].

55. Pour résoudre les équations dont dépendent les coefficients $\mathcal{A}_q^{(p)}$ et $\mathcal{B}_q^{(p)}$, Laplace a emprunté aux observations les valeurs de m, e'_0 valeur de e' en 1750, γ, c et g, et enfin du coefficient de $\sin(cv - \varpi)$ dans nt. Il a pu ainsi déterminer c et g par la théorie, au moyen des deux équations séparées dont nous avons parlé aux n°s 51 et 52; il a trouvé des valeurs qui ne diffèrent des véritables que d'environ $\frac{1}{400}$. Il convient d'observer que sa théorie est analytique ([1]) pour ce qui concerne les puissances de e, e', γ et $\frac{a}{a'}$ et numérique pour m. Il a évité avec soin les développements analytiques suivant les puissances de m, parce qu'il avait constaté que leur convergence était très faible. C'est ainsi qu'il a représenté par $-(p + qe'^2)$ le coefficient de $e\cos(cv - \varpi)$ dans l'équation (A) et par $p'' + q''e'^2$ celui de $\gamma \sin(gv - \theta)$ dans l'équation (B), et qu'il a déterminé les valeurs numériques de p, q, p'' et q''. On trouve, en effet, pour les équations séculaires du périgée et du nœud,

$$\left(\frac{9}{8}m^2 + \frac{825}{32}m^3 + \frac{61179}{256}m^4 + \ldots\right)\int(e'^2 - e'^2_0)\,dv,$$

$$\left(-\frac{9}{8}m^2 + \frac{33}{32}m^3 + \frac{3261}{256}m^4 + \ldots\right)\int(e'^2 - e'^2_0)\,dv,$$

au lieu de

$$\frac{9}{8}m^2\int(e'^2 - e'^2_0)\,dv \quad \text{et} \quad -\frac{9}{8}m^2\int(e'^2 - e'^2_0)\,dv;$$

on voit que le terme en m^3 apporte une correction considérable à l'équation séculaire du périgée.

Mayer avait constaté par l'observation, dans la longitude de la Lune, l'existence d'une petite inégalité ayant pour période celle de la révolution du nœud

---

([1]) Pas complètement, car les coefficients $\mathcal{A}$ et $\mathcal{B}$ doivent contenir aussi des puissances paires de e et γ.

de la Lune. Laplace en a trouvé la cause théorique : elle provient de l'aplatissement de la Terre, si bien qu'on peut déterminer par cette voie l'aplatissement. Il a prouvé, en outre, que cet aplatissement produit aussi dans la latitude de la Lune une inégalité sensible. Nous expliquerons très simplement le calcul de ces inégalités dans le Chapitre IX.

56. **Théorie de Damoiseau.** — L'Académie des Sciences ayant proposé pour sujet du prix qu'elle devait décerner en 1820 la formation de Tables lunaires uniquement fondées sur la théorie de la pesanteur universelle, deux pièces furent envoyées au concours, l'une par Damoiseau, l'autre par Plana et Carlini; elles ont servi de base à deux théories de la Lune dont nous allons parler un peu, celle de Damoiseau et celle de Plana. La méthode suivie dans le premier de ces Ouvrages est exactement celle de Laplace, avec plus d'étendue dans la liste des inégalités et plus d'uniformité dans les calculs. Damoiseau pose immédiatement

$$u = u_0 + \delta u, \qquad s = \gamma \sin(gv - \theta) + \delta s,$$

$$a\,\delta u = \sum \mathcal{A}^{(p)} e^{\alpha} e'^{\alpha'} \gamma^{\beta} \left(\frac{a}{a'}\right)^{\iota} \cos \vartheta,$$

$$\delta s = \sum \mathcal{B}^{(p)} e^{\alpha} e'^{\alpha'} \gamma^{\beta} \left(\frac{a}{a'}\right)^{\iota} \sin \vartheta,$$

$$nt + \varepsilon = v + k \int (e'^2 - e_0'^2)\, dv + \sum \mathcal{C}^{(p)} e^{\alpha} e'^{\alpha'} \gamma^{\beta} \left(\frac{a}{a'}\right)^{\iota} \sin \vartheta,$$

$$\vartheta = \pm \alpha(cv - \varpi) \pm \alpha'(c'mv - \varpi') \pm \beta(gv - \theta) \pm \sigma(v - mv);$$

s_0 désigne la partie elliptique, dans laquelle on a conservé les quantités du sixième ordre. Il y a quatre-vingt-cinq coefficients $\mathcal{A}^{(p)}$, autant de $\mathcal{C}^{(p)}$ et trente-sept $\mathcal{B}^{(p)}$. On calcule les expressions de u' et de v' en fonction de v et des coefficients $\mathcal{C}^{(p)}$; on substitue dans les trois équations différentielles, et, en égalant à zéro les coefficients des divers sinus ou cosinus, on forme les deux cent sept équations propres à déterminer les inconnues; il y en a même encore deux à l'aide desquelles on calcule c et g. C'est peut-être l'application la plus importante qui ait jamais été faite de la méthode des coefficients indéterminés. Les équations sont résolues numériquement, par des approximations successives, après qu'on a substitué, pour m, c, g, e, e', γ, $\frac{a}{a'}$, leurs valeurs. Enfin, Damoiseau renverse la série qui donne t et exprime la longitude vraie v à l'aide des quatre arguments :

	Notat. Dam.	Notat. Hansen.
Anomalie moyenne de la Lune	x	g
Anomalie moyenne du Soleil	z	g'
Longitude moyenne de la Lune moins celle du Soleil	t	$g - g' + \omega - \omega'$
Longitude moyenne de la Lune moins celle du nœud	y	$g + \omega$

Pour qu'on puisse se faire une idée exacte de la valeur de la théorie de Damoiseau, j'ai donné dans les Tableaux ci-dessous la comparaison des coefficients des sinus des divers arguments, dans l'expression de la longitude, obtenus par Hansen et Damoiseau. J'ai emprunté les coefficients de Hansen à un Mémoire de M. Newcomb : *A Transformation of Hansen's lunar Theory compared with the Theory of Delaunay*. La colonne H. — T. se rapporte aux Tables publiées par Damoiseau en 1828 avec des coefficients rectifiés.

Relativement à la convergence des séries, elle est un peu plus grande dans l'expression de la longitude moyenne en fonction de la longitude vraie que dans l'expression inverse; mais la différence n'est pas très grande.

g et g' désignent les anomalies moyennes de la Lune et du Soleil, ω et ω' les distances des périgées au nœud lunaire. On a inscrit seulement les coefficients des sinus des multiples des angles ω, ω , g et g'.

Arguments.	Hansen.	H. — Da.	H. — T.	H. — Pl.	H. — Po.	H. — D.
	″	″	″	″	″	″
$+1g+0g'$	+22640,15	+0,45	−0,45	−0,48	+0,45	0,00
+2+0	+ 769,06	+0,34	+0,26	−0,42	−0,47	−0,06
+3+0	+ 36,13	−0,81	+0,03	−0,59	−0,59	−0,03
+4+0	+ 1,94	−0,05	−0,16	−0,06	−0,05	−0,02
+5+0	+ 0,11	0,00	+0,01	−0,01	»	−0,01
−3−1	+ 0,55	+0,16	+0,15	+0,19	−0,19	+0,03
−2−1	+ 7,67	0,00	+0,07	+0,33	+0,34	+0,05
−1−1	+ 109,92	+0,65	+0,52	−1,18*	+0,03	+0,13
0−1	+ 669,85	−3,85	−3,15	+1,21	+0,92	+0,28
1−1	− 148,02	−0,28	−0,02	−0,04*	−0,33	−0,56
2−1	− 9,72	−0,02	−0,08	+0,08	+0,07	+0,13
3−1	− 0,67	−0,10	+0,17	−0,31	+0,31	+0,04
−1−2	+ 1,18	+0,04	−0,02	−0,01	+0,01	+0,02
0−2	+ 7,51	+0,17	+0,31	−0,36	−0,34	0,02
1−2	− 2,59	+0,07	−0,09	+0,46	−0,25	+0,10
2−2	− 0,19	»	»	+0,12	»	+0,03
$2\omega-2\omega'$						
$+0g+0g'$	− 0,23	»	»	−0,04	»	−0,07
1 0	− 2,54	+0,05	+0,06	0,53	−0,51	−0,32
2 0	− 0,19	+0,14	»	−0,12	0,12	+0,04
−1−1	+ 0,18	»	»	+0,32	−0,32	−0,11
0−1	+ 2,52	−0,03	−1,82	+3,91	−3,80	+0,65
1−1	− 28,56	+0,11	+0,44	+0,25	−0,05	+0,94
2−1	− 24,45	0,37	0,15	−0,84	−0,59	+0,15
3−1	− 2,93	+0,10	+0,07	−0,05	0,05	+0,03
4−1	− 0,29	−0,10	−0,10	−0,20	»	−0,02
−2−2	+ 0,95	+0,02	+0,05	+0,08*	+0,34	+0,04
−1−2	+ 13,19	+0,38	+0,19	+0,38	+0,29	+0,04
0−2	+ 211,71	−0,14	−0,19	−0,65	−0,08	+0,25
1−2	+ 4586,56	−3,05	−1,64	+0,91	−0,44	+0,32
2−2	+ 2369,75	−0,25	−0,05	−0,57	−1,05	−0,01
3−2	+ 191,95	0,27	−0,25	−0,20	−0,19	0,05

Arguments.	Hansen.	H. — Da.	H. — T.	H. — Pl.	H. — Po.	H. — D.
$2\omega - 2\omega'$						
	"	"	"	"	"	"
$4g - 2g'$	+ 14,38	—0,36	+0,28	+0,26	+0,27	—0,02
5—2	+ 1,06	—0,21	+0,06	—2,25*	+0,16	0,00
—1—3	+ 0,48	0,00	+0,08	+0,15	+0,15	—0,01
0—3	+ 8,66	—0,33	—0,44	+0,90*	—0,50	0,00
1—3	+206,46	—0,63	—0,24	—3,28*	—0,46	—0,08
2—3	+165,52	—0,04	+0,02	—0,33	+0,08	—0,03
3—3	+ 14,60	—0,09	0,00	+0,56	+0,60	+0,01
4—3	+ 1,18	+0,28	+0,18	+0,57	+0,58	+0,07
0—4	+ 0,28	+0,17	+0,17	+0,12	+0,12	0,00
1—4	+ 7,44	—0,08	—0,06	—0,09	—0,04	—0,06
2—4	+ 8,13	+0,21	+0,13	+0,32	+0,34	+0,07
3—4	+ 0,76	+0,24	+0,16	+0,44	+0,44	+0,08
1—5	+ 0,26	»	»	»	»	+0,07
2—5	+ 0,34	»	»	»	»	+0,09
2ω						
$+2g + g'$	+ 0,42	+0,05	»	—0,16	—0,22	0,00
3 1	+ 0,27	»	»	+0,08	—0,08	+0,01
0 0	+ 1,09	—0,21	—0,21	+0,01	—0,31	—0,30
1 0	— 39,58	—0,07	—0,18	—2,39*	—0,15	—0,04
2 0	—411,60	+0,07	+0,20	—0,56	+0,02	+0,03
3 0	— 45,09	—0,03	—0,11	+0,11	+0,01	+0,03
4 0	— 4,00	—0,03	+0,10	+0,09	+0,04	+0,01
5 0	— 0,33	»	»	»	»	0,00
3—1	— 0,30	»	»	+0,11	+0,11	—0,02
$2\omega'$						
$-1g + 3g'$	+ 0,40	»	»	+0,12	»	+0,03
0 3	— 2,15	+0,77	+0,75	+0,18	+0,16	+0,02
—2 2	— 0,43	—0,09	—0,07	—0,10	—0,09	—0,02
—1 2	+ 6,36	—0,29	—0,04	+0,21	+0,29	—0,01
0 2	— 55,25	—0,42	+1,25	—0,34	—0,14	—0,05
1 2	— 0,18	+0,09	+0,62	—0,15	+0,33	0,00
2 2	+ 0,56	+0,04	+0,06	+0,38	+0,39	+0,02
3 2	+ 0,10	»	»	»	»	—0,02
0 1	+ 1,55	+0,21	+0,15	+0,07	+0,09	+0,12
$\omega - \omega'$						
$-1g + 0g'$	+ 0,38	»	»	+0,21	»	+0,12
0 0	+ 1,33	—0,72	—0,67	+0,86	+0,94	+0,46
1 0	+ 18,09	+0,53	+0,49	+0,87	+0,84	+0,01
2 0	+ 1,27	+0,02	+0,07	+0,28	+0,28	+0,05
—2—1	— 0,12	»	»	»	»	—0,03
—1—1	— 1,78	—0,61	—0,58	—0,98	—0,99	—0,28
0—1	— 18,70	—1,51	—1,20	—0,65	—0,90	—0,35
1—1	—125,43	—2,95	—3,33	—3,32	—3,05	+0,06
2—1	— 8,48	—0,08	+0,02	—0,24	—0,12	—0,03
3—1	— 0,59	—0,11	—0,09	—0,23	—0,23	—0,02
0—2	— 0,17	+0,12	+0,23	—0,14	—0,14	—0,03
1—2	— 0,60	—0,12	—0,10	—0,22	—0,22	—0,05
2—2	— 0,13	»	»	—0,21	»	—0,05

Arguments.	Hansen.	H. — Da.	H. — T.	H. — Pl.	H. — Po.	H. — D.
3ω — 3ω′						
	″	″	″	″	″	″
+2g — 2g′	+ 0,28	»	»	+0,09	+0,07	+0,01
3 — 2	+ 0,15	+0,07	»	+0,14	»	+0,01
1 — 3	— 1,22	»	»	—0,58	—0,58	—0,05
2 — 3	— 3,23	—0,19	—0,23	—0,28	—0,28	—0,25
3 — 3	+ 0,41	+0,40	+0,01	—0,48	—0,48	—0,16
2 — 4	— 0,23	»	»	»	»	—0,05
ω + ω′						
+1g + 1g′	+ 0,55	»	»	—0,19	»	—0,04
3ω — ω′						
+3g — 1g′	+ 0,25	»	»	+0,10	»	+0,01
ω — 3ω′						
+1g — 3g′	— 0,32	»	»	—0,07	»	—0,06
4ω — 4ω′						
+2g — 3g′	— 0,36	+0,14	—0,04	+0,15	+0,15	+0,31
3 — 3	— 0,64	—0,15	—0,14	+0,28	+0,11	+0,19
4 — 3	— 0,29	—0,20	»	—0,09	—0,07	0,00
1 — 4	+ 1,18	—0,21	—0,22	+0,68	+0,75	+0,22
2 — 4	+ 30,78	—0,41	—0,32	—3,74*	—0,37	+0,26
3 — 4	— 38,43	—0,19	—0,07	+0,43	+0,18	+0,12
4 — 4	+ 13,90	—0,95	—0,30	—0,51	—0,34	+0,01
5 — 4	+ 1,98	+2,41	+0,08	+1,12*	+0,70	+0,12
6 — 4	+ 0,22	—0,51	—0,18	»	+0,08	+0,04
2 — 5	+ 2,75	—0,30	—0,25	+1,55	+1,56	+0,06
3 — 5	+ 4,41	+1,09	+1,21	+0,57	+0,59	+0,13
4 — 5	+ 1,89	+1,07	+0,99	+0,68	+0,61	+0,22
5 — 5	+ 0,29	»	»	»	»	+0,09
2 — 6	+ 0,16	»	»	»	»	+0,05
3 — 6	+ 0,31	»	»	»	»	+0,09
4 — 6	+ 0,15	»	»	»	»	+0,05
4ω — 2ω′						
+2g — 2g′	— 0,54	+0,06	+0,06	+0,40	+0,16	0,00
3 — 2	— 9,37	+0,28	+0,23	+0,01	—0,15	—0,03
4 — 2	— 5,74	+0,01	—0,14	—2,36*	—0,01	—0,01
5 — 2	— 0,99	+0,01	+0,01	—0,36	—0,37	—0,01
6 — 2	— 0,12	»	»	»	»	0,00
3 — 3	— 0,43	»	»	—0,18	»	0,00
4 — 3	— 0,38	—0,21	»	—0,19	—0,19	—0,01
2ω — 4ω′						
+g — 4g′	+ 0,22	—0,17	—0,38	—0,18	—0,17	—0,12
6ω — 6ω′						
+3g — 6g′	+ 0,29	»	»	»	»	+0,09
4 — 6	+ 0,57	+0,04	+0,07	»	+0,31	+0,17
5 — 6	+ 0,40	»	»	»	+0,25	+0,14
6 — 6	+ 0,13	»	»	»	»	+0,06

Arguments.	Hansen.	H. — Da.	H. — T.	H. — Pl.	H. — Po.	H. — D.
$6\omega-4\omega'$						
$+4g-4g'$	— 0,17	»	»	»	»	—0,03
5—4	— 0,20	»	»	»	»	—0,04
4ω						
$+4g+0g'$	+ 0,42	+0,04	+0,02	0,00	»	0,00

On a laissé de côté tous les coefficients qui, chez Hansen, sont inférieurs à 0",1. On voit que les différences Hansen — Damoiseau sont généralement faibles; il n'y en a que quatre qui laissent beaucoup à désirer, étant égales à —3",85, —3",05, —2",95, +2",41 (¹). En somme, la théorie de Damoiseau a fait faire un progrès énorme aux Tables lunaires et n'a pas exigé, après tout, des calculs par trop longs et compliqués. Sa méthode est, comme nous l'avons dit, celle de la *Mécanique céleste;* il est bon de citer à ce sujet ces quelques mots de Laplace (²) : « Cette méthode me paraît devoir donner les approximations les plus convergentes. En effet, les forces perturbatrices se présentent sous cette forme (forme procédant suivant les sinus et cosinus des multiples de la longitude vraie) ou du moins elles y sont facilement réductibles; pour les réduire à une autre forme, par exemple à des séries de sinus et de cosinus d'angles croissant proportionnellement au temps, il faudrait, à cause des inégalités considérables du mouvement lunaire provenant soit de sa partie elliptique, soit des perturbations, porter fort loin les approximations, ce qui compliquerait l'analyse et rendrait les approximations moins convergentes. »

57. **Théorie de Plana.** — Elle est développée dans trois énormes volumes in-folio. C'est encore la longitude vraie qui est prise pour variable indépendante; les équations différentielles sont celles de Laplace. Tous les calculs sont analytiques, et les coefficients $\mathcal{A}^{(p)}$, $\mathcal{B}^{(p)}$, $\mathcal{C}^{(p)}$, que Laplace et Damoiseau calculaient numériquement, sont développés suivant les puissances de m. Plana ne détermine pas tout d'un coup les expressions de u, s et de nt en fonction de v; il divise le travail en plusieurs parties, détermine d'abord u et s, comme nous l'avons fait plus haut, en négligeant le troisième ordre, en conclut nt, puis u' et v'. Il revient aux équations différentielles, qu'il intègre par la méthode des coefficients indéterminés, en ne négligeant plus que le quatrième ordre dans u et s; il détermine ensuite nt, et ainsi de suite. C'est moins simple et plus difficile à suivre que chez Damoiseau; au fond, c'est la même chose, sauf la diffé-

(¹) Elles se réduisent à —3",15, —1",64, —3",33, +0",08 pour les Tables de Damoiseau. L'écart de 3",3 disparaît si l'on prend pour l'équation parallactique le coefficient primitif de Hansen (—122",0) que M. Newcomb a porté à —125",43 par une réduction spéciale.

(²) *Sur le perfectionnement de la Théorie et des Tables lunaires* (*Additions à la Connaissance des Temps pour* 1823).

rence signalée plus haut. La réduction des coefficients en séries procédant suivant les puissances de m a ses avantages et ses inconvénients. Plana l'avait bien compris, car il dit dans la Préface de son grand Ouvrage :

« Les théories de la Lune publiées jusqu'ici n'offrent pas une expression littérale et explicite des trois coordonnées; elles portent toutes le caractère d'une solution qu'on pourrait appeler mixte, en réfléchissant qu'on y procède par des opérations algébriques entrelacées avec des opérations arithmétiques où les quantités numériques absolues se trouvent enveloppées avec les valeurs spéciales des constantes arbitraires.... Un moyen que nous avons employé pour soustraire notre théorie à l'influence de ces erreurs faciles à commettre dans une recherche aussi compliquée fut celui de développer sans cesse les diviseurs qui naissent de l'intégration et d'arrêter les produits des différentes fonctions là où les termes subséquents seraient d'un ordre supérieur à celui que l'on considère. Alors on peut effectivement sommer un fort grand nombre de termes de la même espèce et, par là, diminuer la complication. Mais il est possible que l'application trop réitérée d'un tel principe ait en lui-même l'inconvénient de diminuer la convergence des séries. Sur cela, nous n'avons rien à opposer. Nous accorderons sans peine qu'il est possible de présenter les coefficients des inégalités lunaires par des fonctions des éléments sous une forme différente de la nôtre, qui aurait l'avantage de les rendre plus convergents.... Il faut avouer qu'il est très difficile de réaliser avec succès une belle conception dans la théorie de la Lune. La complication inhérente aux formes qui conservent les signes d'opérations non exécutées deviendrait bientôt un obstacle insurmontable pour une solution littérale telle que nous la voulions.... La forme que nous avons adoptée permet du moins d'atteindre lentement cette limite. »

Laplace dit de son côté (*Additions à la Connaissance des Temps pour* 1823) :

« ... Les auteurs de la seconde pièce (Plana et Carlini) ont réduit leurs expressions en séries ordonnées par rapport aux puissances ascendantes du rapport du mouvement du Soleil à celui de la Lune, rapport moindre qu'un douzième. L'Analyse ne présente pas ces expressions sous cette forme ; elle conduit à des équations dans lesquelles les quantités cherchées sont entremêlées et affectées de divers diviseurs. Pour les réduire à la forme de séries, il faut éliminer ces quantités et réduire en séries les diviseurs des divers termes de leurs expressions. On conçoit que cela doit conduire à des séries peu convergentes, et qu'il faut beaucoup prolonger pour obtenir le même degré de précision que donne la méthode employée dans la *Mécanique céleste*. »

Voici, en outre, ce que dit Poisson dans son *Mémoire sur le mouvement de la Lune autour de la Terre :*

« ... Dans la *Mécanique céleste*, les coefficients des inégalités lunaires sont liés, en partie, les uns aux autres, par des équations linéaires dont l'illustre auteur a seulement donné la résolution numérique. M. Damoiseau a suivi le même procédé, en poussant les approximations beaucoup au delà du terme auquel Laplace s'était arrêté. M. Plana, au contraire, exprime explicitement chaque coefficient en série ordonnée suivant les différents ordres des quantités que l'on considère dans le mouvement de la Lune, en sorte qu'il ne reste plus qu'à substituer dans ces séries les valeurs des éléments elliptiques de la Lune et du Soleil pour en déduire la valeur numérique de chaque coefficient. Cette seconde solution est plus laborieuse que la première, mais elle a l'avantage d'être plus complète, en la considérant comme une solution analytique et générale du problème, puisqu'elle suppose seulement les constantes arbitraires assez petites pour la convergence des séries. Peut-être, sans ôter à cette solution son caractère particulier, aurait-on pu la rendre plus simple et les séries plus convergentes, en évitant de développer, comme le fait M. Plana, les dénominateurs de leurs différents termes résultant des intégrations successives. »

Nous avons beaucoup insisté sur ce point, parce qu'il est capital dans la théorie de la Lune; nous y reviendrons encore en parlant des travaux de MM. Delaunay, Hill et Adams. Le Tableau des pages 112 à 115 contient les différences Hansen — Plana; on a marqué d'un astérisque celles que de Pontécoulant déclare avoir reconnues fautives en revoyant les calculs de Plana. On voit que, en somme, la théorie de Plana n'est pas de beaucoup supérieure à celle de Damoiseau. Il y a d'ailleurs quelques différences susceptibles d'être expliquées par les valeurs différentes adoptées pour les constantes numériques, notamment pour la parallaxe du Soleil.

En admettant que les nombres de Hansen soient rigoureusement exacts, on trouve dans Plana dix-sept coefficients erronés de plus de 0″,8, tandis qu'il n'y en a que neuf chez Damoiseau; de même, le premier astronome a treize erreurs comprises entre 0″,5 et 0″,8, tandis que le second n'en a que sept. L'avantage paraît donc être du côté de Damoiseau, et c'est encore plus remarquable quand on compare son unique Volume aux trois gros in-folio de Plana.

CHAPITRE VIII.

PERFECTIONNEMENTS RÉCENTS APPORTÉS A LA MÉTHODE DE LAPLACE.

58. Nous allons rendre compte d'un Mémoire intéressant de M. Gyldén, intitulé : *Die intermediäre Bahn des Mondes* (*Acta mathematica*, 7 : 2), en y apportant quelques simplifications et des compléments utiles, comme nous l'avons montré dans un travail inséré au tome II des *Annales de la Faculté des Sciences de Toulouse*. Nous n'avons pas cru devoir introduire, avec M. Gyldén, les fonctions elliptiques, qui ne nous ont pas paru indispensables. Ce sujet peut être rattaché très directement à la théorie de Laplace, et c'est pour cette raison que nous allons le traiter immédiatement, bien que, dans l'ordre historique, il dût venir plus tard.

M. Gyldén part des équations différentielles (4) et (5) du Chapitre précédent et il y prend les termes les plus importants, de manière cependant à pouvoir intégrer rigoureusement et à obtenir une solution approchée, mais bien plus précise que celle du mouvement elliptique, quelque chose d'*intermédiaire* entre ce dernier et le mouvement réel. Dans ce but, il conserve les termes en $\frac{du}{dv}$ et $\frac{ds}{dv}$ dès la première approximation. On peut négliger le dernier terme de l'équation (5), celui qui contient une intégrale, et remplacer, dans les autres, u, u', v' et $\frac{m'}{h^2}$, respectivement par $\frac{1}{a}$, $\frac{1}{a'}$, mv, $\frac{m^2 a'^3}{a^4}$, ce qui donne

$$(\text{A}) \qquad \frac{d^2 s}{dv^2} - \frac{3}{2} m^2 \sin(2v - 2mv) \frac{ds}{dv} + s \left[1 + \frac{3}{2} m^2 + \frac{3}{2} m^2 \cos(2v - 2mv)\right] = 0.$$

On est ainsi conduit, pour déterminer une valeur très approchée de s, à une équation différentielle linéaire du second ordre, dont les coefficients sont des fonctions périodiques de la variable indépendante, la période étant $\frac{\pi}{1-m}$. Or ces équations ont été l'objet de beaux travaux de M. Émile Picard [1] (dans le cas le plus général où les coefficients sont des fonctions doublement périodiques) et de M. Floquet [2], de sorte que nous pouvons bénéficier de ces progrès récents de l'Analyse. Il y a lieu de ramener l'équation (A) à la forme canonique adoptée par M. Gyldén et par M. Lindstedt; on pose

$$s = z\mathrm{E}^{\int \mathrm{H}\,dv},$$

où E désigne la base des logarithmes népériens et H une fonction inconnue de v que l'on détermine par la condition que l'équation différentielle relative à z ne contienne pas de second terme en $\frac{dz}{dv}$. On trouve, en faisant $\lambda = 2(1-m)$,

$$\frac{d^2z}{dv^2} + 2\left(\mathrm{H} - \frac{3}{4}m^2\sin\lambda v\right)\frac{dz}{dv}$$
$$+\left(1 + \frac{3}{2}m^2 + \frac{3}{2}m^2\cos\lambda v + \mathrm{H}^2 - \frac{3}{2}m^2\mathrm{H}\sin\lambda v + \frac{d\mathrm{H}}{dv}\right)z = 0;$$

on pose

$$\mathrm{H} = \frac{3}{4}m^2\sin\lambda v,$$

d'où

$$\int \mathrm{H}\,dv = -\frac{3}{4}\,\frac{m^2}{2-2m}\cos\lambda v = -\frac{3}{8}m^2(1+m)\cos\lambda v - \ldots,$$

$$\text{(B)}\qquad \frac{d^2z}{dv^2} + z\left[1 + \frac{3}{2}m^2 + 3m^2\left(1 - \frac{1}{2}m\right)\cos\lambda v\right] = 0;$$

$$\text{(C)}\qquad \left\{\begin{aligned} s &= z\left[1 - \frac{3}{8}m^2(1+m)\cos\lambda v\right],\\ \lambda &= 2 - 2m;\end{aligned}\right.$$

on a conservé dans cette équation tous les termes en m^3 et négligé les termes en m^4.

59. **Equation différentielle simplifiée pour** u. — Dans l'équation (4), on pose

$$u = \frac{1+\rho}{a}, \qquad u' = \frac{1+\rho'}{a'}, \qquad (1+s^2)^{-\frac{3}{2}} = 1 - \frac{3}{2}s^2, \qquad \frac{m'}{h^2} = m^2\frac{a'^3}{a^4};$$

---

[1] *Voir* le *Cours d'Analyse* de M. C. Jordan, t. III, p. 274.

[2] *Annales de l'École Normale*; 1883.

il vient ainsi

$$\frac{d^2\rho}{dv^2} + \rho + 1 - \frac{a}{h^2} + \frac{3}{2}s^2 + \frac{1}{2}m^2\frac{(1+\rho')^3}{(1+\rho)^3}[1 + 3\cos(2v - 2v')]$$
$$- \frac{3}{2}m^2\frac{(1+\rho')^3}{(1+\rho)^4}\frac{d\rho}{dv}\sin(2v - 2v')$$
$$- 3m^2\left(1 + \rho + \frac{d^2\rho}{dv^2}\right)\int\frac{(1+\rho')^3}{(1+\rho)^4}\sin(2v - 2v')\,dv = 0.$$

Le terme constant $1 - \frac{a}{h^2}$ est du second ordre, comme on le voit par la formule (21) du Chapitre précédent; $\frac{1}{a}$ devant désigner la partie non périodique de u, on peut faire abstraction du terme constant en question. On développe suivant les puissances de ρ et de ρ' et l'on remplace $m^2\left(1 + \rho + \frac{d^2\rho}{dv^2}\right)$ par m^2, car $\frac{d^2\rho}{dv^2} + \rho$ est du second ordre. Il vient ainsi

$$(1)\quad \left\{\begin{aligned} &\frac{d^2\rho}{dv^2} + \rho + \frac{3}{2}s^2 - \frac{3}{2}m^2\sin(2v - 2v')\frac{d\rho}{dv} \\ &\quad + \frac{1}{2}m^2(1 + 3\rho' - 3\rho)[1 + 3\cos(2v - 2v')] \\ &\quad - 3m^2\int(1 + 3\rho' - 4\rho + 10\rho^2)\sin(2v - 2v')\,dv = 0. \end{aligned}\right.$$

Il semble qu'on aurait dû omettre, comme étant du quatrième ordre, le terme $-30m^2\int\rho^2\sin(2v - 2v')\,dv$; on verra cependant plus loin qu'il donne une inégalité du troisième ordre qui doit être conservée. La formule (19) du Chapitre précédent donne ensuite

$$v' = mv + 2e'\sin(mv - \varpi') + \ldots,$$

d'où

$$\sin(2v - 2v') = \sin\lambda v - 2e'\sin(\lambda v + mv - \varpi') + 2e'\sin(\lambda v - mv + \varpi'),$$
$$\cos(2v - 2v') = \cos\lambda v - 2e'\cos(\lambda v + mv - \varpi') + 2e'\cos(\lambda v - mv + \varpi').$$

Si l'on porte ces valeurs dans l'équation (1) et qu'on remplace en même temps ρ' par $e'\cos(mv - \varpi')$, on trouve

$$0 = \frac{d^2\rho}{dv^2} - \frac{3}{2}m^2\sin\lambda v\frac{d\rho}{dv} + \rho\left(1 - \frac{3}{2}m^2 - \frac{9}{2}m^2\cos\lambda v\right) + \frac{3}{2}s^2 + \frac{1}{2}m^2 + \frac{3}{2}m^2\cos\lambda v$$
$$- 3m^2e'\cos[(\lambda + m)v - \varpi'] + 3m^2e'\cos[(\lambda - m)v + \varpi']$$
$$+ \frac{3}{2}m^2e'\cos(mv - \varpi')(1 + 3\cos\lambda v) - 3m^2\int\sin\lambda v\,dv + 6m^2e'\int\sin[(\lambda + m)v - \varpi']\,dv$$
$$- 6m^2e'\int\sin[(\lambda - m)v + \varpi']\,dv - 9m^2e'\int\sin\lambda v\cos(mv - \varpi')\,dv$$
$$+ 12m^2\int\rho\sin\lambda v\,dv - 30m^2\int\rho^2\sin\lambda v\,dv$$

ou bien, en effectuant les intégrations que l'on peut faire immédiatement et réduisant,

$$(2)\quad \left\{\begin{aligned} o = {} & \frac{d^2\rho}{dv^2} - \frac{3}{2}m^2\sin\lambda v\frac{d\rho}{dv} + \rho\left(1 - \frac{3}{2}m^2 - \frac{9}{2}m^2\cos\lambda v\right) \\ & + \frac{3}{2}s^2 + \frac{1}{2}m^2 + \left(3m^2 + \frac{3}{2}m^3\right)\cos\lambda v + \frac{3}{2}m^2e'\cos(mv - \varpi') \\ & - \frac{3}{2}m^2e'\cos[(\lambda + m)v - \varpi'] + \frac{21}{2}m^2e'\cos[(\lambda - m)v + \varpi'] \\ & + 12m^2\int\rho\sin\lambda v\,dv - 30m^2\int\rho^2\sin\lambda v\,dv. \end{aligned}\right.$$

M. Andoyer (*Bulletin astronomique*, t. IV, p. 177) a proposé de différentier cette équation pour faire disparaître l'intégrale $\int\rho\sin\lambda v\,dv$. On serait conduit ainsi, sauf le petit terme correctif $-30m^2\int\rho^2\sin\lambda v\,dv$, à une équation différentielle linéaire du troisième ordre, à coefficients périodiques. La forme de l'intégrale générale est connue, d'après le Mémoire déjà cité de M. Floquet. On pourrait ensuite déterminer les constantes par la méthode des coefficients indéterminés, sauf à vérifier aussi l'équation (2). Mais il est plus simple d'avoir recours au procédé suivant, employé d'abord par Lagrange (*Œuvres*, t. I, p. 644-645) et généralisé par M. Gyldén :

On peut écrire

$$\int\rho\sin\lambda v\,dv = -\int\frac{d^2\rho}{dv^2}\sin\lambda v\,dv + \int\left(\frac{d^2\rho}{dv^2} + \rho\right)\sin\lambda v\,dv.$$

Or on trouve, en intégrant deux fois par parties,

$$\int\frac{d^2\rho}{dv^2}\sin\lambda v\,dv = \frac{d\rho}{dv}\sin\lambda v - \lambda\rho\cos\lambda v - \lambda^2\int\rho\sin\lambda v\,dv,$$

et il en résulte

$$\int\rho\sin\lambda v\,dv = \frac{1}{\lambda^2 - 1}\frac{d\rho}{dv}\sin\lambda v - \frac{\lambda}{\lambda^2 - 1}\rho\cos\lambda v - \frac{1}{\lambda^2 - 1}\int\left(\frac{d^2\rho}{dv^2} + \rho\right)\sin\lambda v\,dv.$$

Dans le dernier terme, on peut remplacer $\frac{1}{\lambda^2 - 1}$ par $\frac{1}{3}$, et finalement l'équation (2) devient

$$(\mathrm{D})\quad \frac{d^2\rho}{dv^2} + m^2\left(\frac{12}{\lambda^2 - 1} - \frac{3}{2}\right)\sin\lambda v\frac{d\rho}{dv} + \rho\left[1 - \frac{3}{2}m^2 - m^2\left(\frac{12\lambda}{\lambda^2 - 1} + \frac{9}{2}\right)\cos\lambda v\right] = \mathrm{U},$$

en posant, pour abréger,

$$(3)\quad \begin{cases} \mathrm{U} = -\dfrac{3}{2}s^2 - \dfrac{1}{2}m^2 - \left(3m^2 + \dfrac{3}{2}m^3\right)\cos\lambda v \\ \quad -\dfrac{3}{2}m^2 e' \cos(mv - \varpi') + \dfrac{3}{2}m^2 e' \cos[(\lambda + m)v - \varpi'] - \dfrac{21}{2}m^2 e' \cos[(\lambda - m)v + \varpi'] \\ \quad + 30m^2 \displaystyle\int \rho^2 \sin\lambda v\, dv + 4m^2 \int \left(\frac{d^2\rho}{dv^2} + \rho\right)\sin\lambda v\, dv. \end{cases}$$

On est donc ainsi conduit, pour déterminer ρ, à une équation différentielle linéaire du second ordre, à coefficients périodiques, avec second membre; on devra, bien entendu, remplacer, dans U, s par sa valeur résultant de l'intégration de l'équation (B).

Pour ramener l'équation (D) à la forme canonique adoptée, nous ferons

$$(4)\qquad \rho = z\mathrm{E}^{\left(\frac{3}{4}m^2 - \frac{6m^2}{\lambda^2 - 1}\right)\int \sin\lambda v\, dv},$$

ce qui nous donnera, avec la même approximation,

$$(\mathrm{E})\qquad \frac{d^2 z}{dv^2} + z\left[1 - \frac{3}{2}m^2 - \frac{3}{2}m^2\left(3 - \frac{1}{2}\lambda + \frac{12\lambda}{\lambda^2 - 1}\right)\cos\lambda v\right] = \mathrm{U}.$$

On aurait dû mettre dans le second membre, au lieu de U,

$$\mathrm{UE}^{-\left(\frac{3}{4}m^2 - \frac{6m^2}{\lambda^2 - 1}\right)\int \sin\lambda v\, dv};$$

mais, en réduisant l'exponentielle à l'unité, cela revient à négliger dans U les quantités du quatrième ordre, ce que nous avons déjà fait. La formule (4) donne d'ailleurs

$$\rho = z\mathrm{E}^{\left(\frac{5}{4}m^2 + \frac{16}{3}m^3\right)\frac{\cos\lambda v}{2(1-m)}} = z\mathrm{E}^{\left(\frac{5}{8}m^2 + \frac{79}{24}m^3\right)\cos\lambda v}$$

ou bien

$$(\mathrm{F})\qquad \rho = z\left[1 + \left(\frac{5}{8}m^2 + \frac{79}{24}m^3\right)\cos\lambda v\right].$$

Nous sommes donc ramenés à intégrer les équations (E) et (B).

60. Intégration de l'équation (B). — Elle est de la forme

$$(5)\qquad \frac{d^2 z}{dv^2} + z[q^2 + 2\alpha\cos(\lambda v + \beta)] = 0,$$

où q, λ, α et β désignent des constantes.

On a vu dans le Chapitre I que l'intégrale générale de cette équation peut se mettre sous la forme

$$(6)\qquad z = \sum_{-\infty}^{+\infty} \eta_i \cos(w + iv), \qquad w = \mu v + \psi;$$

μ est déterminé par une équation transcendante en fonction de q, α et μ; les rapports $\frac{\eta_i}{\eta_0}$ s'expriment au moyen des mêmes quantités, de sorte que l'expression de z renferme les deux constantes arbitraires η_0 et ψ. Le résultat précédent est tout à fait rigoureux. Lorsque le rapport $\frac{\alpha}{q}$ est petit, on peut développer les résultats suivant les puissances de α en séries très convergentes. Voici la valeur de z, en ne négligeant que α^3,

$$(7)\qquad \left\{\begin{aligned} z = \eta_0 \cos w &+ \frac{\alpha}{\lambda}\left[\frac{\eta_0}{\lambda+2q}\cos(w+\lambda v+\beta) + \frac{\eta_0}{\lambda-2q}\cos(w-\lambda v-\beta)\right] \\ &+ \frac{\alpha^2}{4\lambda^2}\left[\frac{\eta_0}{(\lambda+q)(\lambda+2q)}\cos(w+2\lambda v+2\beta)\right. \\ &\qquad \left. + \frac{\eta_0}{(\lambda-q)(\lambda-2q)}\cos(w-2\lambda v-2\beta)\right]. \end{aligned}\right.$$

Quant à la valeur de μ, elle est, aux quantités près du *sixième* ordre,

$$(8)\qquad \mu = q\left[1 + \frac{\alpha^2}{q^2(\lambda^2-4q^2)} + \alpha^4\frac{-2\lambda^4+35\lambda^2q^2-60q^4}{4q^4(\lambda^2-q^2)(\lambda^2-4q^2)^3}\right].$$

Pour appliquer ces résultats à l'équation (B), il suffit de faire

$$q^2 = 1 + \frac{3}{2}m^2, \qquad \lambda = 2(1-m), \qquad \alpha = \frac{3}{2}m^2\left(1 - \frac{1}{2}m\right), \qquad \beta = 0.$$

On en conclut

$$q = 1 + \frac{3}{4}m^2 + \ldots,$$

$$\lambda - 2q = -2m\left(1 + \frac{3}{4}m + \ldots\right),$$

$$\lambda^2 - 4q^2 = -8m\left(1 + \frac{1}{4}m + \ldots\right).$$

Les diviseurs $\lambda - 2q$ et $\lambda^2 - 4q^2$ sont petits et, par suite, importants à considérer; les formules (7) et (8) pourront être réduites à

$$z = \eta_0 \cos w + \frac{\alpha}{\lambda}\left[\frac{\eta_0}{\lambda + 2q}\cos(w + \lambda v) + \frac{\eta_0}{\lambda - 2q}\cos(w - \lambda v)\right],$$

$$\mu = q\left[1 + \frac{\alpha^2}{q^2(\lambda^2 - 4q^2)}\right],$$

et elles donneront

$$\mu = 1 + \frac{3}{4}m^2 - \frac{9}{32}m^3,$$

$$z = \eta_0 \cos w + \frac{3}{16}m^2\eta_0\cos(w + \lambda v) - \frac{3}{8}m\left(1 - \frac{1}{4}m\right)\eta_0\cos(w - \lambda v).$$

Nous ne conserverons que les termes du second ordre; dans ces conditions, la formule (C) donnera $s = z$; enfin, pour nous conformer aux notations usitées, nous ferons

$$\mu = g, \qquad \psi = -\gamma - 90°, \qquad \eta_0 = k,$$

et nous trouverons

$$\text{(G)} \qquad s = k\sin(gv - \gamma) + \frac{3}{8}mk\sin[(2 - g - 2m)v + \gamma],$$

$$\text{(H)} \qquad g = 1 + \frac{3}{4}m^2 - \frac{9}{32}m^3.$$

On voit que la méthode d'intégration nous a conduits d'une manière simple et *nécessaire* à la forme $k\sin(gv - \gamma)$ qui sert de base aux approximations devant faire connaître s; la valeur elliptique $s = k\sin(v - \gamma)$ ne pourrait pas remplir ce but. Quand on compare la valeur (H) de g à celle que fournit une théorie plus complète, celle de Delaunay par exemple, on voit que les termes en m^2 et m^3 sont exacts et que la formule (H) donne la valeur de $g - 1$ à $\frac{1}{50}$ près environ.

61. Intégration de l'équation (E). — Nous nous proposons d'abord d'obtenir dans ρ seulement les termes du premier et du second ordre, comme nous l'avons fait pour s. Si nous faisons d'abord abstraction du second membre U, nous rentrerons dans le type (5) en posant

$$(9) \quad q^2 = 1 - \frac{3}{2}m^2, \qquad \lambda = 2(1 - m), \qquad \alpha = -\frac{3}{4}m^2\left(3 - \frac{1}{2}\lambda + \frac{12\lambda}{\lambda^2 - 1}\right), \qquad \beta = 0;$$

les formules (7) et (8) nous donneront l'intégrale générale de l'équation sans second membre. On a vu dans le Chapitre I comment on peut tenir compte du second membre; nous ferons

$$U = \sum A_i \cos V_i, \qquad V_i = \lambda_i v + \beta_i,$$
$$\mu = c, \qquad w = cv - \varpi, \qquad \eta_0 = e,$$

et nous aurons, au degré d'approximation dont nous nous contentons,

$$(10)\quad \left\{\begin{aligned} \rho = s = e\cos(cv - \varpi) &+ \frac{\alpha}{\lambda(\lambda+2q)}\, e\cos[(\lambda+c)v - \varpi] \\ &+ \frac{\alpha}{\lambda(\lambda-2q)}\, e\cos[(\lambda-c)v + \varpi] \\ &+ \frac{1}{2q}\sum A_i\left(\frac{1}{q+\lambda_i} + \frac{1}{q-\lambda_i}\right)\cos V_i; \end{aligned}\right.$$

$$(11)\quad c = q\left[1 + \frac{\alpha^2}{q^2(\lambda^2-4q^2)} + \alpha^4\,\frac{-2\lambda^4 + 35\lambda^2 q^2 - 60q^4}{4q^4(\lambda^2-q^2)(\lambda^2-4q^2)^3}\right].$$

Le diviseur $\lambda - 2q$ contient m en facteur, et, par suite, est petit, tandis que $\lambda + 2q$ est voisin de 4. Le coefficient $\frac{\alpha e}{\lambda + 2q}$ sera donc du troisième ordre et pourra être négligé; on trouve d'ailleurs

$$\frac{\alpha}{\lambda(\lambda-2q)} = \frac{m^2\left(\frac{15}{2} + \frac{43}{4}m\right)}{(2-2m)\,2m\left(1 - \frac{3}{4}m\right)} = \frac{15}{8}m + \ldots.$$

La formule (10) donne ainsi

$$(12)\quad \left\{\begin{aligned} \rho = e\cos(cv - \varpi) &+ \frac{15}{8}me\cos[(\lambda-c)v + \varpi] \\ &+ \frac{1}{2}\sum A_i\left(\frac{1}{1+\lambda_i} + \frac{1}{1-\lambda_i}\right)\cos V_i. \end{aligned}\right.$$

Il faut maintenant remplacer, dans l'expression (3) de U, s par sa valeur (G); d'où l'on tire aisément

$$s^2 = \frac{1}{2}k^2 - \frac{1}{2}k^2\cos(2gv - 2\gamma) + \frac{3}{8}mk^2\cos[(\lambda - 2g)v + 2\gamma] - \frac{3}{8}mk^2\cos\lambda v;$$

il vient ainsi

$$U = U_0 + U_1 + U_2,$$

$$(13)\quad U_0 = -\frac{1}{2}m^2 - \frac{3}{4}k^2 + \frac{3}{4}k^2\cos(2gv - 2\gamma) - 3m^2\cos\lambda v,$$

$$(14)\quad \left\{\begin{aligned} U_1 = &-\frac{3}{2}m^2e'\cos(mv - \varpi') - \frac{9}{16}mk^2\cos[(\lambda - 2g)v + 2\gamma)] \\ &+ 30m^2\int \rho^2\sin\lambda v\,dv + 4m^2\int\left(\frac{d^2\rho}{dv^2} + \rho\right)\sin\lambda v\,dv. \end{aligned}\right.$$

Il est inutile d'écrire l'expression de U_2; nous nous bornerons à dire que les coefficients A_i de ses divers termes sont du troisième ordre et que les facteurs λ_i de v dans leurs arguments sont voisins de 2. Tenons compte d'abord de U_0; nous aurons donc à prendre successivement

$$A_i = -\frac{1}{2}m^2 - \frac{3}{4}k^2, \qquad V_i = 0, \qquad \lambda_i = 0;$$

$$A_i = +\frac{3}{4}k^2, \qquad V_i = 2gv - 2\gamma, \qquad \lambda_i = 2g = 2;$$

$$A_i = -3m^2, \qquad V_i = \lambda v, \qquad \lambda_i = \lambda = 2.$$

La formule (12) nous donnera ainsi

$$\text{(I)} \quad \left\{ \begin{aligned} \rho &= -\frac{1}{2}m^2 - \frac{3}{4}k^2 + e\cos(cv - \varpi) + m^2\cos\lambda v - \frac{1}{4}k^2\cos(2gv - 2\gamma) \\ &\qquad + \frac{15}{8}me\cos[(\lambda - c)v + \varpi], \\ u &= \frac{1+\rho}{a}. \end{aligned} \right.$$

Telle est l'expression de ρ, en ne négligeant que des inégalités du troisième ordre.

Nous allons maintenant procéder au calcul de la valeur (11) de c; on tire successivement des relations (9)

$$\text{(15)} \qquad \alpha = -\frac{3}{4}m^2\left(2 + m + 24\frac{1-m}{3 - 8m + 4m^2}\right),$$

$$\text{(16)} \qquad \alpha = -\frac{3}{4}m^2\left[2 + m + 8(1-m)\left(1 + \frac{8}{3}m + \frac{52}{9}m^2 + \ldots\right)\right],$$

$$\alpha = -\frac{3}{4}m^2\left(10 + \frac{43}{3}m + \frac{224}{9}m^2 + \ldots\right),$$

$$\alpha^2 = \frac{225}{4}m^4\left(1 + \frac{43}{15}m + \frac{6329}{900}m^2 + \ldots\right),$$

$$q^2(\lambda^2 - 4q^2) = -8\left(1 - \frac{5}{4}m - \frac{2}{3}m^2 + \ldots\right),$$

$$\frac{\alpha^2}{q^2(\lambda^2 - 4q^2)} = -\frac{225}{32}m^3\left(1 + \frac{247}{60}m + \frac{49241}{3600}m^2 + \ldots\right),$$

$$\alpha^4\frac{-2\lambda^4 + 35\lambda^2q^2 - 60q^4}{4q^4(\lambda^2 - q^2)(\lambda^2 - 4q^2)^3} = -\frac{810\,000}{32\,768}m^5 + \ldots,$$

$$\text{(17)} \qquad c = 1 - \frac{3}{4}m^2 - \frac{225}{32}m^3 - \frac{3741}{128}m^4 - \frac{236\,789}{2048}m^5 - \ldots.$$

Delaunay a trouvé

$$(18)\qquad c = 1 - \frac{3}{4}m^2 - \frac{225}{32}m^3 - \frac{4071}{128}m^4 - \frac{265\,493}{2048}m^5 - \ldots.$$

On voit donc que les coefficients de m^2 et m^3 dans (17) sont exacts, et l'on pouvait répondre *a priori* que cela devait arriver; mais, en comparant les coefficients de m^4 et m^5 dans (17) et (18), on remarque que, si ces coefficients ne sont pas les mêmes, ils ne diffèrent pas beaucoup : ainsi l'erreur relative du coefficient de m^4 est $\frac{1}{12}$ et celle du coefficient de m^5 est $\frac{1}{10}$. Si donc on calcule la valeur numérique de c en partant des formules (9) et (17), on devra obtenir une grande approximation. Prenons en effet, avec Laplace, $m = 0{,}074\,8013$, et nous trouverons sans peine

$$\lambda = 1{,}850\,3974, \qquad \log q = \bar{1}{,}998\,1698, \qquad \log \alpha^2 = \bar{3}{,}346\,9278,$$

$$\frac{\alpha^2}{q^2(\lambda^2 - 4q^2)} = -0{,}004\,1326,$$

$$\alpha^4 \frac{-2\lambda^4 + 35\lambda^2 q^2 - 60q^4}{4q^4(\lambda^2 - q^2)(\lambda^2 - 4q^2)^3} = -0{,}000\,1178,$$

$$c = 0{,}991\,562, \qquad 1 - c = 0{,}008\,438.$$

La valeur exacte de $1 - c$ est $0{,}008\,452$; on a donc le moyen mouvement du périgée à $\frac{1}{600}$ de sa valeur environ. Si l'on ne conservait dans la formule (17) que les termes en m^2 et en m^3, qui sont seuls exacts, on n'aurait $1 - c$ qu'à $\frac{1}{6}$ près. On ne saurait avoir les valeurs complètes des termes m^4 et m^5 parce que, dans l'équation (E), la portion $1 - \frac{3}{2}m^2$ du coefficient de ρ demande à être complétée par des termes en m^4, m^5, ..., et de même pour le reste de l'équation. Toutefois, la comparaison des deux valeurs de c montre que les termes ainsi négligés sont relativement peu importants, de sorte que l'équation (E) réalise, sous une forme simple, une approximation déjà assez grande.

L'une des grosses difficultés de la théorie de la Lune provient, comme nous l'avons déjà dit, du peu de convergence des séries développées suivant les puissances de m; cet inconvénient se manifeste bien dans l'expression (18) de c: on voit, en effet, que les coefficients vont en augmentant dans une proportion notable. Ces grands coefficients apparaissent déjà quand on passe de la formule (15) à la formule (16); ils proviennent du développement de la fraction $\frac{1-m}{3-8m+4m^2}$, lequel est peu convergent. Il semble qu'il y ait lieu d'éviter ce développement ou de l'améliorer, comme l'ont proposé MM. Hill et Adams, en posant $m = \frac{m_1}{1+m_1}$. On trouve en effet, dans cette hypothèse, au lieu de (18), la série

$$c = 1 - \frac{3}{4}m_1^2 - \frac{177}{32}m_1^3 - \frac{1659}{128}m_1^4 - \frac{85205}{2048}m_1^5 - \ldots,$$

qui converge plus rapidement.

62. **Expression de t en fonction de v.** — Nous nous proposons d'obtenir t en conservant toutes les inégalités du second ordre. On verra dans un moment que, pour atteindre ce but, il est nécessaire d'obtenir u non seulement avec les inégalités du second ordre, mais encore avec celles du troisième ordre dans l'argument desquelles le coefficient de v est petit. Or, dans l'expression (14) de U_1, nous avons déjà deux termes périodiques du troisième ordre de la forme voulue, puisque les coefficients de v sont m et $\lambda - 2g = -2m - \frac{3}{2}m^2 - \ldots$, quantités du premier ordre. Il nous reste à mettre en évidence les parties analogues de U_1, qui seront fournies par les intégrales

$$\int \rho^2 \sin\lambda v\,dv \quad \text{et} \quad \int \left(\frac{d^2\rho}{dv^2} + \rho\right)\sin\lambda v\,dv.$$

Nous remplacerons ρ par son expression (I) et nous ne garderons dans ρ^2 et $\frac{d^2\rho}{dv^2} + \rho$ que les termes du second ordre dans lesquels le coefficient de v diffère très peu de 2, de sorte que la multiplication par $\sin\lambda v$ amène des termes où le coefficient de v sera très petit. Nous trouverons ainsi que nous pourrons nous borner à

$$\rho^2 = \frac{1}{2}e^2\cos(2cv - 2\varpi),$$

$$\frac{d^2\rho}{dv^2} + \rho = -\frac{k^2}{4}(1 - 4g^2)\cos(2gv - 2\gamma) = \frac{3}{4}k^2\cos(2gv - 2\gamma),$$

$$\int \rho^2\sin\lambda v\,dv = \frac{1}{4}e^2\int\sin[(\lambda - 2c)v + 2\varpi]\,dv = \frac{e^2}{8m}\cos[(\lambda - 2c)v + 2\varpi],$$

$$\int\left(\frac{d^2\rho}{dv^2} + \rho\right)\sin\lambda v\,dv = \frac{3}{8}k^2\int\sin[(\lambda - 2g)v + 2\gamma]\,dv = \frac{3k^2}{16m}\cos[(\lambda - 2g)v + 2\gamma].$$

L'expression (14) de U_1 devient ainsi, après réduction,

$$\begin{aligned} U_1 = -\frac{3}{2}m^2 e'\cos(mv - \varpi') &+ \frac{15}{4}me^2\cos[(\lambda - 2c)v + 2\varpi] \\ &+ \frac{3}{16}mk^2\cos[(\lambda - 2g)v + 2\gamma]; \end{aligned}$$

après quoi la formule (12) donnera, en désignant par $\delta\rho$ les termes complémentaires cherchés,

$$(\mathrm{I}_1)\quad \left\{\begin{aligned}\delta\rho = &-\frac{3}{2}m^2e'\cos(mv-\varpi')+\frac{15}{4}me^2\cos[(\lambda-2c)v+2\varpi]\\ &+\frac{3}{16}mk^2\cos[(\lambda-2g)v+2\gamma];\end{aligned}\right.$$

cette valeur de $\delta\rho$ doit être ajoutée à l'expression (I) de ρ.

On a maintenant, par la formule (44) du Chapitre précédent, en négligeant seulement le quatrième ordre,

$$h\frac{dt}{dv}=\frac{1}{u^2}\left[1+\frac{3m'}{2h^2}\int\frac{u'^3}{u^4}\sin(2v-2v')\,dv\right],$$

d'où, en remplaçant u et u' par

$$u=\frac{1+\rho+\delta\rho}{a},\qquad u'=\frac{1+\rho'}{a'},$$

$$(19)\qquad \frac{h}{a^2}\frac{dt}{dv}=(1-2\rho-2\delta\rho+3\rho^2)\left[1+\frac{3}{2}m^2\int\frac{(1+\rho')^3}{(1+\rho)^4}\sin(2v-2v')\,dv\right].$$

On a, d'après (I) et (I_1), en ne conservant que ceux des termes du troisième ordre dans lesquels le coefficient de v est très petit,

$$(20)\quad \left\{\begin{aligned}1-2\rho-2\delta\rho+3\rho^2 = 1 &+\frac{3}{2}e^2+\frac{3}{2}k^2+m^2-2e\cos(cv-\varpi)+\frac{3}{2}e^2\cos(2cv-2\varpi)\\ &+\frac{1}{2}k^2\cos(2gv-2\gamma)-2m^2\cos\lambda v\\ &-\frac{15}{4}me\cos[(\lambda-c)v+\varpi]+3m^2e'\cos(mv-\varpi')\\ &-\frac{15}{8}me^2\cos[(\lambda-2c)v+2\varpi]\\ &-\frac{3}{8}mk^2\cos[(\lambda-2g)v+2\gamma].\end{aligned}\right.$$

On aura ensuite

$$\begin{aligned}&\int\frac{(1+\rho')^3}{(1+\rho)^4}\sin(2v-2v')\,dv\\ &=\int(1+3\rho'-4\rho+10\rho^2)\sin(2v-2v')\,dv\\ &=\int[1+3e'\cos(mv-\varpi')-4e\cos(cv-\varpi)\\ &\qquad+k^2\cos(2gv-2\gamma)-4m^2\cos\lambda v+5e^2\cos(2cv-2\varpi)]\\ &\qquad\times\{\sin\lambda v-2e'\sin[(\lambda+m)v-\varpi']+2e'\sin[(\lambda-m)v+\varpi']\}\,dv\\ &=\int\sin\lambda v\,dv+\frac{1}{2}k^2\int\sin[(\lambda-2g)v+2\gamma]\,dv+\frac{5}{2}e^2\int\sin[(\lambda-2c)v+2\varpi]\,dv;\end{aligned}$$

d'où

$$(21)\quad \left\{\begin{aligned} &1+\frac{3}{2}m^2\int\frac{(1+\rho')^3}{(1+\rho)^4}\sin(2v-2v')\,dv\\ &\quad=1-\frac{3}{4}m^2\cos\lambda v+\frac{3}{8}mk^2\cos[(\lambda-2g)v+2\gamma]\\ &\qquad+\frac{15}{8}me^2\cos[(\lambda-2c)v+2\varpi].\end{aligned}\right.$$

Les formules (19), (20) et (21) nous donnent enfin

$$\begin{aligned}\frac{h}{a^2}\frac{dt}{dv}&=1+\frac{3}{2}e^2+\frac{3}{2}k^2+m^2-2e\cos(cv-\varpi)+\frac{3}{2}e^2\cos(2cv-2\varpi)\\ &+\frac{1}{2}k^2\cos(2gv-2\gamma)-\frac{11}{4}m^2\cos\lambda v-\frac{15}{4}me\cos[(\lambda-c)v+\varpi]\\ &+3m^2e'\cos(mv-\varpi').\end{aligned}$$

On voit que deux des termes du troisième ordre se sont détruits dans l'expression de $\frac{dt}{dv}$. Si l'on intègre, il vient, au second ordre près inclusivement,

$$(22)\quad \left\{\begin{aligned}\frac{h}{a^2}t&=\left(1+m^2+\frac{3}{2}e^2+\frac{3}{2}k^2\right)v-2e\sin(cv-\varpi)+\frac{3}{4}e^2\sin(2cv-2\varpi)\\ &+\frac{1}{4}k^2\sin(2gv-2\gamma)-\frac{11}{8}m^2\sin\lambda v-\frac{15}{4}me\sin[(\lambda-c)v+\varpi]\\ &+3me'\sin(mv-\varpi').\end{aligned}\right.$$

On voit que le terme du troisième ordre s'est abaissé au second par l'intégration, à cause du diviseur m; on comprend ainsi pourquoi nous avons dû obtenir celles des inégalités de ρ qui, étant du troisième ordre, avaient un très petit coefficient de v.

On doit poser

$$(23)\quad \frac{h}{a^2\left(1+m^2+\frac{3}{2}e^2+\frac{3}{2}k^2\right)}=n,$$

ce qui donne, en rétablissant désormais la constante ε' ou σ qui doit s'ajouter à mv, comme on l'a dit plus haut (p. 96),

$$(\mathrm{J})\quad \left\{\begin{aligned}nt&=v-2e\sin(cv-\varpi)+\frac{3}{4}e^2\sin(2cv-2\varpi)+\frac{1}{4}k^2\sin(2gv-2\gamma)\\ &-\frac{11}{8}m^2\sin(\lambda v-2\sigma)-\frac{15}{4}me\sin[(\lambda-c)v-2\sigma+\varpi]\\ &\qquad+3me'\sin(mv+\sigma-\varpi').\end{aligned}\right.$$

63. Expressions de u, v et s en fonction de t. — Il est commode d'avoir finalement les coordonnées u, v et s exprimées en fonction de t.

On tire da la formule (J) ces valeurs approchées successives

$$v = nt,$$

$$v = nt + 2e\sin(cnt - \varpi),$$

$$\begin{aligned} v = nt &+ 2e\sin[cnt - \varpi + 2ce\sin(cnt - \varpi)] \\ &- \frac{3}{4}e^2\sin(2cnt - 2\varpi) - \frac{1}{4}k^2\sin(2gnt - 2\gamma) \\ &+ \frac{11}{8}m^2\sin(\lambda nt - 2\sigma) + \frac{15}{4}me\sin[(\lambda - c)nt - 2\sigma + \varpi] \\ &- 3me'\sin(mnt + \sigma - \varpi'); \end{aligned}$$

d'où

$$(\mathrm{K})\quad \left\{ \begin{aligned} v = nt &+ 2e\sin(cnt - \varpi) + \frac{5}{4}e^2\sin(2cnt - 2\varpi) - \frac{1}{4}k^2\sin(2gnt - 2\gamma) \\ &+ \frac{11}{8}m^2\sin[2(n - n')t - 2\sigma] + \frac{15}{4}me\sin[(2n - 2n' - cn)t - 2\sigma + \varpi] \\ &- 3me'\sin(n't + \sigma - \varpi'). \end{aligned} \right.$$

Posons cette valeur de v dans les formules (G) et (I), et remarquons que l'on a

$$\begin{aligned} e\cos(cv - \varpi) &= e\cos[cnt - \varpi + 2ce\sin(cnt - \varpi)] \\ &= e\cos(cnt - \varpi) - e^2 + e^2\cos(2cnt - 2\varpi), \end{aligned}$$

$$\begin{aligned} k\sin(gv - \gamma) &= k\sin[gnt - \gamma + 2ge\sin(cnt - \varpi)] \\ &= k\sin(gnt - \gamma) + ke\sin[(c + g)nt - \varpi - \gamma] \\ &\quad + ke\sin[(c - g)nt - \varpi + \gamma]; \end{aligned}$$

nous trouverons

$$(\mathrm{L})\quad \left\{ \begin{aligned} ua = 1 &- \frac{1}{2}m^2 - e^2 - \frac{3}{4}k^2 + e\cos(cnt - \varpi) + e^2\cos(2cnt - 2\varpi) \\ &- \frac{1}{4}k^2\cos(2gnt - 2\gamma) + m^2\cos[2(n - n')t - 2\sigma] \\ &+ \frac{15}{8}me\cos[(2n - 2n' - cn)t - 2\sigma + \varpi]; \end{aligned} \right.$$

$$(\mathrm{M})\quad \left\{ \begin{aligned} s = k\sin(gnt - \gamma) &+ ke\sin[(g + c)nt - \gamma - \varpi] - ke\sin[(g - c)nt - \gamma + \varpi] \\ &+ \frac{3}{8}km\sin[(2n - 2n' - gn)t + \gamma - 2\sigma]; \end{aligned} \right.$$

$$(\mathrm{N})\qquad m = \frac{n'}{n} \qquad \left\{ \begin{aligned} c &= 1 - \frac{3}{4}m^2 - \frac{225}{32}m^3, \\ g &= 1 + \frac{3}{4}m^2 - \frac{9}{32}m^3. \end{aligned} \right.$$

Les formules (K), (L), (M), (N) contiennent le résumé de la théorie élémentaire que nous avions en vue.

Il convient de donner aussi l'expression de la parallaxe horizontale équatoriale Π de la Lune à l'époque t. Soient R le rayon terrestre équatorial, Π_0 la valeur moyenne de Π; on a, par définition,

$$\Pi = \frac{R}{r} = \frac{uR}{\sqrt{1+s^2}} = uR\left(1 - \frac{1}{2}s^2\right),$$

d'où, en remplaçant u et s par leurs valeurs (L) et (M),

$$\begin{aligned}\Pi = \frac{1}{a}R\Big\{1 - \frac{1}{2}m^2 - e^2 - k^2 + e\cos(cnt - \varpi) + e^2\cos(2cnt - 2\varpi)\\ + m^2\cos[2(n-n')t - 2\sigma] + \frac{15}{8}me\cos[(2n - 2n' - cn)t - 2\sigma + \varpi]\Big\}.\end{aligned}$$

On en déduit immédiatement

$$\Pi_0 = \frac{1}{a}R\left(1 - \frac{1}{2}m^2 - e^2 - k^2\right),$$

$$\text{(O)}\quad \left\{\begin{aligned}\Pi = \Pi_0\Big\{1 + e\cos(cnt - \varpi) + e^2\cos(2cnt - 2\varpi) + m^2\cos[2(n-n')t - 2\sigma]\\ + \frac{15}{8}me\cos[(2n - 2n' - cn)t - 2\sigma + \varpi]\Big\}.\end{aligned}\right.$$

64. **Remarques sur les inégalités de la longitude de la Lune.** — Posons

$$(24)\quad \left\{\begin{aligned}(\text{I}) &= 2e\sin(cnt - \varpi) + \frac{5}{4}e^2\sin(2cnt - 2\varpi),\\ (\text{II}) &= -\frac{1}{4}k^2\sin(2gnt - 2\gamma),\\ (\text{III}) &= \frac{15}{4}me\sin[(2n - 2n' - cn)t - 2\sigma + \varpi],\\ (\text{IV}) &= \frac{11}{8}m^2\sin[(2n - 2n')t - 2\sigma],\\ (\text{V}) &= -3me'\sin(n't + \sigma - \varpi').\end{aligned}\right.$$

La formule (K) donnera

$$(25)\quad v = nt + (\text{I}) + (\text{II}) + (\text{III}) + (\text{IV}) + (\text{V});$$

(I) est l'*équation du centre;*
(II) la *réduction à l'écliptique;*
(III) l'*évection;*
(IV) la *variation;*
(V) l'*équation annuelle.*

(I) et (II) proviennent en somme du mouvement elliptique, et ne constituent pas des inégalités, au vrai sens du mot. Si l'on pose

$$nt = v_m, \qquad \varpi + (1 - c)nt = \varpi_m, \qquad v_m - \varpi_m = \zeta,$$

il vient

$$(\mathrm{I}) = 2e\sin\zeta + \frac{5}{4}e^2\sin 2\zeta;$$

si l'on compare cette expression à celle donnée pour l'équation du centre (t. I, p. 246), on voit que (I) comprend les deux premiers termes de l'équation du centre dans un mouvement elliptique où l'excentricité serait la constante e, et la longitude du périgée ϖ_m, ce périgée se déplaçant dans le sens direct, avec la vitesse angulaire constante

$$(1 - c)n = n\left(\frac{3}{4}m^2 + \frac{225}{32}m^3 + \ldots\right).$$

Soient (*fig.* 6) i l'inclinaison de l'orbite de la Lune, $x\mathrm{N} = \Omega$ et $x\mathrm{N} + \mathrm{NL} = v_1$; on a déjà $x\mathrm{N} + \mathrm{NP} = v$, et le triangle rectangle LPN donne

$$\mathrm{tang}(v - \Omega) = \mathrm{tang}(v_1 - \Omega)\cos i,$$

d'où, par une formule connue,

$$v_1 - v = -\mathrm{tang}^2\frac{i}{2}\sin 2(v - \Omega) + \ldots.$$

On peut prendre dans le second membre $v = nt$, $\Omega = \gamma + (1 - g)nt$, $\mathrm{tang}\, i = k$; il vient alors

$$v_1 - v = -\frac{1}{4}k^2\sin(2gnt - 2\gamma);$$

ainsi (II) représente bien la réduction à l'écliptique.

L'*évection* (III) a été découverte par Ptolémée; nous avons trouvé, par une théorie sommaire, pour son maximum, $\frac{15}{4}me = 50'$ environ; les observations donnent $1° 16'$. Sa période est

$$\frac{2\pi}{n(2 - 2m - c)} = \frac{1 \text{ mois sidéral}}{2 - 2m - c} = \frac{27^{\mathrm{j}}\frac{1}{3}}{1 - 2m} = 32^{\mathrm{j}}.$$

L'évection peut être combinée avec l'équation du centre; on a, en effet,

$$(\mathrm{II}) + (\mathrm{III}) = 2e\sin\zeta + \frac{5}{4}e^2\sin 2\zeta + \frac{15}{4}me\sin(2v_m - 2v'_m - \zeta).$$

Si l'on pose

$$e\left[1-\frac{15}{8}m\cos(2v_m-2v'_m)\right]=e_1\cos\delta,$$

$$\frac{15}{8}em\sin(2v_m-2v'_m)=e_1\sin\delta,$$

il vient

$$(\mathrm{II})+(\mathrm{III})=2e_1\sin(\zeta+\delta)+\frac{5}{4}e^2\sin2\zeta;$$

or on a

$$\tang\delta=\frac{\frac{15}{8}m\sin(2v_m-2v'_m)}{1-\frac{15}{8}m\cos(2v_m-2v'_m)};$$

on peut prendre, avec une précision suffisante pour notre but,

$$\delta=\frac{15}{8}m\sin(2v_m-2v'_m),$$

$$(26)\qquad e_1=e\left[1-\frac{15}{8}m\cos(2v_m-2v'_m)\right].$$

$$(\mathrm{II})+(\mathrm{III})=2e_1\sin(\zeta+\delta)+\frac{5}{4}e^2\sin(2\zeta+2\delta).$$

Ces deux termes sont les deux premiers de l'équation du centre d'un mouvement elliptique dans lequel l'excentricité e_1 est variable, et la longitude du périgée $=\varpi_m-\delta$. Lors des syzygies, la formule (26) donne

$$e_1=e\left(1-\frac{15}{8}m\right)=e\left(1-\frac{1}{7}\right);$$

l'excentricité paraîtra avoir diminué de $\frac{1}{7}$ de sa valeur moyenne; pour les quadratures, $v_m-v'_m=\pm90°$; donc

$$e_1=e\left(1+\frac{15}{8}m\right);$$

l'excentricité paraîtra plus grande de $\frac{1}{7}$ environ. C'est ainsi que l'évection s'est manifestée d'abord. La longitude du périgée, $\varpi_m-\delta$, ne paraît plus varier proportionnellement au temps, à cause du petit terme δ.

La *variation* (IV) a été découverte par Tycho Brahé; c'est à tort qu'on a soutenu qu'elle avait été remarquée par les Arabes (*voir* l'article de M. J. Bertrand dans le *Journal des Savants*, octobre 1871). Son maximum $\frac{11}{8}m^2=26'$ en viron; les observations donnent $39'\frac{1}{2}$; sa période est

$$\frac{2\pi}{2(n-n')} = \frac{1}{2} \text{ mois synodique} = 14^{j}\tfrac{3}{4}.$$

Cette inégalité est nulle dans les syzygies et les quadratures, et maxima ou minima dans les octants.

L'équation annuelle (V) a été découverte par Tycho Brahé. Son maximum $3me' = 13'$ environ; les observations donnent $11'9''$; sa période est l'année anomalistique.

Il est bon de remarquer, en passant, la grandeur des inégalités précédentes; ainsi, l'évection à elle seule peut déplacer la Lune dans le ciel de plus du double de son diamètre apparent.

65. **Remarques sur les inégalités de la latitude de la Lune.** — Il convient de remonter à la formule (G) et d'y faire

$$\Omega_m = \gamma - (g-1)v,$$

ce qui donnera

$$(27) \qquad s = k\sin(v - \Omega_m) + \frac{3}{8}mk\sin[v - \Omega_m - 2(v' - \Omega_m)].$$

Si l'on n'a égard qu'au premier terme de s, on voit que le plan de l'orbite de la Lune fait avec le plan des xy un angle constant dont la tangente est k, et que le nœud ascendant a pour longitude Ω_m. Si l'on pose

$$k\left[1 + \frac{3}{8}m\cos(2v' - 2\Omega_m)\right] = k_1\cos\delta,$$

$$\frac{3}{8}km\sin(2v' - 2\Omega_m) = k_1\sin\delta,$$

d'où approximativement

$$\delta = \frac{3}{8}mk\sin(2v' - 2\Omega_m),$$

$$(28) \qquad k_1 = k\left[1 + \frac{3}{8}m\cos(2v' - 2\Omega_m)\right],$$

la formule (27) pourra s'écrire

$$s = k_1\sin(v - \Omega_m - \delta).$$

Les choses se passent donc comme si la tangente de l'inclinaison de l'orbite était variable et égale à k_1, la longitude du nœud étant égale à $\Omega_m + \delta$. La période des variations de k_1 et de δ est celle des variations de $\frac{\sin}{\cos}(2v' - 2\,\text{☊}_m)$; c'est la moitié de la révolution du Soleil par rapport au nœud moyen de la Lune, soit 173 jours environ.

66. Influence du déplacement de l'écliptique. — Laplace avait dit (*Mécanique céleste*, t. III, p. 196) que le déplacement séculaire de l'écliptique ne peut pas produire d'effet sensible dans les coordonnées de la Lune. Cet effet existe néanmoins : il est petit, mais appréciable (environ $1''\frac{1}{2}$ sur la latitude), si bien que c'est la discussion des observations qui en a révélé l'existence à M. Airy (*Astron. Nachr.*, n° 648). Un an après, Hansen en a donné l'explication théorique (*Astron. Nachr.*, n° 685; 1849). Nous verrons plus loin comment Laplace a cru pouvoir négliger l'influence en question; nous nous aiderons, pour notre exposition, d'un Mémoire de M. Adams (*Monthly Notices of the Royal astronomical Society*, t. XLI, p. 385-403; 1881).

Soient (*fig.* 7) xy le plan fixe, ou l'écliptique de l'époque zéro, NK l'écliptique de l'époque t,

$$x\mathrm{N} = \theta', \qquad y\mathrm{NK} = \varphi'.$$

On a, par la théorie des inégalités séculaires (Le Verrier, *Annales de l'Observatoire*, t. II),

$$(29)\qquad \begin{cases} p = \operatorname{tang}\varphi' \sin\theta' = -\sum \varkappa \sin(\nu t + \varepsilon), \\ q = \operatorname{tang}\varphi' \cos\theta' = +\sum \varkappa \cos(\nu t + \varepsilon); \end{cases}$$

les signes $\sum$ portent sur un nombre de termes égal à celui des grosses planètes, et les coefficients ν sont extrêmement petits.

Nous allons chercher l'influence du déplacement de l'écliptique sur la coor-

Fig. 7.

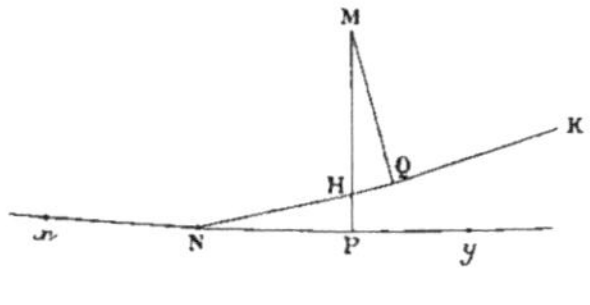

donnée s; c'est de beaucoup la plus notable. Il nous faudra introduire la partie de Ω qui contient s'; nous trouverons d'abord

$$\frac{1+s^2}{h^2u^2}\frac{\partial\Omega}{\partial s} + \frac{s}{h^2u}\frac{\partial\Omega}{\partial u} = \frac{3m'}{h^2}\frac{u'^3}{u^4}s'(1+s^2)\cos(v-v') - \frac{6m'}{h^2}\frac{u'^3}{u^4}s^2s'\cos(v-v');$$

cette expression peut être réduite à

$$\frac{3m'}{h^2}\frac{u'^3}{u^4}s'\cos(v-v') \qquad \text{ou même à} \qquad 3m^2 s'\cos(v-v').$$

L'équation (5) du Chapitre précédent donne

$$(30)\qquad \frac{d^2s}{dv^2}+s+3m^2\left[-\sin(v-v')\frac{ds}{dv}+s\cos(v-v')-s'\right]\cos(v-v')=0.$$

Soient (*fig.* 7) M une position quelconque de la Lune, MQ perpendiculaire sur NK et MP perpendiculaire sur xy. Posons

$$\operatorname{tang} QM = s_1, \qquad \operatorname{tang} PH = s_2;$$

nous aurons, à fort peu près,

$$s = \operatorname{tang} PM = s_1 + s_2.$$

Le triangle sphérique rectangle NPH donne d'ailleurs

$$s_2 = \operatorname{tang}\varphi' \sin(v-\theta'),$$

d'où, à cause des relations (29),

$$(31)\qquad s_2 = \sum \varkappa \sin(v+\nu t+\varepsilon),$$

$$(32)\qquad s = s_1 + \sum \varkappa \sin\left[\left(1+\frac{\nu}{n}\right)v+\varepsilon\right];$$

nous avons remplacé νt par $\frac{\nu}{n}v$, ce qui est suffisant. Il nous faut porter dans l'équation (30) l'expression (32) de s, et celle $s' = \sum \varkappa \sin(v'+\nu t+\varepsilon)$ que l'on déduit de (31) en changeant v en v'; on trouve

$$\frac{d^2s}{dv^2}+s = \frac{d^2s_1}{dv^2}+s_1+\sum \varkappa\left[1-\left(1+\frac{\nu}{n}\right)^2\right]\sin\left[\left(1+\frac{\nu}{n}\right)v+\varepsilon\right],$$

$$\begin{aligned}
-\sin(v-v')\frac{ds}{dv}+s\cos(v-v')-s' = &-\sin(v-v')\frac{ds_1}{dv}+s_1\cos(v-v')\\
&-\sin(v-v')\sum \varkappa\left(1+\frac{\nu}{n}\right)\cos\left[\left(1+\frac{\nu}{n}\right)v+\varepsilon\right]\\
&+\cos(v-v')\sum \varkappa \sin\left[\left(1+\frac{\nu}{n}\right)v+\varepsilon\right]\\
&-\sum \varkappa \sin\left(v'+\frac{\nu}{n}v+\varepsilon\right)\\
= &-\sin(v-v')\frac{ds_1}{dv}+s_1\cos(v-v')\\
&-\sin(v-v')\sum \varkappa \frac{\nu}{n}\cos\left[\left(1+\frac{\nu}{n}\right)v+\varepsilon\right].
\end{aligned}$$

Si donc on néglige $\left(\frac{\nu}{n}\right)^2$ et $m^2\frac{\nu}{n}$ devant $\frac{\nu}{n}$, l'équation (30) deviendra

$$(33)\quad \left\{\begin{aligned} &\frac{d^2s_1}{dv^2}+s_1-\frac{3}{2}m^2\sin(\lambda v-2\sigma)\frac{ds_1}{dv}+\frac{3}{2}m^2s_1[1+\cos(\lambda v-2\sigma)]\\ &\quad=2\sum \varkappa\frac{\nu}{n}\sin\left[\left(1+\frac{\nu}{n}\right)v+\varepsilon\right]:\end{aligned}\right.$$

c'est l'équation (A) avec un second membre. On posera, comme on l'a fait au n° 58,

$$s_1=z_1\mathrm{E}^{\frac{3}{4}m^2\int\sin(\lambda v-2\sigma)\,dv}$$

et l'on trouvera, en négligeant, comme précédemment, les termes en $m^2\frac{\nu}{n}$,

$$\frac{d^2z_1}{dv^2}+z_1\left[1+\frac{3}{2}m^2+3m^2\cos(\lambda v-2\sigma)\right]=2\sum \varkappa\frac{\nu}{n}\sin\left[\left(1+\frac{\nu}{n}\right)v+\varepsilon\right].$$

On connaît l'intégrale générale de l'équation sans second membre; on tiendra compte du second membre d'une façon approchée par la formule (10), qui donnera

$$\delta z_1=\sum \varkappa\frac{\nu}{n}\left(\frac{1}{g+1+\frac{\nu}{n}}+\frac{1}{g-1-\frac{\nu}{n}}\right)\sin\left[\left(1+\frac{\nu}{n}\right)v+\varepsilon\right].$$

le diviseur $g-1-\frac{\nu}{n}=\frac{3}{4}m^2-\frac{\nu}{n}$ est petit, et doit seul être conservé; on peut même le réduire à $\frac{3}{4}m^2$; car (Le Verrier, *Annales de l'Observatoire*, t. II, p. 155) la plus grande des valeurs de ν est de 26″, en prenant l'année julienne pour unité de temps, et $\frac{3}{4}m^2n$ représente le déplacement moyen du nœud de la Lune pendant ce temps, soit environ 20°. On a donc

$$\frac{\nu}{\frac{3}{4}m^2n}<\frac{26}{20\times3600}<\frac{1}{3000},$$

et nous pouvons écrire

$$\delta s_1=\delta z_1=\sum\frac{\nu}{\frac{3}{4}m^2n}\,\varkappa\sin(v+\nu t+\varepsilon).$$

Laplace ne connaissait pas les valeurs de $\varkappa$, et il a supposé que $\frac{\nu}{\frac{3}{4}m^2n}\varkappa$, qui est au plus le $\frac{1}{3000}$ de $\varkappa$, était négligeable. On a (LE VERRIER, *loc. cit.*), pour l'un des groupes de valeurs de $\varkappa$ et ν,

$$\varkappa = 0{,}0243, \qquad \nu = 18'',6 \qquad \text{d'où} \qquad \frac{\nu}{\frac{3}{4}m^2 n}\varkappa = 1'',3,$$

ce qui n'est pas négligeable. Occupons-nous de la mise en nombres de δs_1; on a d'abord

$$\delta s_1 = \frac{\sin v}{\frac{3}{4}m^2 n}\sum \varkappa\nu\cos(\nu t + \varepsilon) + \frac{\cos v}{\frac{3}{4}m^2 n}\sum \varkappa\nu\sin(\nu t + \varepsilon),$$

ou bien, en ayant égard aux formules (29),

$$(34) \qquad \delta s_1 = -\frac{\sin v}{\frac{3}{4}m^2 n}\frac{dp}{dt} - \frac{\cos v}{\frac{3}{4}m^2 n}\frac{dq}{dt}.$$

Les expressions de p et q, qui résultent des formules (29), peuvent, vu la petitesse des quantités ν, être développées en séries très convergentes, suivant les puissances de t, et l'on en déduit $\frac{dp}{dt}$ et $\frac{dq}{dt}$. On trouve ainsi, en négligeant de très petits termes en t (LE VERRIER, t. II, p. 101),

$$\frac{dp}{dt} = +0'',05886, \qquad \frac{dq}{dt} = -0'',47589 \qquad (\text{pour } 1850{,}0);$$

on a d'ailleurs

$$\frac{3}{4}m^2 n = 69680'',$$

et il en résulte

$$(35) \qquad \begin{cases} \delta s_1 = 1'',41\cos v - 0'',17\sin v, \\ s_1 = k\sin(gv - \gamma) + \frac{3}{8}mk\sin[(2 - g - 2m)v - 2\varpi + \gamma] + \delta s_1. \end{cases}$$

La période de l'inégalité δs_1 est le mois sidéral.

On pourra consulter GODFRAY, *An elementary Treatise on the lunar Theory*, p. 99-101, et *Monthly Notices*, 1881, p. 395-400, une démonstration géométrique simple due à M. Adams, pour l'inégalité $1'',41\cos v$. *Voir* aussi dans les *Annals of Mathematics*, Tome I, un Mémoire de M. Hill : *On the lunar inequalities produced by the motion of the ecliptic.*

Il résulte de ce qui précède qu'à part le petit terme à courte période δs_1, la latitude de la Lune au-dessus de l'écliptique mobile est la même que si cette écliptique était fixe. L'inclinaison moyenne de l'orbite de la Lune sur le plan fixe des xy varie progressivement dans le même sens, tandis que cette inclinaison moyenne sur l'écliptique mobile est constante; c'est l'angle dont la tangente est k, et k est l'une des constantes arbitraires introduites par l'intégration. Non seulement k reste le même, mais g aussi; c'est dire que le déplacement de l'écliptique n'a pas d'influence sur le mouvement moyen du nœud.

CHAPITRE IX.

THÉORIE DE POISSON.

67. **Théorie de Poisson**. — C'est en somme la méthode de la variation des constantes arbitraires, avec une modification dont nous avons déjà parlé (t. I, p. 204). Considérons les équations différentielles dont dépendent les dérivées des éléments elliptiques a, e, φ, ε, ϖ, θ,

$$(1) \qquad \frac{da}{dt} = \frac{2}{na}\frac{\partial R}{\partial \varepsilon}, \qquad \frac{de}{dt} = \ldots, \qquad \ldots, \qquad \frac{d\theta}{dt} = \ldots.$$

Dans le cas des planètes, on regarde les éléments comme constants dans les seconds membres; dès lors, quand on a remplacé R par son développement périodique, on peut intégrer chacune des parties dont se composent les seconds membres des équations (1); on obtient ainsi une première approximation qui sert de point de départ à une seconde, etc. Ce procédé ne conduirait à rien pour la Lune; Poisson [1] a proposé d'introduire, dès la première approximation, des parties proportionnelles au temps dans les éléments angulaires θ, ϖ et ε, en posant

$$\theta_0 = ht + \theta^{(0)}, \qquad \varpi_0 = jt + \varpi^{(0)}, \qquad \varepsilon_0 = kt + \varepsilon^{(0)},$$

$\theta^{(0)}$, $\varpi^{(0)}$ et $\varepsilon^{(0)}$ désignant des constantes et h, j, k des inconnues qu'il faudra déterminer. Nous représenterons par a_0, e_0, φ_0 des constantes que nous regarderons comme les premières valeurs approchées des éléments variables a, e, φ (ces éléments restent toujours compris entre des limites assez resserrées, ce qui n'arrive pas pour θ, ϖ et ε, qui peuvent croître ou décroître indéfiniment).

[1] *Mémoire sur le mouvement de la Lune autour de la Terre* (*Mémoires de l'Académie des Sciences*, t. XIII).

On pourra intégrer les seconds membres des équations (1) quand, dans le développement périodique de R, on aura remplacé $a, \ldots, \theta$ par $a_0, \ldots, \theta_0$; on trouvera

$$a = a_0 + \delta_1 a, \qquad \ldots \qquad \theta = \theta_0 + \delta_1 \theta;$$

on aura eu soin de laisser de côté les parties proportionnelles au temps dans $\delta_1 \theta$, $\delta_1 \varpi$ et $\delta_1 \varepsilon$, puisque ces parties sont supposées contenues dans ht, jt et kt.

Pour la deuxième approximation, on fera

$$a = a_0 + \delta_1 a + \delta_2 a, \qquad \ldots \qquad \theta = \theta_0 + \delta_1 \theta + \delta_2 \theta;$$

$\delta_2 a$ et $\delta_2 \theta$ étant de l'ordre du carré de la force perturbatrice.

On substituera ces expressions dans les équations (1) en négligeant les δ_2 dans les seconds membres. On aura donc, par exemple, $\frac{d\delta_2 a}{dt}$ égal à une fonction connue du temps; on en tirera $\delta_2 a$ par une série de quadratures faciles à effectuer. De même pour $\delta_2 \theta$; toutefois, si l'on trouvait une partie proportionnelle au temps, on la supprimerait. On détermine h, j et k en exprimant que les parties proportionnelles au temps disparaissent des expressions de $\delta_i \theta$, $\delta_i \varpi$ et $\delta_i \varepsilon$. Il convient de remarquer que, dans la première approximation, les expressions de $\frac{da}{dt}$, $\frac{de}{dt}$ et $\frac{d\varphi}{dt}$, ne contenant que les dérivées partielles $\frac{\partial R}{\partial \varepsilon}$, $\frac{\partial R}{\partial \varpi}$ et $\frac{\partial R}{\partial \theta}$, ne renfermeront pas de parties constantes, de sorte que $\delta_1 a$, $\delta_1 e$ et $\delta_1 \varphi$ ne contiendront pas de termes proportionnels au temps. Il en sera de même dans les approximations suivantes; les expressions que l'on aura à intégrer pour obtenir $\delta_2 a, \ldots, \delta_2 \varphi, \ldots, \delta_2 e, \ldots$ seront toujours composées de sinus sans parties constantes; on trouvera donc, par une application indéfiniment répétée du procédé, pour a, e et φ, des développements qui procéderont suivant les cosinus d'angles variant proportionnellement au temps. Quant aux éléments ε, ϖ, θ, ils seront égaux à ε_0, ϖ_0, θ_0 augmentés respectivement de séries de sinus des mêmes arguments.

Tel est le principe de la méthode indiquée par Poisson. On peut affirmer que cette méthode conduirait à des calculs inextricables si l'on voulait la faire servir à édifier une théorie complète du mouvement de la Lune, car on verra plus loin qu'il faut un très grand nombre d'approximations successives pour obtenir notamment l'expression de ϖ avec une précision suffisante. Néanmoins la méthode de Poisson peut rendre de précieux services dans le calcul des inégalités à longue période, de l'accélération séculaire et enfin de l'influence de l'aplatissement de la Terre sur le mouvement de la Lune. Nous allons présenter les deux dernières applications mentionnées et nous donnerons en même temps, d'après M. V. Puiseux [1], une détermination simple et plus rapide que celle de Poisson pour les inégalités séculaires de ϖ et de θ.

68. Développement de la fonction perturbatrice provenant de l'action du Soleil. — Nous voulons obtenir ce développement en conservant les quantités du second ordre (e, e' et φ étant considérés comme du premier ordre), et nous laisserons de côté les termes qui contiennent la longitude de la Lune, parce que nous n'avons en vue que les inégalités séculaires. Il faudra conserver les termes qui contiennent e, e', ϖ, ϖ', φ et même ceux qui renferment la longitude du Soleil, parce que leurs périodes sont longues relativement à la durée de révolution de la Lune. Les formules (37) et (41) des pages 309 et 310 du tome I donnent pour $R_{0,1}$, que nous appellerons simplement R_0, en ne conservant que les termes indépendants de λ,

$$(2)\quad \left\{\begin{aligned} \frac{R_0}{fm'} = {} & \frac{1}{2}A^{(0)} - \frac{1}{2}B^{(1)}\eta^2 + \frac{1}{4}[A_1^{(0)} + A_2^{(0)}](e^2 + e'^2) \\ & - \frac{1}{2}[2A^{(1)} + A_1^{(1)}]e\cos(l' - \omega) + \frac{1}{2}[A^{(0)} + A_1^{(0)}]e'\cos(l' - \varpi') \\ & + \frac{1}{4}[3A^{(2)} + 3A_1^{(2)} + A_2^{(2)}]e^2\cos(2l' - 2\omega) + \frac{1}{4}[2A^{(0)} + 3A_1^{(0)} + A_2^{(0)}]e'^2\cos(2l' - 2\varpi') \\ & + \frac{1}{2}[A^{(1)} - A_1^{(1)} - A_2^{(1)}]ee'\cos(\omega - \varpi') - \frac{1}{2}[3A^{(1)} + 3A_1^{(1)} + A_2^{(1)}]ee'\cos(2l' - \omega - \varpi') \\ & + \frac{1}{2}B^{(1)}\eta^2\cos(2l' - 2\tau') + \frac{3}{2}\frac{a}{a'^2}e\cos(l' - \omega) + \frac{3a}{a'^2}ee'\cos(2l' - \omega - \varpi'); \end{aligned}\right.$$

les lettres accentuées se rapportent au Soleil et celles sans accent à la Lune; m' est la masse du Soleil. Les coefficients $A^{(0)}$, $A^{(1)}$, $A^{(2)}$ et $B^{(1)}$ sont définis par les formules

$$(a^2 + a'^2 - 2aa'\cos\psi)^{-\frac{1}{2}} = \frac{1}{2}A^{(0)} + A^{(1)}\cos\psi + A^{(2)}\cos 2\psi + \ldots,$$

$$aa'(a^2 + a'^2 - 2aa'\cos\psi)^{-\frac{3}{2}} = \frac{1}{2}B^{(0)} + B^{(1)}\cos\psi + \ldots.$$

On peut faciliter beaucoup leur calcul en profitant de ce que le rapport $\frac{a}{a'}$ est petit; on trouve, par le calcul direct, en négligeant seulement $\left(\frac{a}{a'}\right)^3$,

$$(a^2 + a'^2 - 2aa'\cos\psi)^{-\frac{1}{2}} = \frac{1}{a'}\left(1 + \frac{1}{4}\frac{a^2}{a'^2} + \frac{a}{a'}\cos\psi + \frac{3}{4}\frac{a^2}{a'^2}\cos 2\psi + \ldots\right),$$

$$aa'(a^2 + a'^2 - 2aa'\cos\psi)^{-\frac{3}{2}} = \frac{1}{a'}\left(\frac{a}{a'} + \frac{3a^2}{a'^2}\cos\psi + \ldots\right).$$

---

(1) *Sur les principales inégalités du mouvement de la Lune* (*Annales de l'École Normale supérieure*, t. I; 1864).

On en conclut, si l'on remarque que le terme $\frac{1}{a'}$ doit être omis, comme ne contenant pas les éléments de la Lune,

$$A^{(0)} = \frac{a^2}{2a'^3}, \qquad A^{(1)} = \frac{a}{a'^2}, \qquad A^{(2)} = \frac{3a^2}{4a'^3}, \qquad B^{(1)} = \frac{3a^2}{a'^3};$$

on a ensuite

$$A_1^{(i)} = a\frac{\partial A^{(i)}}{\partial a}, \qquad A_2^{(i)} = \frac{a^2}{2}\frac{\partial^2 A^{(i)}}{\partial a^2}.$$

Si l'on substitue dans (2), on trouve que les termes en e et en ee' se détruisent, et si l'on remplace en outre $\frac{fm'}{a'^3}$ par n'^2, il vient

$$R_0 = n'^2 a^2 \Big[\frac{1}{4} - \frac{3}{2}\eta^2 + \frac{3}{8}e^2 + \frac{3}{8}e'^2 + \frac{3}{4}e'\cos(l' - \varpi') + \frac{9}{8}e'^2\cos(2l' - 2\varpi')$$
$$+ \frac{15}{8}e^2\cos(2l' - 2\omega) + \frac{3}{2}\eta^2\cos(2l' - 2\tau')\Big].$$

Si l'on se reporte à la *fig.* 20 (t. I, p. 292) pour la définition de τ et de τ', on voit que, le plan de l'écliptique de 1850 étant pris pour plan des xy et le déplacement de l'écliptique étant très lent, on peut prendre

$$\tau' = \tau = \theta, \qquad \omega = \varpi + \tau' - \tau = \varpi, \qquad \eta = \sin\frac{G}{2} = \frac{\varphi}{2}.$$

Il vient ainsi

$$(3)\quad \begin{cases} R_0 = n'^2 a^2 \Big[\frac{1}{4} - \frac{3}{8}\varphi^2 + \frac{3}{8}e^2 + \frac{3}{8}e'^2 + \frac{3}{4}e'\cos(l' - \varpi') + \frac{9}{8}e'^2\cos(2l' - 2\varpi') \\ \qquad + \frac{15}{8}e^2\cos(2l' - 2\varpi) + \frac{3}{8}\varphi^2\cos(2l' - 2\theta)\Big]. \end{cases}$$

Cette formule sert de base à l'élégant Mémoire de M. V. Puiseux.

69. Développement de la fonction perturbatrice provenant de l'aplatissement de la Terre. — Soit R_1 cette fonction; en se reportant à la page 210 du Tome II, on a

$$(4)\qquad R_1 = \frac{fM}{r}\left(\frac{a_1}{r}\right)^2\left(\alpha - \frac{1}{2}\chi\right)\left(\frac{1}{3} - \sin^2 \mathbb{D}\right),$$

où M désigne la masse de la Terre, a_1 son rayon équatorial, α son aplatissement, χ le rapport de la force centrifuge équatoriale à la pesanteur correspondante, $\mathbb{D}$ la déclinaison de la Lune, r sa distance au centre de la Terre. On trouve sans peine, en passant des coordonnées équatoriales aux coordonnées écliptiques et désignant par ω l'obliquité de l'écliptique,

(5) $\sin \mathbb{D} = \sin\omega[\cos(v-\theta)\sin\theta + \sin(v-\theta)\cos\theta\cos\varphi] + \cos\omega\sin(v-\theta)\sin\varphi$

ou bien, en négligeant φ^2,

$$\sin \mathbb{D} = \sin v \sin\omega + \varphi\sin(v-\theta)\cos\omega,$$

d'où

$$\frac{1}{3} - \sin^2 \mathbb{D} = \frac{1}{3} - \frac{1}{2}\sin^2\omega + \frac{1}{2}\sin^2\omega\cos 2v - \frac{1}{2}\varphi[\cos\theta - \cos(2v-\theta)]\sin 2\omega.$$

Il reste à remplacer, dans la fonction $\frac{1}{r^3}\left(\frac{1}{3} - \sin^2 \mathbb{D}\right)$, r et v par

$$r = a[1 - e\cos(l-\varpi)], \qquad v = l + 2e\sin(l-\varpi),$$

et à négliger e^2. On trouve que les termes en e contiennent l, $2l$ ou $3l$; mais on ne doit conserver que les termes à longue période, les seuls susceptibles de grandir assez par l'intégration; dans ces conditions, on peut faire

$$r = a, \qquad v = l, \qquad \frac{1}{3} - \sin^2 \mathbb{D} = \frac{1}{3} - \frac{1}{2}\sin^2\omega - \frac{1}{2}\varphi\cos\theta\sin 2\omega,$$

et, si l'on tient compte de la relation

$$fM = n^2 a^3,$$

il vient

(6) $$\begin{cases} R_1 = \varkappa n^2 a_1^2\left(\frac{1}{3} - \frac{1}{2}\sin^2\omega - \frac{1}{2}\varphi\cos\theta\sin 2\omega\right), \\ \varkappa = \alpha - \frac{1}{2}\chi. \end{cases}$$

70. R_1 est une partie séculaire qui vient s'ajouter à R_0 pour former

$$R = R_0 + R_1.$$

Cela posé, nous appliquerons les formules (h) (t. I, p. 169), en les bornant à leurs parties principales, savoir :

$$\frac{da}{dt} = \frac{2}{na}\frac{\partial R}{\partial \varepsilon} = 0,$$

(7) $$\begin{cases} \dfrac{d\theta}{dt} = \dfrac{1}{na^2\varphi}\dfrac{\partial R}{\partial \varphi}, & \dfrac{d\varphi}{dt} = -\dfrac{1}{na^2\varphi}\dfrac{\partial R}{\partial \theta}, \\ \dfrac{d\varpi}{dt} = \dfrac{1}{na^2 e}\dfrac{\partial R}{\partial e}, & \dfrac{de}{dt} = -\dfrac{1}{na^2 e}\dfrac{\partial R}{\partial \varpi}, \end{cases}$$

(8) $$\frac{d\varepsilon}{dt} = -\frac{2}{na}\frac{\partial R}{\partial a} + \frac{1}{2na^2}\left(\varphi\frac{\partial R}{\partial \varphi} + e\frac{\partial R}{\partial e}\right).$$

On voit que a est constant, et, par suite, n aussi. En raison de la petitesse de R_1 par rapport à R_0, on pourra considérer ce que deviennent les équations (7) quand on y remplace R par R_0, puis par R_1 ; soient $\delta\varphi$ et $\delta\theta$ les valeurs obtenues par l'intégration des dernières équations ainsi formées, φ, θ, e et ϖ les valeurs obtenues par l'intégration des premières, les valeurs des éléments seront

$$\varphi + \delta\varphi, \quad \theta + \delta\theta, \quad e, \quad \varpi;$$

δe et $\delta\varpi$ sont nuls parce que R_1 ne contient ni e ni ϖ. Dans le second membre de l'équation (8), on devra remplacer R par $R_0 + R_1$ et ensuite augmenter φ et θ de $\delta\varphi$ et $\delta\theta$. Les équations différentielles dont on vient de parler se forment aisément et sont

$$\text{(A)} \quad \left\{ \begin{aligned} \frac{d\theta}{dt} &= -\frac{3n'^2}{4n}[1 - \cos(2l' - 2\theta)], \\ \frac{d\varphi}{dt} &= -\frac{3n'^2}{4n}\varphi \sin(2l' - 2\theta); \end{aligned} \right.$$

$$\text{(B)} \quad \left\{ \begin{aligned} \frac{d\varpi}{dt} &= \frac{3n'^2}{4n}[1 + 5\cos(2l' - 2\varpi)], \\ \frac{de}{dt} &= -\frac{15n'^2}{4n} e \sin(2l' - 2\varpi); \end{aligned} \right.$$

$$\text{(A')} \quad \left\{ \begin{aligned} \frac{d\,\delta\theta}{dt} &= -\frac{1}{2}\varkappa n \left(\frac{a_1}{a}\right)^2 \frac{1}{\varphi} \cos\theta \sin 2\omega, \\ \frac{d\,\delta\varphi}{dt} &= -\frac{1}{2}\varkappa n \left(\frac{a_1}{a}\right)^2 \sin\theta \sin 2\omega. \end{aligned} \right.$$

$$\frac{d\varepsilon}{dt} = -\frac{2}{na}\left(\frac{\partial R_0}{\partial a} - \frac{3}{2}\frac{n}{a}\frac{\partial R_1}{\partial n}\right) + \frac{e}{2na^2}\frac{\partial R_0}{\partial e} + \frac{\varphi}{2na^2}\left(\frac{\partial R_0}{\partial \varphi} + \frac{\partial R_1}{\partial \varphi}\right),$$

$$\frac{d\varepsilon}{dt} = -\frac{n'^2}{n}\left(1 - \frac{9}{8}\varphi^2 + \frac{9}{8}e^2 + \frac{3}{2}e'^2\right) + \varkappa n \left(\frac{a_1}{a}\right)^2 \left(2 - 3\sin^2\omega - \frac{13}{4}\varphi\cos\theta\sin 2\omega\right).$$

On a omis dans le second membre de cette dernière équation les termes qui contiennent $l' - \varpi'$, $2l' - 2\varpi'$, $2l' - 2\varpi$, $2l' - 2\theta$, non qu'ils soient insensibles, mais parce qu'ils n'ont pas de rôle à jouer dans le cadre de cette exposition.

On doit remplacer dans la dernière formule φ par $\varphi + \delta\varphi$; on peut négliger $(\delta\varphi)^2$ et, en représentant par $\varepsilon + \delta\varepsilon$ la valeur complète, séparer l'équation en deux autres, savoir :

$$\text{(C)} \qquad \frac{d\varepsilon}{dt} = -\frac{n'^2}{n}\left(1 - \frac{9}{8}\varphi^2 + \frac{9}{8}e^2 + \frac{3}{2}e'^2\right),$$

$$\text{(C')} \qquad \frac{d\,\delta\varepsilon}{dt} = \frac{9}{4}\frac{n'^2}{n}\varphi\,\delta\varphi + \varkappa n \left(\frac{a_1}{a}\right)^2 \left(2 - 3\sin^2\omega - \frac{13}{4}\varphi\cos\theta\sin 2\omega\right).$$

Il est inutile de remplacer θ par $\theta + \delta\theta$; il n'en résulterait pas de changement appréciable.

71. Perturbations des éléments θ, φ et ε causées par l'aplatissement de la Terre. — Ces perturbations résulteront de l'intégration des équations (A'); dans leurs seconds membres, d'après la méthode exposée au commencement de ce Chapitre, on doit remplacer φ par sa valeur moyenne φ_0 et θ par $\theta_0 = ht + \theta^{(0)}$. On trouvera donc

$$(\mathrm{D}')\qquad \begin{cases} \delta\theta = -\varkappa \dfrac{n}{2h}\left(\dfrac{a_1}{a}\right)^2 \dfrac{1}{\varphi}\sin\theta\sin 2\omega, \\ \delta\varphi = +\varkappa \dfrac{n}{2h}\left(\dfrac{a_1}{a}\right)^2 \cos\theta\sin 2\omega. \end{cases}$$

Si l'on remplace $\delta\varphi$ par cette valeur dans l'équation (C'), elle devient

$$\frac{d\,\delta\varepsilon}{dt} = \varkappa n\left(\frac{a_1}{a}\right)^2(2 - 3\sin^2\omega) - \varkappa n\left(\frac{13}{4} - \frac{9n'^2}{8nh}\right)\left(\frac{a_1}{a}\right)^2 \varphi\cos\theta\sin 2\omega,$$

ou bien, en mettant pour h sa valeur approchée, $-\dfrac{3n'^2}{4n}$,

$$\frac{d\,\delta\varepsilon}{dt} = \varkappa n\left(\frac{a_1}{a}\right)^2(2 - 3\sin^2\omega) - \frac{19}{4}\varkappa n\left(\frac{a_1}{a}\right)^2 \varphi\cos\theta\sin 2\omega.$$

L'intégration donne

$$\delta\varepsilon = \varkappa\left(\frac{a_1}{a}\right)^2(2 - 3\sin^2\omega)\,nt - \frac{19}{4}\varkappa\frac{n}{h}\left(\frac{a_1}{a}\right)^2 \varphi\sin\theta\sin 2\omega;$$

le petit terme en nt produira seulement une légère altération du coefficient k de t dans ε; on peut le laisser de côté et se borner à

$$(\mathrm{E}')\qquad \delta\varepsilon = -\frac{19}{4}\varkappa\frac{n}{h}\left(\frac{a_1}{a}\right)^2 \varphi\sin\theta\sin 2\omega.$$

On voit donc que l'aplatissement de la Terre n'a pas d'influence appréciable sur les éléments a, e et ϖ. D'après les formules (D') et (E'), il produit sur les éléments θ, φ et ε des inégalités qui ont pour période celle de la révolution de la longitude du nœud, θ, soit $18^{\text{ans}}\frac{2}{3}$ environ.

72. Perturbations de la longitude et de la latitude de la Lune causées par l'aplatissement de la Terre. — Soient L et Λ la longitude et la latitude de la Lune; on a

$$\sin\Lambda = \sin(v - \theta)\sin\varphi,$$
$$\mathrm{L} = l + 2e\sin(l - \varpi) + \ldots + \text{réduction à l'écliptique},$$
$$l = \varepsilon + \int n\,dt.$$

On en tire, avec une précision suffisante,

$$\delta L = \delta\varepsilon,$$
$$\delta\Lambda = \delta\varphi \sin(l-\theta) + \varphi\cos(l-\theta)(\delta\varepsilon - \delta\theta),$$

ou bien, en ayant égard aux formules (D′) et (E′),

$$\delta\Lambda = \varkappa\frac{n}{2h}\left(\frac{a_1}{a}\right)^2 \sin 2\omega\left[\sin(l-\theta)\cos\theta + \left(1-\frac{19}{2}\varphi^2\right)\cos(l-\theta)\sin\theta\right],$$

ou encore, en négligeant le terme en φ^2,

$$\delta\Lambda = \varkappa\frac{n}{2h}\left(\frac{a_1}{a}\right)^2 \sin 2\omega \sin l,$$
$$\delta L = -\frac{19}{4}\varkappa\frac{n}{h}\left(\frac{a_1}{a}\right)^2 \varphi \sin 2\omega \sin\theta.$$

On peut remplacer $\varkappa$ par sa valeur (6) et $\frac{a_1}{a}$ par le sinus de la parallaxe horizontale équatoriale moyenne P de la Lune; il vient ainsi

$$\text{(F)}\quad \begin{cases} \delta\Lambda = \dfrac{n}{2h}\left(\alpha - \dfrac{1}{2}\chi\right) \sin^2 P \sin 2\omega \sin l, \\ \delta L = -\dfrac{19n}{4h}\left(\alpha - \dfrac{1}{2}\chi\right)\varphi \sin^2 P \sin 2\omega \sin\theta. \end{cases}$$

L'inégalité de la latitude a pour période le mois sidéral, et celle de la longitude, la durée de la révolution du nœud. Ces inégalités sont devenues sensibles à cause du petit diviseur h; quand on met pour n, h, α, χ, P et ω leurs valeurs numériques, on trouve les premières parties des formules (1), page 367 du Tome II,

$$\delta\Lambda = -8'',382 \sin l, \qquad \delta L = +7'',624 \sin\theta.$$

L'inégalité δL avait été indiquée à Mayer par les observations; Lagrange, dans son *Mémoire sur l'accélération séculaire de la Lune*, avait eu le premier l'idée d'introduire l'aplatissement de la Terre dans les équations différentielles du mouvement de la Lune, mais il avait négligé, les supposant insensibles, les inégalités qui contiendraient φ en facteur, ce qui est précisément le cas de δL. Vingt-sept ans plus tard, Laplace, en calculant les termes qui avaient échappé à l'analyse de Lagrange, retrouva l'inégalité signalée par Mayer et en expliqua ainsi très simplement la cause. Mais il découvrit en outre, par la théorie, l'inégalité $\delta\Lambda$ de la latitude, que Bürg et Burckhardt confirmèrent ensuite par la discussion des observations.

Outre ces inégalités, l'aplatissement de la Terre en produit encore d'autres beaucoup plus petites, quelques dixièmes de seconde, au plus; elles ont été déterminées avec soin par Hansen (*Darlegung der theoretischen Berechnung der in den Mondtafeln angewandten Störungen*, t. I, p. 459-471, et t. II, p. 273-322) et par G. Hill (*Astronomical Papers*, t. III, Part II; Washington, 1884).

73. Inégalités séculaires du nœud et de l'inclinaison causées par l'action du Soleil. — Elles dépendent de l'intégration des équations (A). Si l'on veut appliquer le procédé de Poisson à la première

$$\frac{d\theta}{dt} = -\frac{3n'^2}{4n}[1 - \cos(2l' - 2\theta)],$$

qui ne contient que θ, on fera

$$\theta = \theta_0 + \delta_1\theta + \delta_2\theta,$$

d'où

$$\cos(2l' - 2\theta) = \cos(2l' - 2\theta_0 - 2\delta_1\theta) = \cos(2l' - 2\theta_0) + 2\sin(2l' - 2\theta_0)\,\delta_1\theta;$$

on aura d'abord, en substituant dans l'équation différentielle et négligeant n'^4,

$$\frac{d\delta_1\theta}{dt} = \frac{3n'^2}{4n} \cos(2l' - 2\theta_0),$$

$$\delta_1\theta = \frac{3n'^2}{8n(n' - h)} \sin(2l' - 2\theta_0).$$

Puis

$$h + \frac{3n'^2}{4n}\cos(2l' - 2\theta_0) + \frac{d\delta_2\theta}{dt}$$
$$= -\frac{3n'^2}{4n} + \frac{3n'^2}{4n}\left[\cos(2l' - 2\theta_0) + \frac{3n'^2}{8n(n' - h)}\,2\sin^2(2l' - 2\theta_0)\right]$$

ou bien

$$\frac{d\delta_2\theta}{dt} = -\left[h + \frac{3n'^2}{4n} - \frac{9n'^4}{32n^2(n' - h)}\right] - \frac{9n'^4}{32n^2(n' - h)}\cos(4l' - 4\theta_0).$$

On posera

$$h + \frac{3n'^2}{4n} - \frac{9n'^4}{32n^2(n' - h)} = 0,$$

et l'on aura ensuite

$$\delta_2\theta = -\frac{9n'^4}{128n^2(n' - h)^2}\sin(4l' - 4\theta_0).$$

L'avant-dernière équation donne

$$\frac{h}{n} = -\frac{3}{4}m^2 + \frac{9}{32}m^3, \qquad m = \frac{n'}{n},$$

et il en résulte

$$\theta = \theta_0 + \frac{3m}{8\left(1 + \frac{3}{4}m\right)}\sin(2l' - 2\theta_0) - \frac{9m^2}{128}\sin(4l' - 4\theta_0).$$

Mais il est plus simple d'intégrer rigoureusement les équations (A); nous allons le faire en suivant le Mémoire de M. Puiseux.

Soit posé

$$(9)\qquad \frac{n'}{n} = m, \qquad l' - \theta = u, \qquad \text{d'où} \qquad \frac{d\theta}{dt} = n' - \frac{du}{dt};$$

les équations (A) donneront

$$\frac{du}{n'dt} = 1 + \frac{3}{4}m - \frac{3}{4}m\cos 2u,$$

$$\frac{d\varphi}{n'dt} = -\frac{3}{4}m\varphi\sin 2u,$$

d'où

$$(10)\qquad \left(1 + \frac{3}{4}m\right)n'dt = \frac{du}{1 - \frac{3m}{4+3m}\cos 2u},$$

$$(11)\qquad \frac{d\varphi}{\varphi} = -\frac{3m\sin 2u\,du}{4 + 3m - 3m\cos 2u}.$$

Il convient de considérer d'une manière générale l'équation

$$(12)\qquad dx = \frac{dy}{1 + \beta\cos 2y}$$

ou bien

$$dx = \frac{dy}{(1+\beta)\cos^2 y + (1-\beta)\sin^2 y},$$

dans laquelle β désigne une constante. On en tire, en intégrant et représentant par c la constante arbitraire,

$$(13)\qquad \operatorname{tang} y = \sqrt{\frac{1+\beta}{1-\beta}}\operatorname{tang}\left[(x+c)\sqrt{1-\beta^2}\right].$$

Les équations (10) et (12) deviennent identiques si l'on fait

$$\left(1 + \frac{3}{4}m\right)n't = x, \qquad u = y, \qquad \beta = -\frac{3m}{4+3m};$$

la formule (13) donne ensuite

$$(14)\qquad \operatorname{tang} u = \frac{1}{\sqrt{1 + \frac{3}{2}m}}\operatorname{tang}\left[\sqrt{1 + \frac{3}{2}m}\,n'(t+c)\right].$$

Posons, pour abréger,

$$(15)\qquad \lambda = \sqrt{1+\frac{3}{2}m}\, n'(t+c), \qquad \gamma = \frac{\sqrt{1+\frac{3}{2}m}-1}{\sqrt{1+\frac{3}{2}m}+1},$$

et la relation (14) donnera

$$(16)\qquad \operatorname{tang} u = \frac{1}{\sqrt{1+\frac{3}{2}m}}\operatorname{tang}\lambda = \frac{1-\gamma}{1+\gamma}\operatorname{tang}\lambda,$$

d'où, en vertu d'une formule bien connue,

$$u = l' - \theta = \lambda - \frac{\gamma}{1}\sin 2\lambda + \frac{\gamma^2}{2}\sin 4\lambda - \dots$$

ou bien

$$\theta = l' - \lambda + \frac{\gamma}{1}\sin 2\lambda - \frac{\gamma^2}{2}\sin 4\lambda + \dots;$$

$l' - \lambda$ est la partie moyenne θ_0 de θ; $\gamma \sin 2\lambda$, $\frac{\gamma^2}{2}\sin 4\lambda$, ... représentent les inégalités périodiques (leurs périodes sont longues déjà par rapport à la durée de la révolution de la Lune). On a, en ayant égard à (15),

$$(17)\qquad \theta_0 = -n't\left(\sqrt{1+\frac{3}{2}m}-1\right) + \theta^{(0)}.$$

Cela définit le nœud moyen; on voit qu'il rétrograde d'un mouvement uniforme; la période de la révolution est $\dfrac{2\pi}{n'\left(\sqrt{1+\frac{3}{2}m}-1\right)}$. On a ensuite

$$\lambda = l' - \theta_0,$$

de sorte que les inégalités périodiques de θ sont proportionnelles aux sinus des multiples pairs de la distance du nœud moyen de la Lune à la position moyenne du Soleil. La durée de la révolution synodique du nœud moyen est d'environ 347 jours; par suite, l'inégalité la plus longue de θ a pour période 173 jours environ.

La formule (11) donne ensuite

$$\log\varphi = -\frac{1}{2}\log(4+3m-3m\cos 2u) + \text{const.},$$

d'où

$$\varphi\sqrt{1+\frac{3}{4}m - \frac{3}{4}m\cos 2u} = \text{const.},$$

ou encore, en substituant la valeur

$$\cos 2u = \frac{3m + (4 + 3m)\cos 2\lambda}{4 + 3m + 3m\cos 2\lambda}$$

tirée de la relation (16),

$$\varphi = g\sqrt{1 + \frac{3}{4}m + \frac{3}{4}m\cos 2\lambda},$$

g désignant une constante arbitraire. Cette expression peut se développer sous la forme

$$\varphi = \varphi^{(0)} + \varphi^{(1)}\cos 2\lambda + \varphi^{(2)}\cos 4\lambda + \ldots;$$

on voit que $\varphi^{(0)}$, la valeur moyenne de φ, est constante et qu'il y a une série d'inégalités proportionnelles aux cosinus des multiples pairs de λ. Nous résumerons les résultats précédents dans les formules suivantes :

$$(\mathrm{D})\quad\left\{\begin{array}{l} m = \dfrac{n'}{n}, \qquad \lambda = \sqrt{1 + \dfrac{3}{2}m}\, n'(t + c), \qquad \gamma = \dfrac{\sqrt{1 + \dfrac{3}{2}m} - 1}{\sqrt{1 + \dfrac{3}{2}m} + 1}, \\ \tan(l' - \theta) = \dfrac{\tan\lambda}{\sqrt{1 + \dfrac{3}{2}m}}, \\ \theta = l' - \lambda + \dfrac{\gamma}{1}\sin 2\lambda - \dfrac{\gamma^2}{2}\sin 4\lambda + \ldots, \\ \varphi = g\sqrt{1 + \dfrac{3}{4}m + \dfrac{3}{4}m\cos 2\lambda} = \varphi^{(0)} + \varphi^{(1)}\cos 2\lambda + \varphi^{(2)}\cos 4\lambda + \ldots. \end{array}\right.$$

74. Inégalités séculaires du périgée et de l'excentricité causées par l'action du Soleil. — Elles résulteront de l'intégration des équations (B), que l'on peut effectuer rigoureusement. On peut remarquer que, suivant la valeur de $2l' - 2\varpi$, la vitesse $\frac{d\varpi}{dt}$ du périgée peut varier entre les résultats que l'on obtient en multipliant $\frac{3}{4}\frac{n'^2}{n}$ par $+6$ et -4; dans le cas du nœud, les limites sont moins larges, $+2$ et 0. Si l'on fait

$$l' - \varpi = u_1,$$

les équations (B) donnent

$$\frac{du_1}{n'dt} = 1 - \frac{3}{4}m - \frac{15}{4}m\cos 2u_1,$$

$$\frac{de}{n'dt} = -\frac{15}{4}me\sin 2u_1,$$

d'où

(18)
$$\frac{de}{e} = -\frac{15m \sin 2u_1\, du_1}{4 - 3m - 15m \cos 2u_1},$$

$$\left(1 - \frac{3}{4}m\right) n'dt = \frac{du_1}{1 - \frac{15m}{4-3m}\cos 2u_1},$$

et cette dernière formule devient identique à (12) si l'on fait

$$\left(1 - \frac{3}{4}m\right) n't = x, \qquad u_1 = y, \qquad \frac{-15m}{4-3m} = \beta.$$

Il en résulte donc, d'après (13),

(19)
$$\operatorname{tang} u_1 = \sqrt{\frac{1 - \frac{9}{2}m}{1+3m}} \operatorname{tang}\lambda_1,$$

en posant

$$\lambda_1 = \sqrt{\left(1 - \frac{9}{2}m\right)(1+3m)}\, n'(t + c_1).$$

La formule connue, que nous avons déjà employée, donne

$$u_1 = \lambda_1 - \gamma_1 \sin 2\lambda_1 + \frac{1}{2}\gamma_1^2 \sin 4\lambda_1 - \ldots,$$

en faisant

$$\gamma_1 = \frac{\sqrt{1+3m} - \sqrt{1 - \frac{9}{2}m}}{\sqrt{1+3m} + \sqrt{1 - \frac{9}{2}m}},$$

ou encore

$$\varpi = l' - \lambda_1 + \frac{\gamma_1}{1}\sin 2\lambda_1 - \frac{\gamma_1^2}{2}\sin 4\lambda_1 + \ldots;$$

on a donc, pour la partie moyenne de ϖ,

$$\begin{aligned}\varpi_0 &= n't\left[1 - \sqrt{\left(1 - \frac{9}{2}m\right)(1+3m)}\right] + \varpi^{(0)} \\ &= \varpi^{(0)} + nt\left(\frac{3}{4}m^2 + \frac{225}{32}m^3 + \frac{675}{128}m^4 + \ldots\right).\end{aligned}$$

La vitesse est positive et le mouvement direct. On a ensuite

$$\lambda_1 = l' - \varpi_0$$

Cet argument est donc la valeur moyenne de la distance angulaire du périgée de la Lune au Soleil; l'intervalle de temps qui sépare les deux époques où le périgée est en conjonction avec le Soleil est la révolution synodique du périgée; elle est d'environ 412 jours.

Donc la période de l'inégalité la plus longue du mouvement du périgée est d'environ 206 jours. La formule (18) donne, en effectuant l'intégration,

$$e\sqrt{1-\frac{3}{4}m-\frac{15}{4}m\cos 2u_1}=\text{const.}$$

ou bien, en remplaçant u_1 par sa valeur en λ_1 au moyen de la relation (19),

$$e=g_1\sqrt{1-\frac{3}{4}m+\frac{15}{4}m\cos 2\lambda_1};$$

cette expression peut se développer en série suivant les cosinus des multiples de λ_1. Voici le résumé des formules :

$$(\mathrm{D}_1)\left\{\begin{aligned}
\lambda_1 &= \sqrt{\left(1-\frac{9}{2}m\right)(1+3m)}\,n'(t+c),\\
\gamma_1 &= \frac{\sqrt{1+3m}-\sqrt{1-\frac{9}{2}m}}{\sqrt{1+3m}+\sqrt{1-\frac{9}{2}m}},\\
\operatorname{tang}(l'-\varpi) &= \sqrt{\frac{1-\frac{9}{2}m}{1+3m}}\operatorname{tang}\lambda_1,\\
\varpi &= l'-\lambda_1+\frac{\gamma_1}{1}\sin 2\lambda_1-\frac{\gamma_1^2}{2}\sin 4\lambda_1+\ldots,\\
e &= g_1\sqrt{1-\frac{3}{4}m+\frac{15}{4}m\cos 2\lambda_1}=e^{(0)}+e^{(1)}\cos 2\lambda_1+e^{(2)}\cos 4\lambda_1+\ldots.
\end{aligned}\right.$$

Cherchons le plus grand écart entre le périgée moyen et le périgée vrai. On a

$$\lambda_1-u_1=l'-\varpi_0-(l'-\varpi)=\varpi-\varpi_0;$$

il s'agit donc de trouver le maximum de λ_1-u_1, u_1 et λ_1 étant liés par la relation (19); on doit avoir $du_1=d\lambda_1$ et, par suite,

$$\frac{1}{\cos^2 u_1}=\sqrt{\frac{1-\frac{9}{2}m}{1+3m}}\,\frac{1}{\cos^2\lambda_1}. \tag{20}$$

En combinant les formules (19) et (20), il vient

$$\operatorname{tang} u_1 = \sqrt[4]{\frac{1 - \frac{9}{2}m}{1 + 3m}}, \qquad \operatorname{tang} \lambda_1 = \sqrt[4]{\frac{1 + 3m}{1 - \frac{9}{2}m}},$$

$$\operatorname{tang}(\lambda_1 - u_1) = \frac{\sqrt{1 + 3m} - \sqrt{1 - \frac{9}{2}m}}{2\sqrt[4]{(1 + 3m)\left(1 - \frac{9}{2}m\right)}};$$

en faisant le calcul numérique, on trouve, pour le maximum de $\lambda_1 - u_1 = \varpi - \varpi_0$, 8°41′. Dans le cas du nœud, la différence entre la position vraie et la position moyenne a pour maximum 1°31′. La plus grande des inégalités périodiques du périgée atteint 9°; pour le nœud, c'est 1°30′. On trouve encore que l'inclinaison φ oscille entre 5°0′35″ et 5°17′34″ et l'excentricité entre 0,04629 et 0,06277.

75. **Influence de la différence des deux hémisphères terrestres sur le mouvement de la Lune.** — La formule (4) ne donne pas toute la fonction perturbatrice provenant de la non-sphéricité de la Terre; il y a d'autres termes en $\frac{1}{r^4}$, $\frac{1}{r^5}$, $\cdots$ qui vont en diminuant rapidement; nous considérerons seulement le premier, que nous représenterons par R_2. Nous aurons

$$R_2 = \frac{Y_3}{r^4},$$

Y_3 désignant une fonction de Laplace, contenant les deux angles $\mathcal{A}$ et $\mathcal{D}$, ascension droite et déclinaison de la Lune. Il est aisé de voir que $\mathcal{A}$ figurera toujours avec $-\Theta$, Θ désignant le temps sidéral d'un méridien déterminé de la Terre. Les termes de R_2, qui renferment les sinus ou cosinus des multiples de $\mathcal{A} - \Theta$, seront à très courte période et ne pourront pas grandir par l'intégration. On peut les supprimer. Si l'on se reporte à la formule (I) du Tome II, page 270, on voit qu'on aura $Y_3 = \mathfrak{M}_3$, $\mathfrak{M}_3$ désignant un polynôme de Legendre où la variable est $\sin \mathcal{D}$; donc

$$Y_3 = C\left(\frac{5}{2}\sin^3 \mathcal{D} - \frac{3}{2}\sin \mathcal{D}\right),$$

d'où

$$R_2 = \varkappa' \frac{fM}{r}\left(\frac{a_1}{r}\right)^3 \left(\sin^3 \mathcal{D} - \frac{3}{5}\sin \mathcal{D}\right), \tag{21}$$

$\varkappa'$ désignant une constante qui serait évidemment nulle si les deux hémisphères terrestres étaient identiques, de sorte qu'on peut dire que l'expression R_2 représente en quelque sorte l'effet de la différence des deux hémisphères. Cherchons son influence sur le mouvement de la Lune. Elle doit être très faible, et, si elle arrive à être appréciable, ce ne pourra être qu'à la faveur d'un très petit diviseur introduit par l'intégration. Il y en a précisément un qui correspond à l'argument $\varpi + 2\theta$; le périgée fait sa révolution en 9 ans et le nœud en 18 ans $\frac{2}{3}$; la vitesse moyenne du périgée est donc presque égale à deux fois la vitesse moyenne du nœud, prise avec un signe contraire, et le coefficient de t dans $\varpi + 2\theta$ est très petit. L'inégalité en question contiendra, comme on sait, le facteur $e\varphi^2$. Aussi doit-on avoir recours à l'expression (5) de $\sin \mathbb{D}$ et y conserver φ^2, ce qui donne

$$\sin \mathbb{D} = \sin v \sin \omega + \varphi \sin(v - \theta) \cos \omega - \frac{1}{2}\varphi^2 \sin(v - \theta) \cos\theta \sin\omega.$$

Le terme en φ^2 dans $\sin^3 \mathbb{D} - \frac{3}{5} \sin \mathbb{D}$ est

$$3\varphi^2 \sin\omega \left[\sin v \sin^2(v - \theta) \cos^2\omega - \frac{1}{2} \sin^2\omega \sin^2 v \cos\theta \sin(v - \theta) + \frac{1}{10} \sin(v - \theta) \cos\theta\right].$$

Il faut y chercher la partie qui contient l'argument 2θ; cette partie a pour expression

$$\frac{3}{2}\varphi^2 \sin\omega \left[- \cos^2\omega \sin v \cos(2v - 2\theta) - \frac{1}{2} \sin^2\omega \sin^2 v \sin(v - 2\theta) + \frac{1}{10} \sin(v - 2\theta)\right]$$

ou bien

$$(22) \qquad \frac{3}{4}\varphi^2 \sin\omega \left[C_1 \sin(3v - 2\theta) + C_2 \sin(v - 2\theta) - \frac{1}{4} \sin^2\omega \sin(v + 2\theta)\right],$$

où les coefficients C_1 et C_2 sont des fonctions de ω qu'il est inutile de développer. On doit remplacer maintenant v par

$$l + 2e \sin(l - \varpi).$$

D'autre part, on peut prendre pour l'autre facteur $\frac{1}{r^4}$ de R_2

$$(23) \qquad \frac{1}{r^4} = \frac{1}{a^4}[1 + 4e \cos(l - \varpi)].$$

Il faut ensuite faire le produit des expressions (22) et (23), la première étant transformée comme on l'a indiqué plus haut. On voit assez facilement que l'argument $3v - 2\theta$ ne donnera pas de termes indépendants de l et que l'argument $v - 2\theta$ ne produirait que des termes en $\varpi - 2\theta$, que nous n'avons pas à considérer ici. L'expression (22) doit être réduite à

$$-\frac{3}{16}\varphi^2\sin^3\omega\sin(\varphi+2\theta)$$

ou encore à

(22 *bis*) $$-\frac{3}{16}\varphi^2\sin^3\omega[\sin(l+2\theta)-e\sin(\varpi+2\theta)+e\sin(2l-\varpi+2\theta)].$$

En faisant le produit des expressions (22 *bis*) et (23), portant dans R_2 et ne conservant que les termes de la forme cherchée, il vient

$$R_2=-\frac{3}{16}\varkappa' f M\frac{a_1^3}{a^4}\varphi^2 e\sin^3\omega\sin(\varpi+2\theta)$$

ou mieux encore

(24) $$R_2=-\frac{3}{16}\varkappa' n^2\frac{a_1^3}{a}\varphi^2 e\sin^3\omega\sin(\varpi+2\theta).$$

Les formules (7) donneront, avec cette valeur R_2 de R,

$$\frac{da}{dt}=0,$$

$$\frac{de}{dt}=\frac{3}{16}\varkappa' n\left(\frac{a_1}{a}\right)^3\varphi^2\sin^3\omega\cos(\varpi+2\theta),$$

$$\frac{d\varphi}{dt}=\frac{3}{8}\varkappa' n\left(\frac{a_1}{a}\right)^3 e\varphi\sin^3\omega\cos(\varpi+2\theta)$$

et

$$\frac{d\varpi}{dt}=-\frac{3}{16}\varkappa' n\left(\frac{a_1}{a}\right)^3\frac{\varphi^2}{e}\sin^3\omega\sin(\varpi+2\theta),$$

$$\frac{d\theta}{dt}=-\frac{3}{8}\varkappa' n\left(\frac{a_1}{a}\right)^3 e\sin^3\omega\sin(\varpi+2\theta),$$

(25) $$\frac{d\varepsilon}{dt}=-\frac{57}{32}\varkappa' n\left(\frac{a_1}{a}\right)^3 e\varphi^2\sin^3\omega\sin(\varpi+2\theta).$$

On en tire, en se rappelant que j et h représentent les coefficients de t dans ϖ et θ,

$$\delta e=\frac{3}{16}\varkappa'\frac{n}{j+2h}\left(\frac{a_1}{a}\right)^3\varphi^2\sin^3\omega\sin(\varpi+2\theta),$$

$$\delta\varphi=\frac{3}{8}\varkappa'\frac{n}{j+2h}\left(\frac{a_1}{a}\right)^3 e\varphi\sin^3\omega\sin(\varpi+2\theta).$$

Il faut remplacer e et φ par $e+\delta e$ et $\varphi+\delta\varphi$ dans l'expression complète de $\frac{d\varepsilon}{dt}$, qui contient notamment

$$-\frac{n'^2}{n}\left(-\frac{9}{8}\varphi^2+\frac{9}{8}e^2\right);$$

cela donnera

$$\frac{9}{4}\frac{n'^2}{n}(\varphi\,\delta\varphi - e\,\delta e) = \frac{27}{64}\varkappa'\frac{n'^2}{j+2h}\left(\frac{a_1}{a}\right)^3 e\varphi^2\sin^3\omega\sin(\varpi+2\theta).$$

Cette partie devra être réunie à l'expression (25), ce qui donnera

$$\frac{d\varepsilon}{dt} = \frac{3}{64}\varkappa' n\left(\frac{a_1}{a}\right)^3\left[\frac{9n'^2}{n(j+2h)} - 38\right] e\varphi^2\sin^3\omega\sin(\varpi+2\theta),$$

d'où, en intégrant,

$$(26)\qquad \delta\varepsilon = -\frac{3}{64}\varkappa'\frac{n}{j+2h}\left(\frac{a_1}{a}\right)^3\left(9m^2\frac{n}{j+2h} - 38\right) e\varphi^2\sin^3\omega\cos(\varpi+2\theta).$$

Cette expression de $\delta\varepsilon$ représente à fort peu près la correction de la longitude de la Lune, qui provient de R_2. On a

$$j = 0{,}008\,452\,n, \qquad h = -0{,}004\,021\,7\,n,$$

d'où

$$j+2h = +0{,}000\,408\,6\,n.$$

En substituant dans (26), on aurait

$$\delta v = -0'',25\varkappa'\cos(\varpi+2\theta).$$

Bessel, en comparant au calcul les longueurs du pendule observées dans les deux hémisphères, a trouvé que l'on pouvait prendre $\varkappa' = 0{,}000\,33$; dans ces conditions, l'inégalité dont il s'agit est entièrement insensible; sa période serait d'environ 179 ans.

76. **Inégalité de Laplace**. — Laplace en a signalé une autre ayant à fort peu près la même période (son argument serait $\varpi + 2\theta - 3\varpi'$) dont nous allons faire le calcul approché. Cette inégalité doit contenir le petit facteur $\varphi^2 ee'^3$. Reprenons la fonction perturbatrice

$$R = n'^2 a'^3\frac{r^2}{r'^3}\left(\frac{3}{2}s^2-\frac{1}{2}\right) + n'^2\frac{a'^3 r^3}{r'^4}\left(\frac{5}{2}s^3-\frac{3}{2}s\right),$$

où

$$s = \frac{xx'+yy'+zz'}{rr'}.$$

On a d'ailleurs

$$\frac{x}{r} = \cos v + \frac{1}{2}\varphi^2 \sin\theta \sin(v - \theta), \qquad \frac{x'}{r'} = \cos v',$$

$$\frac{y}{r} = \sin v - \frac{1}{2}\varphi^2 \cos\theta \sin(v - \theta), \qquad \frac{y'}{r'} = \sin v',$$

$$\frac{z}{r} = \varphi \sin(v - \theta), \qquad \frac{z'}{r'} = 0;$$

on en tire

$$s = \cos(v - v') - \frac{1}{2}\varphi^2 \sin(v - \theta)\sin(v' - \theta).$$

En substituant dans R et ne conservant que les termes qui contiennent φ^2 et 2θ, on trouve sans peine

$$\begin{aligned} R = & \frac{3}{8} n'^2 \left(\frac{a'}{r'}\right)^3 r^2 \varphi^2 [\cos(2v - 2\theta) + \cos(2v' - 2\theta)] \\ & + \frac{3}{32} n'^2 \left(\frac{a'}{r'}\right)^4 \frac{r^3}{a'} \varphi^2 [6\cos(v + v' - 2\theta) + 5\cos(3v - v' - 2\theta) + 5\cos(3v' - v - 2\theta)]. \end{aligned}$$

Soit w l'anomalie vraie de la Lune; on a $v = w + \varpi$, et l'on ne doit conserver que les termes où ϖ et θ entrent seulement dans la combinaison $\varpi + 2\theta$. On devra donc se borner à

$$R = \frac{15}{32} n'^2 \left(\frac{a'}{r'}\right)^4 \frac{r^3}{a'} \varphi^2 \cos(3v' - w - \varpi - 2\theta).$$

Il est facile de voir que, dans le développement de R suivant les sinus et cosinus des multiples de l'anomalie moyenne ζ' du Soleil, la partie non périodique est identiquement nulle. Cela revient à démontrer les équations

$$\int_0^{2\pi} \frac{\sin 3v'}{r'^4} d\zeta' = 0, \qquad \int_0^{2\pi} \frac{\cos 3v'}{r'^4} d\zeta' = 0,$$

ou bien les suivantes

$$\int_0^{2\pi} \frac{\sin 3w'}{r'^4} d\zeta' = 0, \qquad \int_0^{2\pi} \frac{\cos 3w'}{r'^4} d\zeta' = 0,$$

où w' désigne l'anomalie vraie du Soleil.

Or ces équations deviennent

$$(27) \qquad \begin{cases} \displaystyle\int_0^{2\pi} (1 + e'\cos w')^2 \cos 3w' \, dw' = 0, \\ \displaystyle\int_0^{2\pi} (1 + e'\cos w')^2 \sin 3w' \, dw' = 0, \end{cases}$$

quand on a égard aux relations connues

$$d\zeta' = \left(\frac{r'}{a'}\right)^2 \frac{dw'}{\sqrt{1-e'^2}}, \qquad r' = \frac{a'(1-e'^2)}{1+e'\cos w'}.$$

Les formules (27) se vérifient immédiatement. On voit donc que, dans la première approximation, il n'y a pas d'inégalité de la forme indiquée. On en trouverait une cependant en prenant dans R la portion qui contient $\frac{r^5}{r'^6}$ en facteur; mais elle renfermerait le coefficient

$$\frac{n^2}{(j+2h-3j')^2} m^4 \left(\frac{a}{a'}\right)^3 \varphi^2 e e'^3,$$

qui est du douzième ordre, si l'on considère $\frac{a}{a'}$ et $\frac{j+2h-3j'}{n}$ comme de petites quantités du second ordre, les autres étant du premier, et serait aisément négligeable.

Le calcul que nous venons d'exposer est dû à Poisson. Laplace supposait que l'inégalité pouvait être sensible; il avait même déterminé empiriquement son coefficient pour faire cadrer la théorie et l'observation. Mais il n'est pas prouvé qu'on ne pourrait pas retrouver l'inégalité en question en combinant des perturbations d'ordre inférieur. Nous devons dire toutefois que Delaunay déclare (*Comptes rendus*, t. XLVII, p. 813; 1858) qu'il a calculé l'inégalité en question par sa méthode, en tenant compte du carré et du cube de la force perturbatrice, et qu'il a trouvé le coefficient inférieur à 0″,001, donc absolument insensible.

77. **Influence du déplacement de l'écliptique sur le mouvement de la Lune.** — Nous avons déjà considéré (p. 136) cette influence, mais seulement sur la latitude de la Lune; nous allons reprendre la question et la traiter complètement par la méthode de la variation des constantes arbitraires, en suivant un calcul très simple dû à M. Radau (*Bulletin astronomique*, t. IX, octobre 1892).

Soient φ' et θ' les quantités analogues à φ et à θ qui déterminent la position de l'écliptique, par rapport à un plan fixe, l'écliptique d'une époque déterminée. On pourra prendre pour expression de la force perturbatrice celle de la page 144, où figurent η, e et e'; en négligeant les excentricités et les termes périodiques, il viendra simplement

$$\text{(28)} \qquad R = n'^2 a^2 \left(\frac{1}{4} - \frac{3}{2}\eta^2\right).$$

Si l'on considère le triangle sphérique formé par l'orbite de la Lune, l'écliptique mobile et le plan fixe, dans lequel un côté et les angles adjacents ont pour valeurs respectives

$$\theta - \theta', \quad \varphi' \quad \text{et} \quad 180^\circ - \varphi,$$

le troisième angle J étant lié à η par la relation

$$\eta = \sin\frac{J}{2},$$

on aura

$$\cos J = 1 - 2\eta^2 = \cos\varphi\cos\varphi' + \sin\varphi\sin\varphi'\cos(\theta - \theta').$$

d'où, en négligeant les petites quantités du troisième ordre en φ et φ',

(29) $$4\eta^2 = \varphi^2 + \varphi'^2 - 2\varphi\varphi'\cos(\theta - \theta').$$

Les formules (28) et (29) donnent ensuite

$$R = n'^2 a^2 \left[\frac{1}{4} - \frac{3}{8}\varphi^2 - \frac{3}{8}\varphi'^2 + \frac{3}{4}\varphi\varphi'\cos(\theta - \theta')\right].$$

On en conclut

$$\frac{d\theta}{dt} = \frac{1}{na^2\varphi}\frac{\partial R}{\partial\varphi} = -\frac{3}{4}\frac{n'^2}{n}\left[1 - \frac{\varphi'}{\varphi}\cos(\theta - \theta')\right],$$

$$\frac{d\varphi}{dt} = -\frac{1}{na^2\varphi}\frac{\partial R}{\partial\theta} = \frac{3}{4}\frac{n'^2}{n}\varphi'\sin(\theta - \theta').$$

Si l'on pose

$$\varphi\sin\theta = p, \qquad \varphi\cos\theta = q,$$
$$\varphi'\sin\theta' = p', \qquad \varphi'\cos\theta' = q',$$

on trouve aisément

(30) $$\begin{cases} \dfrac{1}{h}\dfrac{dp}{dt} + q - q' = 0, \\ \dfrac{1}{h}\dfrac{dq}{dt} - p + p' = 0, \\ h = \dfrac{3}{4}\dfrac{n'^2}{n}. \end{cases}$$

Pour intégrer ces équations, on pose, en désignant par A et B de nouvelles variables,

(31) $$\begin{cases} p = \mathrm{A}\sin ht + \mathrm{B}\cos ht, \\ q = -\mathrm{A}\cos ht + \mathrm{B}\sin ht. \end{cases}$$

Si l'on substitue ces valeurs dans les équations (30), il vient

$$\sin ht\frac{d\mathrm{A}}{dt} + \cos ht\frac{d\mathrm{B}}{dt} - hq' = 0,$$

$$\cos ht\frac{d\mathrm{A}}{dt} - \sin ht\frac{d\mathrm{B}}{dt} - hp' = 0,$$

d'où

$$\frac{dA}{dt} = h(q' \sin ht + p' \cos ht),$$
$$\frac{dB}{dt} = h(q' \cos ht - p' \sin ht).$$

Intégrons par parties et désignons par A_0 et B_0 deux constantes arbitraires; nous trouverons

$$(32)\quad \begin{cases} A = A_0 + p' \sin ht - q' \cos ht - \int \left(\sin ht \frac{dp'}{dt} - \cos ht \frac{dq'}{dt} \right) dt, \\ B = B_0 + p' \cos ht + q' \sin ht - \int \left(\cos ht \frac{dp'}{dt} + \sin ht \frac{dq'}{dt} \right) dt. \end{cases}$$

Or on peut admettre que, pendant un temps très long, $\frac{dp'}{dt}$ et $\frac{dq'}{dt}$ restent constants, et poser (Le Verrier, *Annales de l'Observatoire*, t. II, p. 172)

$$(33)\quad \begin{cases} \frac{dp'}{dt} = +0'',059 = b = \omega \sin \theta', \\ \frac{dq'}{dt} = -0'',476 = c = \omega \cos \theta', \\ \theta' = 173^\circ, \quad \omega = \sqrt{b^2 + c^2} = 0'',48. \end{cases}$$

Les formules (32) et (31) donnent ainsi

$$A = A_0 + p' \sin ht - q' \cos ht + \frac{1}{h}(\quad b \cos ht + c \sin ht),$$
$$B = B_0 + p' \cos ht + q' \sin ht + \frac{1}{h}(- b \sin ht + c \cos ht),$$
$$p = \quad A_0 \sin ht + B_0 \cos ht + p' + \frac{c}{h},$$
$$q = - A_0 \cos ht + B_0 \sin ht + q' - \frac{b}{h}.$$

On peut poser

$$A_0 = - \varphi_1 \cos h_1, \qquad B_0 = \varphi_1 \sin h_1, \qquad \theta_1 = h_1 - ht,$$
$$p_1 = \varphi_1 \sin \theta_1, \qquad q_1 = \varphi_1 \cos \theta_1,$$

où φ_1 et h_1 désignent des constantes, et il vient ainsi

$$(34)\qquad p = p_1 + p' + \frac{c}{h}, \qquad q = q_1 + q' - \frac{b}{h}.$$

Les accroissements de p et de q, dus au déplacement de l'écliptique, seront, à très peu près,

$$(35)\qquad \delta p = p' + \frac{c}{h}, \qquad \delta q = q' - \frac{b}{h}.$$

On aura aussi, pour la variation de l'angle J que forme l'orbite de la Lune avec l'écliptique mobile,

$$\delta J = \frac{\omega}{h}\sin(\theta_1 - \theta').$$

Soit s le sinus de la latitude rapportée au plan fixe; on aura

$$s = \sin\varphi \sin(v - \theta) = q \sin v - p \cos v,$$

d'où, en négligeant δv,

$$\delta s = \sin v\, \delta q - \cos v\, \delta p$$

ou bien, en ayant égard aux relations (33) et (35),

$$\delta s = \varphi' \sin(v - \theta') - \frac{\omega}{h}\cos(v - \theta').$$

Le dernier terme représente l'inégalité cherchée de la latitude, rapportée à l'écliptique mobile. Le coefficient $\frac{\omega}{h}$ a pour valeur 1'',36, ou mieux 1'',42, si l'on attribue au moyen mouvement annuel h du nœud sa valeur plus exacte 0,338. L'inégalité devient alors

$$\delta s = -1'',42 \cos(v - \theta') = +1'',42 \cos v - 0'',17 \sin v.$$

On a maintenant, pour l'inégalité correspondante de la longitude,

$$\delta v = \delta\varepsilon,$$

$$\frac{d\varepsilon}{dt} = -\frac{2}{na}\frac{\partial R}{\partial a} + \frac{\varphi}{2na^2}\frac{\partial R}{\partial \varphi},$$

d'où, en remplaçant R par sa valeur ci-dessus,

$$\frac{d\varepsilon}{dt} = -\frac{n'^2}{n} + \frac{3}{2}\frac{n'^2}{n}[\varphi^2 + \varphi'^2 - 2\varphi\varphi'\cos(\theta - \theta')] - \frac{3}{8}\frac{n'^2}{n}[\varphi^2 - \varphi\varphi'\cos(\theta - \theta')].$$

En introduisant p, q, p' et q' et négligeant $p'^2 + q'^2$, il vient

$$\frac{d\varepsilon}{dt} = -\frac{4}{3}h + \frac{3}{2}h(p^2 + q^2) - \frac{7}{2}h(pp' + qq').$$

Remplaçons p et q par leurs valeurs (34), omettons les parties constantes et les termes du second degré en b, c, p' et q'; nous trouverons

$$\frac{d\delta\varepsilon}{dt} = 3(cp_1 - bq_1) - \frac{1}{2}h(p_1 p' + q_1 q').$$

On en tire en intégrant

$$\delta\varepsilon = \delta v = \frac{5}{2}\frac{bp_1 + cq_1}{h} + \frac{1}{2}(p_1 q' - q_1 p');$$

on vérifie aisément ce résultat en différentiant et ayant égard aux relations

$$\frac{dp_1}{dt} = -hq_1, \qquad \frac{dq_1}{dt} = +hp_1,$$
$$\frac{dp'}{dt} = b, \qquad \frac{dq'}{dt} = c.$$

Si l'on introduit de nouveau φ_1, θ_1, φ' et θ', il vient

$$\delta v = \frac{5}{2h}\omega\varphi_1\cos(\theta_1 - \theta') + \frac{1}{2}\varphi_1\varphi'\sin(\theta_1 - \theta');$$

en remplaçant φ_1 par $\varphi = 2\gamma$, on trouve enfin

$$\delta v = \frac{1}{2}\varphi\varphi'\sin(\theta - \theta') + 5\gamma\frac{\omega}{h}\cos(\theta - \theta').$$

Le coefficient de $\cos(\theta - \theta')$ est égal à $0'',31$, quand on attribue à h la valeur $0,35$, qui résulte de la première approximation.

CHAPITRE X.

THÉORIES DE MM. LUBBOCK ET DE PONTÉCOULANT.

Ces deux théories sont fondées sur les mêmes principes; la première est contenue dans divers fascicules parus en 1833, 1836, 1837 et 1840 sous le titre : *On the Theory of the Moon, and on the Perturbations of the Planets*. La seconde remplit en entier le Tome IV de la *Théorie analytique du système du Monde*, paru en 1846.

Les deux auteurs ont cherché à obtenir directement les perturbations de la longitude, de la latitude et de l'inverse du rayon vecteur de la Lune, développées en sinus et cosinus d'arguments variant proportionnellement au temps; ils ont introduit, dès le début, comme Poisson l'avait conseillé, la longitude moyenne de la Lune au lieu de la longitude vraie. Lubbock s'en est tenu aux premières approximations; le travail de M. de Pontécoulant est beaucoup plus étendu, et c'est celui dont nous donnerons une idée assez complète dans les pages suivantes.

78. En supposant égal à l'unité le produit de la constante f de l'attraction universelle par la somme des masses de la Terre et de la Lune, et désignant par x, y, z les coordonnées rectangulaires de la Lune, par R la fonction perturbatrice, on a, comme on sait, les équations différentielles

$$(1)\qquad \frac{d^2x}{dt^2}+\frac{x}{r^3}=\frac{\partial R}{\partial x},\qquad \frac{d^2y}{dt^2}+\frac{y}{r^3}=\frac{\partial R}{\partial y},\qquad \frac{d^2z}{dt^2}+\frac{z}{r^3}=\frac{\partial R}{\partial z}.$$

Multiplions ces équations, d'abord par x, y, z, ensuite par $2dx$, $2dy$ et $2dz$; nous trouverons

$$(2)\qquad \begin{cases} x\dfrac{d^2x}{dt^2}+y\dfrac{d^2y}{dt^2}+z\dfrac{d^2z}{dt^2}+\dfrac{1}{r}=x\dfrac{\partial R}{\partial x}+y\dfrac{\partial R}{\partial y}+z\dfrac{\partial R}{\partial z},\\[2ex] d\dfrac{dx^2+dy^2+dz^2}{dt^2}-2d\dfrac{1}{r}=2\left(\dfrac{\partial R}{\partial x}dx+\dfrac{\partial R}{\partial y}dy+\dfrac{\partial R}{\partial z}dz\right).\end{cases}$$

Prenons pour plan des xy le plan de l'écliptique supposé fixe; soit v la longitude de la Lune comptée dans ce plan, s la tangente de sa latitude au-dessus de ce plan. On aura

$$(3) \qquad x = \frac{r\cos v}{\sqrt{1+s^2}}, \qquad y = \frac{r\sin v}{\sqrt{1+s^2}}, \qquad z = \frac{rs}{\sqrt{1+s^2}};$$

on en tire aisément

$$r\frac{\partial R}{\partial r} = x\frac{\partial R}{\partial x} + y\frac{\partial R}{\partial y} + z\frac{\partial R}{\partial z}$$

et

$$\frac{dx^2+dy^2+dz^2}{dt^2} = \frac{dr^2}{dt^2} + \frac{r^2}{1+s^2}\frac{dv^2}{dt^2} + \frac{r^2}{(1+s^2)^2}\frac{ds^2}{dt^2},$$

$$x\frac{d^2x}{dt^2} + y\frac{d^2y}{dt^2} + z\frac{d^2z}{dt^2} = \frac{d}{dt}\left(x\frac{dx}{dt} + y\frac{dy}{dt} + z\frac{dz}{dt}\right) - \frac{dx^2+dy^2+dz^2}{dt^2}$$

$$= r\frac{d^2r}{dt^2} - \frac{r^2}{1+s^2}\frac{dv^2}{dt^2} - \frac{r^2}{(1+s^2)^2}\frac{ds^2}{dt^2},$$

de sorte que les équations (2) donneront

$$(4) \qquad \begin{cases} \dfrac{dr^2}{dt^2} + \dfrac{r^2}{1+s^2}\dfrac{dv^2}{dt^2} + \dfrac{r^2}{(1+s^2)^2}\dfrac{ds^2}{dt^2} - \dfrac{2}{r} + \dfrac{1}{a} = 2\displaystyle\int d'R, \\ r\dfrac{d^2r}{dt^2} - \dfrac{r^2}{1+s^2}\dfrac{dv^2}{dt^2} - \dfrac{r^2}{(1+s^2)^2}\dfrac{ds^2}{dt^2} + \dfrac{1}{r} = r\dfrac{\partial R}{\partial r}; \end{cases}$$

on a posé, pour abréger,

$$(5) \qquad d'R = \frac{\partial R}{\partial x}dx + \frac{\partial R}{\partial y}dy + \frac{\partial R}{\partial z}dz,$$

et $-\frac{1}{a}$ désigne la constante qui accompagne l'intégrale $2\int d'R$, dont le sens est précisé par la formule

$$2\int d'R = 2\int\left(\frac{\partial R}{\partial x}\frac{dx}{dt} + \frac{\partial R}{\partial y}\frac{dy}{dt} + \frac{\partial R}{\partial z}\frac{dz}{dt}\right)dt.$$

En ajoutant les équations (4), on trouve

$$(A) \qquad \frac{1}{2}\frac{d^2r^2}{dt^2} - \frac{1}{r} + \frac{1}{a} = 2\int d'R + r\frac{\partial R}{\partial r};$$

c'est une équation fondamentale dans la théorie actuelle : elle se trouve déjà dans la *Mécanique céleste* de Laplace.

Multiplions maintenant les deux premières équations (1) par $-y$ et $+x$;

nous obtiendrons

$$\frac{d}{dt}\left(x\frac{dy}{dt} - y\frac{dx}{dt}\right) = x\frac{\partial R}{\partial y} - y\frac{\partial R}{\partial x} = \frac{\partial R}{\partial v},$$

d'où, en ayant égard aux formules (3) et désignant par h une constante arbitraire,

$$\text{(B)} \qquad \frac{dv}{dt} = \frac{1+s^2}{r^2}\left(h + \int \frac{\partial R}{\partial v}\,dt\right).$$

Enfin la relation

$$\frac{\partial R}{\partial s} = \frac{r}{\sqrt{1+s^2}}\frac{dR}{\partial z} - \frac{rs}{1+s^2}\frac{\partial R}{\partial r}$$

permet d'écrire comme il suit la troisième des équations (1):

$$\text{(C)} \qquad \frac{d^2}{dt^2}\left(\frac{rs}{\sqrt{1+s^2}}\right) + \frac{1}{r^3}\frac{rs}{\sqrt{1+s^2}} - \frac{\sqrt{1+s^2}}{r}\frac{\partial R}{\partial s} - \frac{s}{\sqrt{1+s^2}}\frac{\partial R}{\partial r} = 0.$$

Les équations (A), (B), (C) vont maintenant nous servir de point de départ.

Soient r' et v' le rayon vecteur et la longitude du Soleil; on aura, comme on l'a vu à propos de la théorie de Laplace,

$$\text{(6)} \qquad \begin{cases} R = \dfrac{m'r^2}{4r'^3}[1 - 3s^2 + 3(1-s^2)\cos(2v - 2v')] \\ \quad + \dfrac{m'r^3}{8r'^4}\left[3\left(1 - \dfrac{11}{2}s^2\right)\cos(v - v') + 5\left(1 - \dfrac{3}{2}s^2\right)\cos(3v - 3v')\right] \\ \quad + \ldots\ldots, \end{cases}$$

où m' désigne le produit de la constante f par la masse du Soleil.

79. Quand on fait abstraction de R, les formules (A), (B), (C) deviennent

$$\text{(7)} \qquad \begin{cases} \dfrac{1}{2}\dfrac{d^2r^2}{dt^2} - \dfrac{1}{r} + \dfrac{1}{a} = 0, \qquad \dfrac{dv}{dt} = h\dfrac{1+s^2}{r^2}, \\ \dfrac{d^2}{dt^2}\left(\dfrac{rs}{\sqrt{1+s^2}}\right) + \dfrac{1}{r^3}\dfrac{rs}{\sqrt{1+s^2}} = 0. \end{cases}$$

On déduit de ces équations les développements de r, v et s, que nous reproduisons en négligeant les troisièmes puissances de l'excentricité et de l'inclinaison,

$$\text{(8)} \qquad \begin{cases} \dfrac{r}{a} = 1 + \dfrac{e^2}{2} - e\cos\varphi - \dfrac{e^2}{2}\cos 2\varphi + \ldots, \\ v = nt + \varepsilon + 2e\sin\varphi + \dfrac{5}{4}e^2\sin 2\varphi - \dfrac{\gamma^2}{4}\sin 2\eta + \ldots, \\ s = \gamma\sin\eta + e\gamma\sin(\varphi - \eta) + e\gamma\sin(\varphi + \eta) + \ldots. \end{cases}$$

γ est la tangente de l'inclinaison de l'orbite sur le plan des xy, φ l'anomalie moyenne et η la distance moyenne de la Lune au nœud ascendant de son orbite; on aurait donc, en employant les notations bien connues,

$$\varphi = nt + \varepsilon - \varpi, \qquad \eta = nt + \varepsilon - \Omega,$$

où ϖ et Ω désigneraient des constantes. Mais, en raison des variations rapides du nœud et du périgée, les formules précédentes ne donneraient qu'une approximation insuffisante. Aussi l'on pose

$$(9) \qquad \begin{cases} \varphi = cnt + \varepsilon - \varpi = nt + \varepsilon - [\varpi + (1-c)nt], \\ \eta = gnt + \varepsilon - \Omega = nt + \varepsilon - [\Omega + (1-g)nt], \end{cases}$$

où c et g représentent des constantes qui seront déterminées ultérieurement.

On voit que cela revient à considérer une ellipse mobile tournant uniformément dans son plan, tandis que ce dernier se meut uniformément aussi autour de l'axe de l'écliptique; $(1-c)nt$ et $(1-g)nt$ sont les moyens mouvements du nœud et du périgée. Les formules (8) et (9) cessent de vérifier les équations (7); mais nous avons le droit de les prendre comme point de départ de nos approximations. Dans ce qui suit, a, n, e, γ, ε, ϖ, Ω seront des constantes absolues, même dans l'orbite troublée de la Lune; nous prendrons pour n la valeur qui se déduit directement de l'observation, de sorte que n sera la valeur angulaire moyenne dans l'orbite troublée, a se déduira de n par la relation $n^2a^3 = 1$: c'est la définition même de a.

On aura, pour le Soleil, des formules analogues à (8), qui seront supposées représenter exactement son mouvement,

$$(10) \qquad \begin{cases} \dfrac{r'}{a'} = 1 + \dfrac{e'^2}{2} - e'\cos\varphi' - \dfrac{e'^2}{2}\cos 2\varphi' + \ldots, \\ v' = mnt + \varepsilon' + 2e'\sin\varphi' + \dfrac{5}{4}e'^2\sin 2\varphi' + \ldots, \\ \varphi' = n't + \varepsilon' - \varpi' = mnt + \varepsilon' - \varpi', \\ m = \dfrac{n'}{n}. \end{cases}$$

La quantité m, rapport des moyens mouvements du Soleil et de la Lune, est constante.

80. Si l'on porte les expressions (8) et (10) de r, v, s, r' et v' dans l'expression (6) de R, ou plutôt dans sa première partie, à laquelle nous nous bornerons,

$$(11) \qquad R = \frac{1}{4} n'^2 r^2 \left(\frac{a'}{r'}\right)^3 [1 - 3s^2 + 3(1-s^2)\cos(2v - 2v')],$$

on obtient sans trop de peine le développement suivant de R, dans lequel nous avons supposé $a = 1$ et, par suite, $n = 1$ et $m = n'$,

$$(12)\quad \left\{\begin{aligned} R = {} & \frac{m^2}{4} - \frac{m^2}{2} e\cos\varphi - \frac{m^2}{8} e^2\cos 2\varphi + \frac{3m^2}{4} e'\cos\varphi' + \frac{9m^2}{8} e'^2\cos 2\varphi' \\ & - \frac{3m^2}{4} ee'\cos(\varphi - \varphi') - \frac{3m^2}{4} ee'\cos(\varphi + \varphi') + \frac{3m^2}{4}\cos 2\xi \\ & - \frac{9m^2}{4} e\cos(2\xi - \varphi) + \frac{3m^2}{4} e\cos(2\xi + \varphi) + \frac{21m^2}{8} e'\cos(2\xi - \varphi') \\ & - \frac{3m^2}{8} e'\cos(2\xi + \varphi') + \frac{15m^2}{8} e^2\cos(2\xi - 2\varphi) + \ldots. \end{aligned}\right.$$

Nous avons posé, pour abréger,

$$\xi = l - l' = nt + \varepsilon - n't - \varepsilon' = (1 - m)t + \varepsilon - \varepsilon',$$

et nous avons fait $\gamma = 0$, pour simplifier notre exposition. Tous les termes du troisième ordre ont été écrits et même plusieurs du quatrième; on en verra la raison plus loin.

De Pontécoulant désigne par $\frac{1}{r_1}$ la valeur de $\frac{1}{r}$ déduite des formules (8)

$$\frac{1}{r_1} = 1 + e\cos\varphi + e^2\cos 2\varphi + \ldots,$$

et par $\frac{1}{r}$ la valeur exacte dans l'orbite troublée; il pose

$$\frac{1}{r} = \frac{1}{r_1} + \delta\frac{1}{r_1}.$$

Il introduit ainsi $\frac{1}{r_1}$ et $\frac{1}{r}$, et non pas r_1 et r, parce que l'une des inconnues finales est la parallaxe de la Lune, qui est représentée, à un facteur constant près, par $\frac{1}{r}$. Il admet ensuite que $\delta\frac{1}{r_1}$ peut se développer en une série de cosinus portant sur les arguments φ, 2φ, φ', ..., qui figurent dans le développement (12) de R,

$$(13)\quad \left\{\begin{aligned} \delta\frac{1}{r_1} = {} & a_0 + a_1 e\cos\varphi + a_2 e^2\cos 2\varphi + a_3 e'\cos\varphi' + a_4 e'^2\cos 2\varphi' \\ & + a_5 ee'\cos(\varphi - \varphi') + a_6 ee'\cos(\varphi + \varphi') + a_7\cos 2\xi \\ & + a_8 e\cos(2\xi - \varphi) + a_9 e\cos(2\xi + \varphi) + a_{10} e'\cos(2\xi - \varphi') \\ & + a_{11} e'\cos(2\xi + \varphi') + a_{12} e^2\cos(2\xi - 2\varphi) + \ldots. \end{aligned}\right.$$

a_0, a_1, ..., a_{12}, ... sont des coefficients indéterminés dont il faut calculer les valeurs, ce à quoi l'on arrivera au moyen de l'équation (A); mais quelques explications préliminaires sont nécessaires. On a

$$r^2 = \left(\frac{1}{r}\right)^{-2} = \left(\frac{1}{r_1} + \delta\frac{1}{r_1}\right)^{-2} = r_1^2\left(1 + r_1\delta\frac{1}{r_1}\right)^{-2},$$

d'où, par la formule du binôme,

$$r^2 = r_1^2 - 2r_1^3\delta\frac{1}{r_1} + 3r_1^4\left(\delta\frac{1}{r_1}\right)^2 - 4r_1^5\left(\delta\frac{1}{r_1}\right)^3 + \ldots.$$

L'équation (A) devient ensuite

$$(14)\quad \left\{\begin{aligned} &\frac{1}{2}\frac{d^2r_1^2}{dt^2} - d^2\frac{r_1^3\delta\frac{1}{r_1}}{dt^2} + \frac{3}{2}d^2\frac{r_1^4\left(\delta\frac{1}{r_1}\right)^2}{dt^2} - 2d^2\frac{r_1^5\left(\delta\frac{1}{r_1}\right)^3}{dt^2} + \ldots \\ &\qquad - \frac{1}{r_1} - \delta\frac{1}{r_1} + \frac{1}{a} = 2\int d'\mathrm{R} + r\frac{\partial \mathrm{R}}{\partial r}. \end{aligned}\right.$$

Posons

$$(15)\qquad \mathrm{P} = -(r_1^3 - 1)\delta\frac{1}{r_1} + \frac{3}{2}r_1^4\left(\delta\frac{1}{r_1}\right)^2 - \frac{4}{2}r_1^5\left(\delta\frac{1}{r_1}\right)^3 + \frac{5}{2}r_1^6\left(\delta\frac{1}{r_1}\right)^4 - \ldots,$$

remarquons que l'expression (11) de R donne

$$r\frac{\partial \mathrm{R}}{\partial r} = 2\mathrm{R},$$

rappelons-nous que nous avons supposé $a = 1$, et l'équation (14) deviendra

$$(16)\qquad \frac{d^2\delta\frac{1}{r_1}}{dt^2} + \delta\frac{1}{r_1} + \frac{1}{r_1} - 1 - \frac{1}{2}\frac{d^2r_1^2}{dt^2} - \frac{d^2\mathrm{P}}{dt^2} + 2\int d'\mathrm{R} + 2\mathrm{R} = 0;$$

on a d'ailleurs

$$(17)\qquad \left\{\begin{aligned} &\frac{1}{r_1} - 1 = e\cos\varphi + e^2\cos 2\varphi + \ldots, \\ &r_1^2 = 1 + \frac{3}{2}e^2 - 2e\cos\varphi - \frac{1}{2}e^2\cos 2\varphi + \ldots, \\ &\frac{d^2r_1^2}{dt^2} = c^2(2e\cos\varphi + 2e^2\cos 2\varphi) + \ldots; \end{aligned}\right.$$

le facteur c^2 provient de ce que $\frac{d\varphi}{dt} = c$ [formule (9)].

81. On a ensuite

$$d\mathrm{R} = \frac{\partial \mathrm{R}}{\partial x}dx + \ldots + \frac{\partial \mathrm{R}}{\partial x'}dx' + \ldots,$$

$$d\mathrm{R} = d'\mathrm{R} + \frac{\partial \mathrm{R}}{\partial r'}dr' + \frac{\partial \mathrm{R}}{\partial \varphi'}d\varphi';$$

or, d'après (11),

$$r'\frac{\partial R}{\partial r'} = -3R, \qquad \frac{\partial R}{\partial v'} = -\frac{\partial R}{\partial v}.$$

Il viendra donc

$$d'R = dR + 3R\frac{dr'}{r'} + \frac{\partial R}{\partial v}dv',$$

d'où

$$2\int d'R + 2R = 4R + 6\int R\frac{dr'}{r'} + 2\int\frac{\partial R}{\partial v}dv'$$

ou bien, en tirant dr' et dv' des formules (10),

$$(18)\quad \left\{\begin{aligned} 2\int d'R + 2R = 4R &+ 6m\int R\left(e'\sin\varphi' + \frac{3}{2}e'^2\sin 2\varphi'\right)dt \\ &+ 2m\int\frac{\partial R}{\partial v}\left(1 + 2e'\cos\varphi' + \frac{5}{2}e'^2\cos 2\varphi'\right)dt. \end{aligned}\right.$$

Nous chercherons dans $\delta\frac{1}{r_1}$ seulement les termes en m^2. Il faudrait donc, semble-t-il, prendre dans les deux derniers termes de la formule précédente $R = 0$ et $\frac{\partial R}{\partial v} = 0$, car, autrement, le résultat du calcul contiendrait m^3 en facteur. Mais il faut remarquer que certains termes s'abaissent d'un ordre par l'intégration; ainsi, en bornant le développement (12) à

$$R = \frac{m^2}{4} + \frac{3m^2}{4}e'\cos\varphi',$$

on aura

$$R\left(e'\sin\varphi' + \frac{3}{2}e'^2\sin 2\varphi'\right) = \frac{m^2}{4}e'\sin\varphi' + \frac{3m^2}{4}e'^2\sin 2\varphi',$$

d'où, en multipliant par dt, intégrant et remarquant que le coefficient de t dans φ' est égal à m,

$$\int R\left(e'\sin\varphi' + \frac{3}{2}e'^2\sin 2\varphi'\right)dt = -\frac{m}{4}e'\cos\varphi' - \frac{3m}{8}e'^2\cos 2\varphi'.$$

Il faut maintenant calculer $\frac{\partial R}{\partial v}$. Or l'expression (11) de R ne contient que $v - v'$, et l'on a

$$v - v' = \xi + 2e\sin\varphi - 2e'\sin\varphi' + \frac{5}{4}e^2\sin 2\varphi - \frac{5}{4}e'^2\sin 2\varphi' + \ldots.$$

On en conclut

$$\frac{\partial R}{\partial v} = \frac{\partial R}{\partial \xi},$$

et, en se reportant à l'expression (12) de R, on voit que, pour avoir un abaissement dans l'intégration, il faut prendre seulement

$$\frac{\partial R}{\partial \xi} = -\frac{15}{4} m^2 e^2 \sin(2\xi - 2\varphi).$$

On aura ensuite

$$\int \frac{\partial R}{\partial v}\left(1 + 2e' \cos\varphi' + \frac{5}{2} e'^2 \cos 2\varphi'\right) dt = -\frac{15}{4} m^2 e^2 \int \sin(2\xi - 2\varphi)\, dt$$
$$= \frac{15}{4} \frac{m^2 e^2}{2(1 - m - c)} \cos(2\xi - 2\varphi)$$

En portant les résultats précédents dans la formule (18), il viendra

$$(19)\quad \left\{ \begin{aligned} 2\int d'R + 2R = 4R - \frac{3m^2}{2} e' \cos\varphi' \\ - \frac{9m^2}{4} e'^2 \cos 2\varphi' - \frac{15m^2}{4} \frac{e^2}{1 + \frac{c-1}{m}} \cos(2\xi - 2\varphi). \end{aligned} \right.$$

Si donc on pose

$$(20)\quad \left\{ \begin{aligned} 2\int d'R + r\frac{\partial R}{\partial r} = \text{const.} + R_1 e \cos\varphi + R_2 e^2 \cos 2\varphi + R_3 e' \cos\varphi' \\ + R_4 e'^2 \cos 2\varphi' + \ldots + R_{12} e^2 \cos(2\xi - 2\varphi) + \ldots, \end{aligned} \right.$$

on trouvera sans peine, en ayant égard aux formules (12) et (19),

$$(21)\quad \left\{ \begin{aligned} & R_1 = -2m^2, \quad R_2 = -\frac{m^2}{2}, \quad R_3 = \frac{3m^2}{2}, \quad R_4 = \frac{9m^2}{4}, \quad R_5 = 3m^2, \\ & R_6 = -3m^2, \quad R_7 = 3m^2, \quad R_8 = -9m^2, \quad R_9 = 3m^2, \quad R_{10} = \frac{21m^2}{2}, \\ & R_{11} = -\frac{3m^2}{2}, \quad R_{12} = \frac{15m^2}{4} \frac{1 + 2\frac{c-1}{m}}{1 + \frac{c-1}{m}}. \end{aligned} \right.$$

82. L'expression (15) de P peut être bornée, dans la première approximation, à

$$P = -(r_1^3 - 1)\,\delta\frac{1}{r_1} = (3e\cos\varphi - 3e^2)[a_0 + a_1 e \cos\varphi + a_3 e' \cos\varphi' + a_7 \cos 2\xi$$
$$+ a_8 e \cos(2\xi - \varphi) + a_9 e \cos(2\xi + \varphi)].$$

Si donc on pose

$$(22)\quad \left\{ \begin{aligned} P = P_0 + P_1 e \cos\varphi + P_2 e^2 \cos 2\varphi + P_3 e' \cos\varphi' \\ + P_4 e'^2 \cos 2\varphi' + \ldots + P_{12} e^2 \cos(2\xi - 2\varphi) + \ldots. \end{aligned} \right.$$

on trouvera

$$(23)\quad \begin{cases} P_1 = 3a_0, & P_2 = \dfrac{3a_1}{2}, & P_3 = P_4 = 0, \\ P_5 = P_6 = \dfrac{3a_3}{2}, & P_7 = 0, & P_8 = P_9 = \dfrac{3a_7}{2}, \\ P_{10} = P_{11} = 0, & P_{12} = \dfrac{3a_3}{2}; \end{cases}$$

on a négligé $e^2 a_8$ et $e^2 a_9$ devant a_7, a_8 et a_0.

On peut maintenant, dans l'équation (16), égaler à zéro les coefficients de

$$e\cos\varphi, \quad e^2\cos 2\varphi, \quad \ldots, \quad e^2\cos(2\xi - 2\varphi),$$

en tenant compte des formules (20) et (21) et ayant égard aux expressions (17) de $\frac{1}{r_1} - 1$ et de $\frac{d^2 r_1^2}{dt^2}$. On trouvera ainsi

$$\begin{aligned}
(1 + a_1)(c^2 - 1) &= R_1 + c^2 P_1 \\
a_2\,(4c^2 - 1) + c^2 - 1 &= R_2 + 4c^2 P_2, \\
a_3\,(m^2 - 1) &= R_3 + m^2 P_3, \\
a_4\,(4m^2 - 1) &= R_4 + 4m^2 P_4, \\
a_5\,[(c - m)^2 - 1] &= R_5 + (c - m)^2 P_5, \\
a_6\,[(c + m)^2 - 1] &= R_6 + (c + m)^2 P_6, \\
a_7\,[4(1 - m)^2 - 1] &= R_7 + 4(1 - m)^2 P_7, \\
a_8\,[(2 - c - 2m)^2 - 1] &= R_8 + (2 - c - 2m)^2 P_8, \\
a_9\,[(2 + c - 2m)^2 - 1] &= R_9 + (2 + c - 2m)^2 P_9, \\
a_{10}[(2 - 3m)^2 - 1] &= R_{10} + (2 - 3m)^2 P_{10}, \\
a_{11}[(2 - m)^2 - 1] &= R_{11} + (2 - m)^2 P_{11}, \\
a_{12}[(2 - 2c - 2m)^2 - 1] &= R_{12} + (2 - 2c - 2m)^2 P_{12}.
\end{aligned}$$

Remplaçons dans les formules précédentes les R_i et les P_i par leurs valeurs (21) et (23) et réduisons les coefficients de a_i et P_i à leurs valeurs principales, au moyen de l'expression approchée

$$c = 1 - \frac{3}{4} m^2$$

qui sera obtenue dans un moment; nous verrons que les coefficients de a_5, a_6 et a_8 contiennent m en facteur. Nous trouverons finalement

$$(24)\quad \begin{cases} (1 + a_1)(c^2 - 1) = 3c^2 a_0 - 2m^2, \\ a_2(4c^2 - 1) + c^2 - 1 = 6c^2 a_1 - \dfrac{m^2}{2} \end{cases}$$

et

$$(25)\quad \begin{cases} a_3 = -\dfrac{3m^2}{2}, & a_4 = -\dfrac{9m^2}{4}, & a_5 = \dfrac{21m}{8}, & a_6 = -\dfrac{21m}{8}, \\ a_7 = m^2, & a_8 = \dfrac{15m}{8}, & a_9 = \dfrac{33m^2}{16}, & a_{10} = \dfrac{7m^2}{2}, \\ a_{11} = -\dfrac{m^2}{2}, & a_{12} = -\dfrac{15m^2}{4}. \end{cases}$$

Nous avons ainsi calculé les parties principales des perturbations de $\frac{1}{r}$.

83. Passons maintenant au calcul des perturbations de v. La formule (B) donne, pour $s=0$,

$$(26)\qquad \frac{dv}{dt} = \frac{h}{r^2} + \frac{1}{r^2}\int \frac{\partial R}{\partial v}\,dt = \frac{h}{r^2} + U,$$

en posant

$$U = \frac{1}{r^2}\int \frac{\partial R}{\partial \xi}\,dt.$$

On tire de la formule (12)

$$\begin{aligned} \frac{\partial R}{\partial \xi} = &-\frac{3m^2}{2}\sin 2\xi + \frac{9m^2}{2} e\sin(2\xi - \varphi) - \frac{3m^2}{2} e\sin(2\xi + \varphi) \\ &- \frac{21m^2}{4} e'\sin(2\xi - \varphi') + \frac{3m^2}{4} e'\sin(2\xi + \varphi') - \frac{15m^2}{4} e^2\sin(2\xi - 2\varphi). \end{aligned}$$

Il en résulte

$$\begin{aligned} U = \frac{1}{r_1^2}\Big[&\frac{3m^2}{4}\cos 2\xi - \frac{9m^2}{2} e\cos(2\xi - \varphi) + \frac{m^2}{2} e\cos(2\xi + \varphi) \\ &+ \frac{21m^2}{8} e'\cos(2\xi - \varphi') - \frac{3m^2}{8} e'\cos(2\xi + \varphi') - \frac{15m}{8} e^2\cos(2\xi - 2\varphi)\Big], \end{aligned}$$

d'où, en remplaçant $\frac{1}{r_1^2}$ par

$$1 + \frac{e^2}{2} + 2e\cos\varphi + \frac{5e^2}{2}\cos 2\varphi,$$

$$(27)\quad \begin{cases} U = \dfrac{3m^2}{4}\cos 2\xi - \dfrac{15m^2}{4} e\cos(2\xi - \varphi) + \dfrac{5m^2}{4} e\cos(2\xi + \varphi) \\ \qquad + \dfrac{21m^2}{8} e'\cos(2\xi - \varphi') - \dfrac{3m^2}{8} e'\cos(2\xi + \varphi') \\ \qquad - \dfrac{15m}{8} e^2\cos(2\xi - 2\varphi). \end{cases}$$

On remarquera que le coefficient de $\cos(2\xi - 2\varphi)$ a déjà perdu un facteur m.

On a ensuite

$$\frac{1}{r^2} = \left(\frac{1}{r_1} + \delta\frac{1}{r_1}\right)^2 = \frac{1}{r_1^2} + \frac{2}{r_1}\delta\frac{1}{r_1},$$

d'où il résulte

$$\begin{aligned}\frac{1}{r^2} = 1 + \frac{e^2}{2} + 2e\cos\varphi + \frac{5e^2}{2}\cos 2\varphi \\ + (2 + 2e\cos\varphi + 2e^2\cos 2\varphi)\,[a_0 + a_1 e\cos\varphi + a_2 e^2\cos 2\varphi + a_3 e'\cos\varphi' + a_4 e'^2\cos 2\varphi' \\ + a_5 ee'\cos(\varphi - \varphi') + a_6 ee'\cos(\varphi + \varphi') + a_7\cos 2\xi \\ + a_8 e\cos(2\xi - \varphi) + a_9 e\cos(2\xi + \varphi) \\ + a_{10} e'\cos(2\xi - \varphi') + a_{11} e'\cos(2\xi + \varphi') \\ + a_{12} e^2\cos(2\xi - 2\varphi)].\end{aligned}$$

On en tire, en effectuant la multiplication,

$$(28)\quad \left\{\begin{aligned}\frac{1}{r^2} = 1 + \frac{e^2}{2} + 2a_0 + a_1 e^2 + 2(1 + a_0 + a_1)\,e\cos\varphi + \left(\frac{5}{2} + 2a_0 + a_1 + 2a_2\right)e^2\cos 2\varphi \\ + 2a_3 e'\cos\varphi' + 2a_4 e'^2\cos 2\varphi' + (a_3 + 2a_5)\,ee'\cos(\varphi - \varphi') + (a_3 + 2a_6)\,ee'\cos(\varphi + \varphi') \\ + 2a_7\cos 2\xi + (a_7 + 2a_8)\,e\cos(2\xi - \varphi) + (a_7 + 2a_9)\,e\cos(2\xi + \varphi) \\ + 2a_{10} e'\cos(2\xi - \varphi') + 2a_{11} e'\cos(2\xi + \varphi') + (a_7 + a_8 + 2a_{12})\,e^2\cos(2\xi - 2\varphi).\end{aligned}\right.$$

Les formules (26), (27) et (28) donneront ensuite

$$\begin{aligned}\frac{dv}{dt} = h\left(1 + \frac{e^2}{2} + 2a_0 + a_1 e^2\right) + 2h(1 + a_0 + a_1)\,e\cos\varphi \\ + h\left(\frac{5}{2} + 2a_0 + a_1 + 2a_2\right)e^2\cos 2\varphi + \mathrm{U}',\end{aligned}$$

en faisant

$$\begin{aligned}\mathrm{U}' = 2a_3 e'\cos\varphi' + 2a_4 e'^2\cos 2\varphi' + (a_3 + 2a_5)\,ee'\cos(\varphi - \varphi') + (a_3 + 2a_6)\,ee'\cos(\varphi + \varphi') \\ + \left(2a_7 + \frac{3m^2}{4}\right)\cos 2\xi + \left(a_7 + 2a_8 - \frac{15m^2}{4}\right)e\cos(2\xi - \varphi) \\ + \left(a_7 + 2a_9 + \frac{5m^2}{4}\right)e\cos(2\xi + \varphi) + \left(2a_{10} + \frac{21m^2}{8}\right)e'\cos(2\xi - \varphi') \\ + \left(2a_{11} - \frac{3m^2}{8}\right)e'\cos(2\xi + \varphi') + \left(a_7 + a_8 + 2a_{12} - \frac{15m}{8}\right)e^2\cos(2\xi - 2\varphi).\end{aligned}$$

On remarquera que, dans U', on a supposé $h = 1$. D'après la définition de n, on doit égaler à n, donc à 1, le terme non périodique de $\frac{dv}{dt}$, ce qui donne

$$h = 1 - \frac{e^2}{2} - 2a_0 - a_1 e^2,$$

$$\frac{dv}{dt} = 1 + (1 - a_0 + a_1)\,2e\cos\varphi + \left(\frac{5}{2} - 3a_0 + a_1 + 2a_2\right)e^2\cos 2\varphi + \mathrm{U}'.$$

On en tire, en intégrant,

$$\begin{aligned}
v = t + \varepsilon &+ \frac{1 - a_0 + a_1}{c} 2e \sin\varphi + \frac{1}{c}\left(\frac{5}{4} - \frac{3a_0}{2} + \frac{a_1}{2} + a_2\right) e^2 \sin 2\varphi \\
&+ \frac{2a_3}{m} e' \sin\varphi' + \frac{a_4}{m} e'^2 \sin 2\varphi' + (a_3 + 2a_5)\, ee' \sin(\varphi - \varphi') + (a_3 + 2a_6)\, ee' \sin(\varphi + \varphi') \\
&+ \left(a_7 + \frac{3m^2}{8}\right) \sin 2\xi + \left(a_7 + 2a_8 - \frac{15m^2}{4}\right) e \sin(2\xi - \varphi) \\
&+ \left(\frac{a_7 + 2a_9}{3} + \frac{5m^2}{12}\right) e \sin(2\xi + \varphi) + \left(a_{10} + \frac{21m^2}{16}\right) e' \sin(2\xi - \varphi') \\
&+ \left(a_{11} - \frac{3m^2}{16}\right) e' \sin(2\xi + \varphi') - \left(\frac{a_7 + a_8 + 2a_{12}}{2m} - \frac{15}{16}\right) e^2 \sin(2\xi - 2\varphi).
\end{aligned}$$

On voit que plusieurs des coefficients a_i sont affectés dans v du diviseur m; le coefficient de $e^2 \sin(2\xi - 2\varphi)$ renferme même une partie, $-\frac{15}{16}$, d'où m a complètement disparu, à la suite des deux intégrations faites pour obtenir $U = \frac{1}{r^2}\int \frac{\partial R}{\partial \xi} dt$ et $\int U' dt$.

Si l'on remplace enfin les a_i par leurs valeurs (25), on trouve

$$(29)\quad v = t + \varepsilon + \frac{1 - a_0 + a_1}{c} 2e \sin\varphi + \left(\frac{5}{4} + \frac{15}{16} m^2 + \frac{a_1 - 3a_0 + 2a_2}{2}\right) e^2 \sin 2\varphi + U'',$$

en faisant

$$(30)\quad \left\{\begin{aligned}
U'' = &- 3me' \sin\varphi' - \frac{9m}{4} e'^2 \sin 2\varphi' - \frac{21m}{4} ee' \sin(\varphi - \varphi') - \frac{21m}{4} ee' \sin(\varphi + \varphi') \\
&+ \frac{11m^2}{8} \sin 2\xi + \frac{15m}{4} e \sin(2\xi - \varphi) + \frac{17m^2}{8} e \sin(2\xi + \varphi) \\
&+ \frac{77m^2}{16} e' \sin(2\xi - \varphi') - \frac{11m^2}{16} e' \sin(2\xi + \varphi') + D me^2 \sin(2\xi - 2\varphi).
\end{aligned}\right.$$

Les termes indépendants de m se sont détruits dans le coefficient de $e^2 \sin(2\xi - 2\varphi)$; cela est conforme à un théorème de Laplace (*voir* la *Mécanique céleste*, Liv. VII, p. 244). Le coefficient D n'est pas donné par le calcul tel que nous l'avons simplifié; pour l'obtenir, il faudrait, même dans cette première approximation, tenir compte de certains termes contenant les produits deux à deux de quelques-uns des coefficients a_i; il serait facile de faire cette opération complémentaire, mais nous ne nous y arrêterons pas.

84. Calcul de a_0, a_1 et c. — En faisant $s = 0$ dans la deuxième équation (4), il vient

$$\frac{dv^2}{dt^2} = \frac{1}{r}\frac{d^2 r}{dt^2} + \frac{1}{r^3} - \frac{1}{r}\frac{\partial R}{\partial r}.$$

Nous allons égaler dans les deux membres les parties non périodiques en y négligeant e. Nous pourrons écrire d'abord

$$\frac{dv^2}{dt^2} = \frac{1}{r}\frac{d^2 r}{dt^2} + \left(\frac{1}{r_1} + a_0 + \ldots\right)^3 - \frac{2R}{r^2}.$$

La partie non périodique de $\frac{1}{r}\frac{d^2 r}{dt^2}$ contient e en facteur; $\frac{2R}{r^2}$ contient le terme $2\frac{m^2}{4} = \frac{m^2}{2}$; il viendra donc

$$1 = 1 + 3a_0 - \frac{m^2}{2} + \ldots,$$

d'où

(31) $$a_0 = \frac{m^2}{6} + \ldots.$$

De Pontécoulant, afin de pouvoir comparer plus facilement ses résultats à ceux de ses prédécesseurs, a déterminé la constante a_1, qui reste arbitraire, par la condition que la valeur de $\frac{1}{r}$ soit, dans ses deux premiers termes, de la forme

$$\frac{1}{r} = E[1 + e\cos(cv - \Pi)],$$

e étant le même que ci-dessus. Or on a

$$\frac{1}{r} = \frac{1}{r_1} + \delta\frac{1}{r_1} = 1 + a_0 + (1 + a_1)e\cos\varphi + \ldots,$$

$$\varphi = \varphi_0 + ct, \qquad v = t + \varepsilon + (c - 2a_0 + 2a_1)e\sin\varphi + \ldots.$$

Il en résulte

$$\frac{1}{r} = 1 + a_0 + (1 + a_1)e\cos(cv - \Pi + \ldots).$$

On doit donc avoir, au degré d'approximation réalisé jusqu'ici,

$$1 + a_1 = 1 + a_0, \qquad a_1 = \frac{m^2}{6} + \ldots;$$

après quoi les équations (24) donnent aisément

$$c^2 - 1 = \frac{3m^2}{6} - 2m^2 = -\frac{3m^2}{2},$$

$$c^2 = 1 - \frac{3m^2}{2} + \ldots,$$

$$c = 1 - \frac{3m^2}{4} + \ldots,$$

$$3a_2 - \frac{3m^2}{2} = m^2 - \frac{m^2}{2} + \ldots,$$

$$a_2 = \frac{2m^2}{3} + \ldots.$$

Voici donc la conclusion de cette première approximation :

$$\begin{aligned}
\frac{1}{r} = 1 + \frac{m^2}{6} &+ \left(1 + \frac{m^2}{6}\right) e\cos\varphi + \left(1 + \frac{2m^2}{3}\right) e^2 \cos 2\varphi \\
&- \frac{3m^2}{2} e' \cos\varphi' - \frac{9m^2}{4} e'^2 \cos 2\varphi' \\
&+ \frac{21m}{8} ee' \cos(\varphi - \varphi') - \frac{21m}{8} ee' \cos(\varphi + \varphi') \\
&+ m^2 \cos 2\xi + \frac{15m}{8} e \cos(2\xi - \varphi) + \frac{33m^2}{16} e \cos(2\xi - \varphi) \\
&+ \frac{7m^2}{2} e' \cos(2\xi - \varphi') - \frac{m^2}{2} e' \cos(2\xi + \varphi') - \frac{15m^2}{4} e^2 \cos(2\xi - 2\varphi),
\end{aligned}$$

$$\begin{aligned}
v = t + \varepsilon &+ \left(2 + \frac{3m^2}{2}\right) e \sin\varphi + \left(\frac{5}{4} + \frac{23m^2}{16}\right) e^2 \sin 2\varphi \\
&- 3me' \sin\varphi' - \frac{9m}{4} e'^2 \sin 2\varphi' \\
&+ \frac{21m}{4} ee' \sin(\varphi - \varphi') - \frac{21m}{4} ee' \sin(\varphi + \varphi') \\
&+ \frac{11m^2}{8} \sin 2\xi + \frac{15m}{4} e \sin(2\xi - \varphi) + \frac{17m^2}{8} e \sin(2\xi + \varphi) \\
&+ \frac{77m^2}{16} e' \sin(2\xi - \varphi') - \frac{11m^2}{16} e' \sin(2\xi + \varphi') + \mathrm{D}me^2 \sin(2\xi - 2\varphi);
\end{aligned}$$

$$\varphi = cnt + \varepsilon - \varpi; \qquad c = 1 - \frac{3m^2}{4} + \ldots.$$

85. Pour procéder aux approximations ultérieures, il faut d'abord augmenter

R de δ_1 R,

$$\delta_1 \mathrm{R} = \frac{\partial \mathrm{R}}{\partial r}\,\delta r_1 + \frac{\partial \mathrm{R}}{\partial v}\,\delta v = -r^2 \frac{\partial \mathrm{R}}{\partial r}\,\delta \frac{1}{r_1} + \frac{\partial \mathrm{R}}{\partial v}\,\delta v,$$

$$\delta_1 \mathrm{R} = -2\mathrm{R}\,r_1\,\delta \frac{1}{r_1} + \frac{\partial \mathrm{R}}{\partial \xi}\,\delta v.$$

On remplacera $\delta \frac{1}{r_1}$ et δv par leurs valeurs précédentes et l'on développera les expressions $-2\mathrm{R}r_1\,\delta\frac{1}{r_1}$ et $\frac{\partial \mathrm{R}}{\partial \xi}\,\delta v$ suivant les cosinus des arguments φ, 2φ, φ', ... et de nouvelles combinaisons. On en déduira ensuite les nouvelles valeurs des quantités R_i. De même, il faudra prendre les deux premiers termes de la valeur (15) de P,

$$\mathrm{P} = -(r_1^3 - 1)\,\delta \frac{1}{r_1} + \frac{3}{2}\,r_1^4 \left(\delta \frac{1}{r_1}\right)^2,$$

et il faudra développer cette expression suivant les cosinus des mêmes arguments. En s'adressant à l'équation (16), on formera les nouvelles équations propres à déterminer les coefficients a_i, et de même les coefficients du développement de $v - t - \varepsilon$, et ainsi de suite.

L'auteur n'a pas donné le détail de ses calculs; il a transcrit immédiatement la valeur de la fonction R fournie par une série d'approximations, en négligeant e, e' et γ dans les coefficients de

$$\cos o, \quad e\cos\varphi, \quad e^2\cos 2\varphi, \quad e'\cos\varphi', \quad \ldots;$$

la partie non périodique de R a été calculée jusqu'au terme en m^8 inclusivement; pour les coefficients suivants, on va moins loin, en raison des facteurs e, e', e^2, ... qui s'introduisent. Il a montré ensuite en détail comment il faut faire la nouvelle approximation pour obtenir des valeurs plus exactes de $\delta\frac{1}{r_1}$ et de δv. Cette façon de procéder dans l'exposition est rapide, mais peu claire; j'ai préféré effectuer complètement la première approximation. Il faut reconnaître que la méthode est bonne en elle-même et infiniment plus rapide que si l'on employait la méthode de la variation des constantes arbitraires. Le nombre des coefficients différentiels $\frac{\partial \mathrm{R}}{\partial r}$, $\frac{\partial \mathrm{R}}{\partial v}$, $\frac{\partial \mathrm{R}}{\partial s}$, $\frac{\partial^2 \mathrm{R}}{\partial r^2}$, $\frac{\partial^2 \mathrm{R}}{\partial r\,\partial v}$, ... que l'on est obligé de calculer est ainsi bien réduit; la besogne n'en reste pas moins considérable, et il aurait fallu plus d'un autre volume pareil au Tome IV de la *Théorie analytique du Système du Monde* pour les développer *in extenso*. Dans le Chapitre III, de Pontécoulant détermine par la même méthode les termes dépendant du carré et des puissances supérieures des excentricités et de l'inclinaison, servant à compléter les expressions des coefficients des inégalités développées dans les Chapitres précédents. Dans la suite de son Ouvrage, il emploie aussi la méthode de la variation des constantes arbitraires, notamment pour le calcul plus exact des quantités c et g et de l'accélération séculaire.

On a pu voir dans le Chapitre VII (colonne H. — Po.) comment la théorie de Pontécoulant représente les observations.

CHAPITRE XI.

THÉORIE DE LA LUNE DE DELAUNAY.

86. **Principe de la méthode.** — Les difficultés que présente la théorie de la Lune tiennent surtout à ce que les résultats fournis par les approximations successives ne convergent que très lentement. Dans le cas des planètes, les inégalités qui sont du second ordre relativement à la fonction perturbatrice sont généralement faibles, et l'on peut presque toujours négliger celles du troisième ordre. Pour la Lune, il n'en est pas ainsi : certaines perturbations sont encore sensibles, bien qu'elles soient du cinquième ordre. On conçoit la complication qu'entraînerait l'enchaînement ainsi prolongé des approximations successives.

Dans la nouvelle méthode, il arrive que, si l'on réduit la fonction perturbatrice R à sa partie non périodique et à un seul terme périodique ϖ, les équations dont dépendent les dérivées des éléments peuvent être intégrées rigoureusement. On peut donc calculer les intégrales correspondantes avec toute la précision désirable. Il y a lieu de se demander s'il n'est pas possible de tirer parti de cette circonstance et de ramener le problème à un autre du même genre, dans lequel la fonction perturbatrice ne contiendrait plus le terme ϖ. Si, en effet, après avoir effectué les intégrations dont on vient de parler, on regarde comme de nouvelles variables les constantes arbitraires introduites par l'intégration, il arrive que ces nouvelles variables dépendent d'équations de même forme que les premières. On est donc ramené à une question pareille, mais dans laquelle on a extrait un terme de la fonction perturbatrice. Une nouvelle opération fera disparaître un second terme périodique ϖ', et ainsi de suite. Quand on aura ainsi tenu compte avec une grande rigueur des termes les plus influents, on pourra se contenter, pour les autres, de la première approximation. Le plus grand avantage de la méthode consiste peut-être dans la division du travail en une série d'opérations distinctes, qui sont toutes de même nature.

87. Équations différentielles du mouvement. — Nous laissons de côté l'action des planètes et l'influence de l'aplatissement de la Terre dont nous tiendrons compte plus tard ; nous n'aurons donc à considérer que trois points matériels S, T, L, les centres de gravité du Soleil, de la Terre et de la Lune, où seront concentrées les masses M, m_0 et m_1 de ces trois astres. Soit G le centre de gravité de T et de L; on sait (t. I, p. 63) que le point S décrira à fort peu près une ellipse képlérienne, non pas autour de T, mais autour de G comme foyer. C'est là l'origine d'une légère complication dans les équations différentielles. Menons par le point T trois axes rectangulaires de directions invariables et par G trois axes parallèles aux précédents; désignons par $x, y, z, x'_1, y'_1, z'_1$ les coordonnées géocentriques de la Lune et du Soleil, par x', y', z' les coordonnées du Soleil rapportées à l'origine G; posons

$$\mathrm{TL} = r, \qquad \mathrm{TS} = r'_1, \qquad \mathrm{GS} = r', \qquad \mathrm{SL} = \Delta,$$

$$\mu = f(m_0 + m_1), \qquad m' = f\mathrm{M}, \qquad \sigma = \frac{m_1}{m_0 + m_1}.$$

Nous aurons, pour déterminer x, y, z, les équations différentielles

$$\frac{d^2 x}{dt^2} + \frac{\mu x}{r^3} = m'\left(\frac{x'_1 - x}{\Delta^3} - \frac{x'_1}{r'^3_1}\right),$$

$$\frac{d^2 y}{dt^2} + \frac{\mu y}{r^3} = m'\left(\frac{y'_1 - y}{\Delta^3} - \frac{y'_1}{r'^3_1}\right),$$

$$\frac{d^2 z}{dt^2} + \frac{\mu z}{r^3} = m'\left(\frac{z'_1 - z}{\Delta^3} - \frac{z'_1}{r'^3_1}\right).$$

Nous avons, d'autre part, les relations

$$x'_1 = x' + \sigma x, \qquad y'_1 = y' + \sigma y, \qquad z'_1 = z' + \sigma z,$$

$$\Delta^2 = (x' - x + \sigma x)^2 + (y' - y + \sigma y)^2 + (z' - z + \sigma z)^2,$$

$$r'^2_1 = (x' + \sigma x)^2 + (y' + \sigma y)^2 + (z' + \sigma z)^2,$$

qui donnent

$$\frac{x'_1 - x}{\Delta^3} - \frac{x'_1}{r'^3_1} = \frac{\partial}{\partial x}\left[\frac{1}{(1 - \sigma)\Delta} + \frac{1}{\sigma r'_1}\right];$$

de sorte que les équations différentielles du mouvement de la Lune pourront s'écrire

$$(1) \qquad \begin{cases} \dfrac{d^2 x}{dt^2} + \dfrac{\mu x}{r^3} = \dfrac{\partial \mathrm{R}}{\partial x}, \\ \dfrac{d^2 y}{dt^2} + \dfrac{\mu y}{r^3} = \dfrac{\partial \mathrm{R}}{\partial y}, \\ \dfrac{d^2 z}{dt^2} + \dfrac{\mu z}{r^3} = \dfrac{\partial \mathrm{R}}{\partial z}, \end{cases}$$

où l'on a

$$(2)\quad \left\{\begin{aligned} R = m'\Bigg[&\frac{1}{(1-\sigma)\sqrt{(x'-x+\sigma x)^2+(y'-y+\sigma y)^2+(z'-z+\sigma z)^2}} \\ &+\frac{1}{\sigma\sqrt{(x'+\sigma x)^2+(y'+\sigma y)^2+(z'+\sigma z)^2}}\Bigg].\end{aligned}\right.$$

Commençons par négliger la fonction perturbatrice R; les équations (1) représenteront un mouvement elliptique, et leurs intégrales seront données par les formules

$$(3)\quad \left\{\begin{aligned} &x = r(\cos v \cos h - \sin v \sin h \cos i),\\ &y = r(\cos v \sin h + \sin v \cos h \cos i),\\ &z = r \sin v \sin i,\\ &u - e\sin u = l = n(t+c), \qquad n = \sqrt{\frac{\mu}{a^3}},\\ &r = a(1-e\cos u), \qquad \operatorname{tang}\frac{v-g}{2} = \sqrt{\frac{1+e}{1-e}}\operatorname{tang}\frac{u}{2}.\end{aligned}\right.$$

Les six éléments elliptiques sont a, e, i, h, g et c. Traçons une sphère de rayon 1 ayant son centre en T; elle sera coupée suivant les arcs de grands

Fig. 8.

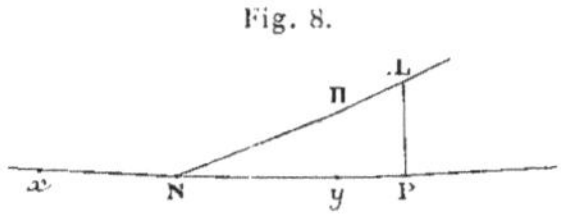

cercles xy et NL par le plan fixe et par le plan de l'orbite; le rayon vecteur r et le rayon mené du point T au périgée le rencontreront aux points L et Π (*fig.* 8), et l'on aura

$$h = x\text{N}, \qquad i = y\text{NL}, \qquad g = \text{N}\Pi, \qquad v = \text{NL}.$$

Ainsi h désigne la longitude du nœud ascendant, i l'inclinaison, g la distance du périhélie au nœud, v l'argument de la latitude, l l'anomalie moyenne. On aura ainsi, en appelant U la latitude PL et V la longitude xP, comptée sur le plan fixe des xy,

$$(4)\qquad \operatorname{tang}(\text{V}-h) = \operatorname{tang} v \cos i, \qquad \sin \text{U} = \sin v \sin i.$$

88. Pour tenir compte de R, Delaunay emploie la méthode de la variation des constantes arbitraires. Il suppose donc que les quantités a, e, i, h, g, c deviennent variables, de telle façon cependant que, dans le mouvement réel, $x, y, z, \frac{dx}{dt}, \frac{dy}{dt}, \frac{dz}{dt}$ conservent les mêmes expressions que dans le mouvement

elliptique, ces dernières étant données par les formules (3) et par celles qu'on en déduit par la différentiation. Mais, au lieu de conserver tous les éléments définis ci-dessus, il introduit les éléments canoniques que nous avons considérés dans le Tome I, p. 165; ce sont, aux notations près,

$$(5)\qquad \begin{cases} C = -\dfrac{\mu}{2a}, & G = \sqrt{\mu a(1-e^2)}, & H = \sqrt{\mu a(1-e^2)}\cos i, \\ c, & g, & h. \end{cases}$$

Les nouvelles variables devront satisfaire aux équations différentielles canoniques

$$(6)\qquad \begin{cases} \dfrac{dC}{dt} = \dfrac{\partial R}{\partial c}, & \dfrac{dc}{dt} = -\dfrac{\partial R}{\partial C}, \\ \dfrac{dG}{dt} = \dfrac{\partial R}{\partial g}, & \dfrac{dg}{dt} = -\dfrac{\partial R}{\partial G}, \\ \dfrac{dH}{dt} = \dfrac{\partial R}{\partial h}, & \dfrac{dh}{dt} = -\dfrac{\partial R}{\partial H}. \end{cases}$$

R est maintenant une fonction de t et des six éléments canoniques, qui est donnée par l'enchaînement des formules (2), (3), (4), et aussi des formules analogues à (3) qui font connaître x', y' et z'. Ces dernières sont, en accentuant les lettres et faisant $i' = 0$ (ce qui revient à prendre le plan de l'écliptique pour plan des xy),

$$(3')\qquad x' = r'\cos(v' + h'), \qquad y' = r'\sin(v' + h');$$

$v' + h'$ sera la longitude du Soleil; nous représenterons la longitude du périgée solaire par $g' + h'$. Les éléments de l'orbite solaire sont regardés comme constants.

89. **Développement de** R. — Représentons par s le cosinus de l'angle SGL, G désignant, comme à la page 182, le centre de gravité de L et de T; on aura

$$xx' + yy' + zz' = rr's, \qquad x^2 + y^2 + z^2 = r^2, \qquad x'^2 + y'^2 + z'^2 = r'^2,$$

et l'expression (2) de R pourra s'écrire

$$R = \frac{m'}{r'}\left[\frac{1}{(1-\sigma)\sqrt{1 - \frac{2r}{r'}(1-\sigma)s + \frac{r^2}{r'^2}(1-\sigma)^2}} + \frac{1}{\sigma\sqrt{1 + \frac{2r}{r'}\sigma s + \frac{r^2}{r'^2}\sigma^2}}\right]$$

ou bien, en introduisant les polynômes de Legendre (t. II, p. 250 et 254),

$$S_1 = s, \qquad S_2 = \frac{3}{2}s^2 - \frac{1}{2}, \qquad S_3 = \frac{5}{2}s^3 - \frac{3}{2}s, \qquad S_4 = \frac{35}{8}s^4 - \frac{15}{4}s^2 + \frac{3}{8}, \qquad \ldots,$$

$$R = \frac{m'}{r'(1-\sigma)}\left[1 + S_1\frac{r}{r'}(1-\sigma) + \ldots + S_n\frac{r^n}{r'^n}(1-\sigma)^n + \ldots\right]$$
$$+ \frac{m'}{r'\sigma}\left[1 - S_1\frac{r}{r'}\sigma + \ldots + (-1)^n S_n\frac{r^n}{r'^n}\sigma^n + \ldots\right];$$

d'où, en négligeant un terme en $\frac{1}{r'}$, qui ne dépend pas des éléments de l'orbite lunaire,

$$(7)\quad R = \frac{m'r^2}{r'^3}S_2 + \frac{m'r^3}{r'^4}S_3(1-2\sigma) + \ldots + \frac{m'r^n}{r'^{n+1}}S_n[(1-\sigma)^{n-1} - (-\sigma)^{n-1}] + \ldots.$$

On voit que, pour tenir compte de ce que l'ellipse solaire est décrite autour du point G comme foyer, il suffit de multiplier les divers termes du développement

$$(8)\quad (R) = \frac{m'r^2}{r'^3}S_2 + \frac{m'r^3}{r'^4}S_3 + \ldots + m'\frac{r^n}{r'^{n+1}}S_n + \ldots$$

par les facteurs

$$1, \quad 1-2\sigma, \quad \ldots, \quad (1-\sigma)^{n-1} - (-\sigma)^{n-1}.$$

Plana et Hansen, après lui, avaient considéré seulement le facteur $1-2\sigma$; c'est M. Harzer (*Astron. Nachr.*, n° 2941; 1889) qui en a donné l'expression générale; nous avons simplifié sa démonstration. On peut donc s'occuper d'abord du développement (8); dans la pratique, il suffira de multiplier les parties provenant de $\frac{m'r^3}{r'^4}S_3$ par le facteur $1-2\sigma = 1 - \frac{1}{41}$ environ; ces termes sont dits *parallactiques*. On a vu la raison de cette dénomination dans le Chapitre VII, page 108.

Il reste à former s; on pose

$$\sin\frac{i}{2} = \gamma,$$

et les formules (3) donnent

$$\frac{x}{r} = \cos(v+h) + 2\gamma^2 \sin v \sin h, \qquad \frac{y}{r} = \sin(v+h) - 2\gamma^2 \sin v \cos h;$$

en ayant égard aux relations (3′) et à la définition même de s, il vient

$$s = (1-\gamma^2)\cos(v - v' + h - h') + \gamma^2\cos(v + v' + h + h').$$

On formera aisément les puissances s^2, s^3, ... en transformant les puissances des cosinus en cosinus des multiples des divers arcs et négligeant les puissances de la petite quantité γ à partir d'un certain ordre. Delaunay s'est déterminé à conserver dans le développement de R les petites quantités jusqu'au huitième ordre inclusivement; e, γ, e' sont considérés comme étant du premier ordre, $\frac{r}{r'}$ et, par suite, $\frac{a}{a'}$ du second. Comme le premier terme de la formule (8) contient $\frac{r^2}{r'^2}$, on voit qu'il sera permis de négliger γ^6. Les formules (7) et (8) donneront donc pour R une suite de termes de la forme

$$\frac{r^p}{r'^{p+1}}\gamma^{2p}\cos[qv + q'(v' + h') + \nu h]. \tag{9}$$

On a ainsi développé R, d'abord suivant les puissances de $\frac{r}{r'}$ et de γ^2; il faut développer maintenant suivant les puissances de e et e'.

Les formules du mouvement elliptique donnent

$$\frac{r}{a} = \mathcal{A}_0 + \mathcal{A}_1\cos l + \mathcal{A}_2\cos 2l + \ldots,$$

$$v = g + l + \mathcal{B}_1\sin l + \mathcal{B}_2\sin 2l + \ldots;$$

on trouvera les expressions des coefficients $\mathcal{A}_i$ et $\mathcal{B}_i$ en fonction de e dans le Tome I, n° 93. On formera les développements de

$$r^p \begin{matrix}\cos\\ \sin\end{matrix}(qv + \nu h), \qquad \frac{1}{r'^{p+1}}\begin{matrix}\cos\\ \sin\end{matrix}[q'(v' + h')],$$

et on les portera dans les expressions (9).

Finalement, le développement cherché sera de la forme

$$R = -B - \sum A\cos[il + i'g + i''h + i'''l' - i^{\text{IV}}(g' + h')], \tag{10}$$

où les quantités A et B sont des polynômes ordonnés suivant les puissances des quatre quantités e, e', γ, $\frac{a}{a'}$ qui contiennent tous en facteur $\frac{m'a^2}{a'^3}$; i, i', i'', i''', i^{IV} désignent des nombres entiers positifs ou négatifs. On trouvera ce développement dans le Tome XXVIII des *Mémoires de l'Académie des Sciences*, p. 33-54 [1]; il se compose de 324 termes, y compris les deux termes ajoutés plus tard (p. 883). On peut donner quelques indications sur l'ordre de A, à la seule inspection des coefficients i, i', ... qui figurent dans l'expression de l'argument de la formule (10). Soient, en effet, $\mathcal{L}$ et $\mathcal{L}'$ les longitudes moyennes de la Lune et du Soleil, ϖ et ϖ' les longitudes des périgées, Ω la longitude du nœud de la Lune; on aura

$$h = \Omega, \qquad g = \varpi - \Omega, \qquad l = \mathcal{L} - \varpi, \qquad l' = \mathcal{L}' - \varpi', \qquad h' + g' = \varpi',$$

[1] La théorie de Delaunay remplit entièrement les Tomes XXVIII et XXIX.

et l'argument deviendra

$$i\mathfrak{L} + i'''\mathfrak{L}' + (i' - i)\varpi + (i'' - i')\Omega - (i^{\text{IV}} + i''')\varpi'.$$

La somme algébrique des coefficients de $\mathfrak{L}$, ϖ, Ω, $\mathfrak{L}'$ et ϖ' doit être nulle; donc $i^{\text{IV}} = i''$. D'après ce qu'on sait (t. I, n° **123**, p. 306), les exposants de e, γ et e' dans A seront égaux à

$$|i' - i|, \quad |i'' - i'|, \quad |i'' + i'''|, \quad \text{plus des nombres pairs;}$$

$i'' - i'$ devra être pair; B ne contiendra que des puissances paires de e, e' et γ.

Il sera encore nécessaire d'avoir les expressions de la longitude V et de la latitude U, ainsi que de $\frac{1}{r}$, qui, multiplié par le rayon terrestre équatorial, donnera la parallaxe équatoriale de la Lune. Les formules (4) donnent

$$V - h = v - \tang^2\frac{i}{2}\sin 2v + \frac{1}{2}\tang^4\frac{i}{2}\sin 4v - \ldots,$$

$$U - \frac{1}{6}U^3 + \ldots = \sin i \sin v, \qquad U = \sin i \sin v + \frac{1}{6}\sin^3 i \sin^3 v + \ldots.$$

On trouvera ainsi aisément des expressions de la forme

$$(11) \qquad \begin{cases} V = h + g + l + \sum \mathcal{A} \sin(\alpha l + \beta g), \\ U = \sum \mathcal{A}' \sin(\alpha' l + \beta' g), \\ \frac{1}{r} = \sum \mathcal{A}'' \cos \alpha'' l. \end{cases}$$

Enfin nous écrirons le développement (10) comme il suit

$$(12) \qquad R = -B - \sum A \cos(il + i'g + i''h + i'''n't + q),$$

en désignant par q une constante et par n' le moyen mouvement du Soleil.

En appliquant la quatrième des formules (6), on rencontrerait un grave inconvénient. Considérons, en effet, l'équation

$$\frac{dc}{dt} = -\frac{\partial R}{\partial C};$$

a étant une fonction de C, il en est de même de n; par suite, la dérivée $\frac{\partial R}{\partial C}$ se composera de deux parties, l'une $\left(\frac{\partial R}{\partial C}\right)$ obtenue en faisant varier C dans le terme non périodique B et dans les coefficients A, l'autre obtenue en faisant varier C dans l et tenant compte de $l = n(t + c)$. On aura donc

$$(13) \qquad \frac{\partial R}{\partial C} = \left(\frac{\partial R}{\partial C}\right) + \frac{\partial R}{\partial l}(t + c)\frac{dn}{dC}.$$

On voit que le temps sortirait des signes sinus dans toute une série de termes. Pour éviter cet inconvénient, on introduit l au lieu de c; on a

$$\frac{dl}{dt} = n + n\frac{dc}{dt} + (t+c)\frac{dn}{dC}\frac{dC}{dt} = n - n\frac{\partial R}{\partial C} + (t+c)\frac{dn}{dC}\frac{\partial R}{\partial c}.$$

En remplaçant $\frac{\partial R}{\partial C}$ par sa valeur (13) et $\frac{\partial R}{\partial c}$ par $\frac{\partial R}{\partial l} \times n$, il y a une réduction, et il reste

$$\frac{dl}{dt} = n - n\left(\frac{\partial R}{\partial C}\right), \qquad \frac{dC}{dt} = n\frac{\partial R}{\partial l}. \tag{14}$$

L'inconvénient en question n'existe plus; seulement les équations précédentes n'ont plus exactement la forme canonique. Posons

$$\frac{dC}{n} = dL = \frac{\mu}{2na^2}da = \sqrt{\mu}\frac{da}{2\sqrt{a}} = d\sqrt{\mu a}, \qquad L = \sqrt{\mu a};$$

les formules (14) deviendront

$$\frac{dl}{dt} = n - \frac{\partial R}{\partial L}, \qquad \frac{dL}{dt} = \frac{\partial R}{\partial l}.$$

Soit enfin

$$R + \frac{\mu}{2a} = R';$$

on aura

$$\frac{\partial R'}{\partial L} = \frac{\partial R}{\partial L} - \frac{\mu}{2a^2}\frac{da}{dL} = \frac{\partial R}{\partial L} - n = -\frac{dl}{dt},$$

et il viendra finalement, en supprimant l'accent de R,

$$\text{(A)} \qquad \left\{ \begin{aligned} \frac{dL}{dt} &= \frac{\partial R}{\partial l}, & \frac{dl}{dt} &= -\frac{\partial R}{\partial L}, \\ \frac{dG}{dt} &= \frac{\partial R}{\partial g}, & \frac{dg}{dt} &= -\frac{\partial R}{\partial G}, \\ \frac{dH}{dt} &= \frac{\partial R}{\partial h}, & \frac{dh}{dt} &= -\frac{\partial R}{\partial H}; \end{aligned} \right.$$

$$R = \frac{\mu}{2a} + m'\left[\frac{1}{\sqrt{(x-x')^2+(y-y')^2+z^2}} - \frac{xx'+yy'}{r'^3}\right],$$

$$(\alpha) \qquad \left\{ \begin{aligned} &L = \sqrt{\mu a}, & &G = \sqrt{\mu a(1-e^2)}, & &H = \sqrt{\mu a(1-e^2)}\cos i, \\ &a = \frac{L^2}{\mu}, & &e^2 = 1 - \frac{G^2}{L^2}, & &2\gamma^2 = 1 - \frac{H}{G}. \end{aligned} \right.$$

g = distance du périgée au nœud,
h = longitude du nœud ascendant,
= anomalie moyenne.

On remarquera que, dans la formule (12) les coefficients A, ainsi que la partie B, dépendent seulement des variables L, G, H; quant aux variables conjuguées, l, g, h, elles figurent uniquement dans les arguments et sous forme linéaire.

Voici le développement de R, en conservant seulement les quantités du quatrième ordre et quelques-unes du cinquième :

$$(15)\quad \left\{\begin{aligned} R = \frac{\mu}{2a} + m'\frac{a^2}{a'^3}\Big[&\frac{1}{4} - \frac{3}{2}\gamma^2 + \frac{3}{8}e^2 + \frac{3}{8}e'^2 - e\left(\frac{1}{2} + \frac{3}{4}e'^2\right)\cos l + \frac{3}{4}e'\cos l' \\ & - \frac{1}{8}e^2\cos 2l - \frac{3}{4}ee'\cos(l+l') - \frac{3}{4}ee'\cos(l-l') + \frac{9}{8}e'^2\cos 2l' \\ & + \left(\frac{3}{4} - \frac{3}{2}\gamma^2 - \frac{15}{8}e^2 - \frac{15}{8}e'^2\right)\cos(2l+2g+2h-2l'-2g'-2h') \\ & - \frac{3}{8}e'\cos(2l+2g+2h-l'-2g'-2h') \\ & + \frac{21}{8}e'\cos(2l+2g+2h-3l'-2g'-2h') \\ & - e\left(\frac{9}{4} - \frac{45}{8}e'^2\right)\cos(l+2g+2h-2l'-2g'-2h') \\ & + e\left(\frac{3}{4} - \frac{15}{8}e'^2\right)\cos(3l+2g+2h-2l'-2g'-2h') \\ & + \frac{51}{8}e'^2\cos(2l+2g+2h-4l'-2g'-2h') \\ & + \frac{9}{8}ee'\cos(l+2g+2h-l'-2g'-2h') \\ & - \frac{63}{8}ee'\cos(l+2g+2h-3l'-2g'-2h') \\ & - \frac{3}{8}ee'\cos(3l+2g+2h-l'-2g'-2h') \\ & + \frac{21}{8}ee'\cos(3l+2g+2h-3l'-2g'-2h') \\ & + \frac{15}{8}e^2\cos(2g+2h-2l'-2g'-2h') \\ & + \frac{3}{4}e^2\cos(4l+2g+2h-2l'-2g'-2h') + \frac{3}{2}\gamma^2\cos(2l+2g) \\ & + \frac{3}{2}\gamma^2\cos(2l'+2h'+2g'-2h) + \frac{3}{8}\frac{a}{a'}\cos(l+g+h-l'-g'-h') \\ & + \frac{5}{8}\frac{a}{a'}\cos(3l+3g+3h-3l'-3g'-3h')\Big]. \end{aligned}\right.$$

90. Étude générale d'une opération élémentaire. — Delaunay considère à part l'un des termes périodiques, en posant

$$(16)\qquad R = -A\cos(il + i'g + i''h + i'''n't + q) - B + R_1,$$

R_1 désignant l'ensemble des autres termes périodiques, et il montre que, en négligeant d'abord R_1, on peut intégrer rigoureusement les équations (a). Nous aurons donc pour le moment

$$(17)\qquad R = R_0 + A\cos\theta + B,\qquad \theta = il + i'g + i''h + i'''n't + q.$$

J'ai remarqué dans ma Thèse de Doctorat (*Journal de Liouville*, 1868), que l'on pouvait effectuer cette intégration par la méthode de Jacobi, et qu'il en résultait certains avantages pour la suite de la théorie. Je vais donc modifier dans ce sens l'exposition de Delaunay. On sait (t. I, Introduction, n° 6) que, pour intégrer les équations (A) dans lesquelles R a la valeur (17), il suffit de considérer l'équation aux dérivées partielles

$$(18)\qquad \frac{\partial S}{\partial t} - B - A\cos\left(i\frac{\partial S}{\partial L} + i'\frac{\partial S}{\partial G} + i''\frac{\partial S}{\partial H} + i'''n't + q\right) = 0$$

et d'en trouver une solution renfermant trois constantes arbitraires, en dehors de celle que l'on peut ajouter directement à S. Il est indispensable de se rappeler que A et B sont des fonctions connues de L, G et H. L'équation (18) contient t explicitement, mais sous une forme simple; on peut le faire disparaître en prenant

$$(19)\qquad S = Ct - \frac{i'''n't + q}{i}L + S',$$

C désignant une constante arbitraire et S′ une fonction de L, G, H qui ne renferme plus t explicitement. On aura

$$\frac{\partial S}{\partial t} = C - \frac{i'''}{i}n'L,\qquad \frac{\partial S}{\partial L} = -\frac{i'''n't + q}{i} + \frac{\partial S'}{\partial L},$$
$$\frac{\partial S}{\partial G} = \frac{\partial S'}{\partial G},\qquad \frac{\partial S}{\partial H} = \frac{\partial S'}{\partial H},$$

et l'équation (18) deviendra

$$C - \frac{i'''}{i}n'L - B - A\cos\left(i\frac{\partial S'}{\partial L} + i'\frac{\partial S'}{\partial G} + i''\frac{\partial S'}{\partial H}\right) = 0$$

ou bien

$$(20)\qquad i\frac{\partial S'}{\partial L} + i'\frac{\partial S'}{\partial G} + i''\frac{\partial S'}{\partial H} = \arccos\frac{C - B_1}{A},$$

en faisant

$$(21)\qquad B_1 = B + \frac{i'''}{i}n'L.$$

Le second membre de l'équation (20) est maintenant une fonction connue de L, G, H et de la constante C; il suffit donc de trouver une solution de cette équation avec deux nouvelles constantes arbitraires.

Au lieu des variables G et H, introduisons-en deux nouvelles, (G) et (H), définies par les relations

$$G = \frac{i'}{i} L + (G), \qquad H = \frac{i''}{i} L + (H), \tag{22}$$

et désignons par $\left(\frac{\partial S'}{\partial L}\right)$ la dérivée de S′ par rapport à L, après qu'on aura fait la substitution (22); nous aurons

$$\begin{gathered}\left(\frac{\partial S'}{\partial L}\right) = \frac{\partial S'}{\partial L} + \frac{i'}{i}\frac{\partial S'}{\partial G} + \frac{i''}{i}\frac{\partial S'}{\partial H}, \\ \frac{\partial S'}{\partial G} = \frac{\partial S'}{\partial (G)}, \qquad \frac{\partial S'}{\partial H} = \frac{\partial S'}{\partial (H)},\end{gathered} \tag{23}$$

et l'équation (20) deviendra

$$i\left(\frac{\partial S'}{\partial L}\right) = \arccos \frac{C - B_1}{A}.$$

Le second membre est maintenant une fonction connue de C et des variables L, (G) et (H); le premier membre ne contient que la dérivée $\left(\frac{\partial S'}{\partial L}\right)$. On aura donc S′ en ajoutant à l'intégrale

$$\int \arccos \frac{C - B_1}{A} \frac{dL}{i}$$

une fonction arbitraire de (G) et (H); nous prendrons pour cette fonction $(g)(G) + (h)(H)$, (g) et (h) désignant deux constantes arbitraires. Nous aurons donc

$$S' = \int \arccos \frac{C - B_1}{A} \frac{dL}{i} + (g)(G) + (h)(H). \tag{24}$$

Faisons

$$K = \int \arccos \frac{C - B_1}{A} \frac{dL}{i} = K[L, (G), (H), C], \tag{25}$$

et nous aurons, en nous reportant aux formules (19), (22), (24) et (25),

$$\left\{\begin{aligned} S = Ct - {} & \frac{i''' n' t + q}{i} L + K\left(L, G - \frac{i'}{i} L, H - \frac{i''}{i} L, C\right) \\ & + (g)\left(G - \frac{i'}{i} L\right) + (h)\left(H - \frac{i''}{i} L\right). \end{aligned}\right. \tag{26}$$

C'est l'intégrale complète que l'on cherchait pour l'équation (18); elle contient les *trois* constantes arbitraires C, (g) et (h). D'après le théorème de Jacobi, les intégrales des équations (a) seront données par les formules

$$(27)\quad \left\{\begin{array}{lll} \dfrac{\partial S}{\partial L} = l, & \dfrac{\partial S}{\partial G} = g, & \dfrac{\partial S}{\partial H} = h, \\ \dfrac{\partial S}{\partial C} = \text{const.} = -c, & \dfrac{\partial S}{\partial (g)} = \text{const.}, & \dfrac{\partial S}{\partial (h)} = \text{const.} \end{array}\right.$$

On a d'ailleurs, en ayant égard aux relations (22),

$$(28)\quad \frac{\partial S}{\partial (g)} = G - \frac{i'}{i} L = (G), \qquad \frac{\partial S}{\partial (h)} = H - \frac{i''}{i} L = (H);$$

ainsi (G) et (H) sont des constantes. On a ensuite

$$\begin{aligned} \frac{\partial S}{\partial C} &= t + \frac{\partial K}{\partial C} = -c, \\ \frac{\partial S}{\partial G} &= (g) + \frac{\partial K}{\partial (G)} = g, \\ \frac{\partial S}{\partial H} &= (h) + \frac{\partial K}{\partial (H)} = h, \end{aligned}$$

$$\frac{\partial S}{\partial L} = -\frac{i'''n't + q}{i} + \frac{\partial K}{\partial L} - \frac{i'}{i}\frac{\partial K}{\partial (G)} - \frac{i''}{i}\frac{\partial K}{\partial (H)} - \frac{i'}{i}(g) - \frac{i''}{i}(h) = l,$$

d'où

$$il + i'g + i''h + i'''n't + q = i\frac{\partial K}{\partial L} = \arccos\frac{C - B_1}{A}.$$

Voici donc l'ensemble des formules auxquelles nous sommes conduit : il s'agissait d'intégrer les équations

$$(\text{I})\quad \left\{\begin{array}{ll} \dfrac{dL}{dt} = \dfrac{\partial R_0}{\partial l}, & \dfrac{dl}{dt} = -\dfrac{\partial R_0}{\partial L}, \\ \dfrac{dG}{dt} = \dfrac{\partial R_0}{\partial g}, & \dfrac{dg}{dt} = -\dfrac{\partial R_0}{\partial G}, \\ \dfrac{dH}{dt} = \dfrac{\partial R_0}{\partial h}, & \dfrac{dh}{dt} = -\dfrac{\partial R_0}{\partial H}, \end{array}\right.$$

$$(\text{II})\quad R_0 = -B - A\cos\theta, \qquad \theta = il + i'g + i''h + i'''n't + q.$$

On aura

$$(\text{III})\quad B_1 = B + \frac{i'''}{i} n' L,$$

$$(\text{IV})\quad G = \frac{i'}{i} L + (G), \qquad H = \frac{i''}{i} L + (H).$$

et

(V) $$K = \int \arc\cos \frac{C - B_1}{A} \frac{dL}{i} = K[L, (G), (H), C],$$

(VI) $$-(t+c) = \frac{\partial K}{\partial C}, \qquad g = (g) + \frac{\partial K}{\partial (G)}, \qquad h = (h) + \frac{\partial K}{\partial (H)},$$

(VII) $$il + i'g + i''h + i'''n't + q = i\frac{\partial K}{\partial L} = \arc\cos \frac{C - B_1}{A}.$$

La première des formules (VI) donnera L en fonction de t et des quatre constantes C, (G), (H) et c; les relations (IV) feront connaître G et H à l'aide des mêmes quantités. La deuxième et la troisième des équations (VI) fourniront les expressions de g et h en fonction des quantités précédentes et des constantes (g) et (h); enfin (VII) donnera l. On aura donc finalement les six inconnues L, G, H, l, g, h, en fonction de t et des six constantes arbitraires C, (G), (H), c, (g) et (h). Si l'on se reporte à l'expression (26) de S, aux formules (27) et (28), ainsi qu'à la théorie générale de Jacobi, on verra que les constantes canoniques associées deux à deux sont

(29) $$\left\{\begin{array}{lll} \alpha_1 = C, & \alpha_2 = (g), & \alpha_3 = (h), \\ \beta_1 = -c, & \beta_2 = (G), & \beta_3 = (H). \end{array}\right.$$

Remarque. — L'équation (VII) donne

(VIII) $$A\cos\theta + B_1 = C, \qquad A\cos\theta + B + \frac{i'''}{i} n'L = C;$$

c'est une intégrale des équations (I).

91. **Étude de la solution précédente.** — Les formules (V) et (VI) donnent

(30) $$t + c = -\frac{1}{i}\int \frac{dL}{\sqrt{A^2 - (C - B_1)^2}},$$

(31) $$g = (g) + \int \left[\frac{\partial B_1}{\partial (G)} + \frac{C - B_1}{A} \frac{\partial A}{\partial (G)}\right] dt.$$

On sait que a varie entre certaines limites; il en est donc de même de $L = \sqrt{\mu a}$, qui doit osciller entre deux limites $\mathfrak{L}'$ et $\mathfrak{L}''$ qui seront nécessairement racines de l'équation

(32) $$A^2 - (C - B_1)^2 = 0.$$

Pour $L = \mathfrak{L}'$, on peut prendre $t + c = 0$; L augmente à partir de $\mathfrak{L}'$ jusqu'à $\mathfrak{L}''$.

Nous désignerons par $\frac{\pi}{\theta_0}$ la valeur correspondante de $t+c$; donc

$$(33) \qquad \frac{\pi}{\theta_0} = \frac{1}{i}\int_{\mathcal{L}'}^{\mathcal{L}''} \frac{d\mathrm{L}}{\sqrt{\mathrm{A}^2-(\mathrm{C}-\mathrm{B}_1)^2}}.$$

L doit maintenant décroître pour que le radical reste réel, et ce radical, qui vient de s'annuler, doit changer de signe pour que dt reste positif. Lorsque L décroît de $\mathcal{L}''$ à $\mathcal{L}'$, l'élément différentiel reprend les mêmes valeurs et $t+c$ augmente encore de $\frac{\pi}{\theta_0}$, de manière que $t+c$ augmente de $\frac{2\pi}{\theta_0}$ quand L repasse par $\mathcal{L}'$. On voit ainsi qu'à une même valeur de L correspondent une infinité de valeurs de $t+c$, comprises dans la série

$$t+c, \quad t+c+\frac{2\pi}{\theta_0}, \quad t+c+\frac{4\pi}{\theta_0}, \quad \ldots.$$

Donc L est une fonction périodique de $\theta_0(t+c)$ à période 2π. On voit aussi que, dans le cours d'une période, L repasse deux fois par la même valeur et que les valeurs correspondantes de $\theta_0(t+c)$ sont de la forme $2\pi \pm \alpha$; donc L doit rester le même quand on change le signe de $\theta_0(t+c)$. On en conclut que la valeur de L peut être développée en une série convergente de la forme

$$(34) \qquad \mathrm{L} = \mathrm{L}_0 + \mathrm{L}_1\cos\theta_0(t+c) + \mathrm{L}_2\cos 2\theta_0(t+c) + \ldots;$$

θ_0, L_0, L_1, L_2, ... seront des fonctions des constantes C, (G) et (H). En substituant cette valeur de L dans les formules (IV), on aura pour G et H des développements de même forme, avec des relations simples entre les coefficients G_p, H_p et L_p. La substitution de la même valeur de L dans la formule (31), où l'intégrale peut être supposée avoir pour limite inférieure $\mathcal{L}'$, donnera pour l'élément différentiel une expression de la forme (34); on aura, en intégrant,

$$g = (g) + g_0(t+c) + g_1\sin\theta_0(t+c) + g_2\sin 2\theta_0(t+c) + \ldots;$$

h aura un développement analogue. Les formules (VIII) et (30) donnent d'ailleurs

$$\frac{d\theta}{dt} = \frac{1}{\sqrt{\mathrm{A}^2-(\mathrm{C}-\mathrm{B}_1)^2}}\left(\frac{\partial \mathrm{B}_1}{\partial \mathrm{L}} + \frac{\mathrm{C}-\mathrm{B}_1}{\mathrm{A}}\frac{\partial \mathrm{A}}{\partial \mathrm{L}}\right)\frac{d\mathrm{L}}{dt} = i\left(\frac{\partial \mathrm{B}_1}{\partial \mathrm{L}} + \frac{\mathrm{C}-\mathrm{B}_1}{\mathrm{A}}\frac{\partial \mathrm{A}}{\partial \mathrm{L}}\right);$$

en remplaçant L par son développement (34) et intégrant, on trouvera pour θ une expression de la forme

$$\theta = \theta'_0 + \theta''_0(t+c) + \theta_1\sin\theta_0(t+c) + \theta_2\sin 2\theta_0(t+c) + \ldots.$$

Mais on a vu que, pour $t+c=0$ ou $\frac{\pi}{\theta_0}$, l'équation (32) est vérifiée, et elle entraîne $\sin\theta = 0$. On peut prendre 0 et π pour les valeurs correspondantes de θ, et il en résulte

$$\theta'_0 = 0, \qquad \theta''_0 = \theta_0,$$

$$\theta = \theta_0(t+c) + \theta_1 \sin\theta_0(t+c) + \theta_2 \sin 2\theta_0(t+c) + \ldots.$$

Enfin la formule

$$il + i'g + i''h + i'''n't + q = \theta$$

donnera l. Voici donc, en somme, la forme des développements en séries de la solution obtenue :

$$\text{(IX)} \quad \begin{cases} L = L_0 + L_1 \cos\theta_0(t+c) + L_2 \cos 2\theta_0(t+c) + \ldots, \\ G = G_0 + G_1 \cos\theta_0(t+c) + G_2 \cos 2\theta_0(t+c) + \ldots, \\ H = H_0 + H_1 \cos\theta_0(t+c) + H_2 \cos 2\theta_0(t+c) + \ldots, \end{cases}$$

$$\text{(X)} \quad \begin{cases} \theta = \theta_0(t+c) + \theta_1 \sin\theta_0(t+c) + \theta_2 \sin 2\theta_0(t+c) + \ldots, \\ g = (g) + g_0(t+c) + g_1 \sin\theta_0(t+c) + g_2 \sin 2\theta_0(t+c) + \ldots, \\ h = (h) + h_0(t+c) + h_1 \sin\theta_0(t+c) + h_2 \sin 2\theta_0(t+c) + \ldots. \\ l = (l) + l_0(t+c) - \dfrac{i'''}{i} n't + l_1 \sin\theta_0(t+c) + l_2 \sin 2\theta_0(t+c) + \ldots. \end{cases}$$

θ_p, g_p, h_p, l_p, L_p, G_p, H_p sont des fonctions des constantes C, (G) et (H); (l) dépend de (g) et de (h). On a, en somme, les relations suivantes :

$$\text{(XI)} \quad \begin{cases} G_0 = \dfrac{i'}{i} L_0 + (G), \qquad H_0 = \dfrac{i''}{i} L_0 + (H), \\ G_p = \dfrac{i'}{i} L_p, \qquad H_p = \dfrac{i''}{i} L_p, \\ l_p = \dfrac{\theta_p - i' g_p - i'' h_p}{i}, \\ (l) = -\dfrac{i'(g) + i''(h) + q}{i}. \end{cases}$$

92. Variation des arbitraires. — Nous aurions dû intégrer les équations (A) en y prenant $R = R_0 + R_1$; au lieu de le faire, nous avons pris simplement $R = R_0$ et nous avons obtenu, dans ce cas, les expressions (IX) et (X) des inconnues L, G, H, l, g, h en fonction de t et des six constantes arbitraires C, (G), (H), c, (g), (h). Pour tenir compte de R_1, nous conserverons les mêmes expressions analytiques, mais en regardant les constantes comme variables. Nous pourrons former immédiatement les équations différentielles dont dépendent ces nouvelles variables, parce que nous avons suivi la méthode de Hamilton-Jacobi. Nous pouvons appliquer les formules (8) de la page 162 du Tome I, en remarquant que ce qui avait été désigné alors par R doit être remplacé maintenant par R_1. Si nous tenons compte des relations (29), nous trouverons immédiatement

$$(\beta)\quad \left\{\begin{aligned} \frac{dC}{dt} &= \frac{\partial R_1}{\partial c}, & \frac{dc}{dt} &= -\frac{\partial R_1}{\partial C},\\ \frac{d(G)}{dt} &= \frac{\partial R_1}{\partial (g)}, & \frac{d(g)}{dt} &= -\frac{\partial R_1}{\partial (G)},\\ \frac{d(H)}{dt} &= \frac{\partial R_1}{\partial (h)}, & \frac{d(h)}{dt} &= -\frac{\partial R_1}{\partial (H)}.\end{aligned}\right.$$

R_1 doit maintenant être considéré comme une fonction de t, C, (G), (H), c, (g), (h) que l'on obtiendra en substituant les expressions (IX) et (X) dans la valeur primitive de R_1, qui dépendait de t, L, G, H, l, g, h,

$$R_1 = -\sum A_1 \cos(i_1 l + i'_1 g + i''_1 h + i'''_1 n' t + q_1) = -\sum A_1 \cos \vartheta_1.$$

On réduira d'abord l, g, h dans l'argument ϑ_1, L, G, H dans le coefficient A_1, à leurs valeurs non périodiques,

$$(l) + l_0(t+c) - \frac{i'''}{i} n' t, \quad (g) + g_0(t+c), \quad (h) + h_0(t+c), \quad L_0, \quad G_0, \quad H_0,$$

ce qui donnera le terme

$$A_1^{(0)} \cos \vartheta_1^{(0)}.$$

On appliquera ensuite la formule de Taylor en attribuant à L_0, G_0, H_0, $\vartheta_1^{(0)}$ leurs accroissements

$$L_1 \cos\theta_0(t+c) + L_2 \cos 2\theta_0(t+c) + \ldots,$$
$$\ldots\ldots\ldots\ldots\ldots\ldots\ldots\ldots,$$
$$(i_1 l_1 + i'_1 g_1 + i''_1 h_1)\sin\theta_0(t+c) + (i_1 l_2 + i'_1 g_2 + i''_1 h_2)\sin 2\theta_0(t+c) + \ldots.$$

On verra aisément que, tout compte fait, le développement sera de la forme

$$(35)\quad \left\{\begin{aligned} &R_1 = -\sum A_2 \cos\vartheta_2\\ &\text{avec}\\ &\vartheta_2 = i_1(l) + i'_1(g) + i''_1(h) + \left(i'''_1 - i_1\frac{i'''}{i}\right) n' t + q_1 + (i_1 l_0 + i'_1 g_0 + i''_1 h_0 + j\theta_0)(t+c).\end{aligned}\right.$$

A_2 est une fonction des variables C, (G) et (H); c, (g), (h) entrent sous forme linéaire dans ϑ_2, et le coefficient de $t+c$, qui figure dans cet argument, est une fonction de C, (G) et (H); j désigne un nombre entier.

Cela posé, si l'on appliquait immédiatement les équations (β) avec la valeur (35) de R_1, on ferait sortir le temps des signes sinus, en formant les dérivées $\frac{\partial R_1}{\partial C}$, $\frac{\partial R_1}{\partial (G)}$, $\frac{\partial R_1}{\partial (H)}$, d'après ce que l'on a dit du coefficient de $t+c$ dans ϑ_2. C'est là un grave inconvénient qu'il faut éviter à tout prix.

93. Proposition auxiliaire. — On y arrive en démontrant un lemme important relatif à la solution représentée par les formules (IX) et (X). Nous revenons en arrière, pour un moment, et nous considérons C, (G), (H), c, (g) et (h) comme des constantes. L'intégrale

$$\text{(36)} \qquad \mathrm{K} = \frac{1}{i}\int \arc\cos\frac{\mathrm{C}-\mathrm{B}_1}{\Lambda}\,d\mathrm{L} = \frac{1}{i}\int \theta\,d\mathrm{L}$$

est une fonction de L, C, (G) et (H). Si nous remplaçons L par sa valeur (IX), K deviendra une fonction de $t+c$, C, (G) et (H); seulement, comme les coefficients L_p contiennent les quantités C, (G) et (H), les dérivées partielles de K par rapport à C, (G) et (H) ne seront pas les mêmes avant et après la substitution. Soient

$$\left[\frac{\partial \mathrm{K}}{\partial \mathrm{C}}\right], \quad \left[\frac{\partial \mathrm{K}}{\partial (\mathrm{G})}\right], \quad \left[\frac{\partial \mathrm{K}}{\partial (\mathrm{H})}\right],$$

leurs nouvelles valeurs. Nous aurons, par exemple,

$$\left[\frac{\partial \mathrm{K}}{\partial \mathrm{C}}\right] = \frac{\partial \mathrm{K}}{\partial \mathrm{C}} + \frac{\partial \mathrm{K}}{\partial \mathrm{L}}\frac{\partial \mathrm{L}}{\partial \mathrm{C}},$$

d'où, en remplaçant $\frac{\partial \mathrm{K}}{\partial \mathrm{L}}$ par $\frac{\theta}{i}$,

$$\begin{aligned}
\frac{\partial \mathrm{K}}{\partial \mathrm{C}} &= \left[\frac{\partial \mathrm{K}}{\partial \mathrm{C}}\right] - \frac{\theta}{i}\frac{\partial \mathrm{L}}{\partial \mathrm{C}},\\
\frac{\partial \mathrm{K}}{\partial (\mathrm{G})} &= \left[\frac{\partial \mathrm{K}}{\partial (\mathrm{G})}\right] - \frac{\theta}{i}\frac{\partial \mathrm{L}}{\partial (\mathrm{G})},\\
\frac{\partial \mathrm{K}}{\partial (\mathrm{H})} &= \left[\frac{\partial \mathrm{K}}{\partial (\mathrm{H})}\right] - \frac{\theta}{i}\frac{\partial \mathrm{L}}{\partial (\mathrm{H})};
\end{aligned}$$

ou encore, en vertu des relations (VI),

$$\text{(37)} \qquad \left\{\begin{aligned}
t + c + \left[\frac{\partial \mathrm{K}}{\partial \mathrm{C}}\right] - \frac{\theta}{i}\frac{\partial \mathrm{L}}{\partial \mathrm{C}} &= 0,\\
-g + (g) + \left[\frac{\partial \mathrm{K}}{\partial (\mathrm{G})}\right] - \frac{\theta}{i}\frac{\partial \mathrm{L}}{\partial (\mathrm{G})} &= 0,\\
-h + (h) + \left[\frac{\partial \mathrm{K}}{\partial (\mathrm{H})}\right] - \frac{\theta}{i}\frac{\partial \mathrm{L}}{\partial (\mathrm{H})} &= 0.
\end{aligned}\right.$$

Nous allons remplacer dans ces équations K et L par leurs développements en séries et chercher les coefficients de $t+c$ dans les premiers membres; nous pourrons les égaler à zéro, comme nous le montrerons plus loin. La première des formules (IX) nous donne d'abord

$$\frac{dL}{dt} = -\theta_0 [L_1 \sin\theta_0(t+c) + 2L_2 \sin 2\theta_0(t+c) + \ldots].$$

Multiplions par le développement (X) de θ et mettons en évidence le terme constant du produit; nous trouverons

$$\begin{aligned} \theta \frac{dL}{dt} = & -\frac{1}{2}\theta_0(L_1\theta_1 + 2L_2\theta_2 + 3L_3\theta_3 + \ldots) \\ & + \text{des termes en } (t+c)\sin p\theta_0(t+c) \\ & + \text{des termes en } \qquad \cos p\theta_0(t+c). \end{aligned}$$

D'où, en intégrant et tenant compte de la relation (36),

$$(38) \quad \left\{ \begin{aligned} K = & -\frac{\theta_0}{2i}(L_1\theta_1 + 2L_2\theta_2 + 3L_3\theta_3 + \ldots)(t+c) \\ & + \text{des termes en } (t+c)\cos p\theta_0(t+c) \\ & + \text{des termes en } \qquad \sin p\theta_0(t+c); \end{aligned} \right.$$

il n'y a pas de constante à ajouter, car K s'annule avec $t+c$. On a d'ailleurs, en partant de (IX),

$$(39) \quad \left\{ \begin{aligned} \frac{\partial L}{\partial C} = & \frac{\partial L_0}{\partial C} + \frac{\partial L_1}{\partial C}\cos\theta_0(t+c) + \frac{\partial L_2}{\partial C}\cos 2\theta_0(t+c) + \ldots \\ & - L_1(t+c)\frac{\partial\theta_0}{\partial C}\sin\theta_0(t+c) - 2L_2(t+c)\frac{\partial\theta_0}{\partial C}\sin 2\theta_0(t+c) - \ldots, \\ \frac{\partial L}{\partial(G)} = & \frac{\partial L_0}{\partial(G)} + \ldots, \qquad \frac{\partial L}{\partial(H)} = \frac{\partial L_0}{\partial(H)} + \ldots. \end{aligned} \right.$$

Si l'on substitue dans (37) les valeurs de $\left[\frac{\partial K}{\partial C}\right]$, $\left[\frac{\partial K}{\partial(G)}\right]$, $\left[\frac{\partial K}{\partial(H)}\right]$, conclues de (38), les expressions (X) de θ, g et h, et enfin les valeurs (39), et qu'on égale à zéro les coefficients de $t+c$, on trouvera, en supprimant deux termes en $\frac{\partial\theta_0}{\partial C}$, ou $\frac{\partial\theta_0}{\partial(G)}$, ou $\frac{\partial\theta_0}{\partial(H)}$, qui se détruisent,

$$\begin{aligned} 1 &= \frac{\theta_0}{i}\frac{\partial}{\partial C}\left[L_0 + \frac{1}{2}(L_1\theta_1 + 2L_2\theta_2 + 3L_3\theta_3 + \ldots)\right], \\ -g_0 &= \frac{\theta_0}{i}\frac{\partial}{\partial(G)}\left[L_0 + \frac{1}{2}(L_1\theta_1 + 2L_2\theta_2 + 3L_3\theta_3 + \ldots)\right], \\ -h_0 &= \frac{\theta_0}{i}\frac{\partial}{\partial(H)}\left[L_0 + \frac{1}{2}(L_1\theta_1 + 2L_2\theta_2 + 3L_3\theta_3 + \ldots)\right] \end{aligned}$$

ou encore

$$(40) \qquad \frac{1}{\theta_0} = \frac{\partial\Lambda}{\partial C}, \qquad -\frac{g_0}{\theta_0} = \frac{\partial\Lambda}{\partial(G)}, \qquad -\frac{h_0}{\theta_0} = \frac{\partial\Lambda}{\partial(H)},$$

en posant

$$(41)\qquad \Lambda = \frac{1}{i}\left[L_0 + \frac{1}{2}(L_1\theta_1 + 2L_2\theta_2 + 3L_3\theta_3 + \ldots)\right].$$

Ce sont les relations que nous voulions obtenir et qui vont nous être très utiles.

Remarque. — Nous nous sommes appuyé sur le principe suivant :

Si l'équation

$$\begin{aligned} &\mathcal{A}_0 x + \mathcal{A}_1 x\cos x + \mathcal{A}_2 x\cos 2x + \ldots \\ &+ \mathcal{B}_1 \sin x + \mathcal{B}_2 \sin 2x + \ldots = 0 \end{aligned}$$

doit avoir lieu quel que soit x, on doit avoir $\mathcal{A}_0 = 0$. On le démontre en multipliant par dx et intégrant entre 0 et 2π, car il vient alors

$$\mathcal{A}_0 \int_0^{2\pi} x\,dx = 0, \qquad \mathcal{A}_0 = 0.$$

On démontrerait aussi aisément que l'on doit avoir

$$\mathcal{A}_1 = \mathcal{A}_2 = \ldots = 0, \qquad \mathcal{B}_1 = \mathcal{B}_2 = \ldots = 0;$$

mais ces relations ne nous seront pas utiles.

94. Introduction de nouvelles arbitraires. — Au lieu de C, (G), (H), nous introduirons les arbitraires L′, G′ et H′ définies par les formules

$$(42)\qquad \Lambda = \frac{1}{i}L', \qquad (G) = G' - \frac{i'}{i}L', \qquad (H) = H' - \frac{i''}{i}L',$$

que l'on peut écrire comme il suit, en ayant égard à la formule (41) et aux relations (XI),

$$(43)\qquad \left\{\begin{aligned} L' &= L_0 + \frac{1}{2}(L_1\theta_1 + 2L_2\theta_2 + 3L_3\theta_3 + \ldots), \\ G' &= G_0 + \frac{1}{2}(G_1\theta_1 + 2G_2\theta_2 + 3G_3\theta_3 + \ldots), \\ H' &= H_0 + \frac{1}{2}(H_1\theta_1 + 2H_2\theta_2 + 3H_3\theta_3 + \ldots). \end{aligned}\right.$$

Ces équations détermineront les quantités C, (G) et (H) en fonction de L′, G′, H′. Les formules (40) donnent

$$d\Lambda = \frac{1}{\theta_0}dC - \frac{g_0}{\theta_0}d(G) - \frac{h_0}{\theta_0}d(H),$$

d'où, en remplaçant $d\Lambda$, $d(\mathrm{G})$ et $d(\mathrm{H})$ par leurs valeurs tirées de (42),

$$dC = \frac{1}{i}(\vartheta_0 - i' g_0 - i'' h_0)\, dL' + g_0\, dG' + h_0\, dH',$$

ou encore

$$dC = l_0\, dL' + g_0\, dG' + h_0\, dH';$$

ce qui montre que, lorsqu'on considère C comme une fonction de L', G' et H', on a

$$(44) \qquad \frac{\partial C}{\partial L'} = l_0, \qquad \frac{\partial C}{\partial G'} = g_0, \qquad \frac{\partial C}{\partial H'} = h_0.$$

Nous introduirons en second lieu, à la place de c, (g) et (h), trois variables λ, $\varkappa$, η représentant les parties non périodiques des expressions (X) de l, g, h, savoir

$$(45) \qquad \begin{cases} \varkappa = (g) + g_0(t+c), \qquad \eta = (h) + h_0(t+c), \\ \lambda = -\dfrac{q}{i} - \dfrac{i'}{i}(g) - \dfrac{i''}{i}(h) + l_0(t+c) - \dfrac{i'''}{i} n' t. \end{cases}$$

Cette introduction de λ, $\varkappa$, η est bien naturelle, d'après l'expression (35) de l'argument $\mathfrak{S}_2$. Il s'agit maintenant de former les équations différentielles que doivent vérifier les nouvelles variables L', G', H', λ, $\varkappa$, η.

On tire d'abord de (45)

$$\frac{\partial R_1}{\partial(g)} = \frac{\partial R_1}{\partial \varkappa} - \frac{i'}{i}\frac{\partial R_1}{\partial \lambda}, \qquad \frac{\partial R_1}{\partial(h)} = \frac{\partial R_1}{\partial \eta} - \frac{i''}{i}\frac{\partial R_1}{\partial \lambda},$$

$$\frac{\partial R_1}{\partial c} = l_0 \frac{\partial R_1}{\partial \lambda} + g_0 \frac{\partial R_1}{\partial \varkappa} + h_0 \frac{\partial R_1}{\partial \eta}.$$

On a ensuite, en tenant compte de ces résultats, des équations (β) et de (42) et (44),

$$\frac{\partial R_1}{\partial(g)} = \frac{d(G)}{dt} = \frac{dG'}{dt} - \frac{i'}{i}\frac{dL'}{dt} = \frac{\partial R_1}{\partial \varkappa} - \frac{i'}{i}\frac{\partial R_1}{\partial \lambda},$$

$$\frac{\partial R_1}{\partial(h)} = \frac{d(H)}{dt} = \frac{dH'}{dt} - \frac{i''}{i}\frac{dL'}{dt} = \frac{\partial R_1}{\partial \eta} - \frac{i''}{i}\frac{\partial R_1}{\partial \lambda},$$

$$\frac{\partial R_1}{\partial c} = \frac{dC}{dt} = l_0 \frac{dL'}{dt} + g_0 \frac{dG'}{dt} + h_0 \frac{dH'}{dt} = l_0 \frac{\partial R_1}{\partial \lambda} + g_0 \frac{\partial R_1}{\partial \varkappa} + h_0 \frac{\partial R_1}{\partial \eta},$$

d'où

$$\frac{dG'}{dt} - \frac{\partial R_1}{\partial \varkappa} - \frac{i'}{i}\left(\frac{dL'}{dt} - \frac{\partial R_1}{\partial \lambda}\right) = 0,$$

$$\frac{dH'}{dt} - \frac{\partial R_1}{\partial \eta} - \frac{i''}{i}\left(\frac{dL'}{dt} - \frac{\partial R_1}{\partial \lambda}\right) = 0,$$

$$g_0\left(\frac{dG'}{dt} - \frac{\partial R_1}{\partial \varkappa}\right) + h_0\left(\frac{dH'}{dt} - \frac{\partial R_1}{\partial \eta}\right) + l_0\left(\frac{dL'}{dt} - \frac{\partial R_1}{\partial \lambda}\right) = 0,$$

ce qui donne

$$(46)\qquad \frac{dL'}{dt}-\frac{\partial R_1}{\partial \lambda}=0,\qquad \frac{dG'}{dt}-\frac{\partial R_1}{\partial \varkappa}=0,\qquad \frac{dH'}{dt}-\frac{\partial R_1}{\partial \eta}=0.$$

La première des formules (45) donne ensuite

$$\begin{aligned}\frac{d\varkappa}{dt}&=\frac{d(g)}{dt}+g_0\left(1+\frac{dc}{dt}\right)+(t+c)\frac{dg_0}{dt}\\ &=g_0-\frac{\partial R_1}{\partial (G)}-g_0\frac{\partial R_1}{\partial C}+(t+c)\left(\frac{\partial g_0}{\partial L'}\frac{dL'}{dt}+\frac{\partial g_0}{\partial G'}\frac{dG'}{dt}+\frac{\partial g_0}{\partial H'}\frac{dH'}{dt}\right)\end{aligned}$$

ou, en tenant compte de (46),

$$(47)\qquad \frac{d\varkappa}{dt}=g_0-\frac{\partial R_1}{\partial (G)}-g_0\frac{\partial R_1}{\partial C}+(t+c)\left(\frac{\partial g_0}{\partial L'}\frac{\partial R_1}{\partial \lambda}+\frac{\partial g_0}{\partial G'}\frac{\partial R_1}{\partial \varkappa}+\frac{\partial g_0}{\partial H'}\frac{\partial R_1}{\partial \eta}\right).$$

Lorsque R_1 sera exprimé à l'aide de L', G', H', λ, $\varkappa$, η, comme on le montrera bientôt,

$$R_1=-\sum A_2\cos\mathfrak{S}_2,$$

L', G', H' ne figureront explicitement que dans les coefficients A_2; la dérivée $\frac{\partial R_1}{\partial G'}$, par exemple, sera prise en faisant varier G' dans les A_2. Mais on peut avoir une autre expression de cette dérivée en remarquant que

$$\frac{\partial R_1}{\partial C}\frac{\partial C}{\partial G'}+\frac{\partial R_1}{\partial (G)}\frac{\partial (G)}{\partial G'}$$

représenterait la dérivée de R_1 prise par rapport à G', en faisant varier G' à la fois dans les coefficients A_2 et dans les quantités l_0, g_0, h_0 qui, d'après les relations (45), figurent dans les arguments $\mathfrak{S}_2$. Il faut donc retrancher de l'expression précédente

$$\frac{\partial R_1}{\partial \lambda}\frac{\partial \lambda}{\partial G'}+\frac{\partial R_1}{\partial \varkappa}\frac{\partial \varkappa}{\partial G'}+\frac{\partial R_1}{\partial \eta}\frac{\partial \eta}{\partial G'},$$

ce qui donne, en remarquant que, d'après (42), $\frac{\partial (G)}{\partial G'}=1$ et que $\frac{\partial C}{\partial G'}=g_0$,

$$\frac{\partial R_1}{\partial G'}=g_0\frac{\partial R_1}{\partial C}+\frac{\partial R_1}{\partial (G)}-(t+c)\left(\frac{\partial R_1}{\partial \lambda}\frac{\partial l_0}{\partial G'}+\frac{\partial R_1}{\partial \varkappa}\frac{\partial g_0}{\partial G'}+\frac{\partial R_1}{\partial \eta}\frac{\partial h_0}{\partial G'}\right).$$

Si l'on ajoute cette valeur de $\frac{\partial R_1}{\partial G'}$ à l'expression (47) de $\frac{d\varkappa}{dt}$, on trouve, après réduction,

$$\frac{d\varkappa}{dt} + \frac{\partial R_1}{\partial G'} = g_0 + (t+c)\left[\left(\frac{\partial g_0}{\partial L'} - \frac{\partial l_0}{\partial G'}\right)\frac{\partial R_1}{\partial \lambda} + \left(\frac{\partial g_0}{\partial H'} - \frac{\partial h_0}{\partial G'}\right)\frac{\partial R_1}{\partial \eta}\right].$$

Le coefficient de $t + c$ est nul, d'après (44), et il reste

$$(48)\qquad \left\{\begin{array}{l} \dfrac{d\varkappa}{dt} = g_0 - \dfrac{\partial R_1}{\partial G'}, \\ \text{et de même} \\ \dfrac{d\eta}{dt} = h_0 - \dfrac{\partial R_1}{\partial H'}. \end{array}\right.$$

Le calcul est le même aussi pour $\frac{d\lambda}{dt}$; il y a toutefois une légère différence dans le résultat final. On trouve

$$\frac{d\lambda}{dt} = l_0 - \frac{i'''}{i} n' + \frac{i'}{i}\frac{\partial R_1}{\partial (G)} + \frac{i''}{i}\frac{\partial R_1}{\partial (H)} - l_0 \frac{\partial R_1}{\partial C}$$
$$+ (t+c)\left(\frac{\partial l_0}{\partial L'}\frac{\partial R_1}{\partial \lambda} + \frac{\partial l_0}{\partial G'}\frac{\partial R_1}{\partial \varkappa} + \frac{\partial l_0}{\partial H'}\frac{\partial R_1}{\partial \eta}\right),$$

$$\frac{\partial R_1}{\partial L'} - l_0 \frac{\partial R_1}{\partial C} - \frac{i'}{i}\frac{\partial R_1}{\partial (G)} - \frac{i''}{i}\frac{\partial R_1}{\partial (H)}$$
$$- (t+c)\left(\frac{\partial R_1}{\partial \lambda}\frac{\partial l_0}{\partial L'} + \frac{\partial R_1}{\partial \varkappa}\frac{\partial g_0}{\partial L'} + \frac{\partial R_1}{\partial \eta}\frac{\partial h_0}{\partial L'}\right);$$

en ajoutant, il vient

$$(49)\qquad \frac{d\lambda}{dt} = l_0 - \frac{i'''}{i} n' - \frac{\partial R_1}{\partial L'}.$$

Les formules (46), (48) et (49) résolvent la question; toutefois, pour ramener la forme canonique, il reste un dernier petit changement à faire en posant

$$(50)\qquad R_1 - C + \frac{i'''}{i} n' L' = R'.$$

On trouve, en introduisant R' au lieu de R_1,

$$\frac{d\lambda}{dt} = l_0 - \frac{\partial C}{\partial L'} - \frac{\partial R'}{\partial L'} = -\frac{\partial R'}{\partial L'}.$$

On a d'ailleurs

$$\frac{\partial R'}{\partial \lambda} = \frac{\partial R_1}{\partial \lambda};$$

il vient ainsi

(51)
$$\left\{\begin{aligned} \frac{dL'}{dt} &= \frac{\partial R'}{\partial \lambda}, & \frac{d\lambda}{dt} &= -\frac{\partial R'}{\partial L'}, \\ \frac{dG'}{dt} &= \frac{\partial R'}{\partial \varkappa}, & \frac{d\varkappa}{dt} &= -\frac{\partial R'}{\partial G'}, \\ \frac{dH'}{dt} &= \frac{\partial R'}{\partial \eta}, & \frac{d\eta}{dt} &= -\frac{\partial R'}{\partial H'}. \end{aligned}\right.$$

Pour nous rendre compte de la forme de l'expression de R′ en fonction de t et des nouvelles variables L', G', H', λ, $\varkappa$, η, nous remarquerons que, $\theta_0(t+c)$ étant la partie non périodique de $\theta = il + i'g + i''h + i'''n't + q$, on a

(52)
$$\theta_0(t+c) = i\lambda + i'\varkappa + i''\eta + i'''n't + q.$$

On pourra remplacer $\theta_0(t+c)$ par cette valeur dans les formules (IX) et (X), et aussi dans les formules (35), qui donneront

$$R_1 = -\sum A_2 \cos \vartheta_2,$$

$$\vartheta_2 = (i_1 \pm ij)\lambda + (i'_1 \pm i'j)\varkappa + (i''_1 \pm i''j)\eta + (i'''_1 \pm i'''j)n't + q_1 \pm qj$$

ou bien

$$\vartheta_2 = i_2\lambda + i'_2\varkappa + i''_2\eta + i'''_2 n't + q_2.$$

On voit bien maintenant que, en formant dans les équations (51) les dérivées $\frac{\partial R'}{\partial \lambda}$, $\frac{\partial R'}{\partial \varkappa}$, $\frac{\partial R'}{\partial \eta}$, le temps ne sortira plus des signes sinus et cosinus, car la différence $R' - R_1$ qui, d'après la formule (50), est égale à

$$\frac{i'''}{i} n'L - C,$$

se réduit à une fonction de L', G' et H'.

Il est important de remarquer que, dans la solution du problème restreint, les différences $L - L'$, ..., $h - \eta$ s'annulent quand on suppose égal à zéro le coefficient A du terme périodique $A\cos\theta$ considéré. En effet, les formules (I) et (II) donnent alors

$$\frac{dL}{dt} = 0, \qquad \frac{dl}{dt} = \frac{\partial B}{\partial L};$$

on en conclut que L, G, H, $\frac{dl}{dt}$, $\frac{dg}{dt}$, $\frac{dh}{dt}$ sont constants. Donc les quantités l, g, h sont égales à leurs parties non périodiques, c'est-à-dire à λ, $\varkappa$, η. D'autre part, les formules (IX) donnent

$$L = L_0, \qquad L_1 = L_2 = \ldots = 0,$$

après quoi les relations (43) montrent qu'il en résulte

$$L = L', \quad G = G', \quad H = H'.$$

95. **Autre démonstration.** — On peut arriver aux formules de Delaunay par une autre voie, comme l'a montré M. Radau (*Bulletin astronomique*, t. IX, p. 336); nous nous contenterons d'indiquer ici, en quelques mots, le principe de cette démonstration.

Pour passer d'un système d'éléments canoniques a_i, b_i à un autre α_i, β_i, il suffit, d'après Jacobi, de prendre pour les α_i des fonctions des a_i et de faire

$$\beta_i = b_1 \frac{\partial a_1}{\partial \alpha_i} + b_2 \frac{\partial a_2}{\partial \alpha_i} + \ldots.$$

Un cas particulier est celui des relations linéaires qui satisfont à la condition $a_1 b_1 + a_2 b_2 + \ldots = \alpha_1 \beta_1 + \alpha_2 \beta_2 + \ldots$, par exemple

$$(\text{I}^*) \qquad \left\{ \begin{aligned} a_1 &= p_1 \alpha_1 + p_2 \alpha_2 + p_3 \alpha_3, & \beta_1 &= p_1 b_1, \\ a_2 &= \alpha_2, & \beta_2 &= p_2 b_1 + b_2, \\ a_3 &= \alpha_3, & \beta_3 &= p_3 b_1 + b_3, \end{aligned} \right.$$

où p_1, p_2, p_3 sont des coefficients numériques. Mais l'on peut aussi prendre pour ces coefficients des fonctions des α_i, en mettant à la place de la première relation (I*) la suivante

$$(\text{II}^*) \qquad da_1 = p_1\, d\alpha_1 + p_2\, d\alpha_2 + p_3\, d\alpha_3.$$

En faisant $p_2 = p_3 = 0$, on voit qu'il sera permis de remplacer a_1, b_1 par $\alpha_1 = f(a_1)$ et $\beta_1 = b_1 \frac{da_1}{d\alpha_1}$. C'est ainsi que nous avons remplacé C et $t + c$ par $L = f(C)$ et $l = (t + c)\frac{dC}{dL}$. Notons enfin qu'on peut mettre $b_i + pt + q$ à la place de b_i, en remplaçant R par $R - pa_i$; c'est ainsi que, plus haut, $t + c$ et $R - C$ ont remplacé c et R. On arrive donc, en premier lieu, au système canonique L, G, H, l, g, h.

Ne prenons, dans R, que les termes qui dépendent de L, G, H et de l'argument $\theta = il + i'g + i''h + pt + q$. Les formules (I*) montrent qu'on peut remplacer l'élément l par θ en gardant g, h et en remplaçant L, G, H par les nouveaux éléments Θ, (G), (H) déterminés comme il suit :

$$L = i\Theta, \quad G = i'\Theta + (G), \quad H = i''\Theta + (H),$$

pourvu qu'on remplace aussi R par $R - p\Theta$. Comme la fonction R ne renferme plus g, h, les éléments (G), (H) sont des constantes : il ne reste que deux variables θ, Θ liées par l'intégrale $R = \text{const.}$ ou $R + C = 0$. Les équations canoniques sont dès lors intégrables par des quadratures qui introduisent les nouvelles constantes c, (g), (h).

L'équation $R + C = 0$ étant différentiée par rapport aux constantes (sous le signe δ) et les dérivées de R remplacées par leurs valeurs, il vient

$$(\text{III}^*) \qquad dt\,\delta C = -d\Theta\,\delta\theta + d\theta\,\delta\Theta + dg\,\delta(G) + dh\,\delta(H).$$

Si nous supposons θ exprimé en fonction de la variable indépendante Θ et des constantes C, (G), (H), nous aurons $\delta\Theta = 0$, et, en posant

$$K = \int \theta\,d\Theta \quad (\text{lim. inf. } \theta = 0),$$

on obtient immédiatement les relations (VI) de la page 193, qui permettent d'exprimer t, g, h par les dérivées partielles de K.

En supposant θ et Θ exprimés par les six constantes C, (G), (H), c, (g), (h), l'équation (III*) devient une identité. Or nous avons vu que les intégrales (VI) conduisent à des développements qui dépendent d'un argument $\tau = \theta_0(t+c)$ et dont les coefficients sont, comme θ_0, des fonctions de L, (G), (H); ces développements ont la forme

$$\begin{array}{ll} \theta = \tau + \theta_1 \sin\tau + \theta_2 \sin 2\tau + \ldots, & \tau = \theta_0(t+c), \\ l = \lambda + l_1 \sin\tau + l_2 \sin 2\tau + \ldots, & \lambda = (l) + l_0(t+c). \\ \ldots\ldots\ldots\ldots\ldots\ldots\ldots\ldots, & \ldots\ldots\ldots\ldots\ldots\ldots; \\ \Theta = \Theta_0 + \Theta_1 \cos\tau + \ldots; & \Theta \dfrac{d\theta}{d\tau} = \Lambda_0 + \Lambda_1 \cos\tau + \ldots, \end{array}$$

où $\Lambda_0 = \Theta_0 + \frac{1}{2}(\theta_1\Theta_1 + 2\theta_2\Theta_2 + \ldots)$. En ne considérant que les termes non périodiques, on trouve qu'on aura

$$\frac{d\theta}{dt}\delta\Theta - \frac{d\Theta}{dt}\delta\theta = \theta_0\,\delta\Lambda_0,$$

et (III*) devient

$$\delta C = \theta_0\,\delta\Lambda_0 + g_0\,\delta(G) + h_0\,\delta(H).$$

Cette relation, rapprochée de (II*), montre que, lorsqu'il s'agit de procéder à la variation des constantes, on peut remplacer C par Λ_0, en gardant (G), (H) et remplaçant $t+c$, (g), (h) par les éléments

$$\tau = \theta_0(t+c), \qquad \varkappa = g_0(t+c) + (g), \qquad \eta = h_0(t+c) + (h).$$

Enfin les formules (I*) montrent qu'on peut également adopter le système L', G', H', λ, $\varkappa$, η, qui se déduit du précédent comme il suit :

$$\begin{array}{ll} L' = i\,\Lambda_0 & \tau = i\lambda + i'\varkappa + i''\eta + pt + q, \\ G' = i'\Lambda_0 + (G), & \varkappa = \varkappa, \\ H' = i''\Lambda_0 + (H), & \eta = \eta, \end{array}$$

en ajoutant à R_1 le terme $+pA_0$. Il est facile de voir que ces formules coïncident avec les formules finales de Delaunay.

96. **Résumé des formules.** — Le moment est venu de saisir dans une vue d'ensemble tous les calculs précédents.

On avait à intégrer les équations

$$(A)\quad \left\{\begin{aligned} \frac{dL}{dt} &= \frac{\partial R}{\partial l}, & \frac{dl}{dt} &= -\frac{\partial R}{\partial L},\\ \frac{dG}{dt} &= \frac{\partial R}{\partial g}, & \frac{dg}{dt} &= -\frac{\partial R}{\partial G},\\ \frac{dH}{dt} &= \frac{\partial R}{\partial h}, & \frac{\partial h}{\partial t} &= -\frac{\partial R}{\partial H},\end{aligned}\right.$$

où l'on avait

$$(B)\quad \left\{\begin{aligned} &R = R_0 + R_1, \qquad R_0 = -B - A\cos\theta, \qquad R_1 = -\sum A_1 \cos\varphi_1,\\ &\theta = i\,l + i'\,g + i''\,h + i'''\,n't + q,\\ &\varphi_1 = i_1\,l + i'_1\,g + i''_1\,h + i'''_1\,n't + q_1.\end{aligned}\right.$$

On a intégré rigoureusement les équations (A_0) obtenues en remplaçant dans (A) R par R_0; dans la pratique, on pourra suivre, au lieu de la méthode indiquée, tel procédé que l'on voudra, pourvu que l'on introduise six constantes arbitraires. On développera les expressions de l, g, h, qui se composeront chacune d'une partie non périodique et d'une série de sinus. On désignera les parties non périodiques par λ, $\varkappa$, η, et l'on aura, quelle que soit la voie suivie ([1]),

$$(C)\quad \left\{\begin{aligned} L &= L_0 + L_1\cos(i\lambda + i'\varkappa + i''\eta + i'''n't + q) + L_2\cos 2(i\lambda + \ldots) + \ldots,\\ G &= G_0 + G_1\cos(i\lambda + i'\varkappa + i''\eta + i'''n't + q) + G_2\cos 2(i\lambda + \ldots) + \ldots,\\ H &= H_0 + H_1\cos(i\lambda + i'\varkappa + i''\eta + i'''n't + q) + H_2\cos 2(i\lambda + \ldots) + \ldots;\\ l &= \lambda + l_1\sin(i\lambda + i'\varkappa + i''\eta + i'''n't + q) + l_2\sin 2(i\lambda + \ldots) + \ldots,\\ g &= \varkappa + g_1\sin(i\lambda + i'\varkappa + i''\eta + i'''n't + q) + g_2\sin 2(i\lambda + \ldots) + \ldots,\\ h &= \eta + h_1\sin(i\lambda + i'\varkappa + i''\eta + i'''n't + q) + h_2\sin 2(i\lambda + \ldots) + \ldots;\\ \theta &= i\lambda + i'\varkappa + i''\eta + i'''n't + q\\ &\quad + \theta_1\sin(i\lambda + i'\varkappa + i''\eta + i'''n't + q) + \theta_2\sin 2(i\lambda + \ldots) + \ldots.\end{aligned}\right.$$

([1]) Les expressions suivantes de L, G, H, l, g, h s'obtiennent en remplaçant, dans (IX) et (X), $\theta_0(t-c)$ par sa valeur (52).

On posera les équations

$$(D)\quad \begin{cases} L' = L_0 + \frac{1}{2}(L_1\theta_1 + 2L_2\theta_2 + \ldots), \\ G' = G_0 + \frac{1}{2}(G_1\theta_1 + 2G_2\theta_2 + \ldots), \\ H' = H_0 + \frac{1}{2}(H_1\theta_1 + 2H_2\theta_2 + \ldots), \end{cases}$$

qui déterminent en fonction de L', G' et H' les constantes C, (G), (H) ou leurs équivalentes, de telle sorte que les formules (C) et (D) donneront finalement les expressions de L, G, H, l, g et h en fonction du temps et des six quantités L', G', H', λ, $\varkappa$, η.

On aura une vérification importante de l'ensemble des calculs par l'équation

$$(E)\quad B + \frac{i'''}{i}n'L + A\cos\theta = C,$$

dont le premier membre devra se réduire, après les substitutions (C), à une simple fonction de L', G' et H'.

Cela posé, pour intégrer les équations (A), il n'y aura qu'à conserver les expressions précédentes de L, G, H, l, g, h en fonction de t et des six quantités L', G', H', λ, $\varkappa$, η, pourvu qu'on détermine les nouvelles variables par les équations

$$(F)\quad \begin{cases} \frac{dL'}{dt} = \frac{\partial R'}{\partial \lambda}, & \frac{d\lambda}{dt} = -\frac{\partial R'}{\partial L'}, \\ \frac{dG'}{dt} = \frac{\partial R'}{\partial \varkappa}, & \frac{d\varkappa}{dt} = -\frac{\partial R'}{\partial G'}, \\ \frac{dH'}{dt} = \frac{\partial R'}{\partial \eta}, & \frac{d\eta}{dt} = -\frac{\partial R'}{\partial H'}, \end{cases}$$

où l'on a

$$(K)\quad R' = R_1 - C + \frac{i'''}{i}n'L'.$$

On voit qu'on est ramené à un système (F) d'équations différentielles tout pareil au système (A), la fonction R' ne contenant plus maintenant le terme périodique $-A\cos\theta$ que l'on voulait éliminer. La partie non périodique est modifiée par la quantité $\frac{i'''}{i}n'L - C$. On devra opérer, dans R_1, la substitution (C), ce qui donnera pour R' une expression de la forme

$$(L)\quad \begin{cases} R' = -B_2 + \sum A_2\cos\vartheta_2, \\ \vartheta_2 = i_2\lambda + i'_2\varkappa + i''_2\eta + i'''_2 n't + q_2. \end{cases}$$

Enfin Delaunay opère dès à présent la substitution (C) dans les expressions (11) de la longitude V, de la latitude U et de $\frac{1}{r}$. On est donc ainsi ramené à isoler l'un des termes périodiques $-A_2\cos\Im_2$ de R' et à reprendre un engrenage de calculs semblable au précédent. On aura bien remarqué que les quantités C, (G), (H), c, (g), (h) n'ont servi que d'intermédiaire et qu'elles ont finalement disparu. On observera également que la formule (K), rapprochée de l'expression (E) de C, donne

$$R' = R + \frac{i'''}{i} n'(L' - L)$$

ou bien

$$\text{(K')} \qquad R' = R - \frac{i'''}{i} n'(L - L_0) + \frac{1}{2}\frac{i'''}{i} n'(L_1\theta_1 + 2L_2\theta_2 + \ldots).$$

On a ainsi simplement l'expression de la nouvelle fonction perturbatrice en fonction de l'ancienne, ce qui complète l'élimination de la quantité C.

Il est inutile d'introduire des notations nouvelles pour L', G', H', λ, $\varkappa$, η; on peut dire qu'on remplacera dans les coordonnées de la Lune et dans le développement de la fonction perturbatrice L, G, H, l, g, h respectivement par

$$\text{(C')} \quad \left\{\begin{aligned}
&L_0 + L_1\cos(il + i'g + i''h + i'''n't + q) + L_2\cos 2(il + \ldots) + \ldots,\\
&G_0 + G_1\cos(il + i'g + i''h + i'''n't + q) + G_2\cos 2(il + \ldots) + \ldots,\\
&H_0 + H_1\cos(il + i'g + i''h + i'''n't + q) + H_2\cos 2(il + \ldots) + \ldots;\\
&l + l_1\sin(il + i'g + i''h + i'''n't + q) + l_2\sin 2(il + \ldots) + \ldots,\\
&g + g_1\sin(il + i'g + i''h + i'''n't + q) + g_2\sin 2(il + \ldots) + \ldots,\\
&h + h_1\sin(il + i'g + i''h + i'''n't + q) + h_2\sin 2(il + \ldots) + \ldots.
\end{aligned}\right.$$

Les quantités C, (G), (H), ou celles qu'on leur a substituées, sont liées aux nouvelles quantités L, G, H par les relations

$$\text{(D')} \quad \left\{\begin{aligned}
L &= L_0 + \frac{1}{2}(L_1\theta_1 + 2L_2\theta_2 + \ldots),\\
G &= G_0 + \frac{1}{2}(G_1\theta_1 + 2G_2\theta_2 + \ldots),\\
H &= H_0 + \frac{1}{2}(H_1\theta_1 + 2H_2\theta_2 + \ldots).
\end{aligned}\right.$$

Enfin la nouvelle fonction perturbatrice s'obtient en ajoutant à l'ancienne la quantité

$$-\frac{i'''}{i} n'(L - L_0) + \frac{1}{2}\frac{i'''}{i} n'(L_1\theta_1 + 2L_2\theta_2 + \ldots)$$

ou plutôt

$$(\mathrm{K}'')\left\{\begin{aligned} & -\frac{i'''}{i}n'\mathrm{L}_1\cos(il+i'g+i''h+i'''n't+q)-\frac{i'''}{i}n'\mathrm{L}_2\cos 2(il+\ldots)-\ldots \\ & \qquad +\frac{1}{2}\frac{i'''}{i}n'(\mathrm{L}_1\theta_1+2\mathrm{L}_2\theta_2+\ldots). \end{aligned}\right.$$

Les nouvelles variables devront vérifier encore les équations (A), dans lesquelles la fonction R a le sens qui vient d'être indiqué.

97. **Cas d'exception.** — Les formules précédentes sont en défaut quand on a $i=0$, car cette quantité a été souvent introduite en diviseur. Mais, si i étant nul, i' ne l'est pas, on pourra faire jouer à G le même rôle qu'à L. On verra aisément que les formules (C′) et (D′) subsisteront, à la condition de prendre $\mathrm{L}_p=0$ pour $p>0$ et de remplacer (K″) par

$$\begin{aligned} & -\frac{i'''}{i'}n'\mathrm{G}_1\cos(i'g+i''h+i'''n't+q)-\frac{i'''}{i'}n'\mathrm{G}_2\cos 2(i'g+\ldots)-\ldots \\ & \qquad +\frac{1}{2}\frac{i'''}{i'}n'(\mathrm{G}_1\theta_1+2\mathrm{G}_2\theta_2+\ldots). \end{aligned}$$

Si les deux nombres i et i' sont nuls, c'est H qui jouera le rôle de L; on fera $\mathrm{L}_p=\mathrm{G}_p=0$, pour $p>0$, dans les formules (C′) et (D′), et l'expression (K″) sera remplacée par

$$\begin{aligned} & -\frac{i'''}{i''}n'\mathrm{H}_1\cos(i''h+i'''n't+q)-\frac{i'''}{i''}n'\mathrm{H}_2\cos 2(i''h+i'''n't+q)-\ldots \\ & \qquad +\frac{1}{2}\frac{i'''}{i''}n'(\mathrm{H}_1\theta_1+2\mathrm{H}_2\theta_2+\ldots). \end{aligned}$$

Le seul cas qui exige un traitement spécial est celui où l'on a à la fois $i=i'=i''=0$. Si l'on se reporte à la formule (10), en tenant compte de $i^{\mathrm{IV}}=i''=0$, on verra que les arguments de R qui répondent au cas actuel sont de la forme $i'''l'$. On considérera alors tout l'ensemble des termes en $\cos l'$, $\cos 2l'$, $\cos 3l'$, …, et l'on intégrera les équations (A) en prenant

$$\mathrm{R}=\mathrm{R}_0+\mathrm{A}\cos l'+\mathrm{A}'\cos 2l'+\mathrm{A}''\cos 3l'+\ldots;$$

on ne prend pas cette fois de partie non périodique dans R_0. D'après le théorème de Jacobi, on aura à considérer l'équation

$$\frac{\partial \mathrm{S}}{\partial t}-\mathrm{A}\cos l-\mathrm{A}'\cos 2l'-\ldots=0,$$

où les variables indépendantes sont t, L, G, H; les trois dernières figurent seules dans les coefficients A, A', ... et la première dans $l' = n'(t + c')$. Il faudra trouver une solution avec *trois* constantes arbitraires. On peut regarder S comme une fonction de l', L, G et H, et l'équation aux dérivées partielles devient

$$\frac{\partial S}{\partial l'} - \frac{A}{n'}\cos l' - \frac{A'}{n'}\cos 2l' - \ldots = 0.$$

Elle est vérifiée par

$$S = \frac{A}{n'}\sin l' + \frac{A'}{2n'}\sin 2l' + \ldots + (l)L + (g)G + (h)H,$$

où (l), (g) et (h) désignent trois constantes arbitraires. Soient (L), (G) et (H) trois nouvelles constantes arbitraires. D'après le théorème de Jacobi, les intégrales générales des équations différentielles considérées seront

$$\frac{\partial S}{\partial L} = l, \qquad \frac{\partial S}{\partial G} = g, \qquad \frac{\partial S}{\partial H} = h,$$

$$\frac{\partial S}{\partial (l)} = (L), \qquad \frac{\partial S}{\partial (g)} = (G), \qquad \frac{\partial S}{\partial (h)} = (H)$$

ou bien

$$(53)\quad \begin{cases} l = (l) + \dfrac{1}{n'}\dfrac{\partial A}{\partial L}\sin l' + \dfrac{1}{2n'}\dfrac{\partial A'}{\partial L}\sin 2l' + \ldots, \\ g = (g) + \dfrac{1}{n'}\dfrac{\partial A}{\partial G}\sin l' + \dfrac{1}{2n'}\dfrac{\partial A'}{\partial G}\sin 2l' + \ldots, \\ h = (h) + \dfrac{1}{n'}\dfrac{\partial A}{\partial H}\sin l' + \dfrac{1}{2n'}\dfrac{\partial A'}{\partial H}\sin 2l' + \ldots, \\ L = (L), \qquad G = (G), \qquad H = (H). \end{cases}$$

On voit donc que L, G et H sont des constantes. On fera maintenant

$$R = R_0 + R_1,$$

et, pour intégrer les équations (A) avec cette valeur de R_1, on conservera les expressions analytiques (53) de L, G, H, l, g, h, en regardant comme variables les quantités (L), (G), (H), (l), (g) et (h). On sait d'avance que l'on aura, pour déterminer ces nouvelles variables, les équations canoniques

$$\frac{d(L)}{dt} = \frac{\partial R_1}{\partial (l)}, \qquad \frac{d(G)}{dt} = \frac{\partial R_1}{\partial (g)}, \qquad \frac{d(H)}{dt} = \frac{\partial R_1}{\partial (h)},$$

$$\frac{d(l)}{dt} = -\frac{\partial R_1}{\partial (L)}, \qquad \frac{d(g)}{dt} = -\frac{\partial R_1}{\partial (G)}, \qquad \frac{d(h)}{dt} = -\frac{\partial R_1}{\partial (H)}.$$

Il est inutile d'introduire une notation spéciale pour les nouvelles variables, et l'on peut dire que, après avoir intégré les équations (A) en y remplaçant R par R_0, si l'on a obtenu

$$l = (l) + l_1 \sin l' + l_2 \sin 2l' + \ldots,$$
$$g = (g) + g_1 \sin l' + g_2 \sin 2l' + \ldots,$$
$$h = (h) + h_1 \sin l' + h_2 \sin 2l' + \ldots;$$

L, G, H étant d'ailleurs constants, il suffira de remplacer, dans les coordonnées de la Lune et dans la fonction perturbatrice augmentée de

$$A \cos l' + A' \cos 2l' + \ldots,$$

l, g, h par

(54)
$$\begin{cases} l + l_1 \sin l' + l_2 \sin 2l' + \ldots, \\ g + g_1 \sin l' + g_2 \sin 2l' + \ldots, \\ h + h_1 \sin l' + h_2 \sin 2l' + \ldots. \end{cases}$$

On aura, pour déterminer L, G, H, l, g, h, les mêmes équations (A).

98. Il conviendra de commencer les opérations en faisant disparaître de R les termes en $\cos l'$, $\cos 2l'$, ... On se débarrassera ensuite successivement de tous les termes périodiques capables de produire dans les coordonnées de la Lune des inégalités sensibles, de sorte que finalement la fonction R pourra être réduite à sa partie non périodique. Les équations (A) donneront alors

$$\frac{dL}{dt} = 0, \qquad \frac{dG}{dt} = 0, \qquad \frac{dH}{dt} = 0,$$
$$\frac{dl}{dt} = -\frac{\partial R}{\partial L}, \qquad \frac{dg}{dt} = -\frac{\partial R}{\partial G}, \qquad \frac{dh}{dt} = -\frac{\partial R}{\partial H},$$

d'où

$$L = \text{const.}, \qquad G = \text{const.}, \qquad H = \text{const.},$$
$$l = (l) + l_0 t, \qquad g = (g) + g_0 t, \qquad h = (h) + h_0 t,$$

(l), (g), (h) désignant cette fois des constantes définitives ainsi que L, G, H; l_0, g_0 et h_0 seront des fonctions de L, G et H. On aura donc ainsi les coordonnées de la Lune exprimées au moyen du temps et des six constantes L, G, H, (l), (g) et (h).

Si l'on appliquait jusqu'au bout, et avec toute leur rigueur, les formules précédentes à toutes les opérations élémentaires, on serait conduit à des calculs effrayants. On peut heureusement les abréger en se rendant compte d'abord de l'ordre des inégalités introduites par chacun des termes périodiques de R; on sera ainsi conduit à ne faire qu'un nombre assez restreint d'opérations *complètes* et un nombre plus considérable d'opérations *abrégées*. C'est ce qui sera expliqué dans le Chapitre suivant.

CHAPITRE XII.

SUITE DE LA THÉORIE DE LA LUNE DE DELAUNAY.

99. **Classification des termes.** — Nous avons tout d'abord à examiner les différents termes du développement de la fonction R, afin de nous rendre compte du degré d'importance de chacun d'eux, au point de vue des inégalités qu'il peut introduire dans les expressions des coordonnées de la Lune. Pour cet examen sommaire, nous partirons des formules (h) du Tome I, p. 169; nous n'en conserverons même que deux, celles qui concernent les dérivées des longitudes du périgée et du nœud, que nous réduirons à leurs parties principales,

$$(1) \qquad \frac{d(h+g)}{dt} = \frac{1}{na^2}\frac{1}{e}\frac{\partial R}{\partial e}, \qquad \frac{dh}{dt} = \frac{1}{4na^2}\frac{1}{\gamma}\frac{\partial R}{\partial \gamma}.$$

Nous pourrons considérer séparément chacun des termes périodiques, — $A\cos\theta$, où l'on a

$$\theta = il + i'g + i''h + i'''n't + q;$$

A contient l'un des facteurs

$$\frac{m'a^2}{a'^3} = n'^2a^2, \qquad \frac{m'a^3}{a'^4} = n'^2\frac{a^3}{a'}, \qquad \ldots.$$

Nous appliquerons les formules (1) en considérant, dans les arguments θ, l, g, h comme étant de la forme $\alpha + \beta t$; pour l, le coefficient β est égal à n; dans le cas de g et de h, il est de l'ordre de $n\left(\frac{n'}{n}\right)^2$; comme on peut le conclure des formules (1) elles-mêmes. On devra donc prendre

$$\int \cos\theta\, dt = \frac{\sin\theta}{in + i'\beta + i''\beta' + i'''n'}.$$

en représentant par β et β' les moyens mouvements de g et h. Cela posé, on voit que le diviseur de $\sin\theta$ sera de l'ordre o si $i \gtrless 0$, de l'ordre 1 si $i = 0$ et $i''' \gtrless 0$, enfin de l'ordre 2 si l'on a en même temps $i = 0$ et $i''' = 0$. Il peut donc y avoir, par le fait de ce diviseur, un abaissement de deux unités quand on passe de l'ordre d'un terme de R à l'ordre des inégalités correspondantes pour les éléments. C'est pourquoi Delaunay a conservé le neuvième ordre dans les termes de R qui contiennent l' sans l, et même le dixième ordre dans ceux qui ne renferment ni l ni l'.

Il y a une autre circonstance dont il faut tenir compte; $\frac{\partial R}{\partial e}$ et $\frac{\partial R}{\partial \gamma}$ sont, dans les formules (1), accompagnés des facteurs $\frac{1}{e}$ et $\frac{1}{\gamma}$. Le coefficient A est de la forme

$$A_0 e^p + A_1 e^{p+2} + A_2 e^{p+4} + \ldots.$$

Si p est nul, A et $\frac{1}{e}\frac{\partial A}{\partial e}$ sont du degré o par rapport à e. Si $p = 1$ ou 2, l'ordre de A est supérieur de deux unités à celui de $\frac{1}{e}\frac{\partial R}{\partial e}$. On voit ainsi qu'on peut avoir de ce fait un abaissement de deux unités. En combinant le nouvel effet avec l'ancien, on voit que, en passant de l'ordre d'un terme à celui des inégalités qu'il engendre dans les éléments, il peut y avoir un abaissement de un, deux, trois ou même quatre ordres; on pourra employer les mêmes considérations pour $\frac{1}{\gamma}\frac{\partial A}{\partial \gamma}$. Donnons quelques exemples :

Le terme

$$\frac{m'a^2}{a'^3}\left(\frac{3}{4} - \frac{3}{2}\gamma^2 - \frac{15}{8}e^2 - \frac{15}{8}e'^2\right)\cos(2h + 2g + 2l - 2h' - 2g' - 2l')$$

est du second ordre, et il en est de même des inégalités des éléments.

Le terme

$$\frac{m'a^2}{a'^3}e^2\left(\frac{15}{8} - \ldots\right)\cos(2g + 2h - 2g' - 2h' - 2l')$$

est du quatrième ordre et donne des inégalités du premier ordre (double abaissement par le diviseur n' et par $\frac{1}{e}\frac{\partial R}{\partial e}$).

Le terme

$$\frac{m'a^2}{a^3}e\left(-\frac{1}{2} + \ldots\right)\cos l$$

est du troisième ordre et produit des inégalités du premier.

Enfin le terme

$$\frac{m'a^2}{a'^3}\gamma^2 e^2\left(\frac{15}{4}+\ldots\right)\cos 2g$$

est du sixième ordre, et les inégalités correspondantes sont du deuxième.

En opérant ainsi, Delaunay a trouvé dans R cinq termes pouvant donner naissance à des inégalités du premier ordre dans L, G, H, l, g, h; ils ont pour arguments

$$\begin{gathered}l,\\ 2h+2g+3l-2h'-2g'-2l',\\ 2h-2g-l-2h'-2g'-2l',\\ 2h+2g-2h'-2g'-2l',\\ 2h-2h'-2g'-2l'.\end{gathered}$$

Il y a de même dix-huit termes produisant des inégalités du deuxième ordre et vingt-cinq conduisant à des inégalités du troisième ordre. Si l'on veut faire disparaître de R les différents termes capables de produire des inégalités des ordres 1, 2 et 3, on aura donc à faire disparaître de R, $5+18+25=48$ termes périodiques. Une circonstance spéciale contribue encore à augmenter le nombre des opérations complètes.

100. Introduction de termes nouveaux. Réapparition d'un terme. — Nous avons indiqué dans le Chapitre précédent que chacune des opérations de Delaunay a pour but de faire disparaître un terme périodique $-A\cos\theta$ de R. Dans la réalité, les choses sont plus complexes. En premier lieu, l'opération effectuée introduit toute une série d'arguments compris dans la forme

$$\mathfrak{S}_2=\mathfrak{S}_1\pm j\theta, \tag{2}$$

$\mathfrak{S}_1$ désignant l'un quelconque des arguments primitifs autres que θ. Les $\mathfrak{S}_2$ pourront rentrer en partie dans les $\mathfrak{S}_1$; mais quelques-uns de ces arguments peuvent être nouveaux. Toutefois il convient de remarquer aussitôt que l'ordre du terme en $\mathfrak{S}_2$ est au moins égal à celui du terme en $\mathfrak{S}_1$ augmenté d'une unité, car les inégalités introduites par le terme en θ sont au moins du premier ordre.

Il peut arriver même que l'on ait $\mathfrak{S}_2=\theta$; cela aura lieu en particulier si l'on a $\mathfrak{S}_1=2\theta$, $j=1$; de sorte que l'argument θ que l'on avait chassé reparaît immédiatement. Supposons, par exemple, $\theta=l$; le terme $-A\cos\theta$ est de la forme

$$\frac{m'a^2}{a'^3}e(A_0+\ldots)\cos l. \tag{3}$$

Il est du troisième ordre et donne lieu, comme on l'a vu, à des inégalités du premier ordre dans les éléments. D'autre part, le terme en $\theta_1 = 2\theta$ est de la forme

$$\frac{m'a^2}{a'^3}e^2(A_0 + \ldots)\cos 2l;$$

il est du quatrième ordre et donne des parties du cinquième ordre quand on a opéré la substitution, après avoir tenu compte des termes en $\cos l$; on retrouve ainsi un terme tel que

$$\frac{m'a^2}{a'^3}\,\frac{1}{e}\,\frac{m'a^2}{a'^3}e^2(B_0 + \ldots)\cos l;$$

ce terme en $\cos l$, qui a reparu, se trouve être ainsi de la forme

$$(4)\qquad \frac{m'a^2}{a'^3}e\left(\frac{n'}{n}\right)^2(C_0 + \ldots)\cos l.$$

Le terme disparu était (3); ce terme réapparaît sous la forme (4); au lieu d'être du troisième ordre, il est maintenant du cinquième, mais donnera lieu encore à des inégalités du troisième; donc on devra encore lui appliquer une opération *complète*.

On pourrait, par une modification de la méthode de Delaunay, faire disparaître à la fois non seulement le terme en $\cos\theta$, mais aussi les termes en $\cos 2\theta$, $\cos 3\theta$, ... On empêcherait ainsi le terme disparu de revenir aussitôt; mais il reviendrait un peu plus tard, après deux, trois, ... opérations. De sorte que la réapparition d'un terme est un phénomène général; toutefois il n'y a pas grand mal quand, après son retour, il ne donne pas lieu à une opération complète.

Finalement, dans le cours des quarante-huit opérations sur lesquelles on comptait d'abord, on a rencontré quatre nouveaux termes des ordres 5, 5, 7, 7; cinq termes ont reparu, avec des ordres augmentés de 1, 2, 2, 2 et 3 unités. Il a fallu faire ainsi $48 + 4 + 5 = 57$ opérations complètes. Leur détail remplit les 882 pages in-4 du Tome I de Delaunay.

101. Formules auxiliaires. — Il reste à dire comment on arrive dans la *pratique* de chaque opération aux développements (IX) et (X), p. 195, de L, G, H, l, g, h. Il est plus simple de ne pas recourir à la quadrature

$$t + c = \frac{1}{i}\int\frac{dL}{\sqrt{A^2 - (C - B_1)^2}}.$$

Delaunay a ramené tous les calculs qui se sont présentés à lui à deux types d'équations différentielles simultanées du premier ordre.

Premier type :

$$(a)\qquad \begin{cases} \dfrac{de}{dt} = \text{QM} \sin\theta, \\ \dfrac{d\theta}{dt} = \text{Q}\dfrac{d\text{M}}{de}\cos\theta + \dfrac{d\text{P}}{de}; \end{cases}$$

Q est un coefficient très petit, M et P deux fonctions développées suivant les puissances entières et positives de la petite quantité e.

On opère dans chaque cas particulier en faisant des approximations successives, en négligeant d'abord Q, puis Q^2, Q^3, ... On trouve ainsi les développements de e et de θ sous la forme

$$(b)\qquad \begin{cases} e = e_1 + \text{E}_1 \cos\theta_0(t+c) + \text{E}_2 \cos 2\theta_0(t+c) + \ldots., \\ \theta = \theta_0(t+c) + \theta_1 \sin\theta_0(t+c) + \theta_2 \sin 2\theta_0(t+c) + \ldots; \end{cases}$$

e_1 et c sont les deux constantes arbitraires; E_p et θ_p sont des polynômes de degré p en Q dont les coefficients dépendent de e_1; θ_0 se présente sous la forme d'une série ordonnée suivant les puissances de Q^2, les coefficients dépendant de e_1. Delaunay n'a pas jugé utile de donner les expressions analytiques de E_p et de θ_p. Il a rencontré ce premier type dans celles de ses opérations qui portent les n°s 26 à 45 et 49 à 57. Ce qui le caractérise, c'est que la quantité e ne figure nulle part en dénominateur; dans toutes les opérations mentionnées, $\dfrac{\partial \text{R}}{\partial e}$ contient le facteur e et $\dfrac{1}{na^2 e}\dfrac{\partial \text{R}}{\partial e}$ est entier en e.

Deuxième type : On le rencontre dans les opérations 1 à 25 et 46 à 48; e figure en dénominateur dans les équations différentielles qui sont de la forme

$$(\text{A})\qquad \begin{cases} \dfrac{de}{dt} = \text{M}(1 + \text{M}_1 e^2 + \text{M}_2 e^4)\sin\theta, \\ \dfrac{d\theta}{dt} = \text{N}(1 + \text{N}_1 e^2 + \text{N}_2 e^4 + \text{N}_3 e^6) + \text{M}\dfrac{1 + \text{P}_1 e^2 + \text{P}_2 e^4}{e}\cos\theta; \end{cases}$$

θ désigne l'argument considéré dans l'opération dont il s'agit, M une quantité du second ordre au moins, M_1, M_2, N, N_1, N_2, N_3, P_1, P_2 des quantités de l'ordre zéro. Delaunay a donné seulement les intégrales sans faire connaître la marche employée; j'ai pensé qu'il était bon de combler cette lacune. Soit posé

$$\frac{\text{M}}{\text{N}} = \text{Q}, \qquad f(e) = 1 + \text{M}_1 e^2 + \text{M}_2 e^4 + \ldots,$$

$$\varphi(e) = 1 + \text{N}_1 e^2 + \text{N}_2 e^4 + \text{N}_3 e^6 + \ldots, \qquad \psi(e) = \frac{1 + \text{P}_1 e^2 + \text{P}_2 e^4 + \ldots}{e};$$

les équations (A) pourront s'écrire

(5) $$\begin{cases} \dfrac{de}{N\,dt} = Q f(e) \sin\theta, \\ \dfrac{d\theta}{N\,dt} = \varphi(e) + Q \psi(e) \cos\theta. \end{cases}$$

On pourrait intégrer ces équations par des approximations successives, en négligeant d'abord Q, puis Q^2, ...; mais il vaut mieux se rappeler que l'argument θ peut être développé sous la forme

(6) $$\theta = \theta_0(t+c) + Q\alpha_1 \sin\theta_0(t+c) + Q^2\alpha_2 \sin 2\theta_0(t+c) + \ldots.$$

En substituant dans la première équation (5) et employant les approximations successives, on trouve

(7) $$e = e_1 + Q\beta_1 \cos\theta_0(t+c) + Q^2\beta_2 \cos 2\theta_0(t+c) + \ldots.$$

Il s'agit de déterminer $\alpha_1, \alpha_2, \ldots, \beta_1, \beta_2, \ldots$ et θ_0; e_1 et c seront les deux constantes arbitraires. On pourra développer $f(e)$, $\varphi(e)$, $\psi(e)$ par la formule de Taylor suivant les cosinus des multiples de $\theta_0(t+c)$; on aura, par exemple,

$$\begin{aligned} \varphi(e) = \varphi_1 &+ \varphi'_1 [Q\beta_1 \cos\theta_0(t+c) + Q^2\beta_2 \cos 2\theta_0(t+c) + \ldots] \\ &+ \varphi''_1 \left[\frac{1}{4} Q^2\beta_1^2 + \frac{1}{4} Q^2\beta_1^2 \cos 2\theta_0(t+c) + \ldots\right] + \ldots, \end{aligned}$$

où l'on a écrit, pour abréger, $\varphi_1, \varphi'_1, \ldots$ au lieu de $\varphi(e_1), \varphi'(e_1), \ldots$. On développera de même les expressions de $\sin\theta$ et $\cos\theta$; on les substituera en même temps que celles de $f(e)$, $\varphi(e)$, $\psi(e)$ dans les équations (5), et, en égalant à zéro les coefficients de

$$\sin\theta_0(t+c), \quad \sin 2\theta_0(t+c), \quad \ldots, \quad \cos\theta_0(t+c), \quad \cos 2\theta_0(t+c), \quad \ldots$$

et le terme non périodique de la seconde, négligeant Q^3, on trouvera

$$-\frac{\theta_0}{N}\beta_1 = f_1, \qquad -4\frac{\theta_0}{N}\beta_2 = \alpha_1 f_1 + \beta_1 f'_1,$$

$$\frac{\theta_0}{N}\alpha_1 = \psi_1 + \beta_1\varphi'_1,$$

$$\frac{2\theta_0}{N}\alpha_2 = \frac{1}{2}(\alpha_1\psi_1 + \beta_1\psi'_1) + \beta_2\varphi'_1 + \frac{1}{4}\beta_1^2\varphi''_1,$$

(8) $$\frac{\theta_0}{N} = \varphi_1 + \frac{1}{2}Q^2\left(-\alpha_1\psi_1 + \beta_1\psi'_1 + \frac{1}{2}\beta_1^2\varphi''_1\right);$$

d'où, avec la précision indiquée,

$$
(9)\qquad
\begin{cases}
\beta_1 = -\dfrac{f_1}{\varphi_1}, \qquad \alpha_1 = -\dfrac{\psi_1 + \beta_1 \varphi_1'}{\varphi_1},\\[2mm]
\beta_2 = -\dfrac{\alpha_1 f_1 + \beta_1 f_1'}{4\varphi_1},\\[2mm]
\alpha_2 = -\dfrac{1}{4\varphi_1}\left(\alpha_1 \psi_1 + \beta_1 \psi_1' + 2\beta_2 \varphi_1' + \dfrac{1}{2}\beta_1^2 \varphi_1''\right).
\end{cases}
$$

Les formules (6) et (7) donnent d'ailleurs

$$
\begin{aligned}
e \sin\theta = {} & \left[e_1 + \frac{1}{2}Q^2\left(e_1 \alpha_2 - \beta_2 - \frac{3}{4}e_1 \alpha_1^2 + \frac{1}{2}\alpha_1 \beta_1\right)\right] \sin\theta_0(t + c)\\
& + \frac{1}{2}Q(e_1 \alpha_1 + \beta_1)\sin 2\theta_0(t + c)\\
& + \frac{1}{2}Q^2\left(e_1 \alpha_2 + \beta_2 + \frac{1}{4}e_1 \alpha_1^2 + \frac{1}{2}\alpha_1 \beta_1\right)\sin 3\theta_0(t + c) + \ldots,
\end{aligned}
$$

$$
\begin{aligned}
e \cos\theta = {} & \frac{1}{2}Q(-e_1 \alpha_1 + \beta_1) + \left[e_1 + \frac{1}{2}Q^2\left(-e_1 \alpha_2 + \beta_2 - \frac{1}{4}e_1 \alpha_1^2 - \frac{1}{2}\alpha_1 \beta_1\right)\right]\cos\theta_0(t + c)\\
& + \frac{1}{2}Q(e_1 \alpha_1 + \beta_1)\cos 2\theta_0(t + c)\\
& + \frac{1}{2}Q^2\left(e_1 \alpha_2 + \beta_2 + \frac{1}{4}e_1 \alpha_1^2 + \frac{1}{2}\alpha_1 \beta_1\right)\cos 3\theta_0(t + c) + \ldots.
\end{aligned}
$$

Delaunay a désigné par e_0 le coefficient de $\sin\theta_0(t + c)$ dans $e\sin\theta$; pour retrouver ses formules, il y a donc lieu de poser

$$e_1 + \frac{1}{2}Q^2\left(e_1 \alpha_2 - \beta_2 - \frac{3}{4}e_1 \alpha_1^2 + \frac{1}{2}\alpha_1 \beta_1\right) = e_0,$$

d'où

$$
(10)\qquad e_1 = e_0\left(1 - \frac{1}{2}Q^2 \alpha_2 + \frac{3}{8}Q^2 \alpha_1^2\right) + \frac{1}{2}Q^2\left(\beta_2 - \frac{1}{2}\alpha_1 \beta_1\right).
$$

On devra remplacer partout e_1 par cette valeur. Les formules précédentes donnent

$$
(\mathrm{B})\qquad
\begin{cases}
e\cos\theta = \mathbf{E}_0 + (e_0 + \mathbf{E}_1)\cos\theta_0(t + c) + \mathbf{E}_2\cos 2\theta_0(t + c) + \mathbf{E}_3\cos 3\theta_0(t + c) + \ldots,\\
e\sin\theta = \qquad\qquad\quad e_0\sin\theta_0(t + c) + \mathbf{E}_2\sin 2\theta_0(t + c) + \mathbf{E}_3\sin 3\theta_0(t + c) + \ldots,
\end{cases}
$$

où l'on a fait

$$
(11)\qquad
\begin{cases}
\mathbf{E}_0 = \dfrac{1}{2}Q(\beta_1 - e_0 \alpha_1),\\[2mm]
\mathbf{E}_1 = Q^2\left(\beta_2 - e_0 \alpha_2 - \dfrac{1}{2}\alpha_1 \beta_1 + \dfrac{1}{4}e_0 \alpha_1^2\right),\\[2mm]
\mathbf{E}_2 = \dfrac{1}{2}Q(\beta_1 + e_0 \alpha_1),\\[2mm]
\mathbf{E}_3 = \dfrac{1}{2}Q^2\left(\beta_2 + e_0 \alpha_2 + \dfrac{1}{2}\alpha_1 \beta_1 + \dfrac{1}{4}e_0 \alpha_1^2\right).
\end{cases}
$$

On s'assurera aisément que, au degré de précision cherché, on peut remplacer, dans les formules (9), φ_1, φ'_1, ... par φ_0, φ'_0, ...; mais, dans (8), on doit prendre

$$\varphi_1 = \varphi_0 + (e_1 - e_0)\varphi'_0$$

ou bien, en vertu de la formule (10),

$$\varphi_1 = \varphi_0 + \frac{1}{2}Q^2\varphi'_0\left(-e_0\alpha_2 + \beta_2 - \frac{1}{2}\alpha_1\beta_1 + \frac{3}{4}e_0\alpha_1^2\right). \tag{12}$$

Il faut maintenant remplacer f_0, φ_0, ψ_0 par

$$f_0 = 1 + M_1 e_0^2 + M_2 e_0^4, \qquad \psi_0 = \frac{1 + P_1 e_0^2 + P_2 e_0^4}{e_0},$$
$$\varphi_0 = 1 + N_1 e_0^2 + N_2 e_0^4 + N_3 e_0^6.$$

Les formules (9) donneront successivement β_1, α_1, β_2, α_2, après quoi on tirera E_0, E_1, E_2 et E_3 des relations (11). On trouvera ainsi, en remettant $\frac{M}{N}$ au lieu de Q,

$$(C)\quad\left\{\begin{aligned}
\beta_1 &= -1 + (N_1 - M_1)e_0^2 + (N_2 - M_2 - N_1^2 + M_1N_1)e_0^4,\\
\alpha_1 &= \frac{1}{e_0}\left[-1 + (P_1 - 3N_1)e_0^2 + (P_2 - 5N_2 + 5N_1^2 - 2M_1N_1 - N_1P_1)e_0^4\right],\\
\beta_2 &= \frac{1}{4e_0}\left[-1 + (M_1 + 4N_1 - P_1)e_0^2\right.\\
&\qquad \left. + (3M_2 + 6N_2 - P_2 + 2M_1^2 - 9N_1^2 + 2M_1N_1 - M_1P_1 + 2N_1P_1)e_0^4\right],\\
\alpha_2 &= \frac{1}{4e_0^2}\left[-2 + (M_1 - 6N_1 + P_1)e_0^2\right.\\
&\qquad \left. + (M_2 - 4N_2 - P_2 + 14N_1^2 + P_1^2 - M_1N_1 - M_1P_1 - 5N_1P_1)e_0^4\right],
\end{aligned}\right.$$

$$(D)\quad\left\{\begin{aligned}
E_0 &= \frac{1}{2}\frac{M}{N}\left[-2 + (4N_1 - M_1 - P_1)e_0^2 + (6N_2 - M_2 - P_2 - 6N_1^2 + 3M_1N_1 + N_1P_1)e_0^4\right]\\
&\qquad + \left(\frac{M}{N}\right)^3(N_1 - P_1) \;(*),\\
E_2 &= \frac{1}{2}\frac{M}{N}\left[(P_1 - M_1 - 2N_1)e_0^2 + (P_2 - M_2 - 4N_2 + 4N_1^2 - M_1N_1 - N_1P_1)e_0^4\right],\\
E_1 &= \frac{1}{4}\left(\frac{M}{N}\right)^2\left[(2M_1 + 2P_1 - 4N_1)e_0\right.\\
&\qquad \left. + (4M_2 + 4P_2 - 12N_2 + 2M_1^2 + 14N_1^2 - 13M_1N_1 + 2M_1P_1 - 5N_1P_1)e_0^3\right],\\
E_3 &= \frac{1}{8}\left(\frac{M}{N}\right)^2(2M_2 + 4N_2 - 2P_2 + 2M_1^2 + 6N_1^2 + 2P_1^2 + 9M_1N_1 - 4M_1P_1 - 7N_1P_1)e_0^3.
\end{aligned}\right.$$

On a ensuite

$$\frac{\theta_0}{N} = \varphi_1 + \frac{1}{2} Q^2 [M_1 + 3N_1 - 3P_1 \\ + (M_2 + 10N_2 - 5P_2 - 6N_1^2 - P_1^2 + 3M_1N_1 - M_1P_1 + 5N_1P_1)e_0^2],$$

$$\varphi_1 = \varphi_0 + \frac{1}{2} Q^2 [N_1 + (2N_2 - 8N_1^2 + M_1N_1 + 3N_1P_1)e_0^2],$$

d'où

$$\text{(E)} \quad \left\{ \begin{aligned} \theta_0 = {} & N(1 + N_1e_0^2 + N_2e_0^4 + N_3e_0^6) \\ & + \frac{1}{2}\frac{M^2}{N}[M_1 + 4N_1 - 3P_1 \\ & + (M_2 + 12N_2 - 5P_2 - 14N_1^2 - P_1^2 + 4M_1N_1 - M_1P_1 + 8N_1P_1)e_0^2]. \end{aligned} \right.$$

Si l'on fait

$$\text{(F)} \qquad \theta = \theta_0(t + c) + \theta_1 \sin\theta_0(t + c) + \theta_2 \sin 2\theta_0(t + c) + \ldots,$$

on aura

$$\text{(G)} \quad \left\{ \begin{aligned} \theta_1 &= \frac{M}{N}\alpha_1 + \frac{1}{4e_0}\left(\frac{M}{N}\right)^3 (M_1 + 2N_1 + P_1) \;(*), \\ \theta_2 &= \frac{1}{2e_0^2}\left(\frac{M}{N}\right)^2. \end{aligned} \right.$$

Les formules (B), (C), ..., (G) résolvent la question; elles sont identiques à celles de Delaunay (t. I, p. 107 et 108); il est vrai que nous lui empruntons deux petits termes en $\left(\frac{M}{N}\right)^3$ qui figurent avec un (*) dans les expressions ci-dessus de E_0 et de θ_1; notre calcul, pour les donner, aurait dû être poussé plus loin. Les valeurs précédentes de e et de θ seraient incommodes à cause des petits diviseurs e_0, e_0^2, ... qu'elles contiennent; fort heureusement, les développements (B) de $e \sin\theta$ et de $e \cos\theta$ ne renferment pas ces diviseurs, et ces développements sont les seuls dont on ait besoin ([1]).

Pour mieux faire comprendre la méthode et la façon de l'appliquer, nous allons faire un exposé sommaire des deux premières opérations de Delaunay; mais, auparavant, nous rappellerons la signification *initiale* de L, G et H :

$$(13) \qquad L = \sqrt{\mu a}, \qquad G = \sqrt{\mu a(1 - e^2)}, \qquad H = G(1 - 2\gamma^2).$$

([1]) *Voir* le Tome I de Delaunay, p. 878-882.

On en déduit sans peine, en développant suivant les puissances de e^2 et γ^2,

$$(14)\quad \begin{cases} \dfrac{\partial a}{\partial L} = \dfrac{2}{na}, & \dfrac{\partial a}{\partial G} = 0, & \dfrac{\partial a}{\partial H} = 0, \\ \dfrac{\partial e}{\partial L} = \dfrac{1-e^2}{na^2 e}, & \dfrac{\partial e}{\partial G} = -\dfrac{1}{na^2 e}\left(1 - \dfrac{1}{2}e^2 - \dfrac{1}{8}e^4 - \ldots\right), & \dfrac{\partial e}{\partial H} = 0, \\ \dfrac{\partial \gamma}{\partial L} = 0, & \dfrac{\partial \gamma}{\partial G} = \dfrac{1}{4na^2\gamma}\left(1 + \dfrac{1}{2}e^2 - 2\gamma^2 - \gamma^2 e^2 + \dfrac{3}{8}e^4 + \ldots\right), & \\ & \dfrac{\partial \gamma}{\partial H} = -\dfrac{1}{4na^2\gamma}\left(1 + \dfrac{1}{2}e^2 + \dfrac{3}{8}e^4 + \ldots\right), & \end{cases}$$

où l'on a mis n à la place de $\sqrt{\dfrac{\mu}{a^3}}$. On aura ensuite

$$(15)\quad \begin{cases} \dfrac{\partial R}{\partial L} = \dfrac{\partial R}{\partial a}\dfrac{\partial a}{\partial L} + \dfrac{\partial R}{\partial e}\dfrac{\partial e}{\partial L} + \dfrac{\partial R}{\partial \gamma}\dfrac{\partial \gamma}{\partial L}, \\ \dfrac{\partial R}{\partial G} = \dfrac{\partial R}{\partial a}\dfrac{\partial a}{\partial G} + \dfrac{\partial R}{\partial e}\dfrac{\partial e}{\partial G} + \dfrac{\partial R}{\partial \gamma}\dfrac{\partial \gamma}{\partial G}, \\ \dfrac{\partial R}{\partial H} = \dfrac{\partial R}{\partial a}\dfrac{\partial a}{\partial H} + \dfrac{\partial R}{\partial e}\dfrac{\partial e}{\partial H} + \dfrac{\partial R}{\partial \gamma}\dfrac{\partial \gamma}{\partial H}. \end{cases}$$

On pourra ainsi former aisément les dérivées $\dfrac{\partial R}{\partial L}, \dfrac{\partial R}{\partial G}, \dfrac{\partial R}{\partial H}$, en partant du développement de R (p. 189), dans lequel les coefficients des cosinus des arguments θ sont développés suivant les puissances de a, e et γ.

102. Première opération de Delaunay. — Nous prenons l'ensemble des termes en $\cos l'$, $\cos 2l'$, ... (DELAUNAY, t. I, p. 261) :

$$R = n'^2 a^2 \left[\left(\frac{3}{4} - \frac{9}{2}\gamma^2 + \frac{9}{8}e^2 + \frac{27}{32}e'^2 + \ldots\right)e'\cos l' + \left(\frac{9}{8} - \frac{27}{4}\gamma^2 + \frac{27}{16}e^2 + \frac{7}{8}e'^2 + \ldots\right)e'^2\cos 2l' + \ldots\right];$$

cette fonction perturbatrice laisse invariables L, G, H et, par suite, a, e, γ et n.

On trouve aisément, en calculant $\dfrac{\partial R}{\partial a}, \dfrac{\partial R}{\partial e}, \dfrac{\partial R}{\partial \gamma}$ et les portant dans les formules (15),

$$\frac{\partial R}{\partial L} = \frac{n'^2}{n}\left[\left(\frac{21}{4} + \ldots\right)e'\cos l' + \left(\frac{63}{8} + \ldots\right)e'^2\cos 2l' + \ldots\right] = -\frac{dl}{dt},$$

$$\frac{\partial R}{\partial G} = \frac{n'^2}{n}\left[\left(-\frac{9}{2} + \ldots\right)e'\cos l' + \left(-\frac{27}{4} + \ldots\right)e'^2\cos 2l' + \ldots\right] = -\frac{dg}{dt},$$

$$\frac{\partial R}{\partial H} = \frac{n'^2}{n}\left[\left(\frac{9}{4} + \ldots\right)e'\cos l' + \left(\frac{27}{8} + \ldots\right)e'^2\cos 2l' + \ldots\right] = -\frac{dh}{dt}.$$

On en conclut, en intégrant et désignant par (l), (g) et (h) trois constantes arbitraires,

$$l=(l)-\frac{n'}{n}\left[\left(\frac{21}{4}+\ldots\right)e'\sin l'+\left(\frac{63}{16}+\ldots\right)e'^2\sin 2l'+\ldots\right],$$
$$g=(g)-\frac{n'}{n}\left[\left(-\frac{9}{2}+\ldots\right)e'\sin l'+\left(-\frac{27}{8}+\ldots\right)e'^2\sin 2l'+\ldots\right],$$
$$h=(h)-\frac{n'}{n}\left[\left(\frac{9}{4}+\ldots\right)e'\sin l'+\left(\frac{27}{16}+\ldots\right)e'^2\sin 2l'+\ldots\right].$$

D'après ce qui a été dit, il faudra remplacer dans les coordonnées de la Lune et dans la fonction perturbatrice, diminuée des termes en $\cos l'$, $\cos 2l'$, l, g, h respectivement par

$$l-\frac{n'}{n}\left[\left(\frac{21}{4}+\ldots\right)e'\sin l'+\left(\frac{63}{16}+\ldots\right)e'^2\sin 2l'+\ldots\right],$$
$$g-\frac{n'}{n}\left[\left(-\frac{9}{2}+\ldots\right)e'\sin l'+\left(-\frac{27}{8}+\ldots\right)e'^2\sin 2l'+\ldots\right],$$
$$h-\frac{n'}{n}\left[\left(\frac{9}{4}+\ldots\right)e'\sin l'+\left(\frac{27}{16}+\ldots\right)e'^2\sin 2l'+\ldots\right],$$

sans toucher à L, G, H qui resteront liés à a, e, γ par les formules (13); les relations (14) subsistent aussi. Mais les nouvelles valeurs de l, g, h n'auront plus la même signification; on aura, par exemple,

$$\text{anomalie moyenne} = l\ \text{nouveau} - \frac{n'}{n}\left[\left(\frac{21}{4}+\ldots\right)e'\sin l'+\ldots\right].$$

Une fois la substitution effectuée, on aura encore les équations canoniques

$$(16)\qquad \left\{\begin{aligned} &\frac{dL}{dt}=\frac{\partial R}{\partial l}, && \frac{dG}{dt}=\frac{\partial R}{\partial g}, && \frac{dH}{dt}=\frac{\partial R}{\partial h},\\ &\frac{dl}{dt}=-\frac{\partial R}{\partial L}, && \frac{dg}{dt}=-\frac{\partial R}{\partial G}, && \frac{dh}{dt}=-\frac{\partial R}{\partial H}.\end{aligned}\right.$$

103. Deuxième opération de Delaunay. — Elle a pour but de faire disparaître les termes en $\cos l$. Cette fois, nous devons prendre la partie non périodique de R, avec le terme en $\cos l$, soit (Delaunay, t. I, p. 264)

$$(17)\qquad \left\{\begin{aligned} R = \frac{\mu}{2a} &+ n'^2a^2\Big(\frac{1}{4}-\frac{3}{4}\gamma^2+\frac{3}{8}e^2+\frac{3}{8}e'^2+\frac{3}{2}\gamma^4-\frac{9}{4}\gamma^2e^2-\frac{9}{4}\gamma^2e'^2\\ &\qquad+\frac{9}{16}e^2e'^2+\frac{15}{32}e'^4\ldots\Big)\\ &+n'^2a^2\left(-\frac{1}{2}+3\gamma^2+\frac{1}{16}e^2-\frac{3}{4}e'^2+\ldots\right)e\cos l.\end{aligned}\right.$$

Nous allons exposer les calculs de Delaunay, mais en ne conservant que les principaux termes des formules. Nous aurons d'abord

$$\frac{\partial R}{\partial g} = \frac{\partial R}{\partial h} = 0;$$

G et H seront constants, donc aussi γ. En exprimant a et L en fonction de G et de e, il vient

$$(18) \qquad a = \frac{G^2}{\mu}\,\frac{1}{1-e^2}, \qquad L = \frac{G}{\sqrt{1-e^2}}.$$

La première des formules (16) permet d'écrire

$$-\frac{Ge}{(1-e^2)^{\frac{3}{2}}}\,\frac{de}{dt} = n'^2 a^2 \left(\frac{1}{2} - 3\gamma^2 - \frac{1}{16}e^2 + \frac{3}{4}e'^2 + \ldots\right) e \sin l,$$

d'où, en remplaçant a par sa valeur (18) et développant,

$$(19) \qquad \frac{de}{dt} = \frac{n'^2 G^3}{\mu^2}\left(\frac{1}{2} - 3\gamma^2 + \frac{3}{16}e^2 + \frac{3}{4}e'^2 + \ldots\right)\sin l.$$

On aura ensuite, en tenant compte des relations (14) et de la valeur (17) de R,

$$\begin{aligned}\frac{\partial R}{\partial L} = \frac{2}{na}\frac{\partial R}{\partial a} + \frac{1-e^2}{na^2 e}\frac{\partial R}{\partial e} = -\frac{\mu}{na^3} + \frac{n'^2}{n}\Big[&\frac{7}{4} - \frac{21}{2}\gamma^2 + \frac{3}{4}e^2 + \frac{21}{8}e'^2 + \ldots \\ &+ \frac{\cos l}{e}\left(-\frac{1}{2} - \frac{21}{16}e^2 + 3\gamma^2 - \frac{3}{4}e'^2 + \ldots\right)\Big].\end{aligned}$$

Portons dans $\frac{dl}{dt} = -\frac{\partial R}{\partial L}$, remplaçons a par sa valeur (18) et n par

$$(20) \qquad n = \frac{\mu^2}{G^3}(1-e^2)^{\frac{3}{2}},$$

et il viendra

$$(21) \qquad \left\{\begin{aligned}\frac{dl}{dt} = \frac{\mu^2}{G^3}\left(1 - \frac{3}{2}e^2 + \frac{3}{8}e^4\right) &- \frac{n'^2 G^3}{\mu^2}\left(\frac{7}{4} - \frac{21}{2}\gamma^2 + \frac{27}{8}e^2 + \frac{21}{8}e'^2 + \ldots\right) \\ &+ \frac{n'^2 G^3}{\mu^2}\left(\frac{1}{2} - 3\gamma^2 + \frac{33}{16}e^2 + \frac{3}{4}e'^2 + \ldots\right)\frac{\cos l}{e}.\end{aligned}\right.$$

Les équations différentielles (19) et (21), dont dépendent e et l, rentrent dans le type (A) en remplaçant θ par l et faisant

$$\mathrm{M}(1+\mathrm{M}_1 e^2)=\frac{n'^2\mathrm{G}^3}{\mu^2}\left(\frac{1}{2}-3\gamma^2+\frac{3}{16}e^2+\frac{3}{4}e'^2\right),$$

$$\mathrm{M}(1+\mathrm{P}_1 e^2)=\frac{n'^2\mathrm{G}^3}{\mu^2}\left(\frac{1}{2}-3\gamma^2+\frac{33}{16}e^2+\frac{3}{4}e'^2\right),$$

$$\mathrm{N}(1+\mathrm{N}_1 e^2+\mathrm{N}_2 e^4)=\frac{\mu^2}{\mathrm{G}^3}\left(1-\frac{3}{2}e^2+\frac{3}{8}e^4\right)-\frac{n'^2\mathrm{G}^3}{\mu^2}\left(\frac{7}{4}-\frac{21}{2}\gamma^2+\frac{27}{8}e^2+\frac{21}{8}e'^2\right).$$

On en déduit

$$\mathrm{N}(1+\mathrm{N}_1 e_0^2+\mathrm{N}_2 e_0^4)=\frac{\mu^2}{\mathrm{G}^3}\left(1-\frac{3}{2}e_0^2+\frac{3}{8}e_0^4\right)-\frac{n'^2\mathrm{G}^3}{\mu^2}\left(\frac{7}{4}-\frac{21}{2}\gamma^2+\frac{27}{8}e_0^2+\frac{21}{8}e'^2\right),$$

$$\frac{\mathrm{M}}{\mathrm{N}}=\frac{n'^2\mathrm{G}^6}{\mu^4}\left(\frac{1}{2}-3\gamma^2+\frac{3}{4}e'^2\right)+\frac{7}{8}\frac{n'^4\mathrm{G}^{12}}{\mu^8}+\ldots,$$

$$\frac{\mathrm{M}^2}{\mathrm{N}}=\frac{n'^4\mathrm{G}^9}{4\mu^6}+\ldots,\qquad \mathrm{M}_1=\frac{3}{8}+\ldots,\qquad \mathrm{N}_1=-\frac{3}{2}+\ldots,\qquad \mathrm{P}_1=\frac{33}{8}+\ldots;$$

après quoi les formules (D), ..., (G) donnent

$$e\cos l=-\frac{n'^2\mathrm{G}^6}{\mu^4}\left(\frac{1}{2}-3\gamma^2+\frac{3}{4}e'^2+\frac{21}{8}e_0^2\right)-\frac{7}{8}n'^4\frac{\mathrm{G}^{12}}{\mu^8}$$
$$+e_0\cos l_0(t+c)+\frac{27}{16}\frac{n'^2\mathrm{G}^6}{\mu^4}e_0^2\cos 2l_0(t+c),$$

$$e\sin l=\quad e_0\sin l_0(t+c)+\frac{27}{16}\frac{n'^2\mathrm{G}^6}{\mu^4}e_0^2\sin 2l_0(t+c),$$

$$e^2=e_0^2+\frac{1}{4}n'^4\frac{\mathrm{G}^{12}}{\mu^8}-n'^2\frac{\mathrm{G}^6}{\mu^4}e_0\cos l_0(t+c),$$

$$l=l_0(t+c)+l_1\sin l_0(t+c)+l_2\sin 2l_0(t+c),$$
$$l_0=\frac{\mu^2}{\mathrm{G}^3}\left(1-\frac{3}{2}e_0^2+\frac{3}{8}e_0^4\right)-\frac{n'^2\mathrm{G}^3}{\mu^2}\left(\frac{7}{4}-\frac{21}{2}\gamma^2+\frac{27}{8}e_0^2+\frac{21}{8}e'^2\right)-\frac{9}{4}n'^4\frac{\mathrm{G}^9}{\mu^6},$$
$$l_1=\frac{n'^2\mathrm{G}^6}{2\mu^4 e_0},$$
$$l_2=0.$$

La valeur précédente de e^2 reportée dans (18) donne

$$a=a_0\left[1-\frac{n'^2\mathrm{G}^6}{\mu^4}e_0\cos l_0(t+c)\right],$$

en posant

$$a_0=\frac{\mathrm{G}^2}{\mu}\left(1+e_0^2+e_0^4+\frac{1}{4}\frac{n'^4\mathrm{G}^{12}}{\mu^8}\right),$$

d'où, avec une précision suffisante,

$$G^2 = \frac{\mu a_0}{1 + e_0^2 + e_0^4 + \frac{1}{4}\frac{n'^4 a_0^6}{\mu^2}}$$

ou encore

(22)
$$G^2 = \frac{n_0^2 a_0^4}{1 + e_0^2 + e_0^4 + \frac{1}{4}\left(\frac{n'}{n_0}\right)^4},$$

en faisant

(23)
$$n_0 = \sqrt{\frac{\mu}{a_0^3}}.$$

Si l'on porte cette valeur de G^2 dans les expressions précédentes de $e\cos l$, $e\sin l$, l_0, l_1, e^2 et a, il vient

(24)
$$\left\{\begin{aligned}
e\cos l &= -\left(\frac{1}{2} - 3\gamma^2 + \frac{9}{8}e_0^2 + \frac{3}{4}e'^2\right)\left(\frac{n'}{n_0}\right)^2 - \frac{7}{8}\left(\frac{n'}{n_0}\right)^4 \\
&\quad + e_0\cos l_0(t+c) + \frac{27}{16}\left(\frac{n'}{n_0}\right)^2 e_0^2\cos 2l_0(t+c), \\
e\sin l &= \quad e_0\sin l_0(t+c) + \frac{27}{16}\left(\frac{n'}{n_0}\right)^2 e_0^2\sin 2l_0(t+c), \\
l_0 &= n_0\left[1 - \left(\frac{7}{4} - \frac{21}{2}\gamma^2 + \frac{3}{4}e_0^2 + \frac{21}{8}e'^2\right)\left(\frac{n'}{n_0}\right)^2 - \frac{15}{8}\left(\frac{n'}{n_0}\right)^4\right], \\
l_1 &= \frac{1}{2e_0}\left(\frac{n'}{n_0}\right)^2, \qquad l_2 = 0, \qquad \ldots, \\
e^2 &= e_0^2 + \frac{1}{4}\left(\frac{n'}{n_0}\right)^4 - \left(\frac{n'}{n_0}\right)^2 e_0\cos l_0(t+c), \\
a &= a_0\left[1 - \left(\frac{n'}{n_0}\right)^2 e_0\cos l_0(t+c)\right], \\
n &= n_0\left[1 + \frac{3}{2}\left(\frac{n'}{n_0}\right)^2 e_0\cos l_0(t+c)\right].
\end{aligned}\right.$$

Calculons maintenant les valeurs de g et de h, ou plutôt de $h+g+l$ et de h par les équations différentielles

$$\frac{d(h+g+l)}{dt} = -\frac{\partial R}{\partial L} - \frac{\partial R}{\partial G} - \frac{\partial R}{\partial H}, \qquad \frac{dh}{dt} = -\frac{\partial R}{\partial H},$$

qui donnent, en vertu des formules (14), (15) et (17),

$$\frac{d(h+g+l)}{dt} = n - \frac{n'^2}{n} + \frac{7}{4}\frac{n'^2}{n}e\cos l,$$

$$\frac{dh}{dt} = -\frac{3}{4}\frac{n'^2}{n} + \frac{3}{2}\frac{n'^2}{n}e\cos l.$$

Il faut substituer pour n et e leurs expressions (24); on trouve ainsi que les coefficients de $\frac{n'^2}{n_0}e_0\cos l_0(t+c)$ dans les seconds membres des équations précédentes sont respectivement égaux à $\frac{13}{4}$ et $\frac{3}{2}$. Si l'on intègre en remarquant que la valeur (24) de l_0 ne diffère de n_0 que d'une quantité du second ordre et que l'on désigne par (g) et (h) deux constantes arbitraires, on trouve

$$(25)\quad \begin{cases} h+g+l=(h)+(g)+(h_0+g_0+l_0)(t+c)+\frac{13}{4}\frac{n'^2}{n_0^2}e_0\sin l_0(t+c), \\ h=(h)+h_0(t+c)+\frac{3}{2}\frac{n'^2}{n_0^2}e_0\sin l_0(t+c); \end{cases}$$

h_0 et g_0 sont des quantités qui, comme l_0, dépendent de a_0, e_0, γ, n', e', mais dont nous ne donnerons pas les valeurs parce qu'elles ne nous sont pas nécessaires.

Les formules (24) et (25) donnent les valeurs de a, e, γ, l, g, h en fonction de t et des six constantes arbitraires a_0, e_0, γ, c, (g) et (h). Ce sont les intégrales générales des équations (16).

On aura l'expression de L en partant de $L=\sqrt{\mu a}$ et y remplaçant a par sa valeur (24); la formule (22) donnera G, et la dernière des relations (13) fera connaître H. On trouve ainsi

$$L=\sqrt{\mu a_0}\left[1-\frac{1}{2}\left(\frac{n'}{n_0}\right)^2 e_0\cos l_0(t+c)\right],$$

$$G=\sqrt{\mu a_0}\left[1-\frac{1}{2}e_0^2-\frac{1}{8}e_0^4-\frac{1}{8}\left(\frac{n'}{n_0}\right)^4\right],$$

$$H=\sqrt{\mu a_0}\left[1-2\gamma^2-\frac{1}{2}e_0^2+\gamma^2 e_0^2-\frac{1}{8}e_0^4-\frac{1}{8}\left(\frac{n'}{n_0}\right)^4\right].$$

On lit immédiatement sur ces formules les valeurs des quantités désignées dans le Chapitre précédent par L_p, G_p, H_p; ainsi

$$L_0=\sqrt{\mu a_0},\qquad L_1=-\frac{1}{2}\sqrt{\mu a_0}\,e_0\left(\frac{n'}{n_0}\right)^2,\qquad \ldots,$$

$$G_0=\sqrt{\mu a_0}\left[1-\frac{1}{2}e_0^2-\frac{1}{8}e_0^4-\frac{1}{8}\left(\frac{n'}{n_0}\right)^4\right],\qquad G_1=0,\qquad \ldots.$$

$$H_0=\sqrt{\mu a_0}\left[1-2\gamma^2-\frac{1}{2}e_0^2+\gamma^2 e_0^2-\frac{1}{8}e_0^4-\frac{1}{8}\left(\frac{n'}{n_0}\right)^4\right],\qquad H_1=0,\qquad \ldots.$$

Si l'on a recours aux expressions (24) de l_1, l_2, ... ou de θ_1, θ_2, ..., il vient

$$\mathrm{L}_0 + \frac{1}{2}(\mathrm{L}_1\theta_1 + 2\mathrm{L}_2\theta_2 + \ldots) = \sqrt{\mu a_0}\left[1 - \frac{1}{8}\left(\frac{n'}{n_0}\right)^4\right],$$

$$\mathrm{G}_0 + \frac{1}{2}(\mathrm{G}_1\theta_1 + 2\mathrm{G}_2\theta_2 + \ldots) = \sqrt{\mu a_0}\left[1 - \frac{1}{2}e_0^2 - \frac{1}{8}e_0^4 - \frac{1}{8}\left(\frac{n'}{n_0}\right)^4\right].$$

$$\mathrm{H}_0 + \frac{1}{2}(\mathrm{H}_1\theta_1 + 2\mathrm{H}_2\theta_2 + \ldots) = \sqrt{\mu a_0}\left[1 - 2\gamma^2 - \frac{1}{2}e_0^2 - \frac{1}{8}e_0^4 + \gamma^2 e_0^2 - \frac{1}{8}\left(\frac{n'}{n_0}\right)^4\right].$$

On peut maintenant supprimer les indices de a, n, e, et l'on est conduit à la règle suivante :

Dans les coordonnées de la Lune et dans la fonction perturbatrice ([1]), on remplace

$$(26)\quad\left\{\begin{array}{lll} e\cos l & \text{par} & -\left(\frac{1}{2} - 3\gamma^2 + \frac{9}{8}e^2 + \frac{3}{4}e'^2\right)\left(\frac{n'}{n}\right)^2 - \frac{7}{8}\left(\frac{n'}{n}\right)^4 + e\cos l + \frac{27}{16}\left(\frac{n'}{n}\right)^2 e^2\cos 2l, \\ e\sin l & \text{»} & e\sin l + \frac{27}{16}\left(\frac{n'}{n}\right)^2 e^2 \sin 2l, \\ a & \text{»} & a\left[1 - \left(\frac{n'}{n}\right)^2 e\cos l\right], \\ h+g+l & \text{»} & h+g+l + \frac{13}{4}\left(\frac{n'}{n}\right)^2 e\sin l, \\ h & \text{»} & h + \frac{3}{2}\left(\frac{n'}{n}\right)^2 e\sin l; \end{array}\right.$$

γ ne change pas; on a toujours $n = \sqrt{\frac{\mu}{a^3}}$. Les nouvelles quantités a, e, γ, l, g, h, dont les coordonnées de la Lune et la fonction perturbatrice dépendent maintenant, seront fournies par l'intégration des équations (16), où L, G, H sont liés à a, e et γ par les relations

$$(27)\quad\left\{\begin{array}{l} \mathrm{L} = \sqrt{\mu a}\left[1 - \frac{1}{8}\left(\frac{n'}{n}\right)^4\right], \\ \mathrm{G} = \sqrt{\mu a}\left[1 - \frac{1}{2}e^2 - \frac{1}{8}e^4 - \frac{1}{8}\left(\frac{n'}{n}\right)^4\right], \\ \mathrm{H} = \sqrt{\mu a}\left[1 - 2\gamma^2 - \frac{1}{2}e^2 - \frac{1}{8}e^4 + \gamma^2 e^2 - \frac{1}{8}\left(\frac{n'}{n}\right)^4\right]. \end{array}\right.$$

Pour passer à la troisième opération, la première chose à faire sera de cal-

---

([1]) Il faut prendre ici simplement la valeur qu'avait R avant la deuxième opération, parce que, à cause de $i''' = 0$, on a

$$-\frac{i'''}{i}n'(\mathrm{L} - \mathrm{L}_0) + \frac{1}{2}\frac{i'''}{i}n'(\mathrm{L}_1\theta_1 + 2\mathrm{L}_2\theta_2 + \ldots) = 0.$$

culer les coefficients $\frac{\partial a}{\partial L}$, $\frac{\partial a}{\partial G}$, ..., $\frac{\partial \gamma}{\partial H}$ d'après les formules (27); ces coefficients sont nécessaires pour le calcul des dérivées

$$\frac{\partial R}{\partial L}, \quad \frac{\partial R}{\partial G}, \quad \frac{\partial R}{\partial H}.$$

Delaunay a déduit de la substitution (26) les quantités qu'il faut mettre à la place de

$$e^2, \quad e^2 \cos 2l, \quad e^2 \sin 2l, \quad e^3 \cos 3l, \quad e^3 \sin 3l, \quad \ldots;$$

il est aisé de voir que, avec ces valeurs et celles de $h+g+l$ et de h, on sera à même d'effectuer la substitution dans tous les termes de R. Après cette opération, la quantité $A\cos\theta + B + \frac{i'''}{i} n'L$ ou $A\cos\theta + B$ devra se réduire à une simple fonction de a, e et γ, ce qui donnera une vérification des formules de transformation employées.

On peut remarquer que, dans chaque opération, les véritables inconnues ne sont pas L, G, H, mais a, e et γ; L, G, H ne servent réellement que d'intermédiaires et leur rôle est dû à cette circonstance que les équations (16) sont plus simples que celles dans lesquelles figuraient a, e, γ, $\frac{da}{dt}$, $\frac{de}{dt}$, et $\frac{d\gamma}{dt}$.

Nous remarquerons encore que, dans les opérations successives, Delaunay désigne toujours par a_0 et γ_0^2 les parties non périodiques de a et γ^2; e_0 n'est pas la partie non périodique de e; c'est le coefficient de $\sin\theta_0(t+c)$. Toutefois, dans les opérations 26-45 et 49-57, e_0^2 est la partie non périodique de e^2.

104. **Opérations abrégées. Résultat final.** — Après les cinquante-sept opérations complètes, Delaunay a fait disparaître les termes périodiques restants, qui sont tous très petits, en suivant la même méthode, mais très abrégée, en ce sens qu'il n'a pas tenu compte des changements qu'entraîne la disparition d'un terme dans les autres termes, ce qui revient à négliger le carré de la force perturbatrice; il a simplifié aussi la substitution dans les coordonnées de la Lune, en ne conservant que les termes principaux. Il est donc arrivé finalement à une fonction perturbatrice, ne contenant plus de termes périodiques appréciables, et de la forme

$$R = \frac{\mu}{2a} + \frac{m'a^2}{a'^3}\,\Theta\left(e^2, \gamma^2, \frac{a^2}{a'^2}, \frac{n'}{n}, e'^2\right);$$

au degré de précision réalisé, la fonction Θ ne contient $\frac{a^2}{a'^2}$ qu'au premier degré.

Les relations qui lient les quantités a, e, γ aux dernières variables L, G, H employées sont de la forme

$$(28)\quad \begin{cases} L = \sqrt{\mu a}\, F\left(e^2, \gamma^2, \dfrac{a^2}{a'^2}, \dfrac{n'}{n}, e'^2\right), \\ G = \sqrt{\mu a}\, \Phi\left(e^2, \gamma^2, \dfrac{a^2}{a'^2}, \dfrac{n'}{n}, e'^2\right), \\ H = \sqrt{\mu a}\, \Psi\left(e^2, \gamma^2, \dfrac{a^2}{a'^2}, \dfrac{n'}{n}, e'^2\right); \end{cases}$$

on trouvera ces expressions de R, L, G, H aux pages 234-236 du Tome II de la *Théorie de la Lune*. La première moitié des équations (16) montre que L, G, H et, par suite, a, e, γ sont constants; les autres, en ayant égard aux valeurs de $\frac{\partial a}{\partial L}, \frac{\partial a}{\partial G}, \ldots, \frac{\partial \gamma}{\partial H}$ tirées des formules (28), donneront des équations de la forme

$$\frac{dl}{dt} = l_0, \qquad \frac{dg}{dt} = g_0, \qquad \frac{dh}{dt} = h_0,$$

où l_0, g_0 et h_0 désignent des fonctions connues de e^2, γ^2, $\frac{a^2}{a'^2}$, $\frac{n'}{n}$ et e'^2.

Soient donc (l), (g), (h) trois constantes arbitraires, et il viendra

$$(29)\qquad l = (l) + l_0 t, \qquad g = (g) + g_0 t, \qquad h = (h) + h_0 t.$$

Les trois coordonnées de la Lune vont donc se trouver exprimées sous la forme de séries procédant, suivant les sinus (pour la longitude et la latitude) ou les cosinus $\left(\text{pour } \frac{1}{r}\right)$, d'arguments de la forme

$$(30)\qquad il + i'g + i''(h - h' - g') + i'''l',$$

i, i', i'', i''' désignant des nombres entiers positifs ou négatifs; toutefois, on peut toujours supposer $i > 0$. Les constantes (l), (g), (h) figurent d'une manière très simple dans les arguments, ainsi que cela résulte des relations (29); il n'en est pas de même de a, e et γ, qui entrent d'abord dans les coefficients des sinus et cosinus, ensuite dans les arguments, par les quantités l_0, g_0, h_0. Le résultat détaillé des substitutions faites à la suite des diverses opérations dans les trois coordonnées de la Lune est donné, terme à terme,

pour la longitude (p. 241-413 et p. 746-796 du t. II);
pour la latitude (p. 414-569 du t. II);
pour $\frac{1}{r}$ (p. 570-586 du t. II).

Delaunay procède dans le Chapitre XI à la réduction des termes semblables; il remarque ensuite que a, e et γ, qui avaient une définition précise au début des opérations n'en ont plus à la fin. Ce sont seulement trois constantes arbitraires, et la façon dont elles entrent dans les coordonnées de la Lune dépend du procédé d'intégration adopté. Les expressions analytiques des coordonnées en fonction de $t, a, e, \gamma, (l), (g)$ et (h) ne seraient donc pas comparables dans deux théories différentes. Delaunay a voulu donner aux constantes a, e et γ un sens précis, et, pour cela, il les a remplacées par trois autres a_1, e_1 et γ_1, telles que :

1° Le coefficient de $\sin l$ dans la longitude V ait la même forme que dans le mouvement elliptique, savoir

$$2e_1 - \frac{1}{4}e_1^3 + \frac{5}{96}e_1^5,$$

ce qui reproduira le premier terme de l'équation du centre;

2° Le coefficient de $\sin(g+l)$ dans la latitude ait aussi le même coefficient que dans le mouvement elliptique, savoir

$$2\gamma_1 - 2\gamma_1 e_1^2 - \frac{1}{4}\gamma_1^3 + \frac{7}{32}\gamma_1 e_1^4 + \frac{1}{4}\gamma_1^3 e_1^2 - \frac{5}{144}\gamma_1 e_1^6;$$

3° Le coefficient de t dans la longitude moyenne $h+g+l$ soit égal à $n_1 = \sqrt{\frac{\mu}{a_1^3}}$.

On y arrive en remplaçant a, e, γ respectivement par a_1, e_1 et γ_1 augmentés de corrections convenables; finalement, on supprimera les indices de a_1, e_1 et γ_1. On substituera les anciennes valeurs de a, e et γ en fonction des nouvelles dans les trois coordonnées de la Lune, dont on obtiendra ainsi les valeurs *réduites*. Ces expressions définitives des coordonnées sont données dans les pages 803-924 du Tome II.

Delaunay introduit en même temps les quatre arguments fondamentaux :

$D = h + g + l - h' - g' - l'$ = distance moyenne de la Lune au Soleil;
$F = g + l$ = distance moyenne de la Lune à son nœud ascendant;
l = anomalie moyenne de la Lune;
l' = anomalie moyenne du Soleil.

Un argument quelconque (30) des formules finales devient ainsi

$$il + i'(F - l) + i''(D - F + l') + i'''l',$$

c'est-à-dire une combinaison linéaire des quatre arguments fondamentaux qui sont chacun de la forme $\alpha + \beta t$.

Delaunay n'a pas fait les substitutions entraînées par les diverses opérations dans les valeurs initiales de L, G, H, l, g, h, ce qui lui aurait permis d'obtenir en fonction explicite du temps les valeurs des éléments osculateurs à un instant quelconque. Il ne l'a pas fait parce que les calculs, déjà très longs, seraient devenus considérables; aussi s'est-il borné à remplir le but final, en donnant les trois coordonnées de la Lune. Hâtons-nous de dire qu'il serait aisé de combler cette lacune, en partant des données très claires et très complètes du grand Ouvrage de Delaunay. Mais, en consultant l'engrenage des opérations successives, il est facile de voir que les éléments osculateurs a, e, γ seraient développés en séries de cosinus des multiples des quatre arguments fondamentaux. D'ailleurs les différences entre les valeurs que prennent les quantités l, g, h, au commencement d'une opération et à la fin, sont des séries de sinus des multiples des arguments, et l'on en peut conclure que l'anomalie moyenne de la Lune, la longitude du périgée et celle du nœud, dans l'ellipse osculatrice, sont égales respectivement aux quantités

$$(l) + l_0 t, \qquad (h) + (g) + (h_0 + g_0) t, \qquad (h) + h_0 t,$$

augmentées de séries de sinus d'arguments de la forme

$$\alpha \mathrm{D} + \alpha' \mathrm{F} + \alpha'' l + \alpha''' l',$$

de sorte que $h_0 + g_0$ et h_0 désignent respectivement les moyens mouvements du périgée et du nœud.

Enfin, dans les formules finales, on a posé

$$m = \frac{n'}{n} = \sqrt{\frac{m'}{\mu}}\,\frac{a\sqrt{a}}{a'\sqrt{a'}},$$

de sorte que les coefficients des diverses inégalités sont des séries ordonnées par rapport aux puissances entières des vraies constantes e, γ, $\frac{a}{a'}$, m et e'. n désigne en dernier lieu le *moyen mouvement constant*, et les coefficients du temps dans les arguments fondamentaux sont égaux à $n - n'$, $n - h_0$, $n - (h_0 + g_0)$, n'.

L'inspection des expressions réduites des coordonnées de la Lune montre qu'elles sont de la forme

$$(31)\qquad \begin{cases} \mathrm{V} = \text{const.} + nt + \sum \mathcal{A} \sin[i\mathrm{D} \pm 2k\mathrm{F} \pm jl \pm j'l'], \\ \mathrm{U} = \sum \mathcal{B} \sin[i\mathrm{D} \pm (2k+1)\mathrm{F} \pm jl \pm j'l'], \\ \dfrac{a}{r} = \sum \mathcal{C} \cos[i\mathrm{D} \pm 2k\mathrm{F} \pm jl \pm j'l'], \end{cases}$$

où l'on a

$$(32)\quad \begin{cases} \mathcal{A} = e^j e'^{j'} \gamma^{2k} \ F_1\left(m, e^2, \gamma^2, \frac{a}{a'}, e'^2\right), \\ \mathcal{B} = e^j e'^{j'} \gamma^{2k+1} \Phi_1\left(m, e^2, \gamma^2, \frac{a}{a'}, e'^2\right), \\ \mathcal{C} = e^j e'^{j'} \gamma^{2k} \ \Psi_1\left(m, e^2, \gamma^2, \frac{a}{a'}, e'^2\right), \end{cases}$$

i, k, j et j' désignant des nombres entiers positifs ou nuls. On peut donc, d'après les valeurs de j, j' et k, trouver immédiatement une limite inférieure des ordres de $\mathcal{A}$, $\mathcal{B}$, $\mathcal{C}$ relativement aux petites quantités e, e' et γ. Il serait intéressant d'avoir des données sur les ordres de $\mathcal{A}$, $\mathcal{B}$, $\mathcal{C}$ relativement à m; voici ce qu'il est permis de juger, *par induction* :

Pour $i = 0$, $\mathcal{A}$, $\mathcal{B}$, $\mathcal{C}$ sont de l'ordre de m, excepté si $j' = 0$, auquel cas ces quantités sont de l'ordre 0;

Pour $i = 2p$, $\mathcal{A}$, $\mathcal{B}$, $\mathcal{C}$ sont au moins de l'ordre de m^p;

Pour $i = 1$, $\mathcal{A}$, $\mathcal{B}$, $\mathcal{C}$ contiennent le facteur $\frac{a}{a'}$ et sont de l'ordre 0 ou 1 relativement à m;

Pour $i = 3$, $\mathcal{A}$, $\mathcal{B}$, $\mathcal{C}$ renferment tous le facteur $\frac{a}{a'} m$.

105. **Réflexions sur la théorie de Delaunay.** — Cette théorie est très intéressante au point de vue analytique; dans la pratique, elle atteint le but poursuivi, mais au prix de calculs algébriques effrayants. C'est comme une machine aux rouages savamment combinés qu'on appliquerait presque indéfiniment pour broyer un obstacle, fragments par fragments. On ne saurait trop admirer la patience de l'auteur, qui a consacré plus de vingt années de sa vie à l'exécution matérielle des calculs algébriques qu'il a effectués tout *seul*. Aujourd'hui sa théorie de la Lune est incontestablement la plus parfaite; celle de Hansen, comme nous le dirons bientôt, lui est équivalente en précision, mais elle ne donne pas les expressions analytiques des coefficients, elle n'en donne que les valeurs numériques.

Cependant la théorie de Delaunay laisse un certain nombre de *desiderata* que nous allons indiquer. Les mouvements moyens du nœud et du périgée, h_0 et $h_0 + g_0$, ainsi que les coefficients des diverses inégalités, se trouvent développés en séries suivant les puissances entières de e, e', γ, $\frac{a}{a'}$ et m; le grand ennui vient de ce que les séries n'offrent relativement à m qu'une convergence médiocre.

Ainsi Delaunay a trouvé (*Comptes rendus*, t. LXXIV, 2 janvier 1872) :

$$
(33)\quad \left\{
\begin{aligned}
\frac{h_0}{n} &= -\frac{3}{4}m^2 + \frac{9}{32}m^3 + \frac{273}{128}m^4 + \frac{9797}{2048}m^5 + \frac{199\,273}{24\,576}m^6 + \frac{6\,657\,733}{589\,824}m^7 + \ldots,\\
\frac{h_0+g_0}{n} &= \frac{3}{4}m^2 + \frac{225}{32}m^3 + \frac{4071}{128}m^4 + \frac{265\,493}{2048}m^5 + \frac{12\,822\,631}{24\,576}m^6\\
&\quad + \frac{1\,273\,925\,965}{589\,824}m^7 + \frac{71\,028\,685\,589}{7\,077\,888}m^8\\
&\quad + \frac{32\,145\,882\,707\,741}{679\,477\,248}m^9 + \ldots;
\end{aligned}
\right.
$$

nous n'avons pas écrit les termes moins importants qui contiennent en facteur les quantités e^2, e'^2, γ^2, $\frac{a}{a'}$. Quand on donne à m sa valeur numérique 0,074 8013, on trouve les valeurs suivantes pour les termes de $\frac{h_0}{n}$ et $\frac{h_0+g_0}{n}$:

	$\frac{h_0}{n}$.	$\frac{h_0+g_0}{n}$.
Termes en m^2	− 0,004 196 43	+ 0,004 196 43
» m^3	+ 0,000 117 71	+ 0,002 942 80
» m^4	+ 0,000 066 77	+ 0,000 995 70
» m^5	+ 0,000 011 20	+ 0,000 303 58
» m^6	+ 0,000 001 42	+ 0,000 091 39
» m^7	+ 0,000 000 15	+ 0,000 028 30
» m^8	....	+ 0,000 009 84
» m^9	....	+ 0,000 003 47
	− 0,003 999 18	+ 0,008 571 51

On voit que la série qui donne le mouvement moyen du périgée converge très lentement; la valeur exacte de la série en m est 0,008 572 57, de sorte que le quatrième chiffre donné par Delaunay est en erreur. On peut prévoir que, pour avoir le mouvement du périgée à $\frac{1}{500\,000}$ de sa valeur, ce qui serait désirable, il aurait fallu pousser les calculs jusqu'au terme en m^{14}; pour le nœud, la valeur exacte de la série en m est − 0,003 999 16; la précision est presque suffisante. Ainsi la théorie de Delaunay ne donne pas avec assez de précision le mouvement du périgée, dont la valeur devrait être empruntée aux observations. Nous verrons bientôt comment MM. Hill et Adams ont réussi depuis à calculer avec toute la précision désirable les séries (33).

M. Adams a observé en outre que, en posant

$$
m = \frac{m_1}{1+m_1},
$$

les séries précédentes, étant ordonnées suivant les puissances de m_1, deviennent beaucoup plus convergentes. (Voir *Bull. astron.*, t. IX, p. 374.)

Le même défaut de convergence se manifeste dans les coefficients des diverses inégalités. Ainsi la longitude V renferme l'inégalité

$$\left(\frac{21}{4}m + \frac{1233}{32}m^2 + \frac{14913}{64}m^3 + \ldots\right)ee'\sin(l - l');$$

nous n'avons pas écrit dans la parenthèse les termes en e^2, γ^2, e'^2, ...; la mise en nombres donne

Terme en	$ee'm$	$74'',58$
»	$ee'm^2$	$40,94$
»	$ee'm^3$	$18,52$
»	$ee'm^4$	$8,11$
»	$ee'm^5$	$3,66$
»	$ee'm^6$	$1,72$
»	$ee'm^7$	$0,85$

Delaunay a donc été jusqu'au terme en $ee'm^7$, qui est du neuvième ordre, et il n'a pas été assez loin, puisque ce terme est encore de $0'',85$. Il a pris le parti d'ajouter un *complément probable* déterminé par extrapolation, d'après les différences ou plutôt les rapports des termes précédents; dans le cas actuel, il assigne au complément la valeur $+ 0'',91$; ici encore, pour avoir sûrement le centième de seconde, il semble qu'il faudrait aller jusqu'au terme en $ee'm^{14}$, qui serait du *seizième ordre*.

Donnons encore quelques exemples analogues :

L'argument de l'évection est $2D - l$; son coefficient contient de petits termes dont nous allons écrire les valeurs :

Terme en	ee'^2m	$-2'',23$
»	ee'^2m^2	$-0,64$
»	ee'^2m^3	$+0,32$
»	ee'^2m^4	$+0,43$

Delaunay assigne comme complément probable $+ 0'',20$.

Le coefficient de $\sin(D + l')$ dans la longitude contient les parties suivantes :

Terme en	$\frac{a}{a'}e'$	$+22'',13$
»	$\frac{a}{a'}e'm$	$-7,45$
»	$\frac{a}{a'}e'm^2$	$+3,42$
»	$\frac{a}{a'}e'm^3$	$-0,60$
»	$\frac{a}{a'}e'm^4$	$+0,46$
»	$\frac{a}{a'}e'm^5$	$-0,02$

Delaunay suppose nul le complément probable. Enfin, voici, pour terminer, des données analogues pour trois autres inégalités de la longitude :

$\sin(2D - 2l + l')$.		$\sin(2D - 2l)$.		$\sin(4D - 2l)$.	
Terme en $e^2e'm$....	$+2'',19$	Terme en e^2m....	$+130'',79$	Terme en e^2m^2...	$+15'',29$
» $e^2e'm^2$...	$+0,35$	» e^2m^2...	$+46,09$	» e^2m^3...	$+9,40$
» $e^2e'm^3$...	$+1,26$	» e^2m^3...	$+22,28$	» e^2m^4...	$+4,04$
» $e^2e'm^4$...	$+1,16$	» e^2m^4...	$+8,13$	» e^2m^5...	$+1,51$
» $e^2e'm^5$...	$+0,82$	» e^2m^5...	$+3,18$	» e^2m^6...	$+0,53$
» $e^2e'm^6$...	$+0,49$	» e^2m^6...	$+1,31$		
		» e^2m^7...	$+0,54$		

M. Airy a cherché à remédier à cet inconvénient ([1]); il a adopté pour point de départ les expressions numériques calculées sur les formules de Delaunay, et, au lieu d'évaluer les compléments probables des coefficients des principales inégalités, il les considère comme des inconnues et cherche à les déterminer par le calcul, en substituant dans les trois équations différentielles du mouvement [équations (α'') du t. I, p. 92] les expressions des coordonnées de la Lune. Le résultat de la substitution ne contiendra les compléments qu'au premier degré, parce que ces compléments sont petits et qu'on peut négliger leurs carrés.

Les calculs auxquels conduit la méthode de M. Airy sont néanmoins considérables; ils ont duré plus de dix ans, et il ne semble pas que l'éminent astronome soit arrivé à s'affranchir de toutes les causes d'erreur. Pour plus de détails, nous renverrons le lecteur au *Bulletin astronomique* (t. IV, p. 274-286 et 383), où M. Radau a donné une analyse étendue du Mémoire de M. Airy. Nous nous bornerons à dire que l'une des causes d'insuccès de la nouvelle tentative provient de ce que Delaunay n'a donné le développement de $\frac{a}{r}$ qu'avec les termes du cinquième ordre, ce qui était largement suffisant pour le calcul de la parallaxe; mais la valeur que M. Airy en a conclue pour r n'est pas suffisamment précise.

106. Comparaison entre Hansen et Delaunay. — Hansen n'a pas développé les expressions analytiques des coefficients des inégalités, précisément pour éviter le peu de convergence des séries. Aussi la comparaison des valeurs numériques auxquelles il est arrivé, avec celles de Delaunay, présente-t-elle un vif intérêt. Cette comparaison qui demandait un travail préparatoire, parce que les inégalités ne sont pas présentées sous la même forme dans les deux cas, a été faite par M. S. Newcomb (*Astronomical Papers*, t. I, p. 59-107). Ce savant astronome a pris ce que deviennent les nombres de Delaunay, quand on emploie

([1]) AIRY, *Numerical Lunar Theory*. London, 1886; in-4.

pour e, e', γ et $\frac{a}{a'}$ les valeurs adoptées par Hansen et que, en outre, on tient compte des compléments probables publiés par Delaunay dans les *Additions à la Connaissance des Temps* pour 1869. Voici le résultat de la comparaison pour les principales inégalités de la longitude :

Arguments.	Hansen.	Delaunay.	H. — D.	H. — D*.	D. — D*.
D	$-125'',43$	$-125'',98$	$+0'',55$	$+0'',06$	$-0'',49$
$D-l+l'$	$+1,33$	$+0,87$	$+0,46$	$+0,46$	$0,00$
$l-l'$	$+148,02$	$+148,43$	$-0,41$	$+0,56$	$+0,97$
$4D-2l+l'$	$-0,36$	$-0,67$	$+0,31$	$+0,31$	$0,00$
$2F-2l$	$+1,09$	$+1,38$	$-0,29$	$-0,30$	$-0,01$
$2D-2l+l'$	$+2,52$	$+2.27$	$-0,25$	$+0,65$	$+0,40$
$2D-l+l'$	$-28,56$	$-28,32$	$-0,24$	$+0,94$	$+1,18$
$2D-l+2l'$	$-2,54$	$-2,35$	$-0,19$	$-0,32$	$-0,13$
$D-2l$	$-1,78$	$-1,59$	$-0,19$	$-0,28$	$-0,09$
$4D-l+l'$	$-0,64$	$-0,83$	$+0,19$	$+0,19$	$0,00$
$4D-l'$	$+1,89$	$+1,71$	$-0,18$	$+0,22$	$+0,04$
$2D-3l$	$+13,19$	$+13,32$	$-0,13$	$+0,04$	$+0,17$
$2D-2l$	$+211,71$	$+211,84$	$-0,13$	$+0,25$	$+0,38$
$3D$	$+0,41$	$+0,54$	$-0,13$	$-0,16$	$-0,03$
$2D-l$	$+4586,56$	$+4586,44$	$+0,12$	$+0,32$	$+0,20$
$2D-l-l'$	$-206,46$	$-206,34$	$-0,12$	$-0,08$	$-0,20$
$2F-2D-l'$	$+1,55$	$+1,43$	$+0,12$	$+0,12$	$0,00$
$4D-2F-l$	$+0,22$	$+0,34$	$-0,12$	$-0,12$	$0,00$
$3D-l$	$-3,23$	$-3,12$	$-0,11$	$-0,25$	$-0,14$
$4D-3l$	$+1,18$	$+1,08$	$+0,10$	$+0,22$	$+0,12$
$4D+l$	$+1,98$	$+1,88$	$+0,10$	$+0,12$	$+0,02$

La première colonne reproduit les arguments de Delaunay, la seconde les coefficients de Hansen, la troisième ceux de Delaunay, la quatrième les différences Hansen moins Delaunay. La cinquième colonne renferme les différences H. — D*., obtenues sans tenir compte des compléments probables; elles sont extraites du Tableau plus complet que nous avons donné plus haut (p. 112-115); enfin la sixième colonne contient les compléments D. — D*. On n'a inséré ici que les vingt et une inégalités pour lesquelles la différence H. — D. est au moins égale à 0'',1 en valeur absolue. On voit donc que, sur l'ensemble des inégalités de la longitude, il y en a seulement vingt et une dont les coefficients diffèrent de 0'',1 ou plus dans les deux théories; sur ces vingt et une différences, quatorze sont comprises entre 0'',1 et 0'',2, trois entre 0'',2 et 0'',3, une entre 0'',3 et 0'',4, deux entre 0'',4 et 0'',5, une entre 0'',5 et 0'',6. L'accord est en somme très satisfaisant et montre que la faible convergence des séries n'a que peu d'influence sur les résultats de Delaunay. M. Wilding a effectué la comparaison entre les deux théories pour les inégalités de la latitude (*Monthly Notices*, t. XL; 1879); l'accord est également très satisfaisant.

On peut conclure de là, en tenant compte des travaux supplémentaires de

MM. Hill et Adams, auxquels nous avons déjà fait allusion et dont nous parlerons bientôt, que les perturbations de la Lune qui proviennent du Soleil, supposé se mouvoir dans une ellipse invariable, sont maintenant calculées avec une précision presque suffisante. Cela est établi par l'heureux accord de deux théories entièrement différentes. Les écarts sensibles qui subsistent malheureusement encore entre les Tables de Hansen et les observations de la Lune doivent donc avoir une autre source. Delaunay espérait sans doute que sa théorie les expliquerait en partie; sa mort prématurée l'a empêché de poursuivre ses recherches dans une autre direction.

107. **Modification possible de la méthode de Delaunay.** — L'un des inconvénients les plus sensibles de la méthode d'intégration adoptée par Delaunay, c'est que, comme on l'a vu (p. 228), les éléments canoniques L, G, H, qui figurent dans les équations différentielles, ne servent que d'intermédiaires pour arriver aux éléments a, e, γ, qui figurent dans la fonction perturbatrice et dans les expressions finales des coordonnées. Or il serait possible, ainsi que l'a remarqué M. Poincaré, d'introduire un autre système d'éléments canoniques, susceptible d'être employé en même temps au développement de la fonction perturbatrice.

Pour l'obtenir, nous partirons de la formule de Jacobi que nous avons rappelée plus haut (p. 204), et qui montre qu'on peut passer d'un système canonique a_i, b_i à un autre α_i, β_i à l'aide des relations linéaires

$$(34)\qquad \left\{\begin{array}{ll} a_1 = p_1\alpha_1 + p_2\alpha_2 + p_3\alpha_3, & \beta_1 = p_1 b_1 + q_1 b_2 + r_1 b_3,\\ a_2 = q_1\alpha_1 + q_2\alpha_2 + q_3\alpha_3, & \beta_2 = p_2 b_1 + q_2 b_2 + r_2 b_3,\\ a_3 = r_1\alpha_1 + r_2\alpha_2 + r_3\alpha_3, & \beta_3 = p_3 b_1 + q_3 b_2 + r_3 b_3,\end{array}\right.$$

où p_i, q_i, r_i sont des coefficients numériques. Nous en avons déjà déduit les relations (1*), en faisant usage des coefficients suivants :

$$\begin{array}{cccccc} p_1, & p_2, & p_3, & p_1, & 0, & 0,\\ 0, & 1, & 0, & p_2, & 1, & 0,\\ 0, & 0, & 1, & p_3, & 0, & 1.\end{array}$$

Nous aurons, de même, les relations dont nous avons besoin ici, en prenant les coefficients

$$\begin{array}{cccccc} 1, & 1, & 1, & 1, & 0, & 0,\\ 0, & -1, & -1, & 1, & -1, & 0,\\ 0, & 0, & -1, & 1, & -1, & -1.\end{array}$$

Ces relations sont les suivantes :

$$(35)\qquad \left\{\begin{array}{lll} a_1 = \alpha_1 + \alpha_2 + \alpha_3, & \beta_1 = b_1, & b_1 = \beta_1,\\ a_2 = \quad - \alpha_2 - \alpha_3, & \beta_2 = b_1 - b_2, & b_2 = \beta_1 - \beta_2,\\ a_3 = \qquad\quad - \alpha_3, & \beta_3 = b_1 - b_2 - b_3, & b_3 = \beta_2 - \beta_3.\end{array}\right.$$

On voit que, si le système α_i, β_i représente l, g, h, L, G, H, le système a_i, b_i représentera les nouveaux éléments

$$\begin{matrix} l+g+h, & L, \\ -g-h, & L-G, \\ -h, & G-H, \end{matrix}$$

que nous désignerons par

$$(36)\qquad \left\{\begin{matrix} \lambda, & L, \\ -\varpi, & P, \\ -h, & Q. \end{matrix}\right.$$

λ est la longitude moyenne, ϖ la longitude du périhélie, h la longitude du nœud; ensuite

$$(37)\qquad \left\{\begin{aligned} &L=\sqrt{\mu a}, \\ &P=(1-\sqrt{1-e^2})\,L=\frac{1}{2}e^2\left(1+\frac{1}{4}e^2+\frac{1}{8}e^4+\ldots\right)L, \\ &Q=2\gamma^2 G=2\gamma^2\sqrt{1-e^2}\,L. \end{aligned}\right.$$

Les arguments de la fonction perturbatrice, qui dépendent de l, g, h, l', g', h', pourront être facilement exprimés en fonction de λ, ϖ, h, λ', ϖ', h'; mais la transformation des coefficients ne pourra se faire aussi simplement, car on aura

$$e^2=2\frac{P}{L}-\frac{P^2}{L^2},\qquad 2\gamma^2=\frac{Q}{L-P},$$

d'où

$$(38)\qquad \left\{\begin{aligned} &e=\sqrt{\frac{2P}{L}}\left(1-\frac{P}{4L}-\frac{P^2}{32L^2}-\ldots\right), \\ &\gamma=\sqrt{\frac{Q}{2L}}\left(1+\frac{P}{2L}+\frac{3}{8}\frac{P^2}{L^2}+\ldots\right). \end{aligned}\right.$$

On conçoit cependant que la méthode d'intégration puisse s'appliquer aux éléments canoniques qui viennent d'être définis.

Si, maintenant, nous avons recours au théorème en vertu duquel deux éléments canoniques a, b peuvent être remplacés par $\sqrt{2a}\cos b$, $\sqrt{2a}\sin b$, ou, ce qui revient au même, par $-\sqrt{2a}\sin b$, $+\sqrt{2a}\cos b$, il est facile de voir qu'à la place du système (36) nous pouvons employer le suivant :

$$(39)\qquad \left\{\begin{matrix} \lambda, & L, \\ \xi=\sqrt{2P}\cos\varpi, & \eta=\sqrt{2P}\sin\varpi, \\ p=\sqrt{2Q}\cos h, & q=\sqrt{2Q}\sin h. \end{matrix}\right.$$

On aurait d'ailleurs

$$\xi^2 + \eta^2 = 2P = e^2 \left(1 + \frac{1}{4}e^2 + \ldots\right) L,$$

$$p^2 + q^2 = 2Q = 4\gamma^2 \left(1 - \frac{1}{2}e^2 - \ldots\right) L,$$

$$\sqrt{2P} = e \left(1 + \frac{1}{8}e^2 + \ldots\right) \sqrt{L},$$

$$\sqrt{2Q} = 2\gamma \left(1 - \frac{1}{4}e^2 - \ldots\right) \sqrt{L}.$$

Des relations

$$\frac{e}{\sqrt{2P}} = \frac{e\cos\varpi}{\xi} = \frac{e\sin\varpi}{\eta}, \qquad \frac{\gamma}{\sqrt{2Q}} = \frac{\gamma\cos h}{p} = \frac{\gamma\sin h}{q},$$

rapprochées des formules (38), M. Poincaré conclut que $e\cos\varpi$, $e\sin\varpi$, $\gamma\cos h$, $\gamma\sin h$ sont développables suivant les puissances de ξ, η, p, q, et que la fonction perturbatrice est développable suivant les puissances de ξ, η, p, q, ξ', η', p', q'; elle peut être amenée à la forme

$$\sum N\xi^\alpha\eta^\beta p^\gamma q^\delta \ldots \frac{\cos}{\sin}(m_1\lambda + m_2\lambda'),$$

où N dépend de L, L'. Mais cette forme ne se prête plus à la méthode d'intégration précédemment développée.

CHAPITRE XIII.

ACCÉLÉRATION SÉCULAIRE DE LA LUNE.

108. Découverte de l'accélération séculaire. — La Lune est le seul astre pour lequel les observations aient mis en évidence une accélération séculaire. Pour les planètes, la longitude héliocentrique peut se mettre sous la forme

$$L = c + n_0 t + \rho, \qquad \rho = \sum B \sin(\beta t + \beta'),$$

où c, n_0, B, β et β' désignent des constantes. Il en résulte que, si l'on considère trois époques aussi distantes que possible, t_0, t_1 et t_2, $t_0 < t_1 < t_2$, on aura, en mettant aux lettres L et ρ les indices correspondants,

$$L_0 = c + n_0 t_0 + \rho_0, \qquad L_1 = c + n_0 t_1 + \rho_1, \qquad L_2 = c + n_0 t_2 + \rho_2,$$

d'où

$$n_0 = \frac{L_1 - \rho_1 - (L_0 - \rho_0)}{t_1 - t_0}, \qquad n_0 = \frac{L_2 - \rho_2 - (L_1 - \rho_1)}{t_2 - t_1};$$

c'est ainsi qu'on détermine réellement n_0. Or, dans le cas de la Lune, les deux valeurs ainsi trouvées pour n_0 sont différentes; la seconde est plus grande que la première; le moyen mouvement de la Lune va donc en s'accélérant. On obtiendra cet effet en supposant que l'expression de la longitude de la Lune contienne un terme proportionnel au carré du temps, que nous représenterons par $\sigma\left(\frac{t}{100}\right)^2 = \sigma S^2$, t désignant le temps compté en années juliennes de $365^j,25$ et S le nombre de siècles correspondant. On aurait donc

$$L = c + n_0 t + \sigma\left(\frac{t}{100}\right)^2 + \sum B \sin(\beta t + \beta');$$

σ est ce que l'on nomme le *coefficient de l'accélération séculaire*.

Cette inégalité importante a été découverte par Halley ([1]) qui utilisa quelques-unes des anciennes éclipses de Lune de l'*Almageste*, d'autres éclipses observées par les Arabes vers la fin du IXe siècle, et enfin les observations de son temps. Il avait ainsi les trois époques t_0, t_1 et t_2. En outre, t_1 se trouvait tenir à peu près le milieu entre t_0 et t_2. Halley obtint dans le second intervalle une valeur de n_0 plus grande que dans le premier. Il constata ainsi l'accélération, mais sans pouvoir en fixer la grandeur.

Pour trouver une première évaluation de σ, il faut attendre plus d'un demi-siècle. Dunthorne ([2]) obtient $\sigma = 10''$. A peu près dans le même temps, et d'une manière indépendante, Tobie Mayer s'occupa de la même question, en vue de donner à ses Tables de la Lune la plus grande précision possible, et il trouva $\sigma = 6'',7$. Ces Tables parurent en 1752; une seconde édition fut publiée après la mort de l'auteur, en 1770, d'après le manuscrit laissé par lui; la valeur de l'accélération séculaire y est portée à $9''$, sans que l'on sache pour quelle raison il a augmenté ainsi de $2'',3$ la valeur primitivement adoptée. Lalande a repris le même sujet ([3]) et donne $\sigma = 9'',886$.

Les différences entre les déterminations précédentes tiennent à ce que les auteurs n'emploient qu'une partie des éclipses de Ptolémée, une ou trois par exemple sur dix-neuf, de même pour les éclipses des Arabes; enfin les Tables lunaires dont ils se servent sont différentes, et il faut que ces Tables donnent pour l'ensemble des inégalités périodiques de la Lune une valeur assez exacte. Nous verrons dans un autre Chapitre à quelle valeur on est conduit quand on utilise tout le matériel dont on dispose et que l'on a recours aux meilleures Tables de la Lune.

Quoi qu'il en soit, l'ensemble des recherches de Dunthorne, Tobie Mayer et Lalande mettait hors de doute l'existence même de l'accélération, et permettait de lui assigner une valeur comprise entre $6'',7$ et $10''$.

109. Explication théorique de l'accélération séculaire. — Lagrange, qui avait cherché vainement à se rendre compte par la théorie du fait de l'accélération séculaire, émit des doutes sur sa réalité, trouvant les anciennes observations trop vagues et trop discordantes pour qu'on en puisse tirer des données précises. Laplace, de son côté, crut un instant que l'on pourrait expliquer le phénomène, en admettant que la transmission de l'attraction, de la Terre à la Lune, ne soit pas instantanée. Il fit remarquer aussi qu'un ralentissement dans la durée de la rotation de la Terre sur elle-même, ne fût-il que de $0^s,01$ depuis

([1]) *Transactions philosophiques de la Société royale de Londres*, n° 204; 1693.

([2]) *Ibid.*, n° 492; 1749.

([3]) *Mémoires de l'Académie des Sciences de Paris*, 1757.

Hipparque, produirait une accélération séculaire supérieure à 10″; mais il restait à assigner une cause à cette variation du jour sidéral.

En 1783, Lagrange revient encore sur la question et fait voir que les variations séculaires de l'excentricité et de l'inclinaison d'une planète peuvent produire une équation séculaire dans la longitude d'un astre voisin. Faisant l'application de sa théorie aux actions réciproques de Jupiter et de Saturne, il n'obtient que des résultats négligeables, et, par une conclusion trop hâtive, il admit qu'il en serait de même de tous les autres corps de notre système; il se laissa ainsi enlever par Laplace l'honneur d'une découverte contenue implicitement dans ses formules.

C'est en travaillant à la théorie des satellites de Jupiter que Laplace fut mis sur la voie de l'explication cherchée; il reconnut qu'une variation séculaire, dans l'excentricité de l'orbite de Jupiter, produisait une accélération dans les moyens mouvements des satellites. En transportant les résultats à la Terre, il obtint un terme en t^2 dans la longitude de la Lune (*voir* p. 107).

Nous allons calculer ce terme en employant la méthode de la variation des constantes arbitraires. On a, en désignant par n, l et ε le moyen mouvement, la longitude moyenne de la Lune et celle de l'époque,

$$l = \varepsilon + \int n\,dt, \qquad \frac{dl}{dt} = n + \frac{d\varepsilon}{dt}. \tag{1}$$

Le moyen mouvement n se compose d'une partie constante n_0 et de termes périodiques. Quant à $\frac{d\varepsilon}{dt}$, nous avons trouvé, dans le Chapitre IX, p. 146,

$$\frac{d\varepsilon}{dt} = -\frac{n'^2}{n}\left(1 - \frac{9}{8}\varphi^2 + \frac{9}{8}e^2 + \frac{3}{2}e'^2 + \ldots\right); \tag{2}$$

quand on aura remplacé φ et θ, e et ϖ par leurs valeurs (D) et (D_1), pages 152 et 154, on trouvera que $\frac{d\varepsilon}{dt}$ se compose de termes périodiques et de la portion

$$-\frac{n'^2}{n_0}\left(1 + \frac{3}{2}e'^2 + \ldots\right)$$

qui serait constante s'il en était de même de e'. Mais on sait que, en vertu de l'attraction des planètes, l'excentricité e' de l'orbite terrestre varie lentement. La loi de cette variation est compliquée; toutefois, pendant un assez grand nombre de siècles, on peut (*Annales de l'Observatoire*, t. IV, p. 102) se borner à

$$e' = e'_0 - \alpha t, \qquad e'_0 = 0{,}016\,771, \qquad \alpha = +\,0{,}000\,000\,4245,$$

où t est compté en années juliennes à partir de 1850,0. On voit que e' diminue lentement, parce que α est positif et très petit, et que, si l'on néglige α^2, $\frac{d\varepsilon}{dt}$ comprendra une série de termes périodiques, la partie constante

$$-\frac{n'^2}{n_0}\left(1+\frac{3}{2}e_0'^2+\ldots\right)=\nu$$

et le terme

$$+3\frac{n'^2}{n_0}e_0'\alpha t.$$

En intégrant et portant dans (1), on voit que l se composera d'une série de termes périodiques et de la portion

$$c+N_0 t+\frac{3}{2}\frac{n'^2}{n_0}e_0'\alpha t^2=c+N_0 t+\sigma\left(\frac{t}{100}\right)^2,$$

où l'on a fait

$$N_0=n_0+\nu,\qquad \sigma=15000\frac{n'^2}{n_0}e_0'\alpha=15000m^2e_0'n_0\alpha.$$

Cette valeur de σ est positive, et c'est bien une accélération qui se trouve réalisée. Laplace trouva pour σ le nombre 11",135, qu'il réduisit plus tard à 10",18, par suite d'une modification dans les masses de Mars et de Vénus; avec les masses admises aujourd'hui, il aurait obtenu 10",66. On voit que Laplace était arrivé presque exactement au nombre de Dunthorne et de Lalande. On fut ainsi conduit naturellement à admettre la valeur théorique de l'accélération séculaire, et, à partir de la publication du Tome III de la *Mécanique céleste,* on la fixa à 10", et c'est cette valeur qui fut introduite dans les Tables de Bürg et de Burckhardt.

Une réflexion importante doit être faite ici : l'observation avait devancé la théorie dans la découverte de l'accélération séculaire; mais la théorie va prendre sa revanche en nous montrant comment se passeront les choses dans l'avenir le plus reculé. On sait, en effet, par la théorie des inégalités séculaires, que l'excentricité e' ne diminuera pas toujours; dans 24000 ans environ, elle aura atteint son minimum et commencera à augmenter, variant ainsi périodiquement dans un cycle immense. Il est donc prouvé par là même que le moyen mouvement de la Lune n'augmentera pas toujours, et qu'il finira par diminuer, repassant à la longue par les mêmes grandeurs, de part et d'autre d'une valeur moyenne.

Laplace montra aussi, comme nous l'avons déjà vu, pages 102 et 104 de ce Volume, que la diminution séculaire de e' produit des variations séculaires dans les mouvements du périgée et du nœud de la Lune, et il en détermina les expressions. Pour juger de l'amélioration que la variation séculaire du périgée, indiquée par sa théorie, introduirait dans les Tables, il pria Bouvard de comparer à ces Tables les anciennes observations d'éclipses, en négligeant d'abord la variation du périgée et, ensuite, en en tenant compte. Les résultats obtenus par Bouvard sont consignés dans un Tableau inséré dans les *Additions à la Connaissance des Temps pour l'an VIII;* on y voit que les erreurs des Tables sont améliorées sensiblement par l'introduction de la variation séculaire du périgée.

Après Laplace, Plana avait calculé avec plus d'exactitude le coefficient de $e'_0 n_0 \alpha t^2$ dans la longitude de la Lune; au terme unique $+\frac{3}{2}m^2$, il en avait ajouté vingt-sept autres plus petits, et l'ensemble lui avait donné $\sigma = 10'',58$. Damoiseau avait obtenu de son côté $10'',72$; c'était, en somme, la confirmation du résultat de Laplace.

110. **Recherches sur les éclipses chronologiques.** — La question historique, délaissée pendant longtemps, entra dans une phase nouvelle lorsque Baily eut signalé en 1811, dans les éclipses totales de Soleil, un nouveau et précieux moyen de contrôle pour les Tables de la Lune. Voici dans quel sens : les historiens de l'antiquité, à partir du ve siècle avant l'ère chrétienne, nous ont transmis des récits plus ou moins nets d'éclipses totales de Soleil qui seraient arrivées en certains lieux, presque toujours au moment d'événements historiques d'une grande importance, mais sans faire connaître l'heure du phénomène, ni le jour, ni même l'année, le plus souvent. Il y a donc, entre ces éclipses de Soleil et celles que nous avons mentionnées jusqu'ici, une différence importante; les dernières seules sont rapportées à une date précise et même à une heure déterminée.

Cependant, si l'on a égard à ce fait connu que, dans chaque éclipse de Soleil, les régions de la Terre recouvertes par l'ombre pure de la Lune (zones de la totalité) forment une bande très étroite; si l'on se rappelle que, en un lieu donné, les éclipses totales de Soleil sont très rares, qu'à Paris, par exemple, on n'en aura vu qu'une pendant toute la durée des XVIIIe et XIXe siècles, qu'à Londres on a été pendant cinq cent soixante-quinze ans sans en observer une seule, depuis 1140 jusqu'en 1715, et que, depuis l'éclipse de 1715, on n'y en a pas vu d'autres; on comprend que, si l'on savait positivement qu'en un lieu donné de la Terre on a observé une éclipse totale de Soleil, à une époque non exactement fixée, mais cependant comprise entre des limites de temps pas trop espacées, on comprend, disons-nous, qu'on en puisse tirer des conclusions précises sur les valeurs de certains éléments de l'orbite lunaire à cette époque et en particulier sur le moyen mouvement correspondant. En supposant à cette dernière quantité une variation très faible, l'éclipse calculée par les Tables peut cesser d'avoir été totale au lieu considéré. Il peut se faire toutefois qu'il y ait lieu de faire varier d'autres éléments, que la question de la date inconnue joue tout de même un rôle, que la position du lieu d'observation n'ait pas été nettement indiquée, et qu'enfin le vague des récits et la fable qui tend à se mêler aux grands événements correspondants ne permettent pas toujours de savoir si l'on a eu réellement affaire à une éclipse totale de Soleil. Les erreurs des Tables peuvent jouer aussi un rôle important, et l'on conçoit que la méthode donne dans la réalité moins qu'elle ne semblait promettre.

Quoi qu'il en soit, ces recherches intéressantes, inaugurées par Baily, ont été poursuivies avec sagacité par Airy (*Transactions philosophiques* de 1853 et *Mémoires de la Société royale astronomique de Londres*, t. XXVI; 1857), et l'autorité qui s'attache à tous les travaux de cet astronome éminent leur a donné une grande importance. Nous reviendrons en détail, dans la suite, sur les éclipses chronologiques. Bornons-nous, pour le moment, à dire que leur considération a conduit Airy, dans son Mémoire de 1853, à donner à l'accélération séculaire la valeur 10″,72; dans son travail de 1857, où il s'est servi des nouvelles Tables de Hansen, il a même porté ce nombre à 12″,18, ajoutant qu'avec 13″ on aurait encore une représentation plus satisfaisante de deux des éclipses en question.

D'autre part, Hansen a calculé à plusieurs reprises, par sa théorie, la valeur de l'accélération séculaire, et il a trouvé successivement 11″,93 (*Astron. Nachr.*, n° 443; 1842), 11″,47 (*Astron. Nachr.*, n° 597; 1847), 12″,18 (*Tables de la Lune*, publiées en 1857) et enfin 12″,56 (*Darlegung*, t. II; 1864).

Il y avait donc là un nouvel ensemble de recherches fondées sur la théorie et sur les anciennes éclipses, tendant à montrer que le nombre de Laplace était trop petit et devait être porté à 12″, sinon à 13″.

111. Recherches théoriques d'Adams et de Delaunay. — Ici se présente un fait curieux dans l'histoire de la Science. Presque à la même époque où Hansen et Airy augmentaient le nombre de Laplace, Adams prouvait qu'il devait être diminué.

Dans un Mémoire (¹) lu à la Société royale de Londres le 6 juin 1853, Adams montrait en effet que Plana et Damoiseau, quand ils avaient voulu déterminer l'accélération séculaire avec plus de précision que Laplace, avaient commis une grave erreur en intégrant les équations différentielles comme si e' était constant, et se bornant à remplacer e' par sa valeur en fonction du temps, une fois les intégrations effectuées; cela n'est permis que dans la première approximation. Adams intègre en tenant compte de la variabilité de e', et il trouve pour le coefficient de $2e'_0 n_0 \alpha t^2$ ou, ce qui revient au même, pour le coefficient de l'intégrale $\int (e_0'^2 - e'^2) n_0 \, dt$, la valeur

$$\frac{3}{2} m^2 - \frac{3771}{64} m^4,$$

(¹) *Transactions philosophiques*, p. 397; année 1853.

tandis que Plana avait obtenu

$$\frac{3}{2}m^2 - \frac{2187}{128}m^4,$$

soit un coefficient de m^4 trois fois trop faible. Le nouveau terme en m^4 diminuait de 1″,66 environ l'accélération de Laplace. Adams disait, en terminant son Mémoire : « Ce résultat sert à donner une idée de l'importance numérique des nouveaux termes qui doivent être ajoutés à la valeur adoptée pour l'accélération séculaire et ne différera probablement pas beaucoup de la correction complète, bien que, pour obtenir une valeur suffisamment précise pour être employée dans le calcul des anciennes éclipses, les approximations doivent être poussées beaucoup plus loin. »

Plana, qui se trouvait directement mis en cause, examina de nouveau la question. Dans un Mémoire imprimé en 1856, il reconnut que sa théorie était inexacte, et, en la corrigeant, il trouva d'abord pour le terme en m^4 le même coefficient qu'Adams; mais bientôt il revint sur son calcul et s'arrêta à une valeur du terme en m^4 qui différait à la fois de celle qu'il lui avait attribuée dans son grand Ouvrage et de celle qu'Adams avait trouvée de son côté.

La question était ainsi en suspens quand Delaunay vint à s'en occuper, en suivant une méthode différente de celles qui avaient été employées avant lui. Poussant d'abord le calcul de l'accélération séculaire jusqu'au terme en m^4, il retrouva (¹) identiquement pour ce terme la valeur $-\frac{3771}{64}m^4$. Adams publia aussitôt (²) les valeurs qu'il avait obtenues depuis quelque temps pour les termes en m^5, m^6 et m^7; en même temps, il fit voir que l'ensemble de ses recherches réduisait l'accélération à 5″,7. Bientôt après, Delaunay donna (³) l'expression complète à laquelle il était arrivé pour le coefficient de l'intégrale $\int(e_0'^2 - e'^2)\,n_0\,dt$, en poussant l'approximation jusqu'aux quantités du huitième ordre, expression qui renfermait quarante-deux termes distincts et dans laquelle il avait retrouvé exactement tous les nouveaux termes d'Adams. Par suite de l'ensemble de ces quarante-deux termes, la valeur de l'accélération se trouvait portée à 6″,11.

Ces résultats furent vivement combattus par de Pontécoulant, mais par des arguments dépourvus de toute valeur et auxquels il est inutile de s'arrêter aujourd'hui. Plana finit par reconnaître définitivement son erreur, et le coefficient de m^4 fut encore confirmé par Lubbock (*Mémoires de la Société royale astronomique de Londres*, t. XXX) et par M. Cayley (*Monthly Notices*, t. XXII).

(¹) *Comptes rendus*, t. XLVIII, 17 janvier 1859.

(²) *Ibid.*, 31 janvier 1859.

(³) *Ibid.*, 25 avril 1859.

Pendant plusieurs années, Hansen affirma que ses calculs théoriques lui donnaient 12″ ou 13″. Cependant, à la fin, il reconnut qu'il avait commis une méprise analogue à celle de Plana et déclara que les calculs numériques d'Adams étaient exacts [*Lettre à M. Warren de la Rue* (*Comptes rendus*, t. LXII, p. 704 et suiv.)]; néanmoins il soutint toujours que les éclipses chronologiques, qui étaient bien représentées avec une accélération de 12″ ou 13″, cessaient de l'être avec le nouveau chiffre de 6″.

Toutefois, la question est tranchée sur un point important; la cause découverte par Laplace donne lieu, quand on fait les calculs complètement, à une accélération de 6″,11.

Il peut paraître surprenant que Laplace n'ait pas songé à calculer le terme en m^4; c'est peut-être à cause de l'accord presque complet que présenta le résultat de son calcul avec la valeur donnée par Lalande.

Voici, à titre de document, pour donner une idée de la convergence de la série, quelques-uns des termes calculés par Delaunay (*Comptes rendus*, t. XLVIII, p. 825) :

Terme en m^2	+10″,659
» m^3	»
» m^4	− 2,343
» m^5	− 1,582
» m^6	− 0,711
» m^7	− 0,247
» m^8	− 0,062

On voit que le premier terme est positif; il est suivi d'une série de termes négatifs qui convergent lentement et dont l'ensemble forme presque la moitié du premier; il y a une certaine analogie avec ce qui s'est passé pour le périgée.

Delaunay a effectué ce calcul complet en suivant sa propre méthode. (*Voir* les indications du calcul dans les *Additions à la Connaissance des Temps pour* 1861.) Delaunay a aussi retrouvé (¹) les termes en m^4 d'une façon très simple, en suivant la méthode de Poisson (*voir* p. 141 de ce Volume); c'est ce calcul très simple que nous allons exposer maintenant.

112. Démonstration de Delaunay. — Nous partons de la formule (8), p. 145, qui donne

$$\frac{dl}{dt} = n - \frac{2}{na}\frac{\partial R}{\partial a} + \frac{e}{2na^2}\frac{\partial R}{\partial e} + \frac{\varphi}{2na^2}\frac{\partial R}{\partial \varphi}. \tag{3}$$

(¹) *Additions à la Connaissance des Temps pour* 1862.

Si l'on y mettait pour R sa valeur, on trouverait comme précédemment dans $\frac{dl}{dt}$ le terme $-\frac{3}{2}\frac{n'^2}{n}e'^2$. Pour avoir une précision plus grande, il faut procéder à la seconde approximation. La première approximation a donné les divers éléments de la Lune sous la forme $p+\delta_1 p$; nous devrons mettre ces valeurs dans le second membre de l'équation (3) et procéder à une seconde approximation, et ainsi de suite. Chaque approximation nouvelle introduira de nouveaux termes en e'^2, avec un facteur n'^2 de plus; l'exposant de n' mesurera donc en quelque sorte l'ordre de l'approximation. Reportons-nous à l'expression de R, page 189, et considérons ses divers arguments. On peut se demander quelles combinaisons de ces arguments deux à deux pourront amener une partie non périodique dans $\frac{dl}{dt}$ à la seconde approximation. Soit $A\cos\alpha$ un terme trouvé à la première approximation dans $\frac{dl}{dt}$; A et α seront des fonctions des éléments p; pour la seconde approximation, nous remplacerons p par $p+\delta_1 p$ et nous développerons par la série de Taylor, en nous bornant à la première puissance des $\delta_1 p$. Le terme $A\cos\alpha$ se trouvera ainsi augmenté de

$$\cos\alpha\frac{\partial A}{\partial p}\delta_1 p - A\sin\alpha\frac{\partial\alpha}{\partial p}\delta_1 p;$$

donc, si $\delta_1 p$ contient des termes de la forme $B\,{}^{\sin}_{\cos}\,\beta$, on trouvera, en substituant, des termes en ${}^{\sin}_{\cos}(\alpha\pm\beta)$ dont il faudra prendre seulement les parties non périodiques. Les arguments de R dépendent de

$$l,\quad \varpi,\quad \theta,\quad l',\quad \varpi',$$

l, l' désignant ici les longitudes moyennes, que Delaunay représente par $l+g+h$, $l'+g'+h'$, ou $l+\varpi$, $l'+\varpi'$; les termes qui dépendront des quatre premières quantités auront des périodes courtes, relativement aux périodes que nous considérons ici. Nous ne devrons donc garder dans les termes en ${}^{\sin}_{\cos}(\alpha\pm\beta)$ que ceux où l'argument est égal à o ou à un multiple de ϖ'. Mais, dans α et β, la somme algébrique des coefficients de l, ϖ, θ, l', ϖ' est nulle, et il en sera de même dans $\alpha\pm\beta$ qui, par suite, ne pourra pas se réduire à un multiple de ϖ'. Donc, pour que le terme ${}^{\sin}_{\cos}(\alpha\pm\beta)$ ne soit pas périodique, il faut qu'on ait $\alpha=\pm\beta$; par suite, chaque argument doit être combiné seulement avec lui-même.

Quels termes de R faudra-t-il prendre? Des termes en $\mathcal{A}e' + \mathcal{B}e'^3 + \ldots$, que l'on réduira à $\mathcal{A}e'$, et des termes en $\mathcal{A}' + \mathcal{B}'e'^2 + \mathcal{C}'e'^4 + \ldots$, que l'on réduira à $\mathcal{A}' + \mathcal{B}'e'^2$; car le carré du coefficient contiendra, dans le premier cas, le terme $\mathcal{A}^2 e'^2$ et, dans le second, le terme $2\mathcal{A}'\mathcal{B}'e'^2$. Si l'on se reporte à l'expression de R, on verra dès lors que l'on doit la réduire à

$$
\begin{aligned}
& R = n'^2 a^2 \\
(\mathrm{O}) \qquad & \times \Big[\frac{1}{4} + \frac{3}{8}e'^2 \\
(\mathrm{I}) \qquad & + \left(\frac{3}{4} - \frac{15}{8}e'^2\right)\cos(2l - 2l') \\
(\mathrm{II}) \qquad & - \frac{3}{8}e'\cos(2l - l' - \varpi') \\
(\mathrm{III}) \qquad & + \frac{21}{8}e'\cos(2l - 3l' + \varpi') \\
(\mathrm{IV}) \qquad & - \left(\frac{1}{2}e + \frac{3}{4}ee'^2\right)\cos(l - \varpi) \\
(\mathrm{V}) \qquad & - \frac{3}{4}ee'\cos(l + l' - \varpi - \varpi') \\
(\mathrm{VI}) \qquad & - \frac{3}{4}ee'\cos(l - l' - \varpi + \varpi') \\
(\mathrm{VII}) \qquad & - \left(\frac{9}{4}e - \frac{45}{8}ee'^2\right)\cos(l - 2l' + \varpi) \\
(\mathrm{VIII}) \qquad & + \left(\frac{3}{4}e - \frac{15}{8}ee'^2\right)\cos(3l - 2l' - \varpi) \\
(\mathrm{IX}) \qquad & + \frac{9}{8}ee'\cos(l - l' + \varpi - \varpi') \\
(\mathrm{X}) \qquad & - \frac{63}{8}ee'\cos(l - 3l' + \varpi + \varpi') \\
(\mathrm{XI}) \qquad & - \frac{3}{8}ee'\cos(3l - l' - \varpi - \varpi') \\
(\mathrm{XII}) \qquad & + \frac{21}{8}ee'\cos(3l - 3l' - \varpi + \varpi') \\
(\mathrm{XIII}) \qquad & \qquad\qquad + \frac{3}{4}e'\cos(l' - \varpi')\Big].
\end{aligned}
$$

On a donné des numéros aux diverses parties. Comme on doit combiner chacun des termes avec lui-même, il en résulte qu'on peut les considérer séparément.

Considérons d'abord la partie

$$(\mathrm{O}) = n'^2 a^2 \left(\frac{1}{4} + \frac{3}{8}e'^2\right),$$

qui, portée dans la formule (3), donnera

$$\frac{dl}{dt} = n - \frac{n'^2}{n}\left(1 + \frac{3}{2}e'^2\right);$$

il faudra, dans le second membre, remplacer n par $n + \delta_1 n$; or ce second membre ne contenant pas ε, on a $\delta_1 n = 0$. Il n'y aura donc pas de changement, et la portion (O) ne nous donnera que ce que nous avions trouvé dans la première approximation, savoir

$$\boxed{-\frac{3}{2}\frac{n'^2}{n}e'^2}.$$

113. Nous allons traiter ensemble les parties (I), (II) et (III), que l'on peut comprendre dans la forme

$$R = n'^2 a^2 A \cos(2l + \alpha). \tag{4}$$

A et α ne dépendent pas des éléments de la Lune. Ce sont néanmoins des fonctions du temps, A à cause de e', α à cause de l' et ϖ'; le coefficient de t dans α, n', $2n'$ ou $3n'$, est petit par rapport au coefficient $2n$ de t dans $2l$, et nous pourrons négliger le premier par rapport au second, dans les intégrations que nous allons effectuer. Nous aurons, par (3) et (4),

$$\frac{dl}{dt} = n - 4\frac{n'^2}{n}A\cos(2l + \alpha). \tag{5}$$

Il faut calculer

$$\delta_1 n = -\frac{3}{a^2}\int\frac{\partial R}{\partial \varepsilon}dt = 6n'^2\int A\sin(2l + \alpha)\,dt.$$

Intégrons par parties, en prenant $2n$ pour coefficient dans $2l + \alpha$, et nous aurons

$$\delta_1 n = -\frac{3n'^2}{n}A\cos(2l + \alpha) + \frac{3n'^2}{n}\int\cos(2l + \alpha)\frac{dA}{dt}dt;$$

A est fonction de t, mais varie avec une extrême lenteur. On peut admettre que $\frac{dA}{dt}$ est constant, et il en résulte

$$\delta_1 n = -\frac{3n'^2}{n}A\cos(2l + \alpha) + \frac{3n'^2}{2n^2}\frac{dA}{dt}\sin(2l + \alpha).$$

Calculons $\delta_1 l$; la formule (5) donne

$$\frac{d\delta_1 l}{dt} = \delta_1 n - \frac{4n'^2}{n}A\cos(2l + \alpha),$$

d'où, en remplaçant $\delta_1 n$ par sa valeur,

$$\frac{d\delta_1 l}{dt} = -\frac{7n'^2}{n} \mathrm{A} \cos(2l+\alpha) + \frac{3n'^2}{2n^2}\frac{d\mathrm{A}}{dt}\sin(2l+\alpha),$$

et, en opérant comme précédemment et réduisant,

$$(6) \qquad \delta_1 l = -\frac{7n'^2}{2n^2}\mathrm{A}\sin(2l+\alpha) - \frac{5n'^2}{2n^3}\frac{d\mathrm{A}}{dt}\cos(2l+\alpha).$$

Il faut aussi avoir $\delta_2 n$ et, pour cela, remplacer, dans la formule

$$\frac{dn}{dt} = 6n'^2\mathrm{A}\sin(2l+\alpha),$$

l par $l + \delta_1 l$, ce qui donne

$$\frac{d\delta_2 n}{dt} = 12n'^2\mathrm{A}\cos(2l+\alpha)\,\delta_1 l;$$

remplaçons $\delta_1 l$ par sa valeur (6) et ne gardons dans $\frac{d\delta_2 n}{dt}$ que la partie non périodique; nous trouverons

$$\frac{d\delta_2 n}{dt} = -\frac{15n'^4}{n^3}\mathrm{A}\frac{d\mathrm{A}}{dt},$$

$$\delta_2 n = -\frac{15n'^4}{2n^3}\mathrm{A}^2.$$

Revenons à la formule (5); augmentons-y n de $\delta_2 n$ et l de $\delta_1 l$, et ne conservons que les termes non périodiques; nous trouverons

$$\delta_2 n + \frac{4n'^2}{n^2}\mathrm{A}\cos(2l+\alpha)\,\delta_1 n + \frac{8n'^2}{n}\mathrm{A}\sin(2l+\alpha)\,\delta_1 l,$$

ce qui se réduit à

$$-\frac{15}{2}\frac{n'^4}{n^3}\mathrm{A}^2 - \frac{6n'^4}{n^3}\mathrm{A}^2 - \frac{14n'^4}{n^3}\mathrm{A}^2 = -\frac{55n'^4}{2n^3}\mathrm{A}^2.$$

Pour tenir compte des termes (I), (II) et (III), il suffit de donner, dans l'expression précédente, à A les valeurs

$$\frac{3}{4} - \frac{15}{8}e'^2, \qquad -\frac{3}{8}e', \qquad +\frac{21}{8}e'.$$

On trouve ainsi les parties

$$\boxed{+\frac{2475}{32}\frac{n'^4}{n^3}e'^2}, \qquad \boxed{-\frac{495}{128}\frac{n'^4}{n^3}e'^2}, \qquad \boxed{-\frac{24255}{128}\frac{n'^4}{n^3}e'^2}.$$

On peut remarquer dès à présent que les coefficients de $\frac{n'^4}{n^3}e'^2$ sont considérables.

Les termes (IV) à (XII) sont compris dans la forme

$$(7) \qquad R = n'^2 a^2 e A \cos u, \qquad u = il + \varpi + \alpha,$$

A et α étant des fonctions de t, indépendantes des éléments de la Lune. Les formules (3) et (7) donnent

$$(8) \qquad \frac{dl}{dt} = n - \frac{7n'^2}{2n} e A \cos u;$$

on a aussi

$$(9) \qquad \frac{dn}{dt} = 3in'^2 e A \sin u,$$

d'où

$$\delta_1 n = 3in'^2 e \int A \sin u \, dt;$$

en intégrant par parties et remarquant que le coefficient de t dans u diffère peu de in, il vient

$$\delta_1 n = -\frac{3n'^2}{n} e A \cos u + \frac{3n'^2}{in^2} e \frac{dA}{dt} \sin u.$$

La formule (8) nous donnera

$$\frac{d\delta_1 l}{dt} = \delta_1 n - \frac{7n'^2}{2n} e A \cos u;$$

en remplaçant $\delta_1 n$ par sa valeur précédente, on voit que $\delta_1 l$ contiendra e en facteur dans toutes ses parties. Les formules connues donnant $\frac{de}{dt}$ et $\frac{d\varpi}{dt}$ peuvent être réduites à

$$\frac{de}{dt} = -\frac{1}{na^2 e}\frac{\partial R}{\partial \varpi}, \qquad \frac{d\varpi}{dt} = \frac{1}{na^2 e}\frac{\partial R}{\partial e},$$

et donnent

$$\frac{de}{dt} = \frac{n'^2}{n} A \sin u, \qquad e\frac{d\varpi}{dt} = \frac{n'^2}{n} A \cos u,$$

d'où

$$\delta_1 e = -\frac{n'^2}{in^2}\mathrm{A}\cos u + \frac{n'^2}{i^2n^3}\frac{d\mathrm{A}}{dt}\sin u,$$

$$e\,\delta_1\varpi = \frac{n'^2}{in^2}\mathrm{A}\sin u + \frac{n'^2}{i^2n^3}\frac{d\mathrm{A}}{dt}\cos u.$$

Passons à $\delta_2 n$; la formule (9) donne

$$\frac{d\delta_2 n}{dt} = 3in'^2\mathrm{A}\sin u\,\delta_1 e + 3in'^2\mathrm{A}e\cos u(i\delta_1 l + \delta_1\varpi).$$

On peut supprimer $\delta_1 l$, car, d'après ce qu'on a dit plus haut, $e\delta_1 l$ contiendrait e^2 en facteur, et nous ne cherchons que des termes en e'^2 et non en $e^2e'^2$; en remplaçant en outre $\delta_1 e$ et $\delta_1\varpi$ par leurs valeurs précédentes, on trouve

$$\frac{d\delta_2 n}{dt} = \frac{3}{i}\frac{n'^4}{n^3}\mathrm{A}\frac{d\mathrm{A}}{dt}, \qquad \delta_2 n = \frac{3}{2i}\frac{n'^4}{n^3}\mathrm{A}^2.$$

La formule (8) nous donne enfin

$$\frac{d\delta_2 l}{dt} = \delta_2 n + \frac{7n'^2}{2n^2}\delta_1 ne\mathrm{A}\cos u - \frac{7n'^2}{2n}\delta_1 e\mathrm{A}\cos u + \frac{7n'^2}{2n}\mathrm{A}\sin ue\delta_1\varpi,$$

d'où, avec les valeurs précédentes de $\delta_1 n$, $\delta_2 n$, $\delta_1 e$, $e\delta_1\varpi$, négligeant e^2 et ne conservant que les parties non périodiques,

$$\frac{d\delta_2 l}{dt} = \frac{n'^4}{in^3}\mathrm{A}^2\left(\frac{3}{2} + \frac{7}{4} + \frac{7}{4}\right) = \frac{5}{i}\frac{n'^4}{n^3}\mathrm{A}^2.$$

Il n'y a plus qu'à donner dans cette expression à i et A les valeurs suivantes, qui correspondent aux termes (IV) à (XII),

i.	A.	i.	A.
-1	$-\left(\frac{1}{2} + \frac{3}{4}e'^2\right)$	$+1$	$\frac{9}{8}e'$
-1	$-\frac{3}{4}e'$	$+1$	$-\frac{63}{8}e'$
-1	$-\frac{3}{4}e'$	-3	$-\frac{3}{8}e'$
$+1$	$-\left(\frac{9}{4} - \frac{45}{8}e'^2\right)$	-3	$\frac{21}{8}e'$
-3	$\frac{3}{4} - \frac{15}{8}e'^2$		

On trouve ainsi ces diverses parties de $\frac{d\delta_2 l}{dt}$,

$$\boxed{-\frac{15}{4}\frac{n'^4}{n^3}e'^2},\quad \boxed{-\frac{45}{16}\frac{n'^4}{n^3}e'^2},\quad \boxed{-\frac{45}{16}\frac{n'^4}{n^3}e'^2},$$

$$\boxed{-\frac{2025}{16}\frac{n'^4}{n^3}e'^2},\quad \boxed{+\frac{75}{16}\frac{n'^4}{n^3}e'^2},\quad \boxed{+\frac{405}{64}\frac{n'^4}{n^3}e'^2},$$

$$\boxed{+\frac{19845}{64}\frac{n'^4}{n^3}e'^2},\quad \boxed{-\frac{15}{64}\frac{n'^4}{n^3}e'^2},\quad \boxed{-\frac{735}{64}\frac{n'^4}{n^3}e'^2}.$$

Il reste à tenir compte du terme (XIII), qui donne

$$R = \frac{3}{4}n'^2 a^2 e' \cos(l' - \varpi'), \qquad \frac{dl}{dt} = n - \frac{3n'^2}{n}e'\cos(l' - \varpi'), \qquad \frac{dn}{dt} = 0.$$

On a donc

$$\delta_1 n = 0, \qquad \delta_2 n = 0, \qquad \frac{d\delta_2 l}{dt} = 0.$$

En réunissant toutes les parties $\boxed{}$, on trouve

$$\text{(10)} \qquad \frac{d\delta_2 l}{dt} = -\frac{3}{2}\frac{n'^2}{n}e'^2 + \frac{3675}{64}\frac{n'^4}{n^3}e'^2,$$

$$\frac{d\delta_2 l}{dt} = -\frac{3}{2}\frac{n'^2}{n}e'^2\left(1 - \frac{1225}{32}\frac{n'^2}{n^2}\right).$$

On a d'ailleurs

$$\frac{1225}{32}\frac{n'^2}{n^2} = 0,214;$$

donc le nouveau terme diminue de plus de $\frac{1}{5}$ le coefficient de Laplace. Il arrive ici une chose analogue à ce qu'a rencontré Clairaut pour le mouvement du périgée. La série qui donne l'accélération séculaire a sa partie principale ordonnée suivant les puissances de m; cette série converge très lentement, et l'on commet une erreur notable quand on s'arrête au premier terme, comme l'avait fait Laplace. Si nous réunissons les valeurs de $\frac{d\delta_1 l}{dt}$ et $\frac{d\delta_2 l}{dt}$, nous trouverons

$$\frac{d\delta l}{dt} = n - \frac{n'^2}{n} + n\left(-\frac{3}{2}\frac{n'^2}{n^2} + \frac{3675}{64}\frac{n'^4}{n^4}\right)e'^2,$$

d'où, en faisant

$$n - \frac{n'^2}{n} = n_1, \qquad m = \frac{n'}{n_1},$$

$$n = n_1(1 + m^2),$$

$$\frac{d\delta l}{dt} = n_1 + n_1(1 + m^2)\left[-\frac{3}{2}m^2(1 - 2m^2) + \frac{3675}{64}m^4\right]e'^2,$$

$$(11) \qquad \frac{d\delta l}{dt} = n_1\left(1 - \frac{3}{2}m^2 + \frac{3771}{64}m^4\right)e'^2.$$

Adams, dans son Mémoire déjà cité, a donné encore le terme suivant

$$(12) \qquad \frac{d\delta l}{dt} = n_1\left(1 - \frac{3}{2}m^2 + \frac{3771}{64}m^4 + \frac{34047}{64}m^5\right).$$

Le lecteur pourra consulter avec fruit le tome XL des *Monthly Notices*, p. 472, où Adams établit assez simplement la formule (11); le Tome LXXII des *Comptes rendus*, p. 496, où Delaunay donne l'expression définitive et très complète de l'accélération séculaire; la Thèse de M. P. Puiseux (*Annales de l'École Normale*; 1879), où la démonstration précédente de Delaunay, fondée sur la méthode de Poisson, est étendue aux termes en m^5 ou m^6.

M. V. Puiseux (*Mémoires présentés par divers savants à l'Académie des Sciences*, t. XXI; 1875) avait pensé que la diminution séculaire de l'inclinaison γ' de l'écliptique sur une écliptique fixe pourrait produire aussi un effet sensible sur l'accélération du moyen mouvement; c'est ce qu'avaient déjà dit Plana et Carlini (*voir* un Rapport de Laplace dans les *Additions à la Connaissance des Temps pour* 1823). Le résultat des longs calculs de M. V. Puiseux a été négatif; il y a un grand nombre de termes dont quelques-uns pris isolément seraient très sensibles; mais, quand on fait la somme, ils se détruisent presque exactement.

L'accélération séculaire, qui est produite par la variation de e' causée par l'action des planètes, n'est donc pas affectée d'une façon sensible par la variation correspondante de γ'. Elle ne doit pas l'être non plus par le déplacement progressif du nœud de l'orbite terrestre, car la longitude de ce nœud disparaît de la fonction perturbatrice quand on y fait $\gamma' = 0$, ce qu'il est permis de supposer. Reste à examiner le déplacement du périhélie de l'orbite terrestre, que Lagrange avait signalé comme pouvant produire aussi une équation séculaire de la Lune. Mais un coup d'œil jeté sur la fonction perturbatrice montre qu'il n'en est rien; la longitude ϖ' du périhélie n'entre en effet que dans les termes périodiques, et, si l'on suppose $\gamma' = 0$, ϖ' se trouvera partout associé aux longitudes de la Terre et de la Lune, qui ont une variation beaucoup plus rapide. Le seul effet du déplacement du périhélie sera donc de modifier légèrement les périodes des inégalités de la Lune, et il ne peut en résulter d'équations séculaires dans la longitude.

On peut enfin se demander quelle serait, sur l'accélération séculaire, l'influence du terme en t^3 produite par la variabilité de e'. M. P. Puiseux, dans la Thèse déjà citée, a examiné la question et il a montré que le terme en t^3 modifierait seulement de quatre ou cinq minutes les époques des éclipses chronologiques; or ces éclipses sont affectées d'une erreur au moins aussi grande. La considération du terme en t^3 dans la longitude de la Lune est donc inutile au moins à l'époque actuelle.

Enfin il y avait lieu de voir si, en tenant compte de la variabilité de e' dans l'intégration des équations différentielles, on trouverait des changements appréciables dans les termes en t^2 trouvés par Laplace dans les longitudes du périgée et du nœud de la Lune, comme cela était arrivé pour la longitude moyenne.

Delaunay a examiné la question (*Comptes rendus*, t. XLIX) et il a trouvé pour le coefficient de t^2, contenu dans la longitude du périgée lunaire, les diverses parties suivantes en m^2, m^3, ... :

m^2....................	$-\ 7'',994$
m^3....................	$-13,703$
m^4....................	$-\ 9,546$
m^5....................	$-\ 6,177$
m^6....................	$-\ 2,489$

Il aurait fallu aller encore plus loin pour avoir toute la précision désirable. Toutefois, d'après l'allure des trois derniers nombres, Delaunay suppose que le suivant ne dépasserait pas $0'',5$; il prend finalement $-40'',0\left(\frac{t}{100}\right)^2$ pour la diminution séculaire du périgée. Damoiseau avait adopté $-39'',7$ et Hansen a employé successivement les valeurs $-39'',18$, $-36'',31$ et $-37'',25$; le changement apporté au nombre de Damoiseau est presque insensible.

Pour le nœud, Delaunay obtient

m^2....................	$+\ 7'',994$
m^3....................	$-\ 0,548$
m^4....................	$-\ 0,462$
m^5....................	$-\ 0,216$
m^6....................	$+\ 0,084$

Il adopte pour le total $+6'',8\left(\frac{t}{100}\right)^2$; Damoiseau avait trouvé $+6'',56$; Hansen $+6'',48$ et $+7'',07$.

CHAPITRE XIV.

RECHERCHES DE M. HILL SUR LA VARIATION.

114. Les recherches dont il s'agit ont été publiées dans l'*American Journal of Mathematics,* Tome I, 1878. L'auteur préfère les coordonnées rectangulaires aux coordonnées polaires; leurs développements périodiques sont en effet plus simples, même dans le mouvement elliptique, ainsi que cela résulte des formules du Tome I, Chap. XIII.

Prenons pour plan des xy le plan de l'écliptique supposé immobile; soient X, Y, Z; X′, Y′, o les coordonnées de la Lune et du Soleil, ρ et ρ' les distances de ces deux astres à la Terre, μ' la masse du Soleil, μ la somme des masses de la Terre et de la Lune (en y comprenant le facteur f). La fonction perturbatrice est

$$\mathrm{R} = \mu' \left[\frac{1}{\sqrt{(\mathrm{X}' - \mathrm{X})^2 + (\mathrm{Y}' - \mathrm{Y})^2 + \mathrm{Z}^2}} - \frac{\mathrm{XX}' + \mathrm{YY}'}{\rho'^3} \right],$$

$$\mathrm{R} = \mu' \left[\frac{3(\mathrm{XX}' + \mathrm{YY}')^2}{2\rho'^5} - \frac{\rho^2}{2\rho'^3} \right] + \mu' \left[\frac{5(\mathrm{XX}' + \mathrm{YY}')^3}{2\rho'^7} - 3\rho^2 \frac{\mathrm{XX}' + \mathrm{YY}'}{2\rho'^5} \right] + \ldots.$$

On en conclut, en remplaçant μ' par $n'^2 a'^3$,

$$\begin{aligned} \frac{\partial \mathrm{R}}{\partial \mathrm{X}} = \; & n'^2 \left(\frac{a'}{\rho'}\right)^3 \rho \left[-\frac{\mathrm{X}}{\rho} + 3\frac{\mathrm{X}'}{\rho'} \left(\frac{\mathrm{X}}{\rho}\frac{\mathrm{X}'}{\rho'} + \frac{\mathrm{Y}}{\rho}\frac{\mathrm{Y}'}{\rho'} \right) \right] \\ & - 3n'^2 \left(\frac{a'}{\rho'}\right)^3 \rho \frac{\rho}{\rho'} \left[\frac{\mathrm{X}}{\rho} \left(\frac{\mathrm{X}}{\rho}\frac{\mathrm{X}'}{\rho'} + \frac{\mathrm{Y}}{\rho}\frac{\mathrm{Y}'}{\rho'} \right) + \frac{1}{2}\frac{\mathrm{X}'}{\rho'} \right] + \ldots. \end{aligned}$$

$\left(\frac{a'}{\rho'}\right)^3$ ne contient pas a'; $\frac{\mathrm{X}'}{\rho'}$, $\frac{\mathrm{Y}'}{\rho'}$, $\frac{\mathrm{X}}{\rho}$ et $\frac{\mathrm{Y}}{\rho}$ sont des cosinus qui sont de l'ordre zéro relativement à $\frac{\rho}{\rho'}$. Il en résulte que les termes de la seconde ligne, dans la formule précédente, contiendront $\frac{a}{a'}$ en facteur; ce sont les termes parallactiques. En les laissant de côté, on trouve

$$\frac{\partial R}{\partial X} = \frac{\mu'}{\rho'^3}\left(-X + 3X'\frac{XX'+YY'}{\rho'^2}\right),$$

de sorte que les équations différentielles du mouvement de la Lune se réduisent à

$$(1)\quad \begin{cases} \dfrac{d^2X}{dt^2} + \dfrac{\mu X}{\rho^3} + \dfrac{\mu' X}{\rho'^3} = 3\mu' X' \dfrac{XX'+YY'}{\rho'^5}, \\ \dfrac{d^2Y}{dt^2} + \dfrac{\mu Y}{\rho^3} + \dfrac{\mu' Y}{\rho'^3} = 3\mu' Y' \dfrac{XX'+YY'}{\rho'^5}, \\ \dfrac{d^2Z}{dt^2} + \dfrac{\mu Z}{\rho^3} + \dfrac{\mu' Z}{\rho'^3} = 0, \\ \rho^2 = X^2+Y^2+Z^2, \qquad \rho'^2 = X'^2+Y'^2. \end{cases}$$

On doit pouvoir déduire de ces équations toutes les inégalités de la Lune qui proviennent de l'action du Soleil, sauf les inégalités parallactiques; ces équations sont relativement simples.

115. M. Hill considère les inégalités indépendantes de e'; on peut faire alors

$$(2)\qquad X' = a'\cos\psi', \qquad Y' = a'\sin\psi', \qquad \rho' = a', \qquad \psi' = n't + \varepsilon',$$

où a', n' et ε' désignent des constantes; on a d'ailleurs

$$n'^2 a'^3 = \mu'.$$

Les équations (1) deviennent donc

$$(3)\quad \begin{cases} \dfrac{d^2X}{dt^2} + \dfrac{\mu X}{\rho^3} + n'^2 X = 3n'^2(X\cos\psi' + Y\sin\psi')\cos\psi', \\ \dfrac{d^2Y}{dt^2} + \dfrac{\mu Y}{\rho^3} + n'^2 Y = 3n'^2(X\cos\psi' + Y\sin\psi')\sin\psi', \\ \dfrac{d^2Z}{dt^2} + \dfrac{\mu Z}{\rho^3} + n'^2 Z = 0. \end{cases}$$

On introduit deux axes mobiles Tx et Ty situés dans le plan de l'écliptique, l'axe des x passant constamment par le Soleil, et l'on désigne par x et y les coordonnées de la Lune rapportées à ces axes. On aura

$$(4)\qquad X = x\cos\psi' - y\sin\psi', \qquad Y = x\sin\psi' + y\cos\psi'.$$

Si l'on forme les dérivées secondes $\frac{d^2X}{dt^2}$, $\frac{d^2Y}{dt^2}$, en remplaçant $\frac{d\psi'}{dt}$ par n, on en déduit sans peine

$$\cos\psi' \frac{d^2X}{dt^2} + \sin\psi' \frac{d^2Y}{dt^2} = \frac{d^2x}{dt^2} - 2n' \frac{dy}{dt} - n'^2 x,$$

$$-\sin\psi' \frac{d^2X}{dt^2} + \cos\psi' \frac{d^2Y}{dt^2} = \frac{d^2y}{dt^2} + 2n' \frac{dx}{dt} - n'^2 y,$$

et les équations (3) donnent, en écrivant pour la symétrie z au lieu de Z,

$$(5)\quad \left\{\begin{aligned} &\frac{d^2x}{dt^2} - 2n'\frac{dy}{dt} + \frac{\mu x}{(r^2+z^2)^{\frac{3}{2}}} = 3n'^2 x,\\ &\frac{d^2y}{dt^2} + 2n'\frac{dx}{dt} + \frac{\mu y}{(r^2+z^2)^{\frac{3}{2}}} = 0,\\ &\frac{d^2z}{dt^2} + n'^2 z + \frac{\mu z}{(r^2+z^2)^{\frac{3}{2}}} = 0,\\ &r^2 = x^2 + y^2. \end{aligned}\right.$$

En multipliant ces équations respectivement par dx, dy, dz et ajoutant, on obtient une combinaison intégrable qui donne

$$(6)\quad \frac{1}{2}\frac{dx^2+dy^2+dz^2}{dt^2} = \frac{\mu}{\sqrt{r^2+z^2}} + \frac{3}{2}n'^2x^2 - \frac{1}{2}n'^2z^2 + \text{const.}:$$

c'est l'intégrale de Jacobi.

Supposons enfin que l'on néglige i^2, le carré de l'inclinaison moyenne; z contenant i en facteur, on pourra se borner à

$$(a)\quad \left\{\begin{aligned} &\frac{d^2x}{dt^2} - 2n'\frac{dy}{dt} + \frac{\mu}{r^3}x = 3n'^2x,\\ &\frac{d^2y}{dt^2} + 2n'\frac{dx}{dt} + \frac{\mu}{r^3}y = 0,\\ &x^2 + y^2 = r^2, \end{aligned}\right.$$

$$(b)\quad \frac{d^2z}{dt^2} + \left(n'^2 + \frac{\mu}{r^3}\right)z = 0,$$

$$(c)\quad \frac{1}{2}\frac{dx^2+dy^2}{dt^2} = \frac{\mu}{r} + \frac{3}{2}n'^2x^2 - C.$$

Les équations (a) et (b) sont propres à déterminer celles des inégalités de x, y, z qui ne s'annulent pas quand on suppose égales à zéro les quantités $\frac{a}{a'}$, e', i^2, i^3, ...

On va s'occuper des équations (a). M. Hill les transforme en posant

$$(d) \qquad x + y\sqrt{-1} = u, \qquad x - y\sqrt{-1} = s;$$

il trouve aisément

$$(a') \quad \left\{ \begin{aligned} &\frac{d^2u}{dt^2} + 2n'\sqrt{-1}\frac{du}{dt} + \frac{\mu}{(us)^{\frac{3}{2}}}u - \frac{3}{2}n'^2(u+s) = 0, \\ &\frac{d^2s}{dt^2} - 2n'\sqrt{-1}\frac{ds}{dt} + \frac{\mu}{(us)^{\frac{3}{2}}}s - \frac{3}{2}n'^2(u+s) = 0, \end{aligned} \right.$$

$$(c') \qquad \frac{du}{dt}\frac{ds}{dt} = \frac{2\mu}{\sqrt{us}} + \frac{3}{4}n'^2(u+s)^2 - 2C.$$

116. Pour aller plus loin, il est bon de rappeler la forme à laquelle conduisent les théories de Delaunay et de Pontécoulant, pour les expressions des coordonnées x, y, z en fonction du temps t et de six constantes arbitraires.

Soit $nt + \varepsilon$ la partie non périodique de la longitude de la Lune dans l'expression qui englobe les perturbations, n et ε sont des quantités bien définies par cela même (quand l'origine du temps est fixée), n est le moyen mouvement véritable; on en déduit la constante absolue a par la formule

$$\mu = n^2a^3, \qquad a = \left(\frac{\mu}{n^2}\right)^{\frac{1}{3}}.$$

n' désignant le moyen mouvement du Soleil, on fait

$$m = \frac{n'}{n}.$$

Il y a quatre arguments de la forme $\alpha + \beta t$, savoir

$$(\gamma) \quad \left\{ \begin{aligned} &\tau = nt + \varepsilon - (n't + \varepsilon') = \text{longit. moy.} ☾ - \text{longit. moy.} \odot, \\ &\varphi = \text{anomalie moy.} ☾ = nt + \varepsilon - \varpi_m, \\ &\varphi' = \text{anomalie moy.} \odot, \\ &\eta = \text{distance moy.} ☾ \text{ à son nœud} = nt + \varepsilon - \Omega_m; \end{aligned} \right.$$

ϖ_m et Ω_m sont les valeurs des longitudes du périgée et du nœud, quand on en a enlevé toutes les inégalités périodiques; ces quantités sont donc de la forme $\alpha + \beta t$ (il y a aussi des termes en γt^2, représentant les accélérations séculaires). Les arguments τ, φ, φ', η sont représentés chez Delaunay par les lettres D, l, l' et F. On pose

$$\frac{d\varphi}{dt} = nc, \qquad \frac{d\eta}{dt} = ng,$$

d'où

$$\frac{d\varpi_m}{dt} = n(1-c), \qquad \frac{d\Omega_m}{dt} = n(1-g);$$

ce sont là les mouvements moyens du périgée et du nœud. Cela posé, on a, comme on l'a vu dans l'exposition de la théorie de Delaunay, en représentant par L et Λ la longitude et la latitude de la Lune,

$$(8) \qquad \begin{cases} L = nt + \varepsilon + \sum (i, j, j', k) \sin(2i\tau \pm j\varphi \pm j'\varphi' \pm 2k\eta), \\ \frac{a}{r} = \sum [i, j, j', k] \cos(2i\tau \pm j\varphi \pm j'\varphi' \pm 2k\eta), \\ \Lambda = \gamma \sum \{i, j, j', k\} \sin(2i\tau \pm j\varphi \pm j'\varphi' \pm \overline{2k+1}\eta), \end{cases}$$

où les quantités (i, j, j', k), $[i, j, j', k]$, $\{i, j, j', k\}$ sont de la forme

$$(9) \qquad e^j e'^{j'} \gamma^{2k} F\left(m, e^2, \gamma^2, e'^2, \frac{a}{a'}\right);$$

i, j, j', k désignant quatre nombres entiers positifs ou nuls; les signes $\sum$ s'étendent à toutes les valeurs possibles des quatre indices; les fonctions F sont des séries ordonnées par rapport aux puissances de m, e^2, γ^2, e'^2 et $\frac{a}{a'}$; e et γ sont des constantes absolues dont le sens est précisé par les deux conditions suivantes :

Le coefficient de $\sin\varphi$ dans L doit être le même que dans le mouvement elliptique, savoir

$$2e - \frac{1}{4}e^3 + \frac{5}{96}e^5 - \ldots;$$

il ne contient ainsi que e; c'est du moins ainsi qu'a procédé Delaunay; le coefficient de Pontécoulant contient m, e et γ; il en résulte que, dans les deux cas, e n'a pas la même valeur.

En second lieu, γ est défini par la condition que le coefficient de $\sin\eta$ dans Λ soit le même que dans les formules du mouvement elliptique, savoir

$$2\gamma - 2\gamma e^2 - \frac{1}{4}\gamma^3 + \frac{7}{32}\gamma e^4 + \frac{1}{4}\gamma^3 e^2 - \frac{5}{144}\gamma e^6 + \ldots,$$

où $\gamma = \sin\frac{i}{2}$; là encore, Pontécoulant a une autre définition de γ. Enfin on a

$$c = 1 + \sum A_{j,j',k,l}\, e^{2j} e'^{2j'} \gamma^{2k} \left(\frac{a}{a'}\right)^{2l},$$

$$g = 1 + \sum B_{j,j',k,l}\, e^{2j} e'^{2j'} \gamma^{2k} \left(\frac{a}{a'}\right)^{2l},$$

où les coefficients A et B sont des séries ordonnées suivant les puissances de m.

Si l'on examine la forme des développements que l'on peut tirer des formules (8) pour $\frac{\sin}{\cos} A$, $\frac{\sin}{\cos}(L - nt - \varepsilon)$, $\frac{r}{a}$, on trouvera facilement

$$(10)\quad \begin{cases} \frac{r}{a}\cos A \cos(L - nt - \varepsilon) = \sum [i, j, j', k]_1 \cos(2i\tau \pm j\varphi \pm j'\varphi' \pm 2k\eta), \\ \frac{r}{a}\cos A \sin(L - nt - \varepsilon) = \sum (i, j, j', k)_1 \sin(2i\tau \pm j\varphi \pm j'\varphi' \pm 2k\eta), \\ \frac{r}{a}\sin A \qquad = \gamma \sum \{i, j, j', k\}_1 \sin(2i\tau \pm j\varphi \pm j'\varphi' \pm \overline{2k+1}\eta), \end{cases}$$

où les coefficients [ ], ( ) et { } sont encore de la forme (9). Enfin, si l'on multiplie les deux premières équations (10) d'abord par $\cos\tau$ et $-\sin\tau$, puis par $\sin\tau$ et $\cos\tau$, on trouve, en tenant compte de la valeur (7) de τ,

$$(11)\quad \begin{cases} \frac{x}{a} = \frac{r}{a}\cos A \cos(L - n't - \varepsilon') = \sum [i, j, j', k]_2 \cos(\overline{2i+1}\tau \pm j\varphi \pm j'\varphi' \pm 2k\eta), \\ \frac{y}{a} = \frac{r}{a}\cos A \sin(L - n't - \varepsilon') = \sum (i, j, j', k)_2 \sin(\overline{2i+1}\tau \pm j\varphi \pm j'\varphi' \pm 2k\eta), \\ \frac{z}{a} = \frac{r}{a}\sin A \qquad = \gamma \sum \{i, j, j', k\}_2 \sin(2i\tau \pm j\varphi \pm j'\varphi' \pm \overline{2k+1}\eta), \end{cases}$$

où l'on a posé

$$2[i, j, j', k]_2 = [i, j, j', k]_1 + [i+1, j, j', k]_1 + (i, j, j', k)_1 - (i+1, j, j', k)_1,$$
$$2(i, j, j', k)_2 = [i, j, j', k]_1 - [i+1, j, j', k]_1 + (i, j, j', k)_1 + (i+1, j, j', k)_1.$$

117. Solution périodique des équations (a). — Si l'on suppose $e = 0$, $e' = 0$, $\gamma = 0$ dans les expressions (11) de x et y, les coefficients des cosinus et sinus s'annulent si j, j' ou k ne sont pas nuls ; il reste donc simplement des expressions de la forme

$$(12)\quad \begin{cases} x = A_0 \cos\nu(t - t_0) + A_1 \cos 3\nu(t - t_0) + A_2 \cos 5\nu(t - t_0) + \ldots, \\ y = B_0 \sin\nu(t - t_0) + B_1 \sin 3\nu(t - t_0) + B_2 \sin 5\nu(t - t_0) + \ldots, \end{cases}$$

où l'on a fait

$$\nu = n - n', \qquad t_0 = \frac{\varepsilon' - \varepsilon}{n - n'};$$

les coefficients A_i et B_i sont égaux aux produits de a par des séries ordonnées suivant les puissances de m.

Puisqu'on a obtenu les expressions (12) en attribuant dans les formules générales des valeurs particulières aux constantes arbitraires, ces expressions devront vérifier les équations différentielles (a). La courbe représentée par les équations (12) est une courbe fermée, puisque x et y reprennent les mêmes valeurs quand t augmente de $\frac{2\pi}{\nu}$; elle est symétrique par rapport aux axes, comme on le voit en changeant $\nu(t-t_0)$ en $-\nu(t-t_0)$ et en $\pi-\nu(t-t_0)$. Cela constitue une *solution périodique* des équations différentielles; nous en avons montré l'existence en admettant par induction la forme générale des expressions (8) des coordonnées de la Lune. On en trouvera une démonstration rigoureuse dans l'Ouvrage de M. Poincaré, les *Méthodes nouvelles de la Mécanique céleste*, t. I, p. 97. Nous remarquerons que la courbe dont on vient de parler a été considérée pour la première fois par Newton (p. 38 de ce Volume), qui la suppose coïncider avec une ellipse ayant pour axes Tx et Ty, ce qui revient évidemment à ne prendre dans les formules (12) que les premiers termes dans x et y. Euler, dans sa première théorie de la Lune, a calculé avec assez de développement la variation ou plutôt les termes en $\genfrac{}{}{0pt}{}{\sin}{\cos} 2\tau$ dans les coordonnées polaires de la Lune. C'est le même problème que M. Hill a repris et qu'il a traité avec grand succès, en tant qu'il s'agit seulement des parties de la variation qui sont indépendantes de e, e', γ et de $\frac{a}{a'}$.

Avant d'aller plus loin, nous dirons que la solution périodique dont nous venons de parler existe encore quand on tient compte des termes en $\frac{a}{a'}, \frac{a^2}{a'^2}, \cdots$; seulement les expressions de x et y, au lieu de ne contenir que les multiples impairs de $\nu(t-t_0)$ sous les signes sinus et cosinus, renferment aussi les multiples pairs.

M. Hill détermine les coefficients A_i et B_i de manière à vérifier les équations (a). Il pose

$$A_i = a_i + a_{-i-1}, \qquad B_i = a_i - a_{-i-1}, \qquad \nu(t-t_0)=\tau,$$

moyennant quoi les formules (12) deviennent

$$(13) \qquad x=\sum_{-\infty}^{+\infty} a_i\cos(2i+1)\tau, \qquad y=\sum_{-\infty}^{+\infty} a_i\sin(2i+1)\tau.$$

Soit fait

$$(14) \qquad E^{\tau\sqrt{-1}}=\zeta,$$

d'où

$$\frac{d\zeta}{d\tau}=\zeta\sqrt{-1},$$

et il viendra, d'après la définition (d) de u et s,

$$(15) \qquad u=\sum_{-\infty}^{+\infty} a_i \zeta^{2i+1}, \qquad s=\sum_{-\infty}^{+\infty} a_i \zeta^{-2i-1}=\sum_{-\infty}^{+\infty} a_{-i-1} \zeta^{2i+1}.$$

Posons encore

$$(16) \qquad m=\frac{n'}{n-n'}=\frac{n'}{\nu}, \qquad \mu=(n-n')^2 \varkappa;$$

les équations (a') et (c') deviendront

$$(a'') \quad \left\{ \begin{aligned} &\frac{d^2 u}{d\tau^2}+2m\sqrt{-1}\frac{du}{d\tau}+\frac{\varkappa}{(us)^{\frac{3}{2}}}u-\frac{3}{2}m^2(u+s)=0, \\ &\frac{d^2 s}{d\tau^2}-2m\sqrt{-1}\frac{ds}{d\tau}+\frac{\varkappa}{(us)^{\frac{3}{2}}}s-\frac{3}{2}m^2(u+s)=0; \end{aligned} \right.$$

$$(c'') \qquad \frac{du}{d\tau}\frac{ds}{d\tau}=\frac{2\varkappa}{\sqrt{us}}+\frac{3}{4}m^2(u+s)^2-C_1.$$

Il s'agit de vérifier ces équations en adoptant pour u et s les valeurs (15) et, par suite, de déterminer les coefficients a_i; il est naturel de chercher des combinaisons des équations (a'') et (c'') éliminant les termes $\frac{\varkappa}{(us)^{\frac{3}{2}}}$ et $\frac{\varkappa}{\sqrt{us}}$ qui seraient gênants dans l'application de la méthode des coefficients indéterminés. On obtient immédiatement

$$(17) \qquad s\frac{d^2 u}{d\tau^2}-u\frac{d^2 s}{d\tau^2}+2m\sqrt{-1}\frac{d(us)}{d\tau}-\frac{3}{2}m^2(s^2-u^2)=0,$$

$$(18) \quad s\frac{d^2 u}{d\tau^2}+u\frac{d^2 s}{d\tau^2}+\frac{du}{d\tau}\frac{ds}{d\tau}+2m\sqrt{-1}\left(s\frac{du}{d\tau}-u\frac{ds}{d\tau}\right)-\frac{9}{4}m^2(u+s)^2+C_1=0.$$

Ces deux équations ne sont pas équivalentes aux équations (a'') puisque la constante $\varkappa$ a disparu. Quand on aura traité les équations (17) et (18), il faudra substituer dans l'une des équations (a'') et (c'') ou dans une de leurs combinaisons.

118. Substituons maintenant les expressions (15) de u et s dans les formules (17) et (18). Nous aurons d'abord

$$\frac{du}{d\tau}=\frac{du}{d\zeta}\zeta\sqrt{-1}=\sqrt{-1}\sum(2i+1)a_i\zeta^{2i+1},$$

$$\frac{d^2 u}{d\tau^2}=-\sum(2i+1)^2 a_i\zeta^{2i+1}, \qquad \frac{d^2 s}{d\tau^2}=-\sum(2i+1)^2 a_{-i-1}\zeta^{2i+1}.$$

Nous aurons maintenant à former les expressions de

$$u^2,\quad us,\quad s^2,\quad s\frac{du}{d\tau},\quad u\frac{ds}{d\tau},\quad \frac{d(us)}{d\tau},\quad s\frac{d^2u}{d\tau^2},\quad \frac{du}{d\tau}\frac{ds}{d\tau},\quad u\frac{d^2s}{d\tau^2};$$

nous aurons par exemple

$$u^2 = \sum a_i\zeta^{2i+1}\sum a_{i'}\zeta^{2i'+1} = \sum\sum a_i a_{i'}\zeta^{2i+2i'+2}.$$

Nous représenterons par $2j$ l'exposant général de ζ, ce qui déterminera i' en fonction de i et j; en opérant ainsi, il viendra

$$\begin{aligned}
u^2 &= \sum\sum a_i a_{j-i-1}\,\zeta^{2j},\\
us &= \sum\sum a_i a_{i-j}\,\zeta^{2j},\\
s^2 &= \sum\sum a_i a_{-i-j-1}\,\zeta^{2j},\\
s\frac{du}{d\tau} &= \sqrt{-1}\sum\sum (2i+1)\,a_i a_{i-j}\,\zeta^{2j},\\
u\frac{ds}{d\tau} &= \sqrt{-1}\sum\sum (2j-2i-1)\,a_i a_{i-j}\,\zeta^{2j},\\
\frac{d(us)}{d\tau} &= \sqrt{-1}\sum\sum 2j\,a_i a_{i-j}\,\zeta^{2j},\\
s\frac{d^2u}{d\tau^2} &= -\sum\sum (2i+1)^2 a_i a_{i-j}\,\zeta^{2j},\\
\frac{du}{d\tau}\frac{ds}{d\tau} &= -\sum\sum (2i+1)(2j-2i-1)\,a_i a_{i-j}\,\zeta^{2j},\\
u\frac{d^2s}{d\tau^2} &= -\sum\sum (2j-2i-1)^2 a_i a_{i-j}\,\zeta^{2j},
\end{aligned}$$

où les indices i et j prennent toutes les valeurs entières, de $-\infty$ à $+\infty$.

En portant ces expressions dans les relations (17) et (18), on trouve

$$(19)\quad\left\{\begin{aligned}
&\sum_i\sum_j \zeta^{2j}\Big\{\big[(2i+1)^2+4jm-(2i+1-2j)^2\big]a_i a_{i-j}-\frac{3}{2}m^2 a_i(a_{j-i-1}-a_{-j-i-1})\Big\}=0,\\
&\sum_i\sum_j \zeta^{2j}\Big\{\Big[(2i+1)^2+(2i+1-2j)^2+(2i+1)(2j-2i-1)\\
&\qquad\qquad +2m(2i+1)+2m(2i+1-2j)+\frac{9}{2}m^2\Big]a_i a_{i-j}\\
&\qquad\qquad\qquad +\frac{9}{4}m^2 a_i(a_{j-i-1}+a_{-j-i-1})\Big\}=C_1.
\end{aligned}\right.$$

On tire de la première de ces formules, quel que soit l'indice j, positif ou négatif,

$$(20) \qquad 4j\sum_i(2i+1+m-j)\,a_i a_{i-j} - \frac{3}{2}m^2\sum_i a_i(a_{j-i-1} - a_{-j-i-1}) = 0,$$

et de la seconde, pour toutes les valeurs entières de j, positives ou négatives, zéro excepté,

$$(21) \quad \left\{ \begin{aligned} &\sum_i\left[(2i+1)(2i+1-2j) + 4j^2 + 4m(2i+1-j) + \frac{9}{2}m^2\right]a_i a_{i-j} \\ &\qquad\qquad + \frac{9}{4}m^2\sum_i a_i(a_{j-i-1} + a_{-j-i-1}) = 0. \end{aligned} \right.$$

Du reste, pour $j = 0$, la condition (20) est vérifiée identiquement; nous pourrons donc, dans (20) et (21), nous abstenir de faire $j = 0$.

Si nous ajoutons les deux équations (20) et (21), après les avoir multipliées d'abord par -3 et $+2$, puis par $+3$ et $+2$, nous éliminerons des seconds $\sum$ les termes a_{-j-i-1} et a_{j-i-1}, et il viendra

$$\sum[8i^2 - 8i(4j-1) + 20j^2 - 16j + 2 + 4m(4i-5j+2) + 9m^2]\,a_i a_{i-j}$$
$$+ 9m^2\sum_i a_i a_{j-i-1} = 0,$$

$$\sum[8i^2 + 8i(2j+1) - 4j^2 + 8j + 2 + 4m(4i+j+2) + 9m^2]\,a_i a_{i-j}$$
$$+ 9m^2\sum_i a_i a_{-j-i-1} = 0.$$

Ces deux relations ne sont pas distinctes, comme on s'en assure aisément en changeant convenablement les indices. Nous les remplacerons par une combinaison unique obtenue en les ajoutant après les avoir multipliées respectivement par les facteurs

$$+4j^2 - 8j - 2 - 4m(j+2) - 9m^2$$

et

$$+20j^2 - 16j + 2 - 4m(5j-2) + 9m^2,$$

qui sont, au signe près, ce que deviennent les coefficients de $a_i a_{i-j}$ pour $i = 0$.

Nous trouverons, après réduction,

$$(22)\quad \left\{\begin{aligned} &48\sum_i ij[4i(j-1)+4j^2+4j-2-4m(i-j+1)+m^2]\,a_i a_{i-j} \\ &\quad +9m^2\sum_i[4j^2-8j-2-4m(j+2)-9m^2]\,a_i a_{j-i-1} \\ &\quad +9m^2\sum_i[20j^2-16j+2-4m(5j-2)+9m^2]\,a_i a_{-j-i-1}=0. \end{aligned}\right.$$

Pour $i=j$, la première partie de cette formule se réduit à

$$48j^2[2(4j^2-1)-4m+m^2].$$

Nous diviserons par cette quantité les deux membres de l'équation précédente, et nous ferons

$$(23)\quad \left\{\begin{aligned} [j,i] &= -\frac{i}{j}\,\frac{4i(j-1)+4j^2+4j-2-4m(i-j+1)+m^2}{2(4j^2-1)-4m+m^2}, \\ [j] &= \frac{3m^2}{16j^2}\,\frac{4j^2-8j-2-4m(j+2)-9m^2}{2(4j^2-1)-4m+m^2}, \\ (j) &= -\frac{3m^2}{16j^2}\,\frac{20j^2-16j+2-4m(5j-2)+9m^2}{2(4j^2-1)-4m+m^2}. \end{aligned}\right.$$

Nous trouverons ainsi

$$(24)\quad \sum_i\big\{[j,i]\,a_i a_{i-j}+[j]\,a_i a_{j-i-1}+(j)\,a_i a_{-j-i-1}\big\}=0;$$

on doit attribuer à j successivement les valeurs

$$(25)\quad \pm 1,\quad \pm 2,\quad \pm 3,\quad \ldots.$$

Remarque. — Les quantités $[j]$ et (j) ne dépendent que de l'indice j et sont de petites quantités du second ordre, à cause du facteur m^2. Les quantités $[j, i]$ dépendent des deux indices i et j; elles sont finies, et l'on a

$$(26)\quad \left\{\begin{aligned} [j,0] &= 0, \\ [j,j] &= -1, \end{aligned}\right. \qquad \text{quel que soit } j.$$

C'est pour avoir cette dernière relation simple que l'on a employé plus haut le diviseur

$$2(4j^2-1)-4m+m^2.$$

Les équations qu'on tirera de (24), en donnant à j les valeurs (25) vont nous servir à déterminer les rapports $\frac{a_1}{a_0}$, $\frac{a_{-1}}{a_0}$, $\frac{a_2}{a_0}$, ...

Donnons à i, dans la formule (24), les valeurs o, ± 1, ± 2, ... et ayons égard à la première des relations (26) ; nous trouverons

$$\begin{aligned}[j, 1]\, a_1 a_{1-j} + [j, -1]\, a_{-1} a_{-1-j} + [j, 2]\, a_2 a_{2-j} + [j, -2]\, a_{-2} a_{-2-j} + \ldots \\ + [j]\, (a_0 a_{j-1} + a_1 a_{j-2} + a_{-1} a_j + a_2 a_{j-3} + a_{-2} a_{j+1} + \ldots) \\ + (j)\, (a_0 a_{-j-1} + a_1 a_{-j-2} + a_{-1} a_{-j} + a_2 a_{-j-3} + a_{-2} a_{-j+1} + \ldots) = 0,\end{aligned}$$

d'où, en attribuant à j les valeurs (25) et ayant égard à la seconde des relations (26),

$$(27)\quad \left\{\begin{aligned} a_0 a_1 &= [1]\, (a_0^2 + 2a_1 a_{-1} + 2a_2 a_{-2} + \ldots) + (1)\, (a_{-1}^2 + 2a_0 a_{-2} + 2a_1 a_{-3} + \ldots) \\ &\quad + [1, -1]\, a_{-1} a_{-2} + [1, 2]\, a_1 a_2 + [1, -2]\, a_{-2} a_{-3} + [1, 3]\, a_3 a_2 + \ldots, \end{aligned}\right.$$

$$(28)\quad \left\{\begin{aligned} a_0 a_{-1} &= [-1]\, (a_{-1}^2 + 2a_0 a_{-2} + 2a_1 a_{-3} + \ldots) + (-1)\, (a_0^2 + 2a_1 a_{-1} + 2a_2 a_{-2} + \ldots) \\ &\quad + [-1, 1]\, a_1 a_2 + [-1, 2]\, a_2 a_3 + [-1, -2]\, a_{-2} a_{-1} + [-1, -3]\, a_{-3} a_{-2} + \ldots, \end{aligned}\right.$$

$$(29)\quad \left\{\begin{aligned} a_0 a_2 &= [2]\, (2a_0 a_1 + 2a_{-1} a_2 + 2a_{-2} a_3 + \ldots) + (2)\, (2a_{-1} a_{-2} + 2a_0 a_{-3} + \ldots) \\ &\quad + [2, 1]\, a_1 a_{-1} + [2, -1]\, a_{-1} a_{-3} + [2, -2]\, a_{-2} a_{-4} + [2, 3]\, a_3 a_1 + \ldots, \end{aligned}\right.$$

$$(30)\quad \left\{\begin{aligned} a_0 a_{-2} &= [-2]\, (2a_{-1} a_{-2} + 2a_0 a_{-3} + 2a_1 a_{-4} + \ldots) + (-2)\, (2a_0 a_1 + 2a_{-1} a_2 + 2a_{-2} a_3 + \ldots \\ &\quad + [-2, 1]\, a_1 a_3 + [-2, -1]\, a_{-1} a_1 + [-2, 2]\, a_2 a_4 + [-2, -3]\, a_{-3} a_{-1} + \ldots. \end{aligned}\right.$$

Ces formules donnent comme première approximation, en supposant connu par les diverses théories de la Lune que $a_{\pm i}$ diminue rapidement quand i augmente,

$$a_0 a_1 = [1]\, a_0^2, \qquad a_0 a_{-1} = (-1)\, a_0^2,$$

d'où

$$(31)\qquad \frac{a_1}{a_0} = [1], \qquad \frac{a_{-1}}{a_0} = (-1);$$

donc $\frac{a_1}{a_0}$ et $\frac{a_{-1}}{a_0}$ sont de petites quantités du second ordre.

On a de même, en partant des relations (29) et (30),

$$\begin{aligned} a_0 a_2 &= 2\, [2]\, a_0 a_1 + [2, 1]\, a_1 a_{-1}, \\ a_0 a_{-2} &= 2(-2)\, a_0 a_1 + [-2, -1]\, a_1 a_{-1}, \end{aligned}$$

d'où, en vertu des formules (31),

$$(32)\quad \left\{\begin{aligned} \frac{a_2}{a_0} &= [1]\, \{2\, [2] + [2, 1]\, (-1)\}, \\ \frac{a_{-2}}{a_0} &= [1]\, \{2(-2) + [-2, -1]\, (-1)\}; \end{aligned}\right.$$

$\frac{a_2}{a_0}$ et $\frac{a_{-2}}{a_0}$ sont ainsi du quatrième ordre, puisque les quantités $[1]$, $[2]$, (-1), (-2) sont chacune du second ordre; en général, $\frac{a_{\pm i}}{a_0}$ est de l'ordre 2ι.

Dès lors, si l'on se reporte aux formules (27) et (28), (29) et (30), on verra que, dans les relations (31), on a négligé le sixième ordre, et seulement le huitième dans les relations (32). Les formules (23) donnent d'ailleurs

$$[1] = +\frac{3m^2}{16}\,\frac{6+12m+9m^2}{6-4m+m^2}, \qquad (-1) = -\frac{3m^2}{16}\,\frac{38+28m+9m^2}{6-4m+m^2},$$

$$[2] = +\frac{3m^2}{64}\,\frac{2+16m+9m^2}{30-4m+m^2}, \qquad (-2) = -\frac{3m^2}{64}\,\frac{114+48m+9m^2}{30-4m+m^2},$$

$$[2,1] = -\frac{1}{2}\,\frac{26+m^2}{30-4m+m^2}, \qquad [-2,-1] = -\frac{1}{2}\,\frac{18-8m+m^2}{30-4m+m^2}.$$

Il en résulte, d'après les relations (31) et (32),

$$\frac{a_1}{a_0} = +\frac{3m^2}{16}\,\frac{6+12m+9m^2}{6-4m+m^2} + \varepsilon_6,$$

$$\frac{a_{-1}}{a_0} = -\frac{3m^2}{16}\,\frac{38+28m+9m^2}{6-4m+m^2} + \varepsilon_6,$$

$$\frac{a_2}{a_0} = +\frac{27m^4}{256}\,\frac{2+4m+3m^2}{(6-4m+m^2)(30-4m+m^2)}\left(238+40m+9m^2-32\,\frac{29-35m}{6-4m+m^2}\right) + \varepsilon_8,$$

$$\frac{a_{-2}}{a_0} = \ldots\ldots\ldots\ldots\ldots\ldots\ldots\ldots\ldots\ldots\ldots\ldots\ldots\ldots\ldots\ldots\ldots\ldots\ldots\ldots$$

En portant ces valeurs de a_1, a_{-1}, a_2, a_{-2} dans (27), on pourra calculer les termes du sixième ordre dans $\frac{a_1}{a_0}$; on calculera de même les termes du dixième ordre en ayant égard aux valeurs provisoires de a_3 et a_{-3}.

Donnons quelques exemples pour montrer avec quelle rapidité convergent ces diverses approximations. M. Hill prend

$$n = 17\,325\,594'',060\,85,$$
$$n' = 1\,295\,977'',415\,16,$$

d'où

$$m = \frac{n'}{n-n'} = 0,080\,848\,933\,808\,312,$$

et il trouve

	$\frac{a_1}{a_0}$.	$\frac{a_{-1}}{a_0}$.
Termes de l'ordre 2.....	+ 0,001 515 849 171 593	− 0,008 695 808 499 634
» 6.....	− 0,000 000 141 698 831	− 0,000 000 061 551 932
» 10.....	+ 0,000 000 000 006 801	− 0,000 000 000 013 838

M. Hill n'a négligé finalement que le quatorzième ordre, et ses résultats numériques ne sont pas en erreur de plus de deux unités de la quinzième décimale.

Les formules (4) et (13) donnent d'ailleurs

$$(33)\qquad \left\{\begin{aligned} r\cos(\mathrm{L}-nt-\varepsilon) &= \sum_i a_i \cos 2i\tau,\\ r\sin(\mathrm{L}-nt-\varepsilon) &= \sum_i a_i \sin 2i\tau;\end{aligned}\right.$$

M. Hill obtient ainsi

$$(34)\qquad \left\{\begin{aligned} \frac{r}{a_0}\cos(\mathrm{L}-nt-\varepsilon) = 1 &- 0{,}00718\ 00394\ 81977 \cos 2\tau\\ &+ 0{,}00000\ 60424\ 47064 \cos 4\tau\\ &+ 0{,}00000\ 00324\ 92024 \cos 6\tau\\ &+ 0{,}00000\ 00001\ 87552 \cos 8\tau\\ &+ 0{,}00000\ 00000\ 01171 \cos 10\tau\\ &+ 0{,}00000\ 00000\ 00008 \cos 12\tau,\\ \frac{r}{a_0}\sin(\mathrm{L}-nt-\varepsilon) = 1 &+ 0{,}01021\ 14544\ 41102 \sin 2\tau\\ &+ 0{,}00000\ 57148\ 66093 \sin 4\tau\\ &+ 0{,}00000\ 00275\ 71239 \sin 6\tau\\ &+ 0{,}00000\ 00001\ 63985 \sin 8\tau\\ &+ 0{,}00000\ 00000\ 01042 \sin 10\tau\\ &+ 0{,}00000\ 00000\ 00007 \sin 12\tau.\end{aligned}\right.$$

Pour ce qui concerne l'expression analytique générale de $\frac{a_i}{a_0}$, on remarquera que les formules (23) ne contenant que le diviseur $2(4j^2-1)-4m+m^2$, on n'aura dans $\frac{a_i}{a_0}$ que les diviseurs

$$6-4m+m^2,\qquad 30-4m+m^2,\qquad 70-4m+m^2,\qquad \ldots,$$

et $\frac{a_i}{a_0}$ pourra être mis sous la forme

$$\begin{aligned}\frac{a_i}{a_0} = \mathrm{M}_0 &+ \frac{\mathrm{M}_1}{6-4m+m^2} + \frac{\mathrm{M}_2}{(6-4m+m^2)^2} + \frac{\mathrm{M}_3}{(6-4m+m^2)^3} + \ldots\\ &+ \frac{\mathrm{N}_1}{30-4m+m^2} + \frac{\mathrm{N}_2}{(30-4m+m^2)^2} + \frac{\mathrm{N}_3}{(30-4m+m^2)^3} + \ldots\\ &+ \ldots\ldots\ldots\ldots\ldots\ldots\ldots\ldots\ldots\ldots\ldots\ldots,\end{aligned}$$

ainsi que cela résulte de la décomposition des fractions rationnelles en fractions simples dans le cas des racines imaginaires; M_i, N_i, ... désignent des polynômes entiers en m.

Chez Delaunay et de Pontécoulant, m a une autre signification; en l'indiquant par la lettre m_1, on a

$$m_1 = \frac{n'}{n} = \frac{m}{1+m}.$$

Les séries ordonnées suivant les puissances de m convergent beaucoup plus rapidement que celles relatives à m_1; M. Hill a remarqué que, si l'on introduisait une quantité m_2 définie par la formule

$$m = \frac{m_2}{1 + \frac{1}{3} m_2},$$

on aurait une convergence encore plus grande relativement à m_2; mais cet avantage ne subsisterait pas pour les coefficients des autres inégalités périodiques.

119. Il nous reste à déterminer a_0 en fonction de n et de μ.

Il faut substituer les expressions (15) de u et s dans la première des équations (a''), ce qui donne, en remplaçant $\frac{du}{d\tau}$ et $\frac{d^2u}{d\tau^2}$ respectivement par

$$\sqrt{-1}\sum (2i+1) a_i \zeta^{2i+1} \qquad \text{et} \qquad -\sum (2i+1)^2 a_i \zeta^{2i+1},$$

$$\frac{\varkappa u}{(us)^{\frac{3}{2}}} = \sum_i \left[(2i+m+1)^2 a_i + \frac{1}{2} m^2 a_i + \frac{3}{2} m^2 a_{-i-1}\right] \zeta^{2i+1}.$$

On aura, en comparant les termes en ζ dans les deux membres et représentant par J le coefficient de ζ dans le développement de $\frac{a_0^2 u}{(us)^{\frac{3}{2}}}$,

$$\frac{\varkappa}{a_0^3} J = 1 + 2m + \frac{3}{2} m^2 + \frac{3}{2} m^2 \frac{a_{-1}}{a_0}.$$

Or on a

$$\varkappa = \frac{\mu}{(n-n')^2} = \frac{\mu}{n^2}(1+m)^2.$$

Il en résulte

(35) $$a_0 = \left(\frac{\mu}{n^2}\right)^{\frac{1}{3}} \left[\frac{J(1+m)^2}{H}\right]^{\frac{1}{3}},$$

en posant

$$\text{(36)} \qquad \text{H} = 1 + 2m + \frac{3}{2} m^2 \left(1 + \frac{a_{-1}}{a_0}\right).$$

Or on a, d'après (15),

$$u = a_0 \zeta + a_1 \zeta^3 + \ldots + a_{-1} \zeta^{-1} + a_{-2} \zeta^{-3} + \ldots,$$
$$s = a_{-1} \zeta + a_{-2} \zeta^3 + \ldots + a_0 \zeta^{-1} + a_1 \zeta^{-3} + \ldots.$$

On en déduit immédiatement que J est le terme indépendant de ζ, dans le développement, suivant les puissances positives et négatives de ζ, de l'expression

$$\left[1 + \frac{a_1}{a_0}\zeta^2 + \frac{a_{-1}}{a_0}\zeta^{-2} + \frac{a_2}{a_0}\zeta^4 + \frac{a_{-2}}{a_0}\zeta^{-4} + \ldots\right]^{-\frac{1}{2}} \left[1 + \frac{a_1}{a_0}\zeta^{-2} + \frac{a_{-1}}{a_0}\zeta^2 + \frac{a_2}{a_0}\zeta^{-4} + \frac{a_{-2}}{a_0}\zeta^4 + \ldots\right]^{-\frac{3}{2}}$$

Si donc on pose

$$\left[1 + \frac{a_1}{a_0}\zeta^2 + \frac{a_{-1}}{a_0}\zeta^{-2} + \ldots\right]^{-\frac{1}{2}} = \mathcal{A}_0 + \mathcal{A}_2 \zeta^2 + \mathcal{A}_{-2} \zeta^{-2} + \ldots,$$
$$\left[1 + \frac{a_1}{a_0}\zeta^{-2} + \frac{a_{-1}}{a_0}\zeta^2 + \ldots\right]^{-\frac{3}{2}} = \mathcal{B}_0 + \mathcal{B}_2 \zeta^{-2} + \mathcal{B}_{-2} \zeta^2 + \ldots,$$

les coefficients $\mathcal{A}_i$ et $\mathcal{B}_i$ seront très faciles à calculer par la formule du binôme, en raison de la petitesse des rapports $\frac{a_{\pm i}}{a_0}$, et l'on aura

$$\text{(37)} \qquad \text{J} = \mathcal{A}_0 \mathcal{B}_0 + \mathcal{A}_2 \mathcal{B}_2 + \mathcal{A}_{-2} \mathcal{B}_{-2} + \ldots.$$

Les formules (35), (36) et (37) résolvent la question; d'ailleurs $\left(\frac{\mu}{n^2}\right)^{\frac{1}{3}}$ n'est autre chose que a. On trouve ainsi

$$\text{(38)} \qquad a_0 = 0{,}99909\,31419\,75298\,a.$$

En remplaçant a_0 par cette valeur dans les formules (34), on en conclut les développements périodiques de

$$\frac{r}{a}\cos(\text{L} - nt - \varepsilon) \qquad \text{et de} \qquad \frac{r}{a}\sin(\text{L} - nt - \varepsilon).$$

M. Hill en conclut aussi le développement périodique de

$$\text{(39)} \qquad \frac{\varkappa}{r^3} = \frac{\mu}{n^2}\frac{(1+m)^2}{r^3} = \left(\frac{a}{r}\right)^3 (1+m)^2,$$

qui nous servira dans le Chapitre suivant. Il emploie, pour y arriver, les formules connues d'interpolation des séries périodiques; donnant à τ les valeurs 0°, 15°, 30°, ..., il calcule pour chacune d'elles les valeurs numériques de $\frac{r}{a}\cos(\mathrm{L} - nt - \varepsilon)$ et $\frac{r}{a}\sin(\mathrm{L} - nt - \varepsilon)$, d'après les formules obtenues ci-dessus. Il en déduit les valeurs numériques de $\frac{a}{r}$ et de $\frac{\varkappa}{r^3}$ par la formule (39); il obtient finalement

$$(40)\quad \left\{\begin{aligned}\frac{\varkappa}{r^3} = {} & 1,17150\ 80211\ 79225\\ & + 0,02523\ 36924\ 97860 \cos 2\tau\\ & + 0,00025\ 15533\ 50012 \cos 4\tau\\ & + 0,00000\ 24118\ 79799 \cos 6\tau\\ & + 0,00000\ 00226\ 05851 \cos 8\tau\\ & + 0,00000\ 00002\ 08750 \cos 10\tau\\ & + 0,00000\ 00000\ 01908 \cos 12\tau\\ & + 0,00000\ 00000\ 00017 \cos 14\tau.\end{aligned}\right.$$

On peut aussi déterminer analytiquement les coefficients précédents du développement de $\frac{\varkappa}{r^3}$ suivant les cosinus des multiples pairs de τ; mais nous renverrons, pour ce qui concerne cet objet, au Mémoire de l'auteur.

CHAPITRE XV.

RECHERCHES DE M. HILL SUR LES INÉGALITÉS QUI CONTIENNENT EN FACTEUR LA PREMIÈRE PUISSANCE DE e.

120. Ces recherches ont été publiées séparément en 1877, et reproduites plus tard dans les *Acta mathematica*, tome VIII. Nous partons des équations (a'') et (c'') du Chapitre précédent, que nous écrirons comme il suit :

$$(\mathrm{A})\quad \left\{\begin{aligned} &\frac{d^2u}{d\tau^2}+2m\sqrt{-1}\,\frac{du}{d\tau}-2\frac{\partial\Omega}{\partial s}=0, &\quad \tau&=nt+\varepsilon-n't-\varepsilon',\\ &\frac{d^2s}{d\tau^2}-2m\sqrt{-1}\,\frac{ds}{d\tau}-2\frac{\partial\Omega}{\partial u}=0, &\quad \Omega&=\frac{\varkappa}{\sqrt{us}}+\frac{3m^2}{8}(u+s)^2;\end{aligned}\right.$$

$$(\mathrm{B})\quad \frac{du}{d\tau}\,\frac{ds}{d\tau}-2\Omega=-2\mathrm{C}.$$

Soient u_0 et s_0 les solutions périodiques de ces équations, obtenues dans le Chapitre précédent, qui ne dépendent que de τ et des moyens mouvements n et n'.

On aura donc identiquement

$$(\mathrm{A}_0)\quad \left\{\begin{aligned} &\frac{d^2u_0}{d\tau^2}+2m\sqrt{-1}\,\frac{du_0}{d\tau}-2\frac{\partial\Omega_0}{\partial s_0}=0,\\ &\frac{d^2s_0}{d\tau^2}-2m\sqrt{-1}\,\frac{ds_0}{d\tau}-2\frac{\partial\Omega_0}{\partial u_0}=0;\end{aligned}\right\}\quad \Omega_0=\frac{\varkappa}{\sqrt{u_0s_0}}+\frac{3m^2}{8}(u_0+s_0)^2;$$

$$(\mathrm{B}_0)\quad \frac{du_0}{d\tau}\,\frac{ds_0}{d\tau}-2\Omega_0=-2\mathrm{C}.$$

Nous supposerons $\gamma=0$, $e'=0$; nous pourrons évidemment représenter les intégrales générales des équations (A) comme il suit :

$$\begin{aligned} u&=u_0+e\mathrm{F}(\tau, m, e, \varkappa),\\ s&=s_0+e\varphi(\tau, m, e, \varkappa).\end{aligned}$$

M. Hill emploie la forme

$$(1)\qquad \begin{cases} u = u_0 - e\sqrt{-1}\,\dfrac{du_0}{d\tau}\,v, \\ s = s_0 - e\sqrt{-1}\,\dfrac{ds_0}{d\tau}\,w, \end{cases}$$

où v et w sont des fonctions inconnues de τ. Il en conclut

$$(2)\qquad \begin{cases} \Omega = \Omega_0 - \dfrac{\partial\Omega_0}{\partial u_0}\,ev\sqrt{-1}\,\dfrac{du_0}{d\tau} - \dfrac{\partial\Omega_0}{\partial s_0}\,ew\sqrt{-1}\,\dfrac{ds_0}{d\tau} + (\varepsilon_2), \\ \dfrac{\partial\Omega}{\partial s} = \dfrac{\partial\Omega_0}{\partial s_0} - \dfrac{\partial^2\Omega_0}{\partial s_0^2}\,ew\sqrt{-1}\,\dfrac{ds_0}{d\tau} - \dfrac{\partial^2\Omega_0}{\partial s_0\,\partial u_0}\,ev\sqrt{-1}\,\dfrac{du_0}{d\tau} + (\varepsilon_2), \\ \dfrac{\partial\Omega}{\partial u} = \dfrac{\partial\Omega_0}{\partial u_0} - \dfrac{\partial^2\Omega_0}{\partial u_0^2}\,ev\sqrt{-1}\,\dfrac{du_0}{d\tau} - \dfrac{\partial^2\Omega_0}{\partial u_0\,\partial s_0}\,ew\sqrt{-1}\,\dfrac{ds_0}{d\tau} + (\varepsilon_2), \end{cases}$$

où (ε_2) désigne, d'une manière générale, des termes contenant e^2 en facteur.

Substituons les valeurs (1) et (2) de u, s, Ω, $\dfrac{\partial\Omega}{\partial s}$, $\dfrac{\partial\Omega}{\partial u}$ dans les équations (A) et (B) qui doivent avoir lieu quel que soit e; les termes indépendants de e se détruisent en vertu des formules (A_0) et (B_0); en égalant à zéro les termes multipliés par e, il vient

$$(A')\qquad \begin{cases} \dfrac{d^2 v\dfrac{du_0}{d\tau}}{d\tau^2} + 2m\sqrt{-1}\,\dfrac{dv\dfrac{du_0}{d\tau}}{d\tau} - 2v\,\dfrac{du_0}{d\tau}\,\dfrac{\partial^2\Omega_0}{\partial u_0\,\partial s_0} - 2w\,\dfrac{ds_0}{d\tau}\,\dfrac{\partial^2\Omega_0}{\partial s_0^2} = 0, \\ \dfrac{d^2 w\dfrac{ds_0}{d\tau}}{d\tau^2} - 2m\sqrt{-1}\,\dfrac{dw\dfrac{ds_0}{d\tau}}{d\tau} - 2v\,\dfrac{du_0}{d\tau}\,\dfrac{\partial^2\Omega_0}{\partial u_0^2} - 2w\,\dfrac{ds_0}{d\tau}\,\dfrac{\partial^2\Omega_0}{\partial u_0\,\partial s_0} = 0; \end{cases}$$

$$(B')\qquad \frac{du_0}{d\tau}\,\frac{dw\dfrac{ds_0}{d\tau}}{d\tau} + \frac{ds_0}{d\tau}\,\frac{dv\dfrac{du_0}{d\tau}}{d\tau} - 2v\,\frac{du_0}{d\tau}\,\frac{\partial\Omega_0}{\partial u_0} - 2w\,\frac{ds_0}{d\tau}\,\frac{\partial\Omega_0}{\partial s_0} = 0.$$

Or on tire de (A_0)

$$\frac{d^2 u_0}{d\tau^2} = -2m\sqrt{-1}\,\frac{du_0}{d\tau} + 2\,\frac{\partial\Omega_0}{\partial s_0},$$

$$\frac{d^2 s_0}{d\tau^2} = +2m\sqrt{-1}\,\frac{ds_0}{d\tau} + 2\,\frac{\partial\Omega_0}{\partial u_0},$$

d'où

$$\frac{d^3 u_0}{d\tau^3} = -2m\sqrt{-1}\,\frac{d^2 u_0}{d\tau^2} + 2\left(\frac{\partial^2\Omega_0}{\partial u_0\,\partial s_0}\,\frac{du_0}{d\tau} + \frac{\partial^2\Omega_0}{\partial s_0^2}\,\frac{ds_0}{d\tau}\right),$$

$$\frac{d^3 s_0}{d\tau^3} = +2m\sqrt{-1}\,\frac{d^2 s_0}{d\tau^2} + 2\left(\frac{\partial^2\Omega_0}{\partial u_0^2}\,\frac{du_0}{d\tau} + \frac{\partial^2\Omega_0}{\partial u_0\,\partial s_0}\,\frac{ds_0}{d\tau}\right).$$

Ces relations fournissent les valeurs de $\dfrac{d^2 u_0}{d\tau^2}$, $\dfrac{d^2 s_0}{d\tau^2}$, $\dfrac{d^3 u_0}{d\tau^3}$, $\dfrac{d^3 s_0}{d\tau^3}$ en fonction de

$\frac{du_0}{d\tau}$, de $\frac{ds_0}{d\tau}$ et de quantités connues. Si on les porte dans (A′) et (B′), on trouve, tous calculs faits,

$$(\mathrm{A}'')\quad \begin{cases} \dfrac{d^2 v}{d\tau^2}\dfrac{du_0}{d\tau}+2\dfrac{dv}{d\tau}\left(-m\sqrt{-1}\dfrac{du_0}{d\tau}+2\dfrac{\partial\Omega_0}{\partial s_0}\right)+2(v-w)\dfrac{ds_0}{d\tau}\dfrac{\partial^2\Omega_0}{\partial s_0^2}=0,\\ \dfrac{d^2 w}{d\tau^2}\dfrac{ds_0}{d\tau}+2\dfrac{dw}{d\tau}\left(m\sqrt{-1}\dfrac{ds_0}{d\tau}+2\dfrac{\partial\Omega_0}{\partial u_0}\right)-2(v-w)\dfrac{du_0}{d\tau}\dfrac{\partial^2\Omega_0}{\partial u_0^2}=0; \end{cases}$$

$$(\mathrm{B}'')\quad \frac{d(v+w)}{d\tau}\frac{du_0}{d\tau}\frac{ds_0}{d\tau}+2(v-w)\left(\frac{ds_0}{d\tau}\frac{\partial\Omega_0}{\partial s_0}-\frac{du_0}{d\tau}\frac{\partial\Omega_0}{\partial u_0}-m\sqrt{-1}\frac{du_0}{d\tau}\frac{ds_0}{d\tau}\right)=0.$$

On voit ainsi apparaître les combinaisons $v-w$ et $v+w$.

121. On est conduit à poser

$$(3)\quad \begin{cases} v+w=\rho,\qquad v-w=\sigma,\qquad \dfrac{du_0}{d\tau}\dfrac{ds_0}{d\tau}=\mathrm{H},\\ \dfrac{ds_0}{d\tau}\dfrac{\partial\Omega_0}{\partial s_0}-\dfrac{du_0}{d\tau}\dfrac{\partial\Omega_0}{\partial u_0}-m\mathrm{H}\sqrt{-1}=\Delta\sqrt{-1}. \end{cases}$$

On trouve, en remplaçant v et w respectivement par

$$\frac{\rho+\sigma}{2}\quad\text{et}\quad\frac{\rho-\sigma}{2},$$

dans les formules (B″) et (A″) :

$$(4)\quad \mathrm{H}\frac{d\rho}{d\tau}+2\sigma\Delta\sqrt{-1}=0,$$

$$\frac{1}{2}\frac{du_0}{d\tau}\left(\frac{d^2\rho}{d\tau^2}+\frac{d^2\sigma}{d\tau^2}\right)+\left(\frac{d\rho}{d\tau}+\frac{d\sigma}{d\tau}\right)\left(-m\sqrt{-1}\frac{du_0}{d\tau}+2\frac{\partial\Omega_0}{\partial s_0}\right)+2\sigma\frac{ds_0}{d\tau}\frac{\partial^2\Omega_0}{\partial s_0^2}=0,$$

$$\frac{1}{2}\frac{ds_0}{d\tau}\left(\frac{d^2\rho}{d\tau^2}-\frac{d^2\sigma}{d\tau^2}\right)+\left(\frac{d\rho}{d\tau}-\frac{d\sigma}{d\tau}\right)\left(m\sqrt{-1}\frac{ds_0}{d\tau}+2\frac{\partial\Omega_0}{\partial u_0}\right)-2\sigma\frac{du_0}{d\tau}\frac{\partial^2\Omega_0}{\partial u_0^2}=0.$$

L'élimination de $\frac{d^2\rho}{d\tau^2}$ entre les deux dernières équations donne

$$(5)\quad \mathrm{H}\frac{d^2\sigma}{d\tau^2}+2\Delta\sqrt{-1}\frac{d\rho}{d\tau}+2\frac{d\Omega_0}{d\tau}\frac{d\sigma}{d\tau}+2\left(\frac{\partial^2\Omega_0}{\partial s_0^2}\frac{ds_0^2}{d\tau^2}+\frac{\partial^2\Omega_0}{\partial u_0^2}\frac{du_0^2}{d\tau^2}\right)\sigma=0,$$

où l'on a employé la relation

$$\frac{d\Omega_0}{d\tau}=\frac{\partial\Omega_0}{\partial s_0}\frac{ds_0}{d\tau}+\frac{\partial\Omega_0}{\partial u_0}\frac{du_0}{d\tau}.$$

L'équation (B_0) donne d'ailleurs

$$(6)\quad 2\frac{d\Omega_0}{d\tau}=\frac{d\mathrm{H}}{d\tau}.$$

En éliminant $\frac{d\rho}{d\tau}$ entre (4) et (5), il vient, en ayant égard à (6),

$$\text{(C)}\qquad H\frac{d^2\sigma}{d\tau^2}+\frac{d\sigma}{d\tau}\frac{dH}{d\tau}+2\sigma\left(\frac{2\Delta^2}{H}+\frac{\partial^2\Omega_0}{\partial s_0^2}\frac{ds_0^2}{d\tau^2}+\frac{\partial^2\Omega_0}{\partial u_0^2}\frac{du_0^2}{d\tau^2}\right)=0.$$

On tombe ainsi, pour déterminer σ, sur une équation linéaire du second ordre, sans second membre, dont les coefficients sont des fonctions périodiques de τ, ainsi que cela résulte des formules qui donnent u_0 et s_0 en fonction de τ.

122. Pour faire disparaître le second terme de l'équation (C), M. Hill pose

$$\sigma=\frac{W}{\sqrt{H}},$$

d'où

$$\frac{d\sigma}{d\tau}=H^{-\frac{1}{2}}\frac{dW}{d\tau}-\frac{1}{2}H^{-\frac{3}{2}}W\frac{dH}{d\tau},$$

$$\frac{d^2\sigma}{d\tau^2}=H^{-\frac{1}{2}}\frac{d^2W}{d\tau^2}-H^{-\frac{3}{2}}\frac{dW}{d\tau}\frac{dH}{d\tau}+\frac{3}{4}H^{-\frac{5}{2}}W\frac{dH^2}{d\tau^2}-\frac{1}{2}H^{-\frac{3}{2}}W\frac{d^2H}{d\tau^2}.$$

En portant ces valeurs dans l'équation (C), on trouve

$$\text{(D)}\qquad \frac{d^2W}{d\tau^2}+\Theta W=0,$$

où l'on a fait

$$\text{(E)}\qquad \Theta=\frac{2}{H}\left(\frac{\partial^2\Omega_0}{\partial u_0^2}\frac{du_0^2}{d\tau^2}+\frac{\partial^2\Omega_0}{\partial s_0^2}\frac{ds_0^2}{d\tau^2}\right)+\frac{4}{H^2}\Delta^2+\frac{1}{4H^2}\frac{dH^2}{d\tau^2}-\frac{1}{2H}\frac{d^2H}{d\tau^2}.$$

L'équation (4) donne d'ailleurs

$$\text{(F)}\qquad \frac{d\rho}{d\tau}=-\frac{2\sqrt{-1}}{H^{\frac{3}{2}}}W\Delta.$$

Enfin, en réunissant les formules principales, nous aurons

$$\text{(G)}\qquad\left\{\begin{array}{l}
u=u_0-e\sqrt{-1}\,v\dfrac{du_0}{d\tau},\qquad s=s_0-e\sqrt{-1}\,w\dfrac{ds_0}{d\tau},\\[2mm]
v=\dfrac{\rho+\sigma}{2},\qquad w=\dfrac{\rho-\sigma}{2},\qquad \sigma=\dfrac{W}{\sqrt{H}},\\[2mm]
u_0=\Sigma a_i\zeta^{2i+1},\qquad s_0=\Sigma a_{-i-1}\zeta^{2i+1},\qquad \zeta=E^{\tau\sqrt{-1}},\\[2mm]
\Omega_0=\dfrac{\varkappa}{\sqrt{u_0s_0}}+\dfrac{3m^2}{8}(u_0+s_0)^2.
\end{array}\right.$$

Le problème dépend donc entièrement de la considération des équations (D), (E), (F) et (G).

123. Transformation de la quantité Θ. — On a, par la formule (B_0), et en vertu de la définition de H,

$$\frac{d\Omega_0}{d\tau} = \frac{\partial\Omega_0}{\partial u_0}\frac{du_0}{d\tau} + \frac{\partial\Omega_0}{\partial s_0}\frac{ds_0}{d\tau} = \frac{1}{2}\frac{dH}{d\tau}, \tag{7}$$

$$\frac{1}{2}\frac{d^2H}{d\tau^2} = \frac{\partial^2\Omega_0}{\partial u_0^2}\frac{du_0^2}{d\tau^2} + \frac{\partial^2\Omega_0}{\partial s_0^2}\frac{ds_0^2}{d\tau^2} + 2H\frac{\partial^2\Omega_0}{\partial u_0\,\partial s_0} + \frac{\partial\Omega_0}{\partial u_0}\frac{d^2u_0}{d\tau^2} + \frac{\partial\Omega_0}{\partial s_0}\frac{d^2s_0}{d\tau^2}; \tag{8}$$

on a, en vertu des équations (A_0),

$$\frac{\partial\Omega_0}{\partial u_0}\frac{d^2u_0}{d\tau^2} + \frac{\partial\Omega_0}{\partial s_0}\frac{d^2s_0}{d\tau^2} = 2m\sqrt{-1}\left(\frac{\partial\Omega_0}{\partial s_0}\frac{ds_0}{d\tau} - \frac{\partial\Omega_0}{\partial u_0}\frac{du_0}{d\tau}\right) + 4\frac{\partial\Omega_0}{\partial u_0}\frac{\partial\Omega_0}{\partial s_0}. \tag{9}$$

La définition (3) de Δ donne d'ailleurs

$$\frac{\partial\Omega_0}{\partial s_0}\frac{ds_0}{d\tau} - \frac{\partial\Omega_0}{\partial u_0}\frac{du_0}{d\tau} = (mH + \Delta)\sqrt{-1}. \tag{10}$$

En élevant au carré les équations (7) et (10), et les retranchant, il vient

$$4H\frac{\partial\Omega_0}{\partial u_0}\frac{\partial\Omega_0}{\partial s_0} = \frac{1}{4}\frac{dH^2}{d\tau^2} + (mH + \Delta)^2;$$

la relation (9) donne ensuite

$$\frac{\partial\Omega_0}{\partial u_0}\frac{d^2u_0}{d\tau^2} + \frac{\partial\Omega_0}{\partial s_0}\frac{d^2s_0}{d\tau^2} = \frac{1}{4H}\frac{dH^2}{d\tau^2} + \frac{1}{H}(mH + \Delta)^2 - 2m(mH + \Delta),$$

d'où, en vertu de la formule (8),

$$\frac{\partial^2\Omega}{\partial u_0^2}\frac{du_0^2}{d\tau^2} + \frac{\partial^2\Omega_0}{\partial s_0^2}\frac{ds_0^2}{d\tau^2} = \frac{1}{2}\frac{d^2H}{d\tau^2} - 2H\frac{\partial^2\Omega_0}{\partial u_0\,\partial s_0} - \frac{1}{4H}\frac{dH^2}{d\tau^2} - \frac{1}{H}(mH + \Delta)^2 + 2m(mH + \Delta).$$

Portons enfin dans l'expression (E) de Θ, et nous obtiendrons

$$\Theta = \frac{2\Delta^2}{H^2} + \frac{1}{2H}\frac{d^2H}{d\tau^2} - 4\frac{\partial^2\Omega_0}{\partial u_0\,\partial s_0} - \frac{1}{4H^2}\frac{dH^2}{d\tau^2} + 2m^2.$$

En remplaçant $\frac{\partial^2\Omega_0}{\partial u_0\,\partial s_0}$ par $\frac{1}{4}\left(\frac{\varkappa}{r_0^3} + 3m^2\right)$, il vient

$$\Theta = \frac{2\Delta^2}{H^2} + \frac{1}{2H}\frac{d^2H}{d\tau^2} - \frac{1}{4H^2}\frac{dH^2}{d\tau^2} - \left(\frac{\varkappa}{r_0^3} + m^2\right). \tag{11}$$

On a ensuite, par la définition (3) de Δ,

$$\Delta = -mH - \sqrt{-1}\left(\frac{\partial\Omega_0}{ds_0}\frac{ds_0}{d\tau} - \frac{\partial\Omega_0}{du_0}\frac{du_0}{d\tau}\right),$$

d'où, en remplaçant $\frac{\partial\Omega_0}{\partial u_0}$ et $\frac{\partial\Omega_0}{\partial s_0}$ par leurs valeurs (B_0),

$$\Delta = mH - \tfrac{1}{2}\sqrt{-1}\left(\frac{d^2u_0}{d\tau^2}\frac{ds_0}{d\tau} - \frac{d^2s_0}{d\tau^2}\frac{du_0}{d\tau}\right),$$

moyennant quoi l'expression (11) pourra s'écrire, si l'on remplace en même temps H par $\frac{du_0}{d\tau}\frac{ds_0}{d\tau}$:

$$\Theta = -\left(\frac{\varkappa}{r_0^3} + m^2\right) - 2\left[\frac{1}{2}\left(\frac{\frac{d^2u_0}{d\tau^2}}{\frac{du_0}{d\tau}} - \frac{\frac{d^2s_0}{d\tau^2}}{\frac{ds_0}{d\tau}}\right) + m\sqrt{-1}\right]^2$$
$$- \frac{1}{4}\left(\frac{\frac{d^2u_0}{d\tau^2}}{\frac{du_0}{d\tau}} + \frac{\frac{d^2s_0}{d\tau^2}}{\frac{ds_0}{d\tau}}\right)^2 + \frac{1}{2}\,\frac{\frac{d^2}{d\tau^2}\left(\frac{du_0}{d\tau}\frac{ds_0}{d\tau}\right)}{\frac{du_0}{d\tau}\frac{ds_0}{d\tau}}.$$

On a identiquement

$$\frac{\frac{d^2}{d\tau^2}\left(\frac{du_0}{d\tau}\frac{ds_0}{d\tau}\right)}{\frac{du_0}{d\tau}\frac{ds_0}{d\tau}} = \frac{d}{d\tau}\left(\frac{\frac{d^2u_0}{d\tau^2}}{\frac{du_0}{d\tau}} + \frac{\frac{d^2s_0}{d\tau^2}}{\frac{ds_0}{d\tau}}\right) + \left(\frac{\frac{d^2u_0}{d\tau^2}}{\frac{du_0}{d\tau}} + \frac{\frac{d^2s_0}{d\tau^2}}{\frac{ds_0}{d\tau}}\right)^2,$$

ce qui permet d'écrire finalement

$$(\mathrm{H})\quad \begin{cases} \Theta = -\left(\frac{\varkappa}{r_0^3} + m^2\right) - 2\left[\frac{1}{2}\left(\frac{\frac{d^2u_0}{d\tau^2}}{\frac{du_0}{d\tau}} - \frac{\frac{d^2s_0}{d\tau^2}}{\frac{ds_0}{d\tau}}\right) + m\sqrt{-1}\right]^2 \\ \qquad + \frac{1}{4}\left(\frac{\frac{d^2u_0}{d\tau^2}}{\frac{du_0}{d\tau}} + \frac{\frac{d^2s_0}{d\tau^2}}{\frac{ds_0}{d\tau}}\right)^2 + \frac{1}{2}\frac{d}{d\tau}\left(\frac{\frac{d^2u_0}{d\tau^2}}{\frac{du_0}{d\tau}} + \frac{\frac{d^2s_0}{d\tau^2}}{\frac{ds_0}{d\tau}}\right). \end{cases}$$

124. On a vu, dans le Chapitre précédent, comment on effectue le développement de $\frac{\varkappa}{r_0^3}$ suivant les cosinus des multiples pairs de τ. Pour les autres parties de Θ, il suffira de développer $\frac{\frac{d^2u_0}{d\tau^2}}{\frac{du_0}{d\tau}}$ et $\frac{\frac{d^2s_0}{d\tau^2}}{\frac{ds_0}{d\tau}}$; posons donc

$$\left\{\begin{aligned} \frac{1}{\sqrt{-1}}\,\frac{\frac{d^2u_0}{d\tau^2}}{\frac{du_0}{d\tau}} &= \Sigma\,U_i\zeta^{2i},\\ \frac{1}{\sqrt{-1}}\,\frac{\frac{d^2s_0}{d\tau^2}}{\frac{ds_0}{d\tau}} &= \Sigma\,U'_i\zeta^{-2i}.\end{aligned}\right.$$

En portant dans ces formules les valeurs

$$\begin{aligned} u_0 &= \sum a_i\zeta^{2i+1}, & s_0 &= \sum a_i\zeta^{-2i-1},\\ \frac{du_0}{d\tau} &= \sqrt{-1}\sum(2i+1)a_i\zeta^{2i+1}, & \frac{ds_0}{d\tau} &= -\sqrt{-1}\sum(2i+1)a_i\zeta^{-2i-1},\\ \frac{d^2u_0}{d\tau^2} &= -\sum(2i+1)^2a_i\zeta^{2i+1}, & \frac{d^2s_0}{d\tau^2} &= -\sum(2i+1)^2a_i\zeta^{-2i-1},\end{aligned}$$

il vient

$$\frac{\sum(2i+1)^2a_i\zeta^{2i}}{\sum(2i+1)a_i\zeta^{2i}} = \sum U_i\zeta^{2i} = \frac{1}{\sqrt{-1}}\,\frac{\frac{d^2u_0}{d\tau^2}}{\frac{du_0}{d\tau}}, \tag{13}$$

$$\frac{\sum(2i+1)^2a_i\zeta^{-2i}}{\sum(2i+1)a_i\zeta^{-2i}} = -\sum U'_i\zeta^{-2i} = -\frac{1}{\sqrt{-1}}\,\frac{\frac{d^2s_0}{d\tau^2}}{\frac{ds_0}{d\tau}}. \tag{14}$$

Si, dans la seconde de ces relations, on change ζ en $\frac{1}{\zeta}$, et qu'on la compare à la première, on en déduit

$$U'_i = -U_i,$$

$$\frac{1}{\sqrt{-1}}\,\frac{\frac{d^2u_0}{d\tau^2}}{\frac{du_0}{d\tau}} = \sum U_i\zeta^{2i},$$

$$\frac{1}{\sqrt{-1}}\,\frac{\frac{d^2s_0}{d\tau^2}}{\frac{ds_0}{d\tau}} = -\sum U_i\zeta^{-2i} = -\sum U_{-i}\zeta^{2i}$$

et

$$(15)\quad \begin{cases} \dfrac{1}{2}\left(\dfrac{\dfrac{d^2u_0}{d\tau^2}}{\dfrac{du_0}{d\tau}} - \dfrac{\dfrac{d^2s_0}{d\tau^2}}{\dfrac{ds_0}{d\tau}}\right) = \sqrt{-1}\sum \dfrac{1}{2}(U_i + U_{-i})\zeta^{2i}, \\ \dfrac{1}{2}\left(\dfrac{\dfrac{d^2u_0}{d\tau^2}}{\dfrac{du_0}{d\tau}} + \dfrac{\dfrac{d^2s_0}{d\tau^2}}{\dfrac{ds_0}{d\tau}}\right) = \sqrt{-1}\sum \dfrac{1}{2}(U_i - U_{-i})\zeta^{2i}. \end{cases}$$

Il suffit donc de calculer les U_i. Si l'on pose

$$(16)\qquad h_i = (2i+1)a_i,$$

la formule (13) donnera

$$\sum(2i+1)h_i\zeta^{2i} = \left(\sum h_i\zeta^{2i}\right)\left(\sum U_i\zeta^{2i}\right) = \sum h_{i-j}\zeta^{2i-2j}\sum U_j\zeta^{2j} = \sum\sum h_{i-j}U_j\zeta^{2i},$$

d'où, en égalant les coefficients de ζ^{2i},

$$(17)\qquad (2i+1)h_i = \sum_j h_{i-j}U_j.$$

Il est facile de prouver que $U_0 = 1$; on a, en effet, en partant de (12),

$$U_0 = \frac{1}{2\pi\sqrt{-1}}\int_0^{2\pi} \frac{\dfrac{d^2u_0}{d\tau^2}}{\dfrac{du_0}{d\tau}}\,d\tau;$$

l'intégrale indéfinie est

$$\log\frac{du_0}{d\tau} = \log\left(\frac{dx_0}{d\tau} + \sqrt{-1}\,\frac{dy_0}{d\tau}\right).$$

Si donc on pose

$$\frac{dx_0}{d\tau} = R\cos\psi, \qquad \frac{dy_0}{d\tau} = R\sin\psi,$$

il viendra

$$U_0 = \frac{1}{2\pi\sqrt{-1}}\left[\log R + \psi\sqrt{-1}\right]_0^{2\pi}$$

Or, quand τ augmente de 2π, x_0, y_0, $\dfrac{dx_0}{d\tau}$, $\dfrac{dy_0}{d\tau}$ redeviennent les mêmes; donc aussi R, log R, $\sin\psi$ et $\cos\psi$; donc ψ diffère de sa valeur initiale de 2π, ou 4π, ...; mais ψ est l'angle de la tangente à la courbe avec l'axe Ox.

Cette courbe diffère peu d'un cercle, et, quand on revient au même point après avoir parcouru toute la courbe, ψ a augmenté de 2π. On aura donc

$$U_0 = \frac{1}{2\pi\sqrt{-1}}\left[\psi\sqrt{-1}\right]_0^{2\pi} = 1.$$

Pour $j = 0$, le second membre de l'équation (17) devient égal à $h_i U_0 = h_i$; cette équation peut donc s'écrire

$$(18) \qquad 2 i h_i = \sum h_{i-j} U_j,$$

où l'on ne doit plus donner à j la valeur 0. D'après leur définition (16) et ce que nous savons de a_i, les quantités $h_{\pm i}$ diminuent rapidement quand l'indice i augmente. Cela posé, la formule (18) donnera, en attribuant à i les valeurs ..., -2, -1, 0, $+1$, $+2$, ... :

$$\begin{array}{l}
\dots\dots\dots\dots\dots\dots\dots\dots\dots\dots\dots\dots\dots\dots,\\
\dots + U_{-2} + h_{-1}U_{-1} + h_{-3}U_1 + h_{-4}U_2 + \dots = -4h_{-2},\\
\dots + h_1 U_{-2} + U_{-1} + h_{-2}U_1 + h_{-3}U_2 + \dots = -2h_{-1},\\
\dots + h_2 U_{-2} + h_1 U_{-1} + h_{-1}U_1 + h_{-2}U_2 + \dots = 0,\\
\dots + h_3 U_{-2} + h_2 U_{-1} + U_1 + h_{-1}U_2 + \dots = +2h_1,\\
\dots + h_4 U_{-2} + h_3 U_{-1} + h_1 U_1 + U_2 + \dots = +4h_2,\\
\dots\dots\dots\dots\dots\dots\dots\dots\dots\dots\dots\dots\dots\dots;
\end{array}$$

on a supposé $a_0 = 1$, et par suite $h_0 = 1$.

On résoudra ces équations par des approximations successives : la deuxième et la quatrième donnent d'abord à peu près

$$U_{-1} = -2h_{-1}, \qquad U_1 = +2h_1;$$

en transportant ces valeurs dans la première et la cinquième, il vient

$$\begin{aligned}
U_{-2} &= 2h_{-1}^2 - 4h_{-2} - 2h_1 h_{-3},\\
U_2 &= 4h_2 - 2h_1^2 + 2h_{-1}h_3;
\end{aligned}$$

on en conclut aisément des valeurs plus approchées de U_{-1}, U_1, U_{-2}, U_2,

$$\begin{aligned}
U_{-1} &= -2(h_{-1} + h_1 h_{-2} + h_{-1}^2 h_1 + \dots),\\
U_1 &= +2(h_1 + h_{-1}h_2 + h_1^2 h_{-1} + \dots),\\
U_{-2} &= \dots\dots\dots\dots\dots\dots\dots\dots
\end{aligned}$$

On portera ces valeurs dans les relations (15), après quoi la formule (H) donne à M. Hill

$$(\mathrm{I})\qquad \frac{d^2 W}{d\tau^2}+W(1,158844-0,114088\cos 2\tau-0,000766\cos 4\tau-0,000018\cos 6\tau+\ldots)=0.$$

On tombe ainsi sur l'équation de Lindstedt généralisée. On peut l'intégrer en se reportant au Chapitre II : W se développera en une série de cosinus d'arguments que l'on obtiendra en ajoutant aux termes de la série

$$0,\quad \pm 2\tau,\quad \pm 4\tau,\quad \ldots$$

une même quantité $\mu\tau+\psi$.

Si l'on se reporte aux formules (F) et (G), on voit que les développements de ρ, σ, v et w sont de la même forme que celui de W. On a ensuite

$$u-u_0=-e\sqrt{-1}\,v\frac{du_0}{d\tau},\qquad v-v_0=-e\sqrt{-1}\,w\frac{ds_0}{d\tau},$$

et l'on sait, par les formules (15) du Chapitre précédent, que u_0 et s_0 s'expriment à l'aide de séries où ne figurent que les multiples impairs de τ. On en conclut que les différences $u-u_0$, $s-s_0$, et par suite $x-x_0$, $y-y_0$, sont de la forme

$$e\sum \mathcal{A}\,{\sin \atop \cos}[\mu\tau+\psi+(2i+1)\tau].$$

Or les formules (11) du Chapitre XIV donnent, en négligeant e', γ et e^2, et faisant, en conséquence, $j'=k=0$, $j=1$:

$$x=x_0+e\sum \mathcal{B}\cos[(2i+1)\tau\pm\varphi].$$

En comparant les deux expressions de $x-x_0$, on trouve

$$\mu\tau+\psi=\varphi.$$

Or on a, n° 115,

$$\frac{d\varphi}{dt}=n-\frac{d\varpi}{dt},$$

où $\frac{d\varpi}{dt}$ représente la valeur moyenne de la vitesse du périgée, quand on néglige dans cette vitesse e^2, e'^2 et γ^2. On a, d'autre part,

$$\tau=(n-n')t+\varepsilon-\varepsilon',\qquad m=\frac{n'}{n-n'}.$$

Il en résulte

$$\mu \frac{d\tau}{dt} = \frac{d\varphi}{dt} = n - \frac{d\varpi}{dt} = \mu(n - n'),$$

$$\frac{1}{n}\frac{d\varpi}{dt} = 1 - \frac{\mu}{1+m} = 1 - c, \qquad c = \frac{\mu}{1+m};$$

c a la même signification que chez Delaunay, sauf qu'on y fait $e^2 = e'^2 = \gamma^2 = 0$.

M. Hill a trouvé, en partant de l'équation

$$\frac{\sin^2 \frac{\pi}{2}\mu}{\sin^2 \frac{\pi}{2} q} = \Delta$$

du Chapitre II,

$$\mu = 1,07158\ 32774\ 16016,$$

d'où

$$\frac{1}{n}\frac{d\varpi}{dt} = 0,00857\ 25730\ 04864.$$

Il estime que les treize premières décimales de $\frac{1}{n}\frac{d\varpi}{dt}$ sont exactes, les deux dernières restant seules incertaines (cela suppose exacte la valeur adoptée pour m).

Les huit termes calculés par Delaunay (en $m_1^2, m_1^3, \ldots, m_1^9$) donnent

$$\begin{aligned}\frac{1}{n}\frac{d\varpi}{dt} = &\ 0,00419\ 6429\\ &+ \quad 294\ 2798\\ &+ \quad 99\ 5700\\ &+ \quad 30\ 3577\\ &+ \quad 9\ 1395\\ &+ \quad 2\ 8300\\ &+ \quad 9836\\ &+ \quad 3468\\ = &\ 0,00857\ 1503\end{aligned}$$

Le quatrième chiffre significatif est donc inexact, et l'erreur relative de la valeur $\frac{d\varpi}{dt}$ déterminée par Delaunay est environ $\frac{1}{8000}$. Le calcul très simple du Chapitre VIII nous avait donné seulement $\frac{1}{600}$.

On voit que la partie la plus importante de $\frac{d\varpi}{dt}$, celle qui est indépendante de e^2, e'^2 et γ^2, est maintenant connue, grâce aux recherches de M. Hill, avec une précision qui ne laisse plus rien à désirer.

M. Hill a exprimé l'opinion que le mieux à faire, dans la théorie de la Lune, c'est de déterminer successivement les inégalités qui contiennent en facteur e^0, e, e^2, ..., e', ee', ...; c'est, en somme, la méthode d'Euler. Elle réussit très bien dans les deux cas considérés dans ce Chapitre et le précédent; il me semble que, plus loin, on rencontrerait des complications tenant à la présence de e^2, e'^2 et γ^2 dans les quantités c et g.

CHAPITRE XVI.

TRAVAUX D'ADAMS SUR LA THÉORIE DE LA LUNE.

125. **Recherches d'Adams sur le mouvement moyen du nœud** (*Monthly Notices*, t. XXXVIII, p. 45-49). — L'équation (b) du Chapitre XIV est

$$\frac{d^2 z}{dt^2} + \left(\frac{\mu}{r^3} + n'^2\right) z = 0;$$

en posant, comme précédemment,

$$(n - n')t + \varepsilon - \varepsilon' = \tau, \qquad \frac{n'}{n - n'} = m, \qquad \frac{\mu}{(n - n')^2} = \varkappa,$$

il vient

$$\frac{d^2 z}{d\tau^2} + \left(\frac{\varkappa}{r^3} + m^2\right) z = 0.$$

Cherchons les inégalités de z qui contiennent γ en facteur, sans e ni e'; la formule

$$r^2 = x^2 + y^2 + z^2$$

donne, en négligeant γ^2,

$$r^2 = x^2 + y^2.$$

On peut remplacer x et y par leurs valeurs indépendantes de e, e' et γ, telles qu'on les a trouvées dans le Chapitre XIV, et $\frac{\varkappa}{r^3}$ par sa valeur (40), page 273; on aura donc, pour déterminer les inégalités en question, une équation de la forme

$$(1) \qquad \frac{d^2 z}{d\tau^2} + z(q^2 + 2q_1 \cos 2\tau + 2q_2 \cos 4\tau + \ldots) = 0;$$

c'est l'équation de Gyldén-Lindstedt généralisée. On sait que son intégrale générale peut se mettre sous la forme

$$z = \sum_{j=-\infty}^{j=+\infty} b_j \zeta^{h+2j}, \qquad \zeta = E^{\tau\sqrt{-1}};$$

la constante h est déterminée par l'équation transcendante

$$\frac{\sin^2 \frac{\pi}{2} h}{\sin^2 \frac{\pi}{2} q} = \Delta,$$

Δ désignant un déterminant infini, composé, comme on l'a vu au Chapitre IV, avec $q, q_1, q_2, \ldots$. Les rapports $\frac{b_1}{b_0}, \frac{b_{-1}}{b_0}, \frac{b_2}{b_0}, \ldots$ dépendent aussi de $q, q_1, q_2, \ldots$ et de h; ils sont réels si h l'est lui-même, et c'est le cas; b_0 reste arbitraire, et l'on a la solution

$$\begin{aligned} z = b_0 E^{h\tau\sqrt{-1}} &+ b_1 E^{(h+2)\tau\sqrt{-1}} + b_2 E^{(h+4)\tau\sqrt{-1}} + \ldots \\ &+ b_{-1} E^{(h-2)\tau\sqrt{-1}} + b_{-2} E^{(h-4)\tau\sqrt{-1}} + \ldots. \end{aligned}$$

En supposant b_0 réel, et prenant la partie réelle et le coefficient de $\sqrt{-1}$, on a deux solutions, que l'on peut réunir dans la formule

$$\begin{aligned} z = b_0 \sin(h\tau + \psi) &+ b_1 \sin(h\tau + \psi + 2\tau) + b_2 \sin(h\tau + \psi + 4\tau) + \ldots \\ &+ b_{-1} \sin(h\tau + \psi - 2\tau) + b_{-2} \sin(h\tau + \psi - 4\tau) + \ldots, \end{aligned}$$

où ψ désigne une constante arbitraire; c'est l'intégrale générale de l'équation (1).

D'autre part, quand on fait $e = e' = 0$, $j = j' = k = 0$, et qu'on néglige γ^2 dans la troisième des formules (11) du Chapitre XIV, on trouve pour z une expression de la forme

$$\begin{aligned} z = B_0 \sin\eta &+ B_1 \sin(\eta + 2\tau) + B_2 \sin(\eta + 4\tau) + \ldots \\ &+ B_{-1} \sin(\eta - 2\tau) + B_{-2} \sin(\eta - 4\tau) + \ldots; \end{aligned}$$

$\eta = nt + \varepsilon - \Omega$ désigne la distance moyenne de la Lune à son nœud ascendant.

En comparant les deux expressions de z, il vient

$$h\tau + \psi = h(n - n')t + \psi_1 = \eta,$$

d'où

$$\frac{d\eta}{dt} = ng = h(n - n'),$$

où g a la signification ordinaire. On connaîtra donc g quand on aura calculé h. Adams a trouvé ainsi

$$g = 1,00399\ 91618\ 46592.$$

Delaunay a obtenu, en s'arrêtant au terme en m^7, pour la partie de g qui est indépendante de e, e' et γ,

$$\begin{aligned} g = & \quad 1,00000\ 00000\ 0 \\ + & \quad\quad 419\ 64258\ 6 \\ - & \quad\quad\ \ 11\ 77117\ 9 \\ - & \quad\quad\ \ \ 6\ 67712\ 1 \\ - & \quad\quad\ \ \ 1\ 12023\ 4 \\ - & \quad\quad\quad\ 14203\ 4 \\ - & \quad\quad\quad\ \ 1479\ 0 \\ g = & \quad 1,00399\ 91722\ 8 \end{aligned}$$

On voit que la huitième décimale est déjà erronée; néanmoins, l'erreur relative n'est que de $\frac{1}{400\,000}$; elle est bien moindre que dans le cas du périgée.

On voit que, grâce au travail d'Adams, la partie principale de g est obtenue maintenant avec une approximation qui ne laisse rien à désirer.

126. Théorème remarquable d'Adams (*Monthly Notices*, t. XXXVIII, p. 460-472).

La partie non périodique du développement *final* de $\frac{a}{r}$, si l'on n'a pas égard aux termes qui contiennent en facteur des puissances de $\frac{a}{a'}$, est de la forme

$$A + Be^2 + C\gamma^2 + Ee^4 + 2Fe^2\gamma^2 + G\gamma^4 + \ldots,$$

où nous supposons e et γ définis comme chez Delaunay. Les coefficients A, B, C, ... sont des fonctions de e'^2,

$$\begin{aligned} A &= A_0 + A_1 e'^2 + A_2 e'^4 + \ldots, \\ B &= B_0 + B_1 e'^2 + B_2 e'^4 + \ldots, \\ C &= C_0 + C_1 e'^2 + C_2 e'^4 + \ldots; \end{aligned}$$

enfin, les coefficients A_i, B_i, C_i sont des séries développées suivant les puissances de m. Plana a constaté que B_0 et C_0 étaient nuls, en tenant compte des termes en m^2 et m^3; de Pontécoulant a fait la même constatation en ayant égard aux termes en m^4 et m^5. Adams a pensé que la chose est générale, et il a réussi à prouver, non seulement que B_0 et C_0 sont nuls, en tenant compte de toutes les puissances de m, mais qu'il en est de même de B_1, B_2, ..., C_1, C_2, ..., de sorte que l'on a identiquement

$$B = 0 \quad \text{et} \quad C = 0;$$

c'est la première partie de son théorème; ainsi, les termes en $e^2 e'^{2p}$ et en $\gamma^2 e'^{2q}$ manquent dans la partie constante de $\frac{1}{r}$. Voici la démonstration remarquable qu'il en a donnée.

Soient x, y, z, r; x', y', o, r' les coordonnées de la Lune et du Soleil; on a vu, au commencement du Chapitre XIV, que, si l'on néglige les termes qui donneraient naissance aux inégalités parallactiques, on a les équations différentielles

$$(1)\quad \begin{cases} \dfrac{d^2 x}{dt^2} + \dfrac{\mu x}{r^3} + \dfrac{\mu' x}{r'^3} = \dfrac{3\mu' x'}{r'^5}(xx' + yy'), \\ \dfrac{d^2 y}{dt^2} + \dfrac{\mu y}{r^3} + \dfrac{\mu' y}{r'^3} = \dfrac{3\mu' y'}{r'^5}(xx' + yy'), \\ \dfrac{d^2 z}{dt^2} + \dfrac{\mu z}{r^3} + \dfrac{\mu' z}{r'^3} = 0. \end{cases}$$

Désignons par $x_1, y_1, z_1, r_1 = \sqrt{x_1^2 + y_1^2 + z_1^2}$ les coordonnées, pour la même époque t, d'une lune fictive soumise à la même attraction, mais avec des données initiales différentes. On aura

$$(2)\quad \begin{cases} \dfrac{d^2 x_1}{dt^2} + \dfrac{\mu x_1}{r_1^3} + \dfrac{\mu' x_1}{r'^3} = \dfrac{3\mu' x'}{r'^5}(x_1 x' + y_1 y'), \\ \dfrac{d^2 y_1}{dt^2} + \dfrac{\mu y_1}{r_1^3} + \dfrac{\mu' y_1}{r'^3} = \dfrac{3\mu' y'}{r'^5}(x_1 x' + y_1 y'), \\ \dfrac{d^2 z_1}{dt^2} + \dfrac{\mu z_1}{r_1^3} + \dfrac{\mu' z_1}{r'^3} = 0. \end{cases}$$

On forme aisément les combinaisons suivantes

$$x\frac{d^2 x_1}{dt^2} - x_1\frac{d^2 x}{dt^2} + y\frac{d^2 y_1}{dt^2} - y_1\frac{d^2 y}{dt^2} + z\frac{d^2 z_1}{dt^2} - z_1\frac{d^2 z}{dt^2} + \mu(xx_1 + yy_1 + zz_1)\left(\frac{1}{r_1^3} - \frac{1}{r^3}\right) = 0,$$

$$z\frac{d^2 z_1}{dt^2} - z_1\frac{d^2 z}{dt^2} + \mu z z_1\left(\frac{1}{r_1^3} - \frac{1}{r^3}\right) = 0,$$

qui peuvent s'écrire

$$(3)\quad \begin{cases} \mu(xx_1 + yy_1 + zz_1)\left(\dfrac{1}{r_1^3} - \dfrac{1}{r^3}\right) = \dfrac{d}{dt}\left(x_1\dfrac{dx}{dt} - x\dfrac{dx_1}{dt} + y_1\dfrac{dy}{dt} - y\dfrac{dy_1}{dt} + z_1\dfrac{dz}{dt} - z\dfrac{dz_1}{dt}\right), \\ \mu z z_1\left(\dfrac{1}{r_1^3} - \dfrac{1}{r^3}\right) = \dfrac{d}{dt}\left(z_1\dfrac{dz}{dt} - z\dfrac{dz_1}{dt}\right). \end{cases}$$

Les expressions

$$(xx_1 + yy_1 + zz_1)\left(\frac{1}{r_1^3} - \frac{1}{r^3}\right) \quad \text{et} \quad zz_1\left(\frac{1}{r_1^3} - \frac{1}{r^3}\right)$$

sont donc les dérivées de fonctions qui sont évidemment développables en séries de sinus ou de cosinus d'arcs de la forme $\alpha t + \beta$, car il en est ainsi de x, y, z, x_1, ..., $\frac{dx}{dt}$, ...; par suite, elles ne renfermeront pas de partie constante. On a d'ailleurs

$$xx_1 + yy_1 + zz_1 = \tfrac{1}{2}[2rr_1 + (r - r_1)^2 - (x - x_1)^2 - (y - y_1)^2 - (z - z_1)^2],$$

$$\frac{1}{r_1^3} - \frac{1}{r^3} = \left(\frac{1}{r_1} - \frac{1}{r}\right)\left[\frac{3}{rr_1} + \left(\frac{1}{r_1} - \frac{1}{r}\right)^2\right],$$

d'où

$$(4)\quad \left\{\begin{aligned} &(xx_1 + yy_1 + zz_1)\left(\frac{1}{r_1^3} - \frac{1}{r^3}\right) \\ &= 3\left(\frac{1}{r_1} - \frac{1}{r}\right) + rr_1\left(\frac{1}{r_1} - \frac{1}{r}\right)^3 \\ &+ \frac{1}{2}\left(\frac{1}{r_1} - \frac{1}{r}\right)[(r - r_1)^2 - (x - x_1)^2 - (y - y_1)^2 - (z - z_1)^2]\left[\frac{3}{rr_1} + \left(\frac{1}{r_1} - \frac{1}{r}\right)^2\right]. \end{aligned}\right.$$

Donc, si, relativement à une certaine quantité petite, les différences $x - x_1$, $y - y_1$, $z - z_1$, et par suite $\frac{1}{r_1} - \frac{1}{r}$, sont du premier ordre, alors l'expression

$$(xx_1 + yy_1 + zz_1)\left(\frac{1}{r_1^3} - \frac{1}{r^3}\right) - 3\left(\frac{1}{r_1} - \frac{1}{r}\right)$$

sera forcément au moins du troisième ordre. Cette conclusion s'applique aux coefficients de chaque sinus ou cosinus de $\alpha t + \beta$ et à la partie non périodique de l'expression précédente. Or on vient de voir que la partie non périodique de $(xx_1 + yy_1 + zz_1)\left(\frac{1}{r_1^3} - \frac{1}{r^3}\right)$ est nulle; il en résulte que la partie non périodique de $\frac{1}{r_1} - \frac{1}{r}$ est au moins du troisième ordre de petitesse.

D'après les formules du Chapitre XIV, on peut écrire

$$(5)\quad \left\{\begin{aligned} x &= u\cos(nt + \varepsilon) - v\sin(nt + \varepsilon), \\ y &= u\sin(nt + \varepsilon) + v\cos(nt + \varepsilon), \\ x_1 &= u_1\cos(nt + \varepsilon) - v_1\sin(nt + \varepsilon), \\ y_1 &= u_1\sin(nt + \varepsilon) + v_1\cos(nt + \varepsilon). \end{aligned}\right.$$

Nous supposerons dans ce qui suit que les éléments a et ε, et par suite n, sont communs à la Lune réelle et à la Lune fictive (on ne fera même porter les différences que sur les éléments e et γ); c'est ce qui a permis d'écrire dans les deux dernières formules $nt + \varepsilon$, et non pas $n_1 t + \varepsilon_1$. On a ensuite

$$x^2 + y^2 = u^2 + v^2, \qquad x_1^2 + y_1^2 = u_1^2 + v_1^2, \qquad xx_1 + yy_1 = uu_1 + vv_1,$$

$$(x - x_1)^2 + (y - y_1)^2 = (u - u_1)^2 + (v - v_1)^2.$$

Donc, dans l'application du principe précédent, on pourra remplacer, dans l'équation (4), la quantité

$$(r-r_1)^2-(x-x_1)^2-(y-y_1)^2-(z-z_1)^2$$

par

$$(r-r_1)^2-(u-u_1)^2-(v-v_1)^2-(z-z_1)^2.$$

Les développements trigonométriques de x et y contiennent cinq arguments, tandis que ceux de u et v n'en renferment que quatre. D'après les formules (10) du Chapitre XIV. $\frac{a}{r}\left(\text{nous dirons désormais } \frac{1}{r} \text{ pour abréger}\right)$ et u sont développables en séries de cosinus d'arcs de la forme

$$2i\xi \pm j\varphi \pm j'\varphi' \pm 2k\eta;$$

v contient les sinus des mêmes arcs; ξ tient désormais la place de τ. Chaque coefficient est le produit de $e^j e'^{j'} \gamma^{2k}$ par une série procédant suivant les puissances de m, e^2, e'^2 et γ^2. La coordonnée z se développe en une série de sinus d'arguments tels que

$$2i\xi \pm j\varphi \pm j'\varphi' \pm (2k+1)\eta;$$

chaque coefficient est le produit de $e^j e'^{j'} \gamma^{2k+1}$ par une série procédant suivant les puissances de m, e^2, e'^2 et γ^2.

127. Ces préliminaires posés, admettons que x, y, z répondent aux valeurs

$$e = 0, \qquad \gamma = 0,$$

x_1, y_1 et z_1 correspondant à

$$e \gtrless 0, \qquad \gamma = 0.$$

Il en résulte $z = z_1 = 0$; η ne figurera pas dans les arguments, et $\frac{1}{r_1}$ sera de la forme

$$(6) \quad \frac{1}{r_1} = \sum (\mathcal{A}_0 + \mathcal{A}_1 e^2 + \mathcal{A}_2 e^4 + \ldots)\cos(2i\xi \pm j'\varphi') + \sum \mathcal{B} e^j \cos(2i\xi \pm j\varphi \pm j'\varphi');$$

dans cette formule, j est essentiellement différent de zéro, puisque nous avons mis à part les termes dans lesquels $j = 0$. En faisant dans la formule précédente $e = 0$, on aura la valeur de $\frac{1}{r}$,

$$\frac{1}{r} = \sum \mathcal{A}_0 \cos(2i\xi \pm j'\varphi');$$

il en résulte

$$(7) \quad \frac{1}{r_1} - \frac{1}{r} = \sum (\mathcal{A}_1 e^2 + \ldots)\cos(2i\xi \pm j'\varphi') + \sum \mathcal{B} e^j \cos(2i\xi \pm j\varphi \pm j'\varphi').$$

On aura des résultats de même forme pour les différences $r - r_1$, $u - u_1$ et $v - v_1$, en changeant, au besoin, les cosinus en sinus. La formule (4) donne maintenant

$$3 \text{ fois la partie constante de } \left(\frac{1}{r} - \frac{1}{r_1}\right)$$
$$= \text{part. const. de } rr_1\left(\frac{1}{r_1} - \frac{1}{r}\right)^3$$
$$+ \text{part. const. de } \left\{\frac{1}{2}\left(\frac{1}{r_1} - \frac{1}{r}\right)[(r - r_1)^2 - (u - u_1)^2 - (v - v_1)^2]\left[\frac{3}{rr_1} + \left(\frac{1}{r_1} - \frac{1}{r}\right)^2\right]\right\};$$

il en résulte, d'après la formule (7) et les formules analogues relatives à $u - u_1$ et $v - v_1$, que la partie constante de $\left(\frac{1}{r_1} - \frac{1}{r}\right)$ contient au moins le facteur e^3. Or les parties constantes de $\frac{1}{r_1}$ et $\frac{1}{r}$ se déduisent de l'expression

$$A + Be^2 + C\gamma^2 + Ee^4 + 2Fe^2\gamma^2 + G\gamma^4 + \ldots,$$

en y remplaçant par zéro, d'abord γ, et ensuite e aussi; la partie constante du développement de $\frac{1}{r_1} - \frac{1}{r}$ sera donc

$$(A + Be^2 + Ee^4 + \ldots) - A = Be^2 + Ee^4 + \ldots.$$

Puisque cette expression doit contenir au moins le facteur e^3, on doit avoir $B = 0$, quelles que soient les valeurs de e' et de m; il en résulte donc bien

$$B_1 = B_2 = \ldots = 0.$$

Pour prouver que l'on a $C = 0$, il suffit de reprendre les mêmes raisonnements, en faisant jouer à γ le rôle de e, et *vice versa*. On supposera donc

$$e = 0, \quad \gamma = 0, \quad \text{dans } x, y, z,$$
$$e = 0, \quad \gamma \gtrless 0, \quad \text{dans } x_1, y_1, z_1.$$

On trouvera

$$\frac{1}{r_1} = \sum(\mathcal{C}_0 + \mathcal{C}_1\gamma^2 + \mathcal{C}_2\gamma^4 + \ldots)\cos(2i\xi \pm j'\varphi') + \sum \mathcal{D}\gamma^{2k}\cos(2i\xi \pm j'\varphi' \pm 2k\eta),$$
$$\frac{1}{r} = \sum \mathcal{C}_0\cos(2i\xi \pm j'\varphi'),$$
$$\frac{1}{r_1} - \frac{1}{r} = \sum(\mathcal{C}_1\gamma^2 + \mathcal{C}_2\gamma^4 + \ldots)\cos(2i\xi \pm j'\varphi') + \sum \mathcal{D}\gamma^{2k}\cos(2i\xi \pm j'\varphi' \pm 2k\eta);$$

dans cette dernière formule, k est essentiellement différent de 0; $\frac{1}{r_1} - \frac{1}{r}$ contient donc le facteur γ^2, et il en sera de même des différences $r - r_1$, $u - u_1$

et $v - v_1$. On a d'ailleurs $z = 0$, et z_1 contient le facteur γ. La formule (4) donne

$$(8)\quad \left\{\begin{aligned} &3 \text{ fois la partie constante de } \left(\frac{1}{r} - \frac{1}{r_1}\right) \\ &= \quad \text{part. const. de } rr_1\left(\frac{1}{r_1} - \frac{1}{r}\right)^3 \\ &\quad + \text{part. const. de } \left\{\frac{1}{2}\left(\frac{1}{r_1} - \frac{1}{r}\right)[(r-r_1)^2 - (u-u_1)^2 - (v-v_1)^2 - z_1^2]\left[\frac{3}{rr_1} + \left(\frac{1}{r_1} - \frac{1}{r}\right)^2\right]\right\}; \end{aligned}\right.$$

la première portion du second membre contient le facteur γ^6, et la seconde γ^4. Or la partie constante de $\frac{1}{r_1} - \frac{1}{r}$ est égale à

$$(A + C\gamma^2 + G\gamma^4 + \ldots) - A = C\gamma^2 + G\gamma^4 + \ldots.$$

On a donc identiquement $C = 0$, et par suite

$$C_1 = C_2 = \ldots = 0;$$

la première partie du théorème d'Adams est ainsi démontrée.

128. Adams a trouvé, par ses calculs directs,

$$\begin{aligned} E &= \frac{1}{16}m^2 + \frac{225}{128}m^3, \\ F &= \quad m^2 + \frac{63}{16}m^3, \\ G &= -\, m^2 + \frac{9}{8}m^3; \end{aligned}$$

il n'est pas allé plus loin, parce que, dans $Ee^4 + 2Fe^2\gamma^2 + G\gamma^4$, il aurait fallu déterminer des quantités du huitième ordre; celles du septième sont déjà difficiles à former.

On a, d'autre part,

$$\begin{aligned} c &= 1 + \ldots + e^2\left(\frac{3}{8}m^2 + \frac{675}{64}m^3\right) + \gamma^2\left(\quad 6m^2 + \frac{189}{8}m^3\right) + \ldots = \frac{d\varphi}{n\,dt}, \\ g &= 1 + \ldots + e^2\left(\frac{3}{2}m^2 + \frac{189}{32}m^3\right) + \gamma^2\left(-\frac{3}{2}m^2 + \frac{27}{16}m^3\right) + \ldots = \frac{d\eta}{n\,dt}, \end{aligned}$$

ou bien

$$(9)\quad \left\{\begin{aligned} c &= 1 + \ldots + He^2 + K\gamma^2 + \ldots, \\ g &= 1 + \ldots + Me^2 + N\gamma^2, \end{aligned}\right.$$

en posant

$$H = \frac{3}{8} m^2 + \frac{675}{64} m^3, \qquad K = 6 m^2 + \frac{189}{8} m^3,$$

$$M = \frac{3}{2} m^2 + \frac{189}{32} m^3, \qquad N = -\frac{3}{2} m^2 + \frac{27}{16} m^3.$$

On peut écrire

$$H = 6\left(\frac{1}{16} m^2 + \frac{225}{128} m^3\right) = 6E + \ldots,$$

$$K = 6\left(m^2 + \frac{63}{16} m^3\right) = 6F + \ldots,$$

$$M = \frac{3}{2}\left(m^2 + \frac{63}{16} m^3\right) = \frac{3}{2} F + \ldots,$$

$$N = \frac{3}{2}\left(- m^2 + \frac{9}{8} m^3\right) = \frac{3}{2} G + \ldots.$$

On a donc les égalités approchées

(10) $$\frac{H}{E} = \frac{K}{F}, \qquad \frac{M}{F} = \frac{N}{G}.$$

Adams a démontré qu'elles sont *rigoureuses*, et c'est la seconde partie de son beau théorème.

Donnons à x, y, z les valeurs qui répondent à

$$e \gtrless 0, \qquad \gamma = 0,$$

et à x_1, y_1, z_1 les valeurs qui répondent à

$$e = e_1 \gtrless 0, \qquad \gamma \gtrless 0.$$

Nous déterminerons γ par la condition que φ_1 et, par suite c_1, soit le même dans les deux cas, ce qui nous donne, en vertu de la première relation (9),

$$H e^2 + \ldots = H e_1^2 + K\gamma^2 + \ldots,$$

d'où

(11) $$\gamma^2 = \frac{H}{K}(e^2 - e_1^2) + \ldots;$$

ainsi, γ^2 contient le facteur $e - e_1$. Le développement de $\frac{1}{r_1}$ est de la forme

$$\frac{1}{r_1} = \sum [\mathcal{E}_0^{(1)} + \mathcal{E}_1^{(1)}\gamma^2 + \ldots] \cos(2i\xi \pm j\varphi + j'\varphi') + \sum \mathcal{F}^{(k)} \gamma^{2k} \cos(2i\xi \pm j\varphi \pm j'\varphi' + 2k\eta);$$

k est essentiellement différent de zéro. On en déduit, en remplaçant γ par 0, e_1 par e, $\mathcal{E}_0^{(1)}$ par $\mathcal{E}_0$, sans toucher à ξ, φ, φ', e', m,

$$\frac{1}{r} = \sum \mathcal{E}_0 \cos(2i\xi \pm j\varphi \pm j'\varphi'),$$

d'où

$$\frac{1}{r_1} - \frac{1}{r} = \sum [\mathcal{E}_0^{(1)} - \mathcal{E}_0 + \mathcal{E}_1^{(1)}\gamma^2 + \ldots] \cos(2i\xi \pm j\varphi \pm j'\varphi')$$
$$+ \sum \mathcal{F}^{(k)}\gamma^{2k} \cos(2i\xi \pm j\varphi \pm j'\varphi' \pm 2k\eta).$$

$\mathcal{E}_0^{(1)} - \mathcal{E}_0 = \Theta(e_1^2) - \Theta(e^2)$ contient le facteur $e - e_1$; tous les autres termes de la formule précédente renferment le facteur γ^2, donc aussi $e - e_1$, d'après la formule (11). On peut donc dire que les quantités

$$\frac{1}{r_1} - \frac{1}{r}, \quad r - r_1, \quad u - u_1 \quad \text{et} \quad v - v_1$$

contiennent toutes $e - e_1$ en facteur. Or, si l'on se reporte à la formule (8), on voit que toutes les expressions

$$rr_1\left(\frac{1}{r_1} - \frac{1}{r}\right)^2, \quad \left(\frac{1}{r_1} - \frac{1}{r}\right)(r - r_1)^2, \quad \left(\frac{1}{r_1} - \frac{1}{r}\right)(u - u_1)^2, \quad \left(\frac{1}{r_1} - \frac{1}{r}\right)(v - v_1)^2$$

renferment le facteur $(e - e_1)^3$. Quant à l'expression

$$\left(\frac{1}{r_1} - \frac{1}{r}\right) z_1^2,$$

elle contient le facteur $(e - e_1)\gamma^2$, ou bien $(e - e_1)^2$, d'après la relation (11).

Donc, en résumé, la partie constante de $\left(\frac{1}{r_1} - \frac{1}{r}\right)$ contient le facteur $(e - e_1)^2$; mais, comme cette partie constante ne dépend que des puissances paires de e et e_1, elle devra renfermer le facteur $(e^2 - e_1^2)^2$. Or on a

$$\frac{1}{r_1} = \mathrm{A} + \mathrm{E}e_1^4 + 2\mathrm{F}e_1^2\gamma^2 + \mathrm{G}\gamma^4 + \ldots + \text{des termes périodiques},$$

ou bien, en vertu de la formule (11),

$$\frac{1}{r_1} = \mathrm{A} + \mathrm{E}e_1^4 + \frac{2\mathrm{FH}}{\mathrm{K}} e_1^2(e^2 - e_1^2) + \mathrm{G}\frac{\mathrm{H}^2}{\mathrm{K}^2}(e^2 - e_1^2)^2 + \ldots;$$

d'où

$$\frac{1}{r} = \mathrm{A} + \mathrm{E}e^4 + \ldots.$$

On en conclut

$$\frac{1}{r_1} - \frac{1}{r} = \mathrm{E}(e_1^4 - e^4) + \frac{2\mathrm{FH}}{\mathrm{K}} e_1^2(e^2 - e_1^2) + \frac{\mathrm{GH}^2}{\mathrm{K}^2}(e^2 - e_1^2)^2 + \ldots + \text{des termes périodiques}.$$

La partie constante doit être divisible par $(e^2 - e_1^2)^2$; il doit en être de même de

$$\mathrm{E}(e_1^2 + e^2) - \frac{2\mathrm{FH}}{\mathrm{K}} e_1^2.$$

On en conclut

$$2 E e_1^2 - \frac{2 FH}{K} e_1^2 = 0,$$

$$\frac{H}{E} = \frac{K}{F};$$

la première des relations (10) est ainsi démontrée.

129. Donnons maintenant à x, y, z les valeurs qui répondent à $e = 0$ et $\gamma \gtrless 0$, et à x_1, y_1, z_1 les valeurs qui répondent à $e \gtrless 0$ et $\gamma = \gamma_1 \lesseqgtr 0$. Déterminons e de façon que η et par suite g soit le même dans les deux cas; nous aurons, en vertu de l'expression (9) de g,

$$N\gamma^2 + \ldots = M e^2 + N\gamma_1^2 + \ldots,$$

d'où

$$e^2 = \frac{N}{M}(\gamma^2 - \gamma_1^2) + \ldots; \tag{12}$$

e^2 contiendra donc le facteur $\gamma^2 - \gamma_1^2$. On aura pour $\frac{1}{r_1}$ un développement tel que

$$\frac{1}{r_1} = \sum [\mathcal{G}_0^{(1)} + \mathcal{G}_1^{(1)} e^2 + \ldots] \cos(2 i\xi \pm j'\varphi' \pm 2 k\eta)$$

$$+ \sum \mathfrak{H}^{(j)} e^j \cos(2 i\xi \pm j\varphi \pm j'\varphi' \pm 2 k\eta);$$

j est différent de zéro, puisqu'on a mis à part le terme qui correspond à $j = 0$.

Les coefficients $\mathcal{G}$ et $\mathfrak{H}$ sont des fonctions de γ^2. En remplaçant γ_1 par γ, faisant $e = 0$, remarquant que η ne change pas et désignant par $\mathcal{G}_0$ ce que devient $\mathcal{G}_0^{(1)}$, on trouve

$$\frac{1}{r} = \sum \mathcal{G}_0 \cos(2 i\xi \pm j'\varphi' \pm 2 k\eta),$$

puis

$$\frac{1}{r_1} - \frac{1}{r} = \sum [\mathcal{G}_0^{(1)} - \mathcal{G}_0 + \mathcal{G}_1^{(1)} e^2 + \ldots] \cos(2 i\xi \pm j'\varphi' \pm 2 k\eta)$$

$$+ \sum \mathfrak{H}^{(j)} e^j \cos(2 i\xi \pm j\varphi \pm j'\varphi' \pm 2 k\eta).$$

Tous les termes du second membre contiennent e en facteur, à l'exception de la portion $\mathcal{G}_0^{(1)} - \mathcal{G}_0 = \Phi(\gamma_1^2) - \Phi(\gamma^2)$ qui contient évidemment le facteur $\gamma^2 - \gamma_1^2$.

Voyons ce qui arrive pour z_1; on pourra écrire

$$z_1 = \gamma_1 \sum [\mathcal{L}_0^{(1)} + \mathcal{L}_1^{(1)} e^2 + \ldots] \sin[2 i\xi \pm j'\varphi' \pm (2k+1)\eta]$$

$$+ \gamma_1 \sum \mathfrak{M}^{(j)} e^j \sin[2 i\xi \pm j\varphi \pm j'\varphi' \pm (2k+1)\eta]$$

j est essentiellement différent de zéro. En remplaçant e par zéro et γ_1 par γ, il vient, puisque η reste le même,

$$z = \gamma \sum \mathfrak{L}_0 \sin[2i\xi \pm j'\varphi' \pm (2k+1)\eta],$$

$$z_1 - z = \sum [\gamma_1 \mathfrak{L}_0^{(1)} - \gamma \mathfrak{L}_0 + \gamma_1 \mathfrak{L}_1^{(1)} e^2 + \ldots] \sin[2i\xi \pm j'\varphi' \pm (2k+1)\eta]$$

$$+ \gamma_1 \sum \mathfrak{M}^{(j)} e^j \sin[2i\xi \pm j\varphi \pm j'\varphi' \pm (2k+1)\eta].$$

La quantité

$$\gamma_1 \mathfrak{L}_0^{(1)} - \gamma \mathfrak{L}_0 = \gamma_1 \Psi(\gamma_1^2) - \gamma \Psi(\gamma^2)$$

est évidemment divisible par $\gamma - \gamma_1$; e^2 est aussi divisible par $\gamma - \gamma_1$, comme on l'a vu plus haut. On peut donc dire que les divers termes de $z - z_1$ contiennent en facteur soit $\gamma - \gamma_1$, soit $e\gamma_1$.

Posons maintenant

$$\alpha_1 = 2i\xi \pm j'\varphi' \pm 2k\eta,$$
$$\alpha_2 = 2i\xi \pm j\varphi \pm j'\varphi' \pm 2k\eta,$$

et appliquons la formule (8) : chacune des expressions de $\frac{1}{r_1} - \frac{1}{r}$, $r - r_1$, $u - u_1$ et $v - v_1$ se compose d'une série de termes en $\cos\alpha_1$ ayant tous $\gamma^2 - \gamma_1^2$ en facteur et d'une série de termes en $\cos\alpha_2$ contenant tous le facteur e. Chaque terme des développements

$$(13) \quad \left(\frac{1}{r_1} - \frac{1}{r}\right)^3, \quad \left(\frac{1}{r_1} - \frac{1}{r}\right)(r - r_1)^2, \quad \left(\frac{1}{r_1} - \frac{1}{r}\right)(u - u_1)^2, \quad \left(\frac{1}{r_1} - \frac{1}{r}\right)(v - v_1)^2$$

s'obtient en prenant trois facteurs de la forme $\cos\alpha_1$, ou deux facteurs $\cos\alpha_1$ et un facteur $\cos\alpha_2$, ou un facteur $\cos\alpha_1$ et deux facteurs $\cos\alpha_2$, ou enfin trois facteurs $\cos\alpha_3$. Dans le second cas, φ ne peut pas disparaître, et l'on n'obtiendrait rien qui entre dans la partie non périodique de $\frac{1}{r}$; dans le premier cas, le produit de trois facteurs en $\cos\alpha_1$ contiendra $(\gamma^2 - \gamma_1^2)^3$. Avec un facteur en $\cos\alpha_1$ et deux en $\cos\alpha_2$, on aura d'une part $\gamma^2 - \gamma_1^2$, et de l'autre e^2, qui amène $\gamma^2 - \gamma_1^2$; donc, en somme, le facteur $(\gamma^2 - \gamma_1^2)$ existe dans tous les termes du groupe mentionné. Quand on prend trois facteurs $\cos\alpha_2$, les valeurs de j ne peuvent pas être égales toutes à ± 1, car alors deux de ces valeurs seraient égales entre elles et φ ne disparaîtrait pas du produit des trois cosinus. Donc l'une au moins des valeurs de j doit être $\gtreqless 2$; le produit contiendra donc le facteur e^2 et, par suite, $(\gamma^2 - \gamma_1^2)$. Ainsi donc, toutes les parties non périodiques des développements (13) contiennent $(\gamma^2 - \gamma_1^2)^2$ en facteur.

Reste à examiner la partie constante de $\left(\frac{1}{r_1} - \frac{1}{r}\right)(z - z_1)^2$. Posons

$$\beta_1 = 2i\xi \pm j'\varphi' \pm (2k+1)\eta,$$
$$\beta_2 = 2i\xi \pm j\varphi \pm j'\varphi' \pm (2k+1)\eta;$$

$z - z_1$ se compose de termes en $\cos\beta_1$ contenant $\gamma - \gamma_1$ en facteur et de termes en $\cos\beta_2$ contenant e. On verra aisément qu'on ne peut prendre que les trois combinaisons suivantes, à côté desquelles nous inscrirons les facteurs correspondants

1 terme en $\cos\alpha_1$ et 2 en $\cos\beta_1$............ $(\gamma^2 - \gamma_1^2)(\gamma - \gamma_1)^2$,
1 terme en $\cos\alpha_1$ et 2 en $\cos\beta_2$............ $(\gamma^2 - \gamma_1^2)e^2 = (\gamma^2 - \gamma_1^2)^2\frac{N}{M}$,
1 terme en $\cos\alpha_2$, 1 en $\cos\beta_1$ et 1 en $\cos\beta_2$. $(\gamma^2 - \gamma_1^2)(\gamma - \gamma_1)e$.

On aura donc toujours le facteur $(\gamma - \gamma_1)^2$ et, par suite, $(\gamma^2 - \gamma_1^2)^2$, puisque finalement la partie constante de $\frac{1}{r_1} - \frac{1}{r}$ ne peut contenir que des puissances paires de γ et γ_1. Or on a

$$\frac{1}{r_1} = A + Ee^4 + 2Fe^2\gamma_1^2 + G\gamma_1^4 + \ldots,$$
$$\frac{1}{r} = A + G\gamma^4 + \ldots,$$

d'où

$$\frac{1}{r_1} - \frac{1}{r} = Ee^4 + 2Fe^2\gamma_1^2 + G(\gamma_1^4 - \gamma^4) + \ldots.$$

Cela doit être divisible par $(\gamma^2 - \gamma_1^2)^2$; en tenant compte de la relation (12), on voit que l'expression

$$G(\gamma^2 + \gamma_1^2) - \frac{2FN}{M}\gamma_1^2$$

doit être divisible par $\gamma^2 - \gamma_1^2$; ce qui donne

$$2G\gamma_1^2 - \frac{2FN}{M}\gamma_1^2 = 0, \qquad \frac{M}{F} = \frac{N}{G};$$

c'est la seconde des relations (10) que l'on voulait démontrer.

La seconde partie du théorème d'Adams constitue une tentative très heureuse pour rattacher les développements de c et g à celui de la portion constante de $\frac{1}{r}$.

CHAPITRE XVII.

THÉORIE DE LA LUNE DE HANSEN.

130. Hansen a exposé sa méthode dans l'Ouvrage intitulé : *Fundamenta nova investigationis orbitæ veræ quam Luna perlustrat* (1838). Il y a apporté ensuite quelques modifications dans sa *Darlegung der theoretischen Berechnung der in den Mondtafeln angewandten Störungen* (1862-1864), et c'est de ce dernier Ouvrage, surtout du Tome I, que nous allons rendre compte ici.

Soient a, n, e, i, θ, ϖ, $\mathcal{E}$, r, f, ε le demi grand axe, le moyen mouvement, l'excentricité, l'inclinaison, la longitude du nœud ascendant, celle du périgée, celle de l'époque, le rayon vecteur, l'anomalie vraie et l'anomalie excentrique de la Lune à l'époque t; ce sont donc les éléments elliptiques variables. Les formules

$$(1)\qquad \left\{\begin{array}{l} \varepsilon - e\sin\varepsilon = nt + \mathcal{E} - \varpi = nt + c, \\ r\cos f = a(\cos\varepsilon - e), \qquad r\sin f = a\sqrt{1-e^2}\sin\varepsilon, \\ n^2a^3 = \varkappa(1+m) \end{array}\right.$$

feront connaître r et f. Si l'on suppose connus θ, i et ϖ, la position de la Lune, à l'époque t, sera complètement déterminée. Nous avons représenté par $\varkappa$ l'attraction de deux unités de masse à l'unité de distance, par m la masse de la Lune, celle de la Terre étant prise pour unité; nous désignerons par m' la masse du Soleil, et par

$$\varkappa(1+m)S, \qquad \varkappa(1+m)\mathfrak{T} \qquad \text{et} \qquad \varkappa(1+m)Z$$

les composantes de la force perturbatrice provenant de l'attraction du Soleil, suivant trois axes mobiles, le rayon vecteur de la Lune, la perpendiculaire à ce rayon située dans le plan de l'orbite et la normale à l'orbite. En se reportant aux formules (a), page 29 de ce Volume, on pourra écrire comme il suit les équations qui donnent les dérivées des éléments elliptiques :

$$(2)\quad\left\{\begin{aligned}
\frac{da}{dt} &= 2\frac{na^3}{\sqrt{1-e^2}}\left(\mathrm{S}\,e\sin f + \mathfrak{T}\frac{p}{r}\right),\\
\frac{de}{dt} &= na^2\sqrt{1-e^2}\left[\mathrm{S}\sin f + \frac{1}{e}\mathfrak{T}\left(\frac{p}{r}-\frac{r}{a}\right)\right],\\
\frac{di}{dt} &= \frac{na}{\sqrt{1-e^2}}\mathrm{Z}r\cos(f+\varpi-\theta),\qquad \sin i\frac{d\theta}{dt} = \frac{na}{\sqrt{1-e^2}}\mathrm{Z}r\sin(f+\varpi-\theta),\\
\frac{e\,d\varpi}{dt} &= 2e\sin^2\frac{i}{2}\frac{d\theta}{dt} + na^2\sqrt{1-e^2}\left[-\mathrm{S}\cos f + \mathfrak{T}\left(1+\frac{r}{p}\right)\sin f\right],\\
\frac{d\mathcal{E}}{dt} &= -2na\mathrm{S}r + \frac{e^2}{1+\sqrt{1-e^2}}\frac{d\varpi}{dt} + 2\sqrt{1-e^2}\sin^2\frac{i}{2}\frac{d\theta}{dt}.
\end{aligned}\right.$$

Soient x', y', z' les coordonnées du Soleil, rapportées aux axes mobiles définis plus haut, Δ et r' ses distances à la Lune et à la Terre ; on aura

$$\mathrm{S} = \frac{m'}{1+m}\left[x'\left(\frac{1}{\Delta^3}-\frac{1}{r'^3}\right)-\frac{r}{\Delta^3}\right],\quad \mathfrak{T} = \frac{m'}{1+m}y'\left(\frac{1}{\Delta^3}-\frac{1}{r'^3}\right),\quad \mathrm{Z} = \frac{m'}{1+m}z'\left(\frac{1}{\Delta^3}-\frac{1}{r'^3}\right).$$

131. Dans l'orbite mobile, Hansen introduit un point X, origine des longi-

Fig. 9.

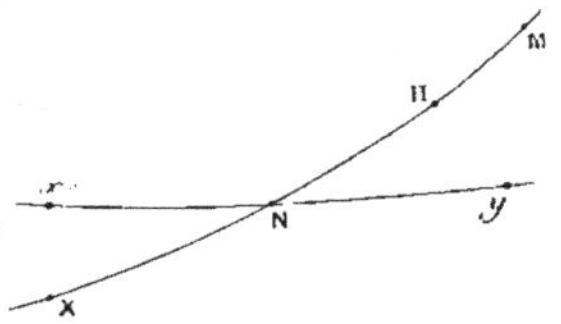

tudes (*fig.* 9), tel que, si l'on pose

$$\mathrm{NX} = \sigma,$$

on ait

$$\frac{d\sigma}{dt} = \cos i\,\frac{d\theta}{dt};$$

l'arc NX n'étant défini que par sa différentielle, σ n'est pas entièrement défini ; mais il le deviendra si l'on s'impose, au début, la condition

$$\sigma_0 = \theta_0.$$

Hansen pose

$$\mathrm{XH} = \chi = \sigma + \varpi - \theta,\qquad v = \mathrm{XM} = \chi + f.$$

On aura

$$\frac{d\chi}{dt} = \frac{d\sigma}{dt} + \frac{d\varpi}{dt} - \frac{d\theta}{dt} = \frac{d\varpi}{dt} - (1 - \cos i)\frac{d\theta}{dt},$$

d'où, en tenant compte de l'expression (2) de $\frac{d\varpi}{dt}$,

$$(3) \qquad e\frac{d\chi}{dt} = na^2\sqrt{1-e^2}\left[-\,\mathrm{S}\cos f + \mathfrak{T}\left(1 + \frac{r}{p}\right)\sin f\right].$$

On voit que l'expression de $\frac{d\chi}{dt}$ est plus simple que celle de $\frac{d\varpi}{dt}$.

On sera conduit plus tard à poser

$$(4) \qquad \sin i \sin\sigma = p, \qquad \sin i \cos\sigma = q.$$

On en tire, en différentiant et remplaçant $\frac{d\sigma}{dt}$ par $\cos i\,\frac{d\theta}{dt}$,

$$\frac{dp}{dt} = \cos i\left(\sin\sigma\,\frac{di}{dt} + \cos\sigma\sin i\,\frac{d\theta}{dt}\right),$$

$$\frac{dq}{dt} = \cos i\left(\cos\sigma\,\frac{di}{dt} - \sin\sigma\sin i\,\frac{d\theta}{dt}\right),$$

d'où, à cause des valeurs (2) de $\frac{di}{dt}$ et $\sin i\,\frac{d\theta}{dt}$,

$$\frac{dp}{dt} = \frac{na}{\sqrt{1-e^2}}\mathrm{Z}r\cos i[\quad\sin(f+\varpi-\theta)\cos\sigma + \cos(f+\varpi-\theta)\sin\sigma],$$

$$\frac{dq}{dt} = \frac{na}{\sqrt{1-e^2}}\mathrm{Z}r\cos i[-\sin(f+\varpi-\theta)\sin\sigma + \cos(f+\varpi-\theta)\cos\sigma];$$

mais on a

$$f + \varpi - \theta = v - \sigma.$$

Il vient ainsi simplement

$$(5) \qquad \begin{cases} \dfrac{dp}{dt} = \dfrac{na}{\sqrt{1-e^2}}\mathrm{Z}r\cos i\sin v, \\[2ex] \dfrac{dq}{dt} = \dfrac{na}{\sqrt{1-e^2}}\mathrm{Z}r\cos i\cos v. \end{cases}$$

Rappelons encore les formules suivantes qui nous serviront bientôt (t. I, p. 463)

$$(6) \qquad \begin{cases} \dfrac{d^2 r}{dt^2} - r\dfrac{dv^2}{dt^2} + \dfrac{n^2 a^3}{r^2} = \varkappa(1+m)\mathrm{S}, \\[2ex] \dfrac{d}{dt}\left(r^2\dfrac{dv}{dt}\right) = \varkappa(1+m)\mathfrak{T}r, \end{cases}$$

où v désigne bien la longitude comptée dans l'orbite mobile, à partir du point X.

132. Hansen considère une ellipse de grandeur et de forme constantes, qu'il fait tourner dans le plan de l'orbite mobile, d'un mouvement uniforme, afin de tenir compte, dès la première approximation, du mouvement moyen du périgée. Soient a_0, n_0, e_0 les éléments rigoureusement constants de cette ellipse : ce seront les valeurs moyennes des éléments variables a, n et e; désignons, en outre, par $n_0 \gamma$ la vitesse angulaire de rotation de l'ellipse, et par π_0 une constante. A désignant la position occupée à l'époque t par le point le plus voisin de la Terre, on aura

$$XOA = \pi_0 + n_0 \gamma t.$$

Soit M la position correspondante de la Lune; le rayon MO rencontre l'ellipse mobile en N (*fig.* 10); Hansen désigne par $\bar{r}$ et $\bar{f}$ le rayon ON et l'anomalie

Fig. 10.

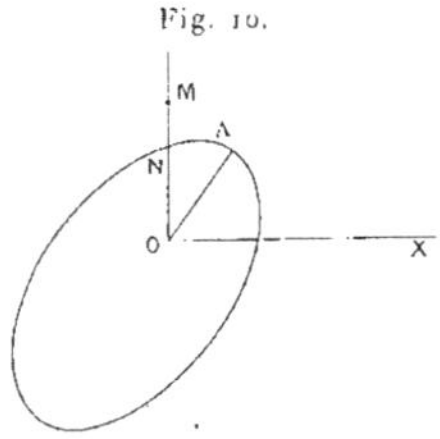

vraie AON dans l'ellipse auxiliaire, par $n_0 z$ l'anomalie moyenne, et $\bar{\varepsilon}$ l'anomalie excentrique. On aura donc

$$(7)\quad \begin{cases} \bar{\varepsilon} - e_0 \sin\bar{\varepsilon} = n_0 z, \qquad n_0^2 a_0^3 = \varkappa(1+m); \\ \bar{r}\cos\bar{f} = a_0(\cos\bar{\varepsilon} - e_0), \qquad \bar{r}\sin\bar{f} = a_0\sqrt{1-e_0^2}\sin\bar{\varepsilon}, \\ v = \bar{f} + \pi_0 + n_0 \gamma t = f + \chi. \end{cases}$$

On voit que, pour le calcul de v, on fait porter toutes les perturbations sur l'anomalie moyenne de l'ellipse auxiliaire; z est une fonction de t que nous apprendrons à calculer. On voit aussi que, si v est le même dans les deux orbites, il n'en est pas de même des rayons vecteurs ON et OM. Hansen pose

$$(8)\qquad r = \bar{r}(1+\nu).$$

On va calculer $\frac{dz}{dt}$; on a, d'après la seconde équation (6), quand la force perturbatrice s'annule,

$$r^2 \frac{dv}{dt} = na^2\sqrt{1-e^2}.$$

Cette expression convient encore au mouvement troublé; seulement on doit prendre, les éléments étant devenus variables,

$$(9)\qquad \frac{d(na^2\sqrt{1-e^2})}{dt} = \varkappa(1+m)\mathfrak{C}r,$$

On a ensuite

$$\frac{dv}{dt} = \frac{na^2\sqrt{1-e^2}}{r^2} = \frac{d\bar{f}}{dt} + n_0 y = \frac{d\bar{f}}{dz}\frac{dz}{dt} + n_0 y.$$

Mais on a aussi

$$\bar{r}^{-2}\frac{d\bar{f}}{dz} = n_0 a_0^2 \sqrt{1-e_0^2};$$

en tirant de là $\frac{d\bar{f}}{dz}$, et le reportant dans l'équation précédente, il vient

$$(10)\qquad \frac{dz}{dt} = \frac{na^2\sqrt{1-e^2}}{n_0 a_0^2\sqrt{1-e_0^2}}\left(\frac{\bar{r}}{r}\right)^2 - \frac{y}{\sqrt{1-e_0^2}}\left(\frac{\bar{r}}{a_0}\right)^2.$$

Or on a

$$r = \bar{r}(1+\nu); \qquad \frac{\bar{r}^2}{r^2} = -1 + 2\frac{\bar{r}}{r} + \left(\frac{\nu}{1+\nu}\right)^2,$$

ce qui permet d'écrire

$$\frac{dz}{dt} = \frac{na^2\sqrt{1-e^2}}{n_0 a_0^2\sqrt{1-e_0^2}}\left\{-1 + 2\frac{\bar{r}}{r} + \left(\frac{\nu}{1+\nu}\right)^2\right\} - \frac{y}{\sqrt{1-e_0^2}}\left(\frac{\bar{r}}{a_0}\right)^2.$$

On élimine r à l'aide de la relation

$$r = \frac{p}{1+e\cos f},$$

et l'on pose

$$(11)\qquad \begin{cases} h = \dfrac{na}{\sqrt{1-e^2}} = \dfrac{\sqrt{\varkappa(1+m)}}{\sqrt{p}}, & na^2\sqrt{1-e^2} = \dfrac{\varkappa(1+m)}{h}; \\ h_0 = \dfrac{n_0 a_0}{\sqrt{1-e_0^2}} = \dfrac{\sqrt{\varkappa(1+m)}}{\sqrt{a_0(1-e_0^2)}}, & n_0 a_0^2\sqrt{1-e_0^2} = \dfrac{\varkappa(1+m)}{h_0}; \end{cases}$$

et il vient

$$\frac{dz}{dt} = -\frac{h_0}{h} + 2\frac{h}{h_0}\frac{\bar{r}}{a_0}\frac{1+e\cos f}{1-e_0^2} + \frac{h_0}{h}\left(\frac{\nu}{1+\nu}\right)^2 - \frac{y}{\sqrt{1-e_0^2}}\left(\frac{\bar{r}}{a_0}\right)^2.$$

On fait encore

$$(12)\qquad \overline{W} = -1 - \frac{h_0}{h} + 2\frac{h}{h_0}\frac{\bar{r}}{a_0}\frac{1+e\cos f}{1-e_0^2} = -1 + \frac{h_0}{h}\frac{1-\nu}{1+\nu},$$

et il vient

$$\frac{dz}{dt} = 1 + \overline{W} + \frac{h_0}{h}\left(\frac{\nu}{1+\nu}\right)^2 - \frac{\gamma}{\sqrt{1-e_0^2}}\left(\frac{\bar{r}}{a_0}\right)^2. \tag{13}$$

On aurait aussi les formules

$$\frac{dz}{dt} + \frac{\gamma}{\sqrt{1-e_0^2}}\left(\frac{\bar{r}}{a_0}\right)^2 = \frac{h_0}{h(1+\nu)^2} = \frac{1+\overline{W}}{1-\nu^2} = 1 + \overline{W} + \frac{1}{4}\frac{h}{h_0}\left(1 + \overline{W} - \frac{h_0}{h}\right)^2. \tag{13'}$$

Enfin l'expression de $\overline{W}$ peut s'écrire, en ayant égard à la troisième des formules (7),

$$\overline{W} = -1 - \frac{h_0}{h} + 2\frac{h}{h_0}\bar{r}\,\frac{1 + e\cos(\bar{f} + n_0\gamma t + \pi_0 - \chi)}{a_0(1-e_0^2)}. \tag{14}$$

133. La quantité $\overline{W}$, définie par la formule (14), contient le temps t de trois façons : par $n_0\gamma t$, par $\bar{r}$ et $\bar{f}$ qui dépendent de z au moyen des relations (7), et par les éléments variables h, e et χ. Pour introduire les composantes de la force perturbatrice, il faudrait remplacer h, e et χ par leurs valeurs en fonction de t. Il vaudra mieux calculer $\frac{d\overline{W}}{dt}$, parce que ce ne sont pas h, e et χ qui sont donnés immédiatement, mais $\frac{dh}{dt}$, $\frac{de}{dt}$ et $\frac{d\chi}{dt}$. Nous formerons $\frac{d\overline{W}}{dt}$ ou plutôt $\frac{\partial\overline{W}}{\partial t}$, sans faire varier le temps qui figure dans $\bar{r}$ et $\bar{f}$ par z ; il convient, pour plus de clarté, de remplacer t par τ dans $\bar{r}$, $\bar{f}$ et z, qui deviendront ainsi $\bar{\rho}$, $\bar{\varphi}$ et ζ ; on aura donc

$$\left\{\begin{aligned} &\varepsilon_0 - e_0\sin\varepsilon_0 = n_0\zeta,\\ &\bar{\rho}\cos\bar{\varphi} = a_0(\cos\varepsilon_0 - e_0),\\ &\bar{\rho}\sin\bar{\varphi} = a_0\sqrt{1-e_0^2}\sin\varepsilon_0; \end{aligned}\right. \tag{15}$$

par ce changement partiel de t en τ, $\overline{W}$ deviendra W, et l'on aura

$$W = -1 - \frac{h_0}{h} + 2\frac{h}{h_0}\bar{\rho}\,\frac{1 + e\cos(\bar{\varphi} + n_0\gamma t + \pi_0 - \chi)}{a_0(1-e_0^2)}. \tag{16}$$

Si l'on faisait, dans cette expression, $\tau = t$, on retrouverait $\overline{W}$.

On trouve aisément

$$\begin{aligned}\frac{dW}{dt} = \frac{\partial}{\partial t}&\left[-\frac{h_0}{h} + 2\frac{h}{h_0}\bar{\rho}\,\frac{1 + e\cos(\bar{\varphi} + n_0\gamma t + \pi_0 - \chi)}{a_0(1-e_0^2)}\right]\\ &- 2\frac{h}{h_0}n_0\gamma\bar{\rho}\,\frac{e\sin(\bar{\varphi} + n_0\gamma t + \pi_0 - \chi)}{a_0(1-e_0^2)};\end{aligned}$$

dans la première partie du second membre, on doit faire varier t seulement dans h, e et χ, et non dans $n_0 y t$.

Or, si l'on a égard aux relations suivantes qui découlent des formules (15),

$$\frac{\partial \bar{\varphi}}{n_0\, \partial \zeta} = \frac{a_0^2 \sqrt{1-e_0^2}}{\bar{\rho}^2}, \qquad \frac{\partial \bar{\rho}}{n_0\, \partial \zeta} = \frac{a_0 e_0}{\sqrt{1-e_0^2}} \sin \bar{\varphi},$$

l'équation (16) donne

$$\frac{\partial W}{n_0\, \partial \zeta} = 2 \frac{h}{h_0} e_0 \sin \bar{\varphi}\, \frac{1 + e \cos(\bar{\varphi} + n_0 y t + \pi_0 - \chi)}{(1-e_0^2)^{\frac{3}{2}}} - 2 \frac{h}{h_0} \frac{a_0}{\bar{\rho}} \frac{e \sin(\bar{\varphi} + n_0 y t + \pi_0 - \chi)}{\sqrt{1-e_0^2}};$$

d'où, en vertu de la formule (16),

$$\frac{\partial W}{n_0\, \partial \zeta} = \frac{W + \frac{h_0}{h} + 1}{\bar{\rho}} \frac{\partial \bar{\rho}}{n_0\, \partial \zeta} - 2 \frac{h}{h_0} \frac{a_0}{\bar{\rho}} \frac{e \sin(\bar{\varphi} + n_0 y t + \pi_0 - \chi)}{\sqrt{1-e_0^2}}.$$

Si l'on tire de là la valeur de $e \sin(\bar{\varphi} + n_0 y t + \pi_0 - \chi)$ pour la porter dans l'expression de $\frac{dW}{dt}$, on trouve

$$(17) \quad \left\{ \begin{aligned} \frac{dW}{dt} &= \frac{\partial}{\partial t}\left[- \frac{h_0}{h} + 2 \frac{h}{h_0} \bar{\rho}\, \frac{1 + e \cos(\bar{\varphi} + n_0 \nu t + \pi_0 - \chi)}{a_0(1-e_0^2)} \right] \\ &\quad + \frac{n_0 \nu}{\sqrt{1-e_0^2}} \left[\frac{\bar{\rho}^2}{a_0^2} \frac{\partial W}{n_0\, \partial \zeta} - \frac{1}{2 n_0 a_0^2} \left(W + \frac{h_0}{h} + 1 \right) \frac{\partial \bar{\rho}^2}{\partial \zeta} \right]. \end{aligned} \right.$$

D'ailleurs les formules (2), (3), (9) et (11) donnent

$$(18) \quad \left\{ \begin{aligned} \frac{dh}{dt} &= - h^2 \mathfrak{T} r = - \varkappa(1+m) \mathfrak{T} \frac{r}{p}; \\ \frac{de}{dt} &= n a^2 \sqrt{1-e^2} \left[S \sin f + \frac{\mathfrak{T}}{e} \left(\frac{p}{r} - \frac{r}{a} \right) \right], \\ e \frac{d\chi}{dt} &= n a^2 \sqrt{1-e^2} \left[- S \cos f + \mathfrak{T} \left(1 + \frac{r}{p} \right) \sin f \right]. \end{aligned} \right.$$

On en tire aisément

$$\begin{aligned} \frac{1}{\varkappa(1+m)} \frac{d\, he \sin\chi}{dt} &= - \mathfrak{T} \frac{r}{p} e \sin\chi + \sin\chi \left[S \sin f + \frac{\mathfrak{T}}{e} \left(\frac{p}{r} - \frac{r}{a} \right) \right] \\ &\quad + \cos\chi \left[- S \cos f + \mathfrak{T} \left(1 + \frac{r}{p} \right) \sin f \right], \\ \frac{1}{\varkappa(1+m)} \frac{d\, he \cos\chi}{dt} &= - \mathfrak{T} \frac{r}{p} e \cos\chi + \cos\chi \left[S \sin f + \frac{\mathfrak{T}}{e} \left(\frac{p}{r} - \frac{r}{a} \right) \right] \\ &\quad - \sin\chi \left[- S \cos f + \mathfrak{T} \left(1 + \frac{r}{p} \right) \sin f \right], \end{aligned}$$

et, en tenant compte de la relation

$$-e\frac{r}{p}+\frac{1}{e}\left(\frac{p}{r}-\frac{r}{a}\right)=\left(1+\frac{r}{p}\right)\cos f,$$

il vient

$$\frac{1}{\varkappa(1+m)}\frac{d\,he\sin\chi}{dt}=-\,\mathrm{S}\cos v+\mathfrak{T}\left(1+\frac{r}{p}\right)(\sin\chi\cos f+\cos\chi\sin f),$$

$$\frac{1}{\varkappa(1+m)}\frac{d\,he\cos\chi}{dt}=\mathrm{S}\sin v+\mathfrak{T}\left(1+\frac{r}{p}\right)(\cos\chi\cos f-\sin\chi\sin f),$$

ou, plus simplement,

$$(19)\qquad\left\{\begin{aligned}\frac{1}{\varkappa(1+m)}\frac{d\,he\sin\chi}{dt}&=-\,\mathrm{S}\cos v+\left(1+\frac{r}{p}\right)\mathfrak{T}\sin v,\\ \frac{1}{\varkappa(1+m)}\frac{d\,he\cos\chi}{dt}&=\mathrm{S}\sin v+\left(1+\frac{r}{p}\right)\mathfrak{T}\cos v.\end{aligned}\right.$$

En ayant égard aux relations (18) et (19), il vient

$$\frac{1}{\varkappa(1+m)}\frac{\partial}{\partial t}\left[-\frac{h_0}{h}+2\frac{h}{h_0}\frac{\bar\rho}{a_0}\frac{1+e\cos(\bar\varphi+n_0yt+\pi_0-\chi)}{1-e_0^2}\right]$$

$$=-\left[\frac{h_0}{h^2}+\frac{2}{h_0}\frac{\bar\rho}{a_0(1-e_0^2)}\right]\mathfrak{T}\frac{r}{p}$$

$$+2\frac{\bar\rho}{h_0}\frac{1}{a_0(1-e_0^2)}\left\{\begin{aligned}&\cos(\bar\varphi+n_0yt+\pi_0)\left[\mathrm{S}\sin v+\left(1+\frac{r}{p}\right)\mathfrak{T}\cos v\right]\\&+\sin(\bar\varphi+n_0yt+\pi_0)\left[-\mathrm{S}\cos v+\left(1+\frac{r}{p}\right)\mathfrak{T}\sin v\right]\end{aligned}\right\}$$

$$=-\left[\frac{h_0}{h^2}+\frac{2}{h_0}\frac{\bar\rho}{a_0(1-e_0^2)}\right]\mathfrak{T}\frac{r}{p}$$

$$+2\frac{\bar\rho}{h_0}\frac{1}{a_0(1-e_0^2)}\left[\mathrm{S}\sin(\bar f-\bar\varphi)+\left(1+\frac{r}{p}\right)\mathfrak{T}\cos(\bar f-\bar\varphi)\right].$$

Après quoi la formule (17) donne, si l'on tient compte de la relation $\varkappa(1+m)=h_0^2p_0=h^2p$,

$$(20)\qquad\left\{\begin{aligned}\frac{dW}{dt}&=2h_0\bar\rho\,\mathrm{S}\sin(\bar f-\bar\varphi)\\&\quad+h_0\mathfrak{T}r\left\{2\frac{\bar\rho}{r}\cos(\bar f-\bar\varphi)\right.\\&\qquad\left.+\frac{2\bar\rho h^2}{h_0^2a_0(1-e_0^2)}\cos(\bar f-\bar\varphi)-h^2\left[\frac{1}{h^2}+\frac{2}{h_0^2}\frac{\bar\rho}{a_0(1-e_0^2)}\right]\right\}+\ldots,\\ \frac{dW}{dt}&=h_0\mathfrak{T}r\left\{2\frac{\bar\rho}{r}\cos(\bar f-\bar\varphi)-1+\frac{2h^2\bar\rho}{h_0^2a_0(1-e_0^2)}[\cos(\bar f-\bar\varphi)-1]\right\}\\&\quad+2h_0\bar\rho\,\mathrm{S}\sin(\bar f-\bar\varphi)\\&\quad+\frac{n_0y}{\sqrt{1-e_0^2}}\left[\frac{\bar\rho^2}{a_0^2}\frac{\partial W}{n_0\partial\zeta}-\left(W+\frac{h_0}{h}+1\right)\frac{1}{2a_0^2}\frac{\partial\bar\rho^2}{n_0\partial\zeta}\right].\end{aligned}\right.$$

134. Hansen introduit, au lieu des composantes $\mathfrak{S}$ et S, les dérivées partielles de la fonction perturbatrice par rapport à r et v.

Fig. 11.

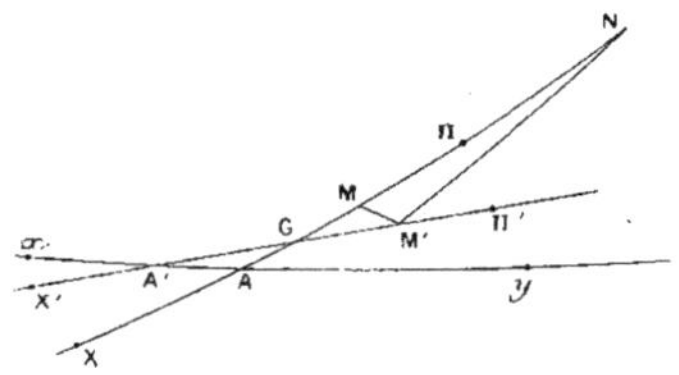

Soit Ω la fonction perturbatrice divisée par le facteur $\varkappa(1+m)$. On aura

$$\Omega = \frac{m'}{1+m}\left(\frac{1}{\Delta} - \frac{xx'+yy'+zz'}{r'^3}\right);$$

or on a constamment

$$x = r, \qquad y = 0, \qquad z = 0;$$

nous poserons de plus, en désignant par M et M′ les positions de la Lune et du Soleil à l'époque quelconque t,

$$\cos MM' = \frac{x'}{r'} = H.$$

Nous aurons ainsi

$$\Omega = \frac{m'}{1+m}\left(\frac{1}{\Delta} - \frac{r}{r'^2} H\right);$$

$$\Delta^2 = r^2 + r'^2 - 2rr'H.$$

On en tire

$$\frac{\partial\Omega}{\partial r} = \frac{m'}{1+m}\left(-\frac{r - r'H}{\Delta^3} - \frac{H}{r'^2}\right),$$

$$\frac{\partial\Omega}{\partial r} = \frac{m'}{1+m}\left[r'H\left(\frac{1}{\Delta^3} - \frac{1}{r'^3}\right) - \frac{r}{\Delta^3}\right],$$

ou, d'après le n° 130,

$$\frac{\partial\Omega}{\partial r} = S.$$

On a ensuite

$$\frac{\partial\Omega}{\partial v} = \frac{m'}{1+m}\left(\frac{rr'}{\Delta^3} - \frac{r}{r'^2}\right)\frac{\partial H}{\partial v}.$$

Or, si l'on désigne par X et X′ les origines des longitudes dans les deux plans mobiles, et que l'on fasse

$$XG = \sigma, \qquad X'G = \psi, \qquad XM = v, \qquad X'M' = v' \qquad XGX' = J,$$

le triangle sphérique MGM′ donnera

$$H = \cos(v - \varphi)\cos(v' - \psi) + \sin(v - \varphi)\sin(v' - \psi)\cos J,$$

d'où

$$\frac{\partial H}{\partial v} = -\sin(v - \varphi)\cos(v' - \psi) + \cos(v - \varphi)\sin(v' - \psi)\cos J = \cos M'N,$$

en définissant le point N par la condition MN = 90°. Mais on a

$$\frac{y'}{r'} = \cos M'N.$$

Il en résulte donc

$$\frac{\partial \Omega}{\partial v} = \frac{m'}{1 + m} r r' \left(\frac{1}{\Delta^3} - \frac{1}{r'^3}\right)\frac{y'}{r'},$$

ou, d'après le n° 130,

$$\frac{\partial \Omega}{\partial v} = \varpi r.$$

La formule (20) pourra donc s'écrire

$$(21)\quad \left\{\begin{aligned} \frac{dW}{dt} &= h_0 \left\{2\frac{\bar\rho}{r}\cos(\bar f - \bar\varphi) - 1 + \frac{2h^2\bar\rho}{h_0^2 a_0(1 - e_0^2)}\left[\cos(\bar f - \bar\varphi) - 1\right]\right\}\frac{\partial \Omega}{\partial v} \\ &\quad + 2h_0\frac{\bar\rho}{r}\sin(\bar f - \bar\varphi)\, r\frac{\partial \Omega}{\partial r} \\ &\quad + \frac{n_0 \gamma}{\sqrt{1 - e_0^2}}\left[\frac{\bar\rho^2}{a_0^2}\frac{\partial W}{n_0\,\partial\zeta} - \left(W + \frac{h_0}{h} + 1\right)\frac{1}{2a_0^2}\frac{\partial\bar\rho^2}{n_0\,\partial\zeta}\right]. \end{aligned}\right.$$

135. Quand on aura effectué le développement du second membre et l'intégration relative à t, il suffira de changer τ en t pour avoir $\overline{W}$, après quoi on pourra calculer $\frac{dz}{dt}$ par la formule (12).

On peut introduire une simplification en faisant

$$n_0 z = n_0 t + c_0 + n_0 \delta z,$$

d'où

$$n_0 \zeta = n_0 \tau + c_0 + n_0 \delta\zeta;$$

δz et $\delta\zeta$ sont de l'ordre de la fonction perturbatrice. Soit posé

$$\begin{aligned} \gamma = n_0\tau + c_0 &= \varepsilon_0 - e_0 \sin\varepsilon_0, \\ \rho_0 \sin\varphi_0 &= a_0\sqrt{1 - e_0^2}\sin\varepsilon_0, \\ \rho_0 \cos\varphi_0 &= a_0(\cos\varepsilon_0 - e_0), \end{aligned}$$

et soit W_0 ce que devient W quand on y remplace $\bar{\rho}$ et $\bar{\varphi}$ par ρ_0 et φ_0,

$$W_0 = -1 - \frac{h_0}{h} + 2\frac{h}{h_0}\rho_0 \frac{1 + e\cos(\varphi_0 + n_0 y t + \pi_0 - \chi)}{a_0(1 - e_0^2)}.$$

On aura, par la série de Taylor, en attribuant à l'anomalie moyenne γ l'accroissement $n_0\,\delta\zeta$,

$$W = W_0 + \frac{\partial W_0}{\partial \gamma} n_0\,\delta\zeta + \frac{1}{2}\frac{\partial^2 W_0}{\partial \gamma^2}(n_0\,\delta\zeta)^2 + \ldots,$$

et, après avoir changé τ en t,

$$(22) \qquad \overline{W} = \overline{W}_0 + \overline{\frac{\partial W_0}{\partial \gamma}}\, n_0\,\delta z + \frac{1}{2}\overline{\frac{\partial^2 W_0}{\partial \gamma^2}}(n_0\,\delta z)^2 + \ldots,$$

où les dérivées ayant été prises par rapport à γ, la barre indique que l'on doit changer τ en t, ce qui changera γ en

$$g = n_0 t + c_0.$$

On aura, en vertu de la formule (21),

$$(23) \quad \begin{cases} \dfrac{dW_0}{dt} = h_0\left\{\dfrac{2\rho_0}{r}\cos(\bar{f} - \varphi_0) - 1 + \dfrac{2h^2\rho_0}{h_0^2 a_0(1 - e_0^2)}[\cos(\bar{f} - \varphi_0) - 1]\right\}\dfrac{\partial\Omega}{\partial v} \\[2ex] \quad + 2h_0\dfrac{\rho_0}{r}\sin(\bar{f} - \varphi_0)\dfrac{r\,\partial\Omega}{\partial r} \\[2ex] \quad + \dfrac{n_0 y}{\sqrt{1 - e_0^2}}\left[\dfrac{\rho_0^2}{a_0^2}\dfrac{\partial W_0}{\partial \gamma} - \left(W_0 + \dfrac{h_0}{h} + 1\right)\dfrac{1}{2a_0^2}\dfrac{\partial \rho_0^2}{\partial \gamma}\right]. \end{cases}$$

La formule (13) donnera, en tenant compte de (22),

$$(24) \quad n_0 z = n_0 t + c_0 + n_0\int\left[\overline{W}_0 + \overline{\frac{\partial W_0}{\partial \gamma}}\, n_0\,\delta z + \frac{1}{2}\frac{\partial^2 \overline{W}_0}{\partial \gamma^2}(n_0\,\delta z)^2 + \ldots + \frac{h_0}{h}\left(\frac{\nu}{1+\nu}\right)^2 - \frac{y}{\sqrt{1 - e_0^2}}\left(\frac{\bar{r}}{a_0}\right)^2\right]dt.$$

Remarque. — On aura, comme pour $\overline{W}$,

$$(25) \qquad \bar{r}^2 = r_0^2 + \frac{\partial r_0^2}{\partial g} n_0\,\delta z + \frac{1}{2}\frac{\partial^2 r_0^2}{\partial g^2}(n_0\,\delta z)^2 + \ldots.$$

136. Détermination de ν. — On a

$$r = \bar{r}(1 + \nu),$$

d'où

$$\frac{dr}{dt} = (1 + \nu)\frac{d\bar{r}}{dz}\frac{dz}{dt} + \bar{r}\frac{d\nu}{dt}.$$

En vertu des relations (10) et (11), il vient

$$\frac{dr}{dt} = (1 + \nu)\frac{d\bar{r}}{dz}\left[-\frac{y}{\sqrt{1 - e_0^2}}\left(\frac{\bar{r}}{a_0}\right)^2 + \frac{h_0}{h}\left(\frac{\bar{r}}{r}\right)^2\right] + \bar{r}\frac{d\nu}{dt},$$

d'où

$$\frac{d\nu}{dt} = \frac{1}{r}\frac{dr}{dt} + (1+\nu)\frac{d\bar{r}}{dz}\left(\frac{\gamma}{\sqrt{1-e_0^2}}\frac{r}{a_0^2} - \frac{h_0}{h}\frac{\bar{r}}{r^2}\right).$$

En ayant égard aux formules

$$\frac{dr}{dt} = he\sin f, \qquad \frac{d\bar{r}}{dz} = h_0 e_0 \sin\bar{f},$$

$$\frac{1}{r} = \frac{h^2(1+e\cos f)}{h_0^2 a_0(1-e_0^2)}, \qquad \frac{1}{\bar{r}} = \frac{1+e_0\cos\bar{f}}{a_0(1-e_0^2)},$$

l'expression précédente de $\frac{d\nu}{dt}$ devient

$$\frac{d\nu}{dt} = \frac{he\sin f}{a_0(1-e_0^2)} + \frac{hee_0\sin(f-\bar{f})}{a_0(1-e_0^2)} - \frac{he_0\sin\bar{f}}{a_0(1-e_0^2)} + \frac{\gamma}{2a_0^2\sqrt{1-e_0^2}}(1+\nu)\frac{d\bar{r}^2}{dz}.$$

Mais, si l'on différentie (14) par rapport à z, qui n'entre que dans $\bar{r}$ et $\bar{f}$, il vient

$$\begin{aligned}\frac{\partial\overline{W}}{\partial z} &= \frac{2he_0\sin\bar{f}}{a_0(1-e_0^2)}\left[1+e\cos(\bar{f}+n_0\gamma t+\pi_0-\chi)\right]\\ &\quad - 2\frac{h}{h_0}\bar{r}\,\frac{e\sin(\bar{f}+n_0\gamma t+\pi_0-\chi)}{a_0(1-e_0^2)}\,\frac{n_0 a_0^2\sqrt{1-e_0^2}}{\bar{r}^2}\\ &= \frac{2he_0\sin\bar{f}}{a_0(1-e_0^2)}\\ &\quad + 2he_0\sin\bar{f}\,\frac{1+e\cos f}{a_0(1-e_0^2)} - 2he\sin f\,\frac{1+e_0\cos\bar{f}}{a_0(1-e_0^2)}.\end{aligned}$$

En rapprochant les expressions précédentes de $\frac{d\nu}{dt}$ et de $\frac{\partial\overline{W}}{\partial z}$, il vient

$$(26) \qquad \frac{d\nu}{dt} = -\frac{1}{2}\frac{\partial\overline{W}}{\partial z} + \frac{\gamma}{2a_0^2\sqrt{1-e_0^2}}(1+\nu)\frac{d\bar{r}^2}{dz}.$$

On a d'ailleurs

$$\frac{\partial\overline{W}}{n_0\partial z} = \frac{\partial\overline{W}_0}{\partial\gamma} + \frac{\partial^2\overline{W}_0}{\partial\gamma^2}n_0\delta z + \frac{1}{2}\frac{\partial^3\overline{W}_0}{\partial\gamma^3}(n_0\delta z)^2 + \ldots;$$

il en résulte donc

$$\nu = C - \frac{1}{2}n_0\int\left[\frac{\partial\overline{W}_0}{\partial\gamma} + \frac{\partial^2\overline{W}_0}{\partial\gamma^2}n_0\delta z + \frac{1}{2}\frac{\partial^3\overline{W}_0}{\partial\gamma^3}(n_0\delta z)^2 + \ldots - \frac{\gamma}{a_0^2\sqrt{1-e_0^2}}(1+\nu)\frac{d\bar{r}^2}{n_0 dz}\right]dt,$$

où C est une constante d'intégration.

On a d'ailleurs

$$\frac{d\bar{r}^2}{n_0 dz} = \frac{dr_0^2}{dg} + \frac{d^2 r_0^2}{dg^2} n_0 \delta z + \frac{1}{2}\frac{d^3 r_0^2}{dg^3}(n_0 \delta z)^2 + \ldots; \tag{27}$$

r_0 est calculé, par les formules du mouvement elliptique, avec les éléments a_0 et e_0, et l'anomalie moyenne g.

137. Introduction de nouvelles variables au lieu de φ et ψ. — On a, d'après le n° 134,

$$\Delta^2 = r^2 + r'^2 - 2rr'\left[\cos(v - v' - \varphi + \psi)\cos^2\frac{J}{2} + \cos(v + v' - \varphi - \psi)\sin^2\frac{J}{2}\right].$$

On pose, pour tenir compte immédiatement des déplacements séculaires des nœuds,

$$\left\{\begin{aligned} 2N &= \pi_0 + \pi'_0 - \varphi - \psi - 2n_0\alpha t,\\ 2K &= \pi_0 - \pi'_0 - \varphi + \psi + 2n_0\eta t,\end{aligned}\right. \tag{28}$$

où α et η désignent des constantes que l'on déterminera de façon que N et K ne contiennent aucuns termes proportionnels à t, t^2, ... On a d'ailleurs

$$\left\{\begin{aligned} v &= \bar{f} + n_0 y\, t + \pi_0,\\ &\text{et de même}\\ v' &= \bar{f}' + n_0 y' t + \pi'_0.\end{aligned}\right. \tag{29}$$

Grâce aux relations (28) et (29), l'expression précédente de Δ^2 devient

$$\begin{aligned}\Delta^2 = r^2 + r'^2 &- 2rr'\cos^2\frac{J}{2}\cos[\bar{f} - \bar{f}' + n_0(y - y' - 2\eta)t + 2K]\\ &- 2rr'\sin^2\frac{J}{2}\cos[\bar{f} + \bar{f}' + n_0(y + y' + 2\alpha)t + 2N].\end{aligned}$$

Soient $\omega = G\Pi$, $\omega' = G\Pi'$ les distances du nœud commun des orbites aux deux périgées; on aura aussi

$$\Delta^2 = r^2 + r'^2 - 2rr'\cos^2\frac{J}{2}\cos(f + \omega - f' - \omega') - 2rr'\sin^2\frac{J}{2}\cos(f + \omega + f' + \omega').$$

Il en résulte, en négligeant les petites quantités $\bar{f} - f$, $\bar{f}' - f'$,

$$\begin{aligned}\omega - \omega' &= n_0(y - y' - 2\eta)t + 2K,\\ \omega + \omega' &= n_0(y + y' + 2\alpha)t + 2N;\end{aligned}$$

donc, abstraction faite de petits termes, 2N et 2K représentent la somme et la différence des quantités ω et ω'.

Soit posé, dans la *fig.* 11 de la page 307,

$$\begin{array}{lllll} \sigma = XA; & AG = \Phi; & x A = \theta; & MAy = i; & \varphi = XG; \\ \sigma' = X'A'; & A'G = \Psi; & x A' = \theta'; & M'A'y = i'; & \psi = X'G; \end{array}$$

on aura

$$\varphi = \Phi + \sigma; \qquad \psi = \Psi + \sigma'; \qquad d\sigma = \cos i \, d\theta; \qquad d\sigma' = \cos i' \, d\theta',$$

et, en différentiant les formules (28),

$$dN = -n_0 \alpha \, dt - \frac{1}{2}(d\Phi + d\Psi + d\sigma + d\sigma'),$$

$$dK = + n_0 \eta \, dt - \frac{1}{2}(d\Phi - d\Psi + d\sigma - d\sigma').$$

Mais les analogies différentielles appliquées au triangle AGA' donnent

$$dJ = \cos\Phi \, di - \cos\Psi \, di' + \sin\Phi \sin i \, d\theta - \sin\Psi \sin i' \, d\theta';$$

$$d\Phi = - \cot J \sin\Phi \, di + (\cot J \cos\Phi \sin i - \cos i) \, d\theta + \operatorname{coséc} J \sin\Psi \, di' - \operatorname{coséc} J \cos\Psi \sin i' \, d\theta';$$

$$d\Psi = - \operatorname{coséc} J \sin\Phi \, di + \operatorname{coséc} J \cos\Phi \sin i \, d\theta + \cot J \sin\Psi \, di' - (\cot J \cos\Psi \sin i' + \cos i') \, d\theta'.$$

En portant dans les expressions précédentes, et remplaçant $d\theta$ et $d\theta'$ par $\frac{d\sigma}{\cos i}$ et $\frac{d\sigma'}{\cos i'}$, il vient

$$dJ = \cos\Phi \, di + \sin\Phi \operatorname{tang} i \, d\sigma - \cos\Psi \, di' - \sin\Psi \operatorname{tang} i' \, d\sigma',$$

$$dN = - n_0 \alpha \, dt + \frac{1}{2} \cot\frac{J}{2} (\sin\Phi \, di - \cos\Phi \operatorname{tang} i \, d\sigma - \sin\Psi \, di' + \cos\Psi \operatorname{tang} i' \, d\sigma'),$$

$$dK = n_0 \eta \, dt - \frac{1}{2} \operatorname{tang}\frac{J}{2} (\sin\Phi \, di - \cos\Phi \operatorname{tang} i \, d\sigma + \sin\Psi \, di' - \cos\Psi \operatorname{tang} i' \, d\sigma').$$

On pose maintenant

$$(30) \qquad \left\{ \begin{aligned} P &= 2 \sin\frac{J}{2} \sin(N - N_0), \\ Q &= 2 \sin\frac{J}{2} \cos(N - N_0). \end{aligned} \right.$$

N_0 désignant la valeur initiale de N. On en tire

$$dP = \cos\frac{J}{2}\sin(N - N_0)\,dJ + 2\sin\frac{J}{2}\cos(N - N_0)\,dN,$$

$$dQ = \cos\frac{J}{2}\cos(N - N_0)\,dJ - 2\sin\frac{J}{2}\sin(N - N_0)\,dN.$$

Nous avons déjà fait, page 301,

$$(31)\qquad \left\{\begin{array}{l} \sin i \ \sin\sigma = p, \qquad \sin i \ \cos\sigma = q; \\ \quad\text{soit de même} \\ \sin i' \sin\sigma' = p', \qquad \sin i' \cos\sigma' = q'. \end{array}\right.$$

Nous aurons

$$\left\{\begin{aligned} di &= \frac{\sin\sigma}{\cos i}\,dp + \frac{\cos\sigma}{\cos i}\,dq, \\ d\sigma &= \frac{\cos\sigma}{\sin i}\,dp - \frac{\sin\sigma}{\sin i}\,dq; \\ di' &= \frac{\sin\sigma'}{\cos i'}\,dp' + \frac{\cos\sigma'}{\cos i'}\,dq', \\ d\sigma' &= \frac{\cos\sigma'}{\sin i'}\,dp' - \frac{\sin\sigma'}{\sin i'}\,dq'; \end{aligned}\right.$$

et il viendra pour les expressions précédentes de dP, dQ et dK, en introduisant p, q, p', q', au lieu de σ, i, σ' et i', et réduisant,

$$(32)\qquad \left\{\begin{aligned} dP &= -n_0\alpha Q\,dt - \cos\frac{J}{2}\left[\cos(\varphi + N - N_0)\frac{dp}{\cos i} - \sin(\varphi + N - N_0)\frac{dq}{\cos i}\right] \\ &\qquad + \cos\frac{J}{2}\left[\cos(\psi + N - N_0)\frac{dp'}{\cos i'} - \sin(\psi + N - N_0)\frac{dq'}{\cos i'}\right]; \\ dQ &= \quad n_0\alpha P\,dt + \cos\frac{J}{2}\left[\sin(\varphi + N - N_0)\frac{dp}{\cos i} + \cos(\varphi + N - N_0)\frac{dq}{\cos i}\right] \\ &\qquad - \cos\frac{J}{2}\left[\sin(\psi + N - N_0)\frac{dp'}{\cos i'} + \cos(\psi + N - N_0)\frac{dq'}{\cos i'}\right]; \\ dK &= \quad n_0\eta\,dt + \frac{1}{2}\operatorname{tang}\frac{J}{2}\left(\cos\varphi\frac{dp}{\cos i} - \sin\varphi\frac{dq}{\cos i}\right) \\ &\qquad + \frac{1}{2}\operatorname{tang}\frac{J}{2}\left(\cos\psi\frac{dp'}{\cos i'} - \sin\psi\frac{dq'}{\cos i'}\right). \end{aligned}\right.$$

Nous pouvons d'ailleurs calculer $\frac{dp}{dt}$ et $\frac{dq}{dt}$ par les formules (5), dans lesquelles, d'après le n° 130, nous devons remplacer Z par

$$\frac{m'}{1+m}\left(\frac{1}{\Delta^3} - \frac{1}{r'^3}\right)z' = -\frac{m'}{1+m}\left(\frac{1}{\Delta^3} - \frac{1}{r'^3}\right)r'\sin(v' - \psi)\sin J,$$

ce qui nous donnera

$$(33)\quad \begin{cases} \dfrac{dp}{dt} = -\dfrac{m'}{1+m} h\cos i \left(\dfrac{1}{\Delta^3} - \dfrac{1}{r'^3}\right) rr' \sin J \sin v \sin(v' - \psi), \\ \dfrac{dq}{dt} = -\dfrac{m'}{1+m} h\cos i \left(\dfrac{1}{\Delta^3} - \dfrac{1}{r'^3}\right) rr' \sin J \cos v \sin(v' - \psi). \end{cases}$$

Cela permet d'écrire comme il suit les formules (32)

$$(34)\quad \begin{cases} \dfrac{dP}{dt} = -n_0\alpha Q + \dfrac{m'}{1+m} h \left(\dfrac{1}{\Delta^3} - \dfrac{1}{r'^3}\right) rr' \sin J \cos\dfrac{J}{2} \sin(v'-\psi)\sin(v - \varphi - N + N_0) \\ \qquad + \dfrac{\cos\frac{J}{2}}{\cos i'}\left(\cos\theta \dfrac{dp'}{dt} + \sin\theta \dfrac{dq'}{dt}\right), \\ \dfrac{dQ}{dt} = +n_0\alpha P - \dfrac{m'}{1+m} h \left(\dfrac{1}{\Delta^3} - \dfrac{1}{r'^3}\right) rr' \sin J \cos\dfrac{J}{2} \sin(v'-\psi)\cos(v - \varphi - N + N_0) \\ \qquad + \dfrac{\cos\frac{J}{2}}{\cos i'}\left(\sin\theta \dfrac{dp'}{dt} - \cos\theta \dfrac{dq'}{dt}\right), \\ \dfrac{dK}{dt} = \quad n_0\eta \quad - \dfrac{m'}{1+m} h \left(\dfrac{1}{\Delta^3} - \dfrac{1}{r'^3}\right) rr' \sin^2\dfrac{J}{2} \sin(v - \varphi)\sin(v' - \psi) \\ \qquad + \dfrac{1}{2}\operatorname{tang}\dfrac{J}{2}\dfrac{1}{\cos i'}\left(\cos\psi \dfrac{dp'}{dt} - \sin\psi \dfrac{dq'}{dt}\right), \end{cases}$$

où l'on a fait, pour abréger,

$$(35)\quad \theta = -\psi - N + N_0.$$

138. Nous allons introduire $\frac{\partial\Omega}{\partial P}$, $\frac{\partial\Omega}{\partial Q}$ et $\frac{\partial\Omega}{\partial K}$. Nous avons, d'après le n° 134,

$$\Omega = \frac{m'}{1+m}\left(\frac{1}{\Delta} - rr'\frac{H}{r'^3}\right),$$

$$\Delta^2 = r^2 + r'^2 - 2rr'H,$$

$$H = \cos(v - \varphi)\cos(v' - \psi) + \sin(v - \varphi)\sin(v' - \psi)\cos J.$$

On en conclut

$$\frac{\partial\Omega}{\partial J} = -\frac{m'}{1+m}\left(\frac{1}{\Delta^3} - \frac{1}{r'^3}\right) rr' \sin(v - \varphi)\sin(v' - \psi)\sin J,$$

$$\frac{\partial\Omega}{\partial\varphi} = \frac{m'}{1+m}\left(\frac{1}{\Delta^3} - \frac{1}{r'^3}\right) rr' [\sin(v - \varphi)\cos(v' - \psi) - \cos(v - \varphi)\sin(v' - \psi)\cos J],$$

$$\frac{\partial\Omega}{\partial\psi} = \frac{m'}{1+m}\left(\frac{1}{\Delta^3} - \frac{1}{r'^3}\right) rr' [\cos(v - \varphi)\sin(v' - \psi) - \sin(v - \varphi)\cos(v' - \psi)\cos J].$$

On tire ensuite des formules (28) et (30)

$$dP = \cos\frac{J}{2}\sin(N - N_0)\,dJ + 2\sin\frac{J}{2}\cos(N - N_0)\,dN,$$

$$dQ = \cos\frac{J}{2}\cos(N - N_0)\,dJ - 2\sin\frac{J}{2}\sin(N - N_0)\,dN,$$

$$dN = -n_0\alpha\,dt - \frac{1}{2}(d\varphi + d\psi),$$

$$dK = \quad n_0\eta\,dt - \frac{1}{2}(d\varphi - d\psi);$$

d'où

(36) $$\cos\frac{J}{2}\,dJ = \sin(N - N_0)\,dP + \cos(N - N_0)\,dQ,$$

$$\sin\frac{J}{2}(-2n_0\alpha\,dt - d\varphi - d\psi) = \cos(N - N_0)\,dP - \sin(N - N_0)\,dQ,$$

$$d\varphi - d\psi = 2n_0\eta\,dt - 2\,dK.$$

Ces deux dernières relations donnent

(37) $$d\varphi = +n_0(\eta - \alpha)\,dt - dK - \frac{\cos(N - N_0)\,dP - \sin(N - N_0)\,dQ}{2\sin\frac{J}{2}},$$

(38) $$d\psi = -n_0(\eta + \alpha)\,dt + dK - \frac{\cos(N - N_0)\,dP - \sin(N - N_0)\,dQ}{2\sin\frac{J}{2}}.$$

Les formules (36), (37) et (38) permettent de lire immédiatement les valeurs des dérivées partielles de J, φ et ψ par rapport à K, P et Q. On a, en ayant égard à ces valeurs,

$$\frac{\partial\Omega}{\partial P} = \frac{\partial\Omega}{\partial J}\,\frac{\sin(N - N_0)}{\cos\frac{J}{2}} - \left(\frac{\partial\Omega}{\partial\varphi} + \frac{\partial\Omega}{\partial\psi}\right)\frac{\cos(N - N_0)}{2\sin\frac{J}{2}},$$

$$\frac{\partial\Omega}{\partial Q} = \frac{\partial\Omega}{\partial J}\,\frac{\cos(N - N_0)}{\cos\frac{J}{2}} + \left(\frac{\partial\Omega}{\partial\varphi} + \frac{\partial\Omega}{\partial\psi}\right)\frac{\sin(N - N_0)}{2\sin\frac{J}{2}},$$

$$\frac{\partial\Omega}{\partial K} = -\frac{\partial\Omega}{\partial\varphi} + \frac{\partial\Omega}{\partial\psi};$$

d'où, en remplaçant $\frac{\partial\Omega}{\partial J}$, $\frac{\partial\Omega}{\partial\varphi}$, $\frac{\partial\Omega}{\partial\psi}$ par leurs expressions précédentes,

$$\frac{\partial\Omega}{\partial P} = -\frac{m'}{1+m}\left(\frac{1}{\Delta^3} - \frac{1}{r'^3}\right)rr'\sin\frac{J}{2}\begin{bmatrix}2\sin(v - \varphi)\sin(v' - \psi)\sin(N - N_0)\\ +\sin(v + v' - \varphi - \psi)\cos(N - N_0)\end{bmatrix},$$

$$\frac{\partial\Omega}{\partial Q} = -\frac{m'}{1+m}\left(\frac{1}{\Delta^3} - \frac{1}{r'^3}\right)rr'\sin\frac{J}{2}\begin{bmatrix}2\sin(v - \varphi)\sin(v' - \psi)\cos(N - N_0)\\ -\sin(v + v' - \varphi - \psi)\sin(N - N_0)\end{bmatrix},$$

$$\frac{\partial\Omega}{\partial K} = -\frac{m'}{1+m}\left(\frac{1}{\Delta^3} - \frac{1}{r'^3}\right)rr'\cos^2\frac{J}{2}\times 2\sin(v - v' - \varphi + \psi).$$

On tire de là les combinaisons suivantes :

$$\cos^2\frac{J}{2}\frac{\partial\Omega}{\partial Q}+\frac{1}{4}P\frac{\partial\Omega}{\partial K}=-\frac{m'}{1+m}\left(\frac{1}{\Delta^3}-\frac{1}{r'^3}\right)rr'\sin J\cos\frac{J}{2}\sin(v'-\psi)\sin(v-\varphi-N+N_0),$$

$$\cos^2\frac{J}{2}\frac{\partial\Omega}{\partial P}-\frac{1}{4}Q\frac{\partial\Omega}{\partial K}=-\frac{m'}{1+m}\left(\frac{1}{\Delta^3}-\frac{1}{r'^3}\right)rr'\sin J\cos\frac{J}{2}\sin(v'-\psi)\cos(v-\varphi-N+N_0),$$

$$\frac{1}{4}P\frac{\partial\Omega}{\partial P}+\frac{1}{4}Q\frac{\partial\Omega}{\partial Q}=-\frac{m'}{1+m}\left(\frac{1}{\Delta^3}-\frac{1}{r'^3}\right)rr'\quad\sin^2\frac{J}{2}\sin(v-\varphi)\sin(v'-\psi).$$

Dès lors, les formules (34) deviennent

$$(39)\quad\left\{\begin{aligned}
\frac{dP}{dt}&=-n_0\alpha Q-h\left(\cos^2\frac{J}{2}\frac{\partial\Omega}{\partial Q}+\frac{1}{4}P\frac{\partial\Omega}{\partial K}\right)+\frac{\cos\frac{J}{2}}{\cos i'}\left(\cos\theta\frac{dp'}{dt}+\sin\theta\frac{dq'}{dt}\right),\\
\frac{dQ}{dt}&=+n_0\alpha P+h\left(\cos^2\frac{J}{2}\frac{\partial\Omega}{\partial P}-\frac{1}{4}Q\frac{\partial\Omega}{\partial K}\right)+\frac{\cos\frac{J}{2}}{\cos i'}\left(\sin\theta\frac{dp'}{dt}-\cos\theta\frac{dq'}{dt}\right),\\
\frac{dK}{dt}&=n_0\eta+\frac{1}{4}h\left(P\frac{\partial\Omega}{\partial P}+Q\frac{\partial\Omega}{\partial Q}\right)\\
&\quad+\frac{1}{4\cos\frac{J}{2}\cos i'}\left[\left(Q\frac{dp'}{dt}-P\frac{dq'}{dt}\right)\cos\theta+\left(Q\frac{dq'}{dt}-P\frac{dp'}{dt}\right)\sin\theta\right].
\end{aligned}\right.$$

Ce sont les formules cherchées.

L'équation (35) montre que, si l'on néglige $N-N_0$, θ est égal et de signe contraire à $\psi=X'G$, longitude du nœud ascendant de la Lune sur l'écliptique. En combinant la relation (35) avec

$$2K-2N=-2\pi'_0+2\psi+2n_0(\alpha+\eta)t,$$

on trouve

$$\theta=n_0(\alpha+\eta)t+N_0-K-\pi'_0.$$

On déterminera α et η de façon que P et K ne contiennent pas de termes proportionnels au temps.

139. Peut-être ne sera-t-il pas inutile de donner l'expression explicite de Ω en fonction de P, Q et de K. Il suffira évidemment de faire la chose pour H. On a les formules

$$H=\cos^2\frac{J}{2}\cos(v-v'-\varphi+\psi)+\sin^2\frac{J}{2}\cos(v+v'-\varphi-\psi),$$

$$P=2\sin\frac{J}{2}\sin(N-N_0),\qquad Q=2\sin\frac{J}{2}\cos(N-N_0),$$

$$2N=\pi_0+\pi'_0-\varphi-\psi-2n_0\alpha t,$$

$$2K=\pi_0-\pi'_0-\varphi+\psi+2n_0\eta t,$$

qui permettent de résoudre la question. On a d'abord

$$\sin^2\frac{J}{2} = \frac{P^2+Q^2}{4}, \qquad \cos^2\frac{J}{2} = 1 - \frac{P^2+Q^2}{4};$$

$$N = N_0 + \text{arc tang}\,\frac{P}{Q},$$

d'où

$$\cos 2N = \frac{(Q^2-P^2)\cos 2N_0 - 2PQ\sin 2N_0}{P^2+Q^2},$$

$$\sin 2N = \frac{(Q^2-P^2)\sin 2N_0 + 2PQ\cos 2N_0}{P^2+Q^2},$$

$$\varphi - \psi = \pi_0 - \pi'_0 - 2K + 2n_0\eta t,$$

$$\varphi + \psi = \pi_0 + \pi'_0 - 2N - 2n_0\alpha t.$$

On en déduit aisément

$$\begin{aligned} H = {} & \left(1 - \frac{P^2+Q^2}{4}\right)\cos(v - v' + 2K - \pi_0 + \pi'_0 - 2n_0\eta t) \\ & + \frac{1}{4}\left[\begin{array}{l}(Q^2-P^2)\cos(v + v' + 2N_0 - \pi_0 - \pi'_0 + 2n_0\alpha t) \\ - 2PQ\sin(v + v' + 2N_0 - \pi_0 - \pi'_0 + 2n_0\alpha t)\end{array}\right], \end{aligned}$$

et la question proposée se trouve résolue.

On en tire

$$\frac{\partial N}{\partial P} = \frac{Q}{P^2+Q^2}, \qquad \frac{\partial N}{\partial Q} = -\frac{P}{P^2+Q^2},$$

$$(40)\quad \left\{\begin{aligned} 2\frac{\partial H}{\partial P} &= -P\cos(v - v' - \varphi + \psi) + P\cos(v + v' - \varphi - \psi) - Q\sin(v + v' - \varphi - \psi), \\ 2\frac{\partial H}{\partial Q} &= -Q\cos(v - v' - \varphi + \psi) + Q\cos(v + v' - \varphi - \psi) + P\sin(v + v' - \varphi - \psi), \\ \frac{\partial H}{\partial K} &= -\left(2 - \frac{P^2+Q^2}{2}\right)\sin(v - v' - \varphi + \psi). \end{aligned}\right.$$

On voit très nettement comment la fonction perturbatrice dépend des quantités r, v, P, Q et K, qui ont donné lieu aux dérivées partielles

$$\frac{\partial\Omega}{\partial r}, \quad \frac{\partial\Omega}{\partial v}, \quad \frac{\partial\Omega}{\partial P}, \quad \frac{\partial\Omega}{\partial Q} \quad \text{et} \quad \frac{\partial\Omega}{\partial K},$$

considérées plus haut.

Remarque. — On sait que l'attraction des planètes sur la Terre produit un faible déplacement séculaire de l'écliptique; on peut, avec une approximation suffisante, admettre qu'en vertu de ce déplacement on a

$$\frac{1}{\cos i'}\frac{dp'}{dt} = b, \qquad \frac{1}{\cos i'}\frac{dq'}{dt} = c,$$

et considérer b et c comme constants. Cherchons les perturbations correspondantes de P, Q et K; nous aurons à remplacer, dans les équations (39), $\frac{dp'}{dt}$ et $\frac{dq'}{dt}$ par leurs valeurs précédentes. Le terme introduit dans $\frac{dK}{dt}$ sera négligeable, parce qu'il contient l'un des facteurs P ou Q. Nous pourrons nous borner à

$$\frac{d\,\delta P}{dt} = b\cos\theta + c\sin\theta, \qquad \frac{d\,\delta Q}{dt} = b\sin\theta - c\cos\theta,$$

$$\theta = n_0(\alpha + \eta)t + N_0 - K - \pi'_0.$$

On en tirera

$$\delta P = \frac{b}{n_0(\alpha+\eta)}\sin\theta - \frac{c}{n_0(\alpha+\eta)}\cos\theta,$$

$$\delta Q = -\frac{b}{n_0(\alpha+\eta)}\cos\theta - \frac{c}{n_0(\alpha+\eta)}\sin\theta.$$

P et Q n'ont donc pas d'inégalité séculaire en correspondance avec le déplacement progressif de l'écliptique; il n'y a que des inégalités périodiques dont la période est celle des nœuds de la Lune.

140. Développement de la fonction perturbatrice. — En développant suivant les puissances de $\frac{r}{r'}$, on a

$$\Omega = \Omega^{(1)} + \Omega^{(2)} + \Omega^{(3)} + \ldots,$$

$$\Omega^{(1)} = \frac{m'}{1+m}\,\frac{r^2}{r'^3}\left(\frac{3}{2}H^2 - \frac{1}{2}\right),$$

$$\Omega^{(2)} = \frac{m'}{1+m}\,\frac{r^3}{r'^4}\left(\frac{5}{2}H^3 - \frac{3}{2}H\right),$$

$$\Omega^{(3)} = \frac{m'}{1+m}\,\frac{r^4}{r'^5}\left(\frac{35}{8}H^4 - \frac{15}{4}H^2 + \frac{3}{8}\right),$$

$$\cdots\cdots\cdots\cdots\cdots\cdots$$

avec cette valeur de H (p. 311)

$$H = \cos^2\frac{J}{2}\cos(v - v' - \varphi + \psi) + \sin^2\frac{J}{2}\cos(v + v' - \varphi - \psi),$$

$$H = \cos^2\frac{J}{2}\cos\left[\bar f - \bar f' + n_0 t(y - y' - 2\eta) + 2K\right]$$
$$+ \sin^2\frac{J}{2}\cos\left[\bar f + \bar f' + n_0 t(y + y' + 2\alpha) + 2N\right].$$

Pour commencer, on emploiera les valeurs elliptiques de r, r', $\bar f$ et $\bar f'$; on prendra aussi

$$N = \text{const.} = N_0, \qquad K = \text{const.} = K_0.$$

Les valeurs déjà introduites de ω et ω' donneront

$$(41)\qquad \begin{cases} \omega = n_0 t(y + \alpha - \eta) + N_0 + K_0, \\ \omega' = n_0 t(y' + \alpha + \eta) + N_0 - K_0; \end{cases}$$

ω est la distance moyenne du périgée lunaire au nœud ascendant de la Lune, ω' est la distance moyenne du périgée solaire au même nœud.

On écrira, pour abréger, f et f' au lieu de $\overline{f}$ et $\overline{f'}$. On a

$$n^2 a^3 = \varkappa(1 + m), \qquad n'^2 a'^3 = \varkappa(m' + 1),$$

d'où

$$a\Omega^{(1)} = \frac{m'}{1 + m'}\left(\frac{n'}{n}\right)^2\left(\frac{r}{a}\right)^2\left(\frac{a'}{r'}\right)^3\left(\frac{3}{2}H^2 - \frac{1}{2}\right).$$

On pose

$$\frac{m'}{1 + m'}\left(\frac{n'}{n}\right)^2 = u_1^2,$$

il vient

$$a\Omega^{(1)} = u_1^2\left(\frac{r}{a}\right)^2\left(\frac{a'}{r'}\right)^3\left(\frac{3}{2}H^2 - \frac{1}{2}\right).$$

On a

$$H = \left(1 - \sin^2\frac{J}{2}\right)\cos(f - f' + \omega - \omega') + \sin^2\frac{J}{2}\cos(f + f' + \omega + \omega'),$$

d'où l'on déduit

$$\frac{3}{2}H^2 - \frac{1}{2},$$

puis

$$a\Omega^{(1)} = u_1^2\left(\frac{r}{a}\right)^2\left(\frac{a'}{r'}\right)^3[\beta_1 + \beta_2\cos(2f - 2f' + 2\omega - 2\omega') + \beta_3\cos(2f + 2\omega)$$
$$+ \beta_4\cos(2f' + 2\omega') + \beta_5\cos(2f + 2f' + 2\omega + 2\omega')];$$

avec ces valeurs de $\beta_1, \ldots, \beta_5$

$$\beta_1 = \frac{1}{4} - \frac{3}{2}\sin^2\frac{J}{2} + \frac{3}{2}\sin^4\frac{J}{2},$$

$$\beta_2 = \frac{3}{4} - \frac{3}{2}\sin^2\frac{J}{2} + \frac{3}{4}\sin^4\frac{J}{2},$$

$$\beta_3 = \frac{3}{2}\sin^2\frac{J}{2} - \frac{3}{2}\sin^4\frac{J}{2} = \beta_4,$$

$$\beta_5 = \frac{3}{4}\sin^4\frac{J}{2}.$$

Les arguments $2f - 2f' + 2\omega - 2\omega'$, ... sont des combinaisons très simples des deux arguments

$$f - f' + \omega - \omega' \quad \text{et} \quad f + f' + \omega + \omega'.$$

On voit qu'on aura à développer maintenant, suivant les cosinus des multiples des anomalies moyennes g et g', les quantités

$$\frac{r^2}{a^2}, \quad \frac{r^2}{a^2}\cos 2f, \quad \frac{r^2}{a^2}\sin 2f,$$

$$\frac{a'^3}{r'^3}, \quad \frac{a'^3}{r'^3}\cos 2f', \quad \frac{a'^3}{r'^3}\sin 2f'.$$

Soit posé

$$\frac{r^2}{a^2} = \sum P^{(i)} \cos ig, \qquad \frac{a'^3}{r'^3} = \sum K^{(i')} \cos i'g',$$

$$\frac{r^2}{a^2}\cos 2f = \sum Q_c^{(i)} \cos ig, \qquad \frac{a'^3}{r'^3}\cos 2f' = \sum G_c^{(i')} \cos i'g',$$

$$\frac{r^2}{a^2}\sin 2f = \sum Q_s^{(i)} \sin ig, \qquad \frac{a'^3}{r'^3}\sin 2f' = \sum G_s^{(i')} \sin i'g',$$

où les sommes s'étendent à toutes les valeurs entières, positives, nulles ou négatives de i et i'; on a d'ailleurs

$$P^{(-i)} = P^{(i)}, \qquad K^{(-i)} = K^{(i)}, \qquad Q_c^{(i)} = Q_c^{(-i)},$$

$$G_c^{(i)} = G_c^{(-i)}, \qquad Q_s^{(i)} = -Q_s^{(-i)}, \qquad G_s^{(i)} = -G_s^{(-i)}.$$

Si l'on a égard aux formules

$$\sum_{-\infty}^{+\infty} E_c^{(i)} \cos ig \times \sum_{-\infty}^{+\infty} F_c^{(i')} \cos i'g' = \sum_{-\infty}^{+\infty}\sum_{-\infty}^{+\infty} E_c^{(i)} F_c^{(i')} \cos(ig + i'g'),$$

$$\sum_{-\infty}^{+\infty} E_c^{(i)} \cos ig \times \sum_{-\infty}^{+\infty} F_s^{(i')} \sin i'g' = \sum_{-\infty}^{+\infty}\sum_{-\infty}^{+\infty} E_c^{(i)} F_s^{(i')} \sin(ig + i'g'),$$

$$\sum_{-\infty}^{+\infty} E_s^{(i)} \sin ig \times \sum_{-\infty}^{+\infty} F_s^{(i')} \sin i'g' = -\sum_{-\infty}^{+\infty}\sum_{-\infty}^{+\infty} E_s^{(i)} F_s^{(i')} \cos(ig + i'g'),$$

où E et F sont des quantités quelconques, assujetties seulement à vérifier les conditions

$$E_c^{(i)} = E_c^{(-i)}, \qquad E_s^{(i)} = -E_s^{(-i)}, \qquad F_c^{(i)} = F_c^{(-i)}, \qquad F_s^{(i)} = -F_s^{(-i)},$$

il vient immédiatement

$$\left(\frac{r}{a}\right)^2\left(\frac{a'}{r'}\right)^3 = \sum\sum P^{(i)} K^{(i')} \cos(ig + i'g'),$$

puis

$$\left(\frac{r}{a}\right)^2\left(\frac{a'}{r'}\right)^3 \cos(2f - 2f' + 2\omega - 2\omega')$$

$$= \left[\left(\frac{r}{a}\right)^2 \cos 2f \left(\frac{a'}{r'}\right)^3 \cos 2f' + \left(\frac{r}{a}\right)^2 \sin 2f \left(\frac{a'}{r'}\right)^3 \sin 2f'\right] \cos(2\omega - 2\omega')$$

$$+ \left[\left(\frac{r}{a}\right)^2 \cos 2f \left(\frac{a'}{r'}\right)^3 \sin 2f' - \left(\frac{r}{a}\right)^2 \sin 2f \left(\frac{a'}{r'}\right)^3 \cos 2f'\right] \sin(2\omega - 2\omega')$$

$$= \cos(2\omega - 2\omega')\left[\sum Q_c^{(i)} \cos ig \sum G_c^{(i')} \cos i'g' + \sum Q_s^{(i)} \sin ig \sum G_s^{(i')} \sin i'g'\right]$$

$$+ \sin(2\omega - 2\omega')\left[\sum Q_c^{(i)} \cos ig \sum G_s^{(i')} \sin i'g' - \sum Q_s^{(i)} \sin ig \sum G_c^{(i')} \cos i'g'\right]$$

$$= \cos(2\omega - 2\omega')\sum\sum [Q_c^{(i)} G_c^{(i')} - Q_s^{(i)} G_s^{(i')}] \cos(ig + i'g')$$

$$+ \sin(2\omega - 2\omega')\sum\sum [Q_c^{(i)} G_s^{(i')} - Q_s^{(i)} G_c^{(i')}] \sin(ig + i'g')$$

$$= \frac{1}{2}\sum\sum [Q_c^{(i)} G_c^{(i')} - Q_s^{(i)} G_s^{(i')} - Q_c^{(i)} G_s^{(i')} + Q_s^{(i)} G_c^{(i')}] \cos(ig + i'g' + 2\omega - 2\omega')$$

$$+ \frac{1}{2}\sum\sum [Q_c^{(i)} G_c^{(i')} - Q_s^{(i)} G_s^{(i')} + Q_c^{(i)} G_s^{(i')} - Q_s^{(i)} G_c^{(i')}] \cos(ig + i'g' - 2\omega + 2\omega');$$

les parties du second membre sont égales, car, en changeant dans la première i en $-i$, on trouve la seconde. Il reste simplement

$$\left(\frac{r}{a}\right)^2\left(\frac{a'}{r'}\right)^3 \cos(2f - 2f' + 2\omega - 2\omega')$$

$$= \sum\sum [Q_c^{(i)} + Q_s^{(i)}][G_c^{(i')} - G_s^{(i')}] \cos(ig + i'g' + 2\omega - 2\omega');$$

on trouve de même

$$\left(\frac{r}{a}\right)^2\left(\frac{a'}{r'}\right)^3 \cos(2f + 2\omega) = \sum\sum [Q_c^{(i)} + Q_s^{(i)}] K^{(i')} \cos(ig + i'g' + 2\omega),$$

$$\left(\frac{r}{a}\right)^2\left(\frac{a'}{r'}\right)^3 \cos(2f' + 2\omega') = \sum\sum P^{(i)} [G_c^{(i')} + G_s^{(i')}] \cos(ig + i'g' + 2\omega'),$$

$$\left(\frac{r}{a}\right)^2\left(\frac{a'}{r'}\right)^3 \cos(2f + 2f' + 2\omega + 2\omega')$$

$$= \sum\sum [Q_c^{(i)} + Q_s^{(i)}][G_c^{(i')} + G_s^{(i')}] \cos(ig + i'g' + 2\omega + 2\omega').$$

On pourra écrire finalement

$$(42)\quad \left\{\begin{aligned}
&\Omega^{(1)} = \Omega_1 + \Omega_2 + \Omega_3 + \Omega_4 + \Omega_5,\\
&\text{en faisant}\\
&a\Omega_1 = u_1^2\beta_1 \sum P^{(i)} K^{(i')} \cos(ig + i'g'),\\
&a\Omega_2 = u_1^2\beta_2 \sum Q^{(i)} G^{(i')} \cos(ig + i'g' + 2\omega - 2\omega'),\\
&a\Omega_3 = u_1^2\beta_3 \sum Q^{(i)} K^{(i')} \cos(ig + i'g' + 2\omega),\\
&a\Omega_4 = u_1^2\beta_4 \sum P^{(i)} G^{(-i')} \cos(ig + i'g' + 2\omega'),\\
&a\Omega_5 = u_1^2\beta_5 \sum Q^{(i)} G^{(-i')} \cos(ig + i'g' + 2\omega + 2\omega').
\end{aligned}\right.$$

On a écrit, pour abréger, un seul $\sum$ au lieu de deux, et l'on a mis $Q^{(i)}$ et $G^{(i')}$ respectivement au lieu de $Q_c^{(i)} + Q_s^{(i)}$ et $G_c^{(i')} - G_s^{(i')}$. On trouve

$$P^{(0)} = 1 + \frac{3}{2}e^2, \qquad P^{(1)} = -e + \frac{1}{8}e^3 - \frac{1}{192}e^5 + \ldots.$$

Ces séries sont très convergentes; on voit qu'elles contiennent seulement e, ou e'.

141. La fonction $\Omega^{(2)}$ contient H^3, et se compose de sept parties différentes, quant aux multiples de ω et ω'; deux d'entre elles sont insensibles, et Hansen prend

$$\Omega^{(2)} = \Omega_6 + \Omega_7 + \Omega_8 + \Omega_9 + \Omega_{10}.$$

D'après ce que l'on a vu, page 185 de ce Volume, on doit, pour tenir compte de l'attraction de la Lune sur la Terre, multiplier les cinq parties précédentes de la fonction perturbatrice par

$$\lambda = \frac{1-m}{1+m}.$$

Si l'on fait en outre

$$\begin{aligned}
\mu &= \frac{a}{a'},\\
\beta_6 &= \frac{3}{8} - \frac{33}{8}\sin^2\frac{J}{2} + \frac{75}{8}\sin^4\frac{J}{2},\\
\beta_7 &= \frac{5}{8} - \frac{15}{8}\sin^2\frac{J}{2} + \frac{15}{8}\sin^4\frac{J}{2},\\
\beta_8 &= \frac{9}{4}\sin^2\frac{J}{2} - \frac{15}{2}\sin^4\frac{J}{2},\\
\beta_9 &= \frac{15}{8}\sin^2\frac{J}{2} - \frac{15}{4}\sin^4\frac{J}{2} = \beta_{10},
\end{aligned}$$

il vient

$$(43)\quad \begin{cases} a\Omega_6 = \lambda\mu u_1^2\beta_6 \sum A^{(i)} C^{(i')} \cos(ig + i'g' + \omega - \omega'), \\ a\Omega_7 = \lambda\mu u_1^2\beta_7 \sum B^{(i)} D^{(i')} \cos(ig + i'g' + 3\omega - 3\omega'), \\ a\Omega_8 = \lambda\mu u_1^2\beta_8 \sum A^{(i)} C^{(-i')} \cos(ig + i'g' + \omega + \omega'), \\ a\Omega_9 = \lambda\mu u_1^2\beta_9 \sum B^{(i)} C^{(i')} \cos(ig + i'g' + 3\omega - \omega'), \\ a\Omega_{10} = \lambda\mu u_1^2\beta_{10} \sum A^{(i)} D^{(i')} \cos(ig + i'g' + \omega - 3\omega'); \end{cases}$$

on a

$$A^{(-3)} = \frac{7}{128}e^4 + \ldots, \qquad A^{(-2)} = \frac{1}{6}e^3 + \ldots,$$

$$C^{(2)} = \frac{23}{12}e'^3 + \ldots, \qquad C^{(1)} = \frac{11}{8}e'^2 + \ldots,$$

. . . .,

La fonction $\Omega^{(3)}$ peut s'écrire

$$a\Omega^{(3)} = \mu^2 u^2 \left(\frac{r}{a}\right)^4 \left(\frac{a'}{r'}\right)^5 \left(\frac{35}{8}H^4 - \frac{15}{4}H^2 + \frac{3}{8}\right),$$

$$u = \frac{n'}{n}.$$

On trouve, en gardant seulement les termes les plus notables,

$$\frac{35}{8}H^4 - \frac{15}{4}H^2 + \frac{3}{8} = \frac{9}{64} - \frac{45}{16}\sin^2\frac{J}{2} + \frac{5}{16}\cos(2f - 2f' + 2\omega - 2\omega')$$
$$+ \frac{45}{16}\sin^2\frac{J}{2}\cos(2f' + 2\omega') + \frac{35}{64}\cos(4f - 4f' + 4\omega - 4\omega');$$

on peut prendre

$$f = g + 2e\sin g, \qquad f' = g',$$

$$\left(\frac{r}{a}\right)^4 = 1 - 4e\cos g, \qquad \left(\frac{a'}{r'}\right)^5 = 1 + 5e'\cos g',$$

et il vient

$$(44)\quad \begin{cases} a\Omega^{(3)} = \mu^2 u^2 \left(\frac{9}{64} - \frac{45}{16}\sin^2\frac{J}{2}\right) - \frac{9}{16}\mu^2 u^2 e\cos g) \\ \quad + \frac{45}{16}\mu^2 u^2 e'\cos g' - \frac{5}{4}\mu^2 u^2 e\cos(g - 2g' + 2\omega - 2\omega') \\ \quad + \frac{5}{16}\mu^2 u^2 \cos(2g - 2g' + 2\omega - 2\omega') + \frac{45}{16}\mu^2 u^2 \sin^2\frac{J}{2}\cos(2g' + 2\omega') \\ \quad - \frac{105}{32}\mu^2 u^2 e\cos(3g - 4g' + 4\omega - 4\omega') + \frac{35}{64}\mu^2 u^2 \cos(4g - 4g' + 4\omega - 4\omega') \\ \quad + \frac{35}{32}\mu^2 u^2 e\cos(5g - 4g' + 4\omega - 4\omega'). \end{cases}$$

Le plus grand effet de ces termes se reporte sur les mouvements du périgée et du nœud.

142. Revenons à l'expression (23) de $\frac{dW_0}{dt}$. Posons

$$\frac{dW_0}{n_0\,dt} = T + \frac{\gamma}{\sqrt{1-e_0^2}}\left[\frac{\rho_0^2}{a_0^2}\frac{\partial W_0}{\partial \gamma} - \frac{1}{2a_0^2}\left(W_0 + \frac{h_0}{h} + 1\right)\frac{\partial \rho_0^2}{\partial \gamma}\right], \tag{45}$$

ce qui définit T. Nous substituerons d'abord les éléments elliptiques dans T, ce qui nous donnera

$$\begin{aligned} T_0 = {} & \frac{1}{\sqrt{1-e^2}}\left[\frac{2\rho}{r}\cos(f-\varphi) - 1 + 2\rho\,\frac{\cos(f-\varphi)-1}{a(1-e^2)}\right]\frac{\partial(a\Omega)}{\partial v} \\ & + \frac{2}{\sqrt{1-e^2}}\,\frac{\rho}{r}\sin(f-\varphi)\,r\,\frac{\partial(a\Omega)}{\partial r}. \end{aligned}$$

On a supprimé les indices o quand ils n'étaient pas nécessaires : ainsi, dans e et ρ. On va introduire $\frac{\partial\Omega}{\partial e}$ et $\frac{\partial\Omega}{\partial g}$ au lieu de $\frac{\partial\Omega}{\partial r}$; on a d'abord, en réunissant les termes en $\rho\cos\varphi$ et $\rho\sin\varphi$,

$$\begin{aligned} T_0 = {} & \frac{1}{\sqrt{1-e^2}}\left[-1 - \frac{2\rho}{a(1-e^2)}\right]\frac{\partial(a\Omega)}{\partial v} \\ & + \frac{2\rho\cos\varphi}{\sqrt{1-e^2}}\left\{\left[\frac{1}{r}\cos f + \frac{\cos f}{a(1-e^2)}\right]\frac{\partial(a\Omega)}{\partial v} + \sin f\,\frac{\partial(a\Omega)}{\partial r}\right\} \\ & + \frac{2\rho\sin\varphi}{\sqrt{1-e^2}}\left\{\left[\frac{1}{r}\sin f + \frac{\sin f}{a(1-e^2)}\right]\frac{\partial(a\Omega)}{\partial v} - \cos f\,\frac{\partial(a\Omega)}{\partial r}\right\}. \end{aligned}$$

Or on a identiquement

$$-1 - \frac{2\rho}{a(1-e^2)} = -3 + 2\,\frac{a(1-e^2)-\rho}{a(1-e^2)} = -3 + \frac{2\rho e\cos\varphi}{a(1-e^2)},$$

et il en résulte

$$\begin{aligned} T_0 = {} & -\frac{3}{\sqrt{1-e^2}}\frac{\partial(a\Omega)}{\partial v} + \frac{2\rho\cos\varphi}{a\sqrt{1-e^2}}\left[\left(\frac{a}{r}\cos f + \frac{\cos f + e}{1-e^2}\right)\frac{\partial(a\Omega)}{\partial v} + a\sin f\,\frac{\partial(a\Omega)}{\partial r}\right] \\ & + \frac{2\rho\sin\varphi}{a\sqrt{1-e^2}}\left[\left(\frac{a}{r}\sin f + \frac{\sin f}{1-e^2}\right)\frac{\partial(a\Omega)}{\partial v} - a\cos f\,\frac{\partial(a\Omega)}{\partial r}\right]. \end{aligned}$$

On peut transformer cette expression comme il suit :

$$\begin{aligned} T_0 = {} & \frac{2\rho\sin\varphi}{a\sqrt{1-e^2}}\left[\left(\frac{a}{r}\sin f + \frac{\sin f}{1-e^2}\right)\frac{\partial(a\Omega)}{\partial v} - a\cos f\,\frac{\partial(a\Omega)}{\partial r}\right] \\ & + \frac{2\rho\cos\varphi + 3ae}{a\sqrt{1-e^2}}\left[\left(\frac{a}{r}\cos f + \frac{\cos f + e}{1-e^2}\right)\frac{\partial(a\Omega)}{\partial v} + a\sin f\,\frac{\partial(a\Omega)}{\partial r}\right] \\ & - \frac{3}{\sqrt{1-e^2}}\left[\left(\frac{ae\cos f}{r} + \frac{1+e\cos f}{1-e^2}\right)\frac{\partial(a\Omega)}{\partial v} + ae\sin f\,\frac{\partial(a\Omega)}{\partial r}\right]. \end{aligned}$$

Or on a

$$\frac{\partial r}{\partial g} = \frac{ae \sin f}{\sqrt{1-e^2}},$$

$$\frac{\partial v}{\partial g} = \frac{a^2\sqrt{1-e^2}}{r^2} = \frac{ae \cos f}{r\sqrt{1-e^2}} + \frac{1+e\cos f}{(1-e^2)^{\frac{3}{2}}},$$

$$\frac{\partial r}{\partial e} = -a\cos f,$$

$$\frac{\partial v}{\partial e} = \frac{a\sin f}{r} + \frac{\sin f}{1-e^2},$$

d'où

$$\frac{\partial(a\Omega)}{\partial g} = \frac{1}{\sqrt{1-e^2}}\left(\frac{ae\cos f}{r} + \frac{1+e\cos f}{1-e^2}\right)\frac{\partial(a\Omega)}{\partial v} + \frac{ae\sin f}{\sqrt{1-e^2}}\frac{\partial(a\Omega)}{\partial r},$$

$$\frac{\partial(a\Omega)}{\partial e} = \left(\frac{a\sin f}{r} + \frac{\sin f}{1-e^2}\right)\frac{\partial(a\Omega)}{\partial v} - a\cos f\frac{\partial(a\Omega)}{\partial r},$$

et ensuite

$$\frac{\partial(a\Omega)}{\partial g} - \frac{1}{\sqrt{1-e^2}}\frac{\partial(a\Omega)}{\partial v} = \frac{e}{\sqrt{1-e^2}}\left(\frac{a\cos f}{r} + \frac{\cos f + e}{1-e^2}\right)\frac{\partial(a\Omega)}{\partial v} + \frac{ae\sin f}{\sqrt{1-e^2}}\frac{\partial(a\Omega)}{\partial r}.$$

Il en résulte enfin que l'expression de T_0 peut s'écrire

$$(46)\quad T_0 = -3\frac{\partial(a\Omega)}{\partial g} + \frac{1}{e}\left(\frac{2\rho\cos\varphi}{a} + 3e\right)\left[\frac{\partial(a\Omega)}{\partial g} - \frac{1}{\sqrt{1-e^2}}\frac{\partial(a\Omega)}{\partial v}\right] + \frac{2\rho\sin\varphi}{a\sqrt{1-e^2}}\frac{\partial(a\Omega)}{\partial e}.$$

143. La dérivée $\frac{\partial\Omega}{\partial g}$ qui figure dans T_0 se calculera bien aisément en partant des formules (42) et (43), puisque g figure explicitement; il en est de même de $\frac{\partial\Omega}{\partial v}$, car on a

$$\frac{\partial\Omega}{\partial v} = \frac{\partial\Omega}{\partial\omega}.$$

Pour obtenir les coefficients de la fonction

$$\frac{1}{e}\left[\frac{\partial(a\Omega)}{\partial g} - \frac{1}{\sqrt{1-e^2}}\frac{\partial(a\Omega)}{\partial v}\right],$$

on voit que, dans les formules (42) et (43), il faudra d'abord changer les cos en sin, et ensuite employer les multiplicateurs

$-\frac{i}{e}$ pour $a\Omega_1$ et $a\Omega_4$,

$-\frac{i}{e} + \frac{2}{e\sqrt{1-e^2}}$ » $a\Omega_2$, $a\Omega_3$ et $a\Omega_5$,

$-\frac{i}{e} + \frac{1}{e\sqrt{1-e^2}}$ » $a\Omega_6$, $a\Omega_8$ et $a\Omega_{10}$,

$-\frac{i}{e} + \frac{3}{e\sqrt{1-e^2}}$ » $a\Omega_7$ et $a\Omega_9$.

La dérivée $\frac{\partial\Omega}{\partial e}$ se formera immédiatement, puisque les fonctions $P^{(i)}$, $Q^{(i)}$, $A^{(i)}$, $B^{(i)}$ sont données sous la forme de séries procédant suivant les puissances de e.

Si l'on pose maintenant

$$\frac{2\rho\cos\varphi}{a} + 3e = 2\mathfrak{F}\cos\gamma + 2\mathfrak{F}_1\cos 2\gamma + \ldots,$$

$$\frac{2\rho\sin\varphi}{a\sqrt{1-e^2}} = \qquad 2\mathfrak{F}'\sin\gamma + 2\mathfrak{F}'_1\sin 2\gamma + \ldots,$$

où l'on a

$$\mathfrak{F} = 1 - \frac{3}{8}e^2 + \frac{5}{192}e^4 - \frac{7}{9216}e^6 + \ldots;$$

$$\mathfrak{F}' = 1 - \frac{1}{8}e^2 + \frac{1}{192}e^4 - \frac{1}{9216}e^6 + \ldots,$$

les coefficients $\mathfrak{F}$ et $\mathfrak{F}'$ seront, comme on le verra bientôt, les seuls que l'on ait besoin de connaître. On a maintenant tout ce qu'il faut pour procéder au développement périodique de T_0.

Hansen représente par $T_1, \ldots, T_{10}$ les diverses parties de T_0 qui correspondent à $\Omega_1, \ldots, \Omega_{10}$, et il obtient sans peine les développements correspondants. Ainsi, par exemple, on a

$$\begin{aligned}
T_1 = {} & 3u_1^2\beta_1 \sum iP^{(i)}K^{(i')}\sin(ig + i'g') \\
& - (2\mathfrak{F}\cos\gamma + \ldots)\frac{1}{e}u_1^2\beta_1 \sum iP^{(i)}K^{(i')}\sin(ig + i'g') \\
& + (2\mathfrak{F}'\sin\gamma + \ldots)u_1^2\beta_1 \sum \frac{\partial P^{(i)}}{\partial e}K^{(i')}\cos(ig + i'g') \\
= {} & 3u_1^2\beta_1 \sum iP^{(i)}K^{(i')}\sin(ig + i'g') \\
& + u_1^2\beta_1 \sum \left[-\frac{iP^{(i)}}{e}\mathfrak{F} + \mathfrak{F}'\frac{\partial P^{(i)}}{\partial e}\right]K^{(i')}\sin(\gamma + ig + i'g') \\
& + u_1^2\beta_1 \sum \left[-\frac{iP^{(i)}}{e}\mathfrak{F} - \mathfrak{F}'\frac{\partial P^{(i)}}{\partial e}\right]K^{(i')}\sin(-\gamma + ig + i'g'.
\end{aligned}$$

On trouve ainsi

$$\begin{aligned}
T_1 = {} & 3u_1^2\beta_1 \sum iP^{(i)}K^{(i')}\sin(ig + i'g') \\
& + u_1^2\beta_1 \sum P^{\pm 1, i}K^{(i')}\sin(\pm\gamma + ig + i'g'),
\end{aligned}$$

$$\begin{aligned}
T_2 = {} & 3u_1^2\beta_2 \sum iQ^{(i)}G^{(i')}\sin(ig + i'g' + 2\omega - 2\omega') \\
& + u_1^2\beta_2 \sum Q^{\pm 1, i}G^{(i')}\sin(\pm\gamma + ig + i'g' + 2\omega - 2\omega'),
\end{aligned}$$

$$T_3 = 3u_1^2\beta_3 \sum iQ^{(i)}K^{(i')}\sin(ig + i'g' + 2\omega)$$
$$+ u_1^2\beta_3 \sum Q^{\pm 1, i}K^{(i')}\sin(\pm\gamma + ig + i'g' + 2\omega),$$

$$T_4 = 3u_1^2\beta_4 \sum iP^{(i)}G^{(-i')}\sin(ig + i'g' + 2\omega')$$
$$+ u_1^2\beta_4 \sum P^{\pm 1, i}G^{(-i')}\sin(\pm\gamma + ig + i'g' + 2\omega'),$$

$$T_5 = 3u_1^2\beta_5 \sum iQ^{(i)}G^{(-i')}\sin(ig + i'g' + 2\omega + 2\omega')$$
$$+ u_1^2\beta_5 \sum Q^{\pm 1, i}G^{(-i')}\sin(\pm\gamma + ig + i'g' + 2\omega + 2\omega'),$$

$$T_6 = 3\lambda\mu u_1^2\beta_6 \sum iA^{(i)}C^{(i')}\sin(ig + i'g' + \omega - \omega')$$
$$+ \lambda\mu u_1^2\beta_6 \sum A^{\pm 1, i}C^{(i')}\sin(\pm\gamma + ig + i'g' + \omega - \omega'),$$

$$T_7 = 3\lambda\mu u_1^2\beta_7 \sum B^{(i)}D^{(i')}\sin(ig + i'g' + 3\omega - 3\omega')$$
$$+ \lambda\mu u_1^2\beta_7 \sum B^{\pm 1, i}D^{(i')}\sin(\pm\gamma + ig + i'g' + 3\omega - 3\omega'),$$

$$T_8 = 3\lambda\mu u_1^2\beta_8 \sum iA^{(i)}C^{(-i')}\sin(ig + i'g' + \omega + \omega')$$
$$+ \lambda\mu u_1^2\beta_8 \sum A^{\pm 1, i}C^{(-i')}\sin(\pm\gamma + ig + i'g' + \omega + \omega'),$$

$$T_9 = 3\lambda\mu u_1^2\beta_9 \sum iB^{(i)}C^{(i')}\sin(ig + i'g' + 3\omega - \omega')$$
$$+ \lambda\mu u_1^2\beta_9 \sum B^{\pm 1, i}C^{(i')}\sin(\pm\gamma + ig + i'g' + 3\omega - \omega'),$$

$$T_{10} = 3\lambda\mu u_1^2\beta_{10} \sum iA^{(i)}D^{(i')}\sin(ig + i'g' + \omega - 3\omega')$$
$$+ \lambda\mu u_1^2\beta_{10} \sum A^{(\pm 1, i)}D^{(i')}\sin(\pm\gamma + ig + i'g' + \omega - 3\omega');$$

où l'on a posé

$$P^{\pm 1, i} = -\frac{i}{e}\mathfrak{F}P^{(i)} \pm \mathfrak{F}'\frac{\partial P^{(i)}}{\partial e},$$

$$Q^{\pm 1, i} = \left(-\frac{i}{e} + \frac{2}{e\sqrt{1-e^2}}\right)\mathfrak{F}Q^{(i)} \pm \mathfrak{F}'\frac{\partial Q^{(i)}}{\partial e},$$

$$A^{\pm 1, i} = \left(-\frac{i}{e} + \frac{1}{e\sqrt{1-e^2}}\right)\mathfrak{F}A^{(i)} \pm \mathfrak{F}'\frac{\partial A^{(i)}}{\partial e},$$

$$B^{\pm 1, i} = \left(-\frac{i}{e} + \frac{3}{e\sqrt{1-e^2}}\right)\mathfrak{F}B^{(i)} \pm \mathfrak{F}'\frac{\partial B^{(i)}}{\partial e}.$$

Hansen donne ensuite explicitement les séries procédant suivant les puissances de e qui représentent

$$P^{-1,0},\quad P^{-1,1}\ldots,\quad P^{-1,5},\quad P^{-1,-1},\quad P^{-1,-2},\quad P^{-1,-3},$$
$$Q^{-1,-1},\ldots.$$

Le calcul simple de T_0 est ainsi pleinement assuré.

Hansen donne aussi le calcul approché de la portion $T_0^{(3)}$, qui correspond à $\Omega^{(3)}$; mais je ne crois pas nécessaire de le reproduire ici.

Hansen introduit, à côté de T_0, une fonction auxiliaire

$$G_0 = \frac{2}{\sqrt{1-e^2}}\left[\frac{\rho}{r}\cos(f-\varphi)\frac{\partial a\Omega}{\partial v} + \frac{\rho}{r}\sin(f-\varphi)\frac{r\,\partial a\Omega}{\partial r}\right],$$

qui constitue seulement une partie de T_0, de sorte que l'on a

$$T_0 = G_0 + \frac{1}{\sqrt{1-e^2}}\left[-1+2\rho\frac{\cos(f-\varphi)-1}{a(1-e^2)}\right]\frac{\partial a\Omega}{\partial v}.$$

On a, comme on le voit aisément, en désignant par G_1, G_2, ... les diverses parties de G_0 correspondant à Ω_1, Ω_2, ...,

$$G_1 = T_1, \qquad G_4 = T_4,$$

ce qui tient à ce que, dans ces deux cas, on a

$$\frac{\partial\Omega_1}{\partial\omega} = 0, \qquad \frac{\partial\Omega_4}{\partial\omega} = 0.$$

Dans tous les autres cas, G et T sont différents. Hansen apprend à former les développements de G_2, ..., G_{10}; mais ce que nous avons expliqué pour T nous paraît suffisant. Les développements sont de la même forme; seuls, les coefficients diffèrent.

144. On a considéré dans T_0 les développements périodiques des deux fonctions

$$\frac{2\rho\cos\varphi}{a} + 3e \quad \text{et} \quad \frac{2\rho\sin\varphi}{a},$$

et l'on n'a formé que les termes en $\cos\gamma$ et $\sin\gamma$. On a pu opérer ainsi en vertu du théorème suivant :

Soient G et H des fonctions de t seul, l'expression

$$\Gamma = G\left(\frac{\rho\cos\varphi}{a} + \frac{3}{2}e\right) + H\frac{\rho\sin\varphi}{a}$$

peut être développée sous la forme

$$\Gamma = \sum_{\varkappa=-\infty}^{\varkappa=+\infty} \alpha^{(\varkappa)} \frac{\cos}{\sin} (\varkappa\gamma + \beta t + \beta'),$$

où $\varkappa$ désigne un nombre entier, mais β et β' peuvent avoir les valeurs les plus variées. Il s'agit de calculer $\alpha^{(\pm 2)}$, $\alpha^{(\pm 3)}$, ..., connaissant $\alpha^{(1)}$ et $\alpha^{(-1)}$. Hansen introduit le développement de ρ^2

$$\frac{\rho^2}{a^2} = 1 + \frac{3}{2} e^2 + 2 \sum_1^\infty R^{(\varkappa)} \cos \varkappa\gamma.$$

Or on a (t. I, p. 219, 220, 225 et 226)

$$\frac{\rho \cos\varphi}{a} = -\frac{3}{2} e + 2 \sum_1^\infty \frac{dJ_\varkappa(\varkappa e)}{de} \frac{\cos \varkappa\gamma}{\varkappa^2},$$

$$\frac{\rho \sin\varphi}{a} = \frac{2\sqrt{1-e^2}}{e} \sum_1^\infty J_\varkappa(\varkappa e) \frac{\sin \varkappa\gamma}{\varkappa},$$

$$\frac{\rho^2}{a^2} = 1 + \frac{3}{2} e^2 - 4 \sum_1^\infty J_\varkappa(\varkappa e) \frac{\cos \varkappa\gamma}{\varkappa^2}.$$

On en conclut

$$R^{(\varkappa)} = -\frac{2 J_\varkappa(\varkappa e)}{\varkappa^2},$$

$$\frac{\rho \cos\varphi}{a} = -\frac{3}{2} e - \sum_1^\infty \frac{dR^{(\varkappa)}}{de} \cos \varkappa\gamma,$$

$$\frac{\rho \sin\varphi}{a} = -\frac{\sqrt{1-e^2}}{e} \sum_1^\infty \varkappa R^{(\varkappa)} \sin \varkappa\gamma,$$

$$\Gamma = -\frac{1}{2} G \sum_{-}^{+\infty} \frac{dR^{(\varkappa)}}{de} \cos \varkappa\gamma - H \frac{\sqrt{1-e^2}}{2e} \sum_{-\infty}^{+\infty} \varkappa R^{(\varkappa)} \sin \varkappa\gamma.$$

La valeur $\varkappa = 0$ est exclue, ou plutôt le terme non périodique de Γ est nul. Supposons maintenant

$$-\frac{1}{2} G = \Sigma V \cos(\alpha t + \beta),$$

$$H \frac{\sqrt{1-e^2}}{2e} = \Sigma W \sin(\alpha t + \beta).$$

Il viendra

$$\Gamma = \frac{1}{2}\sum_{-\infty}^{+\infty}\left(V\frac{dR^{(\varkappa)}}{de} + \varkappa W R^{(\varkappa)}\right)\cos(\varkappa\gamma + \alpha t + \beta)$$
$$+ \frac{1}{2}\sum_{-\infty}^{+\infty}\left(V\frac{dR^{(\varkappa)}}{de} - \varkappa W R^{(\varkappa)}\right)\cos(-\varkappa\gamma + \alpha t + \beta).$$

Or, en changeant $\varkappa$ en $-\varkappa$, le premier terme de Γ s'échange avec le second; on peut donc écrire

$$\Gamma = \sum_{-\infty}^{+\infty}\alpha^{(\varkappa)}\cos(\varkappa\gamma + \alpha t + \beta), \tag{47}$$

en faisant

$$\alpha^{(\varkappa)} = V\frac{dR^{(\varkappa)}}{de} + \varkappa W R^{(\varkappa)}.$$

Rappelons que $\alpha^{(0)} = 0$.

On a, en mettant $-\varkappa$ et ± 1 au lieu de $\varkappa$,

$$\alpha^{(-\varkappa)} = V\frac{dR^{(\varkappa)}}{de} - \varkappa W R^{(\varkappa)},$$

$$\alpha^{(1)} = V\frac{dR^{(1)}}{de} + W R^{(1)},$$

$$\alpha^{(-1)} = V\frac{dR^{(1)}}{de} - W R^{(1)},$$

On en tire d'abord

$$V = \frac{\alpha^{(1)} + \alpha^{(-1)}}{2\dfrac{dR^{(1)}}{de}}, \qquad W = \frac{\alpha^{(1)} - \alpha^{(-1)}}{2R^{(1)}},$$

puis, en portant dans les expressions de $\alpha^{(\varkappa)}$ et de $\alpha^{-(\varkappa)}$,

$$\left\{\begin{aligned} \alpha^{(\varkappa)} &= \eta^{(\varkappa)}\alpha^{(1)} + \theta^{(\varkappa)}\alpha^{(-1)}, \\ \alpha^{(-\varkappa)} &= \eta^{(\varkappa)}\alpha^{(-1)} + \theta^{(\varkappa)}\alpha^{(1)}, \end{aligned}\right. \tag{48}$$

où l'on a fait, pour abréger,

$$\left\{\begin{aligned} \eta^{(\varkappa)} &= \frac{1}{2}\left[\frac{\dfrac{dR^{(\varkappa)}}{de}}{\dfrac{dR^{(1)}}{de}} + \varkappa\frac{R^{(\varkappa)}}{R^{(1)}}\right], \\ \theta^{(\varkappa)} &= \frac{1}{2}\left[\frac{\dfrac{dR^{(\varkappa)}}{de}}{\dfrac{dR^{(1)}}{de}} - \varkappa\frac{R^{(\varkappa)}}{R^{(1)}}\right]. \end{aligned}\right. \tag{49}$$

Dans ces formules, on ne doit pas attribuer à $\varkappa$ de valeurs négatives. Les relations (48) constituent le théorème annoncé; on pourra s'en servir pour calculer $\alpha^{(2)}, \alpha^{(3)}, \ldots, \alpha^{(-2)}, \alpha^{(-3)}, \ldots$ connaissant $\alpha^{(1)}$ et $\alpha^{(-1)}$. On a, par exemple,

$$R^{(1)} = - e + \frac{1}{8} e^3 - \frac{1}{192} e^5 + \ldots,$$

$$R^{(2)} = - \frac{1}{4} e^2 + \frac{1}{12} e^4 - \frac{1}{96} e^6 + \ldots,$$

$$R^{(3)} = - \frac{1}{8} e^3 + \frac{9}{128} e^5 - \ldots,$$

$$R^{(4)} = - \frac{1}{12} e^4 + \frac{1}{15} e^6 - \ldots;$$

on en conclut

$$\eta^{(2)} = \frac{1}{2} e - \frac{1}{8} e^3 + 0 e^5 + \ldots,$$

$$\eta^{(3)} = \frac{3}{8} e^2 - \frac{3}{16} e^4 + \frac{3}{128} e^6 - \ldots,$$

$$\eta^{(4)} = \frac{1}{3} e^3 - \frac{1}{4} e^5 + \ldots,$$

$$\eta^{(5)} = \frac{125}{384} e^4 - \frac{125}{384} e^6 + \ldots,$$

$$\ldots\ldots\ldots\ldots\ldots\ldots,$$

$$\theta^{(2)} = - \frac{1}{48} e^3 - \frac{1}{192} e^5 + \ldots,$$

$$\theta^{(3)} = - \frac{3}{128} e^4 - \frac{1}{640} e^6 + \ldots,$$

$$\theta^{(4)} = - \frac{1}{40} e^5 + \ldots,$$

$$\ldots\ldots\ldots\ldots\ldots\ldots$$

Il suffira donc d'effectuer tous les développements, en ne prenant que les termes où γ est multiplié par ± 1; on en déduira ensuite, tout à la fin, avec la plus grande facilité, les coefficients des termes dans lesquels γ est multiplié par $\pm 2, \pm 3, \ldots$. On n'aura pas besoin d'aller bien loin, car e est petit, et $\eta^{(\varkappa)}$ est de l'ordre $\varkappa - 1$, $\theta^{(\varkappa)}$ de l'ordre $\varkappa + 1$.

145. Occupons-nous maintenant du développement des fonctions dont dépend le calcul de la latitude. Nous remarquons que, en vertu de la définition même de P et de Q, on pourra prendre, en faisant $N = N_0$, ces valeurs approchées

$$P = 0, \qquad Q = 2 \sin \frac{J_0}{2}, \qquad K = K_0. \tag{50}$$

Nous écrirons d'abord comme il suit les équations (39)

$$
(51)\quad \left\{
\begin{aligned}
\frac{dP}{dt} &= -n_0\alpha Q + n_0 B + \frac{\cos\frac{J}{2}}{\cos i'}\frac{dp'}{dt}\cos[\pi'_0 - N_0 + K - n_0(\alpha+\eta)t] \\
&\quad - \frac{\cos\frac{J}{2}}{\cos i'}\frac{dq'}{dt}\sin[\pi'_0 - N_0 + K - n_0(\alpha+\eta)t], \\
\frac{dQ}{dt} &= n_0\alpha P + n_0 C - \frac{\cos\frac{J}{2}}{\cos i'}\frac{dp'}{dt}\sin[\pi'_0 - N_0 + K - n_0(\alpha+\eta)t] \\
&\quad - \frac{\cos\frac{J}{2}}{\cos i'}\frac{dq'}{dt}\cos[\pi'_0 - N_0 + K - n_0(\alpha+\eta)t], \\
\frac{dK}{dt} &= n_0\eta + n_0 D + \frac{1}{4\cos\frac{J}{2}\cos i'}\left(Q\frac{dp'}{dt} + P\frac{dq'}{dt}\right)\cos[\pi'_0 - N_0 + K - n_0(\alpha+\eta)t] \\
&\quad + \frac{1}{4\cos\frac{J}{2}\cos i'}\left(P\frac{dp'}{dt} - Q\frac{dq'}{dt}\right)\sin[\pi'_0 - N_0 + K - n_0(\alpha+\eta)t],
\end{aligned}
\right.
$$

où l'on a posé

$$
(52)\quad \left\{
\begin{aligned}
n_0 B &= -h\left(\cos^2\frac{J}{2}\frac{\partial\Omega}{\partial Q} + \frac{1}{4}P\frac{\partial\Omega}{\partial K}\right), \\
n_0 C &= h\left(\cos^2\frac{J}{2}\frac{\partial\Omega}{\partial P} - \frac{1}{4}Q\frac{\partial\Omega}{\partial K}\right), \\
n_0 D &= \frac{1}{4}h\left(P\frac{\partial\Omega}{\partial P} + Q\frac{\partial\Omega}{\partial Q}\right).
\end{aligned}
\right.
$$

Avec les valeurs approchées (50), il vient

$$
B_0 = -\frac{1}{\sqrt{1-e^2}}\cos^2\frac{J}{2}\frac{\partial a\Omega}{\partial Q}, \qquad D_0 = \frac{1}{2\sqrt{1-e^2}}\sin\frac{J}{2}\frac{\partial a\Omega}{\partial Q}.
$$

Si l'on fait abstraction des termes dépendant de $\frac{dp'}{dt}$ et de $\frac{dq'}{dt}$, on aura

$$
\begin{aligned}
\frac{d\,\delta P}{n_0\,dt} &= -\frac{1}{\sqrt{1-e^2}}\cos^2\frac{J}{2}\frac{\partial a\Omega}{\partial Q}, \\
\frac{d\,\delta K}{n_0\,dt} &= \frac{1}{2\sqrt{1-e^2}}\sin\frac{J}{2}\frac{\partial a\Omega}{\partial Q};
\end{aligned}
$$

d'où

$$
\delta K = -\frac{\sin\frac{J}{2}}{2\cos^2\frac{J}{2}}\,\delta P.
$$

Cette relation est encore très approchée dans les approximations suivantes.

Soit A le terme constant du développement de $\frac{\partial a\Omega}{\partial Q}$; on aura, en écrivant que P et K ne contiennent pas de terme en t, ou que les seconds membres de la première et la dernière des équations (51) ne contiennent pas de parties constantes, on aura, disons-nous,

$$-2n_0\alpha\sin\frac{J}{2}-\frac{n_0}{\sqrt{1-e^2}}A\cos^2\frac{J}{2}=0,$$

$$n_0\eta+\frac{n_0}{2\sqrt{1-e^2}}A\sin\frac{J}{2}=0,$$

d'où, en éliminant A,

$$\eta=\alpha\,\text{tang}^2\frac{J}{2};$$

cette relation subit une correction sensible dans les approximations ultérieures.

146. Occupons-nous du développement des quantités B et C, définies par les équations (52). On a

$$2\sin\frac{J}{2}\sin(N-N_0)=P,\qquad 2\sin\frac{J}{2}\cos(N-N_0)=Q,$$

d'où

$$\sin^2\frac{J}{2}=\frac{1}{4}(P^2+Q^2),$$

$$\sin^4\frac{J}{2}=\frac{1}{16}(P^4+2P^2Q^2+Q^4),$$

$$\sin^2\frac{J}{2}\sin 2(N-N_0)=\frac{1}{2}PQ,$$

$$\sin^2\frac{J}{2}\cos 2(N-N_0)=\frac{1}{4}(Q^2-P^2),$$

$$\sin^4\frac{J}{2}\sin 2(N-N_0)=\frac{1}{8}(P^3Q+PQ^3),$$

$$\sin^4\frac{J}{2}\cos 2(N-N_0)=\frac{1}{16}(Q^4-P^4),$$

$$\sin^4\frac{J}{2}\sin 4(N-N_0)=\frac{1}{4}(PQ^3-QP^3),$$

$$\sin^4\frac{J}{2}\cos 4(N-N_0)=\frac{1}{16}(P^4-6P^2Q^2+Q^4).$$

Il est facile, à l'aide des relations précédentes, d'introduire P, Q et K dans les expressions (42) et (43) de $\Omega_1, \Omega_2, \ldots, \Omega_{10}$. Il faut encore cependant se rappeler les formules de la page 311,

$$\omega = N_0 + K + n_0(y + \alpha - \eta)t + (N - N_0),$$
$$\omega' = N_0 - K + n_0(y' + \alpha + \eta)t + (N - N_0).$$

Prenons, par exemple,

$$a\Omega_3 = u_1^2\left(\frac{3}{2}\sin^2\frac{J}{2} - \frac{3}{2}\sin^4\frac{J}{2}\right)\sum Q^{(i)}K^{(i')}\cos[\;ig + i'g' + 2N_0 + 2K + n_0(2y + 2\alpha - 2\eta)t + 2(N - N_0)].$$

Nous trouverons, en posant

$$\mathcal{A} = ig + i'g' + 2N_0 + 2K + n_0(2y + 2\alpha - 2\eta)t,$$

$$a\Omega_3 = u_1^2\sum Q^{(i)}K^{(i')}\left[\;\frac{3}{2}\left(\frac{1}{4}Q^2 - \frac{1}{4}P^2\right)\cos\mathcal{A} - \frac{3}{4}PQ\sin\mathcal{A} - \frac{3}{32}(Q^4 - P^4)\cos\mathcal{A} + \frac{3}{16}(P^3Q + PQ^3)\sin\mathcal{A}\right];$$

il n'y a plus qu'à réunir les termes en $\cos\mathcal{A}$ et $\sin\mathcal{A}$.

C'est ainsi que Hansen a obtenu les expressions de Ω_1, ..., Ω_{10} (p. 155). Il est facile de former les dérivées $\frac{\partial\Omega_1}{\partial Q}$, ..., $\frac{\partial\Omega_{10}}{\partial Q}$, $\frac{\partial\Omega_1}{\partial K}$, ..., $\frac{\partial\Omega_{10}}{\partial K}$, après quoi, les formules (52) donneront les expressions des diverses parties

$$B_1,\ \ldots,\ B_{10}\ \text{de}\ B;\qquad C_1,\ C_2,\ \ldots,\ \text{de}\ C$$

elles montent au cinquième degré, relativement à P et Q.

Pour la première approximation, il suffira de faire

$$P = 0,\qquad Q = 2\sin\frac{J_0}{2}.$$

On trouvera ainsi les expressions de la page 158; je me bornerai à en reproduire seulement quelques-unes

$$B_1 = \frac{u_1^2}{\sqrt{1-e^2}}\left(\frac{3}{2} - \frac{9}{2}\sin^2\frac{J}{2} + 3\sin^4\frac{J}{2}\right)\sin\frac{J}{2}\sum P^{(i)}K^{(i')}\cos(ig + i'g'),$$
$$B_2 = \frac{u_1^2}{\sqrt{1-e^2}}\left(\frac{3}{2} - 3\sin^2\frac{J}{2} + \frac{3}{2}\sin^4\frac{J}{2}\right)\sin\frac{J}{2}\sum Q^{(i)}G^{(i')}\cos(ig + i'g' + 2\omega - 2\omega'),$$

....,

$$C_{10} = \frac{\lambda\mu u_1^2}{\sqrt{1-e^2}}\left(\frac{15}{8} - \frac{15}{8}\sin^2\frac{J}{2} - \frac{15}{4}\sin^4\frac{J}{2}\right)\sin\frac{J}{2}\sum A^{(i)}D^{(i')}\sin(ig + i'g' + \omega - 3\omega').$$

On voit qu'on passe bien aisément du développement de $\frac{\Omega}{\sqrt{1-e^2}}$ à ceux de B_1,

$B_2, \ldots, C_{10}$, en multipliant les coefficients par des facteurs convenables dépendant de J, et changeant au besoin les cosinus en sinus.

Hansen dit que la méthode des coefficients indéterminés n'est pas d'un usage facile, parce que les inconnues sont loin d'entrer seulement au premier degré. Il préfère arriver au résultat par la méthode des approximations successives; il insiste sur la nécessité d'éviter les opérations qui diminuent la convergence des séries, comme par exemple le développement des diviseurs suivant les puissances de m.

147. Dispositions pour le calcul des termes d'ordres supérieurs. — Reprenons l'expression de T, en l'écrivant comme il suit

$$\begin{aligned} \mathrm{T} = {} & 2h_0\left[\frac{\rho_0}{r}\cos(\bar{f}-\varphi_0)\frac{\partial\Omega}{\partial\omega}+\frac{\rho_0}{r}\sin(\bar{f}-\varphi_0)r\frac{\partial\Omega}{\partial r}\right] \\ & +\frac{2h^2}{h_0^2}\,\frac{h_0\rho_0}{a_0(1-e_0^2)}\left[\cos(\bar{f}-\varphi_0)-1\right]\frac{\partial\Omega}{\partial\omega}-h_0\frac{\partial\Omega}{\partial\omega}, \end{aligned}$$

ou bien, mettant a à la place de a_0,

$$\begin{aligned} \mathrm{T} = {} & \frac{2n_0}{\sqrt{1-e_0^2}}\left[\frac{\rho_0}{r}\cos(\bar{f}-\varphi_0)\frac{\partial a\Omega}{\partial\omega}+\frac{\rho_0}{r}\sin(\bar{f}-\varphi_0)r\frac{\partial a\Omega}{\partial r}\right] \\ & +\frac{h^2}{h_0^2}\times 2n_0\frac{\rho_0}{a_0(1-e_0^2)^{\frac{3}{2}}}\left[\cos(\bar{f}-\varphi_0)-1\right]\frac{\partial a\Omega}{\partial\omega}-\frac{n_0}{\sqrt{1-e_0^2}}\,\frac{\partial a\Omega}{\partial\omega}. \end{aligned}$$

On doit y remplacer r par $r(1+\nu)$. Posons

$$(53)\quad \left\{\begin{aligned} \bar{\mathrm{G}} &= \frac{2n_0}{\sqrt{1-e_0^2}}\left[\frac{\rho_0}{\bar{r}}\cos(\bar{f}-\varphi_0)\frac{\partial a\bar{\Omega}}{\partial\omega}+\frac{\rho_0}{\bar{r}}\sin(\bar{f}-\varphi_0)\,\bar{r}\frac{\partial a\bar{\Omega}}{\partial\bar{r}}\right], \\ \bar{\mathrm{U}} &= 2n_0\frac{\rho_0}{a_0(1-e_0^2)^{\frac{3}{2}}}\left[\cos(\bar{f}-\varphi_0)-1\right]\frac{\partial a\bar{\Omega}}{\partial\omega}, \\ \bar{\Sigma} &= -\frac{n_0}{\sqrt{1-e_0^2}}\,\frac{\partial a\bar{\Omega}}{\partial\omega}, \end{aligned}\right.$$

$\bar{\Omega}$ désignant ce que devient Ω quand on y remplace r par $\bar{r}$. Nous ferons

$$(54)\qquad \bar{\mathrm{T}} = \bar{\mathrm{G}} + \bar{\mathrm{U}} + \bar{\Sigma}.$$

Pour obtenir T lui-même, il faudra, au lieu de $\bar{r}$, mettre $\bar{r}(1+\nu)$. Or, Ω se compose de deux parties $\Omega^{(1)}$ et $\Omega^{(2)}$ contenant respectivement r^2 et r^3 en facteurs; $\frac{\partial\Omega}{\partial r}$ comprendra les facteurs r et r^2, et il en sera de même de $\frac{1}{r}\,\frac{\partial\Omega}{\partial\omega}$. Soient $\mathrm{T}^{(1)}$

et $T^{(2)}$ les deux portions de T qui répondent à $\Omega^{(1)}$ et $\Omega^{(2)}$. On aura

$$T^{(1)} = \overline{T}^{(1)} - \overline{G}^{(1)} - U^{(1)} - \Sigma^{(1)} + \overline{G}^{(1)}(1-\nu) + \frac{h^2}{h_0^2} U^{(1)}(1+\nu)^2 + \overline{\Sigma}^{(1)}(1+\nu)^2,$$

$$T^{(2)} = \overline{T}^{(2)} - \overline{G}^{(2)} - U^{(2)} - \Sigma^{(2)} + \overline{G}^{(2)}(1+\nu)^2 + \frac{h^2}{h_0^2} U^{(2)}(1+\nu)^3 + \overline{\Sigma}^{(2)}(1+\nu)^3$$

ou, plus simplement,

$$(55) \quad \begin{cases} \overline{T}^{(1)} = \overline{T}^{(1)} + \overline{G}^{(1)}\nu + \overline{U}^{(1)}\left[\dfrac{h^2}{h_0^2}(1+\nu)^2 - 1\right] + \overline{\Sigma}^{(1)}(2\nu+\nu^2), \\ T^{(2)} = \overline{T}^{(2)} + \overline{G}^{(2)}(2\nu+\nu^2) + \overline{U}^{(2)}\left[\dfrac{h^2}{h_0^2}(1+\nu)^3 - 1\right] + \overline{\Sigma}^{(2)}(3\nu+3\nu^2+\nu^3). \end{cases}$$

Les quantités $\overline{\Omega}^{(1)}$ et $\overline{\Omega}^{(2)}$ dépendent de $\overline{f}$, nz, P, Q et K.

On peut opérer de même pour les fonctions B et C. En se reportant aux formules (52), on posera

$$\overline{B} = -\frac{1}{\sqrt{1-e_0^2}}\left(\cos^2\frac{J}{2}\,\frac{\partial a\overline{\Omega}}{\partial Q} + \frac{1}{4}P\,\frac{\partial a\overline{\Omega}}{\partial K}\right),$$

$$\overline{C} = \frac{1}{\sqrt{1-e_0^2}}\left(\cos^2\frac{J}{2}\,\frac{\partial a\overline{\Omega}}{\partial P} - \frac{1}{4}Q\,\frac{\partial a\overline{\Omega}}{\partial K}\right),$$

et, si l'on divise $\overline{B}$ et $\overline{C}$ en deux parties qui correspondent à $\Omega^{(1)}$ et $\Omega^{(2)}$, on trouvera

$$(56) \quad \begin{cases} B^{(1)} = \overline{B}^{(1)} + \overline{B}^{(1)}\left[(1+\nu)^2\dfrac{h}{h_0} - 1\right], \\ B^{(2)} = \overline{B}^{(2)} + \overline{B}^{(2)}\left[(1+\nu)^3\dfrac{h}{h_0} - 1\right], \end{cases}$$

et des formules analogues pour $C^{(1)}$ et $C^{(2)}$.

On voit qu'on a préparé les formules de façon à pouvoir tenir compte des valeurs troublées de ν et $\dfrac{h}{h_0} - 1$.

Hansen pose

$$1+\nu = E^{w}, \qquad \frac{h_0}{h} = 1 + \delta\frac{h_0}{h},$$

et il introduit partout w et $\delta\dfrac{h_0}{h}$ au lieu de ν et de $\dfrac{h_0}{h}$. On a d'abord

$$\nu = w + \frac{1}{2}w^2 + \frac{1}{6}w^3 + \ldots,$$

$$\delta\frac{h^2}{h_0^2} = -2\delta\frac{h_0}{h} + 3\left(\delta\frac{h_0}{h}\right)^2 - 4\left(\delta\frac{h_0}{h}\right)^3;$$

il est facile ainsi de développer les coefficients des formules (55) et (56) suivant les puissances des petites quantités w et $\delta \frac{h_0}{h}$.

La formule

$$\frac{dh}{dt} = -h^2 \frac{\partial \Omega}{\partial v}$$

donne

$$\frac{d\frac{h_0}{h}}{dt} = \frac{n_0}{\sqrt{1-e_0^2}} \frac{\partial a\Omega}{\partial \omega} = \frac{n_0}{\sqrt{1-e_0^2}}(1+\nu)^2 \frac{\partial a\overline{\Omega}^{(1)}}{\partial \omega} + \frac{n_0}{\sqrt{1-e_0^2}}(1+\nu)^3 \frac{\partial a\overline{\Omega}^{(2)}}{\partial \omega},$$

d'où

$$(57)\qquad \begin{cases} \delta \frac{h_0}{h} = -n_0 \int \left[\overline{\Sigma}^{(1)} + \overline{\Sigma}^{(1)}(2\nu+\nu^2)\right] dt \\ \qquad - n_0 \int \left[\overline{\Sigma}^{(2)} + \overline{\Sigma}^{(2)}(3\nu+3\nu^2+\nu^3)\right] dt. \end{cases}$$

C'est ainsi que l'on calculera $\delta \frac{h_0}{h}$.

On peut aussi calculer autrement $\delta \frac{h_0}{h}$, sans intégration, lorsque $n\,\delta z$, ν et y sont supposés connus. La formule (13') donne, en effet,

$$\frac{h_0}{h} = (1+\nu)^2 \frac{dz}{dt} + \frac{\nu}{\sqrt{1-e_0^2}} \frac{\overline{r}^2}{a_0^2}(1+\nu)^2.$$

On en déduit, en faisant $n_0 z = n_0 t + c_0 + n_0\,\delta z$, et supprimant l'indice zéro,

$$(57')\qquad \begin{cases} \frac{h_0}{h} - 1 = \delta \frac{h_0}{h} = \frac{d\,\delta z}{dt} + 2\nu + \nu^2 + (2\nu+\nu^2)\frac{d\,\delta z}{dt} \\ \qquad + \frac{\nu}{\sqrt{1-e_0^2}}\left[\frac{r^2}{a_0^2} + \frac{\partial \frac{r^2}{a^2}}{\partial g} n\,\delta z + \frac{1}{2}\frac{\partial^2 \frac{r^2}{a^2}}{\partial g^2}(n\,\delta z)^2 + \ldots\right] \\ \qquad + \frac{\nu}{\sqrt{1-e_0^2}}\left[\frac{r^2}{a_0^2} + \frac{\partial \frac{r^2}{a^2}}{\partial g} n\,\delta z + \frac{1}{2}\frac{\partial^2 \frac{r^2}{a^2}}{\partial g^2}(n\,\delta z)^2 + \ldots\right](2\nu+\nu^2). \end{cases}$$

Les fonctions

$$\overline{T},\quad \overline{G},\quad \overline{U},\quad \overline{\Sigma},\quad \overline{B},\quad \overline{C},$$

sur lesquelles repose maintenant le calcul des perturbations, sont des fonctions des quatre variables

$$nz,\quad P,\quad Q \text{ et } K.$$

Il faut trouver, par la série de Taylor, les accroissements des fonctions

T, ..., développées suivant les puissances de δz, δP, δQ et δK. On fait

$$nz = g + n\,\delta z,$$

où g est l'anomalie elliptique moyenne de la Lune. On aura

$$\begin{aligned}
\overline{T} = T_0 &+ \frac{\partial T_0}{\partial g} n\,\delta z + \frac{\partial T_0}{\partial P}\delta P + \frac{\partial T_0}{\partial Q}\delta Q + \frac{\partial T_0}{\partial K}\delta K + \frac{1}{2}\frac{\partial^2 T_0}{\partial g^2}(n\,\delta z)^2 + \frac{1}{2}\frac{\partial^2 T_0}{\partial P^2}\delta P^2 \\
&+ \frac{1}{2}\frac{\partial^2 T_0}{\partial Q^2}\delta Q^2 + \frac{1}{2}\frac{\partial^2 T_0}{\partial K^2}\delta K^2 + \frac{\partial^2 T_0}{\partial g\,\partial P} n\,\delta z\,\delta P + \frac{\partial^2 T_0}{\partial g\,\partial Q} n\,\delta z\,\delta Q + \frac{\partial^2 T_0}{\partial g\,\partial K} n\,\delta z\,\delta K \\
&+ \frac{\partial^2 T_0}{\partial P\,\partial Q}\delta P\,\delta Q + \frac{\partial^2 T_0}{\partial P\,\partial K}\delta P\,\delta K + \frac{\partial^2 T_0}{\partial Q\,\partial K}\delta Q\,\delta K + \frac{1}{6}\frac{\partial^3 T_0}{\partial g^3}(n\,\delta z)^3 \\
&+ \frac{1}{2}\frac{\partial^3 T_0}{\partial g^2\,\partial P}(n\,\delta z)^2\delta P + \frac{1}{2}\frac{\partial^3 T_0}{\partial g^2\,\partial Q}(n\,\delta z)^2\delta Q + \frac{1}{2}\frac{\partial^3 T_0}{\partial g^2\,\partial K}(n\,\delta z)^2\delta K \\
&+ \frac{1}{2}\frac{\partial^3 T_0}{\partial g\,\partial P^2} n\,\delta z\,\delta P^2 + \frac{1}{2}\frac{\partial^3 T_0}{\partial g\,\partial Q^2} n\,\delta z\,\delta Q^2 + \frac{1}{2}\frac{\partial^3 T_0}{\partial g\,\partial K^2} n\,\delta z\,\delta K^2 \\
&+ \frac{\partial^3 T_0}{\partial g\,\partial P\,\partial Q} n\,\delta z\,\delta P\,\delta Q + \frac{\partial^3 T_0}{\partial g\,\partial P\,\partial K} n\,\delta z\,\delta P\,\delta K + \frac{\partial^3 T_0}{\partial g\,\partial Q\,\partial K} n\,\delta z\,\delta Q\,\delta K \\
&+ \ldots\ldots\ldots\ldots\ldots\ldots\ldots\ldots\ldots\ldots
\end{aligned}$$

On va simplifier un peu cette formule en y supposant, comme on l'a fait à la page 332,

$$\delta K = -F\,\delta P,$$

où

$$F = \frac{\sin\frac{J}{2}}{2\cos^2\frac{J}{2}}.$$

On trouve que l'on peut écrire

$$\begin{aligned}
\overline{T} = T_0 &+ \frac{\partial T_0}{\partial g} n\,\delta z + R\,\delta P + Y\,\delta Q + \frac{1}{2}\frac{\partial^2 T_0}{\partial g^2}(n\,\delta z)^2 + \frac{\partial R}{\partial g} n\,\delta z\,\delta P + \frac{\partial Y}{\partial g} n\,\delta z\,\delta Q \\
&+ \frac{1}{2} S\,\delta P^2 + V\,\delta P\,\delta Q + \frac{1}{2} Z\,\delta Q^2 + \frac{1}{6}\frac{\partial^3 T_0}{\partial g^3}(n\,\delta z)^3 + \frac{1}{2}\frac{\partial^2 R}{\partial g^2}(n\,\delta z)^2\delta P \\
&+ \frac{1}{2}\frac{\partial^2 Y}{\partial g^2}(n\,\delta z)^2\delta Q + \frac{1}{2}\frac{\partial S}{\partial g} n\,\delta z\,\delta P^2 + \frac{\partial V}{\partial g} n\,\delta z\,\delta P\,\delta Q + \frac{1}{2}\frac{\partial Z}{\partial g} n\,\delta z\,\partial Q^2,
\end{aligned}$$

où l'on a fait

$$R = \frac{\partial T_0}{\partial P} - F\frac{\partial T_0}{\partial K}, \qquad R = \frac{\partial T_0}{\partial Q},$$

$$S = \frac{\partial^2 T_0}{\partial P^2} - 2F\frac{\partial^2 T_0}{\partial P\,\partial K} + F^2\frac{\partial^2 T_0}{\partial K^2},$$

$$V = \frac{\partial^2 T_0}{\partial P\,\partial Q} - F\frac{\partial^2 T_0}{\partial Q\,\partial K}, \qquad Z = \frac{\partial^2 T_0}{\partial Q^2}.$$

Hansen condense ainsi cette expression

$$(58)\qquad \overline{\mathrm{T}} = \mathrm{T}_0 + \frac{\partial \mathrm{T}_0}{\partial g} n\,\delta z + \frac{1}{2}\frac{\partial^2 \mathrm{T}_0}{\partial g^2}(n\,\delta z)^2 + \frac{1}{6}\frac{\partial^3 \mathrm{T}_0}{\partial g^3}(n\,\delta z)^3 + \mathrm{H}\,\delta\mathrm{P} + \mathrm{N}\,\delta\mathrm{Q},$$

en faisant

$$\mathrm{H} = \mathrm{R} + \frac{\partial \mathrm{R}}{\partial g} n\,\delta z + \frac{1}{2}\frac{\partial^2 \mathrm{R}}{\partial g^2}(n\,\delta z)^2 + \frac{1}{2}\mathrm{L}\,\delta\mathrm{P} + \mathrm{M}\,\delta\mathrm{Q},$$

$$\mathrm{N} = \mathrm{Y} + \frac{\partial \mathrm{Y}}{\partial g} n\,\delta z + \frac{1}{2}\frac{\partial^2 \mathrm{Y}}{\partial g^2}(n\,\delta z)^2 + \frac{1}{2}\mathrm{O}\,\delta\mathrm{Q},$$

$$\mathrm{L} = \mathrm{S} + \frac{\partial \mathrm{S}}{\partial g} n\,\delta z,$$

$$\mathrm{M} = \mathrm{V} + \frac{\partial \mathrm{V}}{\partial g} n\,\delta z,$$

$$\mathrm{O} = \mathrm{Z} + \frac{\partial \mathrm{Z}}{\partial g} n\,\partial z.$$

148. Calcul du développement des quantités R, Y, S, V, Z. — Je vais prendre pour exemple les développements de

$$\mathrm{R}_2 = \frac{\partial \mathrm{T}_2}{\partial \mathrm{P}} - \mathrm{F}\frac{\partial \mathrm{T}_2}{\partial \mathrm{K}} = \frac{\partial \mathrm{T}_2}{\partial \mathrm{P}} - \frac{\sin\frac{\mathrm{J}}{2}}{2\cos^2\frac{\mathrm{J}}{2}}\frac{\partial \mathrm{T}_2}{\partial \mathrm{K}},$$

$$\mathrm{Y}_2 = \frac{\partial \mathrm{T}_2}{\partial \mathrm{Q}}.$$

On a

$$\mathrm{T}_2 = 3u_1^2\beta_2 \sum i\mathrm{Q}^{(i)}\mathrm{G}^{(i')}\sin(ig + i'g' + 2\omega - 2\omega')$$

$$+\, u_1^2\beta_2 \sum \mathrm{Q}^{\pm 1, i}\mathrm{G}^{(i')}\sin(\pm\gamma + ig + i'g' + 2\omega - 2\omega'),$$

$$\beta_2 = \frac{3}{4} - \frac{3}{2}\sin^2\frac{\mathrm{J}}{2} + \frac{3}{4}\sin^4\frac{\mathrm{J}}{2} = \frac{3}{4}\cos^4\frac{\mathrm{J}}{2},$$

$$\cos\frac{\mathrm{J}}{2}\,d\mathrm{J} = \sin(\mathrm{N} - \mathrm{N}_0)\,d\mathrm{P} + \cos(\mathrm{N} - \mathrm{N}_0)\,d\mathrm{Q},$$

$$\omega - \omega' = n_0(y - y' - 2\eta)t + 2\mathrm{K}.$$

On aura

$$\frac{\partial(\omega - \omega')}{\partial \mathrm{K}} = 2, \qquad \frac{\partial(\omega - \omega')}{\partial \mathrm{P}} = \frac{\partial(\omega - \omega')}{\partial \mathrm{Q}} = 0,$$

et, à l'époque zéro,

$$\frac{\partial \mathrm{J}}{\partial \mathrm{P}} = 0, \qquad \frac{\partial \mathrm{J}}{\partial \mathrm{Q}} = \frac{1}{\cos\frac{\mathrm{J}}{2}}, \qquad \frac{\partial \mathrm{J}}{\partial \mathrm{K}} = 0.$$

Il en résulte

$$\left.\begin{aligned} R_2 = & \ 3u_1^2\beta_2 \sum iQ^{(i)}G^{(i')}\cos(ig + i'g' + 2\omega - 2\omega') \\ & + u_1^2\beta_2 \sum Q^{\pm 1, i}G^{(i')}\cos(\pm\gamma + ig + i'g' + 2\omega - 2\omega') \end{aligned}\right\} \left(\frac{-2\sin\frac{J}{2}}{\cos^2\frac{J}{2}}\right),$$

$$\left.\begin{aligned} Y_2 = & -3u_1^2 \sum iQ^{(i)}G^{(i')}\sin(ig + i'g' + 2\omega - 2\omega') \\ & + u_1^2 \sum Q^{\pm 1, i}G^{(i')}\sin(\pm\gamma + ig + i'g' + 2\omega - 2\omega') \end{aligned}\right\} \frac{\partial\beta_2}{\partial J}\frac{\partial J}{\partial Q};$$

or

$$\frac{\partial\beta_2}{\partial J}\frac{\partial J}{\partial Q} = -\frac{3}{2}\sin\frac{J}{2}\cos^2\frac{J}{2} = -\frac{2\sin\frac{J}{2}}{\cos^2\frac{J}{2}}\beta_2.$$

Donc, pour avoir le développement de Y_2, il suffira de multiplier celui de T_2 par $\dfrac{-2\sin\frac{J}{2}}{\cos^2\frac{J}{2}}$; pour obtenir le développement de R_2, il faudra employer le même multiplicateur $\dfrac{-2\sin\frac{J}{2}}{\cos^2\frac{J}{2}}$ et changer en outre les sinus en cosinus. On verra tout aussi facilement ce qu'il y a à faire pour trouver le développement de

$$R_1,\quad R_3,\quad \ldots,\quad R_{10};\qquad Y_1,\quad Y_3,\quad \ldots,\quad Y_{10};$$
$$S_1,\quad \ldots,\quad S_5;\qquad V_1,\quad \ldots,\quad V_5;\qquad Z_1,\quad \ldots,\quad Z_5.$$

Les développements de S_i, V_i et Z_i, pour $i = 6, \ldots, 10$, ne contiennent rien de sensible.

On peut maintenant faire pour B et C ce que l'on a fait pour T; c'est-à-dire, trouver les développements de ces quantités par la série de Taylor, quand on y augmente z, P, Q et K de δz, δP, δQ et δK. On aura, comme à la page 338,

$$\overline{B} = B_0 + \frac{\partial B_0}{\partial g} n\,\delta z + R\,\delta P + Y\,\delta Q + \ldots,$$
$$R = \frac{\partial B_0}{dP} - F\frac{\partial B_0}{dK},\qquad \ldots.$$

Comme les expressions de nB_0 et nC_0 ont été données de façon qu'on puisse lire immédiatement leurs développements sur celui de $\dfrac{a\Omega}{\sqrt{1-e^2}}$, on fera de même pour les développements des fonctions R, Y, S, V et Z, qui correspondent à B et C. On donnera, pour $\dfrac{a\Omega_1}{\sqrt{1-e^2}}, \ldots, \dfrac{a\Omega_{10}}{\sqrt{1-e^2}}$, les facteurs par lesquels il faut multiplier chaque terme pour avoir le terme correspondant des R, Y, ... On dira en même temps s'il faut changer ou non les cosinus en sinus.

On a dit plus haut que la relation $\delta K = -F\,\delta P$ est rigoureuse seulement pour la première puissance de la force perturbatrice. On va voir quelle déviation elle présente quand il s'agit des puissances plus élevées.

Remarquons que, si l'on n'a pas égard aux termes en p' et q', la dernière des équations (39) est

$$\frac{dK}{dt} = n_0\eta + \frac{1}{4}h\left(P\frac{\partial\Omega}{\partial P} + Q\frac{\partial\Omega}{\partial Q}\right),$$

ce qui peut s'écrire, en vertu des relations (52),

$$\frac{dK}{n_0\,dt} = \eta + \frac{CP - BQ}{4\cos^2\frac{J}{2}}. \tag{59}$$

Les formules

$$P = 2\sin\frac{J}{2}\sin(N - N_0), \qquad Q = 2\sin\frac{J}{2}\cos(N - N_0)$$

donnent

$$P = P_0 + \delta P, \qquad Q = Q_0 + \delta Q,$$

$$P_0 = 2\sin\frac{J_0}{2}\sin(N_0 - N_0), \qquad Q_0 = 2\sin\frac{J_0}{2}\cos(N_0 - N_0),$$

par suite

$$P = \delta P, \qquad Q = 2\sin\frac{J_0}{2} + \delta Q, \qquad \sin^2\frac{J}{2} = \frac{1}{4}(P^2 + Q^2),$$

$$\cos^2\frac{J}{2} = 1 - \frac{1}{4}(P^2 + Q^2) = 1 - \frac{1}{4}\left(4\sin^2\frac{J_0}{2} + 4\sin\frac{J_0}{2}\delta Q + \delta Q^2 + \delta P^2\right),$$

d'où, en négligeant les cubes de δP et δQ,

$$\frac{1}{\cos^2\frac{J}{2}} = \frac{1}{\cos^2\frac{J_0}{2}} + \frac{\sin\frac{J_0}{2}}{\cos^4\frac{J_0}{2}}\delta Q + \frac{1}{4\cos^4\frac{J_0}{2}}\delta P^2 + \frac{1 + 3\sin^2\frac{J_0}{2}}{4\cos^6\frac{J_0}{2}}\delta Q^2 + \ldots;$$

on aura ensuite, avec la même précision,

$$\begin{aligned}\frac{dK}{n_0\,dt} = \eta - \frac{1}{2}B\frac{\sin\frac{J_0}{2}}{\cos^2\frac{J_0}{2}} + \frac{1}{4\cos^2\frac{J_0}{2}}C\,\delta P - B\frac{1 + \sin^2\frac{J_0}{2}}{4\cos^4\frac{J_0}{2}}\delta Q \\ + \frac{\sin\frac{J_0}{2}}{4\cos^4\frac{J_0}{2}}C\,\delta P\,\delta Q - \frac{\sin\frac{J_0}{2}}{8\cos^4\frac{J_0}{2}}B\,\delta P^2 - \sin\frac{J_0}{2}\,\frac{3 + \sin^2\frac{J_0}{2}}{8\cos^6\frac{J_0}{2}}B\,\delta Q^2.\end{aligned}$$

On a d'ailleurs, par les formules (39),

$$\frac{dP}{dt} = -n_0 \alpha Q + n_0 B,$$

d'où

$$B = \frac{1}{n_0}\frac{dP}{dt} + \alpha\left(2 \sin\frac{J_0}{2} + \delta Q\right).$$

Il en résulte, en portant cette valeur de B dans le second terme de l'expression de $\frac{dK}{n_0\,dt}$,

$$\frac{dK}{n_0\,dt} = \eta - F\frac{dP}{n_0\,dt} - \alpha \operatorname{tang}^2\frac{J_0}{2} + \frac{C}{4\cos^2\frac{J_0}{2}}\delta P - \left(\frac{1+\sin^2\frac{J_0}{2}}{4\cos^4\frac{J_0}{2}}B + \alpha F\right)\delta Q$$

$$- \frac{\sin\frac{J_0}{2}}{8\cos^4\frac{J_0}{2}}B\,\delta P^2 + \frac{\sin\frac{J_0}{2}}{4\cos^4\frac{J_0}{2}}C\,\delta P\,\delta Q - \sin\frac{J_0}{2}\,\frac{3+\sin^2\frac{J_0}{2}}{8\cos^6\frac{J_0}{2}}B\,\delta Q^2,$$

où l'on a posé, comme antérieurement,

$$F = \frac{\sin\frac{J_0}{2}}{2\cos^2\frac{J_0}{2}}.$$

Si donc on fait

$$(60)\quad \begin{cases} \delta K = -F\,\delta P + \delta_2 K, \\ X = \dfrac{C}{4\cos^2\frac{J_0}{2}}\delta P - \left[\left(\dfrac{1}{4\cos^2\frac{J_0}{2}} + 2F^2\right)B + \alpha F\right]\delta Q \\ \qquad - \dfrac{\sin\frac{J_0}{2}}{8\cos^4\frac{J_0}{2}}B\,\delta P^2 + \dfrac{\sin\frac{J_0}{2}}{4\cos^4\frac{J_0}{2}}C\,\delta P\,\delta Q - \sin\frac{J_0}{2}\,\dfrac{3+\sin^2\frac{J_0}{2}}{8\cos^6\frac{J_0}{2}}B\,\delta Q^2, \end{cases}$$

on aura

$$(61)\qquad \frac{d\delta_2 K}{n_0\,dt} = \eta - \alpha\operatorname{tang}^2\frac{J_0}{2} + X.$$

Telle est la formule qui permettra de calculer $\delta_2 K$. Hansen dit que X n'exerce guère d'influence que sur les mouvements du périgée et du nœud. Les perturbations δP, δQ qui dépendent de dp', dq' (p. 318), et qui sont ici négligées par Hansen, ajouteraient au second membre de (61) le terme $+\frac{3}{4}Q\frac{d\delta P}{n_0\,dt}$.

149. Substitution des valeurs numériques dans celles des expressions précédentes qui sont entièrement connues. — Hansen donne les valeurs numériques adoptées pour n_0, e_0, J_0, n', e', $n\gamma'$, m, m'. Il en conclut les valeurs de

$$u = \frac{n'}{n}, \qquad \frac{a}{a'} = \mu = \sqrt[3]{\frac{1+m}{1+m'}u^2}, \qquad \lambda = \frac{1-m}{1+m},$$

puis de

$$\beta_1, \ \beta_2, \ \ldots, \ \beta_{10}, \ A^{(i)}, \ B^{(i)}, \ C^{(i)}, \ D^{(i)}, \ P^{(i)}, \ Q^{(i)}, \ K^{(i')}, \ G^{(i')},$$

et le développement des dix parties (42) et (43) de la fonction perturbatrice, ou du moins de $a[\Omega^{(1)} + \Omega^{(2)}]$; il donne les logarithmes des coefficients des divers cosinus. Puis vient le développement de la fonction T_0 et des fonctions correspondantes R, Y, S, V et Z suivant les sinus des multiples de γ, g, g', ω et ω', le coefficient de γ étant toujours o, ou $\pm$ 1. La même chose est faite ensuite pour la fonction G_0 et les quantités R, Y, S, V, Z correspondantes, puis pour Σ_0, R, ..., B_0, R, ..., C_0, R, ...

Hansen dit que, pour déterminer les inconnues, il n'a pas employé la méthode des coefficients indéterminés, mais celle des approximations successives. On intègre d'abord en ayant égard à la première puissance de la force perturbatrice. Les développements précédents de T_0, B_0 et C_0 sont portés dans les équations différentielles qui doivent déterminer nz, ν, P et Q. On effectue les intégrations qui se réduisent à des quadratures.

On calcule aussi $\delta\frac{h_0}{h}$ à l'aide de la formule (57) bornée à

$$\delta\frac{h_0}{h} = -n_0\int \Sigma_0\, dt.$$

On substitue les valeurs trouvées pour les inconnues dans les équations différentielles; mais on doit faire intervenir cette fois les diverses fonctions R, Y, S, V et Z, et aussi ν, ν^2 et $\delta\frac{h_0}{h}$. On continue ainsi jusqu'à ce que deux approximations successives donnent les mêmes résultats.

Les approximations sont beaucoup plus lentes pour certains coefficients que pour d'autres; elles le sont surtout pour les coefficients affectés de petits diviseurs. Il y a divers artifices que suggère la marche des nombres, et qui permettent d'abréger un peu les calculs.

Hansen dit que, pour obtenir les expressions finales employées dans ses Tables de la Lune, il a dû faire douze ou treize approximations qui lui ont demandé environ trois années de travail. Il s'est proposé, dans la *Darlegung*, de vérifier que ses formules numériques satisfont aux équations différentielles, à de petites fractions de seconde près.

Pour y arriver, il procède à une nouvelle approximation fondée sur les expressions employées dans les Tables, laquelle ne devra rien modifier. Cette longue vérification est exposée en détail.

Hansen donne d'abord les développements numériques qui lui servent de point de départ pour $n\,\delta z$, w, P et Q. Il en conclut ceux de $\frac{1}{2}(n\,\delta z)^2$, $\frac{1}{6}(n\,\delta z)^3$, $\frac{1}{24}(n\,\delta z)^4$, w^2, $2w^3$ et $4w^4$.

Il aurait pu se borner au terme en $(n\,\delta z)^3$; s'il introduit $(n\,\delta z)^4$, c'est plutôt pour montrer que ce terme peut être négligé. Les plus grands termes de $\frac{\partial T_0}{\partial g} n\,\delta z$, $\frac{1}{2}\frac{\partial^2 T_0}{\partial g^2}(n\,\delta z)^2$, $\frac{1}{6}\frac{\partial^3 T_0}{\partial g^3}(n\,\delta z)^3$ ont respectivement pour valeurs 226″, 3″ et 0″,10. Puis viennent les développements des quantités

$$\nu, \quad 2\nu + \nu^2, \quad 3\nu + 3\nu^2 + \nu^3,$$

qui se déduisent des précédents.

On calcule les divers termes de $\delta\frac{h_0}{h}$ par la formule (57), et la constante d'intégration par la formule (57′). On en conclut les développements de $\left(\delta\frac{h_0}{h}\right)^2$, $2\left(\delta\frac{h_0}{h}\right)^3$, $(1+\nu)^2\frac{h}{h_0} - 1$, $(1+\nu)^3\frac{h}{h_0} - 1$, $\delta\frac{h^2}{h_0^2}$, $(1+\nu)^2\frac{h^2}{h_0^2} - 1$.

On peut, après tous ces préliminaires, procéder au développement de $\overline{T}$. On le fait par la formule (58), après avoir calculé les développements auxiliaires de S, V, Z, $\frac{\partial S}{\partial g} n\,\delta z = S_1$, $\frac{\partial V}{\partial z} n\,\delta z = V_1$, $\frac{\partial Z}{\partial g} n\,\delta z = Z_1$, $S + S_1 = L$, $V + V_1 = M$, $Z + Z_1 = O$, $R + \frac{\partial R}{\partial g} n\,\delta z = R_1$, $\frac{1}{2}\frac{\partial^2 R}{\partial g^2}(n\,\delta z)^2 = R_2$, $Y + \frac{\partial Y}{\partial g} n\,\delta z = Y_1$, $\frac{1}{2}\frac{\partial^2 Y}{\partial g^2}(n\,\delta z)^2 = Y_2$, $\frac{1}{2} L\,\delta P$, $M\,\delta Q$, H, $\frac{1}{2} O\,\delta Q$, N.

Hansen ne s'occupe, dans le Tome I, que de celles des perturbations qui contiennent ω et ω' de la façon suivante :

$$0\omega + 0\omega', \quad 2\omega - 2\omega', \quad 4\omega - 4\omega', \quad 6\omega - 6\omega'.$$

Pour les autres termes, qui sont moins importants, on les trouve dans le Tome II, et Hansen a simplifié leur calcul à l'aide d'un principe particulier.

Un même Tableau réunit les développements de

$$T_0, \quad T_1 = \frac{\partial T_0}{\partial g} n\,\delta z, \quad T_2 = \frac{1}{2}\frac{\partial^2 T_0}{\partial g^2}(n\,\delta z)^2, \quad T_3 = \frac{1}{6}\frac{\partial^3 T_0}{\partial g^3}(n\,\delta z)^3, \quad H\,\delta P, \quad N\,\delta Q,$$

dont la somme donne $\overline{T}$.

La même chose est faite ensuite pour G et Σ; puis on calcule $\overline{U}$ par la formule (54)

$$\overline{U} = \overline{T} - \overline{G} - \Sigma.$$

Pour avoir maintenant T, il faut, d'après la première formule (55), calculer les produits

$$\overline{G}\nu, \quad \overline{U}\left[(1+\nu)^2\frac{h^2}{h_0^2} - 1\right], \quad \overline{\Sigma}(2\nu+\nu^2).$$

On exécute la même série de calculs sur B et C.

Hansen calcule ensuite les coefficients de δP et de δQ dans l'expression (60) de X; les termes périodiques sont négligeables, mais la partie constante est appréciable, et elle intervient dans les mouvements du périgée et du nœud.

Après avoir développé la fonction T et calculé les valeurs numériques des coefficients, il faut revenir à la fonction W_0 dont la dérivée est liée à T par l'équation (p. 324)

$$(62) \qquad \frac{dW_0}{n_0\,dt} = T + \frac{y}{\sqrt{1-e_0^2}}\left[\frac{\rho_0^2}{a_0^2}\frac{\partial W_0}{\partial \gamma} - \frac{1}{2a_0^2}\left(W_0 + \frac{h_0}{h} + 1\right)\frac{\partial \rho_0^2}{\partial \gamma}\right].$$

Comme y est de l'ordre de la force perturbatrice, on peut remplacer dans le second membre W_0, $\frac{\partial W_0}{\partial \gamma}$ et $\frac{h_0}{h}$ par leurs valeurs fournies par l'approximation précédente. Mais Hansen préfère se livrer à une intégration directe, de façon à prouver que les chiffres de ses Tables sont bien exacts.

On a (p. 309)

$$(63) \qquad W_0 = -1 - \frac{h_0}{h} + 2\frac{h}{h_0}\frac{\rho_0}{a_0}\frac{1 + e\cos(\varphi_0 + n_0 y t + \pi_0 - \chi)}{1 - e_0^2},$$

ou bien

$$(64) \qquad W_0 = \Xi + \Upsilon\left(\frac{\rho_0}{a_0}\cos\varphi_0 + \frac{3}{2}e_0\right) + \Psi\frac{\rho_0}{a_0}\sin\varphi_0,$$

où l'on a posé

$$(65) \qquad \begin{cases} \Xi = -1 - \dfrac{h_0}{h} + \dfrac{2h}{h_0} - 3e_0\dfrac{h}{h_0}\dfrac{e\cos(\chi - n_0 y t - \pi_0) - e_0}{1 - e_0^2}, \\ \Upsilon = 2\dfrac{h}{h_0}\dfrac{e\cos(\chi - n_0 y t - \pi_0) - e_0}{1 - e_0^2}, \\ \Psi = 2\dfrac{h}{h_0}\dfrac{e\sin(\chi - n_0 y t - \pi_0)}{1 - e_0^2}, \\ \text{d'où} \\ \Xi + \dfrac{3}{2}e_0\Upsilon = -1 - \dfrac{h_0}{h} + \dfrac{2h}{h_0}. \end{cases}$$

Faisons encore

$$V = T - \frac{y}{\sqrt{1-e_0^2}} \frac{h}{h_0} \frac{\partial \frac{\rho_0^2}{a_0^2}}{\partial \gamma}. \tag{66}$$

Alors la formule (62) donnera

$$\frac{dW_0}{n_0 dt} = V + \frac{y}{\sqrt{1-e_0^2}} \left(\frac{\rho_0^2}{a_0^2} \frac{\partial W_0}{\partial \gamma} - \frac{1}{2a_0^2} W_0 \frac{\partial \rho_0^2}{\partial \gamma} \right) + \frac{y}{\sqrt{1-e_0^2}} \frac{1}{2a_0^2} \left(\Xi + \frac{3}{2} e_0 \Upsilon \right) \frac{\partial \rho_0^2}{\partial \gamma}.$$

On tire d'ailleurs de (63)

$$\begin{aligned} \frac{\partial W_0}{\partial \gamma} &= \frac{2h}{h_0 a_0 (1-e_0^2)} \left[\begin{array}{l} \frac{\partial \rho_0}{\partial \gamma} + e \cos(\chi - n_0 y t - \pi_0) \frac{\partial \rho_0 \cos \varphi_0}{\partial \gamma} \\ \qquad + e \sin(\chi - n_0 y t - \pi_0) \frac{\partial \rho_0 \sin \varphi_0}{\partial \gamma} \end{array} \right] \\ &= \frac{\Upsilon}{a_0} \frac{\partial \rho_0 \cos \varphi_0}{\partial \gamma} + \frac{\Psi}{a_0} \frac{\partial \rho_0 \sin \varphi_0}{\partial \gamma} \\ &= -\Upsilon \frac{\sin \varphi_0}{\sqrt{1-e_0^2}} + \Psi \frac{\cos \varphi_0 + e_0}{\sqrt{1-e_0^2}}. \end{aligned}$$

On a d'ailleurs

$$\frac{1}{2a_0^2} \frac{\partial \rho_0^2}{\partial \gamma} = \frac{\rho_0 e_0 \sin \varphi_0}{a_0 \sqrt{1-e_0^2}}.$$

Il en résulte

$$\frac{\rho_0^2}{a_0^2} \frac{\partial W_0}{\partial \gamma} - \frac{1}{2a_0^2} W_0 \frac{\partial \rho_0^2}{\partial \gamma} + \left(\Xi + \frac{3}{2} e_0 \Upsilon \right) \frac{1}{2a_0^2} \frac{\partial \rho_0^2}{\partial \gamma} = \frac{\rho_0}{a_0} \sqrt{1-e_0^2} (\Psi \cos \varphi_0 - \Upsilon \sin \varphi_0).$$

L'expression ci-dessus de $\frac{dW_0}{n_0 dt}$ deviendra donc simplement

$$\frac{dW_0}{n_0 dt} = V - y\Upsilon \frac{\rho_0}{a_0} \sin \varphi_0 + y\Psi \frac{\rho_0}{a_0} \cos \varphi_0. \tag{67}$$

La fonction V qui est liée à T par l'équation (66) a évidemment la même forme; elle se compose d'un ensemble de termes tels que

$$V = A_0 \sin(n_0 \beta t + \theta) + A_{-1} \sin(-\gamma + n_0 \beta t + \theta) + A_1 \sin(\gamma + n_0 \beta t + \theta), \tag{68}$$

où A_0, A_1 et A_{-1} sont des coefficients numériques, β et θ des constantes. Nous poserons

$$W_0 = H_0 \cos(n_0 \beta t + \theta) + H_{-1} \cos(-\gamma + n_0 \beta t + \theta) + H_1 \cos(\gamma + n_0 \beta t + \theta), \tag{69}$$

et il faudra déterminer les coefficients H_0, H_1 et H_{-1}. Nous avons fait antérieurement (p. 326)

$$(70)\quad \left\{\begin{aligned} &\frac{\rho_0}{a_0}\cos\varphi_0 + \frac{3}{2}e_0 = \mathfrak{F}\cos\gamma + \ldots,\\ &\frac{\rho_0}{a_0}\sin\varphi_0 \qquad\quad = \mathfrak{F}''\sin\gamma + \ldots,\end{aligned}\right.$$

où l'on a

$$\mathfrak{F}'' = \mathfrak{F}'\sqrt{1-e_0^2} = 1 - \frac{5}{8}e^2 - \frac{11}{192}e^4 - \frac{457}{9216}e^6 - \ldots,$$

$$\mathfrak{F} = 1 - \frac{3}{8}e^2 + \frac{5}{192}e^4 - \frac{7}{9216}e^6 + \ldots.$$

L'équation (64) devient donc

$$W_0 = \Xi + \Upsilon\mathfrak{F}\cos\gamma + \Psi\mathfrak{F}''\sin\gamma + \ldots.$$

En comparant à la formule (69), il vient

$$(71)\quad \left\{\begin{aligned} \Xi &= \Pi_0\cos(n_0\beta t + \theta),\\ \Upsilon\mathfrak{F} &= (\Pi_{-1} + \Pi_1)\cos(n_0\beta t + \theta),\\ \Psi\mathfrak{F}'' &= (\Pi_{-1} - \Pi_1)\sin(n_0\beta t + \theta).\end{aligned}\right.$$

L'équation (67) devient ensuite, quand on a égard aux relations (68), (70) et (71),

$$(72)\quad \left\{\begin{aligned} &-\beta\Pi_0\sin(n_0\beta t + \theta) - \beta\Pi_{-1}\sin(-\gamma + n_0\beta t + \theta) - \beta\Pi_1\sin(\gamma + n_0\beta t + \theta)\\ &+\frac{\gamma}{\mathfrak{F}}(\Pi_{-1} + \Pi_1)\cos(n_0\beta t + \theta)\mathfrak{F}''\sin\gamma\\ &-\frac{\gamma}{\mathfrak{F}''}(\Pi_{-1} - \Pi_1)\sin(n_0\beta t + \theta)\left(\mathfrak{F}\cos\gamma - \frac{3}{2}e_0\right)\\ &-\Lambda_0\sin(n_0\beta t + \theta) - \Lambda_1\sin(\gamma + n_0\beta t + \theta) - \Lambda_{-1}\sin(-\gamma + n_0\beta t + \theta) = 0.\end{aligned}\right.$$

Si l'on égale à zéro les coefficients des sinus des arcs

$$n_0\beta t + \theta, \quad -\gamma + n_0\beta t + \theta \quad \text{et} \quad \gamma + n_0\beta t + \theta,$$

on trouve

$$\begin{aligned} &\beta\Pi_0 \;\;\, + \Lambda_0 \;\;\, - l\,\Pi_{-1} + l\,\Pi_1 = 0,\\ &\beta\Pi_{-1} + \Lambda_{-1} + l'\Pi_{-1} - l''\Pi_1 = 0,\\ &\beta\Pi_1 \;\;\, + \Lambda_1 \;\;\, + l''\Pi_{-1} - l'\Pi_1 = 0,\end{aligned}$$

où l'on a fait, pour abréger,

$$l = \frac{3e_0\gamma}{2\mathfrak{F}''}, \qquad l' = \frac{\mathfrak{F}^2 + \mathfrak{F}''^2}{2\mathfrak{F}\mathfrak{F}''}\gamma, \qquad l'' = \frac{\mathfrak{F}^2 - \mathfrak{F}''^2}{2\mathfrak{F}\mathfrak{F}''}\gamma.$$

En résolvant les équations précédentes par rapport aux inconnues Π_0, Π_1 et

Π_{-1}, qui y figurent au premier degré, il vient

$$\Pi_{-1} = \frac{(l'-\beta)A_{-1} - l''A_1}{\beta^2 - l'^2 + l''^2},$$

$$\Pi_1 = \frac{l''A_{-1} - (l'+\beta)A_1}{\beta^2 - l'^2 + l''^2},$$

$$\Pi_0 = -\frac{A_0}{\beta} + \frac{l}{\beta}\Pi_{-1} - \frac{l}{\beta}\Pi_1.$$

On peut simplifier les formules précédentes : on trouve en effet sans peine

$$l'^2 - l''^2 = y^2,$$

$$\frac{\mathcal{J}}{\mathcal{J}''} = 1 + \frac{1}{4}e^2 + \frac{23}{96}e^4 + \frac{327}{1536}e^6 + \ldots,$$

$$\frac{\mathcal{J}''}{\mathcal{J}} = 1 - \frac{1}{4}e^2 - \frac{17}{96}e^4 - \frac{167}{1536}e^6 - \ldots,$$

$$l' = y\left(1 + \frac{1}{32}e^4 + \frac{5}{96}e^6 + \ldots\right),$$

$$l'' = y\left(\frac{1}{4}e^2 + \frac{5}{24}e^4 + \frac{247}{1536}e^6 + \ldots\right).$$

On peut prendre sans inconvénient $l' = y$, car e^4 est extrêmement petit. On trouve ainsi

$$(73)\qquad \left\{\begin{aligned} -\Pi_{-1} &= \frac{A_{-1}}{\beta + y} + \frac{l''}{\beta^2 - y^2}A_1,\\ -\Pi_1 &= \frac{A_1}{\beta - y} - \frac{l''}{\beta^2 - y^2}A_{-1},\\ -\Pi_0 &= \frac{A_0}{\beta} - \frac{l}{\beta}\Pi_{-1} + \frac{l}{\beta}\Pi_1,\\ l'' &= y\left(\frac{1}{4}e^2 + \frac{5}{24}e^4 + \frac{247}{1536}e^6 + \ldots\right),\\ l &= y\left(\frac{3}{2}e + \frac{15}{16}e^3 + \frac{43}{64}e^5 + \ldots\right).\end{aligned}\right.$$

L'intégration se trouve effectuée, et l'expression de W_0 résulte des formules (69) et (73).

Les formules sont en défaut lorsque $\beta = 0$; la forme générale des arguments étant $ig + i'g' = (in + i'n')t + ic_0 + i'c'_0$, on voit que le cas dont il s'agit revient à

$$in + i'n' = 0.$$

Si les moyens mouvements ne sont pas exactement commensurables, on ne peut avoir $\beta = 0$ que si les nombres entiers i et i' sont nuls en même temps;

$\theta = ic_0 + i'c'_0$ est nul aussi, de sorte que l'équation (72) se réduit à

$$\left[\frac{\gamma\mathfrak{F}''}{\mathfrak{F}}(\Pi_{-1} + \Pi_1) + \Lambda_{-1} - \Lambda_1\right]\sin\gamma = 0.$$

On a d'ailleurs, dans le cas actuel,

$$V = -(\Lambda_{-1} - \Lambda_1)\sin\gamma,$$
$$W_0 = (\Pi_{-1} + \Pi_1)\cos\gamma + \Pi_0.$$

La quantité Π_0 reste arbitraire; on la représentera par b. Si l'on fait

$$\Lambda_1 - \Lambda_{-1} = \varkappa, \qquad \Pi_1 + \Pi_{-1} = \xi,$$

les équations précédentes donneront

$$V = \varkappa\sin\gamma + \ldots, \qquad W_0 = b + \xi\cos\gamma + \ldots,$$

(74) $$\varkappa\mathfrak{F} - \gamma\mathfrak{F}''\xi = 0.$$

On déterminera la constante b de façon que l'expression de $n_0 z$ en fonction de t ne contienne, en dehors de $n_0 t$, aucun autre terme proportionnel au temps, et ξ de façon que la même expression ne contienne aucun terme multiplié par $\sin g$.

Quelques mots d'explication sont nécessaires : les formules (7) donnent

$$v = \pi_0 + n_0\gamma t + n_0 z + 2e_0\sin g + \frac{5}{4}e_0^2\sin 2g + \ldots;$$

si l'on s'arrange de façon que $n_0 z$ soit de la forme

$$n_0 z = n_0 t + F\sin 2g + \ldots + \sum C\sin(ig + i'g' + D),$$

on voit que le terme en $\sin g$, contenu dans v, sera encore égal à $2e_0\sin g$, de sorte que, si l'on calcule son coefficient en partant des observations, on en déduira e_0.

150. Détermination de γ. — On a, en écrivant e au lieu de e_0,

$$\frac{\partial\frac{\rho_0^2}{a_0^2}}{\partial\gamma} = \frac{2e\rho_0\sin\varphi_0}{a_0\sqrt{1-e^2}} = \frac{2e}{\sqrt{1-e^2}}\mathfrak{F}''\sin\gamma + \ldots.$$

La formule (66) donne ensuite

(75) $$V = T - \frac{h}{h_0}\gamma\frac{2e}{1-e^2}\mathfrak{F}''\sin\gamma + \ldots.$$

Si donc on pose

$$\frac{h}{h_0} = 1 + c,$$

où l'on peut négliger les inégalités périodiques de c, et

$$T = M \sin\gamma + \ldots,$$

de sorte que M soit le coefficient de $\sin\gamma$ dans le développement de T, on aura, puisque $\varkappa$ est le coefficient analogue dans V,

$$\varkappa = M - (1 + c)y - \frac{2e}{1 - e^2}\mathfrak{F}'' ;$$

En portant cette valeur de $\varkappa$ dans la formule (74), et résolvant par rapport à y, il vient

$$(76) \qquad y = \frac{(1 - e^2)M\mathfrak{F}}{2e\mathfrak{F}\mathfrak{F}'' + 2ce\mathfrak{F}\mathfrak{F}'' + \xi(1 - e^2)\mathfrak{F}''} ;$$

c'est par là que l'on déterminera y. Pour parler plus exactement, on déterminera c et y par les équations (57') et (76).

151. Intégration relative à P et Q. — Reprenons les équations

$$\frac{dP}{n_0\,dt} = -\alpha Q + B,$$
$$\frac{dQ}{n_0\,dt} = \alpha P + C ;$$

considérons dans B et C les parties qui répondent à un même argument

$$(77) \qquad \begin{cases} B = \Gamma \cos(n_0\beta t + \theta), \\ C = \Delta \sin(n_0\beta t + \theta), \end{cases}$$

qui donneront naissance aux termes

$$(78) \qquad \begin{cases} P = \Theta \sin(n_0\beta t + \theta), \\ Q = H \cos(n_0\beta t + \theta). \end{cases}$$

En substituant dans les équations différentielles ces valeurs de B, C, P et Q, et égalant à zéro les coefficients de $\frac{\sin}{\cos}(n_0\beta t + \theta)$, il vient

$$(79) \qquad \begin{cases} \beta\Theta = -\alpha H + \Gamma, & (\beta\Theta + \alpha H - \Gamma)\cos(n_0\beta t + \theta) = 0, \\ -\beta H = \alpha\Theta + \Delta, & (\beta H + \alpha\Theta - \Delta)\sin(n_0\beta t + \theta) = 0, \end{cases}$$

d'où

$$(80)\qquad \begin{cases} \Theta = \dfrac{\beta\Gamma + \alpha\Delta}{\beta^2 - \alpha^2}, \\ H = \dfrac{-\beta\Delta - \alpha\Gamma}{\beta^2 - \alpha^2}. \end{cases}$$

L'intégration est ainsi effectuée; les expressions de P et Q résultent des formules (77), (78) et (80).

Lorsque $\beta = 0$, on a aussi $\theta = 0$, comme on l'a vu précédemment; la seconde des équations (79) est vérifiée d'elle-même. Il reste seulement la condition

$$\alpha H - \Gamma = 0.$$

Nous poserons donc, pour le terme considéré,

$$B = \Gamma_0, \qquad C = 0, \qquad P = 0, \qquad Q = H_0,$$

et nous aurons

$$H_0 = \frac{\Gamma_0}{\alpha}.$$

Mais on a d'une manière générale

$$Q = 2\sin\frac{J_0}{2} + \delta Q.$$

Il convient donc de poser

$$H_0 = 2\sin\frac{J_0}{2} + \varkappa_1;$$

ce qui donne

$$(81)\qquad \alpha = \frac{\Gamma_0}{2\sin\dfrac{J_0}{2} + \varkappa_1}.$$

Comme J_0 est l'inclinaison moyenne de l'orbite de la Lune sur l'écliptique, on devra déterminer $\varkappa_1$ de manière que l'expression de la perturbation du sinus de la latitude de la Lune ne contienne aucun terme en $\sin(g + \omega)$.

L'équation (81) détermine la quantité α.

Il reste encore à effectuer l'intégration dont dépend la fonction $\delta_2 K$. Si l'on fait

$$X = (X_0) + \sum (X)\cos(n_0\beta t + \theta),$$

l'équation (61) devient

$$\frac{d\delta_2 K}{n_0\,dt} = (X_0) + \eta - \alpha\,\mathrm{tang}^2\frac{J_0}{2} + \sum (X)\cos(n_0\beta t + \theta),$$

et en posant

$$(82)\qquad \delta_2 K = \sum R\sin(n_0\beta t + \theta)$$

on devra avoir

$$R = \frac{(X)}{\beta}, \tag{83}$$

$$\eta = \alpha \operatorname{tang}^2 \frac{J_0}{2} - (X_0). \tag{84}$$

Cette dernière équation déterminera η.

Hansen a trouvé

$$\begin{aligned} y &= 1761'',4674, & n_0 y &= 146707'',20, \\ \alpha &= 834'',9471, & n_0 \alpha &= 69540'',18, \\ \eta &= 1'',6399, & n_0 \eta &= 136'',58. \end{aligned}$$

Les mouvements sidéraux du périgée et du nœud sur l'écliptique auront pour valeurs

$$\begin{aligned} n_0(y - 2\eta) &= 146434'',04, \\ -n_0(\alpha + \eta) &= -69676'',76. \end{aligned}$$

Les diviseurs β sont des fonctions linéaires de $u = \frac{n'}{n}$, de y, η, α et y'. Hansen donne le Tableau des valeurs numériques de ces diviseurs. Il faut tenir compte ensuite des termes en $\pm 2\gamma$, $\pm 3\gamma$, ... à l'aide du théorème de la page 328 ; la première chose à faire est de calculer les valeurs numériques de $\eta^{(2)}$, ..., $\eta^{(0)}$, $\theta^{(2)}$ et $\theta^{(3)}$; on aura ensuite, si l'on considère tous les termes de W_0 qui donneront naissance au même argument, après le changement de γ en g :

$$\begin{aligned} W_0 = \; & \Pi(\;0, i, i', i'', i''') \cos(ig + i'g' + i''\omega + i'''\omega') \\ & + \Pi(-1, i+1, i', i'', i''') \cos(-\gamma + (i+1)g + i'g' + i''\omega + i'''\omega') \\ & + [\eta_2 \Pi(-1, i+2, i', \ldots) + \theta_2 \Pi(1, i+2, i', \ldots)] \cos[-2\gamma + (i+2)g + i'g' + \ldots] \\ & + [\eta_3 \Pi(-1, i+3, i', \ldots) + \theta_3 \Pi(1, i+3, i', \ldots)] \cos[-3\gamma + (i+3)g + i'g' + \ldots] \\ & + \ldots\ldots\ldots\ldots\ldots\ldots \\ & + \Pi(1, i-1, i', i'', i''') \cos[\gamma + (i-1)g + i'g' + i''\omega + i'''\omega'] \\ & + [\eta_2 \Pi(1, i-2, i', \ldots) + \theta_2 \Pi(-1, i-2, i', \ldots)] \cos[2\gamma + (i-2)g + i'g' + \ldots] \\ & + [\eta_3 \Pi(1, i-3, i', \ldots) + \theta_3 \Pi(-1, i-3, i', \ldots)] \cos[3\gamma + (i-3)g + i'g' + \ldots] \\ & + \ldots\ldots\ldots\ldots\ldots\ldots \end{aligned}$$

Il faut encore, pour obtenir V, former le développement de

$$-2y \frac{h}{h_0} \frac{e}{1-e^2} \mathfrak{F}'' \sin \gamma,$$

dernier terme de l'équation (75). Or on a déjà calculé la partie constante de $\frac{h}{h_0}$, en déterminant y; si donc $\delta \frac{h}{h_0}$ représente l'ensemble des termes périodiques, on aura à former

$$-2y\frac{e}{1-e^2}\mathfrak{F}''\sin\gamma\,\delta\frac{h}{h_0}.$$

On a maintenant le développement de V; on en conclura celui de W par les formules (69) et (73). Hansen en déduit immédiatement ceux de $\frac{\partial W_0}{\partial \gamma}$, $\frac{\partial^2 W_0}{\partial \gamma^2}$, $\frac{\partial^3 W_0}{\partial \gamma^3}$, $\frac{\partial^4 W_0}{\partial \gamma^4}$, ce qui se fait en multipliant les coefficients par

$$\pm 1; \quad \pm 2, \quad \pm 2^2, \quad \pm 2^3; \quad \pm 3, \quad \ldots.$$

Les termes $b + \xi\cos\gamma$ de W ont été déterminés comme on l'a expliqué à la page 349; les valeurs de b et de ξ deviennent de plus en plus précises à chaque nouvelle approximation.

En changeant γ en g, on obtient les développements de $\overline{W}_0$, $\overline{\frac{\partial W_0}{\partial \gamma}}$, $\ldots$, $\overline{\frac{\partial^4 W_0}{\partial \gamma^4}}$.

On calcule ensuite δP et δQ par les formules (78) et (80), puis $\delta_2 K$ par la formule (82). On a ainsi effectué toutes les intégrations de la première série.

On arrive enfin au calcul de δz et de ν par les formules

$$\frac{d\,\delta z}{dt} = \overline{W} + \left(\frac{\nu}{1+\nu}\right)^2 \frac{h_0}{h} - \frac{y}{\sqrt{1-e^2}}\frac{\overline{r}^2}{a^2},$$

$$-\frac{2\,d\nu}{n\,dt} = \frac{d\overline{W}}{n\,dz} - \frac{y}{\sqrt{1-e^2}}\frac{1+\nu}{na^2}\frac{d\overline{r}^2}{dz}.$$

On a

$$\overline{W} = \overline{W}_0 + \overline{\frac{\partial W_0}{\partial \gamma}}\,n\,\delta z + \frac{1}{2}\overline{\frac{\partial^2 W_0}{\partial \gamma^2}}(n\,\delta z)^2 + \frac{1}{6}\overline{\frac{\partial^3 W_0}{\partial \gamma^3}}(n\,\delta z)^3,$$

$$\overline{r}^2 = r_0^2 + \frac{dr_0^2}{dg}\,n\,\delta z + \frac{1}{2}\frac{d^2 r_0^2}{dg^2}(n\,\delta z)^2 + \frac{1}{6}\frac{d^3 r_0^2}{dg^3}(n\,\delta z)^3,$$

$$\frac{d\overline{W}}{dz} = \overline{\frac{\partial W_0}{\partial \gamma}} + \overline{\frac{\partial^2 W_0}{\partial \gamma^2}}\,n\,\delta z + \frac{1}{2}\overline{\frac{\partial^3 W_0}{\partial \gamma^3}}(n\,\delta z)^2 + \frac{1}{6}\overline{\frac{\partial^4 W_0}{\partial \gamma^4}}(n\,\delta z)^3,$$

$$\frac{d\overline{r}^2}{dz} = \frac{dr_0^2}{dg} + \frac{d^2 r_0^2}{dg^2}\,n\,\delta z + \frac{1}{2}\frac{d^3 r_0^2}{dg^3}(n\,\delta z)^2 + \ldots.$$

On a développé antérieurement $\frac{1}{2}(n\,\delta z)^2$, $\frac{1}{6}(n\,\delta z)^3$; il est donc très facile de calculer $\overline{W}$. On trouvera de même

$$\left(\frac{\nu}{1+\nu}\right)^2 \frac{h_0}{h} = (\nu^2 - \nu^3)\left(1 + \delta\frac{h_0}{h}\right).$$

On a ensuite pour $\frac{r_0^2}{a^2}$ le développement elliptique connu, dans lequel le coefficient de $\cos 5g$ est tout à fait négligeable. On trouve finalement les développements de $\frac{d\,\delta z}{dt}$ et de $\frac{d\nu}{n\,dt}$; l'intégration s'effectue sur-le-champ, en divisant chaque coefficient par la valeur correspondante de β, et échangeant les sinus et cosinus avec des signes convenables. On a ainsi δz et ν; on en conclut W. La comparaison avec les valeurs qui avaient servi de point de départ est des plus satisfaisantes; les différences, qui ne sont le plus souvent que de quelques millièmes de seconde, atteignent quelques centièmes dans le cas des termes affectés de petits diviseurs. Il y a une différence de 0",145 qui est forte; Hansen pense qu'elle résulte d'une erreur de calcul, mais il n'a pas pu mettre cette erreur en évidence.

152. **Calcul de la constante de** ν. — La formule (13') donne

$$\frac{h_0}{h} = \left(1 + \frac{d\,\delta z}{dt} + \frac{y}{\sqrt{1-e^2}}\frac{\bar{r}^{-2}}{a^2}\right)(1+\nu)^2.$$

On a aussi

$$\frac{d\,\delta z}{dt} + \frac{y}{\sqrt{1-e^2}}\frac{\bar{r}^{-2}}{a^2} = \overline{\mathrm{W}} + \left(\frac{\nu}{1+\nu}\right)^2\frac{h_0}{h};$$

il en résulte

$$(85)\qquad \delta\frac{h_0}{h} = \frac{h_0}{h} - 1 = \overline{\mathrm{W}} + \left(\frac{\nu}{1+\nu}\right)^2\frac{h_0}{h} + 2\nu + \nu^2 + \left[\overline{\mathrm{W}} + \left(\frac{\nu}{1+\nu}\right)^2\frac{h_0}{h}\right](2\nu+\nu^2).$$

Considérons maintenant l'expression (64) de W_0; on a ajouté la constante $b + \xi\cos\gamma$. Mais, comme

$$\frac{\rho_0}{a_0}\cos\varphi_0 + \frac{3}{2}e_0 = \mathfrak{F}\cos\gamma + \ldots,$$

on peut dire que la constante b a été ajoutée à l'élément Ξ, et la constante $\frac{\xi}{\mathfrak{F}}$ à l'élément Υ. On a d'ailleurs

$$\Xi + \frac{3}{2}e_0\Upsilon = 2\frac{h}{h_0} - \frac{h_0}{h} - 1 = 2\delta\frac{h}{h_0} - \delta\frac{h_0}{h}.$$

Si l'on égale dans les deux membres les parties constantes, il vient

$$b + \frac{3}{2}e\frac{\xi}{\mathfrak{F}} = 2\delta\frac{h}{h_0} - \delta\frac{h_0}{h} = -3\delta\frac{h_0}{h} + 2\left(\delta\frac{h_0}{h}\right)^2 - 2\left(\delta\frac{h_0}{h}\right)^3 + \ldots,$$

d'où

$$\delta\frac{h_0}{h} = -\frac{1}{3}b - \frac{1}{2}\frac{e\xi}{\mathfrak{F}} + \frac{2}{3}\left(\delta\frac{h_0}{h}\right)^2 - \frac{2}{3}\left(\delta\frac{h_0}{h}\right)^3.$$

En combinant cette formule avec (85), on trouve que la partie constante de ν est donnée par la formule

$$(86)\quad \begin{cases} 2\nu = -\frac{1}{3}b - \frac{e\xi}{2\mathfrak{F}} - \left[\overline{W} + \left(\frac{\nu}{1+\nu}\right)^2 \frac{h_0}{h}\right] - \nu^2 \\ \quad - \left[\overline{W} + \left(\frac{\nu}{1+\nu}\right)^2 \frac{h_0}{h}\right](2\nu+\nu^2) + \frac{2}{3}\left(\delta\frac{h_0}{h}\right)^2 - \frac{2}{3}\left(\delta\frac{h_0}{h}\right)^3. \end{cases}$$

On a d'ailleurs

$$\nu^2 = w^2 + w^3 + \frac{7}{12}w^4;$$

on a donné les développements de w^2, w^3 et w^4; on peut donc calculer bien aisément la partie constante de ν^2. La fonction $\overline{W} + \left(\frac{\nu}{1+\nu}\right)^2 \frac{h_0}{h}$ a été considérée précédemment; on peut trouver la partie constante de son produit par $2\nu + \nu^2$. La formule (86) donnera finalement la constante cherchée $(-1336'',350)$.

Remarque. — Si l'on calcule les divers termes périodiques de $\delta\frac{h_0}{h}$ par la formule (85), on devra les trouver identiques à ceux obtenus auparavant : c'est un contrôle important dans des calculs aussi compliqués.

153. Calcul des perturbations de la latitude et de la réduction à l'écliptique. — Soient (*fig.* 12) $L = X''H$ et $B = HL$ la longitude et la latitude de la Lune, rapportées à l'équinoxe moyen. On a posé

$$\begin{array}{lllll} XG = \varphi, & & XL = v, & \text{d'où} & GL = v - \varphi, \\ X'G = \psi, & \text{soit} & X''X' = p, & \text{d'où} & X''G = \psi + p. \end{array}$$

La quantité p sera supposée comprendre l'effet de la précession et de la nutation.

Fig. 12.

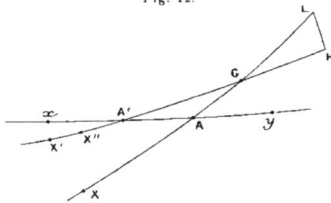

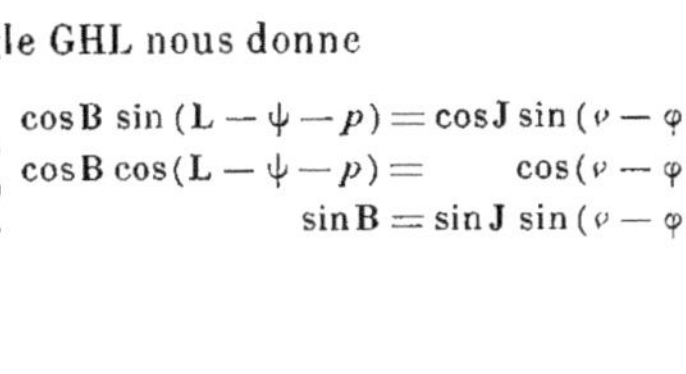

Le triangle rectangle GHL nous donne

$$(87)\quad \begin{cases} \cos B \sin(L - \psi - p) = \cos J \sin(v - \varphi), \\ \cos B \cos(L - \psi - p) = \cos(v - \varphi), \\ \sin B = \sin J \sin(v - \varphi). \end{cases}$$

On prend

$$\begin{aligned}
\varphi &= -n(\alpha-\eta)t \quad -\mathrm{N}-\mathrm{K}+\pi,\\
\psi &= -n(\alpha+\eta)t \quad -\mathrm{N}+\mathrm{K}+\pi',\\
\theta &= n(\alpha+\eta)t \quad +\mathrm{N}_0-\mathrm{K}_0-\pi',\\
\omega &= n(y+\alpha-\eta)t+\mathrm{N}_0+\mathrm{K}_0,\\
v &= \overline{f}+nyt+\pi,
\end{aligned}$$

d'où

$$\begin{aligned}
v-\varphi &= \overline{f}+\omega+\mathrm{N}+\mathrm{K}-\mathrm{N}_0-\mathrm{K}_0=\overline{f}+\omega+\delta\mathrm{N}+\delta\mathrm{K},\\
\psi &= -\theta-\delta\mathrm{N}+\delta\mathrm{K},
\end{aligned}$$

moyennant quoi les relations (87) deviennent

$$(88)\qquad \left\{\begin{aligned}
\cos\mathrm{B}\sin(\mathrm{L}+\theta-p+\delta\mathrm{N}-\delta\mathrm{K}) &= \cos\mathrm{J}\sin(\overline{f}+\omega+\delta\mathrm{N}+\delta\mathrm{K}),\\
\cos\mathrm{B}\cos(\mathrm{L}+\theta-p+\delta\mathrm{N}-\delta\mathrm{K}) &= \cos(\overline{f}+\omega+\delta\mathrm{N}+\delta\mathrm{K}),\\
\sin\mathrm{B} &= \sin\mathrm{J}\sin(\overline{f}+\omega+\delta\mathrm{N}+\delta\mathrm{K}).
\end{aligned}\right.$$

On peut transformer ces formules. On a vu, en effet (t. I, p. 468-471), que les relations

$$\begin{aligned}
\cos\mathrm{B}\sin(\mathrm{L}-\vartheta) &= \cos\mathrm{J}\sin(v-\sigma),\\
\cos\mathrm{B}\cos(\mathrm{L}-\vartheta) &= \cos(v-\sigma),\\
\sin\mathrm{B} &= \sin\mathrm{J}\sin(v-\sigma)
\end{aligned}$$

peuvent s'écrire

$$\begin{aligned}
\cos\mathrm{B}\sin(\mathrm{L}-\vartheta_0-\Gamma) &= \cos\mathrm{J}_0\sin(v-\vartheta_0)-s\left(\tang\mathrm{J}_0+\frac{\mathfrak{Q}}{\varkappa\cos\mathrm{J}_0}\right),\\
\cos\mathrm{B}\cos(\mathrm{L}-\vartheta_0-\Gamma) &= \cos(v-\vartheta_0)+s\,\frac{\mathfrak{P}}{\varkappa},\\
\sin\mathrm{B} &= \sin\mathrm{J}_0\sin(v-\vartheta_0)+s,
\end{aligned}$$

où l'on a fait

$$\begin{aligned}
s &= \sin\mathrm{J}\sin(v-\sigma)-\sin\mathrm{J}_0\sin(v-\vartheta_0),\\
\varkappa &= 1+\cos\mathrm{J}_0\cos\mathrm{J}-\sin\mathrm{J}_0\sin\mathrm{J}\cos(\sigma-\vartheta_0),\\
\mathfrak{P} &= \sin\mathrm{J}\sin(\sigma-\vartheta_0),\\
\mathfrak{Q} &= \sin\mathrm{J}\cos(\sigma-\vartheta_0)-\sin\mathrm{J}_0,\\
\sin(\vartheta-\vartheta_0-\Gamma) &= \frac{(\cos\mathrm{J}_0+\cos\mathrm{J})\sin(\sigma-\vartheta_0)}{\varkappa},\\
\cos(\vartheta-\vartheta_0-\Gamma) &= \frac{(1+\cos\mathrm{J}_0\cos\mathrm{J})\cos(\sigma-\vartheta_0)-\sin\mathrm{J}_0\sin\mathrm{J}}{\varkappa}.
\end{aligned}$$

Pour appliquer cette transformation, on fera

$$\vartheta=-\theta+p-\delta\mathrm{N}+\delta\mathrm{K},\qquad v-\sigma=\overline{f}+\omega+\delta\mathrm{N}+\delta\mathrm{K},\qquad v-\vartheta_0=\overline{f}=\omega,$$

d'où

$$\sigma - \Im_0 = - \delta N - \delta K.$$

Nous ferons, en outre,

$$\Im_0 + \Gamma - p = \Pi,$$

et nous trouverons pour les formules (88) la transformation suivante

$$(89) \quad \begin{cases} \cos B \sin(L - \Pi - p) = \cos J_0 \sin(\overline{f} + \omega) - s\left(\tan J_0 + \dfrac{\mathfrak{Q}}{\varkappa \cos J_0}\right), \\ \cos B \cos(L - \Pi - p) = \cos(\overline{f} + \omega) + \dfrac{s\mathfrak{P}}{\varkappa}, \\ \sin B = \sin J_0 \sin(\overline{f} + \omega) + s, \end{cases}$$

avec les valeurs ci-dessous de $\varkappa$, s, $\mathfrak{P}$, $\mathfrak{Q}$ et Π

$$(90) \quad \begin{cases} \mathfrak{P} = - \sin J \sin(\delta N + \delta K), \\ \mathfrak{Q} = \sin J \cos(\delta N + \delta K) - \sin J_0, \\ s = \sin J \sin(\overline{f} + \omega + \delta N + \delta K) - \sin J_0 \sin(\overline{f} + \omega), \\ \varkappa = 1 + \cos J_0 \cos J - \sin J_0 \sin J \cos(\delta N + \delta K), \\ \sin(\Pi + \theta + \delta N - \delta K) = \dfrac{\cos J_0 + \cos J}{\varkappa} \sin(\delta N + \delta K), \\ \cos(\Pi + \theta + \delta N - \delta K) = \dfrac{(1 + \cos J_0 \cos J)\cos(\delta N + \delta K) - \sin J_0 \sin J}{\varkappa}. \end{cases}$$

On peut obtenir des formules plus commodes encore : si l'on pose

$$(91) \quad \begin{cases} \tan J_0 + \dfrac{\mathfrak{Q}}{\varkappa \cos J_0} = A \cos w, \qquad \dfrac{\mathfrak{P}}{\varkappa} = - A \sin w, \\ E^{(L - \Pi - p)\sqrt{-1}} = x, \qquad E^{(\overline{f} + \omega)\sqrt{-1}} = y, \qquad E^{w\sqrt{-1}} = z, \end{cases}$$

les deux premières équations (89) donneront

$$\cos B\left(x - \frac{1}{x}\right) = \cos J_0\left(y - \frac{1}{y}\right) - As\sqrt{-1}\left(z + \frac{1}{z}\right),$$

$$\cos B\left(x + \frac{1}{x}\right) = y + \frac{1}{y} + As\sqrt{-1}\left(z - \frac{1}{z}\right);$$

d'où, en ajoutant et retranchant,

$$x \cos B = y \cos^2 \frac{J_0}{2} + \frac{1}{y} \sin^2 \frac{J_0}{2} - \frac{As\sqrt{-1}}{z},$$

$$\frac{\cos B}{x} = y \sin^2 \frac{J_0}{2} + \frac{1}{y} \cos^2 \frac{J_0}{2} + Asz\sqrt{-1}.$$

En divisant membre à membre, il vient

$$\frac{x^2}{y^2}=\frac{\cos^2\frac{J_0}{2}+\frac{1}{y^2}\sin^2\frac{J_0}{2}-\frac{As\sqrt{-1}}{yz}}{\cos^2\frac{J_0}{2}+y^2\sin^2\frac{J_0}{2}+Asyz\sqrt{-1}}.$$

En prenant les logarithmes, on trouve

(92) $$2\sqrt{-1}(L-\Pi-p-\overline{f}-\omega)=\log\left(1+\frac{\varepsilon}{y^2}-\frac{\eta s}{yz}\sqrt{-1}\right)-\log(1+\varepsilon y^2+\eta syz\sqrt{-1}),$$

où l'on a posé

$$\varepsilon=\operatorname{tang}^2\frac{J_0}{2},\qquad \eta=\frac{A}{\cos^2\frac{J_0}{2}}.$$

On peut tirer de là un développement très convergent de $L-\Pi-p-\overline{f}-\omega$, suivant les puissances de $s\eta$; les coefficients sont eux-mêmes développés suivant les puissances de ε.

Hansen développe encore d'autres formules : on peut écrire d'abord

$$\begin{aligned}2\sqrt{-1}(L-\Pi-p-\overline{f}-\omega)&=\log\left(1+\frac{\varepsilon}{y^2}\right)-\log(1+\varepsilon y^2)\\&+\log\left[1-\frac{\eta s\sqrt{-1}}{yz\left(1+\frac{\varepsilon}{y^2}\right)}\right]-\log\left(1+\frac{\eta syz\sqrt{-1}}{1+\varepsilon y^2}\right);\end{aligned}$$

posons

(93) $$\lambda u=\frac{y}{1+\varepsilon y^2},\qquad \frac{\lambda}{u}=\frac{\frac{1}{y}}{1+\frac{\varepsilon}{y^2}},\qquad u=E^{\mu\sqrt{-1}},$$

et l'équation précédente deviendra

$$\begin{aligned}2\sqrt{-1}(L-\Pi-p-\overline{f}-\omega)&=\log\left(1+\frac{\varepsilon}{y^2}\right)-\log(1+\varepsilon y^2)\\&+\log\left(1-\frac{\lambda\eta s}{uz}\sqrt{-1}\right)-\log(1+\lambda\eta suz\sqrt{-1})\end{aligned}$$

ou bien

$$\begin{aligned}2\sqrt{-1}(L-\Pi-p-\overline{f}-\omega)=&\ \log[1+\varepsilon\cos(2\overline{f}+2\omega)-\varepsilon\sqrt{-1}\sin(2\overline{f}+2\omega)]\\&+\log[1+\varepsilon\cos(2\overline{f}+2\omega)+\varepsilon\sqrt{-1}\sin(2\overline{f}+2\omega)]\\&+\log[1-\lambda\eta s\sin(\mu+w)-\lambda\eta s\cos(\mu+w)\sqrt{-1}]\\&-\log[1-\lambda\eta s\sin(\mu+w)+\lambda\eta s\cos(\mu+w)\sqrt{-1}].\end{aligned}$$

Or on a la formule

$$\log(a+b\sqrt{-1})-\log(a-b\sqrt{-1})=2\sqrt{-1}\operatorname{arc\,tang}\frac{b}{a},$$

grâce à laquelle il vient

$$(94)\quad \left\{\begin{aligned} L=\overline{f}+\omega+\Pi+p&-\operatorname{arc\,tang}\frac{\varepsilon\sin(2\overline{f}+2\omega)}{1+\varepsilon\cos(2\overline{f}+2\omega)}\\ &-\operatorname{arc\,tang}\frac{\lambda\eta s\cos(\mu+\varpi)}{1-\lambda\eta s\sin(\mu+\varpi)}.\end{aligned}\right.$$

λ et μ doivent être déterminés par les équations (93), d'où l'on tire

$$\lambda^2=\frac{1}{(1+\varepsilon y^2)\left(1+\dfrac{\varepsilon}{y^2}\right)},$$

$$\lambda=\frac{1}{\sqrt{1+2\varepsilon\cos(2\overline{f}+2\omega)+\varepsilon^2}}.$$

Si l'on pose

$$\sin B_0=\sin J_0\sin(\overline{f}+\omega),$$

B_0 est la valeur de B, en tant qu'elle n'est pas troublée par les perturbations de J; la valeur de λ, en tenant compte de $\varepsilon=\operatorname{tang}^2\frac{J_0}{2}$, donne aisément

$$\lambda=\frac{\cos^2\dfrac{J_0}{2}}{\cos B_0};$$

on a ensuite

$$\frac{u^2}{y^2}=\frac{1+\dfrac{\varepsilon}{y^2}}{1+\varepsilon y^2}=E^{(2\mu-2\overline{f}-2\omega)\sqrt{-1}},$$

$$\begin{aligned}2(\mu-\overline{f}-\omega)\sqrt{-1}&=\log\left(1+\frac{\varepsilon}{y^2}\right)-\log(1+\varepsilon y^2)\\ &=-2\sqrt{-1}\operatorname{arc\,tang}\frac{\varepsilon\sin(2\overline{f}+2\omega)}{1+\varepsilon\cos(2\overline{f}+2\omega)}.\end{aligned}$$

On trouvera donc finalement

$$(95)\quad \left\{\begin{aligned} \mu&=\overline{f}+\omega-\operatorname{arc\,tang}\frac{\varepsilon\sin(2\overline{f}+2\omega)}{1+\varepsilon\cos(2\overline{f}+2\omega)},\\ L&=\mu+\Pi+p-\operatorname{arc\,tang}\frac{\lambda\eta s\cos(\mu+\varpi)}{1-\lambda\eta s\sin(\mu+\varpi)},\\ &\sin B_0=\sin J_0\sin(\overline{f}+\omega),\\ &\lambda=\frac{\cos^2\dfrac{J_0}{2}}{\cos B_0}.\end{aligned}\right.$$

On remarquera que μ donne la valeur de $L - \Pi - p$ dans le cas où il n'y a pas de perturbations de latitude, et que, par suite, l'influence de ces perturbations sur la réduction à l'écliptique est rigoureusement exprimée par l'arc tangente qui figure dans l'expression (95) de L.

On peut encore transformer cette expression : les formules (93) donnent

$$\frac{1}{\lambda}\left(u + \frac{1}{u}\right) = \left(y + \frac{1}{y}\right)(1 + \varepsilon),$$

$$\frac{1}{\lambda}\left(u - \frac{1}{u}\right) = \left(y - \frac{1}{y}\right)(1 - \varepsilon),$$

d'où

$$\cos\mu = \cos(\bar{f} + \omega)\frac{1}{\cos B_0},$$

$$\sin\mu = \sin(\bar{f} + \omega)\frac{\cos J_0}{\cos B_0}.$$

On a d'ailleurs, en vertu des formules (91),

$$\lambda\eta\cos w = \left(\tang J_0 + \frac{\mathfrak{Q}}{\varkappa\cos J_0}\right)\frac{1}{\cos B_0},$$

$$\lambda\eta\sin w = -\frac{\mathfrak{P}}{\varkappa}\frac{1}{\cos B_0},$$

On peut ainsi transformer l'expression (95) de L; elle devient

$$(96)\quad \left\{ \begin{aligned} L &= \mu + \Pi + p \\ &- \operatorname{arc\,tang}\frac{s\left(\tang J_0 + \frac{\mathfrak{Q}}{\varkappa\cos J_0}\right)\operatorname{séc}^2 B_0\cos(\bar{f} + \omega) + s\frac{\mathfrak{P}}{\varkappa}\operatorname{séc}^2 B_0\cos J_0\sin(\bar{f} + \omega)}{1 - s\left(\sin J_0 + \frac{\mathfrak{Q}}{\varkappa}\right)\operatorname{séc}^2 B_0\sin(\bar{f} + \omega) + s\frac{\mathfrak{P}}{\varkappa}\operatorname{séc}^2 B_0\cos(\bar{f} + \omega)}; \end{aligned} \right.$$

cette formule servira plus loin.

154. Calcul de s. — On a, par les formules (90),

$$(97)\quad s = [\sin J\cos(\delta N + \delta K) - \sin J_0]\sin(\bar{f} + \omega) + \sin J\sin(\delta N + \delta K)\cos(\bar{f} + \omega).$$

On va introduire δP, δQ et δK par les formules

$$P = \delta P = 2\sin\frac{J}{2}\sin\delta N,$$

$$Q = 2\sin\frac{J_0}{2} + \delta Q = 2\sin\frac{J}{2}\cos\delta N,$$

$$\delta K = -\frac{\sin\frac{J_0}{2}}{2\cos^2\frac{J_0}{2}}\delta P + \delta_2 K,$$

d'où l'on tire d'abord

$$4\sin^2\frac{J}{2} = 4\sin^2\frac{J_0}{2} + 4\sin\frac{J_0}{2}\,\delta Q + \delta P^2 + \delta Q^2,$$

puis de là, en négligeant le cube de la force perturbatrice,

$$(98)\qquad \cos\frac{J}{2} = \cos\frac{J_0}{2} - \frac{1}{2}\tang\frac{J_0}{2}\,\delta Q - \frac{1}{8\cos\frac{J_0}{2}}\,\delta P^2 - \frac{1}{8\cos^3\frac{J_0}{2}}\,\delta Q^2.$$

Il faut maintenant calculer les coefficients de $\sin(\bar{f} + \omega)$ et de $\cos(\bar{f} + \omega)$ dans la valeur (97) de s. On trouve

$$\begin{aligned}
\sin J\cos(\delta N + \delta K) &= \cos\frac{J}{2}\left(2\sin\frac{J}{2}\cos\delta N\cos\delta K - 2\sin\frac{J}{2}\sin\delta N\sin\delta K\right)\\
&= \cos\frac{J}{2}\left[\left(2\sin\frac{J_0}{2} + \delta Q\right)\cos\delta K - \delta P\sin\delta K\right]\\
&= \cos\frac{J}{2}\left[2\sin\frac{J_0}{2} + \delta Q - \sin\frac{J_0}{2}(\delta K)^2 - \delta P\,\delta K\right]\\
&= \cos\frac{J}{2}\left(2\sin\frac{J_0}{2} + \delta Q - \frac{\sin^3\frac{J_0}{2}}{4\cos^4\frac{J_0}{2}}\,\delta P^2 + \frac{\sin\frac{J_0}{2}}{2\cos^2\frac{J_0}{2}}\,\delta P^2\right).
\end{aligned}$$

En remplaçant $\cos\frac{J}{2}$ par sa valeur (98), et réduisant, il vient

$$(99)\qquad \left\{\begin{aligned}
\sin J\cos(\delta N + \delta K) - \sin J_0 - \mathfrak{Q} &= \frac{\cos J_0}{\cos\frac{J_0}{2}}\,\delta Q + \tang\frac{J_0}{2}\,\frac{1 - 2\sin^2\frac{J_0}{2}}{4\cos^2\frac{J_0}{2}}\,\delta P^2\\
&\quad - \tang\frac{J_0}{2}\,\frac{3 - 2\sin^2\frac{J_0}{2}}{4\cos^2\frac{J_0}{2}}\,\delta Q^2.
\end{aligned}\right.$$

On a maintenant

$$\begin{aligned}
\sin J\sin(\delta N + \delta K) &= \cos\frac{J}{2}\left(2\sin\frac{J}{2}\sin\delta N\cos\delta K + 2\sin\frac{J}{2}\cos\delta N\sin\delta K\right)\\
&= \cos\frac{J}{2}\left[\delta P\cos\delta K + \left(2\sin\frac{J_0}{2} + \delta Q\right)\sin\delta K\right]\\
&= \cos\frac{J}{2}\left[\delta P + \left(2\sin\frac{J_0}{2} + \delta Q\right)\left(-\frac{\sin\frac{J_0}{2}}{2\cos^2\frac{J_0}{2}}\,\delta P + \delta_2 K\right)\right]\\
&= \cos\frac{J}{2}\left(\frac{\cos J_0}{\cos^2\frac{J_0}{2}}\,\delta P + 2\sin\frac{J_0}{2}\,\delta_2 K - \frac{\sin\frac{J_0}{2}}{2\cos^2\frac{J_0}{2}}\,\delta P\,\delta Q\right).
\end{aligned}$$

En remplaçant $\cos\frac{J}{2}$ par sa valeur (98), et réduisant, on trouve

$$(100)\qquad \sin J \sin(\delta N + \delta K) = -\mathfrak{P} = \frac{\cos J_0}{\cos\frac{J_0}{2}}\,\delta P + \sin J_0\,\delta_2 K - \frac{1}{2}\tang\frac{J_0}{2}\,\frac{2 - 3\sin^2\frac{J_0}{2}}{\cos^2\frac{J_0}{2}}\,\delta P\,\delta Q.$$

En vertu des relations (99) et (100), la formule (97) devient

$$(101)\qquad \left\{\begin{aligned} s = {}& \frac{\cos J_0}{\cos\frac{J_0}{2}}\sin(\bar f + \omega)\,\delta Q + \frac{\cos J_0}{\cos\frac{J_0}{2}}\cos(\bar f + \omega)\,\delta P \\ & + \left(\frac{1}{4}\delta P^2 - \frac{3}{4}\delta Q^2\right)\sin\frac{J_0}{2}\sin(g + \omega) - (\delta P\,\delta Q - 2\delta_2 K)\sin\frac{J_0}{2}\cos(g + \omega). \end{aligned}\right.$$

On a négligé les produits de $\sin^3\frac{J_0}{2}$ par δP^2, δQ^2, $\delta P\,\delta Q$ et $\delta_2 K$, et l'on a remplacé dans les termes du second ordre $\bar f$ par g; ces termes donneront toujours très peu de chose, moins de 0″,1. Occupons-nous de ceux du premier ordre, et posons

$$\frac{\cos J_0}{\cos\frac{J_0}{2}}\cos(\bar f + \omega) = 2\sum_{-\infty}^{+\infty} A^{(p)}\cos(pnz + \omega),$$

$$\frac{\cos J_0}{\cos\frac{J_0}{2}}\sin(\bar f + \omega) = 2\sum_{-\infty}^{+\infty} A^{(p)}\sin(pnz + \omega),$$

où les coefficients $A^{(p)}$ s'obtiennent en multipliant par $\frac{\cos J_0}{\cos\frac{J_0}{2}}$ des fonctions de l'excentricité qui se ramènent immédiatement aux fonctions de Bessel.

Soient, en outre,

$$\delta P = \alpha\sin(ig + i'g' + i''\omega + i'''\omega'),$$
$$\delta Q = \beta\cos(ig + i'g' + i''\omega + i'''\omega')$$

deux termes correspondants quelconques de δP et δQ. On trouvera, en portant les expressions précédentes dans la formule (101),

$$s = \sum_{-\infty}^{+\infty} A^{(p)}\,(\alpha + \beta)\sin[pnz + ig + i'g' + (i'' + 1)\omega + i'''\omega']$$
$$+ \sum_{-\infty}^{+\infty} A^{(-p)}(\alpha - \beta)\sin[pnz + ig + i'g' + (i'' - 1)\omega + i'''\omega'],$$

d'où, en remplaçant nz par $g + n\,\delta z$,

$$s = S_0 + S_1\, n\,\delta z + \frac{1}{2} S_2 (n\,\delta z)^2 + \ldots,$$

$$S_0 = \sum_{-\infty}^{+\infty} A^{(p)}(\alpha + \beta) \sin[(p+i)g + i'g' + (i''+1)\omega + i'''\omega']$$
$$+ \sum_{-\infty}^{+\infty} A^{(-p)}(\alpha - \beta) \sin[(p+i)g + i'g' + (i''-1)\omega + i'''\omega'],$$

$$S_1 = \sum_{-\infty}^{+\infty} pA^{(p)}(\alpha + \beta) \cos[(p+i)g + i'g' + (i''+1)\omega + i'''\omega']$$
$$+ \sum_{-\infty}^{+\infty} pA^{(-p)}(\alpha - \beta) \cos[(p+i)g + i'g' + (i''-1)\omega + i'''\omega'],$$

$$S_2 = -\sum_{-\infty}^{+\infty} p^2 A^{(p)}(\alpha + \beta) \sin[(p+i)g + i'g' + (i''+1)\omega + i'''\omega']$$
$$- \sum_{-\infty}^{+\infty} p^2 A^{(-p)}(\alpha - \beta) \sin[(p+i)g + i'g' + (i''-1)\omega + i'''\omega'].$$

Hansen a pu déterminer les coefficients numériques du développement de s; en comparant avec ses Tables, il ne se trouve pas de différence atteignant 0″,05.

155. Développement des perturbations de la réduction à l'écliptique. — Nous partirons de la formule (96) dans laquelle nous pourrons réduire le dénominateur à 1; l'expression (90) de $\varkappa$ donnera à fort peu près

$$\varkappa = 1 + \cos(J + J_0) = 2\cos^2 J_0;$$

il viendra ainsi

$$L = \mu + \Pi + p - s\frac{\tang J_0 \cos(\bar{f} + \omega)}{\cos^2 B_0} - \frac{s\mathfrak{Q}}{2\cos^3 J_0}\cos(\bar{f} + \omega) - \frac{s\mathfrak{P}}{2\cos J_0}\sin(\bar{f} + \omega).$$

En remplaçant $\mathfrak{P}$, $\mathfrak{Q}$ et s par leurs valeurs (99), (100) et (101), et mettant g au lieu de $\bar{f}$ dans les termes de l'ordre le plus élevé, il vient

$$(102)\quad \begin{cases} L = \mu + \Pi + p - s\dfrac{\tang J_0 \cos(\bar{f} + \omega)}{\cos^2 B_0} \\ \qquad + \dfrac{1}{4}(\delta P^2 - \delta Q^2)\sin 2(g + \omega) - \dfrac{1}{2}\delta P\,\delta Q \cos 2(g + \omega). \end{cases}$$

L'avant-dernière des équations (90) donne ensuite

$$\Pi + \vartheta + \delta N - \delta K = \frac{\cos J_0 + \cos J}{1 + \cos(J + J_0)}(\delta N + \delta K),$$

d'où

$$\Pi + \theta = -\frac{1}{\cos\frac{J+J_0}{2}}\left(2\sin\frac{J_0}{2}\sin\frac{J}{2}\,\delta N + 2\cos\frac{J_0}{2}\cos\frac{J}{2}\,\delta K\right).$$

En remplaçant $2\sin\frac{J}{2}\,\delta N$ par δP, et δK par son expression en fonction de δP et de $\delta_2 K$, il vient

$$\Pi + \theta = -\frac{1}{\cos\frac{J+J_0}{2}}\left[\operatorname{tang}\frac{J_0}{2}\left(\cos\frac{J_0}{2} - \cos\frac{J}{2}\right)\delta P + 2\cos^2\frac{J_0}{2}\,\delta_2 K\right],$$

ou encore, en vertu de la relation (98),

$$\Pi = -\theta + \frac{1}{2}\sin^2\frac{J_0}{2}\,\delta P\,\delta Q + \frac{2\cos^2\frac{J_0}{2}}{\cos J_0}\,\delta_2 K,$$

où le terme en $\delta P\,\delta Q$ est absolument négligeable, à cause du facteur $\sin^2\frac{J_0}{2}$.

On a ensuite, par les formules (95) et (102),

$$\mu = \bar{f} + \omega + R,$$

$$L = f + \omega - \theta + p + R - s\,\frac{\operatorname{tang} J_0 \cos(\bar{f} + \omega)}{\cos^2 B_0} + \frac{1}{4}(\delta P^2 - \delta Q^2)\sin 2(g + \omega)$$
$$- \frac{1}{2}\,\delta P\,\delta Q \cos 2(g + \omega) + \frac{2\cos^2\frac{J_0}{2}}{\cos J_0}\,\delta_2 K.$$

Si l'on se rappelle les relations

$$\theta = n(\alpha - \eta)t + N_0 - K_0 - \pi',$$
$$\omega = n(\gamma + \alpha - \eta)t + N_0 + K_0,$$

on peut écrire enfin

$$(103)\quad \left\{\begin{aligned} L &= \bar{f} + \Pi_0 + p + R - s\,\frac{\operatorname{tang} J_0 \cos(\bar{f} + \omega)}{1 - \sin^2 J_0 \sin^2(\bar{f} + \omega)} \\ &\quad + \frac{1}{4}(\delta P^2 - \delta Q^2)\sin 2(g + \omega) - \frac{1}{2}\,\delta P\,\delta Q\cos 2(g + \omega) + \frac{2\cos^2\frac{J_0}{2}}{\cos J_0}\,\delta_2 K, \\ \Pi_0 &= 2K_0 + \pi' + n(\gamma - 2\eta)t, \\ \operatorname{tang} R &= -\frac{\operatorname{tang}^2\frac{J_0}{2}\sin 2(\bar{f} + \omega)}{1 + \operatorname{tang}^2\frac{J_0}{2}\cos 2(\bar{f} + \omega)}; \end{aligned}\right.$$

Π_0 est la longitude moyenne du périgée lunaire, et R la réduction usuelle à l'écliptique. Hansen trouve que l'ensemble des termes en δP^2, δQ^2, $\delta P\delta Q$ et $\delta_2 K$ se réduit sensiblement à

$$-0'',40 \sin 2\omega - 1'',20 \sin(2g' + 2\omega') - 0'',285 \sin(2g - 4g' + 2\omega - 4\omega').$$

Dans ses Tables, il a, par inadvertance, employé le coefficient $+0'',335$ au lieu de $-0'',285$, d'où résulte une correction de $-0'',620$. Pour tenir compte des termes négligés qui dépendent de dp', dq' (*voir* p. 342), il faudrait encore, dans (103), ajouter à s et à $\delta_2 K$ des corrections dont l'ensemble donnerait

$$+2Q\delta P = -0'',250 \cos(\theta + 173^\circ).$$

Ces corrections sont nécessaires pour retrouver le coefficient de $\cos\theta$ dans l'inégalité de la longitude qui provient du déplacement de l'écliptique et que nous avons déterminée plus haut (p. 164), car Hansen n'a déterminé que l'inégalité correspondante de $n\delta z$.

Dans le reste du Tome I de la *Darlegung*, Hansen traite :

Des inégalités occasionnées dans le mouvement de la Lune par la figure de la Terre, ou par celle même de la Lune;

De la très petite influence de la masse de la Lune sur le mouvement du périgée;

Et de l'influence des planètes sur les mouvements du périgée et du nœud de la Lune.

Nous n'insisterons pas sur ces points secondaires, dont quelques-uns d'ailleurs ont été examinés dans le cours de cet Ouvrage.

Dans le Tome II de la *Darlegung*, Hansen s'occupe des inégalités qu'il n'avait pas encore considérées, notamment des inégalités à longue période et de l'accélération séculaire. Il introduit un nouveau principe relatif à la variation de certains éléments, dont le développement nous entraînerait trop loin. Nous aimons mieux donner dans le Chapitre suivant une méthode claire et complète pour déterminer les inégalités à longue période; quant à l'accélération séculaire, nous avons déjà présenté son calcul en détail.

156. Comparaison entre Hansen et Delaunay. — Les *Tables de la Lune*, imprimées en 1857 aux frais du Gouvernement britannique, sont fondées sur la théorie qui vient d'être exposée. Mais la forme des perturbations adoptée par Hansen rend difficile la comparaison de ses résultats avec ceux des autres astronomes, qui ont calculé directement les perturbations de la longitude, de la latitude et du rayon vecteur de la Lune. Il est vrai que Hansen lui-même (*Darl.*, t. I, p. 439-459) a entrepris de comparer ses perturbations $n\delta z$ à celles qui se déduisent, par une transformation convenable, des perturbations de la longitude vraie, obtenues par Damoiseau et par Plana. Mais cette comparaison n'est pas faite d'une manière très rigoureuse; elle a été reprise, pour les théories de Hansen et de Delaunay, par M. Newcomb, en 1868 et, d'une manière beaucoup plus complète, en 1880. Nous avons déjà eu l'occasion de mentionner (p. 112 et 236) le travail de M. Newcomb, auquel nous avons emprunté quelques résultats numériques; il convient d'y revenir maintenant pour expliquer en peu de mots la nature de la transformation qu'il a fait subir aux formules de Hansen.

Ainsi qu'on l'a vu plus haut, Hansen détermine la perturbation $n\,\delta z$ qui s'ajoute à l'anomalie moyenne g; l'anomalie troublée

$$nz = g + n\,\delta z$$

sert ensuite à calculer l'anomalie vraie $\bar{f}$ par l'équation du centre

$$\bar{f} = nz + \left(2e - \frac{1}{4}e^3 + \frac{5}{96}e^5\right)\sin nz - \ldots,$$

en faisant $e = 0{,}0549008$, et la longitude vraie L s'obtient par les formules (103) sous la forme suivante

$$L = \bar{f} + \Pi_0 + R + R',$$

où R est la réduction à l'écliptique

$$R = -\tang^2\frac{J_0}{2}\sin 2(\bar{f}+\omega) + \frac{1}{2}\tang^4\frac{J_0}{2}\sin 4(\bar{f}+\omega)$$

tandis que R′ comprend, sous le nom d'*inégalités de la réduction à l'écliptique*, les termes

$$\begin{aligned}R' = &- s\tang J_0\cos(\bar{f}+\omega)\left[1+\sin^2 J_0\sin^2(\bar{f}+\omega)\right]\\ &- 0'',397\sin 2\omega - 1'',198\sin(2g'+2\omega') - 0'',285\sin(2g-4g'+2\omega-4\omega').\end{aligned}$$

La latitude se calcule par la formule

$$\sin B = \sin J_0\sin(f+\omega) + s,$$

en faisant $J_0 = 5°8'48''$.

Les perturbations $n\,\delta z$ et s sont des fonctions explicites de g, g', ω, ω'. Pour obtenir sous la même forme l'expression de L, il faut mettre $g + n\,\delta z$ à la place de nz et développer d'abord les sinus des multiples de nz, puis les sinus et cosinus des multiples de $\bar{f}+\omega$, suivant les puissances de $n\,\delta z$. Après avoir substitué pour e et J_0 leurs valeurs numériques, on trouve

$$L = L_0 + L_1 . n\,\delta z + L_2(n\,\delta z)^2 + \ldots,$$

où

$$L_0 = g + \Pi_0 + 22639'',676 \sin g + 776'',269 \sin 2g + \ldots + s S_0,$$
$$L_1 = 1 + 0,109760 \cos g + 0,007527 \cos 2g + \ldots + s S_1,$$
$$L_2 = -0,05488 \sin g - 0,00753 \sin 2g - \ldots + s S_2,$$
$$L_3 = -0,0183 \cos g - 0,0050 \cos 2g - \ldots,$$

en désignant par S_0, S_1, S_2 les coefficients de développement du premier terme de R′, qui sont des fonctions de g, ω, et qui seront multipliés par s.

Après avoir réuni, dans un premier Tableau, les valeurs de $n\,\delta z$, $(n\,\delta z)^2$, $(n\,\delta z)^3$, ..., M. Newcomb donne (Table II), le résultat des multiplications et des additions par lesquelles s'obtiennent les coefficients des sinus dans l'expression finale de L. On trouve

$$L = g + \Pi_0 + 22637'',150 \sin g + 768'',858 \sin 2g + \ldots.$$

Mais il reste à réduire les deux théories en question à un système uniforme d'éléments. Les valeurs de l'excentricité e et de l'inclinaison J_0, employées par Hansen dans le calcul de ses perturbations, diffèrent un peu de celles qu'il adopte dans les Tables, à savoir

$$e = 0,0549081, \qquad J_0 = 5^\circ 8' 40'',0.$$

Le coefficient de $\sin g$ devient dès lors, pour les Tables, $+22640'',15$, tandis que Delaunay adopte le nombre trouvé par M. Airy (22639″,06). M. Newcomb a pensé que le plus simple était de s'en tenir à l'excentricité des Tables et au coefficient de 22640″,15 qui en résulte; on a donc multiplié par le facteur 1,000133 les coefficients théoriques de Hansen qui dépendent de e, par 1,000265 ceux qui dépendent de e^2, et ainsi de suite. Pour la théorie de Delaunay, le facteur de réduction de l'excentricité e devient 1,000048.

Pour l'excentricité e' de l'orbite de la Lune, Hansen et Delaunay ont adopté le même nombre, si l'on tient compte de la différence des époques (Hansen, 0,0167923 pour 1800; Delaunay, 0,0167711 pour 1850); il faut seulement appliquer la petite correction nécessaire pour réduire les coefficients à la même époque.

Il y a enfin toute une classe de termes, les termes parallactiques, dont les coefficients dépendent de la valeur adoptée pour la parallaxe du Soleil. Or, Hansen trouve (*Darleg.*, t. II, p. 269) que ses coefficients théoriques doivent être multipliés par 1,03573 pour satisfaire aux observations et qu'ainsi corrigés ils correspondent à une parallaxe de 8″,9159. Il s'ensuit qu'ils reposent primitivement sur une parallaxe de 8″,6085. La valeur adoptée par Delaunay est de 8″,75. Pour réduire les deux théories à la parallaxe de 8″,848, il faut multiplier les coefficients parallactiques de Hansen par le facteur 1,02785, et ceux de

Delaunay par 1,01120. Ces derniers doivent, en outre, être multipliés par le facteur $\frac{1-\sigma}{1+\sigma} = \frac{79}{81}$, en faisant, avec Hansen, la masse de la Lune égale à $\frac{1}{80}$.

Les coefficients numériques ainsi obtenus, et réduits à un système d'éléments bien défini, forment la Table III de M. Newcomb; nous les avons reproduits en partie (p. 112-115). M. Newcomb ajoute, dans une dernière colonne, les coefficients de Delaunay, modifiés par leurs compléments probables, dont il a été déjà question plus haut (p. 236). On a vu que les écarts entre les deux théories sont, en somme, peu sensibles.

Le coefficient de l'équation parallactique devient, chez Hansen, $-125'',43$. Le résultat de Delaunay, corrigé de deux manières différentes par des compléments probables, serait $-127'',24$ ou $-127''08$; en le multipliant par $\frac{79}{81}$ et 1,01120, on aurait $-125'',49$ ou $-125'',33$. De son côté, Pontécoulant trouve $122'',38$, avec une parallaxe de $8'',6322$; son coefficient, étant réduit à la parallaxe de $8'',848$ par le facteur 1,0250, devient $125'',44$. L'accord est donc ici très satisfaisant.

Pour la latitude B, M. Newcomb forme, d'une manière analogue, d'abord l'expression de $\sin B$, puis celle de B. La comparaison des coefficients de Hansen avec ceux de Delaunay est donnée dans la Table IV. On s'est dispensé d'appliquer ici les petites corrections qui résultent de la différence des valeurs de J_0, impliquées dans les deux théories.

D'après Delaunay, le coefficient de $\sin(g+\omega)$, dans l'expression de la latitude, est $+18461'',26$. Les formules de Hansen, transformées par M. Newcomb, donnent $+18463''248$. Quant aux Tables, la valeur adoptée pour $J_0(5°8'40'')$ étant de $8'',0$ plus faible que celle qui entre dans les expressions théoriques, elles donneraient aussi un coefficient plus faible de $8''$, si l'expression de s ne renfermait aucun terme en $g+\omega$. Mais cette condition n'est pas remplie, car Hansen a laissé subsister dans s le terme

$$+2'',705\sin(\bar{f}+\omega) = +2'',705\sin(g+\omega) - 0'',149\sin\omega + 0'',149\sin(2g+\omega),$$

qu'il a fait disparaître plus tard (*Darleg.*, t. I, p. 438), et il ajoute encore le terme

$$+3'',70\sin(g+\omega),$$

qui paraît provenir de la correction empirique, fondée sur l'écart supposé entre le centre de gravité et le centre de figure de la Lune. La différence entre le coefficient théorique et celui des Tables se trouve ainsi réduite à $8'',10 - 6'',4 = 1'',6$, et l'on peut admettre que le coefficient définitif de $\sin(g+\omega)$ est $+18461'',63$ pour les Tables de Hansen. Pour y ramener les deux théories, il suffirait de multiplier les coefficients de Delaunay par 1,00002, et de diviser par 1,00009 ceux de Hansen.

Dans une dernière Table (Table V), M. Newcomb a réuni les coefficients de l'expression du sinus de la parallaxe, d'après Hansen, Delaunay et Adams. Les coefficients de Hansen ont été obtenus en développant la formule

$$\sin p = \frac{D}{a} \frac{1 + e\cos \bar{f}}{1 - e^2} \left(1 - \nu + \frac{1}{2}\nu^2 - \ldots\right),$$

où $\log \frac{D}{a} = 8,2170139$. La constante de $\sin p$ a les valeurs suivantes :

Hansen.	Delaunay.	Adams.
3422″,09	3422″,7	3422″,32

En tenant compte de la différence des données, la constante d'Adams se réduirait d'ailleurs à 3422″,12 : elle coïnciderait donc, à très peu près, avec celle de Hansen; et il est à remarquer que l'accord est presque parfait pour tous les autres coefficients.

CHAPITRE XVIII.

CALCUL DES INÉGALITÉS PLANÉTAIRES DU MOUVEMENT DE LA LUNE.

157. Dans le calcul de ces inégalités, on est conduit à considérer quatre corps, la Lune L, la Terre T, le Soleil S, et une planète P. Soient

$x, y, z, r = \sqrt{x^2+y^2+z^2}$ les coordonnées géocentriques de L,
$x'_1, y'_1, z'_1, r'_1 = \sqrt{x'^2_1+y'^2_1+z'^2_1}$ les coordonnées géocentriques de S,
$\xi_1, \eta_1, \zeta_1, D_1 = \sqrt{\xi_1^2+\eta_1^2+\zeta_1^2}$ les coordonnées géocentriques de P,
$x'', y'', z'', r'' = \sqrt{x''^2+y''^2+z''^2}$ les coordonnées héliocentriques de P.

L'une des équations différentielles du mouvement est

$$(1)\quad \left\{\begin{aligned} \frac{d^2x}{dt^2}+\frac{\mu x}{r^3} = {} & m'\frac{x'_1-x}{[(x'_1-x)^2+(y'_1-y)^2+(z'_1-z)^2]^{\frac{3}{2}}} - m'\frac{x'_1}{r'^3_1} \\ & + m''\frac{\xi_1-x}{[(\xi_1-x)^2+(\eta_1-y)^2+(\zeta_1-z)^2]^{\frac{3}{2}}} - m''\frac{\xi_1}{(\xi_1^2+\eta_1^2+\zeta_1^2)^{\frac{3}{2}}}, \end{aligned}\right.$$

où μ, m' et m'' désignent respectivement la somme des masses de la Terre et de la Lune, la masse du Soleil et celle de la planète, en y comprenant le facteur f.

Il convient d'introduire le point G, centre de gravité de T et de L, et les coordonnées $x', y', z', r' = \sqrt{x'^2+y'^2+z'^2}$ du Soleil, rapportées à l'origine G. On trouve immédiatement

$$(2)\qquad x'_1 = x'+\sigma x,\qquad y'_1 = y'+\sigma y,\qquad z'_1 = z'+\sigma z,$$

en désignant par σ le rapport de la masse de la Lune à la somme des masses de la Terre et de la Lune. On a ensuite

$$\xi_1 = x'_1 + x'' = x' + x'' + \sigma x.$$

Si donc on pose

$$(3)\qquad \begin{cases} \xi = x' + x'', \qquad \eta = y' + y'', \qquad \zeta = z' + z'', \\ \xi^2 + \eta^2 + \zeta^2 = D^2, \end{cases}$$

on en conclura

$$(4)\qquad \xi_1 = \xi + \sigma x, \qquad \eta_1 = \eta + \sigma y, \qquad \zeta_1 = \zeta + \sigma z;$$

ξ, η et ζ seront les coordonnées de P, rapportées à l'origine G.

Si l'on a égard aux relations (2) et (4), et si l'on remarque que ξ, η et ζ sont indépendants de x, y et z, on trouvera, en partant de (1), que les équations différentielles du mouvement peuvent s'écrire

$$\frac{d^2 x}{dt^2} + \frac{\mu x}{r^3} = \frac{\partial R'}{\partial x} + \frac{\partial R''}{\partial x},$$

$$\frac{d^2 y}{dt^2} + \frac{\mu y}{r^3} = \frac{\partial R'}{\partial y} + \frac{\partial R''}{\partial y},$$

$$\frac{d^2 z}{dt^2} + \frac{\mu z}{r^3} = \frac{\partial R'}{\partial z} + \frac{\partial R''}{\partial z},$$

en faisant

$$\frac{1}{m'} R' = \frac{1}{(1-\sigma)\sqrt{[x' - (1-\sigma)x]^2 + [y' - (1-\sigma)y]^2 + [z' - (1-\sigma)z]^2}} - \frac{1}{\sigma\sqrt{(x' + \sigma x)^2 + (y' + \sigma y)^2 + (z' + \sigma z)^2}},$$

$$\frac{1}{m''} R'' = \frac{1}{(1-\sigma)\sqrt{[\xi - (1-\sigma)x]^2 + [\eta - (1-\sigma)y]^2 + [\zeta - (1-\sigma)z]^2}} - \frac{1}{\sigma\sqrt{(\xi + \sigma x)^2 + (\eta + \sigma y)^2 + (\zeta + \sigma z)^2}}.$$

R′ est la fonction perturbatrice du mouvement de la Lune, qui répond à l'action du Soleil, tandis que R″ correspond à l'action de la planète.

Si l'on pose

$$(5)\qquad \begin{cases} xx' + yy' + zz' = rr's', \\ x\xi + y\eta + z\zeta = rDs'', \end{cases}$$

les expressions précédentes de R′ et R″ deviendront

$$\frac{1}{m'}R' = \frac{1}{(1-\sigma)r'\sqrt{1-2s'(1-\sigma)\frac{r}{r'}+(1-\sigma)^2\frac{r^2}{r'^2}}} - \frac{1}{\sigma r'\sqrt{1+2s'\sigma\frac{r}{r'}+\sigma^2\frac{r^2}{r'^2}}},$$

$$\frac{1}{m''}R'' = \frac{1}{(1-\sigma)D\sqrt{1-2s''(1-\sigma)\frac{r}{D}+(1-\sigma)^2\frac{r^2}{D^2}}} - \frac{1}{\sigma D\sqrt{1+2s''\sigma\frac{r}{D}+\sigma^2\frac{r^2}{D^2}}}.$$

D'où, en développant suivant les puissances des petites quantités $\frac{r}{r'}$ et $\frac{D}{r'}$, et omettant les termes en $\frac{1}{r'}$ et $\frac{1}{D}$, parce qu'ils ne dépendent pas de x, y, z,

$$\frac{1}{m'}R' = \left(\frac{3}{2}s'^2 - \frac{1}{2}\right)\frac{r^2}{r'^3} + (1-2\sigma)\left(\frac{5}{2}s'^3 - \frac{3}{2}s'\right)\frac{r^3}{r'^4} + \ldots,$$

$$\frac{1}{m''}R'' = \left(\frac{3}{2}s''^2 - \frac{1}{2}\right)\frac{r^2}{D^3} + (1-2\sigma)\left(\frac{5}{2}s''^3 - \frac{3}{2}s''\right)\frac{r^3}{D^4} + \ldots.$$

Remplaçons enfin s' et s'' par les deux valeurs (5), et nous trouverons

$$(6)\quad \begin{cases} \frac{1}{m'}R' = \frac{3}{2}\frac{(xx'+yy'+zz')^2}{r'^5} - \frac{1}{2}\frac{r^2}{r'^3} \\ \quad + (1-2\sigma)\left[\frac{5}{2}\frac{(xx'+yy'+zz')^3}{r'^7} - \frac{3}{2}\frac{(xx'+yy'+zz')r^2}{r'^5}\right] \\ \quad + \ldots\ldots\ldots, \end{cases}$$

$$(7)\quad \begin{cases} \frac{1}{m''}R'' = \frac{3}{2}\frac{(x\xi+y\eta+z\zeta)^2}{D^5} - \frac{1}{2}\frac{r^2}{D^3} \\ \quad + (1-2\sigma)\left[\frac{5}{2}\frac{(x\xi+y\eta+z\zeta)^3}{D^7} - \frac{3}{2}\frac{(x\xi+y\eta+z\zeta)r^2}{D^5}\right] \\ \quad + \ldots\ldots\ldots \end{cases}$$

On remarquera que le calcul précédent, en ce qui concerne R′, avait déjà été fait (p. 184 et 185 de ce Volume).

158. Les termes de la première ligne, de R′ ou de R″, sont de l'ordre de $\frac{a^2}{a'^3}$, ceux de la seconde ligne de l'ordre de $\frac{a^3}{a'^4}$, ...

M. Hill a indiqué (*American Journal of Mathematics*, t. VI) un mode de décomposition de la première ligne, qui a l'avantage de séparer les coordonnées de la Lune de celles de l'astre perturbateur, et de faire discerner tout de suite les termes utiles pour la recherche d'une inégalité donnée. M. Radau a appliqué le même principe aux termes de la seconde ligne (*Annales de l'Observatoire de Paris, Mémoires*, t. XXI). Nous emprunterons la plus grande partie de ce Chapitre à l'important Mémoire de M. Radau.

En supprimant les facteurs $1-2\sigma$, ..., sauf à les rétablir quand ce sera nécessaire, on tire aisément des formules (6) et (7) les développements suivants :

$$(8)\quad \left\{\begin{aligned}\frac{1}{m'}\mathrm{R}' = {} & \frac{r^2-3z^2}{4}\left(\frac{1}{r'^3}-\frac{3z'^2}{r'^5}\right)+3\frac{x^2-y^2}{4}\frac{x'^2-y'^2}{r'^5}+3xy\frac{x'y'}{r'^5}+3zz'\frac{xx'+yy'}{r'^5}\\ & +\frac{3}{8}(xx'+yy')(r^2-5z^2)\left(\frac{1}{r'^5}-\frac{5z'^2}{r'^7}\right)+zz'\frac{3r^2-5z^2}{4}\left(\frac{3}{r'^5}-\frac{5z'^2}{r'^7}\right)\\ & +\frac{5}{8}\frac{(x^3-3xy^2)(x'^3-3x'y'^2)+(3yx^2-y^3)(3y'x'^2-y'^3)}{r'^7}\\ & +\frac{15}{4}\frac{(x^2-y^2)(x'^2-y'^2)zz'}{r'^7}+15\frac{xyzx'y'z'}{r'^7};\end{aligned}\right.$$

$$(9)\quad \left\{\begin{aligned}\frac{1}{m''}\mathrm{R}'' = {} & \frac{r^2-3z^2}{4}\left(\frac{1}{\mathrm{D}^3}-\frac{3\zeta^2}{\mathrm{D}^5}\right)+3\frac{x^2-y^2}{4}\frac{\xi^2-\eta^2}{\mathrm{D}^5}+3xy\frac{\xi\eta}{\mathrm{D}^5}+3z\zeta\frac{x\xi+y\eta}{\mathrm{D}^5}\\ & +\frac{3}{8}(x\xi+y\eta)(r^2-5z^2)\left(\frac{1}{\mathrm{D}^5}-\frac{5\zeta^2}{\mathrm{D}^7}\right)+z\zeta\frac{3r^2-5z^2}{4}\left(\frac{3}{\mathrm{D}^5}-\frac{5\zeta^2}{\mathrm{D}^7}\right)\\ & +\frac{5}{8}\frac{(x^3-3xy^2)(\xi^3-3\xi\eta^2)+(3yx^2-y^3)(3\eta\xi^2-\eta^3)}{\mathrm{D}^7}\\ & +\frac{15}{4}\frac{(x^2-y^2)(\xi^2-\eta^2)z\zeta}{\mathrm{D}^7}+15\frac{xyz\xi\eta\zeta}{\mathrm{D}^7}.\end{aligned}\right.$$

159. Soient maintenant ϖ l'anomalie, $v = g + \varpi$ l'argument de la latitude de la Lune, i l'inclinaison, $\gamma = \sin\frac{1}{2}i$, h la longitude du nœud; nous pouvons poser

$$(10)\quad \left\{\begin{aligned}\frac{x}{r} &= (1-\gamma^2)\cos(v+h)+\gamma^2\cos(v-h),\\ \frac{y}{r} &= (1-\gamma^2)\sin(v+h)-\gamma^2\sin(v-h),\\ \frac{z}{r} &= 2\gamma\sqrt{1-\gamma^2}\sin v.\end{aligned}\right.$$

Nous pourrons le plus souvent faire abstraction du déplacement de l'écliptique et prendre $z' = 0$. Soient alors V′, V″ les longitudes de la Terre et de la planète P dans leurs orbites, et

$$\mathrm{V}' = v' + h', \qquad \mathrm{V}'' = v'' + h'',$$

h' et h'' étant les longitudes des nœuds; en faisant $\gamma'' = \sin\frac{1}{2}i''$, et se reportant aux formules (3), on aura

$$(11)\quad \left\{\begin{aligned}x' &= -r'\cos\mathrm{V}', \qquad y' = -r'\sin\mathrm{V}',\\ \xi &= -r'\cos\mathrm{V}'+r''\cos\mathrm{V}''+2\gamma''^2r''\sin h''\sin v'',\\ \eta &= -r'\sin\mathrm{V}'+r''\sin\mathrm{V}''-2\gamma''^2r''\cos h''\sin v'',\\ \zeta &= 2r''\gamma''\sqrt{1-\gamma''^2}\sin v'',\end{aligned}\right.$$

ou bien

$$
(12)\quad \left\{
\begin{aligned}
\xi &= -r'\cos V' + (1-\gamma''^2)\,r''\cos V'' + \gamma''^2 r''\cos(2h''-V''),\\
\eta &= -r'\sin V' + (1-\gamma''^2)\,r''\sin V'' + \gamma''^2 r''\sin(2h''-V''),\\
\zeta &= 2r''(\gamma''-\tfrac{1}{2}\gamma''^3)\sin(V''-h'').
\end{aligned}
\right.
$$

En se reportant à la signification (3) de D, on trouve

$$
D^2 = r'^2 + r''^2 - 2r'r''(1-\gamma''^2)\cos(V'-V'') - 2r'r''\gamma''^2\cos(V'+V''-2h''),
$$

ou bien

$$
D^2 = D_0^2 + 4\gamma''^2 r'r''\sin(V'-h'')\sin(V''-h''),
$$

en posant

$$
(13)\qquad D_0^2 = r'^2 + r''^2 - 2r'r''\cos(V'-V'').
$$

On en déduit ce développement

$$
(14)\quad \left\{
\begin{aligned}
\frac{1}{D^p} &= \frac{1}{D_0^p} - \frac{2p\gamma''^2 r'r''\sin(V'-h'')\sin(V''-h'')}{D_0^{p+2}} + \ldots\\
&= \frac{1}{D_0^p} + \frac{p\gamma''^2 r'r''}{D_0^{p+2}}\left[\cos(V'+V''-2h'') - \cos(V'-V'')\right] + \ldots.
\end{aligned}
\right.
$$

Nous pouvons maintenant nous servir des formules (10) pour exprimer en fonction de r et v les combinaisons des coordonnées x, y, z qui entrent dans les divers termes de R′ ou de R″. Nous trouverons pour les termes de la première ligne, en négligeant désormais γ^5,

$$
(15)\quad \left\{
\begin{aligned}
\frac{r^2-3z^2}{4r^2} &= \frac{1-6\gamma^2+6\gamma^4}{4} + \frac{3}{2}\gamma^2(1-\gamma^2)\cos 2v,\\
\frac{3}{4}\,\frac{x^2-y^2}{r^2} &= \frac{3}{4}(1-\gamma^2)^2\cos(2v+2h) + \frac{3}{4}\gamma^4\cos(2v-2h) + \frac{3}{2}\gamma^2(1-\gamma^2)\cos 2h,\\
\frac{3}{2}\,\frac{xy}{r^2} &= \frac{3}{4}(1-\gamma^2)^2\sin(2v+2h) - \frac{3}{4}\gamma^4\sin(2v-2h) + \frac{3}{2}\gamma^2(1-\gamma^2)\sin 2h,\\
3\frac{xz}{r^2} &= -3\gamma\left(1-\frac{3}{2}\gamma^2\right)\sin(2v+h) + 3\gamma^3\sin(2v-h) - 3\gamma\left(1-\frac{5}{2}\gamma^2\right)\sin h,\\
3\frac{yz}{r^2} &= -3\gamma\left(1-\frac{3}{2}\gamma^2\right)\cos(2v+h) + 3\gamma^3\cos(2v-h) + 3\gamma\left(1-\frac{5}{2}\gamma^2\right)\cos h.
\end{aligned}
\right.
$$

Pour les termes de la seconde ligne, je renvoie le lecteur au Mémoire de M. Radau.

Il faut maintenant substituer dans R″ les valeurs elliptiques de $r, v, r', V' = v'$, r'', $V'' = v'' + h''$. Cette opération comprendra trois parties que nous allons considérer successivement.

160. Développement des quantités $r^2 - 3z^2$, $x^2 - y^2$, xy, xz, yz, qui se rapportent uniquement à la Lune; nous omettons, pour plus de simplicité, les expressions du troisième degré en x, y, z, qui ont trait à la seconde ligne de R″.

On atteindra rapidement le but au moyen des relations (15) et des formules suivantes, qui sont bien connues,

$$(16)\quad \left\{\begin{aligned} \frac{r^2}{a^2} &= 1 + \frac{3}{2}e^2 - \left(2e - \frac{1}{4}e^3\right)\cos l - \frac{1}{2}e^2\cos 2l - \frac{1}{4}e^3\cos 3l - \ldots, \\ \frac{r^2}{a^2}\cos(2v + \alpha) &= \left(1 - \frac{5}{2}e^2\right)\cos(2g + 2l + \alpha) + e\cos(2g + 3l + \alpha) \\ &\quad - 3e\cos(2g + l + \alpha) + \frac{5}{2}e^2\cos(2g + \alpha) \\ &\quad - \frac{7}{24}e^3\cos(2g - l + \alpha) + \ldots; \end{aligned}\right.$$

α désigne une constante à laquelle on devra attribuer les valeurs

$$0, \quad \pm 2h, \quad \pm 2h - 90^\circ, \quad \pm h, \quad \pm h - 90^\circ.$$

On trouvera aisément, en désignant par L la longitude moyenne, $h + g + l$,

$$r^2 - 3z^2 = \sum \mathrm{A}e^k\cos kl + \gamma^2\sum \mathrm{B}e^k\cos(2\mathrm{L} - 2h \pm kl),$$

$$x^2 - y^2 = \sum \mathrm{A}e^k\gamma^{2i}\cos(2\mathrm{L} - 2i\mathrm{L} + 2ih \pm kl),$$

où i doit recevoir l'une des valeurs 0, 1, 2; xy est donné par une expression de même nature, dans laquelle les cosinus sont remplacés par des sinus. On trouve ensuite

$$xz = \sum \mathrm{A}\gamma^{2i\pm 1}e^k\sin(2\mathrm{L} - 2i\mathrm{L} + 2ih - h \pm kl),$$

où i doit recevoir les valeurs 0, 1, 2; yz s'en déduit en changeant les sinus en cosinus.

161. Nous passons maintenant aux développements des quantités ζ^2, $\xi^2 - \eta^2$, $\xi\eta$, $\xi\zeta$, $\eta\zeta$, qui contiennent les éléments elliptiques de la Terre et de la planète P.

On tire des relations (12)

$$\zeta^2 = 2\gamma''^2(1 - \gamma''^2)r''^2[1 - \cos(2\mathrm{V}'' - 2h'')],$$

$$\begin{aligned} \xi^2 - \eta^2 = {} & r'^2\cos 2\mathrm{V}' + (1 - \gamma''^2)^2 r''^2\cos 2\mathrm{V}'' + \gamma''^4 r''^2\cos(4h'' - 2\mathrm{V}'') \\ & - 2(1 - \gamma''^2)r'r''\cos(\mathrm{V}' + \mathrm{V}'') - 2\gamma''^2 r'r''\cos(\mathrm{V}' - \mathrm{V}'' + 2h'') \\ & + 2\gamma''^2(1 - \gamma''^2)r''^2\cos 2h''; \end{aligned}$$

on obtient $+2\xi\eta$ en changeant les cosinus en sinus

$$\begin{aligned}\xi\zeta = & -\gamma''\left(1-\frac{1}{2}\gamma''^2\right) r'r''[\sin(V'+V''-h'')-\sin(V'-V''+h'')]\\ & +\gamma''\left(1-\frac{3}{2}\gamma''^2\right) r''^2[\sin(2V''-h'')-\sin h'']\\ & +\gamma''^3 r''^2[\sin h''-\sin(3h''-2V'')];\end{aligned}$$

on obtient $-\eta\zeta$ en mettant des cosinus au lieu des sinus.

Il convient d'écrire

$$V'+V''=(V'-V'')+2V''.$$

On remplacera ensuite r'', V'', r' et $V'-V''$ par les développements

$$\begin{aligned}\frac{r''}{a''} &= 1+\frac{1}{2}e''^2-e''\cos l''-\frac{1}{2}e''^2\cos 2l''+\ldots,\\ V'' &= L''+2e''\sin l''+\frac{5}{4}e''^2\sin 2l''+\ldots,\\ \frac{r'}{a'} &= 1+\frac{1}{2}e'^2-e'\cos l'-\frac{1}{2}e'^2\cos 2l'+\ldots,\\ V'-V'' &= L'-L''+2e'\sin l'-2e''\sin l''+\frac{5}{4}e'^2\sin 2l'-\frac{5}{4}e''^2\sin 2l''+\ldots.\end{aligned}$$

On en déduit sans peine

$$\begin{aligned}\xi^2-\eta^2 &= \sum A\gamma''^{2i}e'^{k'}e''^{k''}\cos[2L''-2iL''+j(L'-L'')+2ih''\pm k'l'\pm k''l''],\\ \xi\zeta &= \sum A\gamma''^{2i\pm1}e'^{k'}e''^{k''}\sin[2L''-2iL''+j(L'-L'')+2ih''-h''\pm k'l'\pm k''l''],\end{aligned}$$

où i doit recevoir les valeurs 0, 1 et 2.

162. Il nous reste enfin à développer les quantités $\frac{1}{D^3}$, $\frac{1}{D^5}$, $\frac{1}{D^7}$, $\ldots$, ce qui se fera au moyen des formules (13) et (14). La première donne

$$\frac{1}{D_0^p} = \frac{1}{2}B_p^{(0)}+B_p^{(1)}\cos(V'-V'')+B_p^{(2)}\cos(2V'-2V'')+\ldots,$$

où les coefficients $B_p^{(0)}$, $B_p^{(1)}$, $\ldots$ sont des fonctions homogènes de r' et de r''.

On en conclut aisément

$$\frac{1}{D_0''} = \sum A e'^{k'} e''^{k''} \cos[j(L' - L'') \pm k'l' \pm k''l''],$$

et, en se reportant à la formule (14),

$$\frac{1}{D''} = \sum A e'^{k'} e''^{k''} \gamma''^{2i+2i'} \cos[j(L' - L'') \pm k'l' \pm k''l'' \pm 2i(L'' - h'')].$$

On aura, finalement, pour ce qui provient de la Terre et de la planète P, dans chaque argument, la portion

$$\pm k'l' \pm k''l'' \pm 2i(L'' - h'') + j(L' - L''),$$

avec le facteur $e'^{k'} e''^{k''} \gamma''^{2i+2i'}$.

On est à même maintenant de trouver la forme des divers termes qui figurent dans le développement de la première ligne de l'expression (9) de R'', et d'obtenir en même temps leur ordre. Considérons, par exemple, la portion

$$3\,\frac{x^2 - y^2}{4}\,\frac{\xi^2 - \eta^2}{D^5}.$$

En prenant dans $x^2 - y^2$ les arguments $2L$, $2h$, $2L - 4h$, et dans $\xi^2 - \eta^2$ les arguments $2l''$ et $2h''$, on trouvera les divers arguments ci-dessous, en regard desquels on a placé les puissances de γ, γ'', e et e'' qui les accompagnent, en remplaçant en même temps L par $g + h + l$:

$2g + 2h + 2l - 2l''$,		1,
$2g + 2h + 3l - 2l''$,		e,
$2g + 2h + l - 2l''$,		e,
$2g + 2h + 2l - 2h''$,		γ''^2,
$2g + 2h - 2l''$,		e^2,
$2g + 2h - l - 2l''$,		e^2,
....		;
$2h - 2l''$,	...,	γ^2,
$2h \pm l - 2l''$,	...,	$\gamma^2 e$,
$2h \pm 2l - 2l''$,	...,	$\gamma^2 e^2$,
............,	...,	....,
$2g - 2h + 2l - 2l''$,		γ^4,
$2g - 2h + l - 2l''$,		$\gamma^4 e$,
$2g - 2h - 2l''$,		$\gamma^4 e^2$,
................,		....

On trouvera, dans les pages 10, 11 et 12 du Mémoire de M. Radau, des expressions analogues pour les huit termes composant les deux premières lignes de R″, et ce Tableau permet de fixer rapidement l'ordre du coefficient d'un argument quelconque.

Cherchons, par exemple, le coefficient de l'argument

$$2g + 2h + 3l' - 2l''.$$

En faisant abstraction de la différence $l' - l''$, il se réduit à

$$2g + 2h + l'' = (2g + 2h - 2l'') + 3l''.$$

Or, dans notre Tableau, l'argument $2g + 2h - 2l''$ a le coefficient e^2; en ajoutant $3l''$, on introduira le facteur e''^3; mais on peut écrire

$$3l'' = 3l' - 3(l' - l'') = 2l' + l'' - 2(l' - l'') = l' + 2l'' - (l' - l'').$$

Donc on aura, pour le facteur principal de l'argument proposé,

$$e^2 e''^3, \quad e^2 e''^2 e', \quad e^2 e'' e'^2, \quad e^2 e'^3.$$

On aura aussi $e^2 e''\gamma''^2$ et $e^2 e'\gamma''^2$, en combinant avec $3l''$ ou $l' + 2l'' - (l' - l'')$ l'argument partiel $2(L'' - h'')$.

163. Il s'agit maintenant de considérer surtout les arguments dans lesquels le coefficient du temps est assez petit, de façon à donner des inégalités sensibles. M. Radau a donné à ce sujet un Tableau très complet (p. 13-16 de son Mémoire), dans lequel il représente par

$$M^*, \quad V, \quad T, \quad M, \quad J, \quad S, \quad U,$$

les longitudes moyennes de Mercure, Vénus, la Terre, Mars, Jupiter, Saturne et Uranus. Voici d'abord les mouvements diurnes de ces longitudes, ainsi que celles de l, L, h, g, ... :

Lune.		Planètes.	
l	47033,97	M^*	14732,42
$L = g + h + l$	47434,90	V	5767,67
h	−190,77	T	3548,19
g	+591,69	M	1886,52
$\varpi = g + h$	+400,92	J	299,13
$g - h$	+782,46	S	120,45
$g + 3h$	+ 19,38	U	42,23

J'extrais du Tableau de M. Radau les données suivantes :

Ordre.	Coefficient.	Argument.	Mouvement diurne.	Période.	
0.........	1	$-T+V$	$+2219'',5$	$1^{an},60$	(Hansen)
0.........	1	$-2T+2V$	$+4439,0$	$0,80$	(Hansen)
1.........	e'	$-3T+2V$	$+890,76$	$4,0$	
5.........	$\gamma''^2 e'^3$	$-13T+8V$	$+14,85$	239	(Hansen-Delaunay)
3.........	$\gamma''^2 e$	$l+16T-18V$	$+13,01$	273	(Hansen-Delaunay)
2.........	e^2	$2\varpi-2J$	$+203,58$	$17,4$	(Neison-Hill)
5.........	$\frac{a}{a'}e'^3$	$L-24T+20M$	$+8,65$	410	(Neison-Gogou)
8.........	$\frac{a}{a'}\gamma^2 ee'^3$	$g+3h$	$-19,38$	183	(Laplace-Poisson
6.........	$\frac{a}{a'}\gamma\gamma'' ee''$	$g-2J$	$-6,57$	540	

M. Radau a compris dans sa liste quelques arguments à période relativement courte, qui ne renferment pas d'éléments lunaires, mais seulement les longitudes L' et L''. Leur importance vient surtout de l'action indirecte que les planètes exercent sur la Lune, par les perturbations du mouvement de la Terre, en ajoutant à r' et V', dans R', des inégalités où figurent les longitudes L'', désignées plus haut par les lettres V, M, J, ...

164. Il nous faut dire maintenant comment se calculent les inégalités de la longitude de la Lune qui dépendent des arguments considérés.

La substitution des valeurs elliptiques des r', r'', V' et V'', dans les diverses portions de la fonction perturbatrice est souvent très laborieuse. On peut la déduire directement d'une formule générale donnée par M. Radau.

Soit proposé de développer suivant les cosinus des multiples de L et L' (nous mettons pour abréger L et L' au lieu de L' et L''), l'expression

$$\mathfrak{S}\cos(A+iV+i'V'),$$

où $\mathfrak{S}$ représente une fonction de r et r', et A une constante. En se bornant aux termes du troisième ordre en e et e', on doit remplacer r et V par

$$r=a\left[1+\frac{1}{2}e^2-\left(e-\frac{3}{8}e^3\right)\cos l-\frac{1}{2}e^2\cos 2l-\frac{3}{8}e^3\cos 3l\right],$$

$$V=L+\left(2e-\frac{1}{4}e^3\right)\sin l+\frac{5}{4}e^2\sin 2l+\frac{13}{12}e^3\sin 3l,$$

r' et V' par les mêmes expressions dans lesquelles on accentue toutes les lettres.

On aura recours à la série de Taylor qui donne

$$\begin{aligned}\mathfrak{C} = C &+ a\frac{\partial C}{\partial a}\left[\frac{1}{2}e^2 - \left(e - \frac{3}{8}e^3\right)\cos l - \ldots\right]\\ &+ a'\frac{\partial C}{\partial a'}\left[\frac{1}{2}e'^2 - \left(e' - \frac{3}{8}e'^3\right)\cos l' - \ldots\right]\\ &+ \frac{1}{2}a^2\frac{\partial^2 C}{\partial a^2}\left[\frac{1}{2}e^2 - \left(e - \frac{3}{8}e^3\right)\cos l - \ldots\right]^2\\ &+ \ldots\ldots\ldots\ldots\ldots\ldots\end{aligned}$$

$$\begin{aligned}\cos(A + iV + i'V') = \cos\Theta - \sin\Theta\left[i\left(2e - \frac{1}{4}e^3\right)\sin l + \ldots + i'\left(2e' - \frac{1}{4}e'^3\right)\sin l' + \ldots\right]\\ - \ldots\ldots\ldots\ldots\ldots\ldots,\end{aligned}$$

où C désigne ce que devient $\mathfrak{C}$ quand on remplace r et r' par a et a', et

$$\Theta = A + iL + i'L'.$$

On trouve finalement

$$\begin{aligned}&\mathfrak{C}\cos(A + iV + i'V')\\ &= H_0\cos\Theta + H_1 e\cos(\Theta + l) + H_2 e^2\cos(\Theta + 2l) + H_3 e^3\cos(\Theta + 3l)\\ &\qquad + H'_1 e'\cos(\Theta + l') + H'_2 ee'\cos(\Theta + l + l') + H'_3 e^2 e'\cos(\Theta + 2l + l')\\ &\qquad + \ldots\ldots\ldots + H''_2 e'^2\cos(\Theta + 2l') + H''_3 ee'^2\cos(\Theta + l + 2l')\\ &\qquad\qquad + \ldots\ldots\ldots + H'''_3 e'^3\cos(\Theta + 3l')\\ &\qquad\qquad\qquad + \ldots\ldots\ldots\end{aligned}$$

Nous n'écrivons pas les termes analogues où l et l' sont remplacés par $-l$ et $-l'$, car les coefficients correspondants se déduisent des précédents en y changeant respectivement i en $-i$, ou i' en $-i'$. Il ne faut pas oublier d'ailleurs que, pour $\Theta = 0$, les coefficients qui suivent H_0 sont doublés parce que $\cos(-l)$ coïncide avec $\cos l$.

On verra aussi que H'_1, H''_2, H''_3, H'''_3 se déduisent respectivement de H_1, H_2, H'_3 et H_3, en permutant a, e, i en a', e' et i'.

Posons

$$C_1 = a\frac{\partial C}{\partial a},\qquad C_2 = a^2\frac{\partial^2 C}{\partial a^2},\qquad \ldots,$$

$$C' = a'\frac{\partial C}{\partial a'},\qquad C'' = a'^2\frac{\partial^2 C}{\partial a'^2},\qquad \ldots,\qquad C'_1 = aa'\frac{\partial^2 C}{\partial a\,\partial a'},\qquad \ldots,$$

mais en désignant par $\frac{\partial C}{\partial a}, \frac{\partial C}{\partial a'}, \ldots$ ce que deviennent $\frac{\partial \mathfrak{C}}{\partial r}, \frac{\partial \mathfrak{C}}{\partial r'}, \ldots$ pour $r = a$ et

$r' = a'$; la distinction est importante si $\mathfrak{S}$ contient a ou a'. Nous trouverons

$$\begin{aligned}
\mathrm{H}_0 &= \mathrm{C} + e^2\left(-i^2\mathrm{C} + \frac{1}{2}\mathrm{C}_1 + \frac{1}{4}\mathrm{C}_2\right) + e'^2\left(-i'^2\mathrm{C} + \frac{1}{2}\mathrm{C}' + \frac{1}{4}\mathrm{C}''\right),\\
\mathrm{H}_1 &= i\mathrm{C} - \frac{1}{2}\mathrm{C}_1 + e^2\left[-\frac{i(i+1)(4i+1)}{8}\mathrm{C} + \frac{(i+1)(4i+3)}{16}\mathrm{C}_1 + \frac{i-1}{8}\mathrm{C}_2 - \frac{1}{16}\mathrm{C}_3\right]\\
&\quad + e'^2\left[-i'^2\left(i\mathrm{C} - \frac{1}{2}\mathrm{C}_1\right) + \frac{i}{2}\mathrm{C}' - \frac{1}{4}\mathrm{C}'_1 + \frac{i}{4}\mathrm{C}'' - \frac{1}{8}\mathrm{C}''_1\right],\\
\mathrm{H}'_1 &= i'\mathrm{C} - \frac{1}{2}\mathrm{C}' + e^2\left[-i^2\left(i'\mathrm{C} - \frac{1}{2}\mathrm{C}'\right) + \frac{i'}{2}\mathrm{C}_1 - \frac{1}{4}\mathrm{C}'_1 + \frac{i'}{4}\mathrm{C}_2 - \frac{1}{8}\mathrm{C}'_2\right]\\
&\quad + e'^2\left[-\frac{i'(i'+1)(4i'+1)}{8}\mathrm{C} + \frac{(i'+1)(4i'+3)}{16}\mathrm{C}' + \frac{i'-1}{8}\mathrm{C}'' - \frac{1}{16}\mathrm{C}'''\right],\\
\mathrm{H}_2 &= i\,\frac{4i+5}{8}\mathrm{C} - \frac{2i+1}{4}\mathrm{C}_1 + \frac{1}{8}\mathrm{C}_2,\\
\mathrm{H}'_2 &= ii'\mathrm{C} - \frac{1}{2}(i\mathrm{C}' + i'\mathrm{C}_1) + \frac{1}{4}\mathrm{C}'_1,\\
\mathrm{H}''_2 &= i'\,\frac{4i'+5}{8}\mathrm{C} - \frac{2i'+1}{4}\mathrm{C}' + \frac{1}{8}\mathrm{C}'',\\
\mathrm{H}_3 &= i\,\frac{4i^2+15i+13}{24}\mathrm{C} - \frac{4i^2+9i+3}{16}\mathrm{C}_1 + \frac{i+1}{8}\mathrm{C}_2 - \frac{1}{48}\mathrm{C}_3,\\
\mathrm{H}'_3 &= i\,\frac{4i+5}{8}\left(i'\mathrm{C} - \frac{1}{2}\mathrm{C}'\right) - \frac{2i+1}{4}\left(i'\mathrm{C}_1 - \frac{1}{2}\mathrm{C}'_1\right) + \frac{1}{8}\left(i'\mathrm{C}_2 - \frac{1}{2}\mathrm{C}'_2\right),\\
\mathrm{H}''_3 &= i'\,\frac{4i'+5}{8}\left(i\mathrm{C} - \frac{1}{2}\mathrm{C}_1\right) - \frac{2i'+1}{4}\left(i\mathrm{C}' - \frac{1}{2}\mathrm{C}'_1\right) + \frac{1}{8}\left(i\mathrm{C}'' - \frac{1}{2}\mathrm{C}''_1\right),\\
\mathrm{H}'''_3 &= i'\,\frac{4i'^2+15i'+13}{24}\mathrm{C} - \frac{4i'^2+9i'+3}{16}\mathrm{C}' + \frac{i'+1}{8}\mathrm{C}'' - \frac{1}{48}\mathrm{C}'''.
\end{aligned}$$

Pour le calcul des quantités C, C_1, ... qui sont des fonctions homogènes de a et a', il convient d'introduire le rapport

$$\alpha = \frac{a'}{a},$$

que nous supposerons toujours < 1; de sorte que a représente la distance moyenne de Mars et de Jupiter et a' celle de la Terre, ou bien a celle de la Terre et a' celle de Mercure ou de Vénus. On suppose encore

$$\mathfrak{S} = \frac{a'^n}{r^n} f\left(\frac{r'}{r}\right), \qquad \mathrm{C} = f(\alpha).$$

On trouve immédiatement

$$\mathrm{C}' = \alpha\frac{d\mathrm{C}}{d\alpha}, \qquad \mathrm{C}'' = \alpha^2\frac{d^2\mathrm{C}}{d\alpha^2};$$

mais les dérivées C_1, C_2, ... relatives à a dépendent de l'exposant n. On trouve aisément

$$r\,\frac{\partial \Theta}{\partial r} = -n\,\frac{a^n}{r^n}f\left(\frac{r'}{r}\right) - \frac{a^n}{r^n}\,\frac{r'}{r}\,f'\left(\frac{r'}{r}\right),$$

$$r^2\,\frac{\partial^2 \Theta}{\partial r^2} = n(n+1)\,\frac{a^n}{r^n}f\left(\frac{r'}{r}\right) + 2(n+1)\,\frac{a^n}{r^n}\,\frac{r'}{r}\,f'\left(\frac{r'}{r}\right) + \frac{a^n}{r^n}\,\frac{r'^2}{r^2}\,f''\left(\frac{r'}{r}\right),$$

$$\cdots\cdots\cdots\cdots\cdots\cdots\cdots\cdots$$

d'où

$$\begin{aligned}
-C_1 &= nC + C',\\
-C'_1 &= (n+1)C' + C'',\\
-C''_1 &= (n+2)C'' + C''',\\
+C_2 &= n(n+1)C + 2(n+1)C' + C'',\\
+C'_2 &= (n+1)(n+2)C + 2(n+2)C'' + C''',\\
-C_3 &= n(n+1)(n+2)C + 3(n+1)(n+2)C' + 3(n+2)C'' + C''',\\
&\cdots\cdots\cdots\cdots\cdots\cdots\cdots\cdots
\end{aligned}$$

On aura surtout à attribuer à n les valeurs 3 et 4; il est facile de trouver les valeurs correspondantes de C_1, C'_1, ... et de les porter dans les expressions générales des H_0, .., H'''_3. Nous ne reproduirons pas ici le résultat de ce calcul très simple.

165. Nous avons quelques indications à donner sur le calcul des quantités $\frac{1}{D^3}$, $\frac{1}{D^5}$, ... Nous introduirons les quantités

$$D_1^{-2s} = (1 - 2\alpha\cos\theta + \alpha^2)^{-s} = \frac{1}{2}\,b_s^0 + b_s^1\cos\theta + b_s^2\cos 2\theta + \ldots,$$

en supposant $\alpha < 1$, et écrivant pour abréger b_s^i au lieu de $b_s^{(i)}$. M. Radau a introduit les combinaisons suivantes des b,

$$(17)\qquad \left\{\begin{aligned}
\Delta b_s^i &= b_s^i - \alpha b_s^{i-1},\\
\Delta^2 b_s^i &= \Delta b_s^i - \alpha\Delta b_s^{i-1} = b_s^i - 2\alpha b_s^{i-1} + \alpha^2 b_s^{i-2},\\
&\cdots\cdots\cdots\cdots\cdots\cdots\\
\nabla b_s^i &= b_s^i - \alpha b_s^{i+1},\\
\nabla^2 b_s^i &= \nabla b_s^i - \alpha\nabla b_s^{i+1} = b_s^i - 2\alpha b_s^{i+1} + \alpha^2 b_s^{i+2},\\
&\cdots\cdots\cdots\cdots\cdots\cdots
\end{aligned}\right.$$

On sait que le rapport $b_s^i : b_s^{i-1}$ tend vers la limite α quand i croît indéfiniment, de sorte que les quantités Δ, Δ^2, ... tendent vers zéro. Elles décroissent même, en général, très rapidement, quand l'indice augmente, comme le montre le Tableau suivant, qui a été calculé pour Vénus et la Terre ($\alpha = 0{,}723\,332\,2$).

$i.$	$b^i_{\frac{9}{2}}.$	$\Delta.$	$\Delta^2.$	$\Delta^3.$	$\Delta^4.$
12	3455,835	551,32	67,84	5,43	0,15
13	2951,619	451,90	53,12	4,05	0,12
14	2503,300	368,30	41,43	3,01	0,08
15	2109,310	298,59	32,19	2,23	0,05
16	1766,646	240,92	24,93	1,65	0,04
17	1471,390	193,51	19,25	1,22	0,03
18	1219,112	154,81	14,83	0,90	0,02
19	1005,195	123,37	11,39	0,66	0,01
20	825,062	97,97	8,73	0,49	0,01
21	674,336	77,55	6,68	0,36	0,01

On a ainsi le moyen de vérifier les valeurs des coefficients b^i_s, car les Δ peuvent être calculés directement par des formules analogues à celles qui fournissent les b^i_s. Mais l'avantage principal de l'emploi de ces combinaisons, c'est qu'elles se présentent naturellement dans le développement des divers termes de R'', comme nous le verrons dans un moment. Quand on suit la méthode de calcul ordinaire, avec les b^i_s, il arrive souvent que le coefficient de l'inégalité est la différence très petite de deux nombres très grands, qu'il faut calculer avec beaucoup de décimales, circonstance qui rend le travail excessivement pénible. Or l'introduction des Δ permet d'éviter cet inconvénient en réduisant tout de suite les coefficients à leur vraie valeur. Les Δ jouent un rôle important, surtout dans les termes qui dépendent des excentricités.

On sait exprimer les b^i_s par des séries hypergéométriques (*voir* notre t. I, Chap. XVII); on peut faire la même chose pour les Δ et les ∇. Ainsi l'on a

$$\frac{1}{2} b^i_s = \alpha^i \frac{s(s+1)\ldots(s+i-1)}{1.2\ldots i} F(s, s+i, i+1, \alpha^2);$$

$$\frac{1}{2} \Delta b^i_s = \alpha^i \frac{(s-1)\ldots(s+i-2)}{1.2\ldots i} F(s, s+i-1, i+1, \alpha^2);$$

$$\frac{1}{2} \nabla b^i_s = \alpha^i \frac{s(s+1)\ldots(s+i-1)}{1.2\ldots i} F(s-1, s+i, i+1, \alpha^2);$$

$$\frac{1}{2} b^i_s = \frac{\alpha^i}{(1-\alpha^2)^s} \frac{s(s-1)\ldots(s+i-1)}{1.2\ldots i} F\left(s, 1-s, i+1, -\frac{\alpha^2}{1-\alpha^2}\right);$$

$$\frac{1}{2} \Delta b^i_s = \frac{\alpha^i}{(1-\alpha^2)^s} \frac{s(s-1)\ldots(s+i-2)}{1.2\ldots i} F\left(s, 2-s, i+1, -\frac{\alpha^2}{1-\alpha^2}\right);$$

$$\frac{1}{2} \nabla b^i_s = \frac{\alpha^i}{(1-\alpha^2)^{s-1}} \frac{s\ldots(s+i-1)}{1.2\ldots i} F\left(s-1, 1-s, i+1, -\frac{\alpha^2}{1-\alpha^2}\right);$$

$$\frac{1}{2} b^i_s = \frac{\alpha^i}{(1-\alpha^2)^{2s-1}} \frac{s(s+1)\ldots(s+i-1)}{1.2\ldots i} F(1-s, i+1-s, i+1, \alpha^2),$$

$$\frac{1}{2} \Delta b^i_s = \frac{\alpha^i}{(1-\alpha^2)^{2s-2}} \frac{(s-1)\ldots(s+i-2)}{1.2\ldots i} F(2-s, i+1-s, i+1, \alpha^2),$$

$$\frac{1}{2} \nabla b^i_s = \frac{\alpha^i}{(1-\alpha^2)^{2s-2}} \frac{s\ldots(s+i-1)}{1.2\ldots i} F(1-s, i+2-s, i+1, \alpha^2);$$

il en résulte les relations

$$\frac{\nabla b_s^i}{b_s^i} = \frac{F(s-1, s+i, i+1, \alpha^2)}{F(s, s+i, i+1, \alpha^2)},$$

$$\frac{\Delta b_s^i}{b_s^i} = \frac{s-1}{i+s-1}\,\frac{F(s, s+i-1, i+1, \alpha^2)}{F(s, s+i, i+1, \alpha^2)},$$

$$\frac{\Delta^2 b_s^i}{b_s} = \frac{s-1}{i+s-1}\,\frac{s-2}{i+s-2}\,\frac{F(s, s+i-2, i+1, \alpha^2)}{F(s, s+i, i+1, \alpha^2)},$$

et l'on voit que les Δ successifs décroissent très vite, lorsque i est un nombre un peu élevé. Il n'en est pas de même des ∇, qui sont en général du même ordre que les b.

166. Nous avons dit que les Δ se présentaient naturellement dans le développement des termes de R''. L'expression (9) de R'' contient en effet les expressions

$$\frac{\xi}{D^3}, \quad \frac{\eta}{D^3}, \quad \frac{\xi^2-\eta^2}{D^3}, \quad \frac{\xi\eta}{D^3}, \quad \dots$$

Or, en écrivant, pour simplifier, r et V au lieu de r'' et V'', et faisant $\frac{r'}{r''} = \alpha$, les formules (12) donnent

$$\xi = r\cos V - r'\cos V' - \gamma^2 r\cos V + \gamma^2 r\cos(2h - V),$$
$$\eta = r\sin V - r'\sin V' - \gamma^2 r\sin V + \gamma^2 r\sin(2h - V);$$

on a ensuite

$$D^2 = r^2 + r'^2 - 2rr'(1-\gamma^2)\cos(V'-V) - 2rr'\gamma^2\cos(V'+V-2h).$$

Si l'on fait

$$D_1^2 = 1 + \alpha^2 - 2\alpha\cos(V - V'),$$

on trouve

$$\frac{\xi}{r}\frac{r^3}{D^3} = [\cos V - \alpha\cos V' - \gamma^2\cos V + \gamma^2\cos(2h - V)][1+\alpha^2 - 2\alpha\cos(V-V') + 2\alpha\gamma^2\cos(V-V') - 2\alpha\gamma^2\cos(V+V'-2h)]^{-\frac{3}{2}}$$

$$= [\cos V - \alpha\cos V' - \gamma^2\cos V + \gamma^2\cos(2h-V)]\left[\frac{1}{D_1^3} - 5\alpha\gamma^2\frac{\cos(V-V') - \cos(V+V'-2h)}{D_1^5}\right],$$

de sorte que la partie de $\frac{\xi}{D^3}r^2$ qui est indépendante des inclinaisons est égale à

$$\frac{\cos V - \alpha\cos V'}{D_1^3} = \frac{1}{2}(\cos V - \alpha\cos V')\sum_{-\infty}^{+\infty} b_{\frac{3}{2}}^i\cos(iV - iV').$$

On trouve de même, pour la partie de $\frac{\xi^2 - \eta^2}{D^5} r^3$ qui est indépendante des inclinaisons,

$$\frac{\cos 2V - 2\alpha \cos(V + V') + \alpha^2 \cos^2 V'}{D_1^5} = \frac{1}{2}[\cos 2V - 2\alpha\cos(V + V') + \alpha^2 \cos^2 V'] \sum_{-\infty}^{+\infty} b^i_{\frac{5}{2}} \cos(iV - iV').$$

On a, en utilisant une transformation bien connue,

$$\frac{1}{2}\cos V \sum_{-\infty}^{+\infty} b^i_{\frac{5}{2}} \cos(iV - iV') = \frac{1}{2} \sum_{-\infty}^{+\infty} b^i_{\frac{5}{2}} \cos(V - iV + iV'),$$

$$\frac{1}{2}\cos V' \sum_{-\infty}^{+\infty} b^i_{\frac{5}{2}} \cos(iV - iV') = \frac{1}{2} \sum_{-\infty}^{+\infty} b^{i-1}_{\frac{5}{2}} \cos(V - iV + iV'),$$

d'où

$$\frac{\cos V - \alpha \cos V'}{D_1^5} = \frac{1}{2} \sum_{-\infty}^{+\infty} \Delta b^i_{\frac{5}{2}} \cos(V - iV + iV').$$

On trouve de même

$$\frac{\cos 2V - 2\alpha \cos(V + V') + \alpha^2 \cos 2V'}{D_1^5} = \frac{1}{2} \sum_{-\infty}^{+\infty} \Delta^2 b^i_{\frac{5}{2}} \cos(2V - iV + iV').$$

Si l'on remarque que, d'après les formules (17), on a

$$\Delta b^{-i}_{\frac{5}{2}} = \nabla b^i_{\frac{5}{2}}, \qquad \Delta^2 b^{-i}_{\frac{5}{2}} = \nabla^2 b^i_{\frac{5}{2}},$$

on trouvera que les parties de $\frac{\xi}{D^5} r^4$ et de $\frac{\xi^2 - \eta^2}{D^5} r^3$ qui sont indépendantes des inclinaisons ont pour valeurs respectives

$$\frac{1}{2}\Delta b^0_{\frac{5}{2}} \cos V + \frac{1}{2} \sum_{1}^{\infty} \Delta b^i_{\frac{5}{2}} \cos(V - iV + iV') + \frac{1}{2} \sum_{1}^{\infty} \nabla b^i_{\frac{5}{2}} \cos(V + iV - iV').$$

$$\frac{1}{2}\Delta^2 b^0_{\frac{5}{2}} \cos 2V + \frac{1}{2} \sum_{1}^{\infty} \Delta^2 b^i_{\frac{5}{2}} \cos(2V - iV + iV') + \frac{1}{2} \sum_{1}^{\infty} \nabla^2 b^i_{\frac{5}{2}} \cos(2V + iV - iV').$$

On voit donc que, comme nous l'avions annoncé, les fonctions $\Delta b^i_{\frac{5}{2}}$, $\nabla b^i_{\frac{5}{2}}$, $\Delta^2 b^i_{\frac{5}{2}}$ et $\nabla^2 b^i_{\frac{5}{2}}$ s'introduisent tout naturellement; la transformation sera surtout avantageuse quand on aura à considérer l'un des arguments

$$\mathrm{L} - i\mathrm{L} + i\mathrm{L}', \quad 2\mathrm{L} - i\mathrm{L} + i\mathrm{L}',$$

où i désigne un nombre entier positif.

Dans le cas des planètes inférieures $(r' > r)$, on aurait, en faisant $\alpha = \dfrac{r}{r'} = \dfrac{r''}{r'}$,

$$\frac{\xi}{r'} = \alpha \cos \mathrm{V} - \cos \mathrm{V}',$$

$$\frac{\xi}{\mathrm{D}^3} r'^3 = \frac{\alpha \cos \mathrm{V} - \cos \mathrm{V}'}{\mathrm{D}_1^3} = -\frac{1}{2} \sum_{-\infty}^{+\infty} \Delta b_{\frac{5}{2}}^i \cos(\mathrm{V}' - i\mathrm{V}' + i\mathrm{V})$$

$$= -\frac{1}{2} \Delta b_{\frac{5}{2}}^0 \cos \mathrm{V}' - \frac{1}{2} \sum_{1}^{\infty} \Delta b_{\frac{5}{2}}^i \cos(\mathrm{V}' - i\mathrm{V}' + i\mathrm{V}) - \frac{1}{2} \sum_{1}^{\infty} \nabla b_{\frac{5}{2}}^i \cos(\mathrm{V}' + i\mathrm{V}' - i\mathrm{V}),$$

$$\frac{\xi^2 - \eta^2}{\mathrm{D}^5} r'^3 = \frac{1}{2} \sum_{-\infty}^{+\infty} \Delta^2 b_{\frac{5}{2}}^i \cos(2\mathrm{V}' - i\mathrm{V}' + i\mathrm{V})$$

$$= \frac{1}{2} \Delta^2 b_{\frac{5}{2}}^0 \cos 2\mathrm{V}' + \frac{1}{2} \sum_{1}^{\infty} \Delta^2 b_{\frac{5}{2}}^i \cos(2\mathrm{V}' - i\mathrm{V}' + i\mathrm{V})$$

$$+ \frac{1}{2} \sum_{1}^{\infty} \nabla^2 b_{\frac{5}{2}}^i \cos(2\mathrm{V}' + i\mathrm{V}' - i\mathrm{V})$$

On trouvera dans les pages 28-31 du Mémoire de M. Radau les formules qui permettent de calculer rapidement, de proche en proche, les valeurs des Δ, Δ^2, ..., ∇, ∇^2, ..., ainsi que celles de leurs dérivées.

On voit ainsi que l'on peut obtenir, d'une manière rapide et sûre, la valeur numérique du coefficient d'un argument quelconque de la fonction perturbatrice de la Lune, grâce aux simplifications indiquées, à savoir :

1° La décomposition préalable des termes de R en groupes qui renferment certaines combinaisons des éléments lunaires;

2° L'emploi d'une formule générale de développement par rapport aux excentricités;

3° L'introduction des fonctions Δ, ∇ des coefficients b'_s.

167. Il reste à en déduire l'inégalité correspondante de la longitude de la Lune. On y parvient aisément en se servant du procédé d'intégration que M. Hill a exposé dans son beau Mémoire, *On certain lunar inequalities due to the action of Jupiter* (*Astron. Papers,* t. III; 1885). Ce procédé, qui repose sur la méthode de Delaunay, réduit le travail à quelques substitutions.

Nous avons vu que, dans cette méthode, on considère six variables L, G, H, l, g, h. On élimine successivement tous les termes périodiques de la fonction R' qui provient de l'action du Soleil ; après les avoir épuisés, on conserve le terme constant qui est comme le résidu des opérations, et dont les dérivées, par rapport à L, G, H, fournissent les mouvements l_0, g_0 et h_0 des arguments l, g, h. Si alors on ajoute un nouveau terme périodique, provenant de R″, que nous désignerons par R_1, les éléments devront satisfaire aux équations différentielles

$$\frac{dL}{dt} = \frac{\partial R_1}{\partial l}, \qquad \frac{dl}{dt} = l_0 - \frac{\partial R_1}{\partial L}, \qquad \ldots$$

Soient δL, δl, ... les accroissements des éléments, δl_0, δg_0 et δh_0 les variations de l_0, g_0 et h_0 qui correspondent à δL, δG et δH. On aura

$$(18)\quad \left\{\begin{aligned} &\frac{d\,\delta L}{dt} = \frac{\partial R_1}{\partial l}, \qquad \frac{d\,\delta l}{dt} = \delta l_0 - \frac{\partial R_1}{\partial L}, \qquad \ldots, \\ &\delta l_0 = \frac{\partial l_0}{\partial L}\,\delta L + \frac{\partial l_0}{\partial G}\,\delta G + \frac{\partial l_0}{\partial H}\,\delta H. \end{aligned}\right.$$

Posons

$$(19)\quad \left\{\begin{aligned} &R_1 = A\cos\theta, \\ &\theta = il + i'g + i''h + ct + q, \end{aligned}\right.$$

où nous représentons par $ct + q$ la partie indépendante de la Lune qui renferme les longitudes des planètes, et soit

$$M = il_0 + i'g_0 + i''h_0 + c$$

le mouvement de l'argument θ. On pourra prendre finalement

$$\theta = Mt + Q.$$

Les formules (18) et (19) donneront

$$\delta L = \frac{i}{M}R_1, \qquad \delta G = \frac{i'}{M}R_1, \qquad \delta H = \frac{i''}{M}R_1,$$

d'où

$$\delta a = \frac{\partial a}{\partial L}\,\delta L + \frac{\partial a}{\partial G}\,\delta G + \frac{\partial a}{\partial H}\,\delta H,$$

$$\delta a = \left(i\frac{\partial a}{\partial L} + i'\frac{\partial a}{\partial G} + i''\frac{\partial a}{\partial H}\right)\frac{A}{M}\cos\theta, \qquad \delta e = \ldots, \qquad \delta\gamma = \ldots,$$

$$\delta l_0 = \left(i\frac{\partial l_0}{\partial L} + i'\frac{\partial l_0}{\partial G} + i''\frac{\partial l_0}{\partial H}\right)\frac{A}{M}\cos\theta, \qquad \delta g_0 = \ldots, \qquad \delta h_0 = \ldots.$$

On aura ensuite

$$\frac{d\delta l}{dt} = \delta l_0 - \frac{\partial A}{\partial L}\cos\theta,$$

$$\frac{\partial A}{\partial L} = \frac{\partial A}{\partial a}\frac{\partial a}{\partial L} + \frac{\partial A}{\partial e}\frac{\partial e}{\partial L} + \frac{\partial A}{\partial \gamma}\frac{\partial \gamma}{\partial L}.$$

En intégrant, il vient

$$\delta l = \left(i \frac{\partial l_0}{\partial \mathrm{L}} + i' \frac{\partial l_0}{\partial \mathrm{G}} + i'' \frac{\partial l_0}{\partial \mathrm{H}} \right) \frac{\mathrm{A}}{\mathrm{M}^2} \sin\theta - \frac{\partial \mathrm{A}}{\partial \mathrm{L}} \frac{\sin\theta}{\mathrm{M}}, \qquad \delta g = \ldots, \qquad \delta h = \ldots.$$

Les coefficients $\frac{\partial a}{\partial \mathrm{L}}, \ldots, \frac{\partial \gamma}{\partial \mathrm{H}}$ et $\frac{\partial l_0}{\partial \mathrm{L}}, \ldots, \frac{\partial h_0}{\partial \mathrm{H}}$, qui entrent dans ces formules, peuvent d'ailleurs être calculés une fois pour toutes, à l'aide des séries données par Delaunay (t. I, p. 834, 857; t. II, p. 237, 799). M. Hill en a déterminé les valeurs numériques en ajoutant les compléments probables, obtenus par induction, quand la convergence des séries était insuffisante; nous ne reproduirons pas ces valeurs numériques.

Pour établir les expressions finales des perturbations cherchées, M. Hill introduit, à la place de M, le rapport $\frac{\mathrm{n}}{\mathrm{M}} = \mu$, où $\mathrm{n} = l_0 + g_0 + h_0$ représente le moyen mouvement définitif. L'inégalité de la longitude est proportionnelle à μ^2, si la période de l'argument θ est très longue, et, par suite, μ très grand.

On pose

$$\mathrm{B} = \frac{\mu \mathrm{A}}{n^2 a^2},$$

et si l'on reprend maintenant la lettre L pour désigner la longitude moyenne, on trouve

$$(20) \quad \left\{ \begin{aligned} \frac{\delta a}{a} &= (2{,}0135\, i - 0{,}003329\, i' + 0{,}000084\, i'')\, \mathrm{B} \cos\theta, \\ \delta e &= (19{,}207\, i - 19{,}238\, i' + 0{,}0032\, i'')\, \mathrm{B} \cos\theta, \\ \delta\gamma &= (0{,}0014\, i + 5{,}5674\, i' - 5{,}5899\, i'')\, \mathrm{B} \cos\theta; \end{aligned} \right.$$

$$(21) \quad \left\{ \begin{aligned} \delta \mathrm{L} &= \begin{bmatrix} (-3{,}0904\, i + 0{,}05661\, i' - 0{,}01137\, i'')\mu \\ -2{,}0100\lambda + 0{,}3447\lambda' + 0{,}4719\lambda'' \end{bmatrix} \mathrm{B} \sin\theta, \\ \delta l &= \begin{bmatrix} (-3{,}1156\, i + 0{,}06208\, i' - 0{,}03660\, i'')\mu \\ -2{,}0134\lambda - 349{,}84\lambda' - 0{,}0313\lambda'' \end{bmatrix} \mathrm{B} \sin\theta, \\ \delta h &= \begin{bmatrix} (-0{,}03680\, i + 0{,}02921\, i' - 0{,}00376\, i'')\mu \\ +0{,}00008\lambda - 0{,}05877\lambda' + 124{,}54\lambda'' \end{bmatrix} \mathrm{B} \sin\theta; \end{aligned} \right.$$

on a déterminé λ, λ' et λ'' par les formules

$$(22) \qquad a \frac{\partial \mathrm{A}}{\partial a} = \lambda \mathrm{A}, \qquad e \frac{\partial \mathrm{A}}{\partial e} = \lambda' \mathrm{A}, \qquad \gamma \frac{\partial \mathrm{A}}{\partial \gamma} = \lambda'' \mathrm{A}.$$

M. Radau a employé avantageusement une modification de ces formules, en faisant usage du rapport

$$p = \frac{n'}{\mathrm{M}} = \frac{3548'',2}{\mathrm{M}},$$

qui représente (au signe près) la période de l'argument θ, et qui est treize fois plus petit que μ. Il pose en même temps

$$P = \frac{pA}{n'^2 a^2},$$

et trouve

$$(20\ bis)\quad \begin{cases} \dfrac{\delta a}{a} = (0,14901\,i - 0,000246\,i' - 0,000006\,i'')\,P\cos\theta, \\ \delta e = (1,4215\,i - 1,4238\,i' + 0,00024\,i'')\,P\cos\theta, \\ \delta\gamma = (0,00010\,i + 0,41203\,i' - 0,41370\,i'')\,P\cos\theta; \end{cases}$$

$$(21\ bis)\quad \begin{cases} \delta L = \begin{bmatrix} (-3,0576\,i + 0,05601\,i' - 0,01124\,i'')p \\ -0,14876\lambda + 0,02551\lambda' + 0,03492\lambda'' \end{bmatrix} P\sin\theta, \\ \delta l = \begin{bmatrix} (-3,0826\,i + 0,06142\,i' - 0,03621\,i'')p \\ -0,14901\lambda - 25,891\lambda' - 0,00232\lambda'' \end{bmatrix} P\sin\theta, \\ \delta h = \begin{bmatrix} (-0,03641\,i + 0,02890\,i' - 0,00372\,i'')p \\ +0,000006\lambda - 0,00435\lambda' + 9,2169\lambda'' \end{bmatrix} P\sin\theta. \end{cases}$$

Pour avoir l'inégalité δV de la longitude vraie, il faut substituer les perturbations des éléments dans l'expression de V, et il suffira généralement de se borner aux termes principaux, en faisant

$$(23)\qquad V = L + 2e\sin l + 0,41\,e\sin(2D - l), \qquad D = L - L';$$

par conséquent,

$$\delta V = \delta L + \delta e[2\sin l + 0,41\sin(2D - l)] + 2e\cos l\,\delta l + 0,41\,e\cos(2D - l)(2\,\delta L - \delta l).$$

Dans les applications courantes de ces formules, le coefficient A contient le facteur a^2 ou a^3, de sorte qu'on a $\lambda = 2$ ou $\lambda = 3$, en faisant abstraction des modifications que les perturbations solaires apportent aux éléments de la Lune.

Lorsque A renferme le facteur e ou e^2, on a $\lambda' = 1$ ou $\lambda' = 2$, à peu près, et comme, dans les formules (21) et (21 *bis*), δl contient λ' multiplié par un fort coefficient numérique, il peut en résulter une perturbation sensible de l'élément l et, dans V, une inégalité à courte période qui accompagne l'inégalité cherchée, dont l'argument est θ.

168. L'action directe des planètes sur la Lune provient de la partie R'' de la fonction perturbatrice; elle dépend en première ligne, d'après la formule (9), du facteur $m''\frac{r^2}{D^3}$. Les formules introduisent le facteur

$$m''\frac{a^2}{a'^3} = \frac{m''}{m'}n'^2a^2 \qquad \text{(planètes inférieures)},$$

ou bien

$$m'' \frac{a^2}{a''^3} = \frac{m''}{m'} \alpha^3 n'^2 a^2 \qquad \text{(planètes supérieures).}$$

En multipliant ensuite par 206265″ pour convertir en secondes d'arc, et désignant par $\mathfrak{M}$ le facteur $\frac{m''}{m'}$, ou $\frac{m''}{m'} \alpha^3$, on trouve :

Mercure	$\mathfrak{M} = 0'',0389$
Vénus	0,5157
Mars	0,0194
Jupiter	1,3975
Saturne	0,0679

On a, d'ailleurs,

$$\frac{n'}{n} = 0,07440, \qquad \frac{n'^2}{n^2} = 0,005535 = \frac{1}{180,6}.$$

Pour tenir compte des perturbations solaires, dans R″, le plus simple sera de substituer pour r, V leurs valeurs troublées. On prendra donc les expressions (non transformées) de V et de $\frac{a}{r}$, données par Delaunay, et l'on en déduira celles de r^2, $r^2 \cos 2V$, $r^2 \sin 2V$, ...

On trouvera, par exemple, avec une approximation suffisante, en faisant $m = \frac{n'}{n}$,

$$\delta \frac{r^2}{a^2} = -2 \frac{r_0^3}{a^3} \delta \frac{a}{r} + 3 \left(\delta \frac{a}{r}\right)^2,$$

$$\delta \frac{r^2}{a^2} = m^2 + \frac{33}{8} m^2 e^2 + \frac{49}{64} m^2 e \cos l$$
$$- \left(2m^2 + \frac{15}{8} m e^2 + \frac{189}{32} m^2 e^2\right) \cos 2D + \left(\frac{45}{8} m + \frac{801}{32} m^2\right) e^2 \cos(2D - 2l) + \ldots.$$

De même

$$\delta \left[\frac{r^2}{a^2} \cos(2V - 2V' + A)\right] = \frac{55}{16} m^2 e \cos(l - A) - \left(\frac{45}{8} m + \frac{773}{32} m^2\right) e \cos(l + A)$$
$$+ \left(m^2 - \frac{71}{8} m^2 e^2\right) \cos(2D + A)$$
$$- \frac{237}{128} m^2 e^2 \cos(2D - 2l + A) + \ldots.$$

Ces expressions nous seront utiles dans la suite.

La partie R′ de la fonction perturbatrice est la source de l'action indirecte des planètes, de leur action réfléchie par le Soleil, car elle se traduit par des perturbations des coordonnées r', V', U' (rayon vecteur, longitude et latitude du Soleil). Nous prendrons ces perturbations dans les Tables de Le Verrier.

169. Pour évaluer l'action indirecte d'une planète, il faut donc introduire dans R' les inégalités $\delta r'$, $\delta V'$ et $\delta U'$, en posant

$$\delta R' = \frac{\partial R'}{\partial r'}\delta r' + \frac{\partial R'}{\partial V'}\delta V' + \frac{\partial R'}{\partial U'}\delta U'.$$

Rappelons, d'ailleurs, que, dans les Tables de Le Verrier, les arguments renferment la longitude moyenne de la Terre, qui est désignée par l'', et qu'il faut augmenter de 180° pour avoir celle du Soleil.

En faisant abstraction de $\delta U'$, et considérant la première ligne de l'expression (8) de R' comme une fonction de V — V' qui a en facteur $\frac{1}{r'^3}$, on peut faire,

$$\delta R' = -3R'\frac{\delta r'}{r'} - \frac{\partial R'}{\partial V}\delta V'. \tag{24}$$

L'action indirecte est, dans certains cas, beaucoup plus sensible que l'action directe. Considérons, par exemple, le premier terme $\frac{m' r^2}{4 r'^3}$ de la formule (8), on aura

$$\frac{\partial R'}{\partial V} = 0, \qquad \delta R' = -\frac{3}{4}\frac{m' r^2}{r'^4}\delta r' = -\frac{3}{4}n'^2 a^2 (1 + 4e'\cos l')\frac{\delta r'}{a'},$$

ou, plus simplement,

$$\delta R' = -\frac{3}{4}n'^2 a^2 \frac{\delta r'}{a'},$$

de sorte que les inégalités qui en résultent apparaissent comme des perturbations du rayon vecteur r'. En prenant dans les Tables $\frac{\delta r'}{a'} = A\cos\theta$, on trouve

$$\delta R' = -\frac{3}{4}n'^2 a^2 A\cos\theta;$$

par conséquent, en vertu des formules (21), dans lesquelles on doit faire $i = i' = i'' = 0$ et $\lambda = 2$,

$$\delta L = 3\mu\frac{n'^2}{n^2}A\sin\theta,$$

ou bien, par les formules (21 *bis*),

$$\delta L = \frac{3}{2}\times 0,14876\, p A\sin\theta = \frac{2}{9}pA\sin\theta.$$

En supposant que la période est très longue, et que $\delta r'$ dépend principalement de $\delta a'$, on aura encore, à peu près,

$$\delta V' = -\frac{3}{2} p A \sin\theta; \tag{25}$$

en comparant les expressions précédentes de $\delta V'$ et de δL, il vient

$$\delta L = -\frac{4}{27}\delta V' = -0,15\,\delta V'. \tag{26}$$

Quelques mots d'explication sont ici nécessaires : on a

$$r' = a'(1 - e'\cos l' + \ldots),$$
$$V' = L' + \int n'\,dt + 2e'\sin l' + \ldots,$$

d'où

$$\delta r' = \delta a' + \frac{\partial r'}{\partial e'}\delta e' + \ldots,$$
$$\delta V' = \delta L' + \int \delta n'\,dt + \frac{\partial V'}{\partial e'}\delta e' + \ldots.$$

Si $\delta e'$, ... n'interviennent que très peu, nous supposons que l'on peut prendre

$$\delta r' = \delta a' = A a' \cos\theta.$$

On a ensuite

$$\frac{2\,\delta n'}{n'} + \frac{3\,\delta a'}{a'} = 0,$$

d'où

$$\delta n' = -\frac{3}{2} n' A \cos\theta,$$
$$\int \delta n'\,dt = -\frac{3}{2}\frac{n' A}{M}\sin\theta = -\frac{3}{2} p A \sin\theta,$$
$$\delta V' = -\frac{3}{2} p A \sin\theta,$$

ce qui est la formule (25), laquelle serait en défaut si l'inégalité $\delta r'$ provenait surtout des perturbations de l'excentricité et du périgée du Soleil.

On pourra donc, d'après la relation plus ou moins empirique (26), se faire une idée de l'importance probable du coefficient de l'inégalité de L, en divisant par 7 celui de l'inégalité analogue de la Terre.

Pour en montrer l'application, cherchons le coefficient de l'inégalité, due à l'action indirecte de Vénus, qui dépend de l'argument $13T - 8V$. Les Tables donnent, pour la Terre,

$$\delta V' = 1'',92 \sin(13T - 8V + 132°);$$

on en conclura

$$\delta L = -0'',29 \sin(13T - 8V + 132^\circ).$$

Delaunay trouve, pour la partie qui provient de l'action indirecte,

$$\delta L = -0'',27 \sin(13T - 8V + 138^\circ);$$

l'accord est très satisfaisant. La partie qui dépend de l'action directe de la planète est à peine sensible; le coefficient est inférieur à 0'',004.

170. Pour calculer d'une manière plus précise les inégalités dont l'argument ne renferme pas l, g, h ($i = i' = i'' = 0$), nous aurons à considérer, pour l'action directe, le terme

$$R'' = m'' \frac{r^2 - 3z^2}{4D^3} = \frac{\mathfrak{M}\, n'^2 a^2}{4D_1^3},$$

où $\mathfrak{M}$ représente le facteur numérique $\frac{m''}{m'}$ ou $\frac{m''}{m'}\alpha^3$, exprimé en secondes (*voir* le n° 168), et D_1 le radical

$$\sqrt{1 + \alpha^2 - 2\alpha\cos(V - V')};$$

on a remplacé par l'unité le facteur $\frac{a'^3}{r'^3}$ ou $\frac{a''^3}{r''^3}$, parce que, dans la formule générale qui sert à développer $\frac{1}{D^3}$, les dérivées C_1, C_2, ... sont finalement remplacées par les dérivées C', C'', ..., qui ne dépendent que de α (*voir* le n° 164). Dans un calcul rigoureux, il faut ajouter à $\frac{1}{D_1^3}$ les termes en γ''^2, les perturbations solaires, etc.

Pour l'action indirecte, nous aurons

$$\delta R' = -\frac{3}{4} m' \frac{r^2 - 3z^2}{r'^4}\,\delta r' = -\frac{3}{4} n'^2 a^2 (1 + 4e'\cos l')\,\frac{\delta r'}{a'}.$$

Le facteur $r^2 - 3z^2$ a été simplement remplacé par a^2; mais l'expression plus complète $a^2\left(1 - 6\gamma^2 + \frac{3}{2}e^2\right)$ nous servira maintenant à déterminer les coefficients de δL et δl. En y appliquant la formule (22), on a d'abord

$$i = i' = i'' = 0, \qquad \lambda = 2, \qquad \lambda' = 3e^2, \qquad \lambda'' = -12\gamma^2,$$

et par suite, dans l'expression (21 *bis*) de δL, le facteur

$$\left(1 - 6\gamma^2 + \frac{3}{2}e^2\right)(-0,2975 + 0,08e^2 - 0,42\gamma^2) = -0,2960;$$

puis, toujours par les formules (21 *bis*),

$$\frac{\delta l}{\delta L} = \frac{0,2980 + 77,67 e^2 - 0,03\gamma^2}{0,2975 - 0,08 e^2 + 0,42\gamma^2} = 1,79.$$

On aura ensuite, en remplaçant $4e'$ par $\frac{1}{15}$,

$$R'' + \delta R' = \frac{3}{4} n'^2 a^2 \left[\frac{\mathfrak{M}}{3D_1^3} - \frac{\delta r'}{a'}\left(1 + \frac{\cos l'}{15}\right)\right].$$

Supposons le coefficient de $-\frac{3}{4} n'^2 a^2$ mis sous la forme

$$(27) \qquad -\frac{\mathfrak{M}}{3D_1^3} + \frac{\delta r'}{a'}\left(1 + \frac{\cos l'}{15}\right) = \mathcal{A}\cos\theta + \mathcal{A}'\sin\theta = \mathcal{A}\cos\theta - \mathcal{A}'\cos(\theta + 90^\circ);$$

on aura, d'après les formules (21 *bis*),

$$\delta L = +\frac{3}{4} n'^2 a^2 \times 0,2960 \left(\frac{\mathcal{A} p}{n'^2 a^2}\sin\theta - \frac{\mathcal{A}' p}{n'^2 a^2}\cos\theta\right),$$

$$(28) \qquad \delta L = \frac{2}{9} p(\mathcal{A}\sin\theta - \mathcal{A}'\cos\theta).$$

Donc, ayant obtenu le développement (27), on en tirera δL en le multipliant par $\frac{2}{9}p$, et changeant $\cos\theta$ et $\sin\theta$ en $\sin\theta$ et $-\cos\theta$.

On aura encore, à très peu près,

$$\delta l = 1,8\,\delta L, \qquad e\,\delta l = \frac{1}{10}\delta L, \qquad \delta e = 0$$

et, par suite,

$$\delta V = \delta L + \frac{1}{10}(2\cos l\,\delta L).$$

L'inégalité concomitante, à courte période, qui provient du produit $2\cos l\,\delta L$, et qui a pour argument $\theta \pm l$, s'obtient donc en divisant par 10 le coefficient de δL.

171. Proposons-nous de calculer l'inégalité de Hansen, qui a pour argument $l + 16T - 18V$; elle provient de l'action directe de Vénus, donc de R''.

La première ligne de R'' contient, comme on l'a vu, les parties

$$r^2 - 3z^2, \qquad \frac{3}{4}(x^2 - y^2), \qquad \frac{3}{2}xy, \qquad 3xz, \qquad 3yz.$$

D'après les formules (15), l'argument l tout seul ne peut se trouver que dans la première partie $r^2 - 3z^2$. On a d'ailleurs

$$r^2 - 3z^2 = r^2 - 6\gamma^2(1-\gamma^2)(1-\cos 2v)r^2,$$
$$\frac{r^2}{a^2} = 1 - 2e\left(1 - \frac{1}{8}e^2 + \ldots\right)\cos l;$$

donc

$$r^2 - 3z^2 = \ldots - 2a^2\left(1 - 6\gamma^2 - \frac{1}{8}e^2 + 6\gamma^4\right)e\cos l + \ldots.$$

Il en résulte

$$R'' = -\frac{1}{2}m''a^2 e\left(1 - 6\gamma^2 - \frac{1}{8}e^2 + 6\gamma^4\right)\cos l\left(\frac{1}{D^3} - \frac{3\zeta^2}{D^5}\right).$$

On a ensuite

$$D^2 = r'^2 + r''^2 - 2r'r''(1-\gamma''^2)\cos(V'-V'') - 2r'r''\gamma''^2\cos(V'+V''-2h''),$$
$$\zeta = 2r''\left(\gamma'' - \frac{1}{2}\gamma''^3\right)\sin(V''-h'').$$

En posant, comme plus haut,

$$D_1^2 = 1 - 2\alpha\cos(V'-V'') + \alpha^2, \qquad \alpha = \frac{r''}{r'},$$

on trouve

$$D^2 = r'^2[D_1^2 + 2\alpha\gamma''^2\cos(V'-V'') - 2\alpha\gamma''^2\cos(V'+V''-2h'')],$$
$$\frac{r'^3}{D^3} = \frac{1}{D_1^3} + 3\alpha\gamma''^2\,\frac{\cos(V'+V''-2h'') - \cos(V'-V'')}{D_1^5} + \ldots.$$

Il en résulte, en négligeant γ''^4,

$$R'' = -\frac{1}{2}m''\frac{a^2}{r'^3}e\left(1 - 6\gamma^2 - \frac{1}{8}e^2 + 6\gamma^4\right)\cos l$$
$$\times\left[\frac{1}{D_1^3} + 3\alpha\gamma''^2\,\frac{\cos(V'+V''-2h'') - \cos(V'-V'')}{D_1^5} + 6\alpha^2\gamma''^2\,\frac{\cos(2V''-2h'') - 1}{D_1^5}\right].$$

Pour avoir les termes de la forme voulue, on pourra se borner à

$$R'' = -\frac{3}{2}m''\alpha\,\frac{a^2}{a'^3}\gamma''^2 e\left(1 - 6\gamma^2 - \frac{1}{8}e^2 + 6\gamma^4\right)\left(\frac{a'}{r'}\right)^3$$
$$\times \cos l\,\frac{\cos(V'+V''-2h'') + 2\alpha\cos(2V''-2h'')}{D_1^5}.$$

Nous négligerons e' et e'', et nous trouverons, en remplaçant $m''\dfrac{a^2}{a'^3}$ et γ'' par leurs valeurs numériques,

$$R'' = -0'',000\,247\,n'^2a^2\left(1 - 6\gamma^2 - \frac{1}{8}e^2 + 6\gamma^4\right)2e\cos l$$
$$\times[\cos(L'+L''-2h'') + 2\alpha\cos(2L''-2h'')]\sum b_{\frac{5}{2}}^{(i)}\cos(iL - iL')$$

Pour avoir les termes cherchés, il faut donner à i les valeurs 16 et 17; il en résulte

$$R'' = -0'',000\,247\,n'^2a^2\left(1-6\gamma^2-\frac{1}{8}e^2+6\gamma^4\right)2e\cos l\left(\frac{1}{2}b_{\frac{5}{2}}^{17}+\alpha b_{\frac{5}{2}}^{16}\right)\cos(16L'-18L''+2h''),$$

$$R'' = -0'',000\,247\,n'^2a^2e\left(1-6\gamma^2-\frac{1}{8}e^2+6\gamma^4\right)\left(\frac{1}{2}b_{\frac{5}{2}}^{17}+\alpha b_{\frac{5}{2}}^{16}\right)\cos(l+16L'-18L''+2h''),$$

puis, en remplaçant $b_{\frac{5}{2}}^{16}$ et $b_{\frac{5}{2}}^{17}$ par leurs valeurs numériques,

$$R'' = -0'',00133\,n'^2a^2e\cos\theta,$$
$$\theta = l+16L'-18L''+2h''.$$

Nous avons omis pour un moment le facteur $1-6\gamma^2-\frac{1}{8}e^2+6\gamma^4$, lequel diffère très peu de 1. Nous aurons donc, pour appliquer les formules (21 *bis*),

$$P = -0'',00133\,pe = 0'',0199, \qquad p = -273,$$
$$i=1, \qquad i'=i''=0, \qquad \lambda=2, \qquad \lambda'=1, \qquad \lambda''=0.$$

Il vient alors

$$\delta L = -16'',5\sin\theta.$$

Les parties qui dépendent de e'^2, $e'e''$, e''^2 sont beaucoup moins importantes. Delaunay trouve en définitive (*Additions à la Connaissance des Temps pour* 1862) :

$$\delta L = 16'',668\sin(l+16l'-18l''+144°43',5)$$
$$= 16'',668\sin(l+16L'-18L''+149°31',6).$$

J'ai montré (*Comptes rendus*, 6 juillet 1891) que, si l'on tient compte de γ''^4, on trouve un complément soustractif qui dépasse $1'',6$. M. Radau a repris mes calculs, et il a vu que, pour tenir compte de γ''^4, il faut multiplier l'inégalité par $1-0,1037$; il faut l'augmenter de 0,0070 pour avoir égard aux termes en γ''^6. Il s'ensuit que le coefficient de cette inégalité doit être diminué de $1'',595$. Il faut aussi tenir compte des termes en $\gamma''^2e'^2$ et $\gamma''^2e''^2$, qui donnent $-0'',444$, et du facteur $1-6\gamma^2-\frac{1}{8}e^2$, omis par Delaunay, qui entraîne une nouvelle correction de $-0'',206$. L'ensemble de ces corrections représente $-2'',25$. Le coefficient de l'inégalité à longue période qui dépend de $l+16T-18V$ se réduit ainsi à $14'',4$; la période est de 273 ans.

172. Cherchons en second lieu le coefficient de l'inégalité dont l'argument est $13L'-8L''$ et qui provient de l'action directe de Vénus. Elle a aussi son ori-

gine dans le premier terme de R'',

$$\frac{m'' r^2}{4}\left(\frac{1}{D^3} - \frac{3\zeta^2}{D^5}\right).$$

En opérant comme précédemment, on trouve

$$R'' = \frac{m'' r^2}{4 r'^3}\left[\frac{1}{D_1^3} + 3\alpha\gamma''^2 \frac{\cos(V' + V'' - 2h'') - \cos(V' - V'')}{D_1^5} + 6\alpha^2\gamma''^2 \frac{\cos(2V'' - 2h'') - 1}{D_1^5}\right].$$

Nous remplaçons m'' par $M'' n'^2 a'^3$, r par a et, en ne conservant que les termes utiles, nous trouvons

$$R'' = 0'',387\, n'^2 a^2 \gamma''^2 \left(\frac{a'}{r'}\right)^3 \frac{\alpha\cos(V' + V'' - 2h'') + 2\alpha^2\cos(2V'' - 2h'')}{D_1^5}.$$

L'inégalité doit être de l'ordre $13 - 8 = 5$; comme R'' contient déjà le facteur γ''^2, il y aura à considérer les nouveaux facteurs

$$e'^3,\quad e'^2 e'',\quad e' e''^2,\quad e''^3.$$

Nous n'aurons égard qu'au premier. Il faudra considérer le terme général

$$b_{\frac{5}{2}}^i \cos(iV' - iV''),$$

ce qui introduira les arguments

$$(i \pm 1)V' - (i \mp 1)V'',\quad iV' - (i \mp 2)V'' \mp 2h'',$$

qu'on devra combiner avec l'argument $3l'$ qui s'introduit par les formules du mouvement elliptique. On voit immédiatement que, pour avoir un argument final de la forme cherchée, il faut donner à i les valeurs 9 et 10. On aura donc à considérer le produit

$$\left[b_{\frac{5}{2}}^9 \cos(9V' - 9V'') + b_{\frac{5}{2}}^{10}\cos(10V' - 10V'')\right]\left[\alpha\cos(V' + V'' - 2h'') + 2\alpha^2\cos(2V'' - h'')\right]$$

que l'on réduira à

$$\left(\frac{1}{2}\alpha b_{\frac{5}{2}}^9 + \alpha^2 b_{\frac{5}{2}}^{10}\right)\cos(10V' - 8V'' - 2h'').$$

Il viendra ainsi, en remplaçant γ''^2 par sa valeur numérique,

$$R'' = 0'',000341\, n'^2 a^2 \left(\frac{a'}{r'}\right)^3 \left(\frac{1}{2}\alpha b_{\frac{5}{2}}^9 + \alpha^2 b_{\frac{5}{2}}^{10}\right)\cos(10V' - 8V'' - 2h'').$$

On pourra appliquer la formule générale du n° 164, en y écrivant

$$a',\quad e',\quad l',\qquad a'',\quad e'',\quad l'',$$

au lieu de

$$a,\quad e,\quad l,\qquad a',\quad e',\quad l',$$

et prenant

$$C=\left(\frac{a'}{r'}\right)^3\left(\frac{1}{2}\alpha b_{\frac{5}{2}}^{9}+\alpha^2 b_{\frac{5}{2}}^{10}\right),\qquad i=10,\qquad A=-2h'',$$

$$\Theta=10L'-8L''-2h''.$$

On aura à considérer, dans la formule citée, seulement le terme

$$H_3 e'^3\cos(10L'-8L''-2h''+3l'),$$

avec cette valeur de H_3,

$$H_3=10\,\frac{400+150+13}{24}\,C-\frac{400+90+3}{16}\,C_1+\frac{11}{8}\,C_2-\frac{1}{48}\,C_3,$$

$$H_3=\frac{2815}{12}\,C-\frac{493}{16}\,C_1+\frac{11}{8}\,C_2-\frac{1}{48}\,C_3.$$

Les formules du même numéro donnent, pour $n=3$,

$$-C_1=3C+C',$$

$$C_2=12C+8C'+C'',$$

$$-C_3=60C+60C'+15C''+C''';$$

il en résulte

$$H_3=\frac{16549}{48}\,C+\frac{689}{16}\,C'+\frac{27}{16}\,C''+\frac{1}{48}\,C'''.$$

On a ensuite

$$C'=\alpha\frac{dC}{d\alpha},\qquad C''=\alpha^2\frac{d^2C}{d\alpha^2},\qquad C'''=\alpha^3\frac{d^3C}{d\alpha^3},$$

d'où, en remplaçant C par sa valeur,

$$\begin{aligned}
H_3=\;&\frac{16549}{48}\left[\frac{1}{2}\alpha b_{\frac{5}{2}}^{9}+\alpha^2 b_{\frac{5}{2}}^{10}\right]\\
&+\frac{689}{16}\left[\frac{1}{2}\alpha^2\frac{db_{\frac{5}{2}}^{9}}{d\alpha}+\frac{1}{2}\alpha b_{\frac{5}{2}}^{9}+\alpha^3\frac{db_{\frac{5}{2}}^{10}}{d\alpha}+2\alpha^2 b_{\frac{5}{2}}^{10}\right]\\
&+\frac{27}{16}\left[\frac{1}{2}\alpha^3\frac{d^2b_{\frac{5}{2}}^{9}}{d\alpha^2}+\alpha^2\frac{db_{\frac{5}{2}}^{9}}{d\alpha}+\alpha^4\frac{d^2b_{\frac{5}{2}}^{10}}{d\alpha^2}+4\alpha^3\frac{db_{\frac{5}{2}}^{10}}{d\alpha}+2\alpha^2 b_{\frac{5}{2}}^{10}\right]\\
&+\frac{1}{48}\left[\frac{1}{2}\alpha^4\frac{d^3b_{\frac{5}{2}}^{9}}{d\alpha^3}+\frac{3}{2}\alpha^3\frac{d^2b_{\frac{5}{2}}^{9}}{d\alpha^2}+\alpha^5\frac{d^3b_{\frac{5}{2}}^{10}}{d\alpha^3}+6\alpha^4\frac{d^2b_{\frac{5}{2}}^{10}}{d\alpha^2}+6\alpha^3\frac{db_{\frac{5}{2}}^{10}}{d\alpha}\right],
\end{aligned}$$

ou bien

$$\begin{aligned}
H_3=\alpha&\left[\frac{2327}{12}\,b_{\frac{5}{2}}^{9}+\frac{743}{32}\,\alpha\frac{db_{\frac{5}{2}}^{9}}{d\alpha}+\frac{7}{8}\,\alpha^2\frac{d^2b_{\frac{5}{2}}^{9}}{d\alpha^2}+\frac{1}{96}\,\alpha^3\frac{d^3b_{\frac{5}{2}}^{9}}{d\alpha^3}\right]\\
+\alpha^2&\left[\frac{20845}{48}\,b_{\frac{5}{2}}^{10}+\frac{799}{16}\,\alpha\frac{db_{\frac{5}{2}}^{10}}{d\alpha}+\frac{29}{16}\,\alpha^2\frac{d^2b_{\frac{5}{2}}^{10}}{d\alpha^2}+\frac{1}{48}\,\alpha^3\frac{d^3b_{\frac{5}{2}}^{10}}{d\alpha^3}\right].
\end{aligned}$$

Cette valeur de H_3, multipliée par le facteur $\frac{3}{4}$ que l'on a englobé plus haut dans le facteur numérique, donne identiquement le coefficient que Delaunay désigne par B_7 (p. 28 des *Additions à la Connaissance des Temps* pour 1863).

Avec les valeurs numériques de α, $b_{\frac{5}{2}}^{9}$, $b_{\frac{5}{2}}^{10}$ et de leurs dérivées successives, on trouve finalement

$$R'' = 11'',9\, n'^2 a^2 e'^3 \cos(13L' - 8L'' - 2h'' - 3\varpi').$$

On peut appliquer la formule (21 *bis*), en y prenant

$$p = -239 \quad \text{et} \quad \lambda = 2,$$

ce qui donne

$$\delta L = -0,296 p \times 11'',9 e'^3 \cos\theta,$$

$$\delta L = +0'',0039 \sin(13L' - 8L'' + 272°).$$

Les termes qui dépendent de $\gamma''^2 e'^2 e''$ et de $\gamma''^4 e'$ sont, numériquement, de même ordre que celui-ci; mais les autres, qui dépendent de e'^5, $e'^4 e''$, ... sont beaucoup plus petits. En somme, l'action directe de Vénus ne produit qu'un effet négligeable, car le coefficient définitif ne surpasse pas 0'',004.

173. Considérons encore une inégalité, signalée en 1877 par M. Neison, et calculée plus tard avec précision par M. Hill, qui dépend de $2\varpi - 2J$. Pour ce qui concerne l'action directe de Jupiter, cette inégalité provient de la seconde partie de R'',

$$R'' = 3\,\frac{x^2 - y^2}{4}\,\frac{\xi^2 - \eta^2}{D^5} + 3xy\,\frac{\xi\eta}{D^5}.$$

En se reportant aux formules (15), il vient

$$R'' = \frac{3}{4} m''(1 - 2\gamma^2)\left[r^2 \cos(2v + 2h)\frac{\xi^2 - \eta^2}{D^5} + r^2 \sin(2v + 2h)\frac{2\xi\eta}{D^5}\right];$$

d'où, en ayant recours aux expressions (16) de $\frac{r^2}{a^2}\,{\cos \atop \sin}(2v + 2h)$, et ne conservant que les termes en $2\varpi = 2g + 2h$,

$$R'' = \frac{15}{8} m''(1 - 2\gamma^2)\frac{a^2 e^2}{D^5}[(\xi^2 - \eta^2)\cos 2\varpi + 2\xi\eta \sin 2\varpi].$$

Si l'on néglige provisoirement γ''^2 dans les expressions de ξ et η, il vient

$$R'' = \frac{15}{8} m''(1 - 2\gamma^2)\frac{a^2 e^2}{D^5}[r'^2 \cos(2V' - 2\varpi) - 2r'r'' \cos(V' + V'' - 2\varpi) + r''^2 \cos(2V'' - 2\varpi)].$$

On a, pour Jupiter, $\mathfrak{M} = 1'',3975$, et, en posant $\frac{r'}{r''} = \alpha$, on trouve

$$R'' = 1'',3101(1-2\gamma^2)n'^2a^2e^2\,\frac{2a''^3}{r''^3}\,\frac{\cos(2V''-2\varpi)-2\alpha\sin(V'+V''-2\varpi)+\alpha^2\cos(2V'-2\varpi)}{D_1^5},$$

d'où, en faisant $\frac{a''}{r''} = 1$, et remplaçant $\frac{1}{D_1^5}$ par son développement,

$$R'' = 1'',3101\,(1-2\gamma^2)\,n'^2\,a^2\,e^2\sum_{-\infty}^{+\infty}\Delta^2\,b_{\frac{5}{2}}^{i}\cos(2V''-iV''+iV'-2\varpi).$$

Si l'on ne retient que les termes qui répondent à $i = 0$, $i = \pm 1$, il vient

$$R'' = 1'',3101(1-2\gamma^2)n'^2\,a^2\,e^2\Big[\Delta^2\,b_{\frac{5}{2}}^{0}\cos(2V''-2\varpi)+\Delta^2\,b_{\frac{5}{2}}^{1}\cos(V''+V'-2\varpi)$$
$$+\,\Delta^2\,b_{\frac{5}{2}}^{1}\cos(3V''-V'-2\varpi)\Big].$$

M. Radau développe cette expression par sa formule générale; il introduit alors les arguments

$$2L''-2\varpi = 2J-2\varpi, \qquad \text{dont le coefficient est fini,}$$

$$\left.\begin{aligned} L''+L'-2\varpi+l''-l' &= 2J-2\varpi+\varpi'-\varpi'',\\ 3L''-L'-2\varpi-l''+l' &= 2J-2\varpi-\varpi'+\varpi'', \end{aligned}\right\}\ \text{qui contiennent } e' \text{ et } e''.$$

Remplaçant finalement $\varpi'-\varpi''$ par sa valeur numérique, il trouve

$$R'' = n'^2\,a^2\,e^2(1-2\gamma^2)[2'',7326\cos(2\varpi-2J)-0'',0026\sin(2\varpi-2J)].$$

Il tient compte aisément de γ'' en modifiant légèrement le coefficient de $\cos(2\varpi-2J)$, et le remplaçant par $2'',7317$.

Il reste à déterminer l'effet des perturbations solaires. Jusqu'ici, en effet, on a considéré les éléments de la Lune comme elliptiques, tandis que, avant de les substituer dans R'', on devrait tenir compte des modifications qu'ils éprouvent par le fait de R'. Celles qui proviennent des facteurs x^2-y^2 et xy ont pour origine le développement de $r^2\cos 2V$, dont nous n'avons d'abord retenu que le terme $\frac{5}{2}e^2\cos 2\varpi$. Or les formules du n° 168, en y faisant $A = 2T = 2V'$, donnent directement

$$\delta\left(\frac{r^2}{a^2}\cos 2V\right) = -\frac{237}{128}\,e^2\,\frac{n'^2}{n^2}\cos 2\varpi,$$

de sorte que l'on a finalement

$$\frac{5}{2} e^2 \cos 2\varpi - \frac{237}{128} e^2 \frac{n'^2}{n^2} \cos 2\varpi = \frac{5}{2} e^2 \cos 2\varpi \left(1 - \frac{237}{320} \frac{n'^2}{n^2}\right);$$

il suffit donc de remplacer e^2 par

$$e^2 \left(1 - \frac{237}{320} \frac{n'^2}{n^2}\right),$$

ou le coefficient $2'',7317$ par

$$2'',732 - 2'',02 \frac{n'^2}{n^2}.$$

Considérons enfin le terme suivant de R″

$$\frac{m'' r^2}{4 D^3} = \frac{m'' r^2}{4 a''^3} b_{\frac{3}{2}}^2 \cos(2L' - 2L'') = 0'',0517 n'^2 r^2 \cos(2L' - 2L'').$$

Les formules du n° 168 donnent encore (puisque $2D - 2l = 2\varpi - 2L'$)

$$\delta(r^2) = \left(\frac{45}{8} \frac{n'}{n} + \frac{801}{32} \frac{n'^2}{n^2}\right) a^2 e^2 \cos(2\varpi - 2L'),$$

et, cette expression étant mise à la place de r^2, le terme en question devient

$$+\left(0'',145 \frac{n'}{n} + 0'',647 \frac{n'^2}{n^2}\right) n'^2 a^2 e^2 \cos(2\varpi - 2J).$$

En ajoutant ces perturbations solaires à l'expression primitive de R″, on trouve, pour l'action indirecte de Jupiter,

$$R'' = n'^2 a^2 e^2 \left[\left(2'',732 - 5'',467\gamma^2 + 0'',145 \frac{n'}{n} - 1'',37 \frac{n'^2}{n^2}\right) \cos(2\varpi - 2J)\right]$$
$$- 0'',026 \sin(2\varpi - 2J).$$

Il faut calculer ensuite l'action indirecte de Jupiter, qui donne

$$\delta R' = n'^2 a^2 e^2 \left[\left(0'',267 - 0'',267\gamma^2 - 0'',05 \frac{n'^2}{n^2}\right) \cos(2\varpi - 2J) + 0'',006 \sin(2\varpi - 2J).\right.$$

On a, finalement, en réunissant les deux effets et négligeant le très petit terme en $\sin(2\varpi - 2J)$,

$$R = n'^2 a^2 e^2 \left(2'',999 - 5'',727\gamma^2 + 0'',145 \frac{n'}{n} - 1'',42 \frac{n'^2}{n^2}\right) \cos(2\varpi - 2J).$$

Il ne reste plus qu'à appliquer la formule (21 *bis*), en prenant

$$R = A\cos\theta = A\cos(2h + 2g - 2J),$$

$$i = 0, \qquad i' = i'' = 2, \qquad M = +203'',58, \qquad p = 17^{\text{ans}},429,$$

$$e = 0,05487, \qquad \gamma = 0,0450.$$

$$\lambda = \frac{a}{A}\frac{\partial A}{\partial a} = 1,998, \qquad \lambda' = \frac{e}{A}\frac{\partial A}{\partial e} = 2, \qquad \lambda'' = \frac{\gamma}{A}\frac{\partial A}{\partial \gamma} = -0,0077,$$

$$P = \frac{pA}{n'^2 a^2} = 0'',1569,$$

et les formules donnent

$$\delta e = -0'',4467\cos(2\varpi - 2J),$$

$$e\,\delta l = -0'',4408\sin(2\varpi - 2J),$$

$$\delta L = +0'',2062\sin(2\varpi - 2J),$$

d'où, finalement, pour la perturbation de la longitude vraie de la Lune,

$$\delta V = +0'',206\sin(2\varpi - 2J) - 0'',888\sin(l + 2\varpi - 2J) - 0'',186\sin(l - 2T + 2J).$$

Il y a donc une inégalité de 0″,2, dont la période est de $17^a,43$, par conséquent voisine de celle du nœud ($18^a,6$), et une inégalité concomitante, à courte période, dont le coefficient atteint 0″,9, comme l'a trouvé M. Hill.

M. Neison avait cru que les deux coefficients devaient être respectivement de 2″,20 et de 1″,16, et il avait pensé que l'inégalité à courte période pouvait expliquer l'inégalité empirique de 1″,5, découverte par M. Newcomb, en 1876 [*voir* NEVILL, *The Jovian evection* (*Monthly Notices*, mai 1890)].

Dans le but d'utiliser les observations d'occultations d'étoiles par la Lune, faites à l'occasion du passage de Vénus de 1874, M. Newcomb (*Investigation of Corrections to Hansen's Tables of the Moon*, Washington, 1876) entreprit une comparaison méthodique des Tables de Hansen avec les observations de la Lune faites à Greenwich et à Washington, de 1862 à 1874. En attribuant une partie des erreurs à l'influence de corrections variables de l'excentricité et du périgée, il a pu déterminer treize valeurs de ces corrections. Leur marche très nette indiquait une période de quinze à vingt ans dans e et ϖ, ce qui fut confirmé dans la discussion d'observations antérieures à 1862. M. Newcomb a trouvé pour l'inégalité correspondante de la longitude

$$\delta V = +1'',5\sin[l + 21^\circ,6(t - 1865,1)].$$

M. Neison eut l'heureuse idée d'attribuer l'inégalité à l'action de Jupiter; mais ses calculs étaient inexacts, comme on l'a vu plus haut.

174. Delaunay, dans ses deux Mémoires sur les deux inégalités de Hansen

considérées plus haut, a eu égard aux perturbations solaires des éléments de la Lune. Si l'on ne considère, dans la formule (9), que les termes de la première ligne, on voit qu'il faut obtenir les expressions troublées des quantités

$$r^2 - 3z^2, \quad x^2 - y^2, \quad xy, \quad xz, \quad yz,$$

ce qui se fera en partant des expressions elliptiques des mêmes quantités, et y introduisant les modifications obtenues par chacune des opérations de Delaunay. On n'a, dans chaque cas, à considérer qu'un certain nombre de ces opérations, et l'on voit facilement celles qu'il faut retenir, afin d'avoir des termes de la forme voulue. Il en résulte, néanmoins, une augmentation notable dans la longueur du calcul. Il est vrai qu'on pourrait utiliser directement les valeurs troublées de $\frac{a}{r}$ et de V, comme nous l'avons fait plus haut. Les nouveaux termes modifient peu les anciens; donnons-en une idée : Delaunay a trouvé pour l'une des parties de l'inégalité en $l + 16l' - 18l''$

$$\begin{gathered}K(8,755 + 6,507\,m - 49,824\,m^2 - 61,733\,m^2 + 386,21\,m^4) \\ \times \sin(l + 16l' - 18l'' + 16\varpi' - 18\varpi'' + 2h''),\end{gathered}$$

ce qui, réduit en nombres, donne pour le coefficient du sinus,

$$+15'',858 + 0'',882 - 0'',505 - 0'',047 + 0'',022.$$

On voit toutefois que la convergence de la série en m paraît peu satisfaisante; on est en droit de se demander ce qui arriverait pour les termes en m^5, m^6, ...

175. Il convient de donner quelques détails historiques sur le calcul des inégalités à longue période, dans le mouvement de la Lune.

Laplace avait remarqué (*Mécanique céleste*, Livre VII) que le moyen mouvement déterminé par la comparaison des Tables avec les observations de la Lune antérieures à Bradley était plus grand que celui que l'on obtenait avec les observations postérieures à Bradley; le contraire aurait dû avoir lieu si l'accélération séculaire avait été seule en jeu. Laplace en avait conclu « à l'existence d'une ou de plusieurs inégalités à longues périodes que la théorie seule peut faire reconnaître. En l'examinant avec soin, je n'ai remarqué, dit-il, aucune inégalité sensible dépendante de l'action des planètes. »

Laplace avait bien trouvé des inégalités dépendantes de l'action des planètes, celles dont les arguments sont V — T, T — M et T — J; mais leurs périodes sont courtes. Convaincu que cette action ne pouvait pas donner naissance à des inégalités à longue période, il avait été amené à faire un nouvel examen des inégalités causées par le Soleil. Il avait signalé celle qui a pour argument

$\varpi + 2h - 3\varpi'$, dont la période est de 184 ans, et il l'avait déterminée empiriquement,

$$15'',39 \sin(\varpi + 2h - 3\varpi') = 15'',39 \sin[173^\circ 26' + 1^\circ 57',4(t - 1800)],$$

de manière à représenter les valeurs de la longitude aux six époques

$$1691, \quad 1756, \quad 1766, \quad 1779, \quad 1789 \quad \text{et} \quad 1801;$$

la représentation était très satisfaisante.

Nous avons vu (p. 160 de ce Volume) que le coefficient de cette inégalité est nul, au moins dans la première approximation. Delaunay (*Comptes rendus*, t. XLVII, p. 813; 1858) a fait remarquer que, dans la seconde approximation, on peut obtenir l'argument $\varpi + 2h - 3\varpi'$, en combinant deux à deux les arguments considérés dans la première approximation. Il a fait le calcul en tenant compte du carré et même du cube de la force perturbatrice, et, dans sa très courte Note, il dit qu'il a trouvé le coefficient de l'inégalité en question inférieur à $0'',001$, par suite absolument insensible.

Hansen énonce la même conclusion, mais il n'a pas publié ses calculs.

Quand, en 1811, Burckhardt construisit ses Tables de la Lune, il réduisit l'argument à $\varpi + 2h$, omettant $3\varpi'$ sur l'avis de Laplace, qui avait sans doute modifié ses idées et attribuait maintenant l'inégalité à la différence d'aplatissement des deux hémisphères terrestres. Burckhardt modifia en outre le coefficient et la partie constante de l'argument; il adopta

$$12'',5 \cos[111^\circ 57' + 2^\circ 0' 45(t - 1800)].$$

Nous avons vu (p. 158 de ce Volume) que l'inégalité ayant pour argument $\varpi + 2h$ doit être insensible, en tant qu'elle provient de la figure de la Terre.

176. A propos de la découverte, faite par Airy, d'une inégalité à longue période dans les mouvements de Vénus et de la Terre, ayant pour argument $8T - 13V$, et pour période 240 ans, Poisson remarqua qu'il en devait résulter dans l'excentricité de l'orbite terrestre, et, par suite, dans ε $\left(\frac{d\varepsilon}{dt}\right.$ contenant l'intégrale $\left.\int e'^2\,dt\right)$ un terme à longue période qui serait l'inégalité de la longitude; mais il trouva que le coefficient de cette inégalité devait être au-dessous de $\frac{1''}{40}$.

Peut-être convient-il de rappeler, au point de vue de l'histoire de la Science, que l'inégalité à longue période découverte par Airy dans les longitudes de la Terre et de Vénus lui avait été révélée par une longue suite d'observations du

Soleil, comparaison faite dans le Mémoire *On the corrections of the elements of Delambre's Solar Tables*, publié dans les *Philosophical Transactions* pour 1828, et qui mettait bien en évidence une inégalité de cette nature. Airy avait été ainsi conduit à rechercher par la théorie cette inégalité, qui est du cinquième ordre et assez difficile à calculer.

C'est une belle découverte d'Airy qui a mis d'abord l'inégalité en évidence par les observations et en a fait connaître ensuite la cause théorique.

Un autre Mémoire d'Airy a provoqué la découverte d'une inégalité lunaire à longue période, très importante [*Corrections of the Elements of the Moon's Orbit, deduced from the Lunar observations made at the Royal Observatory of Greenwich, from* 1750 *to* 1830 (*Memoirs of the Royal astronomical Society*, t. XVII)]. Voici les corrections trouvées par Airy pour les longitudes de la Lune, obtenues en combinant les théories de Damoiseau et de Plana :

(*a*)

De 1750 à 1759........	−3″,19	De 1788 à 1796........	+4″,48
» 1755 » 1764........	−1,38	» 1792 » 1801........	+2,76
» 1760 » 1768........	−0,31	» 1797 » 1805........	+0,87
» 1765 » 1773	+1,43	» 1802 » 1810........	+1,13
» 1769 » 1778........	+3,04	» 1806 » 1815........	+0,93
» 1774 » 1782........	3,40	» 1811 » 1819........	−0,61
» 1779 » 1787........	+3,03	» 1816 » 1824.	−1,38
» 1783 » 1791........	+3,76	» 1820 » 1830..... ..	−0,78

Ces corrections venaient confirmer la conclusion de Laplace, relativement à l'existence d'une ou plusieurs inégalités lunaires à longues périodes. Hansen (1), auquel Airy les avait communiquées, se mit à étudier de plus près l'action des planètes sur la Lune. Il trouva un grand nombre d'arguments qui conduisaient à des inégalités à longues périodes, et parmi eux un seul donnant lieu à un coefficient sensible. L'inégalité dont il s'agit, et dont nous avons déjà parlé, a été trouvée par Hansen égale à

$$(\alpha) \qquad +16'',01 \sin(-l - 16l' + 18l'' + 35^\circ 20',27).$$

Mais il arriva qu'en appliquant aux longitudes tabulaires les corrections (α), on ne faisait pas disparaître les résidus (a) calculés par Airy. Hansen reprit ses calculs, il tint compte des quantités du second et du troisième ordre par rapport à la force perturbatrice du Soleil, et il fut conduit ainsi à modifier beaucoup le coefficient qu'il avait obtenu dans une première approximation. Il trouva, en effet,

$$(\alpha') \qquad +27'',4 \sin(-l - 16l' + 18l'' + 35^\circ 20',2),$$

(1) *Voir* les *Comptes rendus de l'Académie des Sciences*, t. XXIV, 1847, et les *Astronomische Nachrichten*, n° 597.

Il signala en outre l'autre inégalité, que nous avons déjà considérée, et qui correspondait à l'inégalité d'Airy; la voici, telle que Hansen l'a donnée dans les *Comptes rendus* de 1847 :

$$(\beta) \qquad +23'',2 \sin(8l'' - 13l' + 315°.20').$$

Hansen appliqua aux longitudes tabulaires les corrections (α') et (β); il introduisit en même temps deux inconnues, les corrections de la longitude de l'époque et du moyen mouvement, et il trouva que les résidus (a) disparaissaient presque complètement, ou du moins qu'aucun d'eux ne dépassait 1″,2 en valeur absolue.

Les résidus donnés par Laplace, pour les époques 1691, 1756, 1764, 1779, 1789 et 1801, étaient aussi bien diminués; car, à part un seul de 2″,9, les cinq autres devenaient inférieurs à 1″,8.

Toutefois, Hansen n'avait rien publié de ses calculs; il s'en montrait médiocrement satisfait, et se proposait de les reprendre en employant partout deux décimales de plus. Il revient sur ce sujet, sept ans après, dans une lettre adressée à Airy (*Monthly Notices of the Royal astronomical Society*, t. XV, 1854); il dit dans cette lettre : « La détermination précise de ces deux inégalités, par la théorie, est la chose la plus difficile que l'on rencontre dans la théorie du mouvement de la Lune. J'ai cherché à deux reprises à déterminer leurs valeurs, par des méthodes différentes, mais j'ai obtenu des résultats essentiellement différents l'un de l'autre. Je suis occupé actuellement à leur détermination théorique par une méthode que j'ai simplifiée, et j'espère arriver bientôt à une conclusion définitive. »

Dans ses Tables de la Lune, publiées en 1857, Hansen adopte

$$(\alpha'') \qquad +15'',34 \sin(-l - 16l' + 18l'' + 33°36'),$$

$$(\beta') \qquad +21'',47 \sin(8l'' - 13l' + 4°44').$$

Le premier terme semble donc avoir été ramené à sa valeur primitive, obtenue en tenant compte seulement de la première puissance de la force perturbatrice; quant au coefficient du second terme, il est en tout ou en partie empirique; il a été reconnu nécessaire d'altérer sa valeur théorique, pour représenter les observations de la Lune entre 1750 et 1850.

La dernière explication de Hansen sur ce point est donnée en 1861, dans une lettre adressée à l'Astronome royal (*Monthly Notices*, t. XXXI) : « ... Par ma dernière détermination théorique, je n'ai pas trouvé du tout insensible le coefficient du terme en $8l'' - 13l'$, comme Delaunay; sans l'introduction de ce terme, les observations montrent à diverses époques des déviations notables qui disparaissent jusqu'à la dernière trace quand on l'introduit. Je considère donc que son introduction est établie, et je me propose de procéder à une nouvelle détermination théorique de son coefficient; mais je ne peux pas le faire encore, avant d'avoir déterminé les coefficients restants. »

Enfin, dans sa *Darlegung*, publiée en 1865-1866, Hansen ne fait aucune allusion aux deux inégalités en question.

Nous avons vu que Delaunay a retrouvé à peu près la première inégalité de Hansen, mais qu'il a trouvé la seconde égale seulement à 0″,27. Ce résultat a été confirmé par les calculs de M. Newcomb et de M. Radau.

CHAPITRE XIX.

SUR L'ÉTAT ACTUEL DE LA THÉORIE DE LA LUNE.

177. La publication des Tables de la Lune de Hansen, en 1857, faite aux frais du gouvernement anglais, a été un grand événement scientifique; on a cru posséder enfin la solution définitive d'un problème si longtemps débattu. Hansen annonçait, en effet, que sa théorie représentait presque exactement les observations les plus précises, c'est-à-dire les observations méridiennes faites depuis l'époque de Bradley, embrassant un siècle entier, de 1750 à 1850.

Il ne semble pas que l'auteur des nouvelles Tables ait comparé systématiquement à sa théorie toutes les observations faites pendant ces cent années, ou du moins il n'a pas publié la comparaison détaillée. Il donne (*Monthly Notices*, t. XV, p. 1; 1854) le résultat de la comparaison pour les observations faites par Bradley en 1751-52-53, résultat aussi satisfaisant que permettait de l'espérer la précision des observations de Bradley; les écarts sont, en effet, de l'ordre des erreurs d'observation. Hansen a fait ensuite le même travail pour les observations méridiennes faites dans les années 1824, 1832, 1838, 1843, 1844 et 1850; l'erreur moyenne d'une comparaison isolée a été trouvée de 2",44, dépassant à peine celle qui correspondrait à l'observation d'une étoile. Enfin Hansen dit (*loc. cit.*) qu'il a comparé aussi à ses Tables une série d'observations méridiennes faites à Dorpat, que les résultats étaient d'une précision admirable, mais qu'il en diffère la publication à la demande de W. Struve. C'est ainsi que s'est accréditée l'opinion que les Tables de Hansen représentent exactement les observations faites de 1750 à 1850; en fait, on peut admettre que, dans cet intervalle, les erreurs des Tables sont minimes et ne dépassent pas 1" ou 2" au plus. A partir de 1850, les erreurs des Tables de Hansen ont cessé de rester aussi petites; de 1850 à 1860, elles demeurent encore comprises entre 1" et 2", mais elles atteignent 5" en 1870, 10" en 1880, et 18" en 1889. Les Tables ne représentent donc pas, avec l'exactitude voulue, le mouvement de la Lune après 1850; que donnent-elles avant 1750?

178. La question était intéressante; elle a été nettement résolue par M. Newcomb, qui a commencé par mettre en ordre tous les documents utilisables; voici les principales sources auxquelles on peut remonter :

I. Les récits plus ou moins vagues des anciens historiens conduisent à penser que, durant certaines éclipses totales de Soleil, l'ombre de la Lune a passé sur certaines régions de la Terre; ces régions ne sont pas toujours nettement indiquées, et la date du phénomène est souvent indécise, quelquefois de 50 ans.

II. *Série des éclipses de Lune rapportées par Ptolémée dans son Almageste, et employées par lui pour servir de base à sa théorie de la Lune.* — Ces éclipses, au nombre de 19, ont été observées à Babylone, Rhodes et Alexandrie : elles vont de l'année — 720 à + 136, embrassant ainsi un intervalle de plus de 800 ans. Chaque phase observée peut être en erreur de 15ᵐ ou 20ᵐ. M. Newcomb a conclu de leur discussion les corrections suivantes des Tables de Hansen :

Époque.	ε = Obs. — Calc.	
— 687	— 11'	± 4
— 381	— 27	± 5
— 189	— 20	± 3
— 134	— 16	± 4

On voit que l'on peut admettre avec assez de vraisemblance que, durant les huit siècles qui ont précédé l'ère chrétienne, les Tables de Hansen réclament une correction d'environ — 18'.

III. *Éclipses observées par les Arabes.* — Ces observations sont contenues dans un manuscrit arabe dont quelques extraits seulement avaient été faits pour les *Prolégomènes* de Tycho Brahe. Il appartenait à la bibliothèque de l'Université de Leyde, fut prêté vers la fin du siècle dernier au gouvernement français et traduit, en 1804, par Caussin, professeur d'arabe au Collège de France, avec le titre suivant : *Le Livre de la grande Table Hakémite*... ; la plus grande partie des éclipses avaient été publiées un peu auparavant dans les *Mémoires de l'Institut*, t. II, an VII. Il s'agit d'éclipses de Soleil et de Lune, au nombre de 28, observées à Bagdad et au Caire entre les années 829 et 1004. Ce qui leur donne une importance assez grande, dans le cas des éclipses de Soleil, c'est qu'aux moments du premier et du dernier contact, on a déterminé aussi par l'observation les hauteurs du Soleil, ou celles de belles étoiles, au degré ou au demi-degré près, il est vrai; on a donc, pour la détermination de l'heure, des données beaucoup plus précises que dans le cas des éclipses de Ptolémée, et, bien que les éclipses des Arabes soient deux fois moins éloignées de nous que celles de

Ptolémée, elles peuvent finalement avoir une précision presque équivalente. On ne dit pas toujours comment se faisait l'observation; cependant on voit que, pour quelques-unes, on regardait le Soleil par réflexion dans l'eau. M. Newcomb a déduit de la discussion des observations les résultats suivants :

Époque.	ℰ.		Nombre de phases.
830...................	+ 3′,8	± 2′,4	3
927...................	+ 1,6	± 1,7	7
986...................	− 4,5	± 1,3	20

IV. *Observations faites en Europe avant l'invention des lunettes.* — Il y a un premier groupe d'observations faites par Regiomontanus et Walther, un second par Tycho Brahe; il s'agit toujours d'éclipses. Le temps est déterminé encore par des hauteurs d'étoiles, avec une précision qui ne surpasse pas beaucoup celle des astronomes arabes. L'intervalle qui les sépare de nous étant moins grand, on ne peut pas en attendre de résultats meilleurs. M. Newcomb les laisse de côté; il s'étonne en passant qu'un observateur aussi infatigable que Tycho Brahe n'ait observé aucune occultation d'une belle étoile, telle qu'Aldébaran.

V. *Observations faites avec les lunettes, mais sans chronomètre; Bouillaud et Gassendi.* — L'application des lunettes à l'observation des éclipses et des occultations peut être considérée comme commençant avec ces observateurs; mais ils n'avaient pas de montre. Au moment même de l'observation, un signal était donné à un aide qui déterminait avec un quart de cercle la hauteur d'une belle étoile. Les observations utilisables s'étendent de 1621 à 1652, et sont au nombre de 20 environ. Si chacune donne la longitude de la Lune avec une erreur probable de 15″, l'erreur probable de la moyenne sera de 5″ ou 6″, et correspondra à une époque voisine de 1640.

VI. *Observations d'Hevelius.* — Ces observations vont de 1639 à 1683; avec elles commence l'emploi de la pendule dans les observations d'éclipses et d'occultations; on la règle au moyen de hauteurs du Soleil ou d'étoiles. L'erreur probable de chaque détermination du temps paraît être de 24^s, et par suite celle de la longitude de la Lune 12″ environ. Le matériel d'observations équivaut à 40 occultations environ; on peut donc penser que l'erreur probable de la moyenne sera inférieure à 3″; l'époque moyenne est 1675.

VII. *Observations des astronomes de Paris.* — La fondation de l'Observatoire de Paris avait amené, dans la détermination du temps, un progrès très grand, à tel point que les occultations observées entre 1680 et 1720 sont souvent comparables pour l'exactitude à celles d'aujourd'hui. L'erreur probable du temps ne dépassait pas 2^s, correspondant à $1''$ d'erreur sur la longitude de la Lune. Cela n'excède pas l'erreur provenant des irrégularités du limbe, laquelle paraît être d'environ $1''$. On peut donc admettre $1'',4$ comme erreur probable d'une longitude de la Lune. L'erreur provenant de la position de l'étoile occultée est plus grande et aussi celle des perturbations tabulaires; ces deux dernières peuvent s'élever à $3''$. On peut compter que, de 1680 à 1720, on a l'équivalent de 60 bonnes occultations observées à l'Observatoire de Paris : cela donne pour la moyenne, vers 1700, la longitude de la Lune à $0'',6$ près. De 1720 à 1753, on a encore les observations de Paris et celle de Delisle à Saint-Pétersbourg; on peut compter sur une bonne occultation chaque année, à Paris et à Saint-Pétersbourg, de sorte que la longitude de la Lune est déterminée dans cet intervalle à moins de $2''$ près. La plupart des observations dont on vient de parler ont été extraites des manuscrits de l'Observatoire de Paris, que Delaunay avait mis obligeamment à la disposition de M. Newcomb.

M. Newcomb a donc pu, à la suite d'un travail immense et magistral, obtenir les corrections $\mathcal{E}$ des Tables de Hansen, pour les époques comprises entre 1620 et 1750. Afin d'atténuer l'influence des erreurs, il a pris des moyennes de 25 en 25 ans, et c'est ainsi qu'il a formé le Tableau suivant :

	$\mathcal{E}$.			$\mathcal{E}$.	
1625	$+50''$	$\pm 13''$	1775	$0''$	$\pm 1''$
1650	$+39$	± 5	1800	0	± 1
1675	$+32$	± 1	1825	0	± 1
1700	$+21$	± 1	1850	0	± 1
1725	$+7$	± 1	1875	-8	± 1
1750	0	± 1			

On voit donc que les Tables de Hansen ne représentent pas bien le mouvement de la Lune avant 1750; elles ne le représentent pas non plus après 1850. Il serait intéressant d'avoir les comparaisons exactes entre 1750 et 1850, pour les observations méridiennes et les occultations. M. Newcomb dit que l'erreur des Tables pour 1875,0 a été trouvée de $-9'',7$ par les observations méridiennes de Greenwich et de Washington; les occultations ont donné environ $2''$ de moins, de sorte que l'on a admis $-8''$.

179. Pour chercher la cause des erreurs inadmissibles, avant 1750 et après 1750, il convient d'examiner les trois points suivants : le calcul des perturbations solaires; le calcul des inégalités à longues périodes; la détermination numérique des constantes.

Les coefficients des inégalités solaires ont été calculés par Delaunay et Hansen par deux méthodes entièrement différentes, et leurs résultats ont été comparés par M. Newcomb (*voir* le n° 156). Malgré le peu de convergence des séries et l'introduction médiocrement satisfaisante des compléments probables de Delaunay, l'accord est grand. Les travaux de MM. Hill et Adams ont remédié en grande partie à la lenteur de la convergence des séries qui représentent les moyens mouvements du périgée et du nœud. Aussi est-on presque en droit de dire que le calcul des perturbations solaires de la Lune est *pratiquement* résolu.

Il convient cependant de mentionner un travail important de M. Andoyer (*Annales de la Faculté des Sciences de Toulouse*, t. VI), *Sur quelques inégalités de la longitude de la Lune*, dans lequel l'auteur a vérifié par deux méthodes entièrement différentes quelques-uns des calculs de Delaunay. Il leur a apporté de légères corrections; il a trouvé, par exemple, que les termes en m^8 et m^9, dans le mouvement moyen du périgée, doivent être remplacés par

$$-\frac{66\,702\,631\,253}{2^{18}.3^3}m^8-\frac{29\,726\,828\,924\,189}{[illegible]}m^9.$$

On ne doit pas s'attendre néanmoins à voir disparaître les erreurs des Tables en prenant les perturbations solaires de Delaunay à la place de celles de Hansen.

Relativement au second point, nous rappellerons que, des deux inégalités de Hansen

$$V_1 = -15'',34\sin(-l+16l'+18l''+33^\circ 36'),$$
$$V_2 = 21'',47\sin(8l''-13l'+4^\circ 44').$$

la première a été confirmée par Delaunay, et la seconde réduite à $0'',27$. On doit désormais retrancher V_2 des Tables de Hansen, c'est-à-dire ajouter V_2 à la correction tabulaire

$$\varepsilon = \text{observation} - \text{calcul};$$

mais alors l'accord cessera d'exister entre 1750 et 1850.

Passons au troisième point. Hansen a adopté des valeurs déterminées pour les constantes elliptiques et pour l'accélération séculaire; il a pris $s = 12'',17$. Nous avons dit que ce nombre n'a plus de base théorique, Adams et Delaunay ayant trouvé par un calcul correct $s = 6'',18$. On verra d'ailleurs plus loin que ces deux valeurs de s permettent de représenter presque aussi bien l'une que l'autre, grâce à l'introduction d'une inégalité empirique, les observations faites de 1625 à 1875.

Quand on ajoute V_2 aux erreurs tabulaires ε, elles prennent les valeurs ε' indiquées dans le Tableau suivant :

	V_2.	ε'.
1625..............................	−17,1	+33
1650..............................	−21,4	−18

	V_2.	$\mathcal{E}'$.
1675	$-16'',8$	$-15''$
1700	$5,2$	$+16$
1725	$+8,6$	$+16$
1750	$+18,9$	$+19$
1775	$+21,2$	$+21$
1800	$+14,7$	$+15$
1825	$-2,1$	-2
1850	$-11,4$	-11
1875	$-20,1$	-28

180. La présence du terme V_2 a fourni à Hansen une valeur du moyen mouvement séculaire n (pour 1700,0) qui est sensiblement erronée; il y a donc lieu de faire varier n de δn; il convient aussi d'attribuer à l'accélération séculaire s et à la longitude moyenne de l'époque ε les variations δs et $\delta\varepsilon$. Mais il suffit d'un coup d'œil jeté sur le Tableau précédent pour voir qu'il n'existe pas de système de valeurs de δn, δs et $\delta\varepsilon$ susceptible d'annuler pratiquement les quantités $\mathcal{E}'$. La conclusion est donc que la théorie actuelle est impuissante à représenter avec précision l'ensemble des observations, de 1625 à 1875.

Tout ce que l'on peut faire, c'est d'introduire dans la longitude de la Lune une inégalité empirique

$$R = A \sin \alpha t + B \cos \alpha t,$$

et de chercher à déterminer les quantités δn, δs, $\delta\varepsilon$, A, B et α, de manière à annuler les erreurs $\mathcal{E}'$; c'est ce qu'a fait M. Newcomb, et il a donné à α une valeur telle que la période $T = \frac{2\pi}{\alpha}$ de R soit égale à 273 ans, la période même de V_1. On aura, pour atteindre ce but, onze équations de la forme

$$\delta\varepsilon + \frac{\partial L}{\partial n}\delta n + \frac{\partial L}{\partial s}\delta s + A \sin \alpha t + B \cos \alpha t + L_0 - L_c = \mathcal{E}'.$$

Il nous sera commode de supposer dans R le temps compté en années à partir de 1750; t devra donc recevoir les valeurs

$$-125, \quad -100, \quad \ldots, \quad 0, \quad 25, \quad \ldots, \quad +125.$$

Nous ferons

$$25\alpha = u,$$

de sorte que αt prendra les valeurs

$$-5u, \quad -4u, \quad \ldots, \quad 0, \quad +u, \quad \ldots, \quad +5u.$$

Avec la valeur de T adoptée par M. Newcomb, on a

$$\frac{360^\circ}{\alpha} = 273, \qquad u = 25\alpha = \frac{9000^\circ}{273} = 33^\circ.$$

J'ai pensé qu'il serait intéressant de faire quatre calculs parallèles en prenant successivement pour u les valeurs 23°, 33°, 43° et 53°, auxquels correspondent ces valeurs de T : 391[ans], 273[ans], 209[ans] et 170[ans]. On verra mieux ainsi entre quelles limites on peut faire varier T sans cesser de bien représenter les observations.

J'ai obtenu les quatre systèmes suivants, dont le second est celui de M. Newcomb :

	δn.	δs.	A.	B.	Poids.
$-33'' + \delta\varepsilon$	$-0,75$	$+0,56$	$+0,906$	$-0,423 = 0$	1
$-18 + \delta\varepsilon$	$-0,50$	$+0,25$	$-0,999$	$-0,035$	1
$-15 + \delta\varepsilon$	$-0,25$	$+0,06$	$-0,934$	$+0,358$	5
$-16 + \delta\varepsilon$	$0,00$	$0,00$	$-0,719$	$+0,695$	5
$-16 + \delta\varepsilon$	$+0,25$	$+0,06$	$-0,391$	$0,920$	3
$-19 + \delta\varepsilon$	$+0,50$	$+0,25$	$0,000$	$+1,000$	4
$-21 + \delta\varepsilon$	$+0,75$	$+0,56$	$+0,391$	$0,920$	4
$-15 + \delta\varepsilon$	$+1,00$	$+1,00$	$+0,719$	$+0,695$	4
$-2 + \delta\varepsilon$	$+1,25$	$+1,56$	$+0,934$	$+0,358$	4
$+11 + \delta\varepsilon$	$+1,50$	$2,25$	$+0,999$	$-0,035$	8
$+28 + \delta\varepsilon$	$+1,75$	$+3,06$	$+0,906$	$-0,423$	10

	A.	B.	A.	B.	A.	B.
...	$+0,259$	$-0,966$	$+0,574$	$-0,819$	$0,996$	$-0,087$
...	$-0,743$	$0,669$	$-0,139$	$-0,990$	$+0,530$	$-0,848$
...	$-0,988$	$+0,156$	$+0,777$	$-0,629$	$-0,358$	$-0,934$
...	$-0,914$	$+0,407$	$-0,998$	$+0,070$	$+0,961$	$-0,276$
...	$-0,545$	$+0,839$	$-0,682$	$+0,731$	$+0,799$	$+0,602$
...	$0,000$	$+1,000$	$0,000$	$+1,000$	$0,000$	$+1,000$
...	$+0,545$	$+0,839$	$+0,682$	$+0,731$	$+0,799$	$+0,602$
...	$+0,914$	$+0,407$	$+0,998$	$+0,070$	$+0,961$	$-0,276$
...	$+0,988$	$-0,156$	$+0,777$	$-0,629$	$+0,358$	$-0,934$
...	$+0,743$	$-0,669$	$-0,139$	$-0,990$	$-0,530$	$-0,848$
...	$+0,259$	$-0,966$	$-0,574$	$-0,819$	$-0,996$	$-0,087$

Dans les trois derniers groupes, je n'ai pas reproduit les termes qui sont les mêmes que dans le premier, afin d'abréger l'écriture.

J'ai appliqué à ces équations la méthode des moindres carrés pour déterminer les inconnues $\delta\varepsilon$, δn, A et B; j'ai cru toutefois avoir le droit de simplifier les calculs en prenant comme multiplicateurs, pour chaque inconnue, des nombres exacts d'unités ou de dixièmes, depuis 1 jusqu'à 10 (*voir* dans le t. VIII du *Bulletin astronomique* le travail de M. Radau sur l'*Interpolation*); je pense qu'on peut souvent opérer ainsi, parce que la détermination des poids à attribuer aux diverses équations comporte presque toujours un peu d'arbitraire. J'ai obtenu ainsi les valeurs suivantes des inconnues, en regard desquelles je place les résidus $\mathcal{R}$ qui subsistent dans les premiers membres des onze équations de chaque groupe :

	$\mathcal{R}$.	$\mathcal{R}'$.
	− 4″,2 + 0,20 δs	− 5″,6
	− 2,0 + 0,00	+ 2,0
	+ 0,9 − 0,06	+ 1,3
u = 23°, T = 391 ans	+ 0,3 + 0,03	− 0,1
δε = + 28″,00 + 0,666 δs	+ 1,4 + 0,02	+ 1,3
δu = + 44″,93 − 1,155 δs	0,0 + 0,06	− 0,4
A = + 30″,07 + 0,128 δs	− 2,6 + 0,05	− 2,9
B = + 13″,42 + 1,052 δs	− 1,0 + 0,00	− 1,0
	+ 2,7 + 0,05	+ 3,0
	+ 1,2 − 0,06	+ 1,6
	− 1,1 + 0,04	− 1,3
	− 1″,3 + 0,19 δs	− 4″,2
	+ 2,7 + 0,03	+ 1,9
	+ 0,2 + 0,13	+ 1,0
u = 33°, T = 273 ans	− 1,3 − 0,08	− 0,8
δε = + 24″,24 + 0,240 δs	+ 1,3 + 0,04	+ 1,1
δu = − 26″,87 − 1,179 δs	+ 1,0 + 0,13	+ 0,2
A = + 14″,50 + 0,136 δs	+ 1,3 + 0,10	− 1,9
B = + 9″,19 + 0,706 δs	− 0,6 − 0,01	− 0,5
	+ 1,5 − 0,13	+ 2,3
	− 0,4 − 0,13	+ 0,4
	+ 0,1 + 0,11	− 0,6
	+ 5″,7 + 1,14 δs	− 1″,1
	+ 6,2 + 0,28	+ 4,5
	+ 0,2 + 0,17	+ 0,8
u = 43°, T = 209 ans	− 3,4 − 0,20	− 2,2
δε = + 23″,26 − 0,041 δs	+ 0,2 − 0,04	0,0
δu = − 20″,57 − 1,266 δs	+ 1,8 + 0,12	+ 1,1
A = + 11″,22 + 0,199 δs	+ 0,2 + 0,10	+ 0,4
B = + 7″,81 + 0,540 δs	− 0,6 − 0,07	− 0,2
	− 0,6 + 0,24	+ 0,8
	− 2,8 − 0,20	− 1,6
	+ 2,4 + 0,25	+ 0,9
	+ 13″,8 + 1,81 δs	+ 2″,9
	+ 15,4 + 0,84	+ 10,3
	+ 3,2 + 0,04	+ 3,0
u = 53°, T = 170 ans	− 6,2 − 0,34	− 4,2
δε = + 22″,08 − 0,009 δs	− 4,9 − 0,34	− 2,8
δu = − 18″,32 − 1,350 δs	+ 1,5 − 0,17	− 0,5
A = + 11″,46 + 0,272 δs	− 0,7 − 0,52	+ 2,4
B = + 4″,62 + 0,265 δs	− 1,5 − 0,17	− 0,5
	− 3,1 − 0,29	− 1,4
	− 4,4 − 0,15	− 3,5
	+ 6,2 + 0,39	+ 3,9

La dernière colonne contient les valeurs $\mathfrak{A}'$ des résidus, quand on fait $\delta s = -6'',0$, ce qui ramène l'accélération séculaire à sa valeur théorique.

On voit immédiatement que le quatrième système ($T = 170$ ans) laisse peser sur les observations récentes des erreurs trop fortes pour qu'on puisse l'admettre.

Nous allons calculer maintenant, d'après nos trois premiers systèmes, la correction des Tables de Hansen, en 1889,0; cette correction aura pour expression

$$\delta\varepsilon + 1,89\,\delta n + 3,57\,\delta s + A \sin(5,56\,u) + B\cos(5,56\,u) - V_2,$$

V_2 étant d'ailleurs égal à $-21'',4$. On trouve ainsi les corrections C suivantes, avec les résidus $\mathfrak{A} = C + 17'',4$, la correction moyenne observée étant $-17'',4$, d'après M. Stone.

T.	u.	C.	C'.	$\mathfrak{A}$.	$\mathfrak{A}'$.
ans					
391	23°	$-20'',1 + 0,17\,\delta s$	$-21'',1$	$-2'',7 + 0,17\,\delta s$	$-3'',7$
273	33	$-15,1 + 0,38$	$-17,4$	$+2,3 + 0,38$	$0,0$
209	43	$-7,8 + 0,69$	$-11,9$	$+9,6 + 0,69$	$+5,5$
170	53	$+0,4 + 0,87$	$-4,9$	$+17,8 + 0,87$	$+12,5$

On voit que, si l'on suppose $\delta s = 0$, pour reproduire la correction observée, il faudrait attribuer à u une valeur un peu plus petite que 33°, et par suite à T une valeur un peu plus grande que 273 ans. Avec l'accélération théorique, $\delta s = -6''$, les résidus deviennent $-3'',7$, $0'',0$, $+5'',5$ et $+12'',5$; le second système représente donc exactement la correction observée en 1889; nous avons dit que ce second système est à peu près celui de M. Newcomb.

Nous allons donner un Tableau d'ensemble pour montrer comment les observations sont représentées : de 1620 à 1850, nous empruntons de 10 en 10 ans les corrections des Tables de la Lune de Hansen, affectées du terme empirique V_2, à M. Neison (*Mémoires de la Société Royale astronomique de Londres*, t. XLVIII, p. 369; 1884), qui les a lui-même interpolées d'après les résultats de M. Newcomb. Pour les années 1850-1888, nous avons tiré ces corrections, de 2 en 2 ans, des données publiées chaque année par M. Stone, en groupant chaque correction avec la précédente et la suivante pour atténuer les erreurs. Les nombres C et C' désignent les corrections calculées par la formule

$$\begin{aligned}-V_2 + \delta\varepsilon + (t - 1700)\,\delta n + (t - 1700)^2\,\delta s \\ + A\sin[1^\circ,32(t - 1750)] + B\cos[1^\circ,32(t - 1750)],\end{aligned}$$

où $\delta\varepsilon$, δn, A et B ont les valeurs qui correspondent à $u = 33°$ (p. 415), et où l'on donne à δs les valeurs extrêmes 0 et $-6'',0$; on a écrit $1^\circ,32$ au lieu de $\frac{33^\circ}{25}$. O désigne la correction observée; enfin, on a formé les différences O − C et O − C', qui donnent une idée de la représentation.

	C.	O.	C′.	O − C.	O − C′.
1620	+50″	+53″	+46″	+3″	+7″
30	+48	+48	+46	0	+2
40	+45	+43	+44	−2	−1
50	+42	+39	+42	−3	−3
60	+38	+36	+39	−2	−3
70	+34	+33	+35	−1	−2
80	+30	+30	+30	0	0
1690	+24	+26	+25	+2	+1
1700	+20	+21	+20	+1	+1
10	+15	+15	+15	0	0
20	+11	+9	+11	−2	−2
30	+7	+5	+6	−2	−1
40	+1	+2	+1	+1	+1
50	+1	0	0	−1	0
60	0	0	−1	0	+1
70	−1	0	−2	+1	+2
80	−2	0	−2	+2	+2
1790	−1	0	−1	+1	+1
1800	0	0	0	0	0
10	0	0	+1	0	−1
20	+1	0	+2	−1	−2
30	+1	0	+2	−1	−2
40	+1	0	+2	−1	−2
50	0	0	+1	0	−1

	C.	O.	C′.	O − C.	O − C′.
50	−0″,1	+0″,7	+0″,7	+0″,8	0″,0
52	−0,5	+1,3	+0,2	+1,8	+1,1
54	−1,0	+1,4	−0,3	+2,4	+1,7
56	−1,4	+1,2	−0,9	+2,6	+2,1
58	−1,9	+1,9	−1,4	+3,8	+3,3
60	−2,3	+2,3	−1,9	+4,6	+4,2
62	−2,9	+2,2	−2,6	+5,1	+4,8
64	−3,5	+0,1	−3,3	+3,6	+3,4
66	−4,2	−2,3	−4,1	+1,9	+1,8
68	−4,9	−4,0	−5,0	+0,9	+1,0
70	−5,7	−5,4	−5,9	+0,3	+0,5
72	−6,5	−7,5	−6,9	−1,0	−0,6
74	−7,4	−9,1	−8,0	−1,7	−1,1
76	−8,3	−9,6	−9,1	−1,3	−0,5
78	−9,3	−9,0	−10,2	+0,3	+1,2
80	−10,3	−10,3	−11,4	0	+1,1
82	−11,3	−12,6	−12,7	−1,3	+0,1
84	−12,3	−14,8	−14,0	−2,5	−0,8
86	−13,4	−15,4	−15,4	−2,0	0,0
1888	−14,6	−16,9	−16,8	−2,3	−0,1

La représentation est satisfaisante en général; toutefois, il subsiste des indices d'une autre inégalité, à période moindre et ayant un coefficient de 2″ à 3″.

181. On voit que, jusqu'ici, on a eu recours seulement aux observations modernes pour déterminer les inconnues $\delta\varepsilon$, δn, A et B au moyen de δs et des quantités connues. Pour trouver δs, il faut s'adresser aux deux groupes d'observations anciennes. Ces deux groupes ont fourni à M. Newcomb (*loc. cit.*, p. 264) les équations suivantes :

Éclipses de Ptolémée.

Dates.	$\delta\varepsilon$.	δn.	δs.		Poids.
—687	0,017	—0,40	+9,55	= —11′	3
—381	0,017	—0,35	+7,28	= —27	2
—189	0,017	—0,31	+5,95	= —20	4
+134	0,017	—0,26	+4,11	= —16	3

Éclipses des Arabes.

Dates.	$\delta\varepsilon$.	δn.	δs.		Poids.
+850	0,017	—0,14	+1,20	= — 4′,4	8
+927	0,017	—0,13	+0,99	= — 1,1	16
+986	0,017	—0,12	+0,84	= — 4,8	30

On a négligé les termes $A \sin \alpha t$ et $B \cos \alpha t$, comme on pouvait le faire; les seconds membres exprimaient d'abord des minutes d'arc : on les a ramenés à exprimer des secondes, en divisant les deux membres de chaque équation par 60. Il faut maintenant substituer

$$\delta\varepsilon = +24'',24 - 0,24\,\delta s,$$
$$\delta n = -26'',87 - 1,18\,\delta s,$$

ce qui donne, pour les deux groupes,

$$(1)\quad \begin{array}{ll} \text{Ptolémée.} & \text{Arabes.} \\ \left\{\begin{array}{l} 10,02\,\delta s = -22'', \\ 7,69\,\delta s = -37, \\ 6,32\,\delta s = -29, \\ 4,42\,\delta s = -23, \end{array}\right. & \begin{array}{l} 1,37\,\delta s = -8'',6, \\ 1,14\,\delta s = -5.0, \\ 0,98\,\delta s = -8,4. \\ \end{array} \end{array}$$

Chacune des sept équations donne une valeur négative de δs; le coefficient $s_0 = 12'',17$ de Hansen est donc certainement trop fort. En ayant égard aux poids, les éclipses de Ptolémée donnent, à elles seules,

$$\delta s = -3'',87; \qquad s = s_0 + \delta s = 8'',3.$$

Les éclipses des Arabes donnent de leur côté

$$\delta s = -6'',84; \qquad s = 5'',3.$$

On tire de l'ensemble

$$\delta s = -5'',1; \qquad s = 7'',1.$$

M. Newcomb a trouvé pour l'ensemble $s = 8'',8$; nous arrivons à $7'',1$, valeur très voisine du chiffre théorique; la différence tient au mode de calcul employé. M. Newcomb a déterminé δs, δn et $\delta \varepsilon$ par toutes les observations anciennes et modernes, en négligeant A et B; il n'a retenu que la valeur de δs, et a calculé ensuite les valeurs de $\delta \varepsilon$, δn, A et B qui satisfont le mieux à l'ensemble des observations modernes.

La valeur $\delta s = -5'',1$, étant substituée dans les équations (1), laisse dans les premiers membres les résidus suivants :

$-31'$,	$+1',6$,
$-2'$,	$-0',8$,
$-3'$,	$+3',4$.
0.	

Il y a donc un résidu très fort et tout à fait anormal. M. Neison a expliqué (*Monthly Notices*, t. XXXIX, 1878, p. 73) que cela tient à ce qu'un poids trop grand a été assigné à l'une des trois éclipses qui ont servi à obtenir l'erreur des Tables pour -687, et que cette éclipse est discordante. Si l'on supprimait la première des équations (1), on trouverait $\delta s = -5'',87$, $s = 6'',3$, c'est-à-dire l'accélération théorique.

On voit ainsi qu'il est possible de représenter les éclipses de Ptolémée et celles des Arabes par l'accélération théorique; on n'aurait donc pas besoin d'invoquer l'influence du frottement des marées pour produire un ralentissement progressif dans la rotation de la Terre, ayant pour effet une accélération apparente du mouvement de la Lune. On éviterait de la sorte le double inconvénient de toucher à la base fondamentale de la mesure du temps, et d'introduire dans la théorie de la Lune un nombre empirique qui, ne pouvant être déterminé par le calcul, empêcherait d'arriver à des résultats définitifs, alors même que toutes les autres difficultés auraient été surmontées.

182. Cependant il subsiste une grave objection contre cette manière de voir : les éclipses chronologiques, qui sont bien représentées par l'accélération de $12''$, le sont beaucoup plus mal par l'accélération théorique de $6''$. Les principales de ces éclipses sont celles de Thalès, de Larissa, d'Agathocle et de Stiklastad.

Éclipse de Stiklastad. — Elle se produisit pendant un combat que les guerriers chrétiens, sous la conduite du roi de Norvège, Olaf le Saint, livraient à une armée de paysans païens révoltés. Voici ce qu'en rapporte Snorre Sturlason :

« Le temps était beau et le Soleil brillait; mais, quand la bataille eut commencé, une teinte rougeâtre se répandit sur le ciel et sur le Soleil, et, avant que le combat fût terminé, l'obscurité devint aussi grande que pendant la nuit. » Hansteen, qui a publié un Mémoire sur cette éclipse (*Astron. Nachr.* de 1849), a déterminé avec certitude la position du champ de bataille où elle a été vue, et il a fixé la date de l'éclipse au 31 août 1030. Or, dans une Note récente (*Astron. Nachr.*, nov. 1888), M. Hjort dit que les sources historiques, laissées de côté par Hansteen, permettent d'établir que la bataille a eu lieu le 29 juillet; c'est ce qui résulte de l'Ouvrage de M. Maurer (*Die Bekehrung des norwegischen Stammes zum Christenthume*, t. II, p. 531-540). S'il en est réellement ainsi, l'éclipse aura eu lieu plus d'un mois après la bataille; on ne sait plus rien sur le lieu de l'observation, et l'éclipse doit être rayée de la liste des éclipses historiques.

Éclipse de Larissa. — On lit dans Xénophon : « Lorsque les Perses succédèrent aux Mèdes dans l'empire, le roi des Perses assiégeant cette ville (Larissa) ne pouvait la prendre par aucun moyen; mais un nuage en couvrant le Soleil produisit une telle obscurité que les hommes sortirent de la ville, et c'est ainsi qu'elle fut prise. » D'après les détails que donne Xénophon, il paraît certain que Larissa n'est autre que la moderne Nimrod. Mais le phénomène dont il s'agit est-il bien une éclipse totale de Soleil? Le texte dit que c'est un nuage (νεφέλη) qui couvrit le Soleil. Airy n'hésite pas en faveur de l'éclipse totale, et, en cherchant tous les phénomènes de ce genre qui ont eu lieu dans un intervalle de 40 ans comprenant la date probable de la prise de Larissa, il trouve qu'il y eut, à Nimrod même, une éclipse totale de Soleil le 19 mai de l'année 547 avant Jésus-Christ. M. Newcomb se laisse convaincre moins facilement et il fait remarquer judicieusement que, parce que l'on a trouvé dans un intervalle de 40 années une éclipse totale observable à Larissa, il n'en résulte pas nécessairement l'identité de ce phénomène avec celui qui a fait évacuer la ville.

Éclipse d'Agathocle. — Agathocle, étant bloqué par les Carthaginois dans le port de Syracuse, profita d'un relâchement momentané dans le blocus pour s'échapper du port et se diriger vers la côte d'Afrique, où il parvint au bout de six jours. Pendant qu'il naviguait ainsi, le second jour, il fut témoin d'une éclipse totale de Soleil. Voici comment Diodore de Sicile rapporte le fait : « Comme Agathocle était déjà enveloppé par l'ennemi, la nuit étant survenue, il s'échappa contre toute espérance. Le jour suivant, il se produisit une telle éclipse de Soleil que l'on pouvait croire qu'il était tout à fait nuit, car les étoiles apparaissaient de toutes parts. De sorte que les soldats d'Agathocle, persuadés que les Dieux leur présageaient quelque malheur, étaient dans la plus vive inquiétude sur l'avenir. »

Ici, pas de doute possible; avec l'apparition des étoiles, c'est bien une éclipse totale de Soleil. Malheureusement, c'est la position du lieu d'observation qui n'est pas exactement connue, car on ne sait pas si Agathocle est allé directement vers l'Afrique ou s'il a fait le tour de la Sicile en prenant le nord de cette île. On paraît être d'accord sur la date de l'éclipse, que l'on fixe au 15 août de l'année 510 avant Jésus-Christ; mais, par une singulière fatalité, les limites admissibles dans la position d'Agathocle correspondent presque exactement aux limites entre lesquelles on peut faire varier l'accélération séculaire, de sorte que cette éclipse si bien décrite ne permet pas d'assigner à cette accélération une valeur définitive.

Éclipse de Thalès. — On lit dans Hérodote : « Après cela, les Lydiens et les Mèdes furent en guerre pendant cinq années consécutives; dans cette guerre, souvent les Mèdes furent vainqueurs des Lydiens, souvent aussi les Lydiens vainquirent les Mèdes; une fois même, ils se battirent la nuit. Or, comme la guerre se poursuivait avec des chances égales des deux côtés, la sixième année, un jour que les armées étaient aux prises, il arriva qu'au milieu du combat le jour se changea subitement en nuit; Thalès de Milet avait prédit ce phénomène aux Ioniens, en indiquant précisément cette même année où il eut lieu en effet. Les Lydiens et les Mèdes, voyant que la nuit succédait subitement au jour, mirent fin au combat et ne s'occupèrent plus que du soin d'établir la paix entre eux. »

Il paraît probable que le phénomène signalé par Hérodote est une éclipse totale de Soleil; mais le lieu où il a été vu n'est pas indiqué; on sait seulement qu'il doit être situé en Asie Mineure, ou au moins très près de cette contrée. La date du phénomène n'est pas mieux fixée : Pline la met à la quatrième année de la 48e olympiade, Clément d'Alexandrie vers la 50e olympiade.

Les divers auteurs qui en ont parlé font varier la date depuis le 1er octobre 583 jusqu'au 3 février 626 avant J.-C. Pour Baily et Oltmans, elle aurait eu lieu le 30 septembre de l'an 610; pour Airy, le 28 mai de l'an 585; cette dernière date est d'accord avec celle de Pline.

M. Newcomb trouve que trois points seulement sont nettement établis :

Qu'une bataille entre les Lydiens et les Mèdes a été terminée par une obscurité subite;

Que, le 28 mai de l'an 585, l'ombre de la Lune a passé sur l'Asie Mineure, ainsi que cela résulte des calculs fondés sur les Tables;

Enfin que Thalès a prédit une éclipse.

Mais que ces trois phénomènes se rapportent à un seul et même événement, c'est ce que M. Newcomb ne regarde pas comme démontré.

Il semble en somme que les récits des anciens historiens sont trop vagues pour que l'on puisse s'en servir afin d'éclairer la théorie de la Lune; c'est plutôt à la théorie de donner des indications sur les dates des phénomènes et les lieux où ils ont été observés.

Cependant, il faudrait avoir égard aussi à un Mémoire important de M. Ginzel, *Astronomische Untersuchungen über Finsternisse* (Mémoires de l'Académie des Sciences de Vienne, 1883 et 1884).

M. Ginzel, après de longues et patientes recherches, a pu réunir des documents concernant 45 éclipses totales de Soleil, échelonnées depuis l'an 346 de notre ère jusqu'à l'année 1415, et dont 2 seulement avaient été discutées déjà par M. Celoria; il a trouvé surtout de précieux matériaux dans les chroniques des monastères du moyen âge. Il n'est pas question d'heures exactes pour les phases; on se borne à dire qu'en tel lieu le Soleil a été éclipsé, et, dans un assez grand nombre de cas, qu'on a vu apparaître les étoiles. M. Ginzel a conclu de sa discussion que l'accélération séculaire adoptée par Hansen devait être un peu diminuée, et ramenée seulement à $11'',47$. Il serait très important d'examiner si ces éclipses, principalement les 17 comprises entre les années 733 et 1267, dont l'époque moyenne diffère peu de celle qui correspond aux éclipses arabes, peuvent être représentées avec une accélération de $6''$ à $7''$, et en appliquant au moyen mouvement de Hansen la correction que nous avons indiquée. Mais je pense que nous devons faire un choix dans les documents : M. Ginzel a pour telle éclipse totale, celle de 1133, par exemple, 78 récits, de l'ensemble desquels il déduit une correction moyenne de la zone de centralité; il vaudrait peut-être mieux garder ceux des récits qui sont très nets, qui affirment que l'on a vu les étoiles, les discuter séparément et laisser les autres de côté. Il s'agirait de voir si, avec les corrections indiquées pour δn et δs, l'éclipse reste totale dans les lieux où l'on a dit nettement qu'elle l'était.

Il nous faut parler des recherches de M. Schjellerup sur les anciennes éclipses chinoises (voir *Copernicus*, t. I, p. 41-47); mais les données sont ici très peu précises. L'auteur parle, en effet, de 36 éclipses de Soleil mentionnées dans les *Annales de la Chine*, et il en choisit 3 qui sont mentionnées comme ayant été totales, dans les années 708, 600 et 548 avant J.-C. Les mois dans lesquels on les a observées ont dû être corrigés, pour les deux premières. Il arrive, en outre, que ces éclipses ne sont pas très bien représentées par l'accélération de Hansen; il est vrai qu'elles le sont encore plus mal avec celle de MM. Adams et Delaunay, car il faudrait, pour avoir des éclipses totales, changer de 30° la longitude du lieu où l'on suppose qu'elles ont été observées. Le résultat n'est guère meilleur en adoptant, avec Airy, la correction $\delta n = -36''$. Il ne semble pas qu'on puisse en tirer une conclusion assurée pour ou contre l'accélération théorique.

183. Nous pensons que la question peut se diviser en deux autres, celle de l'accélération séculaire et celle d'une ou de plusieurs inégalités à longues périodes, encore inconnues. On peut laisser de côté la fixation du coefficient de l'accélération séculaire, car elle ne joue qu'un rôle secondaire quand il s'agit de la comparaison des observations des deux derniers siècles.

Mais, quelle peut bien être la cause des inégalités à longues périodes que cette comparaison met en évidence? On pouvait penser que les inégalités provenant de l'action des planètes n'avaient pas encore fait l'objet d'une recherche systématique suffisamment étendue. Le Mémoire de M. Radau, qui a paru dans le Tome XXI des *Annales de l'Observatoire*, et dont nous avons rendu compte dans le Chapitre précédent, répond à cette question; il paraît bien établi qu'en dehors de l'inégalité qui dépend de 16T — 18V, il n'en existe aucune dont le coefficient dépasse une fraction de seconde. Néanmoins, l'ensemble des inégalités nouvelles et des corrections des anciennes, signalées par M. Radau, mérite d'être pris en considération, car leur somme peut s'élever, en certains cas, à plusieurs secondes d'arc; ce qui est très important quand on songe que Delaunay s'était préoccupé des millièmes de seconde dans les coefficients des inégalités solaires. Cela n'explique pas les désaccords, mais permet de les régulariser, et de mettre mieux en évidence les inégalités qui sont encore inconnues. Enfin il y a peut-être lieu de se préoccuper de la convergence des séries ordonnées suivant les puissances de m.

Nous rappellerons, en terminant, que la correction totale apportée par M. Newcomb aux Tables de Hansen est

$$\Delta = -1'',14 - 29'',17\,t - 3'',86\,t^2 - V_2 - 0'',09 \sin A - 15'',49 \cos A,$$

où

$$A = 18V - 16T - l;$$

t est le temps compté en siècles à partir de 1800. La formule empirique à laquelle nous sommes arrivé de notre côté est

$$\begin{aligned}\Delta' = &+ 24'',24 - 0,240\,\delta s - (26'',87 + 1,179\,\delta s)\,t' + \delta s.t'^2 - V_2\\ &+ (14'',50 + 0,136\,\delta s)\sin(132^\circ \times t'')\\ &+ (\ 9'',19 + 0,706\,\delta s)\cos(132^\circ \times t''),\end{aligned}$$

où t' et t'' désignent des nombres de siècles comptés respectivement à partir de 1700 et de 1750. On a

$$\delta s = -6'',0, \qquad t' = t + 1, \qquad t'' = t + \frac{1}{2},$$

et la correction devient

$$\begin{aligned}\Delta' = &+ 25'',68 - 19'',80\,(t+1) - 6'',00\,(t^2 + 2t + 1)\\ &+ 13'',67 \sin(132^\circ \times t + 66^\circ) + 4'',95 \cos(132^\circ \times t + 66^\circ) - V_2\end{aligned}$$

ou bien

$$\Delta' = -0'',12 - 31'',80\,t - 6'',00\,t^2 - V_2 + 14'',54 \sin(132^\circ \times t + 85^\circ 54');$$

t est maintenant compté en siècles à partir de 1800.

Si l'on persistait à maintenir dans la comparaison des observations modernes l'accélération de Hansen, ce qui reviendrait à faire $\delta s = 0$, il faudrait, pour représenter l'erreur tabulaire en 1889, admettre une valeur de u comprise entre 23° et 33°, 28° par exemple, et pour T une valeur peu éloignée de 320 ans. Pour fixer cette valeur de T, un nouveau calcul serait nécessaire.

La théorie de la Lune se trouve arrêtée par la difficulté que nous venons de développer; déjà, à l'époque de Clairaut, la gravitation paraissait impuissante à expliquer le mouvement du périgée. Elle triomphera encore du nouvel obstacle qui se présente aujourd'hui; mais il reste à faire une belle découverte!

FIN DU TOME III.

18365 Paris. — Imprimerie GAUTHIER-VILLARS ET FILS, quai des Grands-Augustins, 55.

ERRATA.

TOME Ier.

Pages.	Lignes.	*Au lieu de :*	*Lisez :*
12	3	$\frac{dq_1}{\partial c_i}$	$\frac{\partial q_1}{\partial c_i}$
20	12	$\partial\alpha^2$	$\partial\alpha_2$
36	12 en remontant	$\frac{d^2x}{dt}$	$\frac{d^2x}{dt^2}$
54	6	$M(x, y, z)$	$N(x, y, z)$
116	14 en remontant	l'époque t	l'époque t_0
148	6	$+2m\frac{\mu''\nu''-\mu'\nu'}{\xi^2}\frac{d\xi}{dt}$	$-2m\frac{\mu''\nu''-\mu'\nu'}{\xi^2}\frac{d\xi}{dt}$
148	10 et 11	$m\varkappa'_1$ et $m\varkappa''_1$	$m'\varkappa'_1$ et $m''\varkappa''_1$
153	11	$\frac{m''\varkappa''_1}{A''^3}$	$\frac{m''\varkappa''_1}{A''^2}$
187	9	de formules	des formules
216	1 en remontant	x	ζ
219	3	79	80
222	2	$\sum_{=1}^{i=\infty}$	$\sum_{i=1}^{i=\infty}$
289	3 en remontant	$x^2\,\delta_2\,D$	$x^3\,\delta_2\,D$
290	12	$\mathfrak{B}^{(i)}$	$\mathfrak{B}_s^{(i)}$
304	1 en remontant	$\frac{1}{k}$	$\frac{1}{4}$
306	18	coefficient de cet	coefficient du cosinus de cet
322	9	$\frac{\partial R_{0,1}}{de}$	$\frac{\partial R_{0,1}}{\partial e}$
334	1 en remontant	$(i+k)$	k
343	6	$\eta\,\delta_1\,\tau'$	$\eta_0\,\delta_1\,\tau'$
381	6	1801	1803
435	9 et 10 en rem.	$\int$	$\frac{1}{2\pi}\int$
470	8 en remontant	$\sin\varphi_0\cos(v-\theta_0)$	$\sin\varphi_0\sin(v-\theta_0)$
471	14 en remontant	$\cos v-\theta_0$	$\cos(v-\theta_0)$

TOME II.

Pages.	Lignes.	*Au lieu de*	*Lisez :*
5	17	$\int\int \frac{\rho u^2\, d\omega\, du}{u}$	$\int \frac{\rho u^2\, d\omega\, du}{u}$
6	6	$\frac{1}{u_1}\int dm < V$	$\frac{1}{u_2}\int dm < V$
9	8 en remontant	$dm = u^2\, du \sin\theta\, d\theta\, d\psi$	$dm = \rho u^2\, du \sin\theta\, d\theta\, d\psi$
14	2	donnent	donnent, en prenant pour N la normale intérieure,
23	10	désignant un	désignant par ∂n un
34	14	$-V\frac{\partial V}{\partial n}$	$-U\frac{\partial V}{\partial n}$
35	1	extérieure	intérieure
35	2 et 3	en sens inverse	dans le sens
35	4 et 6		Changer les signes des formules
41	3	point M	point M'
87	8 en remontant	expressions (7)	expressions $X = -Px, \ldots$
88	14	formules (7)	formules $X = -Px, \ldots$
95	10 en remontant	le moment	le produit par ω du moment
96	6	(a)	(a')
98	1 en remontant	$= \frac{1}{2}\int_0^\infty$	$= -\frac{1}{2}\int_0^\infty$
104	1 en remontant	$b = (\ )s^{\frac{1}{3}}t^{\frac{1}{6}}$	$b = (\ )s^{-\frac{1}{3}}t^{\frac{1}{6}}$
107	7	$k > V_1$	$k < V_1$
107	8	$k < V_1$	$k > V_1$
107	17	supé-	infé-
107	19	$k <$	$k >$
127	13 et 12 en rem.	$r, \theta, \varphi,$	$r_1, \theta_1, \varphi_1,$
127	11, 6 et 4 en rem.	r, θ et φ	r_1, θ_1, et φ_1
138	11	O	S
148	12	$\cos t_3$	$\cos t_1$
161	1 en remontant	$\sum \frac{x^n}{n}\int_0^{2\pi}\int_0^{2\pi}\cdots$	$\sum \frac{x^n}{n}\int_0^{2\pi} d\varphi \int_0^{2\pi}\cdots$
166	12	$I = 2\pi \ldots$	$I = 2\pi^2 \ldots$
190	10	$(\nu + a_q^2)(\nu + b_q^2)$	$(\nu + a_q^2)^2(\nu + b_q^2)^2$
191	9	$b_1^2, a_1^2, c_1^2, a_1^2$	$b_p^2, a_p^2, c_p^2, a_p^2$
192	2 en remontant	$a_q^2(b_p^2 - a_p^2) + a_p^2(a_q^2 - b_q^2)$	$a_q^2\frac{b_p^2 - a_p^2}{b_p^2} + a_p^2\frac{a_q^2 - b_q^2}{b_p^2}$
199	13		Rétablir dans $\frac{A_1}{\alpha}$ les $\sum_1^n$ oubliés
217	14	$\frac{2}{5}$	$\frac{6}{5}$

Pages.	Lignes.	Au lieu de :	Lisez :
235	11	(VIII)	(X)
252	10 en remontant	de σ	de $\cos\sigma$
252	2 en remontant	$\frac{\partial^2 V''}{\partial\psi^2}$	$\frac{\partial^2 V}{\partial\psi^2}$
253	8 en remontant	$\frac{\partial^2 P_n}{\partial\mu^2}$	$\frac{\partial^2 P_n}{\partial\psi^2}$
253	3 en remontant	$\frac{1}{r} + \frac{r'}{r^2} + \frac{r'^2}{r^3} + \ldots$	$\frac{1}{r} X_0 + \frac{r'}{r^2} X_1 + \frac{r'^2}{r^3} X_2 + \ldots$
264	1 en remontant	(25)	(27)
271	2	$\frac{1.3\ldots(2n-1)}{2.4\ldots2n}\left[\quad\right]$	$2^n \frac{1.3\ldots(2n-1)}{2.4\ldots2n}\left[\quad\right]$
289	10 en remontant	$\left[\quad\right]_x^1$	$\left[\quad\right]_{x_p}^1$
305	6	$\rho r'^2\, d\psi'$	$r'^2\, d\psi'$
307	10 en remontant	$\frac{d(a^{2-n} U_n)}{\partial a}$	$\frac{\partial(a^{2-n} U_n)}{\partial a}$
313	4	$< \frac{6}{a^2}$	$= \frac{6}{a^2}$
313	5 en remontant	$U^{(n)}$	U_n
319	2 en remontant	fonction r	fonction $F(r)$
354	9	de Clairaut	de la formule de Clairaut

Les fautes ci-dessus nous ont été signalées principalement par M. L. de Ball.

18365 Paris. — Imprimerie GAUTHIER-VILLARS ET FILS, quai des Grands-Augustins, 55.

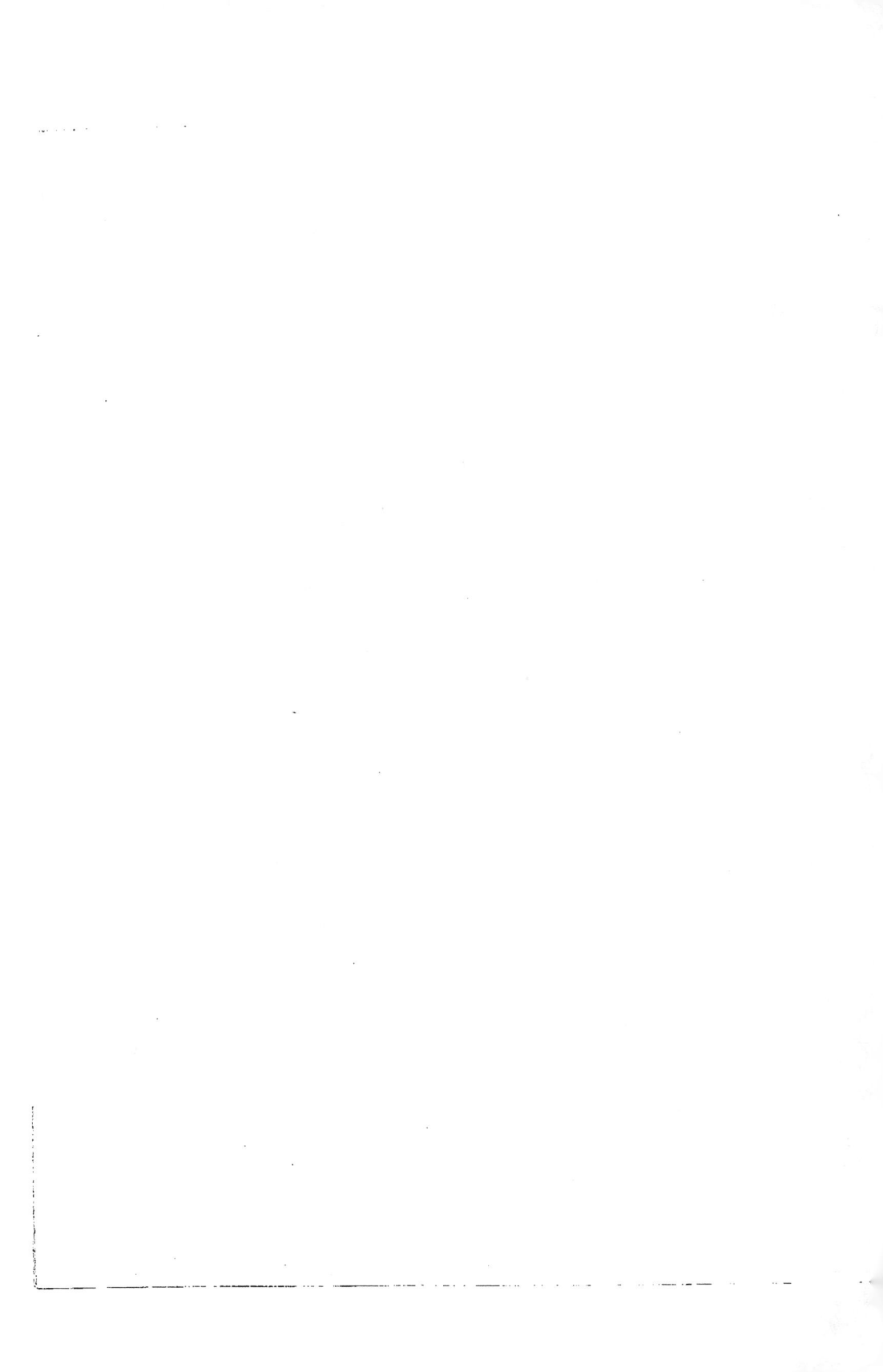

Le Catalogue général et les prospectus détaillés des principaux Ouvrages sont envoyés franco sur demande.

EXTRAIT DU CATALOGUE

DE LA LIBRAIRIE

GAUTHIER-VILLARS ET FILS.

DIVISIONS DU CATALOGUE.

I. — OUVRAGES

SUR LES

SCIENCES MATHÉMATIQUES ET PHYSIQUES.

ABDANK-ABAKANOWICZ. — **Les Intégraphes. La courbe intégrale et ses applications.** *Étude sur un nouveau système d'intégrateurs mécaniques.* In-8 raisin, avec 94 figures; 1886. 5 fr.

ABEL (Niels-Henrik). — **Œuvres complètes d'Abel.** Édition, publiée aux frais de l'État norwégien, par *L. Sylow* et *S. Lie.* 2 vol. in-4; 1881. 30 fr.

ANGOT (A.), Docteur ès Sciences, Météorologiste titulaire au Bureau central météorologique. — **Instructions météorologiques.** 3e édition, entièrement refondue. Gr. in-8, avec figures, suivi de nombreuses Tables pour la réduction des observations; 1891. 3 fr. 50 c.

ANDRÉ et RAYET, Astronomes adjoints de l'Observatoire de Paris, et **ANGOT (A.)**. — **L'Astronomie pratique et les Observatoires en Europe et en Amérique**, depuis le milieu du XVIIe siècle jusqu'à nos jours. 5 vol. in-18 jésus, avec figures et planches en couleur.

Voir, pour la vente des volumes séparés, le Catalogue général.

APPELL (Paul), Membre de l'Institut. — **Traité de Mécanique rationnelle** (Cours de Mécanique de la Faculté des Sciences). 3 volumes grand in-8, se vendant séparément.

Tome I. — *Statique. Dynamique du point.* 1er fascicule. 320 pages; 1893. Prix pour les souscripteurs. 14 fr.

Tome II. — *Dynamique des systèmes. Mécanique analytique.* (*En préparation.*)

Tome III. — *Hydrostatique. Hydrodynamique.* (*En pr.*)

In-4°; F.

ARAGO (F.). — **Astronomie populaire.** 4 volumes in-8, avec un portrait d'Arago, 283 fig. et 27 pl. 30 fr.

Voir le Catalogue général pour les *Œuvres complètes*, 17 vol. 127 fr. 50 c.

ARNAUDEAU (A.), ancien Élève de l'École Polytechnique, membre agrégé de l'Institut des actuaires français, chef du Bureau de Statistique de la Compagnie générale transatlantique, membre de la Société de Statistique de Paris. — **Guide des Emprunts. Tables des valeurs intrinsèques et durées probables des obligations de 500fr pour toutes les époques de l'emprunt et à tous les taux usuels**, suivies des *Tables logarithmiques pour le calcul de l'intérêt composé, des annuités et des amortissements*, et précédés d'un *texte explicatif.* In-4, avec figures et 2 Tableaux graphiques; 1892. 9 fr.

BABINET, Membre de l'Institut. — **Études et Lectures sur les Sciences d'observation et leurs applications pratiques.** 8 vol. in-12.

Chaque Volume se vend séparément. 2 fr. 50 c.

BABU (L.), Ingénieur des Mines. — **Précis d'analyse qualitative.** *Recherche des métalloïdes et des métaux usuels dans le mélange des sels, les produits d'art et les substances minérales.* In-18 jésus; 1888. 2 fr.

BACHET, sieur de MÉZIRIAC.— Problèmes plaisants et délectables qui se font par les nombres. 5e éd., revue, simplifiée et augmentée par *A. Labosne.* Petit in-8, caractères elzévirs, titre en deux couleurs; 1884.

Tirage sur papier vélin. 6 fr. | Tirage sur papier vergé. 8 fr.

BAILLAUD (B.), Doyen de la Faculté des Sciences de Toulouse, Directeur de l'Observatoire. — **Cours d'Astronomie** *à l'usage des étudiants des Facultés des Sciences.* 2 volumes grand in-8, se vendant séparément.

Ire Partie : *Quelques théories applicables à l'étude des Sciences expérimentales. Probabilités : erreurs des observations. Instruments d'Optique. Instruments d'Astronomie. Calculs numériques, interpolations,* avec 58 figures; 1893. 8 fr.

IIe PARTIE : *Astronomie. Astronomie sphérique. Étude du système solaire. Détermination des éléments géographiques.* (*Sous presse.*)

BARILLOT (Ernest), Membre de la Société chimique de Paris. — **Manuel de l'analyse des vins.** *Dosage des éléments naturels. Recherches analytiques des falsifications.* Petit in-8°, avec fig. et Tables; 1889. 3 fr. 50 c.

BERTHELOT (M.), Membre de l'Institut, Président de la Commission des substances explosives. — **Sur la force des matières explosives, d'après la Thermochimie.** 2 beaux vol. gr. in-8, avec figures; 1883. 30 fr.

BERTHELOT (M.). — **Leçons sur les Méthodes générales de synthèse en Chimie organique.** In-8; 1864. 8 fr.

BERTRAND (J.), de l'Académie française, Secrétaire perpétuel de l'Académie des Sciences. — **Thermodynamique.** Grand in-8, avec figures; 1887. 10 fr.

BERTRAND (J.). — **Calcul des probabilités.** Grand in-8; 1889. 12 fr.

BERTRAND (J.). — **Leçons sur la Théorie mathématique de l'Électricité.** Grand in-8 avec fig.; 1890. 10 fr.

BERTRAND (J.). — **Traité de Calcul différentiel et de Calcul intégral.**

CALCUL DIFFÉRENTIEL. In-4; 1864........... (*Rare.*)
CALCUL INTÉGRAL (*Intégrales définies et indéfinies*). In-4 de 720 p. avec 88 figures; 1870. (*Rare.*)

BICHAT (E.), Professeur à la Faculté des Sciences de Nancy, et **BLONDLOT** (R.), Maître de conférences à la Faculté des Sciences de Nancy. — **Introduction à l'étude de l'Électricité statique.** In-8, avec 64 figures; 1885. 4 fr.

BLATER (Joseph). — **Table des quarts de carrés de tous les nombres entiers de 1 à 200000,** servant à simplifier la multiplication, l'élévation au carré, ainsi que l'extraction de la racine carrée, et à rendre plus certains les résultats de ses opérations, publiée avec la collaboration de A. STEINHAUSER, Conseiller impérial à Vienne. Grand in-4; 1888.

Broché........................ 15 fr.
Cartonné, avec signets de parchemin. 20 fr.

Voir au *Catalogue général* les autres Ouvrages de M. Blater, *Table simplificative, Tablettes de Napier*, etc.

BLONDLOT, Professeur adjoint à la Faculté des Sciences de Nancy. — **Introduction à l'étude de la Thermodynamique.** Grand in-8, avec figures; 1888. 3 fr. 50 c.

BONNAMI (H.), Ingénieur directeur des usines de Pont-de-Pany et Malain, Conducteur des Ponts et Chaussées. — **Fabrication et contrôle des chaux hydrauliques et ciments. Théorie et pratique.** *Influences réciproques et simultanées des différentes opérations et de la composition sur la solidification.* ÉNERGIE. THERMODYNAMIQUE. THERMOCHIMIE. In-8, avec figures; 1888. 6 fr. 50 c.

BONNET (Ossian), Membre de l'Institut. — **Théorie de la réfraction astronomique.** In-8, avec fig.; 1888. 2 fr.

BOUCHARLAT (J.-L.). — **Éléments de Calcul différentiel et de Calcul intégral.** 9e édition, revue et annotée par *Laurent*, Répétiteur à l'École Polytechnique. In-8, avec planches; 1891. 8 fr.

BOULANGER (J.), Capitaine du Génie. — **Sur les Progrès de la Science électrique et les nouvelles machines d'induction.** In-8, avec figures; 1885. 3 fr. 50 c.

BOULANGER (J.). — **Sur l'emploi de l'Électricité pour la transmission du travail à distance.** In-8, avec belles figures; 1887. 2 fr. 75 c.

BOUQUET DE LA GRYE (A.), Membre de l'Institut. — **Paris Port de mer.** Grand in-8 de 300 pages, avec 3 cartes dont 1 en couleur; 1892. 4 fr.

BOUR (Edm.), Ingénieur des Mines. — **Cours de Mécanique et Machines,** professé à l'École Polytechnique.

Cinématique. 2e édition. In-8, avec Atlas de 30 planches in-4 gravées sur cuivre; 1887. 10 fr.

Statique et travail des forces dans les machines à l'état de mouvement uniforme, publié par *Phillips*, Professeur de Mécanique à l'École Polytechnique, avec la collaboration de *Collignon* et *Kretz*. In-8, avec Atlas de 8 planches contenant 106 figures. 2e édition; 1891. 6 fr.

Dynamique et Hydraulique, avec 125 figures; 1874. 7 fr. 50 c.

BOURDON, ancien Examinateur d'admission à l'École Polytechnique. — **Éléments d'Arithmétique.** 36e édit. In-8; 1878. (*Adopté par l'Université.*) 4 fr.

BOURDON. — **Application de l'Algèbre à la Géométrie,** comprenant la Géométrie analytique à deux et à trois dimensions. 9e édit., revue et annotée par *G. Darboux*. In-8, avec pl.; 1880. (*Adopté par l'Université*). 9 fr.

BOURDON. — **Éléments d'Algèbre,** avec Notes de *Prouhet*. 17e éd. In-8; 1891. (*Adopté par l'Univ.*) 8 fr.

BOURDON. — **Trigonométrie rectiligne et sphérique.** 2e éd., revue et annotée par *Brisse*. In-8, avec figures; 1877. (*Adopté par l'Université.*) 3 fr.

BOUSSINESQ, Membre de l'Institut, Professeur à la Faculté des Sciences. — **Cours élémentaire d'Analyse infinitésimale,** à l'usage des personnes qui étudient cette Science *en vue de ses applications mécaniques et physiques*. 2e édition. 2 vol. grand in-8, avec figures.

TOME I. — **Calcul différentiel**; 1887... 17 fr.
TOME II. — **Calcul intégral**; 1890..... 23 fr. 50 c.

On vend séparément.

TOME I.
Partie élémentaire .... 7 fr. 50 c.
Compléments.............. 9 fr. 50 c.

TOME II.
Partie élémentaire.............. 7 fr. 50 c.
Compléments.............. 16 fr.

BOUSSINESQ. — **Leçons synthétiques de Mécanique générale,** servant d'Introduction au *Cours de Mécanique physique* de la Faculté des Sciences de Paris. Publiées par les soins de MM. LEGAY et VIGNERON, élèves de la Faculté. Grand in-8; 1889. 3 fr. 50 c.

BOUSSINGAULT, Membre de l'Institut. — **Agronomie, Chimie agricole et Physiologie.** 8 volumes in-8, avec planches sur cuivre et figures; 1886-1886-1864-1868-1874-1878-1884-1890. 45 fr.

Les TOMES I et II (3e édition) et les TOMES III à VII (2e édition) se vendent séparément. 6 fr.

Le TOME VIII, précédé d'une *Étude sur l'œuvre agricole de Boussingault*, par P.-P. DEHÉRAIN, Membre de l'Institut, termine la collection; il se vend séparément 3 fr.

BOYS (C.-V.), Membre de la Société royale de Londres. — **Bulles de Savon.** Quatre conférences sur la capillarité faites devant un jeune auditoire. Traduit de l'anglais par CH.-ED. GUILLAUME, Docteur ès Sciences, avec de nouvelles Notes de l'Auteur et du Traducteur. In-18 jésus, avec 60 figures et 1 planche; 1892. 2 fr. 75 c.

BREITHOF (N.), Professeur à l'Université de Louvain. — **Traités de Géométrie descriptive, de Perspective,** etc. (*Voir* le *Catalogue général.*)

BRESSE, Membre de l'Institut, Professeur de Mécanique à l'École des Ponts et Chaussées. — **Cours de Mécanique appliquée professé à l'École des Ponts et Chaussées.**

Ire PARTIE : *Résistance des matériaux et stabilité des constructions.* In-8, avec figures. 3e édition, revue et beaucoup augmentée; 1880. 13 fr.

II° PARTIE : *Hydraulique*. In-8, avec figures et une planche. 3° édition; 1879. 10 fr.

BRESSE. — Cours de Mécanique et Machines professé à l'Ecole Polytechnique. 2 beaux volumes in-8, se vendant séparément :

TOME I : *Cinématique. — Dynamique d'un point matériel. — Statique*. In-8, avec 236 fig.; 1885. 12 fr.

TOME II : *Dynamique des systèmes matériels en général. — Mécanique spéciale des fluides. — Étude des machines à l'état de mouvement*. In-8, avec 154 figures; 1885. 12 fr.

BRETON (de Champ), Ingénieur des Ponts et Chaussées. — **Traité du Nivellement**, contenant la théorie et la pratique du nivellement ordinaire et les nivellements expéditifs dits *préparatoires* ou de *reconnaissance*. 3° édition, revue et augmentée. In-8, avec pl.; 1873. 6 fr.

BRILLOUIN (Marcel), Maître de Conférences à l'Ecole normale sup. — **Recherches récentes sur diverses questions d'Hydrodynamique. Tourbillons.** Exposé des travaux de VAN HELMHOLTZ, KIRCHHOFF, Sir W. THOMSON, Lord RAYLEIGH. In-4, avec fig.; 1891. 2 fr. 50 c.

BRIOT (Ch.), Professeur à la Faculté des Sciences de Paris. — **Théorie des fonctions abéliennes.** Un beau volume in-4; 1879. 15 fr.

BRIOT (Ch.). — Théorie mécanique de la chaleur. 2° édition, publiée par MASCART, Professeur au Collège de France. In-8, avec figures; 1883. 7 fr. 50 c.

BRIOT (Ch.) et BOUQUET. — Théorie des fonctions elliptiques. 2° éd. In-4, avec fig.; 1875. (*Rare.*) 40 fr.

BRISSE (Ch.), Professeur à l'Ecole Centrale et au lycée Condorcet, Répétiteur à l'Ecole Polytechnique. — **Cours de Géométrie descriptive.** 2 vol. grand in-8; 1891.

I° PARTIE, à l'usage des élèves de la classe de Mathématiques élémentaires; avec 230 figures. 5 fr.

II° PARTIE, à l'usage des élèves de la classe de Mathématiques spéciales; avec 209 figures. 7 fr.

BRISSE (Ch.). — Cours de Géométrie descriptive, à l'usage des *Candidats à l'École spéciale militaire*. Grand in-8, avec 328 figures; 1891. 7 fr.

Les Tables détaillées des matières contenues dans les deux Cours de M. Brisse sont envoyées franco sur demande.

BRISSE (Ch.). — Recueil de problèmes de Géométrie analytique, à l'usage des classes de Mathématiques spéciales. *Solutions des problèmes donnés au concours d'admission à l'Ecole Centrale depuis* 1862. 2° édition. In-8, avec figures; 1892. 5 fr.

BRISSE (Ch.). — Cours de Mécanique *à l'usage de la classe de Mathématiques spéciales*, entièrement conforme au dernier programme d'admission à l'École Polytechnique. Grand in-8, avec 44 figures; 1892. 3 fr. 25 c.

BROWN (Henry-T.). — Cinq cent et sept mouvements mécaniques. Traduit de l'anglais par HENRI STEVART, ingénieur. Petit in-4 cartonné, avec 507 figures; 1890. 2 fr. 50 c.

BUREAU CENTRAL MÉTÉOROLOGIQUE DE FRANCE. — Instructions météorologiques, suivies de *Tables diverses pour la réduction des observations*. 3° édition. In-8, avec belles figures; 1891. 3 fr. 50 c

BUREAU INTERNATIONAL DES POIDS ET MESURES.

— **Travaux et Mémoires du Bureau international des Poids et Mesures**, publiés par le Directeur du Bureau. 7 volumes grand in-4, avec figures et planches, Tomes I et II (*épuisés*). Tomes III à VIII, 1884-1893. Chaque Tome se vend séparément. 15 fr.

— **Procès-verbaux des Séances.** 14 volumes in-8. Années 1875-1876, et Années 1877 à 1892. Chaque volume. 2 fr. 50 c.

Pour faciliter la diffusion de ses Travaux dans le monde savant, le *Bureau international* a adopté, à partir du 15 octobre 1890, le prix de 15 francs au lieu de 30 francs pour chaque volume des *Travaux et Mémoires* et celui de 2 fr. 50 au lieu de 5 francs pour chaque volume des *Procès-Verbaux*.

CABANIÉ, Charpentier, Professeur du Trait de Charpente, de Mathématiques, etc. — **Charpente générale théorique et pratique.** 3 volumes in-folio avec 165 planches. 75 fr.

On vend séparément (port non compris) :

TOME I : *Bois droit*, avec 52 planches.......... 25 fr.

TOME II : *Bois croche*, avec 52 planches........ 25 fr.

TOME III : *Géométrie descriptive et Haute Charpente*, avec 61 planches. 25 fr.

CARNOT. — Réflexions sur la métaphysique du Calcul infinitésimal. 5° édition. In-8; 1882. 4 fr.

CARNOY, Professeur à l'Université de Louvain. — **Cours de Géométrie analytique.** 2 volumes grand in-8, avec figures.

Géométrie plane. 5° édition; 1891........... 11 fr.

Géométrie de l'espace. 4° édition; 1889..... 11 fr.

CARNOY. — Cours d'Algèbre supérieure. *Principes de la théorie des déterminants. Théorie des équations. Introduction à la théorie des formes algébriques*. Grand in-8, avec figures; 1892. 11 fr.

CASPARI (E.), Ingénieur hydrographe de la Marine. — **Cours d'Astronomie pratique. Application à la Géographie et à la navigation.** 2 beaux volumes grand in-8, se vendant séparément. (*Ouvrage couronné par l'Académie des Sciences.*)

I° PARTIE : *Coordonnées vraies et apparentes. Théorie des instruments*, avec figures; 1888. 9 fr.

II° PARTIE : *Détermination des éléments géographiques. Applications pratiques*, avec fig. et 1 pl.; 1889. 9 fr.

CATALAN (E.). — Cours d'Analyse de l'Université de Liège. *Algèbre, Calcul différentiel*, I° Partie du *Calcul intégral*. 2° édition, revue et augmentée. In-8, avec figures; 1879. 12 fr.

CATALOGUE DE L'OBSERVATOIRE DE PARIS. Positions observées des étoiles (1837-1881).

TOME I (0^h à VI^h). Grand in-4; 1887. 40 fr.

TOME II (VI^h à XII^h); 1891. 40 fr.

TOME III................... (*Sous presse.*)

Catalogue des étoiles observées aux instruments méridiens (1837-1881).

TOME I (0^h à VI^h). Grand in-4; 1887. 40 fr.

TOME II (VI^h à XII^h); 1891.......... 40 fr.

TOME III.................... (*Sous presse.*)

CAUCHY (le Baron Aug.), Membre de l'Académie des Sciences. — **Sa Vie et ses Travaux**, par *Valson*, Professeur à la Faculté de Grenoble, avec une Préface de *Hermite*, Membre de l'Institut. 2 vol. in-8; 1868. 8 fr.

CELLÉRIER (Ch.), professeur à l'Université de Genève. — **Cours de Mécanique.** Grand in-8 avec nombreuses figures; 1892. 12 fr.

CHAPPUIS (J.), Agrégé, Docteur ès Sciences, Professeur de Physique générale à l'Ecole Centrale, et **BERGET (A.)**, Docteur ès Sciences, attaché au laboratoire des Recherches physiques de la Sorbonne. — **Leçons de Physique générale.** *Cours professé à l'Ecole Centrale des Arts et Manufactures et complété suivant le programme de la Licence ès Sciences physiques*. 3 volumes grand in-8, se vendant séparément :

TOME I : *Instruments de mesure. Chaleur*. Avec 175 figures; 1891. 13 fr.

TOME II : *Electricité et Magnétisme*. Avec 305 figures; 1891. 13 fr.

TOME III : *Acoustique. Optique. Electro-Optique*. Avec 193 figures; 1892. 10 fr.

CHARLON (H.). — Théorie élémentaire des Opérations financières. 2° éd. Gr. in-8, avec Tables; 1887. 6 fr. 50 c.

CHASLES. — Traité de Géométrie supérieure. Deuxième édition. Grand in-8, avec 12 planches; 1880. (*Rare*). 30 fr.

CHASLES.— Aperçu historique sur l'origine et le développement des méthodes en Géométrie, particulièrement de celles qui se rapportent à la Géométrie moderne, suivi d'un *Mémoire de Géométrie sur deux principes généraux de la Science, la Dualité et l'Homographie.* 3e éd., conforme à la première. In-4 de 850 p.; 1889. 30 fr.

CHEVALLIER et MÜNTZ. — Problèmes de Physique, avec leurs solutions développées, à l'usage des Candidats au Baccalauréat ès Sciences et aux Écoles du Gouvernement. 2e édition. In-8; 1885. 6 fr.

CHEVILLARD, Professeur à l'École des Beaux-Arts. — **Leçons nouvelles de Perspective.** 2e édit. In-8, avec Atlas in-4 de 32 planches gravées sur acier; 1878. 12 fr.

CHEVREUL (E.). — Recherches chimiques sur les corps gras d'origine animale, précédées d'un avant-propos de M. ARNAUD, aide-naturaliste au Muséum d'Histoire naturelle. Grand in-4°, 2e édition; 1889. 25 fr.

CHEVREUL (E.). — De la Loi du contraste simultané des couleurs et de l'assortiment des objets colorés. Nouvelle édition. Grand in-4, avec 40 planches, dont 36 en couleur; 1889. 40 fr.

CHEVROT (René), ancien Directeur d'Agence de la Société Générale et du Crédit lyonnais, ancien inspecteur de la Société de Crédit mobilier. — **Pour devenir financier. — Traité théorique et pratique de Banque et de Bourse.** In-8; 1893. 6 fr.

CHOQUET, Docteur ès Sciences. — **Traité d'Algèbre.** (*Autorisé.*) In-8; 1856. 7 fr. 50 c.

CHOMÉ (F.), professeur à l'École militaire de Belgique. — **Cours de Géométrie descriptive de l'École militaire.** Ire PARTIE. *Livre I,* à l'usage des candidats à l'École militaire et aux écoles spéciales des Universités. 2e édition, entièrement revue, corrigée et augmentée, contenant les prescriptions à observer pour l'exécution des épures. In-4, avec atlas de 37 pl.; 1893. 10 fr.

CINTOLESI (Dr Filippo), Professeur de Physique à l'Institut royal technique de Livourne. — **Problèmes d'Électricité pratique.** Traduit de l'italien par FÉLIX LECONTE. In-18 jésus; 1892. 3 fr.

CLOUÉ (Vice-Amiral), Membre du Bureau des Longitudes. — **Le Filage de l'huile. Son action sur les brisants de la mer.** *Aperçu historique, expériences, mode d'emploi.* 3e éd. Petit in-8, avec fig.; 1887. 2 fr. 50 c.

COLLET (A.), Capitaine de Frégate, Répétiteur à l'École Polytechnique. — **Navigation astronomique simplifiée.** Grand in-4; 1891. 10 fr.

COLLET (J.), Professeur à la Faculté des Sciences de Grenoble. — **Les Cartes topographiques. — La Carte dite de l'État-Major.** *Historique. Projection. Géodésie. Hypsométrie. Topographie. Critique et lecture.* Grand in-8, avec fig. et 4 planches; 1887. 2 fr. 50 c.

COLSON (R.), Capitaine du Génie. — **Traité élémentaire d'Électricité, avec les principales applications.** 2e édition. In-18 jésus, avec 91 fig.; 1888. 3 fr. 75 c.

COMBEROUSSE (Charles de), Ingénieur, Professeur à l'École Centrale des Arts et Manufactures et au Conservatoire des Arts et Métiers, ancien Professeur de Mathématiques spéciales au collège Chaptal. — **Cours de Mathématiques,** à l'usage des Candidats à l'École Polytechnique, à l'École Normale supérieure et à l'École centrale des Arts et Manufactures. 4 vol. in-8, avec fig. et planches.

Chaque Volume se vend séparément :

TOME Ier : *Arithmétique* et *Algèbre élémentaire* (avec 38 figures). 3e édition; 1884. 10 fr.

On vend à part :

Arithmétique. 4 fr.
Algèbre élémentaire. 6 fr.

TOME II : *Géométrie élémentaire, plane et dans l'espace; Trigonométrie rectiligne et sphérique,* avec 543 figures. 3e édition, revue et augmentée; 1893. 13 fr.

On vend à part :

Géométrie élémentaire plane et dans l'espace. 8 fr.
Trigonométrie rectiligne et sphérique, suivie de Tables des valeurs des lignes trigonométriques naturelles. 5 fr.

TOME III : *Algèbre supérieure.* Ire Partie : *Compléments d'Algèbre élémentaire (Déterminants, fractions continues,* etc.). — *Combinaisons. — Séries. — Étude des Fonctions. — Dérivées et Différentielles. — Premiers principes du Calcul intégral.* 2e édition (XXI-767 pages), avec 20 figures; 1887. 15 fr.

TOME IV : *Algèbre supérieure.* IIe Partie : *Étude des imaginaires. Théorie générale des équations.* 2e édition (XXXIV-831 pages), avec 63 figures; 1890. 15 fr.

COMBEROUSSE (Ch. de). — Algèbre supérieure, à l'usage des Candidats à l'École Polytechnique, à l'École Normale supérieure, à l'École centrale et à la Licence ès Sciences mathématiques. 2e édition. Deux forts volumes in-8. (Ces deux volumes forment les tomes III et IV du *Cours de Mathématiques.*)

On vend séparément :

Ire PARTIE : *Compléments d'Algèbre élémentaire (Déterminants, fractions continues,* etc.). — *Combinaisons. — Séries. — Étude des fonctions. — Dérivées et différentielles, Premiers principes du Calcul intégral* (XXI-767 pages), avec 20 fig.; 1887. 15 fr.

IIe PARTIE : *Étude des imaginaires. — Théorie générale des équations* (XXIV-832 pages), avec 63 figures; 1890. 15 fr.

COMBEROUSSE (Ch. de). — Histoire de l'École Centrale des Arts et Manufactures, depuis sa fondation jusqu'à ce jour. Un beau volume grand in-8, orné de 4 planches à l'eau-forte, tirées sur chine; 1879. 5 fr.

COMPAGNON (P.-F.).— Questions proposées sur les Éléments de Géométrie, divisées en Livres, Chapitres et paragraphes, et contenant quelques indications *Sur la manière de résoudre certaines questions.* In-8, avec figures; 1877. 5 fr.

COMPOSITIONS données aux examens de licence ès Sciences mathématiques. Grand in-8; 1884.

Ire PARTIE : Faculté de Paris, années 1869 à 1880, et Facultés des Départements, année 1880. 1 fr. 50 c.

IIe PARTIE : Faculté de Paris, années 1881 à 1883, et Facultés des Départements, année 1883. 1 fr. 25 c.

IIIe PARTIE : Facultés des Départements, année 1884. 1 fr.

IVe PARTIE : Facultés des Départements, année 1885. 1 fr. 25 c.

CRELLE (A.-L.), Docteur en Philosophie. — **Tables de Calcul** *où se trouvent les multiplications et divisions toutes faites de tous les nombres au-dessous de mille et qui facilitent et assurent le calcul.* Précédées d'un Avant-propos par C. BREMIKER. 6e édition; 1891. 18 fr. 75 c.

CREMONA (L.) et BELTRAMI. — Collectanea mathematica, nunc primum edita cura et studio *L. Cremona* et *E. Beltrami,* in memoriam **Dominici Chelini.** Un beau volume in-8, avec un portrait de Chelini et un fac-simile du testament inédit de Nicolo Tartaglia; 1881. 25 fr.

CROULLEBOIS, Professeur à la Faculté des Sciences de Besançon. — **Théorie des lentilles épaisses.** *Interprétation géométrique et Exposition analytique des résultats de Gauss.* In-8; 1882. 3 fr. 50 c.

DARBOUX (G.), Membre de l'Institut, Professeur à la Faculté des Sciences.— **Leçons sur la Théorie générale des**

surfaces et les applications géométriques du Calcul infinitésimal. 3 vol. gr. in-8, av. fig. se vendant séparément :

Ire PARTIE : *Généralités. — Coordonnées curvilignes. — Surfaces minima*; 1887. 15 fr.

IIe PARTIE : *Les congruences et les équations linéaires aux dérivées partielles. — Des lignes tracées sur les surfaces*; 1889. 15 fr.

IIIe PARTIE : *Lignes géodésiques et courbure géodésique. — Paramètres différentiels. — Déformation des surfaces*; 1890. Prix pour les souscripteurs. 15 fr.

Les deux premiers fascicules ont paru.

Cette IIIe PARTIE aura plus de développement que les deux premières, et le prix en sera augmenté à l'apparition.

DAVANNE. — La Photographie. Traité théorique et pratique. 2 volumes grand in-8, avec figures, se vendant séparément :

Ire PARTIE : *Notions élémentaires. — Historique. — Épreuves négatives. — Principes communs à tous les procédés négatifs. — Épreuves sur albumine, sur collodion, sur gélatinobromure d'argent, sur pellicule, sur papier.* Avec 120 figures et 2 planches de photographie instantanée; 1886. 16 fr.

IIe PARTIE : *Épreuves positives : Daguerréotype. — Épreuves sur verre et sur papier. — Épreuves aux sels de platine, de fer, de chrome. — Impressions photo-mécaniques. — Divers : Projections. — Agrandissements. — Micrographie. — Stéréoscope. — Les couleurs en Photographie. — Notions élémentaires de Chimie; Vocabulaire.* Avec 114 figures et 2 planches; 1888. 16 fr.

DECANTE, Lieutenant de vaisseau en retraite. — **Tables d'azimut pour tous les points situés entre les cercles polaires et les astres dont la déclinaison est comprise entre 0° et 48°.** *Variation automatique. Détermination instantanée du relèvement vrai. Contrôle de la route.* 7 volumes in-8; 1889-1892. 12 fr.

On vend séparément :

TOME I : *Latitudes* 1° à 6°; 2 fr. 25. — TOME II : 7° à 18°; 2 fr. 25. — TOME III : 19° à 28°; 2 fr. — TOME IV : 29° à 38°; 2 fr. — TOME V : 39° à 48°; 2 fr. — TOME VI : 49° à 58°; 2 fr. — TOME VII : 59° à 66°; 2 fr.

DELAISTRE (L.), Professeur de Dessin général. — **Cours complet de Dessin linéaire, gradué et progressif,** contenant la Géométrie pratique, élémentaire et descriptive; l'Arpentage, le Levé des Plans et le Nivellement; le Tracé des Cartes géographiques, des Notions sur l'architecture; le Dessin industriel; la Perspective linéaire et aérienne; le Tracé des ombres et l'étude du Lavis.

Atlas cartonné, in-4 oblong, contenant 60 planches et 70 pages de texte. 4e édit., revue et corrigée; 1885. 15 fr.

Ouvrage donné en prix, par la Société d'Encouragement pour l'Industrie nationale, aux CONTREMAITRES des Etablissements industriels, et choisi par le Ministre de l'Instruction publique pour les Bibliothèques scolaires.

DELAMBRE. — Œuvres de Delambre. (*Voir le Catalogue général.*)

DELBOS (Léon), Professeur à l'École navale anglaise. — **Les Mathématiques aux Indes orientales.** Grand in-8, avec figures; 1892. 1 fr.

DELIGNE (A.), Ingénieur civil des Mines, Directeur de l'École des Arts et Métiers d'Aix, Membre du Conseil supérieur de l'Enseignement technique. — **Notions complémentaires de Mathématiques.** *Géométrie analytique. Dérivées. Premiers principes de Calcul différentiel et intégral.* Rédigées conformément aux nouveaux programmes des cours des Écoles nationales d'Arts et Métiers. 2 volumes in-8, avec nombreuses figures, se vendant séparément.

Ire PARTIE : *Géométrie analytique*; 1887. 6 fr. 50 c.

IIe PARTIE : *Dérivées. Premiers principes de Calcul différentiel et intégral*; 1887. 7 fr. 50 c.

DENFER, Chef des travaux graphiques de l'École Centrale des Arts et Manufactures. — **Album de Serrurerie,** conforme au Cours de Constructions civiles professé à l'École Centrale par E. MULLER, et contenant *l'emploi du fer dans la maçonnerie et dans la charpente en bois, la charpente en fer, les ferrements des menuiseries en bois, la menuiserie en fer, les grosses fontes et articles divers de quincaillerie.* Gr. in-4, contenant 100 planches; 1872. 13 fr

DESFORGES (J.), Professeur de travaux manuels à l'École industrielle de Versailles; Ancien Garde d'Artillerie, Ancien Chef aux ateliers des Forges et Fonderies de la Marine de l'État, à Ruelle. — **Cours pratique d'Enseignement manuel,** à l'usage des candidats aux Écoles nationales d'arts et métiers et aux Écoles d'apprentis et d'Élèves mécaniciens de la flotte, des aspirants au certificat d'aptitude pour l'enseignement du travail manuel, des Élèves des écoles professionnelles-industrielles. — **Ajustage. — Forge. — Fonderie. — Chaudronnerie. — Menuiserie.** In-4 oblong, contenant 76 planches de dessins avec texte explicatif; 1889. 5 fr.

DIEN et FLAMMARION. — Atlas céleste, comprenant toutes les Cartes de l'ancien Atlas de **Ch. Dien,** rectifié, augmenté et enrichi de 5 Cartes nouvelles relatives aux principaux objets d'études astronomiques, par **C. Flammarion,** avec une *Instruction* détaillée pour les diverses Cartes de l'Atlas. In-folio, cartonné avec luxe, de 31 planches gravées sur cuivre, dont 4 doubles. 9e édition; 1891.

Prix { En feuilles, dans une couverture imprimée.. 40 fr.
Cartonné avec luxe, toile pleine............ 45 fr.

Les Cartes composant cet Atlas sont les suivantes :

A. Constellations de l'hémisphère céleste boréal (*Carte double*).
B. Constellations de l'hémisphère céleste austral (*Carte double*).
1. Petite Ourse, Dragon, Céphée, Cassiopée, Persée.
2. Andromède, Cassiopée, Persée, Triangle.
3. Girafe, Cocher, Lynx, Télescope.
4. Grande Ourse, Petit Lion.
5. Chevelure de Bérénice, Lévriers, Bouvier, Couronne boréale.
6. Dragon, Carré d'Hercule, Lyre, Cercle mural.
7. Hercule, Ophiuchus, Serpent, Taureau de Poniatowski, Écu de Sobieski.
8. Cygne, Lézard, Céphée.
9. Aigle et Antinoüs, Dauphin, Petit Cheval, Renard, Oie, Flèche, Pégase.
10. Bélier, Taureau, Pléiades, Hyades, Mouche.
11. Gémeaux, Cancer, Petit Chien.
12. Lion, Sextant, Tête de l'Hydre.
13. Vierge.
14. Balance, Serpent, Hydre.
15. Scorpion, Ophiuchus, Serpent, Loup.
16. Sagittaire, Couronne australe.
17. Capricorne, Verseau, Poisson austral.
18. Poissons, Carré de Pégase.
19. Baleine, Atelier du Sculpteur.
20. Éridan, Lièvre, Colombe, Harpe, Sceptre, Laboratoire.
21. Orion, Licorne.
22. Grand Chien, Navire, Boussole.
23. Hydre, Coupe, Corbeau, Sextant, Chat.
24. Constellations voisines du pôle austral (*Carte double*).
25. Mouvements propres séculaires des étoiles (*Carte double*).
26. Carte générale des étoiles multiples, montrant leur distribution dans le Ciel (*Carte double*).
27. Étoiles multiples en mouvement relatif certain.
28. Orbites d'étoiles doubles et groupes d'étoiles les plus curieux du Ciel.
29. Les plus belles nébuleuses du Ciel.

On vend séparément le Fascicule contenant les 5 Cartes nouvelles (n° 25 à 29) de l'Atlas céleste. 15 fr.

DORMOY (Émile). — Théorie mathématique des assurances sur la vie. Deux volumes grand in-8; 1878. 20 fr.

Chaque volume se vend séparément. 10 fr.

DOSTOR (G.), Docteur ès Sciences, Professeur honoraire à la Faculté des Sciences de l'Institut catholique de Paris.

— **Éléments de la théorie des déterminants,** avec application à l'Algèbre, la Trigonométrie et la Géométrie analytique dans le plan et dans l'espace, à l'usage des classes de Mathématiques spéciales. 2e éd. In-8; 1883. 8 fr.

DUHAMEL, Membre de l'Institut. — **Éléments de Calcul infinitésimal.** 4e édit., revue et annotée par *J. Bertrand,* Membre de l'Institut. 2 vol. in-8, avec planches; 1886-1887. 15 fr.

DUHAMEL. — Des Méthodes dans les sciences de raisonnement. 5 vol. in-8. 27 fr. 50 c.

Ire PARTIE : *Des Méthodes communes à toutes les sciences de raisonnement.* 3e édition. In-8; 1885. 2 fr. 50 c.

IIe PARTIE : *Application des Méthodes à la science des nombres et à la science de l'étendue.* 2e édition. In-8; 1877. 7 fr. 50 c.

III° Partie : *Application de la science des nombres à la science de l'étendue.* 2° édit. In-8, avec fig.; 1882. 7 fr. 50 c.

IV° Partie : *Application des Méthodes générales à la science des forces.* 2° édit. In-8, avec fig.; 1886. 7 fr. 50 c.

V° Partie : *Essai d'une application des Méthodes à la science de l'homme moral.* 2° édit. In-8; 1879. 2 fr. 50 c.

DUHEM, Chargé d'un cours complémentaire de Physique mathématique et de Cristallographie à la Faculté des Sciences de Lille. — **Leçons sur l'Électricité et le Magnétisme.** 3 volumes grand in-8, avec 215 figures se vendant séparément.

Tome I : *Conducteurs à l'état permanent*; 1891. 16 fr.
Tome II : *Les aimants et les corps diélectriques*; 1892. 14 fr.
Tome III : *Les courants linéaires*; 1892. 15 fr.

DULOS (Pascal), Professeur de Mécanique à l'École d'Arts et Métiers et à l'École des Sciences d'Angers. — **Cours de Mécanique**, à l'usage des Écoles d'Arts et Métiers et de l'enseignement spécial des Lycées. 5 vol. in-8, avec 608 figures; 1885-1887-1887-1891-1882. (*Ouvrage honoré d'une souscription des Ministères de l'Instruction publique, de l'Agriculture et des Travaux publics.*) 37 fr. 50 c.

On vend séparément :

Tome I : *Composition des forces. — Équilibre des corps solides. — Centre de gravité. — Machines simples. — Ponts suspendus. — Travail des forces. — Principe des forces vives. — Moments d'inertie. — Force centrifuge. — Pendule simple et composé. — Centre de percussion. — Régulateur à force centrifuge. — Pendule balistique.* 2° édition. 7 fr. 50 c.

Tome II : *Résistances nuisibles ou passives. — Frottement. — Application aux machines. — Roideur des cordes. — Application du théorème des forces vives à l'établissement des machines. — Théorie du volant. — Résistance des matériaux.* 2° édition. 7 fr. 50 c.

Tome III : *Hydraulique. — Écoulement des fluides. — Jaugeage des cours d'eau. — Établissement des canaux à régime constant. — Récepteurs hydrauliques. — Travail des pompes. — Bélier hydraulique. — Vis d'Archimède. — Moulins à vent.* 2° édition. 7 fr. 50 c.

Tome IV : *Thermodynamique. — Machines à vapeur. — Principaux types de machines à vapeur. — Chaudières à vapeur. — Machines à air chaud et à gaz. — Calcul des volants. — Appareils dynamométriques.* 2° éd. 9 fr. 50 c.

Tome V : *Distribution de la vapeur dans les cylindres. — Mouvement des tiroirs. — Distributions simples. — Distributions à deux tiroirs. — Diagrammes rectangulaires. — Diagrammes polaires. — Application aux détentes les plus usuelles.* 5 fr. 50 c.

DUMAS (J.-B.), Membre de l'Académie française, Secrétaire perpétuel de l'Académie des Sciences. — **Éloges et discours académiques.** Deux beaux volumes in-8, avec un portrait de *Dumas*, gravé par *Henriquel Dupont*; 1885. Chaque volume se vend séparément :
Papier vélin... 6 fr. 50 c. — Papier vergé.. 8 fr.

DUMAS. — **Leçons sur la Philosophie chimique** professées au Collège de France en 1836, recueillies par *Bineau*. 2° édition. In-8; 1878. 7 fr.

DUPLAIS (aîné). — **Traité de la fabrication des liqueurs et de la distillation des alcools**, suivi du *Traité de la fabrication des eaux et boissons gazeuses.* 6° édition, revue et augmentée par *Duplais jeune.* 2 vol. in-8, avec 15 planches; 1893. 16 fr.

DUPRÉ (Ath.), Doyen de la Faculté des Sc. de Rennes. — **Théorie mécanique de la Chaleur.** In-8, avec figures; 1869. 8 fr.

ÉCOLE CENTRALE. — **Portefeuille des travaux de vacances des élèves**, *publiés par la Direction de l'École.* Année 1881. 1 volume de texte in-8 et 1 Atlas in-folio de 50 planches. 25 fr.

Dessins et Documents : Écoles mixtes. École de Chimie de Genève. Aciéries de Saint-Chamond, du Creusot, de Hayange. Usines de Saint-Chamond, de Decazeville. Houillères de Commentry. Fabrique de ciment de Portland. Travaux maritimes d'Anvers. Soudière de Chauny. Viaduc de Segré. Pont-Canal métallique de Mœslain. Grues à vapeur, locomotives, machines soufflantes verticales compound. Appareil Saxley et Farmer, etc.

ENDRÈS (E.), Inspecteur général honoraire des Ponts et Chaussées. — **Manuel du Conducteur des Ponts et Chaussées**, d'après le dernier *Programme officiel des examens.* Ouvrage indispensable aux Conducteurs et Employés secondaires des Ponts et Chaussées et des Compagnies de Chemins de fer, aux Gardes-Mines, aux Gardes et Sous-Officiers de l'Artillerie et du Génie, aux Agents voyers et à tous les Candidats à ces emplois. (*Honoré d'une souscription des Ministères du Commerce et des Travaux publics, et recommandé pour le service vicinal par le Ministère de l'Intérieur.*) 7° édition, modifiée *conformément au Décret du 9 juin 1888.* 3 vol. in-8. 27 fr.

On vend séparément :

Tome Ier, *Partie théorique*, avec 407 figures; et Tome II, *Partie pratique*, avec 346 fig. 2 vol. in-8; 1884. 18 fr.

Tome III, *Partie technique.* Ce dernier volume est consacré à l'exposition des doctrines spéciales qui se rattachent à l'*Art de l'ingénieur* en général et au service des Ponts et Chaussées en particulier. In-8, avec 241 figures; 1888. 9 fr.

ERMEL. — *Voir* **Fernique.**

EVERETT, Professeur de Philosophie naturelle au Queen's College de Belfast. — **Unités et constantes physiques.** Ouvrage traduit de l'anglais par Jules Raynaud, Professeur à l'École supérieure de Télégraphie, avec le concours de *Thévenin, de la Touanne* et *Massin*, sous-ingénieurs des télégraphes. In-18 jésus; 1883. 4 fr.

EXPÉRIENCES faites à l'Exposition d'électricité par Allard, Le Blanc, Joubert, Potier et Tresca. — *Méthodes d'observations. — Machines et lampes à courant continu, à courants alternatifs. — Bougies électriques. — Lampe à incandescence. — Accumulateur. — Transport électrique du travail. — Machines diverses.* — In-8 avec planches; 1883. 3 fr.

FAA DE BRUNO (le Chevalier Fr.), Docteur ès Sciences, Professeur de Mathématiques à l'Université de Turin. — **Théorie des formes binaires.** In-8; 1876. 16 fr.

FAA DE BRUNO (le Chevalier Fr.). — **Théorie générale de l'élimination.** Grand in-8; 1859. 3 fr. 50 c.

FAA DE BRUNO (le Chevalier Fr.). — **Traité élémentaire du Calcul des Erreurs, avec des Tables stéréotypées.** Ouvrage utile à ceux qui cultivent les Sciences d'observation. In-8; 1869. 4 fr.

FABRE (C.), Docteur ès sciences. — **Traité encyclopédique de Photographie.** 4 beaux volumes grand in-8, avec plus de 700 figures et 2 planches; 1889-1891. 48 fr.
Chaque volume se vend séparément 14 fr.

Tous les trois ans, un supplément destiné à exposer les progrès accomplis pendant cette période viendra compléter ce Traité et le maintenir au courant des dernières découvertes.

Premier Supplément triennal (A). Un beau volume grand in-8 de 400 pages, avec 176 figures; 1892. 14 fr.
Prix des 5 volumes ensemble. 60 fr.

FATON (le P.). — **Traité d'Arithmétique théorique et pratique**, en rapport avec les nouveaux *Programmes* d'enseignement, **terminé par une petite Table de Logarithmes. Chaque théorie est suivie d'un choix d'Exercices gradués de calcul et d'un grand nombre de Problèmes.** 11° édition, revue et corrigée. In-12; 1890. (*Autorisé par décision ministérielle.*) Broché. 2 fr. 75 c.
Cartonné. 3 fr. 10 c.

FATON (le P.). — **Premiers éléments d'Arithmétique.** 7° édition. In-12; 1881. Broché. 1 fr. 50 c.
Cartonné. 1 fr. 85 c.

FAYE (H.), Membre de l'Institut et du Bureau des Longitudes. — **Cours d'Astronomie nautique.** In-8, avec figures; 1880. 10 fr.

FAYE (H.). — **Cours d'Astronomie de l'École Polytechnique.** 2 beaux volumes grand in-8, avec nombreuses figures et Cartes dans le texte.

Ire Partie : *Astronomie sphérique. — Géodésie et Géographie mathématique*; 1881. 12 fr. 50 c.

IIe Partie : *Astronomie solaire. — Théorie de la Lune. — Navigation*; 1883. 14 fr.

FAYE (H.).— Sur l'origine du Monde, *Théories cosmogoniques des anciens et des modernes*. 2e édition. Un beau volume in-8, avec figures; 1885. 6 fr.

FAYE (H.). — **Sur les Tempêtes.** *Théories et discussions nouvelles*. Grand in-8, avec figures; 1887. 2 fr. 50 c.

FERNIQUE (A.), Chef des travaux graphiques, Répétiteur du Cours de construction de machines à l'École centrale des Arts et Manufactures. — **Album d'Éléments et organes de machines**, composé et dessiné d'après le Cours professé par *F. Ermel*, et suivi de planches relatives aux machines soufflantes, d'après des documents fournis par *Jordan*. 2e édition, revue et corrigée. Portefeuille oblong contenant 19 planches de texte explicatif ou tableaux, et 102 planches de dessins cotés; 1882. 16 fr.

FLAMMARION (Camille), Astronome. — **Études et Lectures sur l'Astronomie.** In-12 avec fig. et cartes, tomes I à IX; 1867 à 1880.

Chaque volume se vend séparément. 2 fr. 50 c.

FLAMMARION (Camille). — **Catalogue des Étoiles doubles et multiples en mouvement relatif certain**, comprenant *toutes les observations* faites sur chaque couple depuis sa découverte et les *résultats conclus* de l'étude des mouvements. Grand in-8; 1878. 8 fr.

FLAMMARION (Camille). — **La planète Mars et ses conditions d'habitabilité.** *Synthèse générale de toutes les observations.* Climatologie, météorologie, aréographie, continents, mers et rivages, eaux et neiges, saisons, variations observées. Grand in-8 jésus, avec 580 dessins télescopiques et 23 cartes; 1892.

Broché. 12 fr. | Cartonné avec luxe. 15 fr.

FONTENÉ (H.), Agrégé des Sciences mathématiques, Professeur au Collège Rollin. — **L'Hyperespace à ($n-1$) dimensions.** *Propriétés métriques de la corrélation générale.* Grand in-8, avec figures; 1892. 5 fr.

FOUCAULT (Léon), Membre de l'Institut. — **Recueil des travaux scientifiques de Léon Foucault**, publié par Mme Ve Foucault, sa mère, mis en ordre par Gariel, et précédé d'une Notice, par J. Bertrand. In-4, avec Atlas de 19 planches; 1878. 30 fr.

FOVILLE (A. de). — **L'industrie des transports dans le passé et dans le présent.** *Progrès réalisés. Effets directs et indirects.* In-8, avec 2 planches; 1893. 2 fr.

FRANCŒUR (L.-B.). — **Traité de Géodésie**, comprenant la Topographie, l'Arpentage, le Nivellement, la Géomorphie terrestre et astronomique, la Construction des Cartes, la Navigation; augmenté de **Notes sur la mesure des bases**, par *Hossard*, et de deux **Notes** : l'une **Sur la méthode et les instruments d'observation employés dans les grandes opérations géodésiques ayant pour but la mesure des arcs de méridien et de parallèle terrestres**; l'autre **Sur la jonction géodésique et astronomique de l'Espagne et de l'Algérie**, par le Général *Perrier*, Membre de l'Institut et du Bureau des Longitudes. 7e édition. In-8, avec figures et 11 planches; 1887. 12 fr.

FRENET (F.), Professeur honoraire de la Faculté des Sciences de Lyon. — **Recueil d'Exercices sur le Calcul infinitésimal.** Ouvrage destiné aux Candidats à l'École Polytechnique et à l'École Normale, aux Élèves de ces Écoles et aux aspirants à la licence ès Sciences mathématiques. 5e édition augmentée d'un *Appendice sur les résidus, les fonctions elliptiques, les équations aux dérivées partielles, les équations aux différentielles totales*, par H. Laurent, Examinateur d'admission à l'École Polytechnique. In-8, avec figures; 1891. 8 fr.

FREYCINET (Charles de), Sénateur, Ingénieur en chef des Mines. — **De l'Analyse infinitésimale. Étude sur la métaphysique du haut calcul.** 2e édition, revue et corrigée par l'Auteur. In-8, avec fig.; 1881. 6 fr.

FREYCINET (Charles de). — **Des Pentes économiques en Chemins de Fer. Recherches sur les dépenses des rampes.** In-8; 1861. 6 fr.

GARÇON (Jules), Ingénieur Chimiste, Licencié ès Sciences. — **Bibliographie de la technologie chimique des fibres textiles.** *Propriétés. Blanchiment. Teinture. Matières colorantes. Impression. Apprêts.* Grand in-8; 1893. (Ouvrage couronné par la Société industrielle de Mulhouse dans sa séance du 26 octobre 1892). 6 fr.

GAUTIER (Henri), Ancien élève de l'École Polytechnique, Professeur à l'École Monge et au Collège Sainte-Barbe, Professeur agrégé à l'École de Pharmacie, et **CHARPY (Georges)**, Ancien élève de l'École Polytechnique, Professeur à l'École Monge. — **Leçons de Chimie**, *à l'usage des élèves de Mathématiques spéciales.* Grand in-8, avec 83 figures; 1892. 9 fr.

GÉRARD (A.), Sous-Contrôleur dans l'Administration des accises de Belgique. — **Manuel complet et pratique du cubage des bois**, à l'usage des négociants en bois, constructeurs, employés des douanes, de l'octroi, etc., comprenant des exemples sur toutes les méthodes de mesurage. 2e édition. Petit in-8 de 151 pages, dont 71 de Tables; 1884. 3 fr. 50 c.

GÉRARD (Eric), Directeur de l'Institut électrotechnique Montefiore. — **Leçons sur l'Électricité**, professées à l'Institut électrotechnique Montefiore, annexé à l'Université de Liège. 3e édition refondue et complétée. 2 vol. grand in-8, se vendant séparément :

Tome I : *Théorie de l'électricité et du magnétisme. Électrométrie. Théorie et construction des générateurs et des transformateurs électriques.* Grand in-8, avec 266 figures; 1893. 12 fr.

Tome II : *Canalisation et distribution de l'énergie électrique. Applications de l'électricité à la production et à la transmission de la puissance motrice, à la Télégraphie et à la Téléphonie, à la Traction, à l'Éclairage et à la Métallurgie.* Grand in-8, avec 257 fig.; 1893. 12 fr.

GEYMET. — **Traité pratique de Galvanoplastie et d'Électrolyse**, avec *applications pratiques fondées sur les dernières découvertes.* In-18 jésus; 1888. 4 fr.

GILBERT (Ph.), professeur à l'Université catholique de Louvain. — **Cours de Mécanique analytique.** *Partie élémentaire.* 3e édit. Grand in-8, avec fig.; 1891. 11 fr.

GILBERT (Ph.).— Cours d'Analyse infinitésimale. *Partie élémentaire.* 4e édition. Grand in-8; 1892. 13 fr.

GILBERT (Ph.). — **Notice sur les Travaux scientifiques de Louis-Philippe Gilbert**, Professeur à l'Université catholique de Louvain, Correspondant de l'Institut de France; par P. Mansion, Professeur ordinaire à l'Université de Gand, Membre de l'Académie royale de Belgique. In-8, avec un portrait de L.-P. Gilbert; 1893. 2 fr.

GIRARD (Aimé). — **Recherches sur la culture de la pomme de terre industrielle.** 2e édition revue et augmentée. Un volume grand in-8, avec figures et un atlas cartonné de 6 belles planches en héliogravure; 1891. 8 fr.

On vend séparément :

Texte....... 3 fr. 75 | Atlas....... 5 fr.

GIRARD (Aimé), Professeur au Conservatoire national des Arts et Métiers. — **Amélioration de la culture de la pomme de terre industrielle et fourragère** (*In-*

structions pratiques). In-18 jésus, avec 1 planche frontispice; 1893. 25 c.

Franco, par la poste, 35 c.

GIRARD (L.-D.). — Chemin de fer glissant, nouveau système de locomotion à propulsion hydraulique. In-4, avec Atlas de 6 planches in-plano; 1864. 8 fr.

GIRARD (L.-D.). — Élévation d'eau pour l'alimentation des villes et distribution de force à domicile.

N° 1. Grand in-4, avec fig.; 1868. 3 fr.
N° 2. Grand in-4 (Texte seul); 1869. 2 fr. 50 c.

GOULIER (C.-M.), Colonel du Génie en retraite. — **Études théoriques et pratiques sur les levers topométriques et en particulier sur la Tachéométrie.** In-8, avec 170 figures et 1 portrait du Colonel Goulier; 1892. 8 fr.

GRAEFF (A.), Ancien Vice-Président du Conseil général des Ponts et Chaussées. — **Traité d'Hydraulique**, précédé d'une nitroduction sur les *principes généraux de la Mécanique*. 3 vol. in-4 reliés demi-veau; 1882-1883. 62 fr.

TOME I : *Partie théorique*; 1882. — TOME II : *Partie pratique*; 1882. — TOME III : *Notes, tables numériques* et planches; 1883.

GRAY (John), Associé de l'École Royale des Mines, de l'Institut des Ingénieurs électriciens, etc. — **Les machines électriques à influence.** *Exposé complet de leur histoire et de leur théorie*, suivi d'*Instructions pratiques sur la manière de les construire*. Traduit de l'anglais et annoté par GEORGES PÉLISSIER, Rédacteur à la *Lumière électrique*. In-8, avec 124 fig.; 1892. 5 fr.

GRÉVY (A.), Agrégé, Professeur au Lycée de Bar-le-Duc. — **Compositions données depuis 1872 aux Examens de Saint-Cyr. Algèbre et Géométrie.** *Énoncés et solutions*. 2° édition. In-8; 1893. 2 fr. 50 c.

GUILLAUME (Ch.-Ed.), Docteur ès Sciences, attaché au Bureau international des Poids et Mesures. — **Traité pratique de la Thermométrie de précision.** Grand in-8, avec figures et 4 pl.; 1889. 12 fr.

GUYOU, Capitaine de frégate, Examinateur d'admission à l'École Navale. — **Sur les approximations numériques.** 2° édition. In-8; 1891. 75 c.

HALPHEN (G.-H.), Membre de l'Institut. — **Traité de fonctions elliptiques et de leurs applications.** 3 volumes grand in-8 se vendant séparément.

I° PARTIE : *Théorie des fonctions elliptiques et de leurs développements en séries*; 1886. 15 fr.

II° PARTIE : *Applications à la Mécanique, à la Physique, à la Géodésie, à la Géométrie et au Calcul intégral*; 1888. 20 fr.

III° PARTIE : *Fragments (quelques applications à l'Algèbre, et, en particulier, à l'équation du 5° degré. Quelques applications à la théorie des nombres. Questions diverses.)* Publié par les soins de la Section de Géométrie de l'Académie des Sciences 1891. 8 fr. 50 c.

HÉLIE, Professeur à l'École d'Artillerie de la Marine. — **Traité de Balistique expérimentale.** 2° édition beaucoup augmentée, avec la collaboration de M. HUGONIOT, Capitaine d'Artillerie de la Marine. 2 vol. in-8, avec figures et nombreux tableaux. Ouvrage publié sous les auspices du Ministre de la Marine; 1884. (*Honoré d'un grand prix en* 1885, *par l'Académie des Sciences*.) 18 fr.

HENNIQUE (P.-A.), Capitaine de frégate. — **Une page d'Archéologie navale. — Les caboteurs et pêcheurs de la côte de Tunisie.** *Pêche des éponges*. Grand in-8, illustré de 55 demi-planches et 8 doubles; 1888.

Prix, avec 63 planches en noir (cartonné). 10 fr.
Prix, avec 51 planches en noir et 12 planches coloriées à la main (cartonné avec luxe). 12 fr.

HIRN (G.-A.), Correspondant de l'Institut. — **La Constitution de l'Espace céleste.** Grand in-4, 350 pages, avec 1 planche; 1889. 20 fr.

HIRN (G.-A.). — Théorie mécanique de la Chaleur. *Exposition analytique et expérimentale de la Théorie mécanique de la Chaleur*. 3° édition. 2 vol. grand in-8, avec figures, 1875-1876, se vendant séparément. 12 fr.

HIRN (G.-A.). — Mémoire sur la Thermodynamique. In-8, avec 2 planches; 1867. 5 fr.

HIRN (G.-A.). — Mémoire sur les conditions d'équilibre et sur la nature probable des anneaux de Saturne. In-4, avec planches; 1872. 4 fr.

HIRN (G.-A.). — *Voir* le *Catalogue général*.

HOÜEL (J.), Professeur de Mathématiques à la Faculté des Sciences de Bordeaux. — **Cours de Calcul infinitésimal.** Quatre beaux volumes grand in-8, avec figures; 1878-1879-1880-1881.

On vend séparément :

TOME I : 15 fr.	TOME III : 10 fr.
TOME II : 15 fr.	TOME IV : 10 fr.

HOÜEL (J.). — Tables de Logarithmes à cinq décimales pour les nombres et les lignes trigonométriques, suivies des **Logarithmes d'addition et de soustraction ou Logarithmes de Gauss et de diverses Tables usuelles.** Nouvelle éd., revue et augm. Grand in-8; 1893. (*Autorisé par décision ministérielle.*) Broché 2 fr.

Cartonné 2 fr. 75 c.

HOÜEL (J.). — Recueil de formules et de Tables numériques. 3° édit. Grand in-8; 1885. 4 fr. 50 c.

HOÜEL (J.). — Essai critique sur les principes fondamentaux de la Géométrie élémentaire ou Commentaire sur les XXXII premières propositions des Éléments d'Euclide. 2° édit. In-8, avec fig.; 1883. 2 fr. 50 c.

HOUZEAU (J.-C.), Directeur de l'observatoire royal de Bruxelles, et **LANCASTER (A.)**, bibliothécaire de cet établissement. — **Bibliographie générale de l'Astronomie.** *Voir* le Catalogue général.

HUYGENS (C.). — Œuvres complètes de Christiaan Huygens, publiées par la Société hollandaise des Sciences. 5 volumes in-4, se vendant séparément. 35 fr.
Voir pour les détails le Catalogue général.

INSTITUT DE FRANCE. — Mémoires de l'Académie des Sciences. In-4; tomes I à XLIV; 1816 à 1889.

Chaque Volume, à l'exception des Tomes ci-après indiqués, se vend séparément. 15 fr.
Le Tome XXXIII, avec Atlas, se vend séparément. 25 fr.
Les Tomes VI et XXI ne se vendent pas séparément.

— **Mémoires présentés par divers savants à l'Académie des Sciences**, et imprimés par son ordre. 2° série. In-4, tomes I à XXX; 1827-1887.

Chaque volume, à l'exception des tomes I à IX, se vend séparément. 15 fr.

— **Tables générales des Travaux contenus dans les Mémoires de l'Académie des Sciences et dans les Mémoires présentés par divers savants**, publiées par les SECRÉTAIRES PERPÉTUELS. Ces Tables générales comprennent pour chacune des Collections (*Mémoires de l'Académie* et *Mémoires présentés par divers savants*) les Tables par *volumes*, par noms *d'auteurs* et par *ordre de matières*. 2 volumes in-4, savoir :

Tables générales des travaux contenus dans les Mémoires de l'Académie. I° Série, tomes I à XIV (an VI-1815), et II° Série, tomes I à XL (1816-1878); 1881. 6 fr.

Tables générales des travaux contenus dans les Mémoires présentés par divers Savants à l'Académie. I° Série, tomes I et II (1806-1811), et II° Série, tomes I à XXV (1827-1877); 1881. 2 fr. 50 c.

INSTITUT DE FRANCE. — Recueil de Mémoires, Rapports et Documents relatifs à l'observation du passage de Vénus sur le Soleil, en 1874. In-4; 1877-1882.

Tome I. — Ire Partie : 12 fr. 50. — IIe Partie : 12 fr. 50.

Tome II. — Ire Partie : 25 fr. — IIe Partie : 25 fr.

Tome III. — Ire Partie : 12 fr. 50. — IIe Partie : 25 fr. — IIIe Partie : 12 fr. 50.

Annexe : 2 fr. 50 c.

Voir le *Catalogue général.*

INSTITUT DE FRANCE. — Mémoires relatifs à la nouvelle maladie de la vigne, présentés par divers savants à l'Académie des Sciences. (*Voir*, pour le détail de ces *Mémoires*, le Catalogue général, ou le Prospectus spécial qui est envoyé sur demande.)

La Librairie Gauthier-Villars a seule, depuis le 1er janvier 1877, le dépôt des diverses publications de l'Académie des Sciences.

INSTITUT DE FRANCE. — Mission du Cap Horn (Voir *Ministères de la Marine et de l'Instruction publique*).

JACQUIER, Professeur de l'Université, Membre du Conseil supérieur de l'Instruction publique. — **Problèmes de Physique, de Mécanique, de Cosmographie et de Chimie**, à l'usage des Candidats aux Baccalauréats ès Sciences, au Baccalauréat de l'Enseignement spécial et aux Écoles du Gouvernement. In-8, avec fig.; 1884. 6 fr.

JAMIN (J.), Secrétaire perpétuel de l'Académie des Sciences, Professeur de Physique à l'École Polytechnique, et **BOUTY (E.)**, Professeur à la Faculté des Sciences. — **Cours de Physique de l'École Polytechnique.** 4e édition, augmentée et entièrement refondue par E. Bouty. 4 forts vol. in-8 de plus de 4000 pages, avec 1587 figures et 14 planches sur acier, dont 2 en couleur; 1885-1891. (*Autorisé par décision ministérielle.*)
Ouvrage complet. 72 fr.

On vend séparément :

Tome I. — 9 fr.

(*) 1er fascicule. — *Instruments de mesure. Hydrostatique*; avec 150 figures et 1 planche; 1888. 5 fr.

2e fascicule. — *Physique moléculaire*; avec 93 figures. 1891. 4 fr.

Tome II. — Chaleur. — 15 fr.

(*) 1er fascicule. — *Thermométrie. Dilatations*; avec 98 figures; 1885. 5 fr.

(*) 2e fascicule. — *Calorimétrie*; avec 48 figures et 2 planches; 1885. 5 fr.

3e fascicule. — *Thermodynamique. Propagation de la chaleur*; avec 47 figures; 1885. 5 fr.

Tome III. — Acoustique; Optique. — 22 fr.

1er fascicule. — *Acoustique*; avec 123 fig.; 1887. 4 fr.

(*) 2e fascicule. — *Optique géométrique*; avec 139 fig. et 3 planches; 1886. 4 fr.

3e fascicule. — *Étude des radiations lumineuses, chimiques et calorifiques. Optique physique*; avec 249 fig. et 5 planches, dont 2 planches de spectres en couleur; 1887. 14 fr.

Tome IV (1re Partie). — Électricité statique et dynamique. — 13 fr.

1er fascicule. — *Gravitation universelle. Électricité statique*; avec 155 figures et 1 planche; 1890. 7 fr.

2e fascicule. — *La pile. Phénomènes électrothermiques et électrochimiques*, avec 161 fig. et 1 pl.; 1888. 6 fr.

Tome IV (2e Partie). — Magnétisme; Applications. — 13 fr.

3e fascicule. — *Les aimants. Magnétisme. Électromagnétisme. Induction*; avec 240 figures; 1889. 8 fr.

4e fascicule. — *Météorologie électrique. Applications de l'électricité. Théories générales*, avec 84 figures et 1 planche; 1891. 5 fr.

Tables générales.

Tables générales, par ordre de matières et par noms d'auteurs, des quatre volumes du Cours de Physique. In-8; 1891. 60 c.

Tous les trois ans, un supplément destiné à exposer les progrès accomplis pendant cette période, viendra compléter ce grand Traité et le maintenir au courant des derniers travaux.

(Un prospectus très détaillé est envoyé sur demande.)

JAMIN et BOUTY. — Cours de Physique à l'usage de la classe de **Mathématiques spéciales.** 2e édition. Deux beaux volumes in-8, contenant ensemble plus de 1060 pages, avec 458 figures géométriques ou ombrées et 6 planches sur acier; 1886. 20 fr.

On vend séparément :

Tome I. — *Instruments de Mesure. Hydrostatique. — Optique géométrique. Notions sur les phénomènes capillaires.* In-8, avec 312 figures et 4 planches. 10 fr.

Tome II. — *Thermométrie. Dilatations. — Calorimétrie.* In-8, avec 146 fig. et 2 pl. 10 fr.

JANET (Paul), Professeur à la Faculté des Sciences de Grenoble. — **Premiers principes d'Électricité industrielle.** *Piles. Accumulateurs. Dynamos. Transformateurs.* In-8, avec 173 figures; 1893. 6 fr.

JAYS (L.), Professeur de Physique, ancien Météorologiste adjoint de l'observatoire de Lyon, et ancien chef des travaux de Physique à la Faculté de Médecine de Lyon. — **Problèmes de Physique et de Chimie**, choisis parmi les sujets de compositions proposés dans les concours et par les diverses Facultés dans ces dernières années. In-8, avec figures; 1886. 6 fr.

JORDAN (Camille), Membre de l'Institut, Professeur à l'École Polytechnique. — **Cours d'Analyse de l'École Polytechnique.** 3 volumes in-8, avec figures, se vendant séparément :

Tome I. — Calcul différentiel; 2e édition, entièrement refondue; 1893. 17 fr.

Tome II. — Calcul intégral (*Intégrales définies et indéfinies*), 2e édition. (*Sous presse.*)

Tome III. — Calcul intégral (*Équations différentielles*); 1887. 17 fr.

JOUFFRET (E.), Chef d'escadron d'Artillerie. — **Introduction à la Théorie de l'énergie.** Petit in-8; 1883. 3 fr. 50 c.

KŒHLER (J.), Répétiteur à l'École Polytechnique, ancien Directeur des Études à l'École préparatoire de Sainte-Barbe. — **Exercices de Géométrie analytique et de Géométrie supérieure.** *Questions et solutions.* A l'usage des candidats aux Écoles Polytechnique et Normale et à l'Agrégation. 2 volumes in-8, avec figures.

On vend séparément :

Ire Partie : *Géométrie plane*; 1886. 9 fr.

IIe Partie : *Géométrie de l'espace*; 1888. 9 fr.

LABOSNE. — Instruction sur la Règle à calcul, contenant les applications de cet instrument au calcul des expressions numériques, à la résolution des équations du deuxième et du troisième degré, et aux principales questions de Trigonométrie. In-8; 1872. 2 fr.

LACAILLE, Conducteur des Ponts et Chaussées. — **Tables synoptiques des calculs d'intérêts composés, d'annuités et d'amortissements.** Un fort vol. grand in-8;

(*) Les matières du programme d'admission à l'École Polytechnique sont comprises dans les parties suivantes de l'Ouvrage : Tome I, 1er fascicule; Tome II, 1er et 2e fascicules. Tome III, 2e fascicule. Les élèves de Mathématiques spéciales qui posséderont ces quatre fascicules auront ainsi entre les mains le commencement d'un grand Traité qu'ils pourront compléter ultérieurement, si, poursuivant l'étude de la Physique, ils se préparent à la Licence ou entrent dans une des grandes Écoles du Gouvernement.

On peut aussi se procurer ces fascicules réunis en deux volumes. (Voir *Cours de Physique à l'usage de la Classe de Mathématiques spéciales.*)

2e édition ; 1885. (*Ouvrage honoré d'une souscription des Ministères des Travaux publics, des Finances, de l'Agriculture et du Commerce*, etc.) 15 fr.

LACOMBE. — Nouveau manuel de l'escompteur, du banquier, du capitaliste et du financier, ou Nouvelles Tables de calculs d'intérêts simples, avec le calendrier de l'escompteur. Nouvelle édition, précédée d'une *Instruction sur les Calculs d'intérêts et l'usage des Tables*, par Laas d'Aguen, éditeur des Tables de Violeine, et terminée par un Exposé des lois sur les intérêts, les rentes, les effets de commerce, les chèques, etc., par B., Docteur en Droit. Un fort vol. in-18 jésus ; 1877. 6 fr.

LACOUTURE (Charles). — Répertoire chromatique. *Solution raisonnée et pratique des problèmes les plus usuels dans l'étude et l'emploi des couleurs.* 29 tableaux en chromo représentant 952 teintes différentes et définies, groupées en plus de 600 gammes typiques. In-4, contenant un texte de XI-144 pages, vrai Traité de la science pratique des couleurs, accompagné de nombreux diagrammes, et suivi d'un Atlas de 29 Tableaux en chromo qui offrent à la fois l'illustration du texte et de nouvelles ressources pour les applications; 1890. (Ouvrage honoré de la *Médaille d'or* de la Société industrielle du nord de la France, 9 janvier 1891.)

Broché.. 25 fr.

Cartonné avec luxe............................ 30 fr.

Parmi les différentes branches des connaissances humaines, une des moins avancées et dont cependant le besoin se fait sentir le plus souvent, c'est la *Chromatique* ou science pratique des couleurs. Savants ou artistes, fabricants ou commerçants, sont à tout instant en demeure ici de définir les couleurs qu'ils constatent, produisent ou utilisent, là de les associer harmonieusement, ou de les reproduire à coup sûr; tous plus ou moins arrêtés, s'en tiennent à des à peu près et à des tâtonnements. M. Charles Lacouture, en publiant son *Répertoire chromatique*, a voulu rendre pratique et complète l'œuvre qu'avait entreprise le regretté Chevreul. L'auteur a pleinement réussi et son livre, qui est en même temps un album, rendra les plus grands services aux savants, aux artistes, aux fabricants et aux commerçants, aux teinturiers, aux tapissiers, et aux modistes, à tous ceux qui s'occupent de décoration, à tous ceux qui utilisent l'effet des couleurs.

(Journal *La Nature*, 1er novembre 1890.)

LACROIX. — Éléments de Géométrie, suivis de *Notions sur les courbes usuelles*. **24e édition,** revue par *Prouhet*. In-8, avec 220 figures; 1890. (*Autorisé par décision ministérielle.*) 4 fr.

LACROIX. — Éléments d'Algèbre. 25e édit., revue par *Prouhet*. In-8; 1888. 6 fr.

LACROIX. — Autres Ouvrages de *Lacroix*, voir le Catalogue général.

LAFITTE (P. de), ancien élève de l'Ecole Polytechnique, Vice-Président de la Société de secours mutuels d'Astaffort, Lauréat d'une médaille d'or à l'Exposition universelle de 1889 (Section des Sociétés de secours mutuels). **— Essai d'une théorie rationnelle des Sociétés de secours mutuels.** 2e édition, entièrement refondue et augmentée de *Tables de Commutation, à divers taux d'intérêt, pour les trois assurances*. Grand in-8; 1892. [*Cet Ouvrage a été honoré d'une récompense de l'Académie des Sciences* (prix Leconte).] 5 fr.

— Tables de commutation à divers taux d'intérêt pour les trois assurances des Sociétés de secours mutuels. (Supplément à l'*Essai d'une théorie des Sociétés de secours mutuels.*) Grand in-8; 1893. 1 fr.

LA GOURNERIE (de), Membre de l'Institut. — **Traité de Géométrie descriptive.** 2e édition. In-4, publié en trois *Parties* avec Atlas; 1879-1880-1885. 30 fr.

Chaque Partie se vend séparément. 10 fr.

La Ire Partie (3e édition) revue et augmentée de la *théorie de l'intersection de deux polyèdres*, par Ernest Lebon, contient tout ce qui est exigé pour l'*admission à l'Ecole Polytechnique*. Elle est suivie d'un *Supplément contenant la solution de deux problèmes et des figures cavalières pour l'explication des constructions les plus difficiles.*

La IIe Partie et la IIIe Partie (2e édition) sont le développement du *Cours de Géométrie descriptive professé à l'Ecole Polytechnique.*

LA GOURNERIE (de). — Supplément au *Traité de Stéréotomie* de Leroy. **Théorie et construction de l'appareil hélicoïdal des arches biaises;** rédigées par Ernest Lebon, Agrégé de l'Université, Professeur de mathématiques au Lycée Charlemagne. In-4, avec 2 planches in-folio; 1887. (On a tiré des exemplaires à part de ce Supplément pour les acquéreurs des précédentes éditions du Traité de Leroy.) 3 fr.

LA GOURNERIE (de). — Traité de perspective linéaire. 1 vol. in-4, avec atlas in-folio de 40 planches dont 8 doubles. 2e édition, entièrement revue; 1884. 25 fr.

LA GOURNERIE (de). — Études économiques sur l'exploitation des chemins de fer. Grand in-8; 1880. 4 fr. 50 c.

LAGRANGE. — Mécanique analytique. 4e édition, contenant les Notes de l'édition de M. J. Bertrand, publiée par Gaston Darboux, Membre de l'Institut. 2 volumes in-4; 1888-1889. 40 fr.

Chaque volume se vend séparément. 20 fr.

Ces deux volumes ne sont autres que les Tomes XI et XII de la collection des *Œuvres de Lagrange*. On a imprimé pour ces exemplaires des couvertures et titres spéciaux (tomes I et II) à destination des personnes qui désirent se procurer la **Mécanique analytique** en dehors de la collection.

LAGRANGE (Ch.), Membre de l'Académie, Professeur à l'Ecole militaire, Astronome à l'Observatoire royal. — **Étude sur le système des forces du monde physique.** In-4; 1892. 20 fr.

LAGUERRE, Membre de l'Institut. — **Notes sur la résolution des équations numériques.** In-8; 1880. 2 fr.

LAGUERRE. — **Théorie des équations numériques.** Ire Partie. In-4; 1884. 2 fr. 75 c.

LAGUERRE. — Recherches sur la Géométrie de direction. *Méthodes de transformation. Anticaustiques.* In-8; 1885. 2 fr.

LAISANT (C.-A.), Docteur ès Sciences. — **Recueil de problèmes de Mathématiques** *classés par divisions scientifiques*, contenant les énoncés avec renvoi aux solutions de tous les problèmes posés, depuis l'origine, dans divers journaux : *Nouvelles Annales de Mathématiques. Journal de Mathématiques élémentaires et de Mathématiques spéciales. Mathesis. Nouvelle Correspondance mathématique.* 7 volumes in-8, se vendant séparément.

Classes de Mathématiques élémentaires.

I : *Arithmétique. Algèbre élémentaire. Trigonométrie*; 1893. 2 fr. 50 c.

II : *Géométrie à deux dimensions. Géométrie à trois dimensions. Géométrie descriptive*; 1893. 5 fr.

Classes de Mathématiques spéciales.

III : *Algèbre. Théorie des nombres. Probabilités. Géométrie de situation.* (*Sous presse.*)

IV : *Géométrie analytique à deux dimensions* (*et Géométrie supérieure*); 1893. 6 fr. 50 c.

V : *Géométrie analytique à trois dimensions* (*et Géométrie supérieure*); 1893. 2 fr. 50 c.

VI : *Géométrie du triangle.* (*Sous presse.*)

Licence ès Sciences mathématiques.

VII : *Calcul infinitésimal et calcul des fonctions. Mécanique. Astronomie.* (*Sous presse.*)

LAISANT (C.-A.). — Introduction à la méthode des quaternions. In-8, avec fig.; 1881. 6 fr.

LAISANT (C.-A.). — Théorie et applications des Équipollences. In-8, avec 73 figures; 1887. 7 fr. 50 c.

LALANDE. — Tables de Logarithmes pour les Nombres et les Sinus à CINQ DÉCIMALES; revues par le baron *Reynaud*. Nouvelle édition, augmentée de *Formules pour la Résolution des Triangles*, par *Bailleul*, typographe. In-18; 1888. (*Autorisé par décision du Ministre de l'Instruction publique.*) Broché. 2 fr.

— Cartonné. 2 fr. 40 c.

LALANDE. — **Tables de Logarithmes, étendues à SEPT DÉCIMALES**, par *Marie*, précédées d'une Instruction par le baron *Reynaud*. Nouvelle édition, augmentée de *Formules pour la Résolution des Triangles*, par *Bailleul*, typographe. In-12; 1890. Broché. 3 fr. 50 c.
Cartonné. 3 fr. 90 c.

LAMÉ (G.), Membre de l'Institut. — **Leçons sur les fonctions inverses des transcendantes et les Surfaces isothermes.** In-8, avec figures; 1857. 5 fr.

LAMÉ (G.). — **Leçons sur les Coordonnées curvilignes et leurs diverses applications.** In-8, av. fig.; 1859. 5 fr.

LAMÉ (G.). — **Leçons sur la théorie analytique de la chaleur.** In-8, avec fig.; 1861. 6 fr. 50 c.

LAPLACE. — **Essai philosophique sur les Probabilités.** 6ᵉ édition. In-8; 1840. 5 fr.

LAPLACE. — **Précis de l'Histoire de l'Astronomie.** 2ᵉ édition. In-8; 1863. 3 fr.

LAURENT (H.), Examinateur d'admission à l'École Polytechnique. — **Traité d'Analyse.** 7 volumes in-8, avec figures. 73 fr.

Tome I : **Calcul différentiel.** *Applications analytiques et géométriques*; 1885. 10 fr.

Tome II : *Applications géométriques*; 1887. 12 fr.

Tome III : **Calcul intégral.** *Intégrales définies et indéfinies*; 1888. 12 fr.

Tome IV : *Théorie des fonctions algébriques et de leurs intégrales*; 1889. 12 fr.

Tome V : *Équations différentielles ordinaires*; 1890. 10 fr.

Tome VI : *Équations aux dérivées partielles*; 1890. 8 fr. 50 c.

Tome VII et dernier : *Applications géométriques de la théorie des équations différentielles*; 1891. 8 fr. 50 c.

LAURENT (H.). — **Traité d'Algèbre**, à l'usage des Candidats aux Écoles du Gouvernement. Revu et mis en harmonie avec les derniers Programmes, par Marchand, ancien Élève de l'École Polytechnique. 4ᵉ édition. 3 vol. in-8; 1887.

Iʳᵉ Partie : Algèbre élémentaire, à l'usage des *Classes de Mathématiques élémentaires*. 4 fr.

IIᵉ Partie : Analyse algébrique, à l'usage des *Classes de Mathématiques spéciales*. 4 fr.

IIIᵉ Partie : Théorie des équations, à l'usage des *Classes de Mathématiques spéciales*. 4 fr.

LAURENT (H.). — **Théorie élémentaire des Fonctions elliptiques.** In-8, avec figures; 1882. 3 fr. 50 c.

LAURENT (H.). — **Traité de Mécanique rationnelle** à l'usage des Candidats à l'Agrégation et à la Licence. 3ᵉ édit. 2 vol. in-8, avec figures; 1889. 12 fr.

LÉAUTEY (Eugène), Chef de service au Comptoir national d'Escompte de Paris. — **L'Enseignement commercial et les Écoles de commerce en France et dans le monde entier.** 8ᵉ édition. Un beau volume in-8 cavalier de 784 pages, orné de planches et contenant 93 Tableaux statistiques et synoptiques (médailles d'or uniques aux Expositions de Paris 1889 et 1890). 7 fr. 50 c.

LÉAUTEY (Eugène), Officier de l'Instruction publique, et **GUILBAUT (Adolphe)**, Officier d'Académie. — **La Science des Comptes mise à la portée de tous. Traité théorique et pratique de comptabilité domestique, commerciale, industrielle, financière et agricole** (*Médailles d'or uniques, Expositions de Paris 1889 et 1892*). 7ᵉ édition, revue et complétée. Un beau volume in-8 de 530 pages. 7 fr. 50 c.

LEBON (Ernest). — (*Voir* **La Gournerie.**)

LECHALAS (Georges), Ingénieur en chef des Ponts et Chaussées. — **Manuel de droit administratif.** *Services des Ponts et Chaussées et des Chemins vicinaux.* 2 volumes grand in-8, se vendant séparément (Encyclopédie des travaux publics, fondée par *M.-C. Lechalas*, Inspecteur général des Ponts et Chaussées).

Tome I : *Notions sur les trois pouvoirs. Personnel des Ponts et Chaussées. Principes d'ordre financier. Travaux intéressant plusieurs services. Expropriations. Dommages et occupations temporaires*; 1889. 20 fr.

Tome II (Iʳᵉ Partie) : *Participation des tiers aux dépenses des travaux publics. Adjudications. Fournitures. Régie. Entreprises. Concessions*; 1893. 10 fr.

LECOQ DE BOISBAUDRAN. — **Spectres lumineux**, Spectres prismatiques et en longueurs d'onde, destinés aux recherches de Chimie minérale. Grand in-8, avec atlas contenant 29 belles planches sur acier; 1874. 20 fr.

LEFÉBURE DE FOURCY. — **Leçons d'Algèbre** *à l'usage des classes de Mathématiques élémentaires*; 1870. 4 fr. 50 c.

LEFÉBURE DE FOURCY. — **Traité de Géométrie descriptive**, précédé d'une Introduction qui renferme la **Théorie du plan et de la ligne droite considérée dans l'espace.** 8ᵉ édition. 2 vol. in-8, dont un composé de 32 planches; 1881. 10 fr.

LEFÉBURE DE FOURCY. — **Leçons de Géométrie analytique, comprenant la Trigonométrie rectiligne et sphérique, les lignes et les surfaces des deux premiers ordres.** 10ᵉ édition. In-8, avec planches. 2 fr. 75 c.

LEMSTRÖM, Professeur de Physique à l'Université d'Helsingfors. — **L'Aurore boréale.** *Étude générale des phénomènes produits par les courants électriques de l'atmosphère.* Grand in-8, avec figures et 14 planches dont 5 en chromolithographie; 1886. 6 fr. 50 c.

LEPRIEUR, Trésorier de l'École Polytechnique. — **Répertoire de l'École Polytechnique de 1855 à 1865**, faisant suite au *Répertoire de Marielle*. In-8; 1867. 3 fr.

LERAY (le P.), Prêtre Eudiste, Professeur à l'École Saint-Jean à Versailles. — **Essai sur la synthèse des forces physiques.** 2 volumes in-8, se vendant séparément :

I. — *Constitution de la matière. Mécanique des atomes. Élasticité de l'éther.* In-8, avec figures; 1885. 5 fr.

II. — (Complément). *Chaleur et Pesanteur. Théories cinétiques. Cohésion et Affinité.* In-8, avec figures; 1892. 4 fr. 50 c.

LEROY (C.-F.-A.), ancien Professeur à l'École Polytechnique et à l'École Normale supérieure. — **Traité de Géométrie descriptive**, suivi de la *Méthode des plans cotés* et de la *Théorie des engrenages cylindriques et coniques.* 13ᵉ édition, revue et annotée par *Martelet.* In-4, avec Atlas de 71 pl.; 1888. 16 fr.

LEROY (C.-F.-A.). — **Traité de Stéréotomie**, comprenant les **Applications de la Géométrie descriptive à la Théorie des Ombres, la Perspective linéaire, la Gnomonique, la Coupe des Pierres et la Charpente.** 12ᵉ édition, revue et annotée par *E. Martelet*, ancien élève de l'École Polytechnique, professeur de Géométrie descriptive à l'École centrale des Arts et Manufactures. Augmentée d'un Supplément : **Théorie et construction de l'appareil hélicoïdal des arches biaises**, par J. de La Gournerie, rédigées par *Ernest Lebon*, Agrégé de l'Université, professeur au Lycée Charlemagne. In-4, avec Atlas de 76 pl. in-folio; 1890. 26 fr.

LÉVY (Maurice), Membre de l'Institut, Ingénieur en chef des Ponts et Chaussées, Professeur au Collège de France et à l'École Centrale des Arts et Manufactures. — **La Statique graphique et ses applications aux constructions.** 2ᵉ édition. 4 vol. grand in-8, avec 4 Atlas de même format. (*Ouvrage honoré d'une souscription du Ministère des travaux publics.*)

Iʳᵉ Partie. — *Principes et applications de Statique graphique pure.* Grand in-8 de XXVIII-549 pages, avec figures et un Atlas de 26 planches; 1886. 22 fr.

IIᵉ Partie. — *Flexion plane. Lignes d'influence. Poutres droites.* Gr. in-8 de XIV-345 pages, avec figures et un Atlas de 6 pl.; 1886. 15 fr.

III° PARTIE. — *Arcs métalliques. Ponts suspendus rigides. Coupoles et corps de révolution.* Grand in-8 de IX-418 p., avec fig. et un Atlas de 8 pl.; 1887. 17 fr.

IV° PARTIE. — *Ouvrages en maçonnerie. Systèmes réticulaires à lignes surabondantes. Index alphabétique des quatre Parties.* Grand in-8 de IX-350 pages, avec figures et un Atlas de 4 pl.; 1888. 15 fr.

LÉVY (Maurice). — **Sur le principe de l'Énergie.** Petit in-8; 1888. 1 fr. 50 c.

LŒWY (M.), Membre de l'Institut et du Bureau des Longitudes. — **Éphémérides des étoiles de culmination lunaire et de Longitudes**, pour l'année 1893. In-4 en tableaux. 3 fr.

ANNÉES 1888 à 1892. Chaque année. 3 fr.

LONCHAMPT (A.), Préparateur aux baccalauréats ès Lettres et ès Sciences, et aux Écoles du Gouvernement.

— **Recueil de Problèmes** tirés des *compositions données à la Sorbonne*, de 1853 à 1875-1876, pour les *Baccalauréats ès Sciences*, suivis des compositions de Mathématiques élémentaires, de Physique, de Chimie. 2° édition. In-18 jésus, avec figures et planches; 1876-1877.

Ire PARTIE : **Arithmétique. — Algèbre. — Trigonométrie.** *Questions.* 1 fr. » *Solutions.* 1 fr. 80 c.

II° PARTIE : **Géométrie.** *Questions.* 1 fr. » *Atlas.* 60 c. *Solutions.* 2 fr. 80 c.

III° PARTIE : **Approximations numériques** (THÉORIE ET APPLICATIONS). — **Maxima et minima** (THÉORIE ET QUESTIONS). — **Courbes usuelles, Géométrie descriptive, Cosmographie, Mécanique.** *Théorie* et *Questions.* 1 fr. 50 c. *Solutions.* 1 fr. 50 c.

IV° PARTIE : **Physique. — Chimie.** (Les *Solutions* sont précédées d'un *Précis sur la résolution des Problèmes de Physique*, par H. BERTOT, ancien Élève de l'École Polytechnique.) *Questions.* 1 fr. » *Solutions.* 2 fr. 50 c.

LONGCHAMPS (G. de), Professeur au Lycée Charlemagne. — **Essai sur la géométrie de la règle et de l'équerre.** In-8, avec 354 fig.; 1890. 6 fr.

LOYAU (Achille), Ingénieur des Arts et Manufactures. — **Album de charpentes en bois**, renfermant différents types de *planchers, pans de bois, combles, échafaudages, ponts provisoires*, etc. Grand in-4, contenant 120 planches de dessins cotés; 1873. 25 fr.

LUCAS (Édouard). — **Récréations mathématiques.** 4 volumes petit in-8, caractères elzévirs, titres en deux couleurs se vendant séparément :

TOME I. — *Les Traversées. — Les Ponts. — Les Labyrinthes. — Les Reines. — Le Solitaire. — La Numération. — Le Baguenaudier. — Le Taquin.* 2° édition; 1891. Prix : Papier hollande, 12 fr. — Vélin, 7 fr. 50.

TOME II. — *Qui perd gagne. — Les Dominos. — Les Marelles. — Le Parquet. — Le Casse-tête. — Les Jeux de demoiselles. — Le Jeu icosien d'Hamilton*; 1883. Prix : Papier hollande, 12 fr. — Vélin, 7 fr. 50.

TOME III. — *Le Calcul digital. — Machines arithmétiques. — Le Caméléon. — Les jonctions de points. — Le Jeu militaire. — La prise de la Bastille. — La Patte d'oie. — Le Fer à cheval. — Le Jeu américain. — Amusements par les jetons. — L'Étoile nationale. — Rouge et Noire*; 1893. Prix : Papier hollande, 9 fr. 50. — Vélin, 6 fr. 50.

TOME IV. (*Sous presse.*)

LUCAS (Edouard). — **Théorie des nombres.** *Le calcul des nombres entiers. Le calcul des nombres rationnels. La divisibilité arithmétique.* Grand in-8, avec 78 figures; 1891. 15 fr.

MAGNAC (AVED de). — **Traité de navigation précise pratique** *mise à la hauteur des besoins de la navigation rapide.* 2 volumes grand in-8, se vendant séparément :

TOME I : *Navigation estimée*, avec fig. et pl.; 1891. 5 fr.

TOME II : *Navigation de fond.* (*Sous presse.*)

MAHISTRE, Professeur à la Faculté de Lille. — **L'art de tracer les Cadrans solaires**, à l'usage des Instituteurs et des personnes qui savent manier la règle et le compas. (*Approuvé par le Conseil de l'Instruction publique.*) 4° édit. In-18, avec fig.; 1884. 1 fr. 25 c.

MALEYX (L.), Professeur de Mathématiques élémentaires au collège Stanislas. — **Leçons d'Arithmétique.** In-8; 1891. 4 fr.

MALEYX (L.). — **Etude géométrique des propriétés des coniques d'après leur définition.** In-8, avec figures; 1891. 2 fr. 75 c.

MANNHEIM (A.), Colonel d'Artillerie, Professeur à l'École Polytechnique. — **Cours de Géométrie descriptive de l'École Polytechnique**, comprenant les ÉLÉMENTS DE LA GÉOMÉTRIE CINÉMATIQUE. 2° édition. Grand in-8, avec 256 fig.; 1886. 17 fr.

MANNHEIM (A.). — **Premiers éléments de la Géométrie descriptive.** In-8; 1882. 1 fr. 25 c.

MANSION (P.), Professeur à l'Université de Gand. — **Résumé du cours d'Analyse infinitésimale de l'Université de Gand.** *Calcul différentiel et principes du Calcul intégral.* Grand in-8, avec fig.; 1887. 10 fr.

MANSION (P.). — **Éléments de la théorie des déterminants**, avec de nombreux exercices. 4° éd. In-8; 1883. 3 fr.

MARIE (Léon), Actuaire, Examinateur à l'Ecole des Hautes Etudes commerciales. — **Traité mathématique et pratique des opérations financières.** Grand in-8, avec figures; 1890. 10 fr.

MARIE (Maximilien), Répétiteur de Mécanique et Examinateur d'admission à l'École Polytechnique. — **Histoire des Sciences mathématiques et physiques.** Petit in-8, caractères elzévirs, titre en deux couleurs.

TOME I : 1re Période. *De Thalès à Aristarque.* — 2° Période. *D'Aristarque à Hipparque.* — 3° Période. *D'Hipparque à Diophante*; 1883. 6 fr.

TOME II : 4° Période. *De Diophante à Copernic.* — 5° Période. *De Copernic à Viète*; 1883. 6 fr.

TOME III : 6° Période. *De Viète à Kepler.* — 7° Période. *De Kepler à Descartes*; 1883. 6 fr.

TOME IV : 8° Période. *De Descartes à Cavalieri.* — 9° Période. *De Cavalieri à Huygens*; 1884. 6 fr.

TOME V : 10° Période. *De Huygens à Newton.* — 11° Période. *De Newton à Euler*; 1884. 6 fr.

TOME VI : 11° Période. *De Newton à Euler* (suite); 1885. 6 fr.

TOME VII : 11° Période. *De Newton à Euler* (suite); 1885. 6 fr.

TOME VIII : 11° Période. *De Newton à Euler* (suite et fin). — 12° Période. *D'Euler à Lagrange*; 1886. 6 fr.

TOME IX. — 12° Période : *D'Euler à Lagrange* (fin). — 13° période : *De Lagrange à Laplace*; 1886. 6 fr.

TOME X. 13° Période : *De Lagrange à Laplace* (fin). — 14° Période : *De Laplace à Fourier*; 1887. 6 fr.

TOME XI. — 15° Période : *De Fourier à Arago*; 1887. 6 fr.

TOME XII. — 16° Période : *D'Arago à Abel et aux géomètres contemporains*; 1888. 6 fr.

MARIE (Maximilien). — **Réalisation et usage des formes imaginaires en Géométrie.** In-8, avec nombreuses figures; 1891. 3 fr. 50 c.

MARIE (Maximilien). — **Théorie des fonctions des variables imaginaires.** 3 volumes grand in-8, de 280 à 300 pages; 1874-1875-1876. 20 fr.

Chaque volume se vend séparément. 8 fr.

MARIELLE. — **Répertoire de l'École Polytechnique depuis l'époque de sa création en 1794 jusqu'en 1855 inclusivement.** (*Voir* **LEPRIEUR**, pour la suite du *Répertoire.*) In-8; 1855. 5 fr.

MASCART (E.), Membre de l'Institut, Professeur au Collège de France, Directeur du Bureau Central météorologique. — **Traité d'Optique.** 3 volumes grand in-8 avec Atlas, se vendant séparément.

TOME I : *Systèmes optiques. Interférences. Vibrations. Diffraction. Polarisation. Double réfraction.* Avec 199 figures et 2 pl.; 1889. 20 fr.

TOME II et ATLAS : *Propriété des cristaux. Polarisation rotatoire. Réflexion vitrée. Réflexion métallique. Réflexion cristalline. Polarisation chromatique.* Grand in-8 avec 113 figures et Atlas cartonné contenant 2 planches sur cuivre dont une en couleur. (Propriétés des cristaux. Spectre solaire. Phénomènes de polarisation chromatique et rotatoire.) 1891. Prix pour les souscripteurs. 24 fr.

Le Tome II (texte) est complet. L'Atlas ne sera envoyé qu'ultérieurement aux souscripteurs, en raison des soins et du temps nécessités par la gravure.

TOME III : *Polarisation par diffraction. Propagation de la lumière. Photométrie. Réfractions astronomiques.* Un très fort volume avec 83 figures; 1893. 20 fr.

MASCART. — *Voir* **Moureaux.**

MATHIESEN (le général H.). — **Étude sur les courants et sur la température des eaux de la mer dans l'océan Atlantique.** Grand in-8, avec diagramme et une Carte; 1892. 5 fr.

MATHIEU (Emile), Professeur à la Faculté des Sciences de Nancy. — **Traité de Physique mathématique** comprenant les volumes suivants :

I. — **Cours de Physique mathématique.** *Introduction à la Physique mathématique. — Méthode d'intégration.* In-4; 1873. 15 fr.

II. — **Théorie de la Capillarité.** In-4; 1883. 10 fr.

III-IV. — **Théorie du Potentiel et ses applications à l'Electrostatique et au Magnétisme.** In-4.

Ire PARTIE : *Théorie du Potentiel;* 1885. 9 fr.

IIe PARTIE : *Électrostatique et Magnétisme;* 1886. 12 fr.

V. — **Théorie de l'Électrodynamique.** In-4, avec figures; 1888. 15 fr.

VI-VII. — **Théorie de l'Elasticité des corps solides.**

Ire PARTIE : *Considérations générales sur l'élasticité. — Emploi des coordonnées curvilignes. — Problèmes relatifs à l'équilibre d'élasticité. — Plaques vibrantes.* In-4; 1890. 11 fr.

IIe PARTIE : *Mouvements vibratoires des corps solides. — Équilibre d'élasticité des lames courbes et du prisme rectangle.* In-4; 1890. 9 fr.

MATHIEU (Émile). — **Dynamique analytique.** In-4; 1878. 15 fr.

MAXWELL (James Clerk), Professeur de Physique expérimentale à l'Université de Cambridge. — **Traité de l'Electricité et du Magnétisme.** Traduit de l'anglais sur la 2e édition, par SELIGMANN-LUI, Ingénieur des Télégraphes, avec *Notes et Eclaircissements*, par CORNU, Membre de l'Institut, et POTIER, Professeur à l'École Polytechnique, et suivi d'un *Appendice sur la théorie des Quaternions*, par E. SARRAU, Membre de l'Institut, Professeur à l'École Polytechnique. Deux forts volumes grand in-8, avec 122 figures et 20 planches; 1885-1889. 30 fr.

Chaque volume................ 15 fr.

MÉRAY (Ch.), Professeur à la Faculté des Sciences de Dijon. — **Sur la discussion et la classification des surfaces du deuxième degré.** In-8; 1893. 1 fr. 25

MICHAUT, Commis principal à la Direction technique des Télégraphes de Paris, et **GILLET**, Commis principal au poste central des Télégraphes de Paris. — **Leçons élémentaires de Télégraphie électrique.** *Système Morse. Manipulation. Notions de Physique et de Chimie. Piles. Appareils et accessoires. Installation des postes.* In-18 jésus, avec 81 figures; 1885. 3 fr. 75 c.

MINISTÈRES DE LA MARINE ET DE L'INSTRUCTION PUBLIQUE. — **Mission scientifique du Cap Horn. (1882-1883.).** TOMES I à VII. (Le TOME VI comprend trois parties.) *Voir* le Catalogue général.

MIQUEL (Dr P.), Docteur ès Sciences et en Médecine, Chef du service micrographique à l'Observat. municipal de Montsouris. — **Manuel pratique d'analyse bactériologique des eaux.** In-18 jésus, avec figures; 1891. 2 fr. 75

MIQUEL (Dr P.). — **Les Organismes vivants de l'atmosphère.** Étude sur les semences aériennes des moisissures et des bactéries, sur les procédés usités pour récolter, compter et cultiver ces deux classes de microbes et sur l'application de ces recherches à l'hygiène générale des villes et des asiles hospitaliers. Gr. in-8, avec 86 fig. et 2 pl. en taille-douce; 1883. 9 fr. 50 c.

Quelques exemplaires pour bibliophiles ont été tirés sur papier vélin, *format in-4.* 20 fr.

MOUCHOT (A.), Ancien Professeur de l'Université, Lauréat de l'Académie des Sciences. — **Les nouvelles bases de la Géométrie supérieure. (Géométrie de position.)** In-8, avec 90 figures; 1892. 5 fr.

MOUREAUX (Th.), Météorologiste adjoint au Bureau central, chargé du service magnétique à l'observatoire du Parc de Saint-Maur. — **Détermination des éléments magnétiques en France.** Ouvrage accompagné de *nouvelles Cartes magnétiques* dressées pour le 1er janvier 1885. Grand in-4, avec fig. et 4 pl.; 1886. 10 fr.

MOUREAUX (Th.). — **Détermination des éléments magnétiques dans le bassin occidental de la Méditerranée.** Ouvrage accompagné de *nouvelles Cartes magnétiques*, dressées pour le 1er janvier 1888. In-4, avec fig. et 3 planches; 1889. 8 fr.

MOUREAUX (Th.). — **La Météorologie appliquée à la prévision du temps.** Leçon faite à l'École supérieure de Télégraphie par *E. Mascart*, recueillie par *Th. Moureaux.* In-18 avec 16 planches en couleur; 1881. 2 fr.

MOUTIER (J.), Examinateur de l'École Polytechnique. — **La Thermodynamique et ses principales applications.** Petit in-8, avec 96 figures; 1885. 12 fr.

OBSERVATOIRE DE PARIS. *Voir* **Recueils.**

OCAGNE (Maurice d'), Ingénieur des Ponts et Chaussées. **Nomographie.** — **Les calculs usuels effectués au moyen des abaques. Essai d'une théorie générale.** *Règles pratiques. Exemples d'application.* In-8, avec nombreuses figures et 8 planches; 1891. (*Ouvrage couronné par l'Académie des Sciences et honoré d'une souscription du Ministère des Travaux publics*). 3 fr. 50 c.

OCAGNE (Maurice d'). — **Coordonnées parallèles et axiales.** *Méthode de transformation géométrique et procédé nouveau de calcul graphique*, déduits de la considération des coordonnées parallèles. In-8, avec figures et 1 planche; 1885. 3 fr.

PADÉ, Professeur agrégé de l'Université. — **Premières Leçons d'Algèbre élémentaire.** *Nombres positifs et négatifs. Opérations sur les polynômes.* Avec une Préface de M. Jules TANNERY, S.-Direct. des Études scientifiques à l'École Normale supérieure. In-8; 1892. 2 fr. 50 c.

PARIS (Vice-Amiral), Membre de l'Institut et du Bureau des Longitudes, Conservateur du Musée de Marine. — **Souvenirs de Marine.** — **Collections de plans ou dessins de navires et de bateaux anciens et modernes, existants ou disparus,** *avec les éléments nécessaires à leur construction.* Cinq beaux albums reliés, de 60 pl. in-folio chacun, se vendant séparément. 25 fr.

PASTEUR (L.). — **Études sur la maladie des Vers à soie;** *moyen pratique assuré de la combattre et d'en prévenir le retour.* Deux beaux volumes grand in-8, avec figures et 38 planches; 1870. 20 fr.

PASTEUR (L.). — **Études sur la Bière**; *ses maladies, causes qui les provoquent, procédé pour la rendre inaltérable*, avec une THÉORIE NOUVELLE DE LA FERMENTATION. Grand in-8, avec 85 fig. et 12 pl.; 1876. 20 fr.

PEREIRE (Eugène). — **Tables de l'intérêt composé, des annuités et des rentes viagères.** 3ᵉ édit., augmentée de 8 *Tableaux graphiques*. In-4; 1882. 10 fr.

PETERSEN (Julius), Professeur à l'Université de Copenhague. — **Méthodes et théories pour la résolution des problèmes de constructions géométriques** *avec application à plus de 400 problèmes*. Traduit par O. CHEMIN, Ingénieur en chef des Ponts et Chaussées, Professeur à l'École des Ponts et Chaussées. 2ᵉ édition. Petit in-8, avec figures; 1892. 4 fr.

PICARD (Émile), Membre de l'Institut, Professeur à la Faculté des Sciences. — **Traité d'Analyse** (Cours de la Faculté des Sciences). 4 vol. grand in-8, se vendant séparément.

TOME I : *Intégrales simples et multiples. — L'équation de Laplace et ses applications. — Développements en séries. — Applications géométriques du Calcul infinitésimal*, avec figures; 1891. 15 fr.

TOME II : *Fonctions harmoniques et fonctions analytiques. — Introduction à la théorie des équations différentielles: Intégrales abéliennes et surfaces de Riemann*, avec figures; 1893. 15 fr.

TOME III : *Équations différentielles ordinaires.* (*En préparation.*)

TOME IV : *Équations aux dérivées partielles.* (*En préparation.*)

PIONCHON (J.), Professeur de la Faculté des Sciences de Bordeaux. — **Théorie des mesures. Introduction à l'étude des systèmes de mesures usités en Physique.** Grand in-8 de 256 pages; 1891. 3 fr. 50 c.

POINCARÉ (H.), Membre de l'Institut, Professeur à la Faculté des Sciences. — **Les Méthodes nouvelles de la Mécanique céleste.** 2 vol. grand in-8, se vendant séparément.

TOME I : *Solutions périodiques. — Non-existence des intégrales uniformes. — Solutions asymptotiques.* Avec figures; 1892. 12 fr.

TOME II : *Méthodes de MM. Newcomb, Gyldén, Lindstedt et Bohlin*; 1893. Prix pour les souscripteurs. 12 fr.

Les deux premiers fascicules (314 pages) ont paru.

POLIS (Alfred), Docteur en Philosophie, Professeur à l'École spéciale de Chimie, à Aix-la-Chapelle. — **Précis de Chimie théorique**, à l'usage des étudiants. Traduit de l'allemand par AD. LACRENIER. Petit in-8, avec 1 planche; 1888. 2 fr.

POLLARD (J.) et DUDEBOUT (A.), Ingénieurs de la Marine, Professeurs à l'École du génie maritime. — **Architecture navale. Théorie du navire.** Quatre beaux volumes grand in-8, avec fig. et pl., se vendant séparément (*Ouvrage couronné par l'Académie des Sciences et honoré d'une souscription du Ministère de la Marine et des Colonies*).

TOME I : *Calcul des éléments géométriques des carènes droites et inclinées. — Géométrie du navire*; avec 191 figures et 2 planches; 1890. 13 fr.

TOME II : *Statique du navire. — Dynamique du navire : roulis en milieu calme, résistant ou non résistant*, avec 229 figures; 1891. 13 fr.

TOME III : *Dynamique du navire : mouvement de roulis sur houle, mouvement rectiligne horizontal direct. (Résistance des carènes)*, avec 163 figures; 1892. 15 fr.

TOME IV : *Dynamique du navire dans le mouvement curviligne horizontal. — Propulsion. — Vibrations des coques des navires à hélice.* (*Sous presse.*)

L'Ouvrage de MM. Pollard et Dudebout est le plus considérable qui ait été écrit, soit en France, soit à l'étranger, sur l'Architecture navale. Il peut être regardé comme une véritable Encyclopédie exposant, avec tous les développements possibles, les questions théoriques et pratiques qui lient la Géométrie et la Mécanique à l'Art naval.

Par leurs fonctions spéciales de professeurs à l'École d'application du Génie maritime, les Auteurs étaient tout particulièrement préparés pour mener à bonne fin un travail aussi étendu, qui a sa place marquée dans la Bibliothèque de l'Ingénieur de la Marine et du constructeur.

PONCELET, Membre de l'Institut. — **Applications d'Analyse et de Géométrie** qui ont servi de principal fondement au **Traité des Propriétés projectives des figures**, suivies d'Additions par *Mannheim* et *Moutard*, anciens Élèves de l'École Polytechnique. 2 vol. in-8, avec figures; 1864. 20 fr.

Chaque volume se vend séparément. 10 fr.

PONCELET. — **Traité des Propriétés projectives des figures.** Ouvrage utile à ceux qui s'occupent des applications de la Géométrie descriptive et d'opérations géométriques sur le terrain. 2ᵉ édition; 1865-1866. 2 beaux volumes in-4, avec 8 planches. 40 fr.

Le second volume se vend séparément. 20 fr.

PONCELET. — **Introduction à la Mécanique industrielle, physique ou expérimentale.** 3ᵉ édit., publiée par *Kretz*, ingénieur en chef, inspecteur des manufactures de l'État. In-8 de 757 p., avec 3 pl.; 1870. 12 fr.

PONCELET. — **Cours de Mécanique appliquée aux Machines**, publié par *Kretz*. 2 volumes in-8.

Iʳᵉ PARTIE : *Machines en mouvement, Régulateurs et transmissions, Résistances passives*, avec 117 figures et 2 planches; 1874. 12 fr.

IIᵉ PARTIE : *Mouvement des fluides, Moteurs, Ponts-Levis*, avec 111 figures; 1876. 12 fr.

PONTHIÈRE (H.), Professeur de métallurgie et d'Électricité industrielle à l'Université de Louvain. — **Traité d'électrométallurgie.** *Théorie de l'électrolyse. Galvanoplastie. Procédés Elmore. Pression. Traitement des minerais. Raffinage. Soudure. Triage.* 2ᵉ édition. Grand in-8, avec figures et 1 planche; 1891. 10 fr.

PUISSANT. — **Traité de Géodésie**, ou Exposition des Méthodes trigonométriques et astronomiques, applicables soit à la mesure de la Terre, soit à la confection du canevas des cartes et des plans topographiques. 3ᵉ édit. 2 vol. in-4, avec 13 pl.; 1842. (*Rare.*) 80 fr.

RADAU (R.). — **Étude sur les formules d'interpolation.** Grand in-8; 1891. 2 fr. 50 c.

RADAU (R.). — **Essai sur les réfractions astronomiques.** In-4; 1889. 4 fr.

RÉMOND (A.), Ancien Élève de l'École Polytechnique, Licencié ès Sciences, Professeur de Mathématiques à l'École préparatoire de Sainte-Barbe. — **Exercices élémentaires de Géométrie analytique à deux et à trois dimensions**, avec un EXPOSÉ DES MÉTHODES DE RÉSOLUTION, suivis des *Énoncés des problèmes donnés pour les compositions d'admission aux Écoles Polytechnique, Normale et Centrale, au Concours général et à l'agrégation.* 2 vol. in-8, avec fig. se vendant séparément :

Iʳᵉ PARTIE : *Géométrie à deux dimensions.* 2ᵉ édition; 1891. 7 fr.

IIᵉ PARTIE : *Géométrie à trois dimensions. Problèmes généraux. Énoncés*; 1891. 7 fr.

RÉPERTOIRE BIBLIOGRAPHIQUE des Sciences Mathématiques (Index du), publié par la COMMISSION PERMANENTE DU RÉPERTOIRE. Grand in-8; 1893. 2 fr.

RESAL (H.), Membre de l'Institut, Professeur à l'École Polytechnique et à l'École supérieure des Mines. — **Traité de Mécanique générale**, comprenant les *Leçons professées à l'École Polytechnique et à l'École des Mines*. 7 vol. in-8, avec 1408 fig. levées et dessinées d'après les meilleurs types, se vendant séparément :

MÉCANIQUE RATIONNELLE.

TOME I : *Cinématique. — Théorèmes généraux de la Mécanique. — De l'équilibre et du mouvement des corps solides.* In-8, avec 66 figures; 1873. 9 fr. 50 c.

Tome II : *Frottement. — Équilibre intérieur des corps. — Théorie mathématique de la poussée des terres. — Équilibre et mouvements vibratoires des corps isotropes. — Hydrostatique. — Hydrodynamique. — Hydraulique. — Thermodynamique*, suivie de la *Théorie des armes à feu.* In-8, avec 56 figures; 1874. 9 fr. 50 c.

Mécanique appliquée (moteurs et machines).

Tome III : *Des machines considérées au point de vue des transformations de mouvement et de la transformation du travail des forces. — Application de la Mécanique à l'Horlogerie.* In-8, avec 213 fig.; 1875. 11 fr.

Tome IV : *Moteurs animés. — De l'eau et du vent considérés comme moteurs. — Machines hydrauliques et élévatoires. — Machines à vapeur, à air chaud et à gaz.* In-8, avec 200 figures; 1876. 15 fr.

Construction.

Tome V : *Résistance des matériaux. — Constructions en bois. — Maçonneries. — Fondations. — Murs de soutènement. — Réservoirs.* In-8, avec 308 figures; 1880. 12 fr. 50 c.

Tome VI : *Voûtes droites et biaises, en dôme*, etc. — *Ponts en bois. — Planchers et combles en fer. — Ponts suspendus. — Ponts-levis. — Cheminées. — Fondations de machines industrielles. — Amélioration des cours d'eau. — Substruction des chemins de fer. — Navigation intérieure. — Ports de mer.* In-8, avec 519 fig. et 5 pl. chromolithographiques: 1881. 15 fr.

Développements et Exercices.

Tome VII : *Développements sur la Mécanique rationnelle et la Cinématique pure, comprenant de nombreux exercices.* In-8, avec 46 figures; 1889. 12 fr.

RESAL (H.). — Traité élémentaire de Mécanique céleste. 2e édition. Un beau volume in-4; 1884. 25 fr.

RESAL (H.). — Traité de Physique mathématique. Deuxième édition, augmentée et entièrement refondue. Deux beaux volumes in-4 avec 43 figures. 27 fr.

On vend séparément :

Tome I : *Capillarité. Élasticité. Lumière*; 1887. 15 fr.

Tome II : *Chaleur. Thermodynamique. Électrostatique. Courants électriques. Électrodynamique. Magnétisme statique. Mouvements des aimants et des courants*; 1888. 12 fr.

RESAL (H.). — Exposition de la Théorie des surfaces. In-8, avec figures; 1891. 4 fr. 50

RODET (J.) et BUSQUET, Ingénieurs des Arts et Manufactures. — **Les Courants polyphasés.** Grand in-8, avec 71 figures; 1893.

ROUCHÉ (Eugène), Professeur au Conservatoire des Arts et Métiers, Examinateur de sortie à l'École Polytechnique, etc., et **COMBEROUSSE (Charles de)**, Professeur au Conservatoire des Arts et Métiers, etc. — **Traité de Géométrie**, conforme aux Programmes officiels, renfermant un très grand nombre d'Exercices et plusieurs Appendices consacrés à l'exposition des Principales méthodes de la Géométrie moderne. 6e édition, revue et notablement augmentée. In-8 de LVI-1116 pages, avec 707 figures, et 1154 questions proposées; 1891. 17 fr.

Prix de chaque Partie :

Ire Partie. — *Géométrie plane*........... 7 fr. 50 c.
IIe Partie. — *Géométrie de l'espace ; Courbes et Surfaces usuelles*........... 9 fr. 50 c.

ROUCHÉ (Eugène) et COMBEROUSSE (Charles de). — Éléments de Géométrie, conformes aux derniers programmes officiels, suivis d'un **Complément à l'usage des Élèves de Mathématiques élémentaires et de Mathématiques spéciales**, et de *Notions sur le Lever des plans, l'Arpentage et le Nivellement.* 4e édit., revue et augmentée. In-8 de XL-604 pages, avec 482 figures et 543 questions proposées et exercices; 1888. 6 fr.

Ces nouveaux **Éléments de Géométrie** (qu'il ne faut pas confondre avec le **Traité de Géométrie** des mêmes auteurs) sont entièrement conformes aux derniers programmes officiels. Ils renferment toutes les parties de la Géométrie enseignées successivement dans les établissements d'instruction publique, depuis la classe de troisième jusqu'à celle de Mathématiques spéciales inclusivement, et sont destinés aux élèves appelés à suivre ces différents Cours.

SAINTE-CLAIRE DEVILLE (Henri). — Sa vie et ses travaux, par *Jules Gay*, Docteur ès sciences, ancien Élève de l'École Normale, Professeur au Lycée Louis-le-Grand. Petit in-8, avec un portrait hors texte de Henri et Charles Sainte-Claire Deville; 1889. 2 fr. 50 c.

SAINT-GERMAIN (de), Doyen de la Faculté des Sciences de Caen. — **Recueil d'Exercices sur la Mécanique rationnelle**, à l'usage des candidats à la Licence et à l'Agrégation des Sciences mathématiques. 2e édition, entièrement refondue. In-8, avec fig.; 1889. 9 fr. 50 c.

SAINT-GERMAIN (de). — Résumé de la Théorie du mouvement d'un solide autour d'un point fixe, à l'usage des candidats à la licence. In-8; 1887. 1 fr. 50 c.

SALMON (G.), Professeur au Collège de la Trinité, à Dublin. — **Traité de Géométrie analytique à deux dimensions (Sections coniques)**; traduit de l'anglais par *H. Resal* et *Vaucheret*. 2e édition française, publiée d'après la 6e édition anglaise, par *Vaucheret*, Colonel d'Artillerie, Professeur à l'École supérieure de Guerre. In-8, avec 124 figures; 1884. 12 fr.

SALMON (G.). — Traité de Géométrie analytique (Courbes planes), destiné à faire suite au *Traité des Sections coniques*. Traduit de l'anglais, sur la 3e édition, par *O. Chemin*, Ingénieur des Ponts et Chaussées, Professeur à l'École nationale des P. et Ch., et augmenté d'une *Étude sur les points singuliers des courbes algébriques planes*, par *G. Halphen*. In-8, avec fig.; 1884. 12 fr.

SALMON (G.). — Traité de Géométrie analytique à trois dimensions. Traduit de l'anglais, sur la quatrième édition, par *O. Chemin*.

Ire Partie : *Lignes et surfaces du 1er et du 2e ordre.* In-8, avec figures; 1882. 7 fr.

IIe Partie : *Théorie des surfaces. Courbes gauches et surfaces développables. Famille de surfaces.* In-8, avec figures; 1891. 6 fr.

IIIe Partie : *Surfaces dérivées des quadriques. Surfaces du troisième et du quatrième degré. Théorie générale des surfaces.* In-8, avec figures; 1892. 4 fr. 50 c.

SALMON (G.). — Traité d'Algèbre supérieure. 2e édition française, publiée d'après la 4e édition anglaise, par *O. Chemin*. In-8; 1890. 10 fr.

SANGUET (J.-L.), Ingénieur-Géomètre, Président de la Société de Topographie parcellaire de France. — **Tables trigonométriques centésimales**, précédées des *Logarithmes des nombres de 1 à 10000*, suivies d'un grand nombre de *Tables* relatives à la *transformation des coordonnées topographiques en coordonnées géographiques* et vice versâ; aux *nivellements trigonométriques et barométriques*; au *calcul de l'azimut du Soleil et de l'étoile polaire, du temps et de la latitude*; au *tracé des courbes avec le tachéomètre*; etc., etc. A l'usage des topographes, des géomètres du cadastre et des agents des Ponts et Chaussées et des Mines. Petit in-8; 1889.

Broché........... 7 fr. | Cartonné à l'anglaise. 8 fr.

SARRAU (Émile), Membre de l'Institut, Professeur à l'École Polytechnique. — **Notions sur la Théorie des quaternions.** Grand in-8; 1889. 1 fr. 75 c.

SARRAU (Émile). — Notions sur la Théorie de l'Élasticité. In-8; 1889. 1 fr. 50 c.

SARRAU (Émile). — Introduction à la théorie des explosifs. Grand in-8; 1893. 2 fr. 75 c.

SARRAU et VIEILLE. — Étude sur l'emploi des manomètres à écrasement pour la mesure des pressions développées par les substances explosibles. Grand in-8; 1883. 2 fr.

SAUVAGE (P.), Professeur au Lycée de Montpellier. — **Les lieux géométriques en Géométrie élémentaire.** In-8, avec 47 figures; 1893. 3 fr.

SCHŒNFLIES (Dr Arthur), Professeur à l'Université de Göttingen. — **La Géométrie du mouvement. Exposé synthétique.** Traduit de l'allemand par CH. SPECKEL, Lieutenant du Génie. Édition revue et augmentée par l'Auteur, suivie d'un *Appendice sur les complexes et les congruences de droites*; par G. FOURET. In-8, avec fig.; 1893.

SCHRÖN (L.). — **Tables de Logarithmes à sept décimales** pour les nombres depuis 1 jusqu'à 108 000, et pour les fonctions trigonométriques de 10 en 10 secondes; et **Table d'Interpolation pour le calcul des parties proportionnelles;** précédées d'une **Introduction** par *J. Hoüel.* 2 beaux volumes grand in-8 jésus. Paris; 1893.

	PRIX : Broché.	Cartonné.
Tables de Logarithmes	8 fr.	9 fr. 75 c.
Table d'interpolation	2	3 25
Tables de Logarithmes et Table d'interpolation réunies en un seul volume	10	11 fr. 75

SECCHI (le P. A.), Directeur de l'Observatoire du Collège Romain, Correspondant de l'Institut de France. **Le Soleil.** 2e édition. Deux beaux volumes grand in-8, avec Atlas; 1875-1877.

Broché. 30 fr. | Relié. 40 fr.

On vend séparément :

Ire PARTIE. Un volume grand in-8, avec 150 figures et un Atlas comprenant 6 grandes planches gravées sur acier (I. *Spectre ordinaire du Soleil* et *Spectre d'absorption atmosphérique.* — II. *Spectre de diffraction*, d'après la photographie de HENRY DRAPER. — III, IV, V et VI. *Spectre normal du Soleil*, d'après ANGSTRÖM, et *Spectre normal du Soleil, portion ultra-violette*, par A. CORNU); 1875. 18 fr.

IIe PARTIE. Un beau volume grand in-8, avec 280 figures et 13 planches, dont 12 en couleur (I à VIII. *Protubérances solaires.* — IX. *Type de tache du Soleil.* — X et XI. *Nébuleuses, etc.* — XII et XIII. *Spectres stellaires*); 1877. 18 fr.

SERRES (E.), lieutenant de vaisseau. — **Tables condensées pour le calcul rapide du point observé.** Grand in-4; 1891.

Broché.. 2 fr. 75 c. | Cartonné.. 3 fr. 50 c.

SERRET (J.-A.), Membre de l'Institut. — **Traité d'Arithmétique**, à l'usage des candidats au Baccalauréat ès Sciences et aux Écoles spéciales. 7e édition, revue et mise en harmonie avec les derniers Programmes officiels par **J.-A. Serret** et par **Ch. de Comberousse**, Professeur de Cinématique à l'École Centrale et de Mathématiques spéciales au Collège Chaptal. In-8; 1887. (*Autorisé par décision ministérielle.*)

Broché.. 4 fr. 50 c. | Cartonné. 5 fr. 25 c.

SERRET (J.-A.). — **Traité de Trigonométrie.** 7e édition, revue et augmentée. In-8, avec figures; 1888. (*Autorisé par décision ministérielle.*) 4 fr.

SERRET (J.-A.). — **Cours d'Algèbre supérieure.** 5e édition. 2 forts volumes in-8, avec figures; 1885. 25 fr.

SERRET (J.-A.). — **Cours de Calcul différentiel et intégral.** 3e édit. 2 forts vol. in-8, avec fig.; 1886. 24 fr.

SERRET (Paul). — **Théorie nouvelle géométrique et mécanique des lignes à double courbure.** In-8, avec 67 figures; 1860. 8 fr.

SERVICE GÉOGRAPHIQUE DE L'ARMÉE. — **Tables des Logarithmes à huit décimales**, *des nombres entiers de 1 à 120000 et des sinus et tangentes de dix secondes en dix secondes d'arc* **dans le système de la division centésimale du quadrant**, publiées par ordre du MINISTRE DE LA GUERRE. Grand in-4 de 636 pages; 1891. 40 fr.

Un spécimen des Tables est envoyé sur demande.

SERVICE GÉOGRAPHIQUE DE L'ARMÉE. — **Nouvelles Tables de Logarithmes à cinq décimales**, pour les lignes trigonométriques dans les deux systèmes de la division centésimale et de la division sexagésimale du quadrant et pour les nombres de 1 à 12000, suivies des mêmes Tables à quatre décimales et de diverses Tables et formules usuelles. In-8 jésus; 1889. Broché 4 fr.
Cartonné 4 fr. 50 c.

SOCIÉTÉ FRANÇAISE DE PHYSIQUE. — **Collection de Mémoires sur la Physique**, publiés par la Société française de Physique.

TOME I : *Mémoires de Coulomb* (publiés par les soins de *A. Potier*). Un beau volume grand in-8, avec figures et planches; 1884. 12 fr.

TOME II : *Mémoires sur l'Électrodynamique.* Ire Partie (publiés par les soins de *J. Joubert*). Grand in-8, avec figures et planches; 1885. 12 fr.

TOME III : *Mémoires sur l'Électrodynamique.* IIe Partie (publiés par les soins de *J. Joubert*). Grand in-8, avec figures; 1887. 12 fr.

TOME IV : *Mémoires sur le pendule, précédés d'une Bibliographie* (publiés par les soins de *C. Wolf*). Ce volume contient des Mémoires de *La Condamine, Borda et Cassini, de Prony, Henry Kater, F.-W. Bessel.* Gr. in-8, avec figures et 7 planches; 1889. 12 fr.

TOME V : *Mémoires sur le pendule* (publiés par les soins de *C. Wolf*). Ce volume contient des Mémoires de *F.-W. Bessel, Sabine, Baily, Stokes.* Grand in-8, avec figures et 1 planche; 1891. 12 fr.

SONGAYLO (E.), Examinateur d'admission à l'École centrale des Arts et Manufactures, Chef de travaux graphiques et Répétiteur à la même École, Professeur au collège Chaptal et à l'École Monge. — **Traité de Géométrie descriptive.** Un volume in-4 de VI-440 pages, et un Atlas, même format, de 72 planches; 1882. 35 fr.

SORET (Ch.), Professeur à l'Université de Genève. — **Éléments de Cristallographie physique.** In-8, avec 538 figures et 1 planche; 1893. 15 fr.

SOUCHON (Abel), Membre adjoint du Bureau des Longitudes, attaché à la rédaction de la *Connaissance des Temps.* — **Traité d'Astronomie pratique**, comprenant l'exposition du calcul des éphémérides astronomiques et nautiques, d'après les méthodes en usage dans la composition de la *Connaissance des Temps* et du *Nautical Almanac*, avec une Introduction historique et de nombreuses Notes. Grand in-8, avec figures; 1883. 15 fr.

STOFFAES (l'abbé), Professeur à la Faculté catholique des Sciences de Lille. — **Cours de Mathématiques supérieures** à l'usage des candidats à la Licence ès Sc. physiques. In-8, avec figures; 1891. 8 fr. 50 c.

STURM, Membre de l'Institut. — **Cours d'Analyse de l'École Polytechnique**, revu et corrigé par *Prouhet*, Répétiteur à l'École Polytechnique, et augmenté de la **Théorie élémentaire des Fonctions elliptiques**, par *H. Laurent.* 9e édition, mise au courant des nouveaux programmes de la Licence, par *A. de Saint-Germain*, Professeur à la Fac. des Sc. de Caen. 2 vol. in-8, avec fig.; 1888.

Broché.... 15 fr. | Cartonné. 16 fr. 50 c.

STURM. — **Cours de Mécanique de l'École Polytechnique**, publié, d'après le vœu de l'Auteur, par *E. Prouhet.* 5e édition, revue et annotée par *de Saint-Germain.* 2 volumes in-8, avec 189 figures; 1883. 14 fr.

SWARTS (Th.). — **Notions élémentaires d'Analyse chimique qualitative.** 3e édition, revue et augmentée. In-8, avec figures; 1887. 2 fr.

TABLES MÉTÉOROLOGIQUES INTERNATIONALES, publiées conformément à une décision du *Congrès* tenu à Rome en 1889. Grand in-4, avec texte en français, anglais et allemand; 1890. 35 fr.

TAIT (P.-G.), Professeur de Sciences physiques à l'Université d'Édimbourg. — **Traité élémentaire des Quaternions.** Traduit sur la 2ᵉ édition anglaise, avec *Additions de l'Auteur et Notes du Traducteur*, par G. Plarr, Docteur ès Sciences mathématiques. Deux beaux volumes grand in-8, avec figures, se vendant séparément :

Iʳᵉ Partie : *Théorie. Applications géométriques*; 1882. 7 fr. 50 c.

IIᵉ Partie : *Géométrie des courbes et des surfaces. Cinématique. Applications à la Physique*; 1884. 7 fr. 50 c.

TAIT (P.-G.). — **Conférences sur quelques-uns des progrès récents de la Physique.** Traduit de l'anglais sur la 3ᵉ édition, par *Krouchkoll*, licencié ès sciences phys. et math. Grand in-8, avec fig.; 1887. 7 fr. 50 c.

TANNERY (Jules), Sous-Directeur des Études scientifiques à l'École Normale supérieure et **MOLK (Jules)**, Professeur à la Faculté des Sciences de Nancy. — **Éléments de la théorie des Fonctions elliptiques.** 4 volumes grand in-8 se vendant séparément.

Tome I. — *Introduction. — Calcul différentiel* (Iʳᵉ Partie); 1893. 7 fr. 50 c.

Tome II. — *Calcul différentiel* (IIᵉ Partie). (*Sous pr.*)

Tome III. — *Calcul intégral.*

Tome IV. — *Applications.*

TANNERY (Paul). — **Recherches sur l'Histoire de l'Astronomie ancienne.** Grand in-8, avec fig.; 1893. 6 fr.

— **La Géométrie grecque.** *Comment son histoire nous est parvenue et ce que nous en savons.* Grand in-8 avec fig.; 1887. 4 fr. 50 c.

— **La Correspondance de Descartes dans les inédits du Fonds Libri étudiée pour l'histoire des Mathématiques.** Grand in-8; 1893. 2 fr.

THIRY (Clément), Professeur de Mathématiques. — **Applications remarquables du théorème de Stewart et théorie du barycentre.** Gr. in-8, avec fig.; 1891. 2 fr.

THOMAN (Fédor). — **Théorie des intérêts composés et des annuités**, suivie de Tables logarithmiques. Ouvrage traduit de l'anglais par l'Abbé *Bouchard*, et précédé d'une préface de *J. Bertrand*, Secrétaire perpétuel de l'Ac. des Sc. (Édit. française renfermant plusieurs Tables inédites de *F. Thoman.*) Gr. in-8; 1878. 10 fr.

THOMSON (Sir William) [Lord Kelvin], L.L.D., F.R.S., F.R.S.E., etc., Professeur de Philosophie naturelle à l'Université de Glascow, et Membre du Collège Saint-Pierre, à Cambridge. — **Conférences scientifiques et allocutions**, *Constitution de la matière*. Traduites et annotées sur la 2ᵉ édition, par M. P. Lugol, Agrégé des Sciences physiques, professeur; avec des *Extraits de Mémoires récents* de Sir W. Thomson et quelques *Notes* par M. Brillouin, maître de Conférences à l'École Normale. In-8, avec 76 figures; 1893. 7 fr. 50 c.

TISSERAND (F.), Membre de l'Institut et du Bureau des Longitudes, Professeur d'Astronomie mathématique à la Sorbonne. — **Traité de Mécanique céleste.** 3 beaux volumes in-4, se vendant séparément :

Tome I : *Perturbations des planètes d'après la méthode de la variation des constantes arbitraires*, avec figures; 1889. 25 fr.

Tome II : *Théorie de la figure des corps célestes et de leur mouvement de rotation*, avec figures; 1891. 28 fr.

Tome III : *Perturbations des planètes d'après la méthode de Hansen.* (*Sous presse.*)

TISSERAND (F.). — **Recueil complémentaire d'Exercices sur le Calcul infinitésimal**, à l'usage des candidats à la Licence et à l'Agrégation des Sc. math. (Cet Ouvrage forme une suite naturelle à l'excellent *Recueil d'Exercices* de Frenet.) In-8, avec fig.; 1877. 7 fr. 50 c.

TISSOT (A.), Examinateur d'admission à l'École Polytechnique. — **Mémoire sur la représentation des surfaces et les projections des Cartes géographiques**, suivi d'un *Complément* et de *Tableaux numériques* relatifs à la déformation produite par les divers systèmes de projection. In-8; 1881. 9 fr.

TRUTAT (E.), Conservateur du Musée d'Histoire naturelle de Toulouse. — **Traité élémentaire du microscope.** Petit in-8, avec 171 fig.; 1882.

Broché. 8 fr. | Cartonné. 9 fr.

TYNDALL (John). — **La Chaleur**, considérée comme un *mode de mouvement*. 2ᵉ édition française, traduite sur la 4ᵉ édition anglaise, par l'Abbé *Moigno*. Un fort volume in-18 jésus, avec figures; 1887. 8 fr.

TYNDALL (John). — **Leçons sur l'Électricité**, professées en 1875-1876 à l'Institution royale; Ouvrage traduit de l'anglais par *Francisque Michel*. In-18, avec 58 figures. 2ᵉ édition; 1885. 2 fr. 75 c.

TZAUT (S.) et **MORF**, Professeurs à l'École industrielle cantonale à Lausanne. — **Exercices et problèmes d'Algèbre** (*Première série*); Recueil gradué renfermant plus de 3880 exercices sur l'Algèbre élémentaire jusqu'aux équations du premier degré inclusivement. 2ᵉ édition. In-12; 1892. 3 fr.

— **Réponses** aux Exercices et problèmes de la *Première série*. In-12. 2 fr.

TZAUT (S.). — **Exercices et problèmes d'Algèbre** (*Deuxième série*); Recueil gradué renfermant plus de 6200 exercices sur l'Algèbre élémentaire, depuis les équations du premier degré exclusivement jusqu'au binôme de Newton et aux déterminants exclusivement. In-12; 1881. 3 fr. 50 c.

— **Réponses** aux Exercices et problèmes de la *Deuxième série*. 3 fr. 75 c.

VALLÈS (F.), Inspecteur général des Ponts et Chaussées. — **Des formes imaginaires en Algèbre.**

Iʳᵉ Partie : *Leur interprétation en abstrait et en concret.* In-8; 1869. 5 fr.

IIᵉ Partie : *Intervention de ces formes dans les équations des cinq premiers degrés.* Grand in-8, lithographié; 1873. 6 fr.

IIIᵉ Partie : *Représentation à l'aide de ces formes des directions dans l'espace.* In-8; 1876. 5 fr.

VANDERYST (Hyac.), Ingénieur agricole, Agronome de l'État, et **SMETS (G.)**, Docteur ès Sc., Professeur à Hasselt. — **Les multiples avantages de l'emploi de la kainite en agriculture.** Petit in-8; 1889. 1 fr. 25 c.

VASSAL (le major Vladimir), ancien Ingénieur. — **Nouvelles Tables** donnant avec cinq décimales les **logarithmes vulgaires et naturels** des nombres de 1 à 10 800, et des **fonctions circulaires et hyperboliques** pour tous les degrés du quart de cercle de minute en minute. Un beau vol. in-4; 1872. 12 fr.

VÉLAIN (Ch.), Docteur ès Sciences, Maître de Conférences à la Sorbonne. — **Les Volcans**, *ce qu'ils sont et ce qu'ils nous apprennent.* Un beau volume grand in-8, avec nombreuses figures; 1884. 3 fr.

VERHELST (l'abbé F.), Docteur en Philosophie, Licencié ès Sciences physiques, Professeur au collège Saint-Jean-Bergmans, à Anvers. — **Cours d'Algèbre élémentaire.**

Tome I : *Le calcul algébrique. Les équations du premier degré.* Grand in-8; 1890. 3 fr.

Tome II : *Le calcul des radicaux; les équations du second degré; les progressions et les logarithmes; la formule du binôme*; 1891. 3 fr.

VIEILLE (J.), Inspecteur général de l'Instruction publique. — **Éléments de Mécanique**, rédigés conformément au Progr. du nouveau plan d'études des Lycées. 4ᵉ édit. 1 vol. in-8, avec 146 figures; 1882. 4 fr. 50 c.

In-4°; F.

VILLIÉ (E.), ancien Ingénieur des Mines, Docteur ès sciences, Professeur à la Faculté libre des Sciences de Lille. — **Compositions d'Analyse, de Mécanique et d'Astronomie** données depuis 1869 à la Sorbonne pour la *Licence ès Sciences mathématiques*, suivies d'EXERCICES SUR LES VARIABLES IMAGINAIRES. **Énoncés et Solutions.** 2 vol. in-8, avec fig., se vendant séparément.

Ire PARTIE : *Compositions données depuis* 1869. In-8; 1885. 9 fr.

IIe PARTIE : *Compositions données depuis* 1885. In-8; 1890. 8 fr. 50

VILLIÉ (E.). — **Traité de Cinématique** à l'usage des candidats à la licence et à l'agrégation. In-8, avec figures; 1888. 7 fr. 50 c.

VIOLEINE (A.-P.). — **Nouvelles Tables pour les calculs d'Intérêts composés, d'Annuités et d'Amortissement.** 5e édition, revue et augmentée par *Laass d'Aguen*, gendre de l'Auteur. In-4; 1890. 15 fr.

VOTEZ (L.), Conducteur des Ponts et Chaussées. — **Méthode pour les calculs des terrassements et du mouvement des terres** à l'usage des Conducteurs, Commis des Ponts et Chaussées, Agents voyers et des candidats aux examens pour ces emplois. 3e édition, revue et augmentée. In-8, avec figures; 1891. 2 fr.

WALLON (E.), Professeur de Physique au Lycée Janson de Sailly. — **Traité élémentaire de l'objectif photographique.** Grand in-8 avec figures; 1891. 7 fr. 50 c.

WEYHER (C.-L.). — **Sur les tourbillons, trombes, tempêtes et sphères tournantes.** Études et expériences. 2e édition. Grand in-8, avec 44 figures et 3 planches, dont 2 en couleur; 1889. 3 fr. 50.

WITZ (Aimé), Docteur ès Sciences, Ingénieur des Arts et Manufactures, Professeur aux Facultés catholiques de Lille. — **Cours de manipulations de Physique**, *préparatoire à la Licence*. (ÉCOLE PRATIQUE DE PHYSIQUE). Un beau volume in-8, avec 166 figures; 1883. 12 fr.

WITZ (Aimé). — **Exercices de Physique et applications, préparatoires à la Licence** (ÉCOLE PRATIQUE DE PHYSIQUE). In-8, avec 114 figures; 1889. 12 fr.

WITZ (Aimé). — **Problèmes et Calculs pratiques d'Électricité.** (ÉCOLE PRATIQUE DE PHYSIQUE.) In-8, avec figures; 1893. 7 fr. 50

WITZ (Aimé). — **Étude sur les moteurs à gaz tonnant.** In-8, avec fig. et planche; 1884. 2 fr. 50 c.

WOLF (C.), Membre de l'Institut. — **Les hypothèses cosmogoniques.** *Examen des théories scientifiques modernes sur l'origine des mondes*, suivi de la traduction de la *Théorie du Ciel* de KANT. In-8; 1886. 6 fr. 50 c.

WYROUBOFF (G.). — **Manuel pratique de Cristallographie.** *Détermination des formes cristallines.* In-8, avec figures et 6 pl. sur cuivre; 1889. 12 fr.

YVON VILLARCEAU, Membre de l'Institut, et **AVED DE MAGNAC**, Lieutenant de vaisseau. — **Nouvelle navigation astronomique.** (L'heure du premier méridien est déterminée par l'emploi seul des chronomètres.) **Théorie et Pratique.** Un beau volume in-4, avec planche; 1877. 20 fr.

On vend séparément :

THÉORIE, par *Yvon Villarceau* .... 10 fr.
PRATIQUE, par *Aved de Magnac*. .... 12 fr.

ZWEIFEL (G.), **HOFFMANN** (R.), **DESROZIERS** (E.), **BURGHARDT** frères et **LANHOFFER**. — **Projets de stations centrales d'énergie mécanique.** Grand in-8, avec figures et 16 planches; 1893. (Mémoires couronnés par la Société industrielle de Mulhouse dans sa séance du 30 novembre 1892, à la suite du concours spécial organisé au sujet de la création d'une station centrale de force motrice dans le Haut-Rhin, précédés du RAPPORT DE LA COMMISSION D'EXAMEN DES PROJETS). 6 fr.

II. — COLLECTION DES ŒUVRES DES GRANDS GÉOMÈTRES.

CAUCHY (A.). — **Œuvres complètes d'Augustin Cauchy**, publiées sous la direction scientifique de l'ACADÉMIE DES SCIENCES et sous les auspices du MINISTRE DE L'INSTRUCTION PUBLIQUE, avec le concours de *Valson* et *Collet*, docteurs ès Sciences. 27 volumes in-4.

Ire **Série.** — MÉMOIRES, NOTES ET ARTICLES EXTRAITS DES RECUEILS DE L'ACADÉMIE DES SCIENCES. 12 volumes in-4.

IIe **Série.** — MÉMOIRES EXTRAITS DE DIVERS RECUEILS, OUVRAGES CLASSIQUES, MÉMOIRES PUBLIÉS EN CORPS D'OUVRAGE, MÉMOIRES PUBLIÉS SÉPARÉMENT. 15 volumes in-4.

VOLUMES PARUS.

Ire **Série.** — TOME I, 1882 : *Théorie de la propagation des ondes à la surface d'un fluide pesant, d'une profondeur indéfinie.* — *Mémoire sur les intégrales définies.* 25 fr.

TOME IV, 1884; TOME V, 1885; TOME VI, 1888; TOME VII, 1891; TOME VIII, 1893 : *Extraits des Comptes rendus de l'Académie des Sciences.* Chaque volume. 25 fr.

IIe **Série.** — TOME VI, 1887; TOME VII, 1889; TOME VIII, 1890; TOME IX, 1891 : *Anciens Exercices de Mathématiques* (1re, 2e, 3e, 4e et 5e années). Chaque volume. 25 fr.

SOUSCRIPTION.

IIe **Série.** — TOME X, 1893 : *Résumés analytiques de Turin. Nouveaux Exercices de Prague.* 25 fr.

Ce volume, qui paraîtra en 1893, est mis en souscription. Le prix est réduit, pour les souscripteurs qui feront leur versement à l'avance, à 20 fr.

(Les anciens souscripteurs qui désirent continuer leur souscription sans avoir à se préoccuper des dates d'apparition des diverses parties de la Collection, n'auront qu'à envoyer, lorsqu'ils recevront un Volume, la somme de 20 fr. pour leur souscription au Volume suivant, et celui-ci leur sera expédié *franco* dès son apparition.)

Nota. — Les volumes ne sont pas publiés d'après leur classement numérique; on suivra l'ordre qui intéressera le plus les souscripteurs.

LISTE DES VOLUMES.

Ire **Série.** — TOME I : Mémoires extraits des *Mémoires présentés par divers savants à l'Académie des Sciences.* — TOMES II et III : Mémoires extraits des *Mémoires de l'Académie des Sciences.* — TOMES IV à XII : Notes et articles extraits des *Comptes rendus hebdomadaires des Séances de l'Académie des Sciences.*

IIe **Série.** — TOME I : Mémoires extraits du *Journal de l'École Polytechnique.* — TOME II : Mémoires extraits de divers Recueils : *Journal de Liouville, Bulletin de Férussac, Bulletin de la Société philomathique, Annales de Gergonne, Correspondance de l'École Polytechnique.* — TOME III : *Cours d'Analyse de l'École Polytechnique.* — TOME IV : *Résumé des leçons données à l'École Polytechnique sur le Calcul infinitésimal.* — *Leçons sur le Calcul différentiel.* — TOME V : *Leçons sur les applications du Calcul infinitésimal à la Géométrie.* — TOMES VI à IX : *Anciens Exercices de Mathématiques.* — TOME X : *Résumés analytiques de Turin.* — *Nouveaux Exercices de Mathématiques, de Prague.* — TOMES XI à XIV : *Nouveaux Exercices d'Analyse et de Physique.* — TOME XV : *Mémoires séparés.*

FERMAT. — **Œuvres de Fermat**, publiées par les soins de MM. *Paul Tannery* et *Charles Henry*, sous les auspices du MINISTÈRE DE L'INSTRUCTION PUBLIQUE. In-4.

TOME I : *Œuvres mathématiques diverses.* — *Observations sur Diophante.* Avec 3 planches en Photoglyptographie (Portrait de Fermat, fac-similé du titre de l'édition de 1679, et fac-similé d'une page de son écriture); 1891. 22 fr.

TOME II : *Correspondance de Fermat*; 1893.

Ce volume, qui paraîtra en 1893, contiendra la correspondance de Fermat avec Mersenne, Roberval, Pascal, Descartes, Huygens, etc.

TOME III : *Traduction des écrits latins de Fermat, du « Commercium epistolicum » de Wallis, de l' « Inventum novum » de Jacques de Billy. Suppléments à la correspondance.* (*En préparation.*)

FOURIER. — **Œuvres de Fourier**, publiées par les soins de *Gaston Darboux*, Membre de l'Institut, sous les auspices du MINISTÈRE DE L'INSTRUCTION PUBLIQUE.

TOME I : *Théorie analytique de la chaleur*. In-4, XXVIII-564 pages; 1888. 25 fr.

TOME II : *Mémoires divers*. In-4, XVI-636 pages, avec un portrait de Fourier reproduit par la Photoglyptographie; 1890. 25 fr.

LAGRANGE. — **Œuvres complètes de Lagrange**, publiées par les soins de *J.-A. Serret* et *G. Darboux*, Membres de l'Institut, sous les auspices du MINISTRE DE L'INSTRUCTION PUBLIQUE. In-4, avec un beau portrait de Lagrange, gravé sur cuivre par Ach. Martinet.

La **Ire Série** comprend tous les *Mémoires* imprimés dans les *Recueils des Académies de Turin, de Berlin et de Paris*, ainsi que les *Pièces diverses* publiées séparément. Cette Série forme 7 volumes (TOMES I à VII: 1867-1877), qui se vendent séparément. 30 fr.

La **IIe Série**, qui est en cours de publication, se compose de 7 vol., qui renferment les Ouvrages didactiques, la Correspondance et les Memoires inédits; savoir :

TOME VIII : *Résolution des équations numériques*; 1879. 18 fr.

TOME IX : *Théorie des fonctions analytiques*; 1881. 18 fr.

TOME X : *Leçons sur le calcul des fonctions*; 1884. 18 fr.

TOME XI : *Mécanique analytique*, avec Notes de J. BERTRAND et G. DARBOUX (1re PARTIE); 1888. 20 fr.

TOME XII : *Mécanique analytique*, avec Notes de J. BERTRAND et G. DARBOUX (2e PARTIE) : 1889. 20 fr.

TOME XIII : *Correspondance inédite de Lagrange et d'Alembert*, publiée d'après les manuscrits autographes et annotée par LUDOVIC LALANNE; 1882. 15 fr.

TOME XIV et dernier : *Correspondance de Lagrange avec Condorcet, Laplace, Euler et divers Savants*, publiée et annotée par LUDOVIC LALANNE, avec deux fac-similés; 1892. 15 fr.

LAPLACE. — **Œuvres complètes de Laplace**, publiées sous les auspices de l'ACADÉMIE DES SCIENCES, par les *Secrétaires perpétuels*, avec le concours de *Puiseux*, Membre de l'Institut, de *F. Tisserand*, Membre de l'Institut, de *J. Hoüel*, Professeur à la Faculté des Sc. de Bordeaux, et *Souillart*, Professeur à la Faculté des Sc. de Lille. Nouvelle édition, avec un beau portrait de Laplace, gravé sur cuivre par *Tony Goutière*. In-4.

Les éditions précédentes, qui sont devenues très rares, ne contenaient que 7 volumes, savoir : *Traité de Mécanique céleste* (5 volumes), *Exposition du système du Monde* et *Théorie analytique des probabilités*. La nouvelle édition comprendra de plus 6 volumes renfermant tous les autres Mémoires de Laplace, dont la dissémination dans de nombreux Recueils académiques et périodiques rendait jusqu'à ce jour l'étude si difficile.

TRAITÉ DE MÉCANIQUE CÉLESTE. Tomes I à V (1878-1882).

Tirage sur papier vergé, au chiffre de Laplace : 5 vol. in-4. 90 fr.
Tirage sur papier de Hollande, au chiffre de Laplace (à petit nombre), 5 vol. in-4. 120 fr.

Les Volumes du *Traité de Mécanique céleste* ne se vendent plus séparément, sauf le tome V (papier vergé, au chiffre de Laplace) dont le prix est de 20 fr.

EXPOSITION DU SYSTÈME DU MONDE. Tome VI (1884).

Tirage sur papier vergé, au chiffre de Laplace. 20 fr.
Tirage sur papier de Hollande, au chiffre de Laplace. 25 fr.

THÉORIE DES PROBABILITÉS. Tome VII (1886).

Tirage sur papier vergé fort, au chiffre de Laplace. 35 fr.
Tirage sur papier de Hollande, au chiffre de Laplace. [illegible] fr.

Ce Volume, qui comprend 832 pages sur papier fort, est d'un maniement peu facile pour les lecteurs qui veulent faire une longue étude de la *Théorie des probabilités*; aussi nous avons divisé un certain nombre d'exemplaires en deux fascicules. Pour permettre de relier ultérieurement ces deux fascicules en un volume unique, nous avons joint au premier fascicule un titre de l'Ouvrage complet. — Les fascicules se vendent séparément :

Premier fascicule.

Tirage sur papier vergé fort, au chiffre de Laplace. 15 fr.
Tirage sur papier de Hollande, au chiffre de Laplace. 18 fr.

Second fascicule.

Tirage sur papier vergé fort, au chiffre de Laplace. 20 fr.
Tirage sur papier de Hollande au chiffre de Laplace. 25 fr.

MÉMOIRES DIVERS, Tomes VIII à XIII.

TOME VIII et TOME IX. — *Mémoires extraits des Recueils de l'Académie des Sciences* : 1891-1893.

Tirage sur papier vergé fort, au chiffre de Laplace. Chaque vol. 20 fr.
Tirage sur papier de Hollande au chiffre de Laplace. Chaque vol. 25 fr.

Le TOME X *est sous presse et paraîtra dans le cours de 1895.*

III. — COLLECTION
DE
TRADUCTIONS D'OUVRAGES SCIENTIFIQUES.

Voir, pour les détails, le Catalogue général.

ABEL (Niels-Henrik). — **Tableau de sa vie et de son action scientifique**, par BJERKNES. Grand in-8, avec un portrait d'Abel (suédois). 7 fr.

BLATER (Joseph). — **Table des quarts de carrés de tous les nombres entiers de 1 à 200 000.** Grand in-4; 1888 (allemand).

Broché, 15 fr.; Cartonné avec signets de parchemin, 20 fr.

BOYS (C.-V.). — **Bulles de savon.** In-18 jésus, avec 61 figures et 1 planche (anglais). 2 fr. 75 c.

CLAUSIUS (R.). — **Théorie mécanique de la chaleur** (allemand). In-8.

TOME I... 10 fr. | TOME II... 10 fr.

— **De la fonction potentielle et du potentiel.** In-8 (allemand). 4 fr.

CLEBSCH (C.). — **Leçons sur la Géométrie.** 3 vol. grand in-8, avec figures (allemand). 42 fr.

TOME I... 12 fr. | TOME II... 14 fr. | TOME III... 16 fr.

CREMONA. — **Les figures réciproques en Statique graphique.** Gr. in-8 et atlas de 14 pl. (italien). 5 fr. 50

CULLEY. — **Manuel de Télégraphie pratique.** Grand in-8, avec 251 figures et 7 planches (anglais).

Broché... 18 fr. | Cartonné... 20 fr.

FAVARO. — **Leçons de Statique graphique.** — 2 vol. grand in-8, avec 189 fig. et 2 planches (italien). 19 fr.

TOME I.... 7 fr. TOME II.... 12 fr.

GRAY (John). — **Les machines électriques à influence.** In-8, avec 124 figures; 1892 (anglais). 5 fr.

JENKIN. — **Électricité et Magnétisme.** In-8, avec 270 figures (anglais). 12 fr.

JÜPTNER DE JONSTORFF. — **Traité pratique de Chimie métallurgique.** Grand in-8, avec 79 figures et 2 planches (allemand). 10 fr.

KEMPE. — **Traité pratique des mesures électriques.** In-8, avec 145 figures (anglais). 12 fr.

LODGE. — **Les théories modernes de l'Électricité.** In-8, avec 53 figures (anglais). 5 fr.

MAXWELL. — **Traité de l'Électricité et du Magnétisme.** 2 vol. gr. in-8, avec 112 fig. et 20 pl. (anglais). 30 fr.

TOME I... 15 fr. | TOME II... 15 fr.

— **Traité élémentaire d'Électricité.** In-8, avec figures (anglais). 7 fr.

OPPOLZER (T. d'). — **Traité de la détermination des orbites des Comètes et des planètes.** Gr. in-8 (allemand). 30 fr.

PROCTOR (Richard). — **Nouvel Atlas céleste.** In-8, avec 12 cartes célestes et 2 planches (anglais).

Broché... 6 fr. | Cartonné... 7 fr.

SALMON. — **Traité de Géométrie analytique à deux dimensions.** In-8 (anglais). 12 fr.

— **Traité de Géométrie analytique** (**Courbes planes**) avec Appendice, par G. HALPHEN. In-8 (anglais). 12 fr.

— **Traité de Géométrie analytique à trois dimensions.** 3 vol. in-8 (anglais).

Tome I, 7 fr. — Tome II, 6 fr. — Tome III. 4 fr. 50 c.

— **Leçons d'Algèbre supérieure.** In-8 (anglais). 10 fr.

SCOTT. — **Cartes du temps et avertissements de tempêtes.** In-8, avec figures et 2 planches en couleurs (anglais). 4 fr. 50

SERPIERI. — **Traité élémentaire des mesures absolues, mécaniques, électrostatiques et électromagnétiques, avec application à de nombreux problèmes.** In-8 (italien). 3 fr. 50

TAIT. — **Traité élémentaire des Quaternions.** 2 vol. gr. in-8, avec fig. (anglais). Chaque vol. séparément. 7 fr. 50

— **Conférences sur quelques-uns des progrès récents de la Physique.** Gr. in-8, avec fig. (anglais). 7 fr. 50

THOMSON (Sir William) [Lord Kelvin]. — **Conférences scientifiques et allocutions.** *Constitution de la matière* (anglais). In-8, avec figures; 1893. 7 fr. 50 c.

TYNDALL (John). — **La Chaleur,** *Mode de mouvement.* Avec 110 figures (anglais). 8 fr.

UNWIN. — **Éléments de construction de machines,** contenant une *Collection de formules pour la construction des machines.* Avec 237 figures.

Broché... 7 fr. | Cartonné... 8 fr.

ZEUNER. — **Théorie mécanique de la chaleur,** *avec ses applications aux machines.* 2e édition. In-8, avec figures (allemand). 10 fr.

Voir à la BIBLIOTHÈQUE PHOTOGRAPHIQUE les traductions (format in-18 jésus et in-8) de *Baden-Pritchard, Burton, Eder, Liesegang, Robinson, Rodrigues.*

IV. — BIBLIOTHÈQUE

DES

ACTUALITÉS SCIENTIFIQUES.

130 Ouvrages in-18 jésus, ou petit in-8.

(*Voir* le *Catalogue général* ou le *prospectus* détaillé.)

DERNIERS OUVRAGES PARUS :

— **Unités et Constantes physiques,** par ÉVERETT. 4 fr.

— **Introduction à la théorie de l'énergie,** par JOUFFRET. 3 fr. 50 c.

— **Le filage de l'huile,** par l'Amiral CLOUÉ. 2 fr. 50 c.

— **Les Étoiles filantes et les Bolides,** par FÉLIX HÉMENT. 2 fr. 50 c.

— **Précis d'analyse qualitative,** par L. BABU. 2 fr.

— **Chaleur et Froid,** par J. TYNDALL. 2 fr.

— **La Lumière,** par J. TYNDALL. 2 fr.

— **Manuel de l'analyse des vins,** par E. BARILLOT. 3 fr. 50 c.

— **Les Alliages,** par C.-R. AUSTEN. 1 fr. 75 c.

— **Influence des grands centres d'action de l'atmosphère sur le temps,** par RAYMOND. 1 fr. 50 c.

— **Fabrication des tubes sans soudure** (procédé Manesmann), par REULAUX. 75 c.

— **Manuel pratique d'analyse bactériologique des eaux,** par MIQUEL. 2 fr. 75 c.

— **Bulles de savon.** Quatre conférences populaires sur la *Capillarité*, par BOYS. In-18 jésus, avec 60 fig. et 1 pl. Traduit de l'anglais par CH.-EDM. GUILLAUME; 1892. 2 fr. 75

— **Instructions pratiques sur l'emploi des appareils de projections,** lanternes magiques, fantasmagories, polyoramas, appareils pour l'enseignement, par MOLTENI. 3e édition. In-18 jésus, avec figures. 2 fr. 50 c.

V. — EXTRAIT DE LA BIBLIOTHÈQUE

PHOTOGRAPHIQUE.

Abney (le capitaine), Professeur de Chimie et de Photographie à l'École militaire de Chatham. — *Cours de Photographie.* Traduit de l'anglais par LÉONCE ROMMELAER. 3e éd. Gr. in-8, avec planche photoglyptique; 1877. 5 fr.

Agle. — *Manuel pratique de Photographie instantanée.* 2e tirage. In-18 jésus, avec 29 figures; 1891. 2 fr. 75 c.

Aide-Mémoire de Photographie, publié depuis 1876 sous les auspices de la Société photographique de Toulouse, par C. FABRE. In-18, avec figures et spécimens. Broché... 1 fr. 75 c. | Cartonné.. 2 fr. 25 c.

Les volumes des années précédentes, sauf 1877, 1878, 1879, 1880, 1883, 1884, 1885 *et* 1886 *se vendent aux mêmes prix*

Annuaire général de la Photographie, publié sous les auspices de l'*Union internationale de Photographie* et de l'*Union des Sociétés photographiques de France.* Un fort volume grand in-8 de 670 pages, avec figures et 10 planches (2 en photogravure, 3 en photocollographie, 5 en similigravure); 1893. Prix 3 fr. 50; franco, 4 fr. 50

La première année se vend aux mêmes prix.

Audra. — *Le gélatinobromure d'argent.* Nouveau tirage. In-18 jésus; 1887. 1 fr. 75 c.

Baden-Pritchard (H.), Directeur du *Year-Book of Photography.* — **Les ateliers photographiques de l'Europe** (Descriptions, Particularités anecdotiques, Procédés nouveaux, Secrets d'atelier). Traduit de l'anglais sur la 2e éd. par C. BAYE. In-18 jés., av. fig.; 1885. 5 fr.

On vend séparément :

Ier Fascicule : *Les ateliers de Londres*..... 2 fr. 50 c.
IIe Fascicule : *Les ateliers d'Europe*....... 3 fr. 50 c.

Balagny (George), Membre de la Société française de Photographie, Docteur en droit. — *Traité de Photographie par les procédés pelliculaires.* Deux volumes grand in-8, avec figures; 1889-1890.

On vend séparément :

Tome I : *Généralités. Plaques souples. Théorie et pratique des trois développements au fer, à l'acide pyrogallique et à l'hydroquinone.* 4 fr.
Tome II : *Papiers pelliculaires. Applications générales des procédés pelliculaires. Phototypie. Contre-Types. Transparents.* 4 fr.

— *L'Hydroquinone. Nouvelle méthode de développement.* Second tirage. In-18 jésus; 1890. 1 fr.

— *Hydroquinone et potasse. Nouvelle méthode de développement à l'hydroquinone.* In-18 jésus; 1891. 1 fr.

— *Les Contretypes* ou *Copies de clichés.* In-18 jésus; 1893. 1 fr. 25 c.

Batut (Arthur). — *La Photographie appliquée à la reproduction du type d'une famille, d'une tribu ou d'une race.* Petit in-8 avec 2 pl. phototypiques; 1887. 1 fr. 50 c.

— *La Photographie aérienne par cerf-volant.* Petit in-8, avec figures et 1 planche; 1890. 1 fr. 75 c.

Berget (Alphonse), Docteur ès Sciences, Attaché au Laboratoire des Recherches de la Sorbonne. — *Photographie des Couleurs, par la méthode interférentielle de* M. LIPPMANN. In-18 j., avec fig.; 1891. 1 fr. 50 c.

Bertillon (Alphonse), Chef du service d'identification (Anthropométrie et Photographie) de la Préfecture de police. — *La Photographie judiciaire,* avec un Appendice *sur la classification et l'identification anthropométriques.* In-18 jésus, avec 8 pl.; 1890. 3 fr.

Bonnet (G.), Chimiste, Professeur à l'Association philotechnique. — *Manuel de Phototypie.* In-18 jésus, avec figures et une planche phototypique; 1889. 2 fr. 75 c.

Bonnet (G.). — *Manuel d'Héliogravure et de Photogravure en relief.* In-18 j., avec fig. et 2 pl.; 1890. 2 fr. 50 c.

Burton (W.-K.). — *A B C de la Photographie moderne.* Traduit de l'anglais sur la 6e édition par G. Huberson. 4e édition, revue et augmentée. In-18 jésus, avec fig.; 1892. 2 fr. 25 c.

Chable (E.), Président du Photo-Club de Neuchâtel. — *Les Travaux de l'amateur photographe en hiver.* 2e édition, revue et augmentée. In-18 jésus, avec 46 fig.; 1892. 3 fr.

Chapel d'Espinassoux (Gabriel de). — *Traité pratique de la détermination du temps de pose.* Grand in-8, avec Tables; 1890. 3 fr. 50 c.

Clément (R.). — *Méthode pratique pour déterminer exactement le temps de pose*, applicable à tous les procédés et à tous les objectifs, indispensable pour l'usage des nouveaux procédés rapides. 3e éd. In-18 j.; 1889. 2 fr. 25 c.

Colson (R.). — *La Photographie sans objectif au moyen d'une petite ouverture* Propriétés, usage, applications. 2e édition, revue et augmentée. In-18 jésus, avec planche spécimen; 1891. 1 fr. 75 c.

— *Procédés de reproduction des dessins par la lumière.* In-18 jésus; 1888. 1 fr.

Congrès international de Photographie. (Exposition universelle de 1889.) — *Rapports et documents*, publiés par les soins de M. S. Pector, Secrétaire général. Grand in-8, avec figures et 2 planches; 1890. 7 fr. 50 c.

Congrès international de Photographie (2e Session). (Exposition de Bruxelles, 1891.) — *Rapport général de la Commission permanente* nommée par le Congrès international de Photographie tenu à Paris, en 1889. Grand in-8, avec figures; 1891. 2 fr. 50 c.

Congrès international de Photographie (1re et 2e sessions. — Paris 1889, Bruxelles 1891). *Vœux, Résolutions et Documents* publiés par les soins de la Commission permanente, d'après le travail de M. le Général Sebert. Grand in-8; 1892. 1 fr. 50 c.

Congrès international de Photographie (2e session tenue à Bruxelles, du 23 au 29 août 1891). — *Compte rendu. Procès-verbaux et pièces annexes.* Grand in-8; 1892. 2 fr. 50

Cordier (V.). — *Les insuccès en Photographie; causes et remèdes.* 6e édit., avec fig. In-18 jésus; 1887. 1 fr. 75 c.

Coupé (l'abbé J.). — *Méthode pratique pour l'obtention des diapositives au gélatinochlorure d'argent pour projections et stéréoscope.* In-18 j., avec fig.; 1892. 1 fr. 25 c

Davanne. — *La Photographie. Traité théorique et pratique.* 2 beaux volumes grand in-8, avec 234 figures et 4 planches spécimens. 32 fr

On vend séparément :

Ire Partie : Notions élémentaires. — Historique. — Épreuves négatives. — Principes communs à tous les procédés négatifs. — Épreuves sur albumine, sur collodion, sur gélatinobromure d'argent, sur pellicules, sur papier. Avec 2 planches et 120 figures; 1886. 16 fr.

IIe Partie : Épreuves positives : aux sels d'argent, de platine, de fer, de chrome. — Épreuves par impressions photomécaniques. — Divers : Les couleurs en Photographie. Épreuves stéréoscopiques. Projections, agrandissements, micrographie. Réductions, épreuves microscopiques. Notions élémentaires de Chimie, vocabulaire. Avec 2 planches et 114 figures; 1888. 16 fr.

— *Les Progrès de la Photographie.* Résumé comprenant les perfectionnements apportés aux divers procédés photographiques pour les épreuves négatives et les épreuves positives, les nouveaux modes de tirage des épreuves positives par les impressions aux poudres colorées et par les impressions aux encres grasses. In-8; 1877. 6 fr. 50 c.

— *La Photographie, ses origines et ses applications.* Grand in-8, avec figures; 1879. 1 fr. 25 c.

— *Nicéphore Niepce inventeur de la Photographie.* Conférence faite à Chalon-sur-Saône pour l'inauguration de la statue de Nicéphore Niepce, le 22 juin 1885. Grand in-8, avec un portrait en phototypie; 1885. 1 fr. 25 c.

Demarçay (J.), ancien Élève de l'École Polytechnique. — *Théorie mathématique des guillotines et obturateurs centraux droits.* Grand in-8, avec figures; 1892. 2 fr.

Donnadieu (A.-L.), Docteur ès Sciences, Professeur à la Faculté des Sciences de Lyon. — *Traité de Photographie stéréoscopique.* Gr. in-8, avec 110 fig. et un atlas de 20 pl. stéréoscopiques en photocollographie; 1892. 9 fr

Dumoulin. — *Les Couleurs reproduites en Photographie.* Historique, théorie et pratique. In-18 j.; 1876. 1 fr. 50 c.

— *La Photographie sans laboratoire* (Procédé au gélatinobromure. Manuel opératoire. Insuccès. Tirage des épreuves positives. Temps de pose. Épreuves instantanées. Agrandissement simplifié). 2e édition, entièrement refondue. In-18 jésus, avec figures; 1892. 1 fr. 50 c.

— *La Photographie sans maître.* In-18 jésus, avec figures; 1890. 1 fr. 75 c.

Eder (le Dr J.-M.), Directeur de l'École royale et impériale de Photographie de Vienne, Professeur à l'École industrielle de Vienne, etc. — *La Photographie instantanée, son application aux arts et aux sciences.* Traduit de la 2e édition allemande par O. Campo. Grand in-8, avec 197 fig. et 1 planche spécimen; 1888. 6 fr. 50 c.

— *La Photographie à la lumière du magnésium.* Ouvrage inédit, traduit de l'allemand par Henry Gauthier-Villars. In-18 jésus, avec figures; 1890. 1 fr. 75 c.

Elsden (Vincent). — *Traité de Météorologie à l'usage des photographes.* Traduit de l'anglais par Hector Colard. Grand in-8, avec figures; 1888. 3 fr. 50 c.

Fabre (C.), Docteur ès Sciences. — *Traité encyclopédique de Photographie.* 4 beaux volumes gr. in-8, avec plus de 700 figures et 2 planches; 1889-1891. 48 fr.

Chaque volume se vend séparément 14 fr.

Tous les trois ans, un Supplément, destiné à exposer les progrès accomplis pendant cette période, viendra compléter ce Traité et le maintenir au courant des dernières découvertes.

Premier Supplément triennal (A.). Un beau volume grand in-8 de 400 pages, avec 176 figures; 1892. 14 fr.

Les cinq volumes se vendent ensemble 60 fr.

— *La Photographie sur plaque sèche. Émulsion au coton-poudre avec bain d'argent.* In-18 jés.; 1880. 1 fr. 75 c.

Ferret (l'abbé). — *La Photogravure facile et à bon marché.* In-18 jésus; 1889. 1 fr. 25 c.

Forest (Max). — *Ce qu'on peut faire avec des plaques voilées.* Photocollographie avec des plaques voilées. Moyen de rendre leur sensibilité aux plaques voilées. Plaques positives au chlorobromure d'argent. Papiers et plaques avec virage à l'encre de toutes couleurs, etc. In-18 jésus; 1893. 1 fr.

Fourtier (H.). — *Dictionnaire pratique de Chimie photographique*, contenant une *Étude méthodique des divers corps usités en Photographie*, précédé de *Notions usuelles de Chimie* et suivi d'une Description détaillée des *Manipulations photographiques.* Grand in-8, avec figures; 1892. 8 fr.

Fourtier (H.). — *Les Positifs sur verre. Théorie et pratique. Les Positifs pour projections. Stéréoscopes et vitraux. Méthodes opératoires. Coloriage et montage.* Grand in-8, avec figures; 1892. 4 fr. 50 c.

Fourtier (H.). — *La pratique des Projections. Étude méthodique des appareils. Les accessoires. Usages et applications diverses des projections. Conduite des séances.* 2 volumes in-18 jésus, se vendant séparément :

Tome I. *Les appareils*, avec 66 figures; 1892. 2 fr. 75 c.

Tome II. *Les accessoires. La séance de Projections*, avec 67 figures; 1893. 2 fr. 75 c.

Fourtier (H.). — *Les Tableaux de projections mouvementés. Étude des Tableaux mouvementés; leur confection par les méthodes photographiques, montage des mécanismes.* In-18 jésus, avec 42 figures; 1893. 2 fr. 25 c.

Fourtier (H.), Bourgeois et Bucquet. — *Le Formulaire classeur du Photo-club de Paris.* Collection de formules sur fiches, renfermées dans un élégant cartonnage et classées en trois Parties : *Phototypes, Photocopies et Photocalques, Notes et Renseignements divers,* divisées chacune en plusieurs Sections.
Première série ; 1892. 4 fr.

Garin et Aymard, Émailleurs. — *La Photographie vitrifiée.* Opérations pratiques. In-18 jésus ; 1890. 1 fr.

Gauthier-Villars (Henry). — *Manuel de Ferrotypie.* In-18 jésus, avec figures ; 1891. 1 fr.

Geymet. — *Traité pratique du procédé au gélatinobromure.* In-18 jésus ; 1885. 1 fr. 75 c.

— *Éléments du procédé au gélatinobromure.* In-18 jésus ; 1882. 1 fr.

— *Traité pratique de Photolithographie.* 3e édition. In-18 jésus ; 1888. 2 fr. 75 c.

— *Traité pratique de Phototypie.* 3e édition. In-18 jésus ; 1888. 2 fr. 50 c.

— *Procédés photographiques aux couleurs d'aniline.* In-18 jésus ; 1888. 2 fr. 50 c.

— *Traité pratique de gravure héliographique et de galvanoplastie.* 3e édit. In-18 jésus ; 1885. 3 fr. 50 c.

— *Traité pratique de Photogravure sur zinc et sur cuivre.* In-18 jésus ; 1886. 4 fr. 50 c.

— *Traité pratique de gravure et d'impression sur zinc par les procédés héliographiques.* 2 volumes in-18 jésus, se vendant séparément :
Ire Partie : Préparation du zinc ; 1887. 2 fr.
IIe Partie : Méthodes d'impression. — Procédés inédits ; 1887. 3 fr.

— *Traité pratique de gravure en demi-teinte par l'intervention exclusive du cliché photographique.* In-18 jésus ; 1888. 3 fr. 50 c.

— *Traité pratique de gravure sur verre par les procédés héliographiques.* In-18 jésus ; 1887. 3 fr. 75 c.

— *Traité pratique des émaux photographiques. Secrets* (tours de main, formules, palette complète, etc.) *à l'usage du photographe émailleur sur plaques et sur porcelaines.* 3e édition. In-18 jésus ; 1885. 5 fr.

— *Traité pratique de Céramique photographique.* Épreuves irisées or et argent (Complément du *Traité des émaux photographiques*). In-18 jésus ; 1885. 2 fr. 75 c.

— *Héliographie vitrifiable, températures, supports perfectionnés, feu de coloris.* In-18 jésus ; 1889. 2 fr. 50 c.

— *Traité pratique de platinotypie, sur émail, sur porcelaine et sur verre.* In-18 jésus ; 1889. 2 fr. 25 c.

Godard (E.), Artiste peintre décorateur. — *Traité pratique de peinture et dorure sur verre. Emploi de la lumière ; application de la Photographie.* Ouvrage destiné aux peintres, décorateurs, photographes et artistes amateurs. In-18 jésus ; 1885. 1 fr. 75 c.

— *Procédés photographiques par l'application directe sur la porcelaine avec couleurs vitrifiables de dessins, photographies,* etc. In-18 jésus ; 1888. 1 fr.

Jardin (Georges). — *Recettes et conseils inédits à l'amateur photographe.* In-18 jésus ; 1893. 1 fr. 25 c.

Joly. — *La Photographie pratique.* Manuel à l'usage des officiers, des explorateurs et des touristes. In-18 jésus ; 1887. 1 fr. 50 c.

Klary, Artiste photographe. — *Traité pratique d'impression photographique sur papier albuminé.* In-18 jésus, avec figures ; 1888. 3 fr. 50 c.

— *L'Art de retoucher en noir les épreuves positives sur papier.* 2e édition. In-18 jésus ; 1891. 1 fr.

— *L'Art de retoucher les négatifs photographiques.* 2e édition. In-18 jésus, avec figures ; 1891. 2 fr.

— *Traité pratique de la peinture des épreuves photographiques* avec les couleurs à l'aquarelle et les couleurs à l'huile, suivi de *différents procédés de peinture appliqués aux photographies.* In-18 jésus ; 1888. 3 fr. 50 c.

— *L'éclairage des portraits photographiques.* 7e édition, revue et considérablement augmentée par Henry Gauthier-Villars. In-18 jésus, avec fig. ; 1893. 1 fr. 75 c.

— *Les Portraits au crayon, au fusain et au pastel obtenus au moyen des agrandissements photographiques.* In-18 jésus ; 1889. 2 fr. 50 c.

La Baume Pluvinel (A. de). — *Le développement de l'image latente* (Photographie au gélatinobromure d'argent). In-18 jésus ; 1889. 2 fr. 50 c.

— *Le Temps de pose* (Photographie au gélatinobromure d'argent). In-18 jésus, avec figures ; 1890. 2 fr. 75 c.

— *La formation des images photographiques.* In-18 jésus, avec figures ; 1891. 2 fr. 75 c.

Le Bon (Dr Gustave). — *Les Levers photographiques et la Photographie en voyage.* 2 volumes in-18 jésus, avec figures ; 1889. 5 fr.

On vend séparément :
Ire Partie : Application de la Photographie à l'étude géométrique des monuments et à la topographie. 2 fr. 75 c.
IIe Partie : Opérations complémentaires des levers topographiques. 2 fr. 75 c.

Liesegang (Paul). — *Notes photographiques.* Le procédé au charbon. Système d'impression inaltérable. 4e édition. Petit in-8, avec figures ; 1886. 2 fr.

Londe (A.), Chef du service photographique à la Salpêtrière. — *La Photographie instantanée.* 2e édition. In-18 jésus, avec belles figures ; 1890. 2 fr. 75 c.

— *Traité pratique du développement.* Étude raisonnée des divers révélateurs et de leur mode d'emploi. 2e édition. In-18 jésus, avec figures et 4 doubles planches en photocollographie ; 1892. 2 fr. 75 c.

— *La Photographie médicale. Application aux sciences médicales et physiologiques.* Grand in-8, avec 80 figures et 19 planches ; 1893. 9 fr.

Lumière (Auguste et Louis). — *Les Développateurs organiques en Photographie et le Paramidophénol.* In-18 jésus ; 1893. 1 fr. 75

Marco Mendoza. — *La Photographie la nuit.* Traité pratique des opérations photographiques que l'on peut faire à la lumière artificielle. In-18 j., avec fig. ; 1893. 1 fr. 25

Martin (Ad.), Docteur ès Sciences. — *Détermination des courbures de l'objectif grand-angulaire pour vues,* couronné par la Société française de Photographie. (Concours de 1892.) Gr. in-8, avec figures ; 1892. 1 fr. 25 c.

Masselin (Amédée), Ingénieur. — *Traité pratique de Photographie appliquée au dessin industriel,* à l'usage des Écoles, des amateurs, ingénieurs, architectes et constructeurs. Photographie optique. Photographie chimique. Procédé au collodion humide. Pose et éclairage pour le portrait. Gélatinobromure. Platinotypie. Photographie instantanée. Photo-miniature. Reproduction des dessins sur papier au ferro-prussiate. In-18 jésus, avec figures. 2e édition ; 1890. 1 fr. 50 c.

Mercier (P.), Chimiste, Lauréat de l'École supérieure de Pharmacie de Paris. — *Virages et fixages. Traité historique, théorique et pratique.* 2 vol. in-18 j. ; 1892. 5 fr.

On vend séparément :
Ire Partie : *Notice historique. Virages aux sels d'or.* 2 fr. 75 c.
IIe Partie : *Virages aux divers métaux. Fixages.* 2 fr. 75 c.

Moëssard (le commandant P.). — *Le Cylindrographe, appareil panoramique.* 2 vol. in-18 j., avec fig., contenant chacun une grande pl. phototypique ; 1889. 3 fr.

On vend séparément :
Ire Partie : *Le Cylindrographe photographique.* Chambre universelle pour portraits, groupes, paysages et panoramas. 1 fr. 75 c.
IIe Partie : *Le Cylindrographe topographique.* Application nouvelle de la Photographie aux levés topographiques. 1 fr. 75 c.

— *Étude des lentilles et objectifs photographiques. Étude expérimentale complète d'une lentille ou d'un objectif photographique au moyen de l'appareil dit « le tourniquet »*), avec fig. et une grande pl. (feuille analytique). In-18 jésus ; 1889. 1 fr. 75 c.

Chaque *feuille analytique* seule. 0 fr. 25 c.

Monet (A.-L.). — *Procédés de reproductions graphiques appliquées à l'Imprimerie.* Grand in-8, avec 103 fig. et 13 pl. dont 9 en couleurs; 1888. 10 fr.

Moock. — *Traité pratique d'impression photographique aux encres grasses, de phototypographie et de photogravure.* 3e édition, entièrement refondue par Geymet. In-18 jésus; 1888. 3 fr.

Odagir (H.). — *Le Procédé au gélatinobromure,* suivi d'une Note de Milsom sur les clichés portatifs et de la traduction des Notices de Kennett et du Rév. G. Palmer. In-18 jésus, avec figures. 3e tirage; 1885. 1 fr. 50 c.

Ogonowski (le comte E.). — *La Photochromie. Tirage d'épreuves photographiques en couleurs.* In-18 j.; 1891. 1 fr.

O'Madden (le Chevalier C.). — *Le Photographe en voyage.* Emploi du gélatinobromure. — Installation en voyage. Bagage photographique. Nouvelle édition, revue et augmentée. In-18; 1890. 1 fr.

Panajou, Chef du service photographique à la Faculté de Médecine de Bordeaux. — *Manuel du Photographe amateur.* 2e édition, entièrement refondue. Petit in-8, avec figures; 1892. 2 fr. 50 c.

Pélegry, Peintre amateur, Membre de la Société photographique de Toulouse. — *La Photographie des peintres, des voyageurs et des touristes. Nouveau procédé sur papier huilé,* simplifiant le bagage et facilitant toutes les opérations, avec indication de la manière de construire soi-même les instruments nécessaires. 2e tirage. In-18 jésus, avec un spécimen; 1885. 1 fr. 75 c.

Peligot (Maurice), Ingénieur Chimiste. — *Traitement des résidus photographiques.* In-18 j., av. fig.; 1891. 1 fr. 25

Perrot de Chaumeux (L.). — *Premières Leçons de Photographie.* 4e édition, revue et augmentée. In-18 jésus, avec figures; 1882. 1 fr. 50 c.

Pierre Petit (Fils). — *Manuel pratique de Photographie.* In-18 jésus, avec figures; 1883. 1 fr. 50 c.

— *La Photographie artistique. Paysages. Architecture. Groupes* et *Animaux.* In-18 jésus; 1883. 1 fr. 25 c.

— *La Photographie industrielle.* Vitraux et émaux. Positifs microscopiques. Projections. Agrandissements. Linographie. Photographie des infiniment petits. Imitations de la nacre, de l'ivoire, de l'écaille. Éditions photographiques. Photographie à la lumière électrique, etc. In-18 jésus; 1887. 2 fr. 25 c.

Piquepé (P.). — *Traité pratique de la Retouche des clichés photographiques,* suivi d'une *Méthode très détaillée d'émaillage* et de *Formules* et *Procédés divers.* 3e tirage. In-18 jésus, avec deux photoglypties; 1890. 4 fr. 50 c.

Pizzighelli et Hübl. — *La Platinotypie. Exposé théorique et pratique d'un procédé photographique aux sels de platine, permettant d'obtenir rapidement des épreuves inaltérables.* Traduit de l'allemand par Henry Gauthier-Villars. 2e édit., revue et augmentée. In-8, avec figures et platinotypie spécimen; 1887.
Broché.... 3 fr. 50 c. | Cartonné avec luxe. 4 fr. 50 c.

Poitevin (A.). — *Traité des impressions photographiques;* suivi d'Appendices relatifs aux procédés usuels de *Photographie négative et positive sur gélatine, d'héliogravure, d'hélioplastie, de photolithographie, de phototypie, de tirage au charbon, d'impressions aux sels de fer,* etc.; par Léon Vidal. In-18 jésus, avec un portrait phototypique de Poitevin. 2e édition, entièrement revue et complétée; 1883. 4 fr.

Rayet (G.). — *Notes sur l'histoire de la Photographie astronomique.* Grand in-8; 1887. 2 fr.

Robinson (H.-P.). — *La Photographie en plein air. Comment le photographe devient un artiste.* Traduit de l'anglais par Hector Colard. 2e édit. 2 vol. gr. in-8; 1889. 5 fr.

On vend séparément :

Ire Partie : Des plaques à la gélatine. — Nos outils. — De la composition. — De l'ombre et de la lumière. — A la campagne. — Ce qu'il faut photographier. — Des modèles. — De la genèse d'un tableau. — De l'origine des idées. Avec fig. et 2 pl. phototypiques. 2 fr. 75 c.

IIe Partie : Des sujets. — Qu'est-ce qu'un paysage? — Des figures dans le paysage. — Un effet de lumière. — Le Soleil. — Sur terre et sur mer. — Le Ciel. — Les animaux. — Vieux habits! — Du portrait fait en dehors de l'atelier. — Points forts et points faibles d'un tableau. — Conclusion. Avec fig. et 2 pl. phototypiques. 2 fr. 50 c.

Roux (V.), Opérateur. — *Traité pratique de la transformation des négatifs en positifs servant à l'héliogravure et aux agrandissements.* In-18; 1881. 1 fr.

— *Manuel opératoire pour l'emploi du procédé au gélatinobromure d'argent.* Revu et annoté par Stéphane Geoffray. 2e édition, augmentée de nouvelles Notes. In-18; 1885. 1 fr. 75 c.

— *Traité pratique de Zincographie.* Photogravure, Autogravure, Reports, etc. 2e édition, entièrement refondue, par l'abbé J. Ferret. In-18 jésus; 1891. 1 fr. 25 c.

— *Traité pratique de gravure héliographique en taille-douce, sur cuivre, bronze, zinc, acier, et de galvanoplastie.* In-18 jésus; 1886. 1 fr. 25 c.

— *Manuel de Photographie et de Calcographie,* à l'usage de MM. les graveurs sur bois, sur métaux, sur pierre et sur verre. (Transports pelliculaires divers. Reports autographiques et reports calcographiques. Réductions et agrandissements. Nielles.) In-18 jésus; 1886. 1 fr. 25 c.

— *Traité pratique de Photographie décorative appliquée aux arts industriels.* (Photocéramique et lithocéramique. Vitrification. Emaux divers. Photoplastie. Photogravure en creux et en relief. Orfèvrerie. Bijouterie. Meubles. Armurerie. Epreuves directes et reports polychromiques.) In-18 jésus; 1887. 1 fr. 25 c.

— *Formulaire pratique de Phototypie,* à l'usage de MM. les préparateurs et imprimeurs des procédés aux encres grasses. In-18 jésus; 1887. 1 fr.

— *Photographie isochromatique.* Nouveaux procédés pour la reproduction des tableaux, aquarelles, etc. In-18 jésus; 1887. 1 fr. 25 c.

Schaeffner (Ant.). — *Notes photographiques,* expliquant toutes les opérations et l'emploi des appareils et produits nécessaires en Photographie. 3e édition, revue et augmentée. Petit in-8. (*Sous presse.*)

— *La Photominiature.* Conseils aux débutants. Petit in-8; 1890. 1 fr. 50 c.

— *La Fotominiatura.* Instrucciones practicas. Traducido por L.-C. Pin. Petit in-8; 1891. 2 fr. 50 c.

— *La Photogravure en creux et en relief simplifiée.* Procédé nouveau mis à la portée de MM. les amateurs et praticiens en taille douce et en typographie. Augmenté d'un procédé nouveau pour la reproduction en typographie des demi-teintes. Petit in-8, avec fig.; 1891. 2 fr. 75 c.

Simons (A.). — *Traité pratique de photominiature, photo-peinture et photo-aquarelle.* 2e édition. In-18 jésus; 1892. 1 fr. 25 c.

Soret (A.), Professeur de Physique au Lycée du Havre. — *Optique photographique.* Notions nécessaires aux photographes amateurs. Etude de l'objectif. Applications. In-18 jésus, avec 72 figures; 1891. 3 fr.

Tissandier (Gaston). — *La Photographie en ballon,* avec une épreuve photoglyptique du cliché obtenu à 600m au-dessus de l'île Saint-Louis, à Paris. In-8, avec figures; 1886. 2 fr. 25 c.

Trutat (E.), Docteur ès sciences, Conservateur du Musée d'Histoire naturelle de Toulouse. — *La Photographie appliquée à l'Archéologie; Reproduction des Monuments, Œuvres d'art, Mobilier, Inscriptions, Manuscrits.* In-18 j., avec 2 photolithographies; 1892. 1 fr. 50 c.

— *La Photographie appliquée à l'Histoire naturelle.* In-18 jésus, avec 58 belles fig. et 5 pl. spécimens en phototypie, d'Anthropologie, d'Anatomie, de Conchyologie, de Botanique et de Géologie; 1892. 2 fr. 50 c.

— *Traité pratique de Photographie sur papier négatif par l'emploi de couches de gélatinobromure d'argent étendues sur papier.* In-18 jésus, avec figures et 2 planches spécimens; 1892. 1 fr. 50 c.

— *Traité pratique des agrandissements photographiques.* 2 vol. in-18 jésus, avec 105 figures; 1891.

Ire Partie : Obtention des petits clichés; avec 52 figures. 2 fr. 75 c.
IIe Partie : Agrandissements; avec 53 figures. 2 fr. 75 c.

— *Impressions photographiques aux encres grasses. Traité pratique de photocollographie à l'usage des amateurs.* In-18 jésus, avec nombreuses figures et une planche en photocollographie; 1892. 2 fr. 75 c.

Viallanes (H.), Docteur ès sciences et Docteur en médecine. — *Microphotographie. La Photographie appliquée aux études d'Anatomie microscopique.* In-18 jésus, avec une planche phototypique et figures; 1886. 2 fr.

Vidal (Léon), Officier de l'Instruction publique, Professeur à l'École nationale des Arts décoratifs. — *Traité pratique de Phototypie, ou Impression à l'encre grasse sur couche de gélatine.* In-18 jésus, avec belles figures sur bois et spécimens; 1879. 8 fr.

— *Traité pratique de Photoglyptie*, avec et sans presse hydraulique. In-18 jésus, avec 2 planches photoglyptiques hors texte et nombreuses gravures; 1881. 7 fr.

— *Calcul des temps de pose et Tables photométriques* pour l'appréciation des temps de pose nécessaires à l'impression des épreuves négatives à la chambre noire, en raison de l'intensité de la lumière, de la distance focale, de la sensibilité des produits, du diamètre du diaphragme et du pouvoir réducteur moyen des objets à reproduire. 2e édition. In-18 jésus, avec tables; 1884.

Broché. 2 fr. 50 c. | Cartonné. 3 fr. 50 c.

— *Photomètre négatif*, avec une Instruction. Renfermé dans un étui cartonné. 5 fr.

— *Manuel du touriste photographe.* 2 vol. in-18 jésus, avec fig. Nouvelle édition, revue et augmentée; 1889. 10 fr.

On vend séparément.

Ire Partie : Couches sensibles négatives. — Objectifs. — Appareils portatifs. — Obturateurs rapides. — Pose et Photométrie. — Développement et fixage. — Renforçateurs et réducteurs. — Vernissage et retouche des négatifs. 6 fr.

IIe Partie : Impressions positives aux sels d'argent et de platine. — Retouche et montage des épreuves. — Photographie instantanée. — Appendice indiquant les derniers perfectionnements. — Devis de la première dépense à faire pour l'achat d'un matériel photographique de campagne et prix courant des produits. 4 fr.

— *La Photographie des débutants.* Procédé négatif et positif. 2e édit. In-18 j., avec fig.; 1890. 2 fr. 75 c.

— *Traité de Photolithographie.* Photolithographie directe et par voie de transfert. Photozincographie. Photocollographie. Autographie. Photographie sur bois et sur métal à graver. Tours de main et formules diverses. In-18 jésus, avec 25 figures, 2 planches et spécimens de papiers autographiques; 1893. 6 fr. 50 c.

— *Traité pratique de Photogravure en relief et en creux.* In-18 jésus; 1893. (*Sous presse.*)

— *La Photographie appliquée aux arts industriels de reproduction.* In-18 jésus; 1880. 1 fr. 50 c.

— *Manuel pratique d'orthochromatisme.* In-18 jésus, avec figures et deux planches dont une en photocollographie et un spectre en couleur; 1891. 2 fr. 75.

Vidal (Léon), Rapporteur de la classe XII. — *La Photographie à l'Exposition universelle de 1889.* Procédés négatifs. Procédés positifs. Impressions photochimiques et photomécaniques. Appareils. Produits. Applications nouvelles. Grand in-8; 1891. 2 fr.

Vieuille (G.). — *Nouveau guide pratique du photographe amateur.* 3e édition, entièrement refondue et beaucoup augmentée. In-18 jésus; 1892. 2 fr. 75 c.

Villon, Ingénieur-Chimiste, Professeur de Technologie. — *Traité pratique de Photogravure sur verre.* In-18 jésus; 1890. 1 fr.

— *Traité pratique de photogravure au mercure ou Mercurographie.* In-18 jésus; 1891. 1 fr.

Vogel. — *La Photographie des objets colorés avec leurs valeurs réelles.* Traduit de l'allemand par Henry Gauthier-Villars. Petit in-8, avec fig. et 2 pl.; 1887.

Broché .... 6 fr. | Cartonné avec luxe. 7 fr.

Wallon (E.), Professeur de Physique au Lycée Janson de Sailly. — *Traité élémentaire de l'objectif photographique.* Grand in-8, avec 135 figures; 1891. 7 fr. 50 c.

VI. — JOURNAUX.

(Les abonnements sont annuels et partent de janvier.)

ANNALES DE LA FACULTÉ DES SCIENCES DE TOULOUSE pour les Sciences mathématiques et les Sciences physiques, publiées par un *Comité de rédaction composé des Professeurs de Mathématiques, de Physique et de Chimie de la Faculté*, sous les auspices du Ministère de l'Instruction publique et de la Municipalité de Toulouse, avec le concours du Conseil général de la Haute-Garonne. In-4, trimestriel.

Prix pour un an (4 fascicules) :

Paris	25 fr.
Départements et Union postale	28 fr.
Chaque année depuis 1887	25 fr.

ANNALES DE L'ENSEIGNEMENT SUPÉRIEUR DE GRENOBLE, publiées par les *Facultés de Droit, des Sciences et des Lettres*, et par *l'École de Médecine*. Grand in-8.

Ces *Annales*, fondées en 1889, comprennent annuellement 3 numéros de 16 à 18 feuilles chacun, paraissant le 1er mars, le 1er juin, le 1er décembre. Chaque numéro contient une partie réservée au Droit, aux Sciences, aux Lettres, ainsi qu'à la Chimie, aux Sciences naturelles et à la Médecine.

Prix de l'abonnement (3 numéros) :

France........ 12 fr. | Étranger..... 15 fr.

Par exception, l'année 1889 ne comprend que les numéros du 1er juin et du 1er décembre; le prix de cette année est réduit à 8 fr.

ANNALES DU CONSERVATOIRE NATIONAL DES ARTS ET MÉTIERS, publiées par les *Professeurs*. IIe Série. In-8, trimestriel.

Cette IIe Série, commencée en 1889, paraît chaque trimestre par fascicule de 6 feuilles in-8, avec figures et planches.

Prix pour un an (4 numéros) :

France et Algérie	12 fr.
Autres pays	13 fr.

ANNALES SCIENTIFIQUES DE L'ÉCOLE NORMALE SUPÉRIEURE, publiées sous les auspices du Ministre de l'Instruction publique, par un *Comité de Rédaction composé des Maîtres de Conférences*. In-4, mensuel, avec figures et planches sur cuivre.

1re Série, 7 volumes, années 1864 à 1870. 150 fr.
2e Série, 12 volumes, années 1872 à 1883. 250 fr.
Table des matières et noms d'auteurs contenus dans les 2 premières Séries. In-4; 1887. 2 fr.

La 3e Série, commencée en 1884, paraît, chaque mois, par numéro contenant 4 à 5 feuilles in-4, avec fig. et pl.

Prix pour un an (12 numéros) :

Paris	30 fr.
Départements et Union postale	35 fr.
Autres pays	40 fr.
Chaque année des 2 premières Séries	25 fr.
Chaque année suivante	30 fr.

BULLETIN ASTRONOMIQUE, publié sous les auspices de l'Observatoire de Paris, par *F. Tisserand*, membre de l'Institut, avec la collaboration de *G. Bigourdan*, *O. Callandreau* et *R. Radau*. Grand in-8, mensuel.

Ce **Bulletin mensuel**, fondé en 1884, forme par an un beau volume grand in-8, avec figures et planches, de 30 à 35 feuilles.

Prix pour un an (12 *numéros*) :

Paris	16 fr.
Départements et Union postale	18 fr.
Autres pays	20 fr.
Chaque année depuis 1884	16 fr.

BULLETIN DE LA SOCIÉTÉ INTERNATIONALE DES ELECTRICIENS.

Ce Bulletin, fondé en 1884, paraît chaque année, en dix ou douze numéros, formant un beau volume de 30 feuilles environ, grand in-8 jésus.

L'abonnement est annuel et part de janvier.

Prix pour un an :

Paris	25 fr.
Départements et Union postale	27 fr.
Autres pays	30 fr.

Prix du numéro : 2 fr. 50 c.

Prix de chaque année depuis 1884.. 25 fr.

BULLETIN DE LA SOCIÉTÉ MATHÉMATIQUE DE FRANCE, publié par les Secrétaires. Grand in-8.

Ce *Bulletin*, qui a été fondé en 1873, comprend chaque année de 5 à 7 numéros.

Prix pour un an :

Paris	15 fr.
Départements et Union postale	16 fr.
Autres pays	18 fr.
Chaque année depuis 1873	15 fr.

BULLETIN DES SCIENCES MATHÉMATIQUES, rédigé par *Gaston Darboux* et *Jules Tannery*, avec la collaboration de *Ch. André, Battaglini, Beltrami, Bougaïef, Brocard, Brunel, Goursat, Ch. Henry, G. Kœnigs, Laisant, Lampe, Lespiault, S. Lie, Mansion, A. Marre, Molk, Potocki, Radau, Rayet, Raffy, S. Rindi, Sauvage, Schoute, P. Tannery, Em.* et *Ed. Weyr, Zeuthen*, etc., sous la direction de la Commission des Hautes Etudes. Grand in-8, mensuel. IIe Série.

Publication fondée en 1870 par G. Darboux et J. Houel et continuée de 1876 à 1886 par G. Darboux, J. Houel et J. Tannery.

Le **Bulletin des Sciences mathématiques**, fondé en 1870, a formé par an, jusqu'en 1872, un volume grand in-8 (Tomes I, II, III). — A partir de cette époque, jusqu'en décembre 1876, le Journal s'est composé de 2 volumes grand in-8 par an (1 volume par semestre, avec Tables).

La **1re Série**, Tomes I à XI, 1870 à 1876, suivie de la Table générale des onze volumes, se vend. 90 fr.
Chaque année de cette Ire Série se vend séparément. 15 fr.

Table générale des matières et noms d'auteurs, contenus dans la 1re Série. Grand in-8; 1877. 1 fr. 50 c.

La **2e Série**, qui a commencé en janvier 1877, continue à paraître par livraisons mensuelles. Les 10 premières années de cette **2e** Série (1877 à 1886) se vendent ensemble. 120 fr.

Chacune des 10 premières années de la **2e Série** (1877 à 1886) se vend séparément. 15 fr.
Chaque année suivante. 18 fr.

Prix pour un an (12 *numéros*) :

Paris	18 fr.
Départements et Union postale	20 fr.
Autres pays	24 fr.

La Table *d'un des volumes du* **Bulletin** *est envoyée franco, comme spécimen, à toute personne qui en fait la demande par lettre affranchie.*

COMPTES RENDUS HEBDOMADAIRES DES SÉANCES DE L'ACADÉMIE DES SCIENCES. In-4, hebdomadaire.

Ces **Comptes rendus** paraissent régulièrement tous les dimanches, en un cahier de 32 à 40 pages, quelquefois de 80 à 120.

Prix pour un an (52 *numéros et* 2 *Tables*).

Paris. 20 fr. | Départements. 30 fr.
Union postale. 34 fr.

La *Collection complète*, de 1835 à 1892, forme 115 volumes in-4. 862 fr. 50 c.

Chaque année, sauf 1844, 1845, 1870, 1878 à 1887, *se vend séparément.* 15 fr.

— Table générale des Comptes rendus des Séances de l'Académie des Sciences, par ordre de matières et par ordre alphabétique de noms d'auteurs. 2 volumes in-4, savoir :

Tables des tomes I à XXXI (1835-1850). In-4, 1853. 15 fr.

Tables des tomes XXXII à LXI (1851-1865). In-4, 1870. 15 fr.

Tables des tomes LXII à XCI (1866 à 1880). In-4, 1888. 15 fr.

— Supplément aux Comptes rendus des Séances de l'Académie des Sciences.

Tomes I et II, 1856 et 1861, *séparément.* 15 fr.

JOURNAL DE L'ÉCOLE POLYTECHNIQUE, publié par le Conseil d'instruction de cet établissement. 63 cahiers in-4, avec figures et planches. 1000 fr.

Prix d'un des derniers cahiers jusqu'au LIVe inclus. 12 fr.

Prix de chacun des cahiers suivants (LVe à LVIIe). 14 fr.

Prix du LVIIIe Cahier.	10 fr.
Prix du LIXe Cahier.	12 fr.
Prix du LXe Cahier.	10 fr.
Prix du LXIe Cahier.	11 fr.
Prix du LXIIe Cahier.	11 fr.
Prix du LXIIIe Cahier.	12 fr.

Table des matières et noms d'auteurs des Cahiers I à XXXVII, formant 21 volumes. In-4; 1858. 1 fr. 50 c.

Table des matières et noms d'auteurs des Cahiers XXXVIII à LVI, formant 16 volumes. In-4; 1887. 75 c.

JOURNAL DE MATHÉMATIQUES PURES ET APPLIQUÉES, ou **Recueil de Mémoires sur les diverses parties des Mathématiques,** fondé en 1836 et publié jusqu'en 1874 par J. Liouville; — publié de 1875 à 1884, par H. Resal. — A partir de 1885, le *Journal de Mathématiques* est publié par Camille Jordan, Membre de l'Institut, avec la collaboration de *M. Lévy, A. Mannheim, E. Picard, H. Poincaré, H. Resal.* In-4, trimestriel.

1re Série, 20 volumes in-4, années 1836 à 1855 (au lieu de 600 francs). 400 fr.

Chaque volume pris séparément (au lieu de 30 fr.) 25 fr.

2e Série, 19 volumes in-4, années 1856 à 1874 (au lieu de 570 fr.) 380 fr.

Chaque volume pris séparément (au lieu de 30 fr.) 25 fr.

3e Série, 10 volumes in-4, années 1875 à 1884 (au lieu de 300 fr.) 200 fr.

Chaque volume pris séparément, au lieu de 30 fr., 25 fr.

La **4e Série**, commencée en 1885, se publie, chaque année, en 4 fascicules de 12 à 15 feuilles, paraissant au commencement de chaque trimestre.

Prix pour un an (4 *fascicules*) :

Paris	30 fr.
Départements et Union postale	35 fr.
Autres pays	40 fr.

— Table générale des 20 volumes composant la **1re** Série. In-4. (*Épuisée.*)

— Table générale des 19 volumes composant la **2e** Série. In-4. 3 fr. 50 c.

— Table générale des 10 volumes composant la **3e** Série. In-4. 1 fr. 75 c.

JOURNAL DE PHYSIQUE THÉORIQUE ET APPLIQUÉE, fondé par *d'Almeida* et publié par *E. Bouty, A. Cornu, E. Mascart, A. Potier*, avec la collaboration de plusieurs savants. Grand in-8, mensuel.

1re Série, 10 volumes in-8, années 1872 à 1881.. 150 fr.
Chaque volume se vend séparément. 15 fr.

2ᵉ **Série**, 10 volumes in-8, années 1882 à 1891.. 150 fr.
Chaque volume se vend séparément. 15 fr.

La 3ᵉ **Série**, commencée en 1892, continue à paraître chaque mois et forme par an un volume grand in-8 de 36 feuilles avec figures.
Paris et Union postale.................... 15 fr.

L'ASTRONOMIE. **Revue mensuelle d'Astronomie populaire, de Météorologie et de Physique du globe**, donnant l'exposé permanent des découvertes et des progrès réalisés dans la connaissance de l'Univers; publiée par Camille Flammarion, avec le concours des principaux Astronomes français et étrangers. La *Revue* paraît le 1ᵉʳ de chaque mois, par numéros de 40 pages, avec nombreuses figures. Elle est publiée annuellement en volume, à la fin de chaque année.

Prix pour un an (12 *numéros*).
Paris : 12 fr. — Départements : 13 fr. — Étranger : 14 fr.

Prix du numéro :
Paris : 1 fr. — Départements et Union postale : 1 fr. 20 c.

PRIX DES ANNÉES PARUES :
Tomes I à XI, 1882 à 1892 (avec 1833 figures environ).
Chaque Tome : Broché........ 9 fr.
Relié avec luxe. 13 fr.
Prix des 11 volumes de la 1ʳᵉ série. 70 fr.

MÉMORIAL DES POUDRES ET SALPÊTRES, publié par les soins du Service des poudres et salpêtres, avec l'autorisation du Ministre de la Guerre. Grand in-8, trimestriel.

Le *Mémorial* paraît depuis 1890 sous forme de Recueil périodique, en quatre fascicules trimestriels, et forme, chaque année, un beau Volume de 24 feuilles environ, avec figures et planches.

Le tome I (1882) et le tome II (1889), parus avant la transformation du *Mémorial* en Recueil périodique, se vendent séparément. 12 fr.

Prix pour un an (4 *fascicules*) :
Paris et départements............ 12 fr.
Union postale.................. 13 fr.

NOUVELLES ANNALES DE MATHÉMATIQUES. Journal des Candidats aux Écoles Polytechnique et Normale, rédigé par *Ch. Brisse*, Professeur à l'École Centrale et au Lycée Condorcet, Répétiteur à l'École Polytechnique, et *E. Rouché*, Examinateur de sortie à l'École Polytechnique, Professeur au Conservatoire des Arts et Métiers. (Publication fondée en 1842 par *Gerono* et *Terquem*, et continuée par *Gerono*, *Prouhet*, *Bourget* et *Brisse*.) In-8, mensuel.

1ʳᵉ **Série**, 20 vol. in-8, années 1842 à 1861. 300 fr.
Les tomes I à VII, X et XVI à XX (1842-1848, 1851 et 1857 à 1861) ne se vendent pas séparément. Les autres tomes de la 1ʳᵉ Série se vendent séparément. 15 fr.

2ᵉ **Série**, 20 vol. in-8, années 1862 à 1881. 300 fr.
Les tomes I à III et V à VIII (1862 à 1864 et 1866 à 1869) de la 2ᵉ Série ne se vendent pas séparément. Les autres tomes se vendent séparément. 15 fr.

La 3ᵉ **Série**, commencée en 1882, continue de paraître chaque mois par cahier de 48 pages.

Prix pour un an (12 *numéros*) :
Paris.................................... 15 fr.
Départements et Union postale .... 17 fr.
Autres pays.............................. 20 fr.

BULLETIN DE LA SOCIÉTÉ FRANÇAISE DE PHOTOGRAPHIE. — Grand in-8, bimensuel. (Fondé en 1855.) 2ᵉ Série.

1ʳᵉ **Série**, 30 volumes, années 1855 à 1884. 250 fr.
On peut se procurer les années qui composent la 1ʳᵉ Série, sauf 1855, 1856, 1881, 1883, 1885, au prix de 12 fr. l'une, les numéros au prix de 1 fr. 50 c., et la Table décennale par ordre de matières et par noms d'auteurs des Tomes I à X (1855 à 1864), au prix de 1 fr. 50 c.

La 2ᵉ **Série**, commencée en 1885 a continué de paraître chaque mois par numéro de 2 feuilles jusqu'en 1891 et chacune des années séparées pendant cette période se vend 12 fr. — A partir de 1892, le *Bulletin* paraît deux fois par mois, et forme chaque année un beau volume de 30 feuilles avec planches spécimens et figures.

Prix pour un an à partir de 1892 (24 *numéros*) :
Paris et Départements......... 15 fr.
Etranger.................... 18 fr.

BULLETIN DE L'ASSOCIATION BELGE DE PHOTOGRAPHIE, Grand in-8, mensuel.

1ʳᵉ **Série**, 10 volumes, années 1874 à 1883. 250 fr.
Les volumes des années précédentes sauf 1889 et 1890 se vendent séparément. 25 fr.

Prix pour un an (12 *numéros*) :
France et Union postale...... 27 fr.

BULLETIN DU PHOTO-CLUB DE PARIS. Organe officiel de la Société. Grand in-8, mensuel.

Cette Revue, fondée en 1891, est enrichie de nombreux spécimens obtenus à l'aide des procédés les plus nouveaux.

Prix pour un an (12 *numéros*) :
France et Étranger.......... 15 fr.
Chaque numéro se vend séparément 1 fr. 50 c.

JOURNAL DE L'INDUSTRIE PHOTOGRAPHIQUE, *Organe du syndicat général de la Photographie et de ses applications*. Grand in-8.

Tomes I à XIII, années 1880 à 1892, chaque volume 3 fr. 50 c.
Prix de la collection des 13 volumes. 30 fr.

PARIS-PHOTOGRAPHE, *Revue mensuelle illustrée de la Photographie et de ses applications aux Arts, aux Sciences et à l'Industrie*. Directeur, Paul Nadar. Grand in-8.

Cette Revue, fondée en 1891, est luxueusement illustrée à l'aide des différents procédés actuels. Elle compte parmi ses collaborateurs les savants les plus éminents qui s'occupent de la science photographique, et est destinée en outre à guider l'amateur qu'elle renseigne sur tous les progrès accomplis tant en France qu'à l'Étranger.

Prix pour un an (12 *numéros*) :
Paris............... 25 fr. | Départements. 26 fr. 50
Union postale.... 28 fr.
Chaque numéro se vend séparément 2 fr. 50 c.

REVUE DE PHOTOGRAPHIE, publiée à Genève sous la direction de E. Demole, Dʳ ès Sciences, depuis l'année 1889. In-8, avec figures et planches; mensuel.

Prix pour un an (12 numéros) :
Suisse........ 6 fr. | Union postale. 8 fr. 50 c.

VII. — RECUEILS SCIENTIFIQUES.

ANNALES DE L'OBSERVATOIRE DE PARIS, fondées par *Le Verrier*, et publiées par l'Amiral *Mouchez*, Directeur. **Mémoires**, Tomes I à XX. In-4, avec planches; 1855-1892.

Les Tomes I à X, XII, XIII et XV à XX se vendent séparément. 27 fr.
Le Tome XI (1876) et le Tome XIV (1877) comprennent deux *Parties* qui se vendent séparément. 20 fr.
Le Tome XXI est *sous presse*.

ANNALES DE L'OBSERVATOIRE DE PARIS, fondées par *U.-J. Le Verrier*, publiées de 1877 à 1891 par l'Amiral *Mouchez*, et depuis 1892 par M. *F. Tisserand*, directeur. **Observations**. Tomes I à XL, années 1800 à 1885. 40 vol. in-4 (en tableaux); 1858 à 1893. L'année 1885 est publiée par M. *F. Tisserand*.

Chaque Volume se vend séparément. 40 fr.

Voir **Catalogue de l'Observatoire de Paris**.

ANNALES DU BUREAU CENTRAL MÉTÉOROLOGIQUE DE FRANCE, publiées par *E. Mascart*, Directeur.

Les ANNALES *ont formé, par an, de* 1878 *à* 1885; *quatre volumes grand in-4 avec planches* (*voir* pour les détails le Catalogue général) :

I. — **Études des orages en France. Mémoires divers.** Chaque volume ... 15 fr.

II. — **Bulletin des Observations françaises. Revue climatologique.** Chaque volume ... 15 fr.

III. — **Pluies en France.** Chaque volume ... 15 fr.

IV. — **Météorologie générale.** Années 1878 et 1879 et années 1882 à 1885. Chaque volume ... 15 fr.

Années 1880 et 1881. Chaque volume ... 25 fr.

Depuis l'année 1886, *les* ANNALES DU BUREAU CENTRAL *forment trois volumes par an :*

I. — **Mémoires.** Grand in-4.

ANNÉES : 1886, avec 56 pl.; — 1887, avec 38 pl.; — 1888, avec 69 pl.; — 1889, avec 25 pl. — 1890, avec 28 pl. 1891, avec 40 pl. Chaque vol. 15 fr.

II. — **Observations.** Grand in-4.

ANNÉES : 1886, 1887, 1888, 1889, 1891. Chaque vol. 15 fr.

III. — **Pluies en France.** Grand in-4, avec 5 pl.

ANNÉES : 1886, 1887, 1888, 1889, 1891. Chaque vol. 15 fr.

ANNALES DU BUREAU DES LONGITUDES. Travaux faits à l'observatoire astronomique de Montsouris, et Mémoires divers.

TOME I. In-4, avec une planche sur acier donnant la vue de l'Observatoire; 1877. (*Rare.*) 40 fr.

TOME II. In-4; 1882. 25 fr.

TOME III. In-4; 1883. 25 fr.

TOME IV. In-4, avec 2 pl.; 1890. 25 fr.

ANNALES DE L'OBSERVATOIRE DE BORDEAUX, publiées par *Rayet*, Directeur de l'Observatoire.

TOME I. In-4, avec figures et un plan de l'Observatoire; 1885. 30 fr.

TOME II, avec figures; 1887. 30 fr.

TOME III, avec 3 planches; 1889. 30 fr.

TOME IV; 1892. 30 fr.

ANNALES DE L'OBSERVATOIRE ASTRONOMIQUE, MAGNÉTIQUE ET MÉTÉOROLOGIQUE DE TOULOUSE. TOME I, renfermant les travaux exécutés de 1873 à la fin de 1878, sous la direction de *F. Tisserand*, ancien Directeur de l'Observatoire de Toulouse, Membre de l'Institut, etc.; publié par *Baillaud*, Directeur de l'observatoire, Doyen de la Faculté des Sciences de Toulouse. In-4, avec planche; 1880. 30 fr.

TOME II, renfermant les travaux exécutés de 1879 à 1884, sous la direction de *B. Baillaud*. In-4; 1886. 30 fr.

ANNALES DE L'OBSERVATOIRE DE NICE, publiées sous les auspices du *Bureau des Longitudes*, par M. *Perrotin*, Directeur (FONDATION R. BISCHOFFSHEIM).

TOME I ... (*En préparation.*)

TOME II. Grand in-4, avec 7 belles planches, dont 3 en couleur; 1887 ... 30 fr.

TOME III. Gr. in-4, avec 1 pl. et atlas, contenant 17 belles pl. (spectre solaire de M. Thollon); 1890. 40 fr.

TOME V ... (*Sous presse.*)

ANNUAIRE DE L'OBSERVATOIRE MUNICIPAL DE MONTSOURIS pour 1892-1893; Météorologie, Chimie, Micrographie, Application à l'hygiène (contenant le résumé des travaux de l'Observatoire durant l'année 1891). 21e année. In-18 de 558 pages avec diagrammes et 47 figures.

Broché ... 2 fr. » | Cartonné .. 2 fr. 50 c.

Les années 1872, 1876, 1879, 1881, 1883 ne se vendent plus séparément.

ANNUAIRE pour l'an 1893, publié par le Bureau des Longitudes, contenant les Notices suivantes :

Un observatoire au mont Blanc; par J. JANSSEN. — *Notice sur la corrélation des phénomènes d'Électricité statique et dynamique et la définition des unités électriques*; par A. CORNU. — *Discours sur l'aéronautique prononcé au Congrès des Sociétés savantes*; par J. JANSSEN. — *Discours prononcé aux funérailles de M. Ossian Bonnet*; par F. TISSERAND. — *Discours prononcés aux funérailles de M. l'amiral Mouchez*; par H. FAYE, A. BOUQUET DE LA GRYE et M. LOEWY. — *Discours prononcé à l'inauguration de la statue du général Perrier* par J. JANSSEN. In-18 jésus de VI-868 pages avec 2 cartes magnétiques.

Broché .. 1 fr. 50 c. | Cartonné ... 2 fr.

Pour recevoir l'Annuaire franco par la poste, dans tous les pays faisant partie de l'Union postale, ajouter 35 c.

CONNAISSANCE DES TEMPS ou des mouvements célestes, à l'usage des Astronomes et des Navigateurs, pour l'an 1896, publiée par le *Bureau des Longitudes*. Gr. in-8 de VIII-852 pages, avec 2 cartes en couleur; 1893.

Broché ... 4 fr. | Cartonné ... 4 fr. 75 c.

Pour recevoir l'Ouvrage franco dans les pays de l'Union postale, ajouter 1 fr.

Le volume pour l'année 1896 paraîtra dans le cours de 1893.

— **EXTRAIT DE LA CONNAISSANCE DES TEMPS, à l'usage des Écoles d'Hydrographie et des marins du Commerce, pour l'an 1895**, publié depuis l'an 1889 par le *Bureau des Longitudes*. Grand in-8; 1893. 1 fr. 50 c.

L'Extrait *pour* 1893 et *celui pour* 1894 *sont également en vente.* — Prix. 1 fr. 50 c.

Par arrêté ministériel en date du 13 juillet 1887, l'emploi de cet EXTRAIT ou de la CONNAISSANCE DES TEMPS est prescrit comme base des calculs effectués par les aspirants aux grades de Capitaine au long cours et de Capitaine au cabotage. — Les circulaires du Ministre de la Marine, en date des 17 et 22 décembre 1888, recommandent *expressément* et *exclusivement* ces deux ouvrages aux Capitaines du Commerce.

MÉMORIAL DE L'OFFICIER DU GÉNIE, ou Recueil de **Mémoires, expériences, observations et Procédés généraux** propres à perfectionner la fortification et les constructions militaires, rédigé par les soins du Comité des Fortifications avec l'approbation du Ministre de la Guerre. In-8, avec planches et nombreuses fig. Chaque volume, à partir du n° 21, se vend 7 fr. 50 c.

Une collection complète (nos 1 à 28) est à vendre.

OBSERVATOIRE DE LYON. — Travaux de l'Observatoire de Lyon, publiés sous les auspices du Conseil général du Rhône, par CH. ANDRÉ, Directeur. Grand in-4; Tome I; 1888. 15 fr.

TRAVAUX ET MÉMOIRES DES FACULTÉS DE LILLE. — Fascicules grand in-8, paraissant à époques irrégulières.

Ce nouveau Recueil, fondé en 1889, est publié par fascicules grand in-8 (avec nos d'ordre), qui paraissent à des époques irrégulières. Chaque fascicule ne comprend qu'un seul travail et se vend séparément (Le détail des fascicules parus est donné dans le Catalogue général).

VIII. — ENCYCLOPÉDIE SCIENTIFIQUE DES AIDE-MÉMOIRE.

PUBLIÉE SOUS LA DIRECTION DE M. LÉAUTÉ,
Membre de l'Institut.

300 VOLUMES ENVIRON, PETIT IN-8, PARAISSANT DE MOIS EN MOIS.

Il sera publié 30 à 40 volumes par an.

Chaque volume est vendu séparément :

Broché ... 2 fr. 50 c. | Cartonné, toile anglaise. 3 fr.

*Le prospectus détaillé de l'*ENCYCLOPÉDIE *est envoyé franco sur demande.*

Cette publication, qui se distingue par son caractère pratique, reste cependant une œuvre hautement scientifique.

Embrassant le domaine entier des Sciences appliquées, depuis la Mécanique, l'Électricité, l'Art de l'Ingénieur, la physique et la Chimie industrielles, etc., jusqu'à l'Agronomie, la Biologie, la Médecine, la Chirurgie et l'Hygiène, elle se compose d'environ 300 volumes petit in-8.

Chacun d'eux, signé d'un nom autorisé, donne, *sous une forme condensée*, l'état précis de la Science sur la question traitée et toutes les indications pratiques qui s'y rapportent.

La publication est divisée en deux Sections : **Section de l'Ingénieur, Section du Biologiste**, qui paraissent simultanément depuis février 1892 et se continuent avec régularité de mois en mois.

Les Ouvrages qui constitueront ces deux Séries permettront à l'Ingénieur, au Constructeur, à l'Industriel, d'établir un projet sans reprendre la théorie; au Chimiste, au Médecin, à l'Hygiéniste, d'appliquer la technique d'une préparation, d'un mode d'examen ou d'un procédé sans avoir à lire tout ce qui a été écrit sur le sujet. Chaque volume se termine par une Bibliographie méthodique permettant au lecteur de pousser plus loin et d'aller aux sources.

DERNIERS VOLUMES PARUS.

SECTION DE L'INGÉNIEUR.

Le Chatelier, Ingénieur en chef des Mines, Professeur à l'École des Mines, Répétiteur à l'École Polytechnique. — *Le Grisou.*

Madamet (A.), Ingénieur de la Marine en retraite, Directeur des Forges et Chantiers de la Méditerranée. — *Détente variable de la vapeur. Dispositifs qui la produisent.*

Dudebout, Ingénieur de la Marine, Sous-Directeur et Professeur à l'École d'application du Génie maritime. — *Appareils d'essai des moteurs à vapeur. Appareils d'asservissement.*

Croneau, Ingénieur des constructions navales, Professeur à l'École d'application du Génie maritime. — *Canons, torpilles et cuirasses; leur installation à bord des bâtiments.*

Gautier (H.), Docteur ès Sciences, Professeur agrégé à l'École supérieure de Pharmacie. — *Essais d'or et d'argent.*

Lecomte, Docteur ès Sciences, Professeur agrégé d'Histoire naturelle au Lycée Saint-Louis. — *Les textiles végétaux. Leur examen microchimique.*

Alheilig, Ingénieur de la Marine, Professeur à l'École d'application du Génie maritime. — *Corderie. Cordages en chanvre et en fils métalliques.*

De Launay, Ingénieur au Corps des Mines, Professeur à l'École nationale des Mines. — *Formation des gîtes métallifères.*

Bertin, Directeur des Constructions navales, Directeur de l'École d'application du Génie maritime. — *État actuel de la Marine de guerre.*

Jean (Ferdinand), Directeur du Laboratoire de la Bourse du Commerce et de la Société française d'Hygiène. — *Industrie des peaux et des cuirs. Analyse des matières premières des agents auxiliaires et des produits.*

Berthelot, Secrétaire perpétuel de l'Académie des Sciences. — *Traité pratique de Calorimétrie chimique.*

Viaris (marquis de), Ancien Élève de l'École Polytechnique, ancien Officier de marine. — *L'art de chiffrer et de déchiffrer les dépêches secrètes.*

Langlois (Paul), Chef du Laboratoire de Physiologie à la Faculté de Médecine, Membre de la Société de Biologie. — *Le Lait.*

Madamet (A.), Ingénieur de la Marine en retraite. Ancien Directeur de l'École d'application du Génie maritime, Directeur des Forges et Chantiers de la Méditerranée. — *Distribution de la vapeur. Épures de régulation. Courbes d'indicateurs. Tracé des diagrammes.*

Guillaume (Ch.-Ed.), Docteur ès sciences, attaché au Bureau international des poids et mesures. — *Unités et étalons.*

Widmann, Ingénieur de la Marine. — *Principes de la machine à vapeur.*

Minel (P.), Ingénieur des constructions navales. — *Introduction à l'Électricité industrielle (Potentiel. Flux de force. Grandeurs électriques).*

Minel (P.), Ingénieur des constructions navales. — *Introduction à l'Électricité industrielle (Circuit magnétique. Induction. Machines).*

Lavergne (Gérard), ancien Élève de l'École Polytechnique, Ingénieur civil des Mines. — *Les Turbines.*

Hébert, Préparateur aux travaux pratiques de Chimie à la Faculté de Médecine. — *Examen sommaire des boissons falsifiées.*

Naudin (Laurent), Chimiste. — *Fabrication des vernis. Applications à l'Industrie et aux Arts.*

Laurent (H.), Examinateur d'admission à l'École Polytechnique. — *Théorie des jeux de hasard.*

Sinigaglia (Francesco), Ingénieur directeur de l'association des propriétaires de chaudières à vapeur de Naples, Membre correspondant du Royal Institut d'encouragement d'Italie, etc. — *Accidents de chaudières.*

SECTION DU BIOLOGISTE.

Auvard (A.), Accoucheur des Hôpitaux. — *Menstruation et Fécondation. Physiologie et Pathologie.*

Mégnin, ancien Vétérinaire de l'armée, Membre de la Société de Médecine légale de France. — *Les acariens parasites.*

Demelin (Dr L.-A.), Chef de clinique obstétricale à la Faculté de Médecine de Paris. — *Anatomie obstétricale.*

Cuénot, Chargé d'un Cours complémentaire de Zoologie à la Faculté des Sciences de Nancy. — *Les moyens de défense dans la série animale.*

Olivier (Dr A.), ancien interne de la Maternité de Paris, Chef du service des maladies des femmes et accouchements à la Policlinique de Paris, Membre fondateur de la Société obstétricale et gynécologique de Paris, Professeur à la Policlinique de Paris. — *La pratique de l'accouchement normal.*

Bergé, Interne des Hôpitaux. — *Guide de l'étudiant à l'hôpital. Examens cliniques, Autopsies.*

Charrin, Professeur agrégé, Chef du Laboratoire de Pathologie générale à la Faculté de Médecine, Membre de la Société de Biologie, médecin des Hôpitaux. — *Les Poisons de l'organisme. Poisons de l'urine.*

Roger (H.), Professeur agrégé à la Faculté de Médecine de Paris, Membre de la Société de Biologie, Médecin des Hôpitaux. — *Physiologie normale et pathologique du foie.*

Brocq, Médecin des Hôpitaux de Paris, et **Jacquet**, ancien interne de Saint-Louis. — *Précis élémentaire de dermatologie. Pathologie générale cutanée.*

Hanot (Dr V.), Professeur agrégé, Médecin de l'Hôpital Saint-Antoine. — *De l'Endocardite aiguë.*

Weil-Mantou (Dr J.). — *Manuel du médecin d'assurances sur la vie.*

Brun (de), Professeur de clinique interne à la Faculté de Beyrouth, médecin sanitaire de France en Orient, Correspondant de l'Académie de Médecine. — *Maladies des pays chauds. Maladies climatériques et infectieuses.*

Broca, Chirurgien des Hôpitaux. — *Traitement des tumeurs blanches (ostéo-arthrites tuberculeuses des membres) chez l'enfant.*

Du Cazal, Médecin principal de 1re classe, Professeur à l'École du Val-de-Grâce, et **Catrin**, Médecin major de 1re classe, Professeur agrégé à l'École du Val-de-Grâce. — *Médecine légale militaire.*

Lapersonne (de), Professeur de clinique ophtalmologique à la Faculté de Médecine de Lille. — *Ophtalmologie.* — *Maladies des paupières et des membranes externes de l'œil.*

Kœhler, Docteur ès Sciences, Docteur en Médecine, chargé du Cours complémentaire de Zoologie à la Faculté des Sciences de Lille. — *Applications de la Photographie aux Sciences naturelles.*

(Août 1893.)

20086 Paris. — Imp. GAUTHIER-VILLARS ET FILS, Quai des Grands-Augustins, 55.

18865 Paris. — Imprimerie GAUTHIER-VILLARS ET FILS, quai des Grands-Augustins, 55.